后 记

本书的编写自2005年始，首先由徐兴海、庞杰提出编写大纲讨论稿，姚淦铭、康怀彬（河南科技大学）参加了本书编写大纲的讨论工作。胡付照也对大纲提出了建议。本书责任编辑顾金亮、史建农对本书的编写体例等也提供了积极的建议。

本书的编写是集体智慧的成果，撰写人及所承担章节如下：

· 徐兴海（江南大学）：绪论。

· 庞杰（福建农林大学、四川大学）、黄桂萍（华南理工大学）：第一章 食品文化的特征。

· 庞杰、史学群（海南大学）：第二章 食品文化的功能、影响和传播；第四章 食品文化与艺术学及美学；第八章 东方食品文化。

· 庞杰、刘欣（华南农业大学）：第十五章 餐具与烹饪文化。

· 庞杰、徐兴海：第十七章 食品文化研究的展望。

· 姚淦铭（江南大学）：第六章 汉语言文字与食品文化；第七章 食品文化与民俗学；第十二章 酒文化。

其中6.2.4节楹联酒令与饮食文化为李建凤（江南大学）撰写，胡付照撰写的茶联归入6.2.4.1节楹联与饮食文化一节。

· 周全霞（河南科技学院）、于涛（河南科技学院）：第三章 中国食品文化史。

· 周全霞：第十一章 中国古代的食品安全。

· 胡付照（江南大学）：第五章 食品文化与营销；第十三章 茶文化。

· 范丽花（江南大学）：第九章 西方食品文化。

· 丁晶（江南大学）：第十章 中西方饮食文化的区别。

· 谢建华（漳州职业技术学院）：第十四章 其他独成体系的食品与食品文化。

· 尹楚兵（江南大学）：第十六章 食品文化文献。

徐兴海统全部书稿，就全书的体例进行统一加工。

胡付照编制全书目录和序号，并统一了注释序号的标法。

江南大学对本书的编写给予大力支持，谨此致谢。

主编 2007年11月于无锡江南大学

普通高等教育“十一五”国家级规划教材
高等学校食品专业系列教材

食品文化概论

主　　编　徐兴海
副 主 编　庞　杰　姚淦铭
编　　委　（按姓氏笔画排序）
丁　晶　于　涛　尹楚兵
史学群　刘　欣　李建凤
周全霞　庞　杰　范丽花
姚淦铭　胡付照　徐兴海
黄桂萍　谢建华

东南大学出版社
·南京·

内容提要

“民以食为天”的古语充分说明了“食”的重要性。食品的拥有与否以及如何享用，早已超越了饥饱的层面，而具有人生的、社会的意义，已经成为一种文化现象。

本书所构建的食品文化研究体系，以中国食品文化为主线，导入世界各地不同风格的食品文化，探究食品如何影响着人们的价值观、审美情趣、思维方式，怎样体现于语言、文字、风俗习惯。剖析在吃什么和怎样吃的背后有着怎样不同的生活情趣、人生态度、社会观念，解析为什么食品重要到甚而至于对于一个国家一个民族的生死存亡发生重大影响。本书还概述中西方食品文化的区别及深层次原因，介绍酒文化、茶文化及营销、食品文化文献，并对食品文化研究的现状与发展趋势予以解读。

本书可作为通识性文化教育教材，也可用为文化研究者参考资料。

图书在版编目(CIP)数据

食品文化概论/徐兴海主编. —南京：东南大学出版社，2008.1(2016.7重印)
ISBN 978-7-5641-0846-5

Ⅰ.食… Ⅱ.徐… Ⅲ.饮食—文化—概论
Ⅳ.TS971

中国版本图书馆CIP数据核字(2008)第025537号

食品文化概论

出版发行：东南大学出版社
社　　址：南京四牌楼2号　邮编：210096
出 版 人：江　汉
责任编辑：顾金亮　史建农
网　　址：http://press.seu.edu.cn
电子邮件：press@seu.edu.cn
经　　销：全国各地新华书店
印　　刷：江苏兴化印刷厂印刷
开　　本：787mm×1092mm　1/16
印　　张：24
字　　数：584千字
版　　次：2008年6月第1版
印　　次：2016年7月第2次印刷
书　　号：ISBN 978-7-5641-0846-5/TS·29
印　　数：5001～6500册
定　　价：39.00元

高等学校食品专业系列教材

编写委员会

（以姓氏笔画为序）

总　序

受编辑之托，为我等所著的高等学校食品专业系列教材作序，真是诚惶诚恐，迟迟难以下笔。苏轼《与孙子思》云："……余空纸两幅，留与五百年后人跋尾也！"此一戏语道出了作序之尴尬。回想起当时来自各地高校食品院系的学者们共同讨论系列教材时认真而热烈的场景，我就勉为其难，介绍一下我们编写这套系列教材的来龙去脉和想法。

2005年11月18～20日，经东南大学出版社和江南大学食品学院的联合组织，在江苏无锡召开了"普通高等教育'十一五'国家级教材规划·食品专业系列教材"编写和申报研讨会，来自江南大学、南昌大学、南京农业大学、合肥工业大学、江苏大学、内蒙古农业大学、福建农林大学、河南工业大学、郑州轻工业学院、河南农业大学、河南科技大学、浙江工商大学、扬州大学、华南农业大学、南京工业大学、南京财经大学、南京师范大学、淮阴工学院、淮海工学院等19所大学食品院系的30余名学者参加了会议。在两天的会议中，学者们探讨了近几年来食品专业教育的得失，研讨了新形势下为进一步推进食品学科创新型人才培养的系列教材的编写要求、体例和分工，明确了31部教材的编写任务。时间过去不到一年，硕果满园的金秋季节在望，这31部教材中已有5部列入普通高等教育"十一五"国家级教材规划，第一部教材《食品添加剂》将正式付梓，其他多部教材也将孕育而生，在近期内陆续出版，真是欣慰之极。

古人曰：教人以道者，师也。作为教师，不仅要教会学生如何掌握知识，更重要的是要教会学生如何运用知识和创造知识。这套系列教材的编者们，少则有十多年、多则有二十年左右从事相应课程教学和本专业领域科研的经历。我们一致的想法是希望把多年实践中的感悟和积累融入到这套教材中，使本系列教材的阅读者在理解和掌握知识的同时，也能对知识的运用和创造有所领悟。

食品工业的GDP在我国国民经济中已连续几年居首位，现已接近2万亿元，食品科技进步与产业发展在国民经济发展中越来越发挥举足轻重的作用。目前全国约有200所高校办有食品专业，每年招收学生2万多人，食品专业的教育教学在一定程度上关系到我国食品工业的健康和可持续发展，编写一套反映当今科技发展现状、符合创新创业型人才培养要求的食品专业系列教材，是我们所有编者的愿望，也是我们义不容辞的责任和义务。

愿我们的国家明天更美好，愿我们的食品工业发展更健康，愿我们在着力创建的和谐社会中享用的食品更安全。让我们所有编写和阅读本系列教材的同仁们共同为此尽绵薄之力！

张　灏

2006 年 8 月 3 日晚于无锡

目录

0 绪论

本书概要论述食品文化，在各章展开之前，先就全书的核心概念、研究的意义及主要内容、研究概况等问题作一说明，是为绪论。

0.1 食品文化概念释义

本书所要研究的对象是食品文化，而以中国的食品文化为主。要实现这一目标，需要厘清几个概念，诸如食、食品、饮食、文化、食品文化等等，以及与之相关的一些问题。

0.1.1 食品

食。东汉许慎《说文解字》："食，亼米也。"亼，是集，聚集，意思是集众米而成食。引申以后，人吃饭也谓之食。《说文解字》又说："饭，食也。"这是"食"的基本义：吃的东西。汉代刘熙《释名》则从另外一个途径对"食"进行解释："食，殖也，所以自生殖也。"刘熙是用声训的方法解释"食"为什么叫做食，是因为"食"与"殖"这个字同声，故而"食"有"生殖"的意思。此处的"生殖"乃是指人类自身生命的保持与繁衍，没有饮食则没有生命，也就没有生命的延续。这是说明"食"的重要性，正乃《韩非子》所说："人上不属天，而下不着地，以肠胃为根本，不食则不能活。""食"还有一个基本义：吃。比如食肉、食欲。"食"有一个引申义：俸禄。如"君子谋道不谋食。"

"食"是汉语中最为重要的词汇之一，它的组词能力最强。《说文解字》是我国最早的字典，共有540个部首，"食"即是其中之一。这个部首有64个字。重要的与人们社会生活有密切关系的有：饥，谷不熟为饥；馑，菜不孰为馑；饿，饥也；飪，大孰也；饎，酒食也；馀，饶也；饶，饱也；餞，送去也；馆，客舍也；饴，米糵煎也，等等。

品。《说文解字》："品，众庶也。从三口。"三人为众，三口为品，品是众多的意思。可表达"众口一词"或"众说纷纭"，和后来的"食品"的意义毫不相涉。"食品"一词中的"品"则有品味、品评的意思，又可释为食物的种类与滋味繁多。

食品，指千千万万可食之物。经书中无"食品"一词。"食品"一词的出现很晚。《金史》卷一六方有了"食品"一词："谕太府减损食品。"《明史》卷五六："蕃国从官坐于西庑下，酒数食品同。"卷八一："自织布帛、农器、食品及买既税之物。"可初步推论说至此"食品"一词方固定成为一个词组。从以上例子中可知，"食品"除包括制成的熟食，亦当包括生食，意义较为宽泛。在"食品"一词产生之前，"食"即指食品。古代"食"字含义所有的义项中"食物"一义当属第一。《尚书·益稷》："暨稷播，奏庶艰食鲜食。""食"之义为所食的对象。"食"又表"吃"之义。又指俸禄；又指受纳；引申为日月亏蚀；又有迷惑之义。因为"食"的重要性，所以其表意十分丰富，义项就多。《现代汉语词典》“食品”释义：“商店出售的经过一定加工制作的食物。”可知“食品”一词的核心部分在“食物”，在此点上古今无甚变化。

与“食品”一词表意最为接近的是“饮食”。“饮食”一词的最早出现当是《周易》，比“食品”一词的出现要早得多。《周易·需卦》：“象曰：需君子以饮食。”《周易·颐卦》“象曰：君子以慎言语，节饮食。”慎于所言，节于饮食，是古代君子十分看重的事情，大概君子养尊处优，有这样的物质条件吧。“饮食”一词在子书中出现频率也极高，如《关尹子·三极》：“圣人之与众人，饮食衣服同也，屋宇舟车同也，富贵贫贱同也。”《管子·立政第四》：“右省官：度爵而制服，量禄而用财，饮食有量，衣服有制。”《韩非子·存韩》：“秦王饮食不甘，游观不乐，意专在图赵。”《老子·德经》：“厌饮食，财货有余，是谓盗夸。”《现代汉语词典》“饮食”释义：“吃喝。”意指吃和喝。现代汉语中的“饮食”意义与其最早的用意无甚差别。“饮食”是一个联合词组，是“饮”和“食”的结合。在这种情况下，饮是饮用，其对象是液体；“食”的对象则是固体。

与“饮食”这一联合词组同样频繁出现的是“饮”字。“饮”已是饮食的通称，“饮”可以统“食”。《史记·高祖本纪》：“吕后与两子居田中耨，有一老父过请饮，吕后因餔之。”

0.1.2 文化

文化的产生是自然界“人化”的过程，亦是人类所生活、所依赖的天地万物“人类化”的过程。人在改造自然，使其顺应人之生存的过程也在被改造。

一般将文化分为4个层次，分别是：物态文化层次；制度文化层次；行为文化层次；心态文化层次。本书所研究的“文化”，主要是心态层次的文化，兼及物质文化及其他文化层次。对于食品的生产、加工等的技术基本不予涉及。

0.1.3 食品文化

食品文化涉及第一层次的物质文化，第二层次的制度文化，第三层次的行为文化，又有第四层次的心态文化。

所谓食品文化，是附着在食品上的文化的意义。食物对于动物和人是不同的，人在享用食物的时候，已经摆脱了对物欲的单纯追求，而追求饮食的美化、雅化，将饮食行为升华为一种精神享受所呈现出的文化形态，是通过人们吃什么、怎么吃、吃的目的、吃的效果、吃的观念、吃的情趣、吃的礼仪等等表现出来的。“饮食男女，人之大欲存焉”(《礼记·礼运》)，饮食是人类生存最基本的需要。食品文化就是以食品为物质基础所反映出来的人类精神文明，是人类文化发展的一种标志。因为饮食的重要性，所以食品文化往往居于文化的核心地位。

所有的生命都离不开营养。最初的食品，仅仅是维持生命所必需，而且来自于大自然，是原始形态的东西。后来，人类开始用火熟食，进入了文明时期，一个自觉的主动创造的时代产生了。于是，食品成为人类的智慧和技艺的凝聚物，人类的食物与动物的食物便有了质的区别，食品具有了文化的意义。人们在食品上面附加了许多意义，通过食品来寄托自己的感情，表达自己的思想，说明人与自然的关系等等，这就是食品的文化的过程。比如，汤的烹制过程需要调和五味，思想家、政治家由调和五味推而广之用来说明君臣之间的协调，比喻社会的和谐；哲学家进而推广到天人合一、阴阳燮理，汤的烹制成为中国古代哲理的最好比喻物。因此，汤便有了文化的意义，便有了汤文化。汤文化由于有了“和”这一理念因此很好地表达了中国饮食文化的核心，体现了中国哲学的最高境界。

0.1.4 食品文化研究

食品文化研究，即是研究人们在食品的享用中所体现的价值观、审美情趣、思维方式，说明为什么在吃什么和怎样吃的时候会有所不同，这其中又表现了怎样的生活情趣、人生态度，以及所反映的人与人之间的关系，论述为什么食品的丰歉会对一个国家一个民族的生死存亡发生重大影响，等等。

饮食的制作与享用所体现出的是文化。食品文化不但是饮食的味感美学，也与音乐之“听感”，绘画之“视感”，文学之“意感”一样，属精神文化的范畴。食者，包括烹饪的理论，烹饪的技术，食品食料食器，餐宴风格以及饮食文学等诸多因素。品者，吃也，评也，鉴也。食品文化是人类在认识世界、改造世界中对烹饪理论、烹饪技术、食料食器、餐宴风俗以及饮食文学等诸多方面的创造，这样非自然的具体的和抽象的事物的本身是人类智慧的结晶。

本书所进行的食品文化研究以与食品相关的心态文化为中心，兼及物质文化及其他文化层次。

具体而言，食品文化研究通过对于食品原料的生产、加工和进食过程中的社会分工及其组织形式，所实行的分配制度等的研究，以揭示其中所表现出来的价值观念、道德风貌、风俗习惯、审美情趣和心态、思维方式等等。

食品文化是人类在饮食方面的创造行为及其成果，是关于饮食生产与消费的科学、技术、习俗和艺术等的文化综合体。凡涉及人类饮食方面的思想、意识、观念、哲学、宗教、艺术等都在饮食文化的范围之类。

食品亦称饮食，包括主食、副食、饮料和调味品。“食品”与“饮食”两词是等义的，故而本书用“食品文化”的概念。

0.2 研究的意义及主要内容

对于人类而言，第一要务便是生存下来，保持自己的生命。因之，食品便成为人类生存的第一要务，没有哪一个人、哪一个民族、哪一个国家会逃脱这一法则。食品本身所赋予的意义和价值是任何其他的可以满足人类需要的物质形态的东西（如衣、住、行等）所无法比拟的。开门七件事，“柴米油盐酱醋茶”，全是有关吃喝的，雅些称“饮食”。悠悠万事，唯此为大，不可须臾离也。费尔巴哈说：“心中有情，脑中有思，必先腹中有物。”同时，饮食往往影响一个民族的思维模式、思想感情，甚而是命运。或者说，食品文化的不同，是不同民族的根本区别，而且是最容易观察的表面层次的区别。从这个意义上说，食品文化的研究具有十分巨大的意义。张光直说：“达到一个文化核心的最佳途径之一就是通过它的肚子。”这句话形象地说明了食品文化对于文化研究的重要意义。

我们还是通过中国的食品文化来说明食品文化的重要意义。

中国食品文化源远流长，成为中国文化的一个有机组成部分。可以说自从中华大地上有了人，便没有一天离开过食品，在食品的获得和享受过程中便已经有了人与自然的相互交流，便已经有了食品文化。中国人吃什么，不吃什么，为什么吃，又为什么不吃；为什么这样吃而不那样吃；为什么这个地方的人这样吃，而那个地方的人那样吃，这些问题的背后隐藏着异常深奥的文化道理。

丰富多彩的中国食品文化,包含有深刻的哲学、诗文、科技、艺术乃至于安邦治国的道理。食品文化是中国文化的重要组成部分,甚而有人说,中国食品文化是中国文化的代表,认为不了解中国食品文化就不能了解中国文化。钱钟书说:“吃饭有时候很像结婚,名义上最主要的东西,其实往往是附属品。吃讲究的饭事实上只是吃菜,正如讨小姐的阔佬,宗旨倒并不在女人。”他的概括说明中国食品文化的特点是:吃饭不是吃菜,而是吃一种文化,看一种文化,在文化的沐浴中,感受味觉和视觉双重满足后的个人价值和社会意义。中国人从来不怀疑吃的重要——从人皆熟知的“民以食为天”,到告子的“食色,性也”;从李渔以“蟹奴”自居,到苏轼的“黄州好猪肉,价贱如粪土,富者不肯吃,贫者不会煮。慢着火,少着水,火候足时他自美。每日起来打一碗,饱得自家君莫管”……中国文化之博大精深,可谓浓缩在一个“吃”字上。

讨论中国食品文化,不能不提到一句名言“民以食为天”,无论是中国学者还是外国学者,只要是研究中国食品文化,都会引用这一句话,这是证明中国食品文化独特性的一句名言。此语最早出自《管子》:“王者以民人为天,民人以食为天。”在政治家看来,王、民、食三者之间的关系,食是基础,没有食便没有民,没有民又哪里会有王。刘邦的谋士郦食其予以发挥:“臣闻知天之天者,王事可成;不知天之天者,王事不可成。王者以民为天,而民以食为天。”(《史记·郦食其列传》)此时正当楚汉相争最紧张的荥阳大战之时,郦食其献策应占据成皋粮仓,指出没有粮食就不能取得天下。从此之后,历代的政治家无一不重复地论证着:“民以食为天,若衣食不给,转于沟壑,逃于四方,教将焉施?”

“民以食为天”是政治名言,它将“食”与政治密切地结合在一起,食品文化带有极为浓重的政治色彩。历代重要的政治家无不通过发挥“民以食为天”这一经典论断来探寻治国良策。“食”与中国政治有着不解之缘,它是中国社会稳定的基石。

0.3 中国食品文化的原创时期

中国食品文化的源头。饮食原本只是解决人的生存问题,补充能量的问题,为什么中国的饮食文化中,饮食成为次要的,而所承载的文化意义却成为主要的,这不得不说是与原创时期的饮食文化有关。中国文化的大致走向确立于先秦时期,食品文化在中国文化中的特殊地位即奠定于此一时期。

说中国文化的大致走向确立于先秦时期,是因为这一时期产生了许多对中国后来的文化发展方向具有重大影响的伟大人物,比如孔子、孟子、老子、庄子、墨子、管仲、子产、邹衍,他们所建立的学派深刻地体现于社会形态和思想的建构之中,他们的著作成为中华民族精神的基石。说食品文化在中国文化中的特殊地位即奠定于此一时期,是因为以上这些伟大的思想家都曾深刻地论述过食品文化,都曾深入地思考过食品文化与中国文化的关系,食品文化的基本概念如“中和”发端于此,中国人社会生活中礼的设计由他们完成,而他们将礼灌输于饮食生活之中。他们的论断深刻地影响中国文化,他们使中国人眼中的饮食由物质的层次上升到了文化的精神的层次。

0.3.1 远古神话传说

中国古代远古传说基本都与人们的生存或者饮食状况有关。

燧人氏的传说具有十分重要的意义,虽然它的记载稍后一些,但是它仍然是先民思想的折射。燧是火,“燧人氏始钻木取火,炮火为熟,令人无腹疾,有异于禽兽。”燧人氏的地位空前的高,这一地位的设计暗中契合了恩格斯的断语:“就世界性的解放作用而言,摩擦生火还是超过了蒸汽机,因为摩擦生火第一次使人支配了一种自然力,从而最终把人与动物界分开。”①他同时指出:“甚至可以把这种发现看作人类历史的开端。”②在火未使用以前,人类的进食方式主要是生食,正如《礼记·礼运》所言:“未有火化,食草木之食,鸟兽之肉,饮其血,茹其毛。”这一历史时期,我们称之为“自然饮食状态”。火的使用在食品文化史上具有划时代的意义。

与饮食文化密切相关的另外一个神话传说人物是伏羲,又作伏牺。牺是牺牲,牺是古时宗庙祭祀用的纯色牲畜。《尚书·泰誓》:“牺牲粢盛,既于凶盗。”祭祀来源于对神的敬畏,进而有鬼神崇拜。对鬼神的祭祀几乎是政治的全部内容。祭祀必用饮食。因为在古人的思想里,鬼神以及祖先,都和人一样的享用人间食物。提供最好的饮食以期盼得到最好的恩赐。不同的祭品所象征的人与自然、与鬼神、与祖先的距离是不同的。伏羲氏又称包牺氏,又作庖羲氏,庖牺氏。庖,是庖厨,这样称呼他,是因为他在把生食变成熟食的过程中的特殊贡献。

司马迁撰写中华民族的历史从《五帝本纪》开始,《五帝本纪》从轩辕皇帝开始,轩辕皇帝的史迹从与神农氏的战争开始,神农氏对于中华民族史的开端具有十分重要的作用。神农代表着农业的开始,农业的开始意味着先民开始了食品供应的主动性增加,具有划时代的意义。神农氏尝百草的传说寓含着中国人对食物的关切,这个关切主要根源于食品的缺乏。

从以上神话可以看出,中国神话,特别是创世神话,都与人的基本生存有关,这些神的伟大都来源于为人们提供了基本的生存条件,其中饮食又是最为基本的。这些神话从内容到社会根源都体现着人的中心地位。神话作为一个民族精神的基石,广泛体现在中国的饮食观念中:作为人类生存的基本要义,中国人十分重视饮食,“民以食为天”的观念应该是在这种传统理念的长期积淀中形成的;正是由于饮食的重要性,饮食也就成为体现社会伦理道德的载体;在中国的饮食民俗中,积极向上、求真求善是一个主题,饮食也成为体现民族精神的平台,饮食已经超越了满足人类生理需要的功用,上升到意识形态层面。中国饮食中的隐喻性特征与此也有着很大联系。

0.3.2 原典著作和思想家

许多原典式的著作和伟大人物使得中国文化的源头与饮食相接,使得饮食的重要性空前提高,具有文化的符号的作用。

《周易》被称为中国文化之源,其对中国文化的影响是无形而巨大的,它既提供了一个思维的模式,又对具体的文化精神、价值理念作出了设计。其对食品文化的探讨也是十分可贵的,不但反映了中国古代饮食烹饪名物制度,揭示其基本义理,而且其辩证思维的思维方式对于饮食有着指导意义,“一阴一阳之谓道”的“中和观”后来成为饮食文化的核心思想。

《周易》探讨了食对于民众的重要性、人体内的阴阳平衡与饮食、饮食有节、应时顺气、鼎中之变、五味调和、饮食礼仪等等。集中谈到饮食的有《颐卦》、《井卦》、《鼎卦》。《颐卦》之“颐”是“面颊”的意思,指口中正含着食物而鼓起的腮帮子。《颐卦》提出“节饮食”的观点,《象辞》说:“山下有雷,颐,君子以慎语言,节饮食。”《井卦》的“井”是水井,井水供人饮用,初六“井泥不食”,是说带有

① 马克思恩格斯选集.第3卷.北京:人民出版社,1972.154

② 自然辩证法.北京:人民出版社,1984.91

泥滓的井水不可食用，说明人们已经有了讲究饮水清洁的习惯。《鼎卦》的"鼎"是用来煮食的三足铜锅，只有王公贵族能够拥有，成为权力的象征。《象辞》说："鼎，象也，以木巽火，亨饪也。圣人亨以享上帝，而大亨以养圣贤。"以木材投入鼎下，就可以煮熟食物，圣人用煮熟的食物享祀上帝，君王烹饪大量的食物来供养圣贤。前一句话是生活经验，后一句将饮食提到了治理国家的高度。从这几卦可以看出，《周易》是通过思辨的思维来看饮食文化，除了具体的饮食记载与描绘之外，附着了深刻的哲学与人生道理。说食是引子，说治理天下的大道理才是目的。

孔子是对中国文化影响最大的人物，其所创立的儒学成为中国思想文化的主导，渗透到中华民族生活的方方面面，可以说中国历史上没有任何一个思想家超过了孔子对中国文化的影响。孔子是思想家，同时又是美食家，虽然他的人生追求在于政治理想的实现，只能"食无求饱，居无求安"，但是他在食品文化上有许多创见，他把这些食品文化的思想生动地贯穿于日常生活之中。孔子说："士志于道而耻恶衣恶食者，未足与议也。"对于那些有志于追求真理，但又过于讲究吃喝的人，采取不予理睬的态度(《里仁》)。可是对苦学而不追求享受的人，则给予高度赞扬，他的大弟子颜回被他认为是第一贤人。他说："贤哉回也！一箪食，一瓢饮，在陋巷。人不堪其忧，回也不改其乐。贤哉回也！"(《雍也》)孔子自己所追求的也是一种平凡的生活，他说："饭蔬食饮水，曲肱而枕之，乐亦在其中矣。不义而富且贵，于我如浮云。"(《述而》)

孔子一生追求礼制的实现，他把礼的思想与具体的饮食礼仪相结合，因而对后世的影响更为深远。《论语》一书是孔子言行的记载，包括不少饮食文化的内容，尤其以《乡党》一篇最为精辟。如"食不厌精，脍不厌细"、"斋必变食，居必迁坐"、"食饐而餲，鱼馁而败，不食"、"色恶，不食；臭恶，不食"、"失饪，不食"、"不时，不食"、"割不正，不食"、"不得其酱，不食"、"肉虽多，不使胜食气"、"唯酒无量，不及乱"、"沽酒市脯，不食"、"祭于公，不宿肉。祭肉不出三日，出三日不食之"、"食不语，寝不言"。

儒家所提倡的礼仪渗透在中国人的生活中，甚而融化在中国人的血液中。以吃饭的形式而言，中国人的饭局讲究最多，这在世界上没有哪一个国家能够比肩。这种讲究就是礼仪，礼仪贯穿于用餐的整个过程之中，从座位的排放到上菜的顺序，从谁先动第一筷到什么时候可离席，都有明确的规定，把儒家的礼制观念诠释得淋漓尽致。在中国人的饭局上，靠里面正中间的位置要给最尊贵的人坐，上菜时依照先凉后热、先简后繁的顺序。吃饭时，须等坐正中间位置的人动第一筷后，众人才能跟着各动其筷。吃完饭后，人们并不是马上就散去，往往还要聊上一会儿，以增进感情。等坐中间位置的人流露出想走的意思后，众人才能随之散去。

墨子提倡"量腹而食，度身而衣"，他的学生则吃的是藜藿之羹，穿的是短褐之衣，和普通民众没有什么不同。《墨子·非乐》指出社会上有三大问题："民有三患：饥者不得食，寒者不得衣，劳者不得息，三者民之巨患也。"提出的解决办法是社会互助、积极生产，同时反对人们在物质生活上的过高追求。墨子攻击儒家"贪于饮食，惰于作务"。嘲笑孔子在饮食上多有虚伪之行，《非儒》说："孔某穷于蔡陈之闲，藜羹不糁，十日，子路为享豚，孔某不问肉之所由来而食；号人衣以酤酒，孔某不问酒之所由来而饮。哀公迎孔子，席不端弗坐，割不正弗食，子路进，请曰：'何其与陈、蔡反也？'孔某曰：'来！吾语女，曩与女为苟生，今与女为苟义。'夫饥约则不辞妄取，以活身，赢饱则伪行以自饰，污邪诈伪，孰大于此！"墨子认为国家大患有七，其中之一即是"畜种菽粟不足以食之"，已经看到了粮食对于国家的重要性，《节用》篇概括古代饮食之道。

老子的饮食文化思想独成体系，其主旨是因应时世，清心寡欲，辩证地看待饮食之美。老子的饮食思想与其政治思想相通。老子的理想是"无为而治"和"小国寡民"："甘其食，美其服，安其居，乐其俗。邻国相望，鸡犬之声相闻，民至老死不相往来。”使人民认为他们的饮食已很香美，衣服已很舒服，住宅已很安适，风俗已很安乐。邻国彼此可以互相望见，鸡犬之声互相可以听见，而两国人民至死不相往来。人民虽然不富足，但是所能够得到的食品便是最好的食品。老子以为发达的物质文明不会带来好结果，主张永远保持极低的物质生活水平：“五色令人目盲，五音令人耳聋，五味令人口爽；驰骋畋猎，令人心发狂；难得之货，令人行妨。是以圣人为腹不为目，故去被取此。”认为丰美的饮食，使人味觉迟钝，强调过于追求滋味反倒会伤害人的胃口。老子这里还提出了一个十分重要的饮食原则，通俗地说即吃饭的目的：“为腹不为目。”老子是针对当时饮食的奢靡之风而提出批评的，认为不应当在饮食的形式上下工夫，不应求其外在的美，而应求其实际，吃饭是为了饱肚子，不是为了好看。老子又有“为无为，事无事，味无味”的说法，“味无味”即以无味为味，于恬淡无味之中体味出最浓烈的味道来才是最高级的品味师，也算是一种独到的饮食理论。显然，老子的饮食观与其人生哲理密切相关，谈的是饮食，同时也是人生态度。老子还明确提到饮食对人的修养的重要意义，有“治身养性者，节寝处，适饮食”的议论。

老子有一句总结治国的名言：“治大国若烹小鲜。”小鲜，小鱼。老子将治理大国比喻为煎烹小鱼，就是要统治者决策必须准确稳定，如果朝令夕改，就像用铲子乱铲乱翻，锅里的小鱼就会被铲烂。

孟子是孔子以后儒家一大派，对后代的影响很大。孟子指明大自然给人类提供了无穷无尽的食物资源，关键在于统治者不违背自然规律：“不违农时，谷不可胜食也；数罟不入洿池，鱼鳖不可胜食也；斧斤以时入山林，林木不可胜用也；谷与鱼鳖不可胜食，林木不可胜用，是使民养生丧死无憾也。养生丧死无憾，王道之始也。”

孟子最有名的说法是：“鱼，我所欲也，熊掌，亦我所欲也，二者不可得兼，舍鱼而取熊掌也。生，亦我所欲也，义，亦我所欲也，二者不可得兼，舍生而取义者也。”在为了说明取舍之难时，用了鱼和熊掌难以割舍的比喻。比喻中的食物使得说理更为生动贴切。在同一节里他又说道：“一箪食，一豆羹，得之则生，弗得则死，嘑尔而与之，行道之人弗受；蹴尔而与之，乞人不屑也。”将对待食物的态度与人所应当具有的崇高气节相联系，成为警策之语。

《孟子·告子》：“告子曰：食、色，性也。”告子此一语实乃石破天惊之语，先秦思想家很少有人谈论到性的问题，对男女之间的事情中国人总是讳莫如深，而告子讨论了它，并且将它与食、与吃饭这一头等大事放在同一重要位置来谈，确实不能不让人感到意外。告子将人的追求概括为饮食之欲和男女之情两个方面，将食放在了第一的位置，从人的本性上说明了食品在人的本原的生存的意义上的重要性。据上，所以说中国食品文化发轫于先秦时期，深深地影响着后来的食品文化的发展。

0.4 世界文化视野下的中国食品文化

事物总是相比较而存在的，只有对比才能够更深刻地把握所要研究的对象。放在世界文化的大背景下看中国食品文化，就可以发现它有许多独特的地方。

0.4.1 中国人看重食品文化

中国人从来十分看重食品文化的地位。孙中山先生在其《建国方略》中说：“我中国近代文明进化，事事皆落人之后，惟饮食一道之进步，至今尚为各国所不及。”毛泽东同志曾对他身边的工作人员说：“我看中国有两样东西对世界是有贡献的，一个是中医中药，一个是中国饭菜。饮食也是文化。”孙中山、毛泽东都是伟大的政治家，极推中国饮食文化，是在总结了中国文化之后得出的结论。

把中国的食品文化放置于世界食品文化的大背景之下会是怎样的一种情景？台湾张起钧教授《烹调原理》一书序言说：“古语说‘饮食男女人之大欲存焉’。若以这个标准来论，西方文化（特别是近代美国式的文化）可说是男女文化，而中国则是一种饮食文化。”林语堂的《中国人的饮食》一文，对中外食品文化做了对比研究。他的结论很有意思，他写道：

> 没有一个英国诗人或作家肯屈尊俯就，去写一本有关烹调的书，他们认为这种书不属于文学之列，只配姨妈去尝试一下。然而，伟大的戏曲家和诗人李笠翁却并不以为写一本有关蘑菇或者其他荤素食物烹调方法的书，会有损于自己的尊严。另外一位伟大的诗人和学者袁枚写了厚厚的一本书，来论述烹饪方法，并写有一篇最为精彩的短文描写他的厨师。
>
> ……法朗士则是袁枚这种类型的作家，他也许会在致密友的信中给我们留下炸牛排或炒蘑菇的菜谱，但我却怀疑他是否能把它当作自己文学遗产的一部分传给后人。

舒文《中餐与西餐》指出饮食所反映的其实是文化的不同：“说起来吃应该属于一种个人行为，吃的感觉怎样，只有自己知道。西餐尊重个人意志，而中餐更强调共性。说中国饮食高明，是指厨师烹饪技艺的高明，吃的思想观念却并不怎么先进。相比之下，西餐体现出的饮食思想观念要合理得多。这或许是国人纷纷选择火锅的缘由吧。因为在中餐里，似乎只有火锅可以让食者随意选菜料，自己掌握火候并随意调配作料。在火锅里，中国人找到了吃的自由。”这一结论更多地是从精神文化的层次上来把握，中国人更多的是把吃饭看作是一种社会活动，通过吃，使自己融入社会，成为社会的一员。一般来说，“西方人重视营养和吃饱，抱着比较实用的态度；中国人则不同，讲究色香味俱全。论起食文化的精细博大，中华民族恐怕要数全世界第一，这从舶来品的辣椒成为中国一种独特深沉的文化就可以看出。此外，从民族看，东西方的饮食不同还有个生物因素。比如西方人认为人只有四个味觉：酸甜苦咸，东方人则认为除此之外还有一觉：‘鲜’，这也更进一步造成烹饪上的东西方差异。”①张光直的看法也许最有代表性，他说道：“在世界各民族中，中国人可能是最专注于食物的了。……中国人之所以在这方面表现出创造性，原因也许很简单：食物和吃法，是中国人的生活方式的核心之一，也是中国人精神气质的组成部分。”

0.4.2 外国学者看中国食品文化

那么，外国人是如何看待中国食品文化的呢？（美）尤金·N·安德森《中国食物》一书所附弗里德里克·J·西蒙《中国思想与中国文化中的食物》一文中这样描述他们眼中的中国食品文化：“正如林语堂所观察到的，中国人把进食作为难得的生活乐趣之一，他们对此事的专注超过了对宗教和知识的追求。……食物在中国人的生活中扮演一个如此重要的角色，致使许多人把中国人视为有着食物中心倾向的民族。他们不仅有着宽泛的食物选择范

① 吃：以文化的名义. 厦门晚报. 2004－07－07

围，而且在所有的社会层面发现对于美食的关注而这一点也反映在通常的问候语‘你吃了没有?’当中。的确有人注意到，食物不仅是平常的交谈话题，而且经常是支配性话题。……对中国人而言，烹调已超出了需求的范围，它是一门要被精通的艺术，人们不懈地试验以求做出更好的菜肴，这包括：菜要有视觉的吸引力，有时要做出不寻常的形状，如飞禽走兽的样子。中国的文学作品中大量的提到食物，这是因为对学者们来说，做一个美食家是可以骄于人前的事情，菜肴可以因他们而得名，而在英国，‘华兹华斯牛排’或‘高尔斯华绥炸肉片’则是不可思议的。”

0.5 中国食品文化研究

0.5.1 天人关系

国学大师钱穆先生将自己一生对中国文化的研究归结于“天人关系”，认为这是打开中国文化大门的钥匙。食品文化正好是天人关系的结合点。人乃天地之精气所生，人所食也是天地所能供给的最好食物，这些食物无一不是天地之精华，天地之精华造就了天地之间最具灵性的人。食物是天地所赐，不可暴殄天物；人仰给予食物，食物乃生命之源；食物的供给与否，直接决定政治局势的稳定与否，决定战争的胜负，因而，对于中国人而言，食物具有特殊的意义：“民以食为天。”人大地大天大，天最大，天盖过了一切，也因此食品文化的研究成为最为重要的事情。

从先秦时期起，没有一个政治家不是食品文化的研究专家，不是拿食物说话，不是以烹调为例说明政治的道理。唐代杜佑《通典》、宋代郑樵《通志》、元代马端临《文献通考》被称为“三通”，被认为是中国政治学著作的典范，就因为这些书都紧紧地扣住粮食生产、土地制度、赋税制度等等这些和国计民生紧密相关的要素，抓住了中国社会的命脉。说到底，就是把握住了食品的生产和分配。因之，中国文化研究的基础在食品文化的研究，要了解中国文化的最好切入点是中国的食品文化，它是天人关系的最好诠释物。也因为先秦政治家的影响，使得中国食品文化一开始就与政治结下了不解之缘，敏感的政治话题不好说，便拿饮食来作引子，用做饭来引出话题。因为他们的影响，食品文化从一开始就成为礼仪的承载物，成为人际交往的工具，食品作为食物这一点往往被忽视了。

对中国食品文化的研究，也应该紧紧的把握住“天人关系”。具体而言，即是把握住一对矛盾，矛盾的一方面是天，天即是大自然；矛盾的另一方面是人。大自然所生的物质种类是无限的，人的欲望也是无限的。表现在对食品的追求上是同样的，“食不厌精，脍不厌细”。人对食物的需求是多层次的，渐进的。首先是吃饱。这一层次实现以后，就要求吃好。什么是好？好的标准无限，不断膨胀，最后也就成了奢侈。试看今日，上到九霄云外，下到大海深处，天上飞的，地上跑的，水里游的，树上长的，凡是能被人吃的，没有不被人享用的。甚至有人已经摆开了“黄金宴”，那可是真真正正用黄金做的。黄金都可以为原料做宴席，那世界上还有什么东西不会被人作为食物？人的欲望是无止境的，对于食物的追求也是同样的。欲望是一种推动力，推动着人们去向大自然索取。大自然是无私的，袒露胸怀，所能够提供于人的，全都展示了。人也在不断的发掘，不断的探索，总有新的可食的东西被发现。但是对于某个人而言，对于某个时代而言，大自然对人的满足总是有限的。这是一对矛盾。因此，中国食品文化史就是这一对矛盾不断展开的过程，对于人而言，是一个不断探索、不断发现的过程；对于大自然而言，就是一个不断的满足人的需要的过程。今天人们所认识的世界，人们所享受的食品之丰富绝非古代或者上古时代人们所能够想象的。

中国食品文化同样是沿着天人关系矛盾的展开而不断丰富发展。首先是祖国疆域的不断开拓，生态环境更富层次感，还有江河湖海等地理环境的变迁，都使得生物品种不断增加，提供了更加丰富的食物。其次，无论是战争、种族冲突、外族侵入还是国家与民族之间的友好交往等等，都促进了人际的交流，无论是国家的分裂与统一，都打破了原来的社会结构，形成新的交往形式，这些都使得原来的食品结构、饮食方法、饮食习惯等等发生变化，相互作用，互为因果，新的思想观念形成，推动食品文化的不断丰富发展。

0.5.2 中国食品文化的创造者

中国食品文化的创造者可以划分为以下 3 个层次：

第一个层次是劳动者。当我们今天品尝着美食的时候，或许不会去想这些美食的创作者是谁：粮食是谁种的？菜是谁采摘的？猪是谁喂养的？山羊是谁猎取的？海南的荔枝是怎么运来的？冬日的大棚菜是哪个省的？厨师姓甚名谁？等等。千千万万的劳动者，他们已经隐没于美味的创造之中，而只是留下来无尽的回味。比如酒，人们总是愿意相信是某位神仙所造，而不大会认为是劳动者所发现。晋代江统写过一篇《酒诰》："酒之所兴，肇自上皇。或曰仪狄，一曰杜康。有饭不尽，委之空桑，郁积成味，久蓄氛芳。本出于此，不由奇方。"这种说法很有道理。酒是不经意之间被发现的，究竟是谁，已无从考订。但是有一点可以肯定，它只能是劳动者一瞬间的灵感，联想，加上不断的探究，反复的试验。说不定是多少人，经历多少年才完成这一发现过程。有一点可以肯定，它只可能是被参与饮食制作的人所发现，而机会绝对不会留给只能享受饭食的人。

第二个层次是社会上层。他们是享受者，但是同样参与了创造，只不过是采取了一种独特的方式。他们有着充裕的时间、完备的物质条件、社会的交往、更为繁复的礼仪的需要等等，因而对食品的种类、品质等等提出越来越高的要求，对烹调有更高层次的追求，在礼仪方面有更为详备的设计，更加注重饮食文化的社会意义，这些都推动了食品文化的发展，使得食品的种类更加丰富，使得烹调方法更加完备，使得食品更加成为社会交往的黏合剂。

第三个层次是士人，即后来所称的知识分子，或者称为美食家、饮食理论家，他们是食品文化理论体系的创造者、完成者。随着社会分工的日益严密，有人专门从事思想体系的建构、人类智慧的总结这一工作。中国食品文化的开端就与政治伦理思想有着千丝万缕的联系，一开始就承担着政治思想和社会伦理的宣教功能，是社会心理的体现者，在人们的饮食活动中渗透着许多教化的作用，所以先秦时期的政治家就是美食家，在他们的著作中处处闪耀着思想睿智的火化，创建了中国食品文化的最初体系，中国食品文化的大致走向从此确定。如果没有陆羽，没有他所撰写的《茶经》，就不能说中国的茶文化体系已经确立；如果没有袁枚，没有他所撰写的《随园食单》，就很难想象清代人所享用的是怎样的食品，其配料、形制、色、香、味怎样，又是如何制作的，是否可以再现？且不说古代的小说中无一不写饮食，《红楼梦》、《水浒》、《三国演义》那一形象生动的人物不是有"食"在其中穿插？当代的文化名人亦无不参与了饮食文化的创造活动。孙中山、林语堂的大论人人耳熟能详，陆文夫有专写美食家的小说《美食家》。此外，总论吃的，夏丏尊有《谈吃》，钱钟书有《吃饭》，沈宏非有《写食主义》，符士中有《吃的自由》；谈天下四方的，汪曾祺有《四方食事》；谈文人与饮食的，汪朗有《胡嚼文人》；谈一地之食品的，朱自清有《话说扬州的吃》，郁达夫有《食在福州》；谈一味食品的，黄苗子有《豆腐》，林斤澜有《家常豆腐》，张爱玲有《草炉饼》，叶圣陶有《白果歌》，姚雪垠有《一鱼两吃》，冰心有《腊八粥》，等等。历史学家逯耀东更多的是以饮食美文名扬天下，周芬娜的《品味传奇——名人与美食的前世今生》将古今名人与美食连接起来，原来，那些社会名流无一不有美好的饮食故事。

欧洲人关于美食家的概念是与中国不同的。法国美食家协会这个在欧洲久负盛名的专家组织提出：美食是一门需要加以确切定义的艺术。作为20世纪的美食家的首要标准，就是饮食有度，同时，只食用质佳而烹饪得当的食物，饮用高质量的饮料，这些饮食不仅可满足人们的味蕾的需要，而且具有美好的味觉。美食家并不追求烹饪过程繁杂的食品，他们把鸡蛋煎得恰到好处，色味俱佳，而不是随便糊弄在一起。

中国美食家的概念就要复杂得多。说起美食家这个概念，似应从“饕餮”一词开始。古语的“饕”，词义之一乃是“贪嗜饮食”，《说文》、《韵会》都有此说。“饕餮”则指恶兽名，只要到博物馆参观，就会发现古代钟鼎彝器琢饰的饕餮形纹，商至西周时的青铜器物最多。“饕餮”一词还用来指贪食贪财的凶人，是个贬义词。我们现在也还用“饕餮之徒”来比喻贪婪之辈或比喻贪吃的人。但自北齐颜之推说过“眉毫不如耳毫，耳毫不如项绦，项绦不如老饕”①之后，“饕”的含义就有了会吃、善吃之意，而不只是指贪吃了。时至宋代，苏东坡写下著名的《老饕赋》，“老饕”一词则成了古代美食家的称呼。“美食家”一词首见于文字所载，当是作家陆文夫先生在1982年秋所写的小说《美食家》，这本六万多字的书，描绘了一个叫朱自治的美食家的饮食活动，小说出版后，又拍成了电影。“美食家”这个词就逐渐成为人们常用的口语了，“老饕”一词也就渐渐消退。

当然，他们的创造是一种升华和加工，他们只是根据具体操作者的描述，加之自己的观察、体味、尝试等等才完成的。当然，也不排除他们之中有人能够亲自下厨，能够亲手做出丰盛的宴席。同时，一生以美食的品尝为职业的人如凤毛麟角，这些理论的创造者大多是业余的，如陆文夫《美食家》中所描述的专门的美食家毕竟是很少的，也是历史的偶然的机遇成就了这位美食家。

对于当代的中国人而言，要成为美食家并不是一件难事，极大的物质财富的积累为每一个人提供了这种可能。饮食生活的丰富，使得人们通过一日三餐享受饮食所带来的审美愉悦和精神的满足，体味事物的哲理，认知中华食品文化的内在本质，感受“饮德食和，万邦同乐”的融融之乐，从而为构建和谐社会添砖加瓦。

思考与练习

1. 什么是食品？什么是食品文化？
2. 食品文化研究的意义及主要内容是什么，以中国的食品文化为例。
3. 为什么说先秦时期是中国食品文化的原创时期？
4. 如何在世界文化的大背景下看中国食品文化？

① (宋)吴曾《能改斋漫录》卷七

1 食品文化的特征

1.1 食品文化的特征

说到食品文化的特征，中西方饮食文化是有所不同的。西方的饮食，最初主要以畜牧为主，肉食在饮食中的比例一直很高，到了近代，种植业比重增加，但是肉食在饮食中的比例仍然要比中国人高。由于肉食的天然可口，所以西方人没有必要对饮食进行装点，可以说肉食的天然可口限制了烹饪的发展。欧洲人在显示富裕的时候，多是以饮食的工具来表现，如各种器皿的多少和豪华成为讲究的内容。另外也不把“吃”这种易于满足人生的事情作为人生的至乐来追求。同时，由于宗教信仰的原因，西方人注重心灵的救赎、信仰和感谢上帝等，不主张重视饮食，而以玩乐替代。相较之下，中国文化则可以称之为“吃的文化”。虽然中西方食品文化各有不同，但是仍然有许多共通的地方。

1.1.1 生存性

西方有一种观点：“世界上没有生命便没有一切，而所有的生命都需要营养。”“一个民族的命运决定于他们的饮食方式。”中国则有相对应的话，叫做：“民以食为天。”“食色，性也。”可见对于食品文化的生存性这一特征是没有疑义的，只是对于中国人具有十分深刻的含义。

为什么“民以食为天”这一谚语影响了中国几千年？为什么中国人把“吃”放在如此重要的地位？不少学者解释说，中国历史上灾荒太多，从《尚书·尧典》所记的洪荒时代到明清之际的黄河水患，还有赤地千里的旱灾，中国的大部分地区饱受干旱、洪涝、地震和其他灾难的困扰，食品生产受破坏，经济遭瓦解。世界上最可怕的自然灾害都发生在中国：华北地区的饥荒年年都有记载，可以说水旱频繁；东北的严冬经常将牧民的畜群全部冻死。中国人始终处于饥饿状态，吃观音土，吃野菜，树皮都扒光了，甚至于“易子而食”——不忍心吃自己的孩子，便交换了吃，这可是记载在“信史”上的！中国人饿怕了，能吃饱饭是一件最重要也是最幸福的事情。中国人每看到一件东西，首先想到的是它是否能吃。问候、请客、敬神、民谚都围绕着“吃”转。看到美女，中国人会说“秀色可餐”。连漂亮都可以拿来吃，还有什么不能吃？

为了说明食品对于生存的重要性，说明难得的食物是如何地扭曲着人们的灵魂，以下征引两则故事，都发生在1959～1961年的所谓“三年困难时期”。

故事A：一个人（暂且称之为A）童年时正赶上1960年那三年困难时期，他的老家在鲁西南，一个平常都吃不饱饭的贫困山村，何况全国人民都挨饿的那三年。在那三年的漫长时间里，A每天要做的唯一事情，就是寻找各种各样的东西往嘴里塞。槐树叶吃光了吃槐树皮，草根吃光了吃观音土。可是，那样的岁月，即使可以勉强吞咽下去的东西，也是那么少。

他经常坐在院子里发呆,有时饿得突然昏厥过去。A的父亲在人民公社的粮库工作。有一阵子,粮库里有一堆玉米,是响应伟大领袖的号召,留着备战用的。饥肠辘辘的父亲守着散发着清香的玉米,念着奄奄一息的妻儿,有几次动了偷的心思。但父亲想,那是公家的东西,即使我饿死了,也不去拿。可是父亲最终还是对那堆粮食下手了。确切地说是下脚。父亲穿着一双很大的布鞋,要下班时,父亲就会围着那堆玉米转一圈,用脚在玉米堆上踢两下,然后,若无其事地走回家。父亲的步子迈得很扎实,看不出任何不自然。可是鞋子里面那几粒或者十几粒玉米,硌得父亲双脚疼痛难忍。回了家,父亲把鞋子脱下,把玉米洗净、捣碎,放进锅里煮两碗稀粥。母亲和A趴在锅沿贪婪地闻着玉米的香味,那是两张幸福的脸。这时父亲会坐在一旁,往自己的脚上抹着草木灰,表情非常痛苦。这痛苦缘于磨出血泡甚至是鲜血的脚掌。回到家里,父亲的鞋子里总会多出几粒或者十几粒玉米、高粱、小麦、黄豆……这些微不足道的粮食救活了A及其母亲。饥荒终于过去,他们终于不必天天面对死亡。可是父亲,却没能熬过来。冬天回家的路上,父亲走在河边,竟然跌进了冰河。或许是饿晕了,或许是被磨出鲜血的双脚让父亲站立不稳,总之父亲一头栽进了冰河,就匆匆地去了。直到死,父亲都没能吃过一顿饱饭。A说,他小时候认为最亲切的东西,就是父亲的双脚和那双破旧的布鞋。

故事B:也是三年困难时期,村子里有一位妇女,给生产队推磨。家里有两个孩子和一个婆婆,全都饿得奄奄一息。万般无奈之下,她开始偷吃磨道上的生粮食。只是囫囵吞下去,并不嚼。回到家,赶紧拿一个盛满清水的瓦罐,然后取一支筷子深深探进自己的喉咙,将那些未及消化的粮食吐出来。后来她吐得熟练了,面前只要放一个瓦罐,就可以把胃里的粮食全部吐出。正是这些粮食,让婆婆和孩子们熬过了最艰苦的三年。她也熬过了那三年。可她的后半生,在完全可以吃饱饭的情况下依然延续这个习惯。不管什么时候,只要看到瓦罐,她就会将胃里的东西吐干净。

这样的故事虽然有些残忍,但是却深刻而生动地说明了食品对于人意味着什么,它怎样的改变了人。

1.1.2 传承性

食品文化的发展是一个不断创新的过程,在创新的过程中,时代在变迁,饮食习惯不断变化,但是仍有许多是不变的,这就是传承性。

不同国家,不同民族,由于区位文化的长久迟滞及内循环机制下的代代相传,使得区域内的食品文化传承牢固地保持着。食物原料品种及其生产、加工,基本食品的种类、烹制方法,饮食习惯与风俗,几乎都是这样代代相因地重复存在的,甚至区域内食品的生产者与消费者的心理与观念也是这样形成的。

1) 食品文化的传承性首先保留在现实生活中原始饮食文化的遗存中

原始饮食文化主要表现在两个方面:一是吃喝的分配方式和仪式;二是获取食品与加工食品的方法。

分配食物的方式和吃的仪式的保留,以中国为例,比较典型的是定居前的鄂伦春人,他们解放前夕仍处在原始狩猎经济阶段,猎获物属于公有,参加狩猎的人或全氏族平均分配食物。饮食器皿除装肉干的皮口袋以及筷子外,盆、碗、篓、箱、盒、桶等都是用桦树皮制作的。就餐时,一般围篝火或火塘席地而坐。老人、氏族族长、行猎长、佐领及贵宾坐正席(上席),

其余人分坐两旁，年轻妇女负责侍候，待客人吃完后再进餐。食物摆放在桦树皮上。鄂伦春人过去普遍崇拜火神“透欧博如坎”和熊。每年阴历腊月二十三日送火神上天（与汉族送灶神相似）时要供祭一次，大年初一早晨也要供祭一次。这种习俗即是历史遗存，反映了人们对于群体的认同和对本民族历史的记忆。

再如石烹也是原始食俗之遗风。除前文提及的鄂伦春人外，还有一些民族有此遗风。生活在云南横断山怒江大峡谷的怒族，以石板当饼档，烤出来的玉米面与麦面混合饼，又酥又香又脆；高山族布农人以石板烤甘薯，排湾人野炊时用石板烤鱼。排湾人还以椰壳当锅，烧热石头放入“椰锅”里烫水煮肉；云南纳西族在大理石板上和面，石板下用火盆加热，以此法和的面，烙出“丽江粑粑”，层次很多，每层很薄，色美味鲜，香脆可口，油而不腻，冷而不硬，驰名远近。西双版纳的傣族吃一种傣语叫做“捣”的青苔，把洗净的“捣”和调料放入大碗中，加清水，再放进烧红的鹅卵石，水沸，捏糯米饭团蘸碗中汤菜而食。西藏偏僻山村的路巴族习惯以石锅做饭煮菜，这可能是较高水平的石烹，虽费柴火，但粥香味美。

饮食之食具有其“顽固性”，西方人所用的刀叉和中国人所用的筷子就是两个最好的例子。看起来是食具的不同，而其背后却是食品文化的不同，反映了处理与自然的关系时的思维方式的不同。用筷子吃饭，是中国饮食风俗的重要特点之一，已有三千多年的悠久历史。早在筷子发明之前，中国人吃饭最初是用手抓食的。中国使用筷子约始于商代。先秦称筷子为“箸”。大约到了宋元之际，江南水乡一带改“箸”为“筷子”。明人陆容《寂园杂记》卷一载：民间俗讳，吴中（指苏州）行舟讳言住，箸与住同音，故谓箸为筷儿。

筷子仅仅是食品文化中历史遗传下来的一个典型代表，博大精深的食品文化是经过数千年历史沉淀下的精髓，是经过数千年的发展与完善才形成的。

2）菜系的形成，是饮食习惯的凝聚

中国古代菜系，早期仅有“帮口”之说。所谓“帮”，是指地方性行帮，“口”是口味、地方风味的意思。中国菜系笼统来说有两种：一是汉族的菜系；二是少数民族菜系。关于地方菜系的形成时期，目前有两种看法：第一种认为地方菜系形成在晚清；第二种认为是长期发展的。南北菜之分，先秦已见端倪。《周礼》“八珍”就是北方菜系的代表，其用料多为陆地所产。而《吕氏春秋·本味》所列菜肴多是南方菜的特色，其用料又以水产类居多。到唐代时，南方味一分为三：长江上游川味占优势，长江下游淮扬菜占上风，岭南与闽江流域则以粤闽味占主导。至宋代已明显有“川饭店”、“南味”、“北食”与“虏食”（指东北地区）之分。明清时期，尤其是清代，日益形成了鲁、川、扬、粤四大菜系。解放以后，又增为八大菜系或十大菜系。菜系因地理、气候、习俗、特产的不同形成了不同的地方风味，其中各大菜系交相辉映，各有千秋，成为中华民族珍贵的文化瑰宝。

3）餐馆名店老字号是传承性的标志

根据《“中华老字号”认定规范（试行）》的定义，中华老字号是指“历史悠久，拥有世代传承的产品、技艺或服务，具有鲜明的中华民族传统文化背景和深厚的文化底蕴，取得社会广泛认同，形成良好信誉的品牌。”我国拥有众多的老字号企业，如全聚德、楼外楼等等，这些中华老字号往往都传承了独特的产品、技艺或服务，具有中华民族特色和鲜明的地域文化特征，具有历史价值和文化价值。同时，经过长时间的历史检验，均具有良好信誉，得到了广泛的社会认同和赞誉，很多在国内外都享有盛誉。

北京是六朝古都，也是我国的首都。老北京的饭庄饭馆酒楼茶肆林立。由于外省在京

当官和经商的人很多，官场商界的交际应酬多，少不了要请客品尝家乡的风味，因此各地的特色佳肴美馔便汇集于此。清末民初餐饮业鼎盛时期，有名的饭庄不下三百号，享有盛名的有"八大楼"、"八大春"、"八大居"、"八大堂"等。20 世纪 70 年代末改革开放之后，北京的餐馆酒楼更是如雨后春笋、"遍地开花"，有人估计整个北京的大小餐馆约有十万家之多，平均每天有 5 家餐馆开张，有 3 家关闭。

北京的老字号饭馆有白魁老号饭庄、北京正阳楼饭庄、便宜坊烤鸭店、萃华楼饭庄、东来顺、都一处烧卖店、峨嵋酒家、仿膳饭庄、丰泽园饭庄、夫妻肺片北京店、鸿宾楼、淮扬春饭店、馄饨侯餐馆、晋阳饭庄、烤肉季、烤肉宛饭庄、老边饺子馆、老来顺斋饭庄、老正兴饭庄、庆丰包子铺、全聚德烤鸭店、森隆饭庄、砂锅居、泰丰楼饭庄、听鹏馆、同春园、同和居、同盛祥泡馍馆、西来顺饭庄、延吉餐厅、又一顺饭庄、玉华台饭庄等。

在这众多的餐馆中，我们可以领略到中华饮食文化的久远绵长，体会到中国人对吃喝的重视，对饮食文化的器重。

1.1.3 地域性

从某种程度上来说，地理环境是人类生存活动的基地。人类为了要生活和生存下去，就不得不努力观察，利用和改造环境，以便进行有效的文化活动，从而直接获取人们生存所必需的生活资料。不同地域的人们获取生活资料的方式、难易与气候等条件的不同，就产生和累积了不同的饮食习俗，即所谓的"一方水土养一方人"，形成因地域不同而千差万别的食品文化。有的学者提出了"饮食文化圈"的概念，依据中国饮食文化区位类型的不同，将中华食文化圈划分为 12 个小圈：① 东北地区饮食文化圈；② 京津地区饮食文化圈；③ 中北地区饮食文化圈；④ 西北地区饮食文化圈；⑤ 黄河中游地区饮食文化圈；⑥ 黄河下游地区饮食文化圈；⑦ 长江中游地区饮食文化圈；⑧ 长江下游地区饮食文化圈；⑨ 东南地区饮食文化圈；⑩ 西南地区饮食文化圈；⑪ 青藏高原地区饮食文化圈；⑫ 素食文化圈①。由于人群演变和饮食生产开发等诸多特定历史因素的作用，各饮食文化区的形成和演变时空均有各自的特点，他们在相互补益促进、制约影响的系统结构中始终处于生息整合的运动状态，一般说来，这种运动是惰性和渐进的。

以民众食品而言，就有非常明显的地区差异。各个地域的风味食品多是物美价廉的大众小吃，所以普通百姓都能享用，因而也就美名远扬，享誉天下，传承于今。

例如青藏高原海拔高，气候寒冷，身体所需热量大，所以人们多吃牛羊肉，而喝的茶，藏族是把牛奶、酥油和茶水混融于一体的酥油茶。青海和内蒙古地区都喜欢吃手扒肉(羊排骨肉)和烤羊肉。西宁市还有羊杂碎汤(把牛羊下水和碎肉炖一大锅，连汤带肉加主食吃)，吃了以后浑身上下、从里到外都觉得热腾腾的。青海的羊血肠、五香腊牛肉、酿皮子等食品在西北地区都很有影响。

东北地区冬季严寒，过去冬天缺少新鲜蔬菜，民间多用白菜来渍酸菜，用土豆做粉条，酸菜粉条炖猪肉也很普遍。东北人身材高大，饭量大，大碗吃肉、大碗喝酒成为表现豪爽性格的方式。

山东位于暖温带半湿润季风区，气候温和，雨量集中，四季分明。食物以面点为主。山

---

① 赵荣光. 中国饮食文化概论. 北京：高等教育出版社，2003

东的煎饼，是用玉米面、豆面和小米面等杂粮调成面糊，在饼锅上摊薄以后烙成的。过去是日常食品，吃时掺些水，使其变软，中间卷上大葱即可食。现在人民生活水平提高了，认为吃五谷杂粮有益于健康，山东人根据市场需求，给煎饼加上包装密封，像点心一样，销往许多地方，很受消费者欢迎。

山西中部地区面食的品种最多，这里平遥、大谷、祁县、榆次都是旧时晋商巨族的聚居地，他们走南闯北，富可敌国，却生性俭约，虽然没有舍得花出大把的银子吃出一种奢华的菜系，却将简朴的面食发展到了极致。仅煮着吃的面条就有拉面、拨面、切面、削面、溜尖、剔尖、擦尖、河捞、拨鱼儿、猫耳朵……其中揪片就以曾经票号云集的古城平遥最为讲究：和好软硬适度有筋道的面团，淤成一指厚的厚片，两面抹香油少许，用手掌压薄，再用拇指、食指和中指掐住面片，由下而上地用力，连掐带甩入锅，每片半个小指肚大小，中间稍凹，犹如一个小小的油灯盏儿。老太原人挑食，绝不吃街边小店里卖的机器压面，连刀切面都不怎么接受，只喜欢吃费时费力的揪片儿、拨鱼儿、猫耳朵。其实调和面粉的过程都完全一样，只是不同加工方式造成了口感的区别，而口感却是美食精粹。所以在太原卖面的小贩，一定卖自己手工擀制的面片，然后应顾客的要求，或切成细长的面条，或切成两头尖的柳叶面。

四川著名的风味食品很多，价钱又便宜，与“天府之国”的美誉相符。小吃中著名的有麻婆豆腐、夫妻肺片、担担面、赖汤圆等，尤其是各种各样的火锅，近年来几乎打遍天下，其麻辣的程度，想起来都让人吸气冒汗，火辣辣的犹如川妹子的性格。

贵州著名的是肠旺面、花江狗肉。贵州菜也讲究辣，但贵州人说，他们的辣是香辣，而四川的是麻辣，湖北的是热辣，湖南的是火辣，陕西的是干辣。若没有一定的品评水平，真的很难把辣分出风格来。

1.1.4 民族性

民族，是一个历史性的概念。从狭义上讲，是在历史上形成具有或基本具有共同语言、共同地域、共同经济生活、共同心理素质的稳定的人群共同体。从广义上说，有国度上的民族，如中国人、英国人、美国人等；也有地域上的民族，可分为大地域上的民族和小地域上的民族，如欧洲人、亚洲人等属大地域的民族，东欧人、西欧人、东亚人、西亚人等就属小区域上的民族。

无论是广义上的民族还是狭义上的民族，不同的民族长期赖以生存的自然环境、气候条件、经济生活、生产经营的内容、生产力水平与技术等的不同，以及各地区所索取的食物对象和宗教信仰存在差异，从而形成了以共同的区域、经济文化为基础的具有共同经济生活、共同饮食礼节与禁忌等共同饮食风格、共同饮食制作技法的具有区域或地方饮食品质的有别于其他民族的文化实体，即形成了各自不同的饮食文化。

饮食文化的民族性主要体现在传统的食物摄取、食物原料的烹制技法及食品的风味特色。饮食文化的民族性是由不同原因形成的，包括不同的饮食习惯和饮食礼仪、饮食禁忌等几个方面。

由于不同民族生活的自然环境不同，所以提供给人类生活的食物的种类、数量也就不同，那么食物原料就成了一个民族赖以生存的主要食物，这是人类长期进行定向摄食的主要原因。如小麦，考古学家发现，西亚是小麦出现最早的地区，距今 9 000 年亚洲西南部的人就已培植出密穗小麦，稍后又培植出普通小麦(面包麦)，这就说明西亚人那时就以小麦为主要粮食作物，这也是当今西方国家以面包为主食的一个重要原因。而在我国，小麦出现的时间估计是在距今5 000年前后，因此可以说那时小麦还不是我们的主要粮食作物，主要粮食作物是至今在我们生活中占有主要地位的粟，这也是形成我国以“五谷为养”饮食特点的原因之一。中国北方的主要粮食作物是小麦、玉米、高粱、土豆等，东北的朝鲜族、宁夏的回族和新疆南疆的维吾尔族也种植水稻，因而北方少数民族农民的主食是小麦、玉米、高粱(近20多年多用作饲料和酿酒的原料)。朝鲜族主食大米，维吾尔族在节日或待客时用大米做抓饭，青海的撒拉族、土族和部分藏族农民吃青稞面和土豆，南方的农业民族主食大米，藏族、凉山彝族、羌族、门巴族、珞巴族、纳西族、怒族、普米族等以玉米、青稞、荞麦等为主食。

长期的定性、定向地开发地域性食物，形成了各民族独特的饮食风尚。如面包技术和烤食技术的成熟和发展，使西亚人首先制成了面包，而饼食技术的成熟和发展，使我们中国人首先制成了面条、馒头和烙饼。中国有56个民族，除汉族之外，少数民族有55个。少数民族人口有1亿零6百多万，约占总人口的8.41%，其生活区域占国土面积的60%以上，主要分布在边疆省区，其分布特点是大杂居小聚居。由于各地自然条件的巨大差异，以及各民族经济状况的多样化，造成了丰富的物产和迥异的饮食文化。各民族的饮食是由本民族所从事的主要生产部门决定的，同时也受社会生产力发展水平的影响。由于生产活动受自然环境的制约，而吃什么不吃什么又受信仰习俗的影响，所以自然环境和传统观念也是影响饮食的重要因素。各民族都保留了利用自然条件，就地取材，制作食物的饮食习俗。在中国少数民族中，赫哲族和京族过去是以渔业为主，食物中鱼类和海产占重要地位。新中国成立后，由国家供应商品粮，食物结构也发生了很大变化，粮食成为主食，鱼肉类成为副食。鄂伦春族、鄂温克族、独龙族、基诺族等族过去以狩猎和采集为主，食物中总有野味和野生植物。新中国成立后，有的定居，有的逐渐转向农耕生产，因而食物也以粮食为主。从事畜牧业的藏族、蒙古族、哈萨克族、塔吉克族、柯尔克孜族、乌孜别克族(北疆农牧地区的)、塔塔尔族、裕固族等民族，以牧畜的肉乳为主要食品，而以粮食为辅助食物。如蒙古族牧民，一日三餐都离不开肉、奶、乳制品。他们可以把鲜奶分别做成奶豆腐、奶皮子、奶油、奶酪、干酪等乳制品。南方农业民族虽主食稻米，但也有差别。白族、哈尼族、纳西族、壮族、苗族、布依族、土家族、畲族、黎族、高山族、拉祜族、瑶族等族多吃粳米，而傣族、侗族、水族、仡佬族等族则嗜食糯米。但不论南方或北方，农业民族都有食用蔬菜和家畜家禽肉及蛋的习惯。

我国各民族在历史上的长期交往、互相学习，使各自的饮食习惯互相影响，交融相混。北方人“粉食”的习惯，南方人“粒食”的风尚，西、北民族的烘烤而食，都因文化交融而有所改变，添入了其他地方和民族的一些习惯，从而使各地区各兄弟民族的饮食更为丰富多彩。像南方民族原有的粽子便演变成南北共有的食品。关于“粽”之由来，历来流传是楚人吊屈原而作。但南北朝时吴均所作《续齐谐记》则记曰：“屈原以五月五日投汨罗，楚人哀之，每至此日，以竹筒贮米祭。今世俗置米于新竹筒中蒸食之，亦云筒粽。”这种筒粽类似于云南和台湾少数民族之竹筒饭，与通常所说的粽(角黍)不同。据晋周处说：南人“俗以菰菜裹黍米，以淳浓灰汁煮之，令烂熟，于五月五日及夏至吠之。一名粽，一名角樱”，这才近于今之粽子。由此可见粽子原起源于南方少数民族中，也并非因吊祭屈原才生产出此物，其食用也不仅在端午节。只要仔细考察一下我国南方和西南诸多少数民族的食俗，便不难发现人们常有以树叶或芭蕉叶裹米做饭的习惯。此法一方面省去蒸饭的炊具，另一方面能使饭获取植物叶片的清香，增加味感。这一味美而便于携带的食品自南北交通后便传入北方，成为人们普遍喜爱的美食。

1.1.5 审美性

1）人类对食品美的追求经历了一个十分漫长的发展过程

可以说，人类早期的历史，就是一部以食物资源及食品美的开发为主要内容的历史。火的发现与运用，使人类结束了茹毛饮血的蒙昧时代，进入了烤炙熟食的文明时代，这就为食品美的开发提供了物质基础。陶器的发明和使用，为人类主食的美化提供了基本条件。又经过长期的劳动实践，人类懂得了煮海作盐，这就有最基本的调味品。随着调味品的不断发现，随着人类烹饪经验和技术的日益成熟、烹饪器具的日益丰富、烹饪方法的日益多样，人类对食物质地的好坏、味道的甘美、食物的色泽和形态等方面的认识便随之不断提高。在此基础上，人类便开始自觉地将自己的审美意识注入到食物的烹饪中去。

在某种意义上可以说，人类最初的审美意识便萌发于食物的烹饪之中。这一点从汉字“美”字的最初含义也可以得到证实。汉代许慎的《说文解字》是这样解释“美”的：“美，甘也，从羊，从大。羊在六畜主给膳，美与善同意。”这就是后人所谓“羊大则美”、“羊大为美”。羊是人类最早的畜养动物之一，又肥又大的羊自然肉质鲜美，能够满足人们食物上的需要，因此它是善的、美的。显而易见，古人对美的解释是基于饮食的。古人常常就是从饮食能够给人提供享乐的角度来谈美的。就是说，对于人类来说，味觉审美的产生先于视听感官的审美。

与视听感官的审美相比较，味觉审美在感受方式上有着自己鲜明的特点。

在味觉审美中，不存在统一的、凝固的审美标准。虽然食品的美具有某种共同性，所谓“口之于味有同嗜也”，但这并不排斥不同的口味要求。西方有句谚语：“唯味与色无可争辩。”在味觉感受中，追寻统一的标准是没有意义的。“食无定味，适口者珍”，品味者感到合口的食品才具有美食的意义。

不同的个体有不同的饮食习惯和口味要求。而且，即使同一个人，他的味觉审美标准也不可能一成不变，最简单的例子是“食多无味”。相同的食品，对不同情况下的同一个人也未必产生同样的审美效应。

还应当看到，随着社会经济的发展和人们文化观念的变化，无论个人，还是民族、地区，其味觉审美的标准也处在变动之中。因此，从总的情况看，味觉审美的稳定性中存在着变异性，它的客观标准是相对的。

精于食道的美食家、专业的烹饪工作者之所以具备高于一般人的味觉审美能力，这同他们具有更多美食方面的知识是分不开的。有关美食的知识，品味的学问，内容十分丰富，涉及的领域也十分广泛。我国古今不少文学家、艺术家和大学问家，都是精于品味甚至臻于烹饪的美食家，这不是偶然的现象。从文人与美食的密切关系中，可以看到味觉审美与知识修养的内在联系。

2）食品美的构成

构成食品美的要素有很多，但其中最主要也是最重要的因素就是味。可以说，味是食品美的核心，因为人们评价食品的美与丑，总是以味道的好坏为最重要的标准。因此，味的开掘便成为食品制作的主要任务，好吃也就自然成为对于食品美的最高评价。

构成食品美的第二个要素是香味，它诉诸于人的嗅觉，以令人愉快的气味为存在方式。广义的味觉审美包括嗅觉的参与，包括嗅觉对香的感知。就味觉过程而言，香是品味的先导和铺垫，是引发食欲的重要前提。俗话说："未见其菜，先闻其香。"这表明，香本身就构成了一种审美，一种愉快的感觉。

构成食品美的第三个要素是色。味道、香气是食品的内在品质，色泽则可以看作是食品的外在形式。中国食品文化对食品色泽美的追求有着悠久传统，这从人们对食品美的评价得到鲜明反映。无论食品行业的专家还是普通大众，都毫无例外地把"色香味俱全"作为食品审美的普遍标准。

构成食品美的第四个要素是形。形是食品外在形式的另一个重要构成因素，包括原料的自然形态、成品的造型或图形等外观形式。

任何食品原料都有一定的形态，如河虾、湖蟹、海鱼等，其外在形式本身合乎美的规律，因而在烹制过程中应尽可能保持其原形原貌，以便让消费者在品尝其味的同时能够观赏其貌，获得美的享受。

如果说食品美的灵魂在于"味美"，那么食品美的神韵就在于造型。如中国菜就特别讲究造型上的美观，即便是家常菜，经过变幻莫测的刀工处理后，也能给人以视觉上的享受。著名的例子如扬州的"大煮干丝"，一块豆干要剖 32 片，切成的丝如火柴棒粗细，根根不断。成菜之后"形如云鬓"，给人以视觉的美感。又如南京的"炖生敲"，很少有人知道这"敲"是刀工里面非常特殊的方法。鳝鱼经过刀背反复敲打之后，长度是原来的 2/3，这样的长度在进行加热时收缩甚微，才能保证成菜之后其菱形块大小基本一致，充分体现其整体形状美。中国菜的刀工还要求做到对食品原料纤维的走向、性质的了解，如猪肉要斜着纤维切，牛肉要顶着纤维切，鱼肉要顺着纤维切，等等。这都是为了菜肴成形后保持其整体形状美。

1.2 中国食品文化的特性

除食品文化的共性外，中国食品文化有许多特性，比如对精神层面的承载。

1.2.1 礼、情、精、美

中华饮食文化植根于中华文化的思想和观念，建立在中华文化统一的道德观、社会观、价值观基础上，其意识核心与传统儒、道家的主张一脉相承，表现为"求和"、"养生"、"变化"，此即中华饮食文化的特性。在漫长的饮食文化成长过程中，不断凝练的"医食同源的辩证观"、"奇正互变的创造性思维"、"五味调和的境界说"、"孔子食道"成为中华饮食文化四大基础理论体系，是中华饮食能够成为独立的文化体系的理论基石。就其深层内涵来说，可以概括为 4 个字：礼、情、精、美。这 4 个字反映了饮食活动过程中食品本质、审美体验、情感活动、社会功能等所包含的独特的文化韵味，也反映了饮食文化与中华优秀传统文化的密切联系。

礼是指饮食活动的礼仪性。"礼始诸饮食"，中国社会注重人际关系，饮食之礼中贯穿情，是情感联络。中国饮食讲究"礼"，这与我们的传统文化有很大关系。生老病死，送往迎来，祭神敬祖都是礼。

情，这是对中华饮食文化社会心理功能的概括。吃吃喝喝，不能简单视之，它实际上是人与人之间情感交流的媒介，是一种别开生面的社交活动。一边吃饭一边聊天，可以谈生意，交流信息，采访。朋友离合，送往迎来，人们习惯于在饭桌上表达惜别或欢迎的心情。感情上的风波，人们也往往借酒菜平息。这是饮食活动对于社会心理的调解功能。过去的茶馆，大家都坐下来喝茶，听书，摆龙门阵或者发泄种种的不如意，实在是一种极好的心理按摩。中华饮食之所以具有抒情功能，是因为"饮德食和，万邦同乐"的哲学思想和由此而出现的具有民族特点的饮食方式。

精，是对中华饮食文化内在品质的概括。孔子说"食不厌精，脍不厌细"，这反映了先民对于饮食的精品意识。但是，这种精品意识作为一种文化精神却越来越广泛、越来越深入地渗透、贯彻到整个饮食活动过程中。选料、烹调、配伍乃至饮食环境，都体现着一个"精"字。中国食品文化中的精正刀工、精心烹饪、精雕细刻、精致食具真是达到了精美绝伦的境地，形成"包恶不食，臭恶不食，割不正不食，失饪不食，不时不食，火候不到不食，不得其味不食"的饮食习俗。

美，体现了饮食文化的审美特征。美，指食品的形神兼备，不仅外形美、气味美，而且所要表达的意思要美。中华饮食之所以能够征服世界，重要原因之一就在于它美。这种美，是指中国饮食活动形式与内容的完美统一，是指它给人们所带来的审美愉悦和精神享受。美作为饮食文化中的一个基本内涵，它是中华民族饮食的魅力之所在，贯穿于饮食活动中的每一个环节。

礼、情、精、美这 4 个字反映了饮食活动过程中食品本质、审美体验、情感活动、社会功能等所包含的独特文化韵味，也反映了饮食文化与中华优秀传统文化的密切联系，分别从不同的角度概括了中华饮食文化的基本内涵。换言之，这 4 个方面有机的构成了中华饮食文化这个整体。精与美侧重于饮食的形象和品质，而情与礼则侧重于饮食的心态、习俗和社会功能。但是，它们不是孤立存在的，而是相互依存、互为因果的。唯其精，才能有科学时代风尚的礼。四者环环相生，完美统一，便形成中华饮食文化的最高境界。我们只有准确把握"精美情礼"，才能深刻的理解中华饮食文化，因而也才能更好地继承和弘扬中华饮食文化。

饮食有道，各国皆然，唯中国饮食之道殊多。自古至今，特别是近一二十年来，不少学者、专家发表了许多论述，如四川烹饪专科学校熊四智教授在谈到"中国烹饪基本原理"时提出的"五味调和"、"营养卫生"①，台湾哲学家张起钧教授在讲到"调"时提出的"调味、调制、调排、调和"②，乃至天津图书馆高成鸢先生还以《中国饮食之道》为总题在《中国烹饪》杂志上发表了系列专论。所有这些都对研究中国饮食之道大有裨益。所谓中国饮食的根本之道，就是贯穿和渗透于中国饮食活动各个方面的最根本、最重要的规律和准则，也可以说是统领中国饮食制度各种具体规范的根本法则。

首先，世界上每一个民族的饮食文化无不体现一个民族文化的积淀因素和哲学思想倾向，中国饮食文化更是如此，它是集众多自然科学和社会科学成分为一体的瑰宝，其自身潜在地蕴含着大量的审美文化因素，这就使得中国古代哲学和美学思想不仅可以直接从饮食中产生，而且也可以建立在这种生活基础之上。事实上，历代的思想家、政治家就常常以饮

① 熊四智. 中国烹饪学概论. 成都：四川科技出版社，1988

② 张起钧. 烹调原理. 北京：中国商业出版社，1985

食之道而求安邦治国之道，如商朝开国元勋伊尹的“以滋味说汤，致于王道”①已成为千古美谈；老子的“治大国若烹小鲜”，把“调和鼎鼐”与“安邦治国”相提并论②；晏婴的“所谓和者，君甘则臣酸，君淡则臣咸”③，以调味之道，解开君臣“和”、“同”之异，遂使齐国称雄等等，都让人感到“吃”的文化势力是如何伸向四面八方的。所以说，离开中华民族的大文化去谈中国饮食文化是难以得出中国饮食文化的真谛的。

其次，中华民族的大文化是建立在中华民族所从事的物质生产，即一定的经济基础上的。中国是世界上农业起源最早的地区之一，自古以来就以农业为本，早在距今 7 000 年前后，中国先民就基本上脱离了以狩猎和采集为主的生活方式，进入到以种植和养殖为基本方式的农业社会。农业生产要求人们居住相对稳定，因此农民安土重迁的思想比较浓厚，这就导致中华民族传统文化在哲学思维的发展上包含了丰富而深刻的辩证法，在哲学观念上崇尚中庸，少走极端，主张调和。人们把“和”视为美，“和”成为中国哲学和美学中一个极为重要的范畴。《国语·郑语》所说的“声一无听，物一无文”讲的就是这个观点，即单一的一种声音不可能构成悦耳的音乐，孤立的一种物象亦不能组成绚丽多姿的景观；相同的东西加在一起难为美，不同的东西融合在一起才能形成美。琴是古代笙类乐器，主要用以和声，虽然原为音乐的概念，但它的内涵却极为深广，兼有理想的政治关系等。在中国的语言中，与“和”有关系的词句特别丰富，诸如“和者，天下之达道也”、“礼之用，和为贵”、“和洽诸夏”、“上下和谐，靡敌不下”、“和其光，同其尘”、“和理出其性”、“和解相通”、“天地和调，月有长久”，以及“和裕得众心”等等，所有这些，无不促成了“和”的处世哲学与品格形成，“和”成了中国传统文化思维方式和人生观的精髓。

1.2.2 食疗

医食同源、药膳同功是中华饮食文化的又一特点。在中国人的眼里，食物不但能果腹，而且合理的膳食更能养生、治愈疾病。食物与药物都有治疗疾病的作用。但食物每人每天都要吃，较药物与人们的关系更为密切，所以历代医家都主张“药疗”不如“食疗”。古代医者如此想的，也是如此做的。在治疗过程中，确实先以食疗，后以药疗。只在食疗不能见效时，才以药疗。古时人们称能用食物治病的医生为“上工”。如宋代《太平圣惠方》中有这样一段记载：“适食能排邪而安脏腑，清神爽以资气血，若能用食平病，适情遣疾者，可谓上要矣。”食物的治疗作用可以概括为 3 个方面，即“补”、“泻”与“调”。这要从食物的不同性能来解释。食物的性能概念来自长期的实践，是中医对食物的保健和医疗作用的认识和经验的总结。食物的性能概念主要有“性”、“味”、“归经”、“升降浮沉”、“补泻”等。

“性”或“气”是指食物有寒、凉、温、热等不同的性质或气质，中医称为“四性”或“四气”。凉性或寒性，凡适用于热性体质和病症的食物，就属于凉性或寒性食物。如适用于发热、口渴、烦躁、尿赤等症象的西瓜，适用于咳嗽、胸痛、吐黄痰等症象的柿霜糖，适用于肝阳上亢引起的眩晕的芹菜等，都属于寒凉性质的食物。温性或热性与凉性或寒性相反，凡适用于寒性体质和病症的食物，就属于温性或热性食物。如适用于风寒感冒、发热、恶寒、鼻流清涕、头

① 《史记·殷本纪》
② 《老子·六十章》
③ 吴则虞. 晏子春秋集释. 北京：中华书局，1962

痛等症象的生姜、葱白、香菜，适用于腹痛、呕吐、喜热饮等症象的干姜、红茶，适用于肢冷、畏寒、风湿性关节痛等症象的辣椒、酒等，都是属于温热性质的食物。平性食物的性质介于寒凉和温热性质食物之间，适合于一般体质，寒凉、热性病症的人也可选用。平性食物多为一般营养保健之品，如米、面、黄豆、山芋、萝卜、苹果、牛奶等。历代中医食疗书籍所记载的食性，如大热、热，大温、温、微温，平，凉，微寒、大寒等概念，只是表明食物性能方面的差异程度，而无明显界线。从统计数字分析，300 多种常用食物，平性食物居多，温热性次之，寒凉性更次之。一般来说，各种性质的食物除具有营养保健作用之外，寒凉性食物属于阴性，有清热、泻火、凉血、解毒等作用；温热性食物属于阳性，有散寒、温经、通络、助阳等作用。

"味"是指食物中的主要味道，中医把它们称做"五味"，即酸、苦、甘、辛、咸。中医认为，与食物的"性"一样，由于食物不同的"味"，便有不同的功效。酸味(包括涩味)有敛汗、止喘、止泻、涩精、缩收小便等作用，如乌梅、山楂、山萸肉、石榴、柿子等。苦味有清热、泻火、燥湿、降气、解毒等作用，如苦瓜、苦杏仁、橘皮、百合等。甘味有补益和缓解疼痛、痉挛等作用，如蜂蜜、饴糖、红糖、桂圆肉、米面食品等。辛味(辣味)有发散、行气、活血等作用，如姜、葱、蒜、辣椒、花椒、胡椒等。咸味有泻下、软坚、散结和补益阴血等作用，如盐、海带、紫菜、海虾、海蟹、龟肉等。此外，还有淡味，中医把它归属于苦味范围，有渗利小便、祛除湿气等作用，如西瓜、冬瓜，茯苓、玉米芯、黄花菜等。对食物而言，五味之外尚有"芳香"概念，这是针对具有特殊嗅味食物的作用而建立的。芳香性食物以水果、蔬菜居多，如橘、柑、佛手、香橼、芫荽、香椿、茴香等。芳香性食物一般具有醒脾、开胃、行气、化湿、化浊、辟秽、爽神、开窍、走窜等作用。

食物的"归经"也是食物性能的一个主要方面。归经显示了某种食物对人体某些脏腑、经络等部位的突出作用，它表明食物的重点选择性。如杏仁平喘止咳而归肺经，菊花治疗目赤、眩晕而归肝经，桂圆安神而归心经等。有的食物能归数经，说明其应用范围大，选择性广。如核桃纳气平喘、养血、健脑而归肺、肝、肾经。关于食物归经理论，在生活中和临床中的应用方面还是有一定意义的。如梨、甘蔗、香蕉都是性味甘寒的水果，但由于它们归经不同，也就是说"各走一经"。因此，梨偏于清肺热，甘蔗偏于清胃热，而香蕉偏于清大肠热。中医认为，食物的归经与"味"有一定的联系。一般情况下，辣味食物归肺经；甘味食物归脾经；酸味食物归肝经；苦味食物归心经；咸味食物归肾经。食物的"补"与"泻"一般是泛指食物的补虚与泻实两大方面。补性食物一般分别具有补气、助阳、滋阴、养血、生津、填精等功效；泻性食物一般分别具有解表、散风、清热、泻火、燥湿、利尿、祛痰、祛风湿、泻下、解毒、行气、活血、化瘀、凉血等功效。

总之，食疗反映了食物与人体的关系，是从整体角度去把握食物对人体的不同作用。

1.3 食品文化与科学

从宏观上来说，科学对于文化、艺术能够产生很大的影响。以中国传统饮食活动为例，古代人认为金石等一类东西是永恒不朽的，由于中国古代人的思维方式是在整体上认识事物，并非用类比法去推论食物，于是认为人要像金石一样永垂不朽，必须"饮丹"才能成神仙，从而达到永生的目的。从今天的营养科学来看，这似乎太过于荒谬了。但是从世界范围来看，营养科学诞生的比较晚，欧洲的营养科学直到 20 世纪初才日臻完善。自从营养科学普及以后，对人类的饮食文化起到了巨大的作用。现在饮食结构越来越合理、越来越科学了，不但讲究要吃得好、吃得饱，还要吃得健康。科学家们还制订出了“膳食宝塔”，讲求“平衡膳食”。即供给的热量适量，营养种类齐全，数量充足，比例合理，能满足人体正常的生理需要。

今天的饮食文化发展迅猛，我们要从饮食人类学的高度认识饮食文化的新发展，研究饮食所引起的民族特性和个性差异，研究饮食对健康和疾病的影响，这是饮食人类学最终的研究内容。因此，饮食文化体现了自然科学和社会科学的交叉和融合。科学合理的饮食已成为新世纪一个不可忽视的问题，也是人们追求的一种时尚，所以科学意识是中国食品文化的重中之重。

合理的膳食结构、恰当的烹调方法、食药合一的辩证思想、饮食有节有序的原则，构成了中华饮食养生完整的理论体系。养生，成为中华饮食文化内涵——“和、养、变”的重要构成，也是人类饮食之终极目标在总结历史经验基础上概括和阐发的饮食的系统性主张。饮食思想的科学主张是：“饮食追求美好，加工烹制力求恰到好处。遵时守节，不求过饱。注重卫生，讲究营养，恪守饮食文明。”它符合人类繁育和社会文明进步的要求。早在两千五百多年前，儒学创始人、伟大的思想家孔子所提出的“科学饮食”的思想对中华饮食有着广泛深远的影响。

全世界的营养专家都在研究“吃什么，怎么吃”，也就是研究食物结构的选择、配比，达到养生健身、延年益寿的基本需求，同时饮食之中既防营养过剩又防营养不足。首先古代养生家很强调进食之时要保持心情愉快，切忌抑郁，更忌动怒。其次主张少食多餐，反对暴饮暴食；倡五味平和，反对滋味过偏；注意饮食卫生和四季饮食调养，节酒肉以及多吃蔬菜和粥。

讲究火候：中国烹饪善于用火，从而产生既适合风味食物的需要，也适应不同养生的要求。特别是炒法“旺炒油，成菜快熟”。“炒”字到《康熙字典》还未被收录，却是比较理想的烹调方法。旺火急炒可使佳肴馔中维生素C的保存率达到94%，维生素A为90%，维生素B_1为87%，维生素B_2为79%，有机酸为55%。炒制菜肴时，不仅可以缩短成菜时间，从而减少对维生素C的破坏，旺火急炒还可以使原料水分外溢，既能保持菜肴色泽脆嫩，又能最大限度地防止维生素和无机盐的流失。火候分许多层次，旺火、中火、小火、微火，还有猛火、冲火、飞火、慢火、煨火等等。火候加上挂糊、上浆、拍粉、勾芡、淋汁等技法，加热可产生蛋白质变性、淀粉糊化、多糖裂解、纤维软化的效应，使菜肴形成酥、脆、柔、嫩、烂、滑、粉等不同质感。

讲究风味：既重视原料的本味，又重视调料的辅味，更着眼于五味调和。中国调味的原料达500余种，占到原料的1/6。五味包括多味，其中鲜味就是其一，也是多味追求目标。特别是制汤，由于汤用料多样，因此汤的鲜味物质也是复合的，包括谷氨酸、肌苷酸等等。

合理膳食：合理选择饮食结构，中国以植物性原料为主体，膳食结构是：“五谷为养，五果为助，五畜为益，五菜为充，气味合而服之。”①主食、副食、零食三分开，一日三餐概莫能外，主食占60%～70%（南米北面），副食菜肴占25%～30%，零食占5%。

---

① 《黄帝内经·素问》

思考与练习

1. 食品文化的特征是什么？

2. 中国饮食文化的特性主要表现在哪些方面？

3. 请从多个渠道查阅学者对中国饮食文化特征的总结，谈谈你的看法。

4. 四季养生与食疗关系密切，请查阅相关饮食文化资料，写成报告。并分小组讨论人体健康、季节和食疗养生的关系。

2 食品文化的功能、影响和传播

中华食品文化的形成是建立在中国历代先人广泛的饮食实践基础上的，是中华民族悠久灿烂文化的重要组成部分，它标志着各个历史时期中华文明的发展进程和进步过程，反映了中华民族自古以来就是一个热爱生活，追求真善美的民族，从一个侧面体现了中华民族的创造精神和独特风采。在世界食品文化的大背景下看中国食品文化，就会明显的觉得它具有伦理性、社会性、政治性，承载了过多的调剂人际关系的功能。食品本来的角色，所应当承载的仅仅是补充能量、延续生命这一最基本的功能，但是中国人的饮食，还承担了除此之外的功能。

食品是人类生存和发展的根本条件。食品承载的文化源远流长、博大精深，在人类进化的漫长生活体验中，食品除具有满足人们生理的需求功能外，还有许许多多的其他功能：养生功能、社会功能、娱乐功能……不断丰富着食品文化的内涵，还凝聚着人类的聪明和智慧。

2.1 食品文化的功能

2.1.1 养生功能

养生，又称摄生、道生、养性、卫生、保生、寿世等等。“养生”一词最早见于《庄子》内篇“养生主”。所谓生，就是生命、生存、生长之意；所谓养生，即通过保养、调养、补养之道，达到延续生命之意。总之，养生就是保养生命的意思。随着人们精神生活的日益丰富和物质生活水平的不断提高，渴望健康、长寿已成为人类追求的最高目标，“尽终其天年，度百岁乃去”。但是怎样才能健康，如何能颐养天年，“养生之道”已经成为人们谈论的热门话题。养生的方法多种多样：推拿养生、环境养生、情志养生、运动养生、药物养生、气功养生、针灸养生、饮食养生等等，其中饮食养生是最根本的养生方法。

饮食养生，简称食养或食补，就是按照中医理论，调整饮食，注意饮食宜忌，合理地摄取食物，以增强体质，增进健康，益寿延年的方法。中国饮食文化有别于西方的最显著的特点就是注重“养”，具体表现在日常饮食行为中就是特别注重饮食“补”的功能。中国人对饮食“补”的重视远远超过世界上其他民族，在长期实践中积累了丰富的知识和宝贵经验，逐渐形成了一套具有中华民族特色的饮食养生理论。据《周礼·天官》记载，早在 3 000 年前的周代，中国就建立了世界上最早的医疗体系。当时将医生分为“食医”、“疾医”、“疡医”、“兽医”四类，并明确提出以“食医”为先。“疾医”即内科医生，系用“五味、五谷、五药养其病”。“疡医”即外科医生，则“以酸养骨，以辛养筋，以咸养脉，以苦养气，以甘养肉，以滑养窍”。“食医”是负责管理膳食营养的专职人员负责调配周天子“六食”、“六饮”、“六膳”、“百馐”、“百酱”的滋味、温凉和分量，其从事的工作与现代临床营养医生类似，这是迄今已知人类历史上最早的“营养医学”的实践。中国饮食文化具有“医食同源”、“医食同用”甚至医食不分的特点，形成这种特点的原因固然有多种，但其深层次的原因则是“天人合一”思想观念的影响。首先，人的生命需要摄入一定的能量，而饮食方法对人生命的正常运动有着直接的作用。按照中国人的养生观，人的生命体内充满着阴阳对立统一的辩证关系，“人生有形，不离阴阳”①，而“阴阳乖戾，则疾病生”②。因此，日常饮食活动首先要做到阴阳相调相配。不仅人体有阴阳，而且世界上所有食物都各有阴阳禀性，并且两者之间有一种互感作用，只有将两者相配得当，才能维持生命的平衡，保证人体的健康，否则就会阴阳失调、疾病骤生。这就是说人之性只有配物之性，才会保持人体世界的阴阳平衡，其次，将人体脏腑组织与阴阳五行理论进行联系类比，形成“四时五脏阴阳”的学说，即人所有的食物，与天体的四时运行、人的脏腑器官，都有一种相生相补、相亲相和的一致性，所以饮食时应注意不同季节不同食物的不同性味变化，饮食不要偏嗜而要适宜，五味适宜，才能五脏平衡。“天”与“人”体现出一种同德同生、天人和谐的关系，这种关系不仅对人的生命现象有一种新的认识，而且还形成以“天”为主导的世界观，从“天人相应”到“天人合一”，表现了中国饮食文化中哲学、审美观念发生、发展的历程。而饮食文化中“天人合一”的思想观念，又是以重“养”尚“补”为其表现特征的。所以在中国饮食文化中，人们即使不生病，也常常吃补药，如用人参、茯苓、当归、枸杞子一类的药材泡茶、泡酒或煮汤，这类药材并不是医疗性的，而是预防性及调养性的。古代典籍中有专门讲补论养的内容，现代社会中也有《补品补药与补益良方》之类的书。

早在春秋战国时代就已形成：“其为食也，足以增气充虚，强体适腹而已矣。”③所谓“增气”，就是补充身体的热量，使身体有气力；“充虚”，即补充因身体消耗而带来的虚空，保证新陈代谢的需要；“强体”就是供给合理的养料，以便增强体质；“适腹” 就是满足口胃，使大脑皮层从适宜的食物中得到良性刺激，因而保证食欲，增强肌体的吸收功能。所有这一切的前提条件，则是身体的“虚”与“弱”，所以需要大补特补。早在周代，就已有“食医”④，到后来，这种观念同阴阳五行学说结合起来，更是将“补”强化到了极点。如《礼记·月令》中就将人的食物分为五谷和五畜，与五味和五行相对应，并规定了什么季节应该吃什么食物：春天食麦和鸡肉，味酸属木，可以补肝；夏天食黍和羊肉，味苦属火，可以补心；季夏食粟和牛肉，味甘属土，可以补脾；秋季食稻与马肉，味辛属金，可以补肺；冬天食豆和猪肉，味咸属水，可以补肾。如果五谷五畜不能顺时而食，就会五味错杂、五脏衰乱。无论是否科学，这种理论表现了古人对“补”的执著。因此，古代典籍中专门有讲补论养的内容：春秋战国时代，中医第一部总结性的经典著作《黄帝内经》中有“食饮有节，谨和五味”的至理名言。文中指出“虚则补之，药以袪之食以随之”，指出保持健康不能依靠药物，必须配合日常饮食调理。当时的名医扁鹊认为：“君子有病，期先食以疗之，食疗不愈，然后用药。”至唐代，大医学家、有“药王”之称的孙思邈在所著《备急千金要方》一书中列有“食治”专篇，收载有果实、菜蔬、谷米、鸟兽 4 类食物总计 154 种，并从医药学观点对日常食物进行了详细解说。至此，食疗已成为专门的学科。孙思邈指出：“食能排邪而安脏腑，悦情爽志以资气血”，提出“为医者，当晓病源，如其

① 《素问·宝命全形论》
② 《素问·宝命全形论》
③ 《墨子·辞过》
④ 《周礼·天官冢宰》

所犯，以食治之，食疗不愈，然后命药”的临床治疗原则，认为医生“若能用食平疴，适性遣疾者，可谓良工”。宋朝《太平圣惠方》列出了对28种疾病进行食疗的方法，明确了饮食的治疗学意义。自此以降，不仅在民间用食物防病治病、养生的民谚、歌谣广为流传，而且食疗专著也不断出现。饮食养生的功能概括起来主要表现为以下几点：

1）补充营养

《黄帝内经》中说：“食气入胃，散精于肝，淫气于筋；食气入胃，浊气归心，淫气于脉。”这里明确指出了饮食在进入人体以后，滋养脏腑、气血、经脉、四肢、肌肉乃至骨骼、皮毛、九窍等的作用。当饮食入胃后，通过胃的消化吸收，脾的运化，然后输布全身。可散布精华于肝，而后浸淫滋养于肌肉；精食精华之气归心，精气浸淫于脉，以充盈心脏、血脉。人体所需的营养物质，必须依靠饮食源源不断地予以补充。一个人一生中摄入的食物超过自己体重的1 000～1 500倍，这些食物中的营养素（中医称为“水谷精微”），几乎全部转化成人体的组织和能量，以满足生命运动的需要。由于食物的味道各有不同，从而对脏腑所起的作用也不一样。如《黄帝内经》中说：“五味入胃，各归所喜，故酸先入肝、苦先入心、甘先入脾、辛先入肺、咸先入肾，久而增气，物化之常也。”这说明了五种味道的食物，不仅是人类饮食的重要调味品，可以促进饮食、帮助消化，也是人体不可缺少的营养物质。食物对人体的营养作用，还表现在各种食物对人体脏腑、经络、部位的选择性上，即通常所说的“归经”问题，不同的饮食，归经不同。如：葱归肺经，可用于肺气不宣之咳嗽；苦瓜归心经，可用于心火上炎之口舌生疮；茶叶可明目清肝而归肝经等等。这说明要有针对性地选择适宜的饮食，以尽可能地发挥食物对人体的营养作用。

2）人身三宝“精、气、神”的物质基础

被称为人身三宝的“精、气、神”，来源于脾胃化生的水谷精微，是脏腑功能综合活动的结果，是构成人体、维持生命活动的基本物质。《寿亲养老新书》认为：“主身者神，养气者精，益精者气，资气者食。”强调了饮食是精、气、神的营养基础，只有机体营养充盛，精、气才会充足，神志才能健旺。

“精”有广义、狭义之分。广义的精，是后天水谷之精微所化生的物质，包括血、津、液等，是生命活动的基本物质，称为“脏腑之精”；狭义的精，是指具有生长发育及生殖能力的物质，称为“生殖之精”，二者相互滋生、促进。“气”也有两种含义：一是指体内流动着的精微营养物质，由水谷之精气与吸入的自然界大气合并而成，如营气、卫气等；二是指脏腑生理功能，如脏腑之气、经脉之气等。气是在一定物质基础上产生的生命运动形式，是人体一切生理功能的动力。“神”也有两种含义：广义的神是人体生命活动现象的总称；狭义的神是指人的精神思维活动。所谓“得神者昌，失神者亡”，即指神的重要性。

“精、气、神”三者既有各自的特点，又有内在的联系。精能化气、生神，是气与神的物质基础；精足则气充，气充则神旺；气能生精、化神，气足则精盈，精盈则神明；神能驭气、统精，神明则气畅，气畅则精固。三者协调统一，才能维持人体正常的生命活动。正如汪绮石《理虚元鉴．心肾不交论》所曰：“以先天生成之体质论，则精气生，气生神；以后天运用之主宰论，则神役气，气役精。精、气、神，养生家谓之‘三宝’，治之原不相离。”

精、气、神与人体五脏关系密切，中医学认为，人以五脏为本，一切生理过程均离不开五脏的功能活动。精、气、神是生命活动三要素。一方面，它们是五脏功能活动的重要保证，精为五脏提供物质基础，气是激发五脏的动力之源，神主宰调控五脏的整体协调。另一方面，其化生、储藏及运行又都是由五脏主持完成的。《灵枢·本藏》中说:“五藏者,所以藏精神血气魂魄者也。”由于五脏所藏精、气、神的内容及形式各异,形成了五脏不同的功能及特点。

精是五脏功能活动的物质基础,来源于父母及后天水谷,其化生与肾脾两脏关系密切。精藏于五脏,是谓脏腑之精;藏于肾者,即肾精。因精主静内守,故《素问·脉要精微论》曰:“五脏者,中之守也……得守者生,失守者死。”强调五脏藏精内守的重要性;《素问·六节藏象论》又曰:“肾者,主蛰,封藏之本,精之处也。”指出因五脏之精皆藏于肾,故封藏乃肾之功能特点。

气是五脏的功能及动力,它由元气、水谷气及清气化生,是肾、脾、肺三脏综合作用的结果。气生成之后不断运行于全身,其运动形式不外升降出入。气的升降出入运动具体体现在脏腑的功能活动之中,《素问·刺禁论》曰:“肝生于左,肺藏于右,心部于表,肾治于里,脾为之使,胃为之市。”诸脏在各自的生理活动中构成了肝升肺降、心肾相交(心降肾升)、脾升胃降3个特定的结构单元,以完成气在体内的环周运动。

神是五脏的主宰及外在征象,由五脏功能活动所化生。《素问·阴阳应象大论》曰:“人有五脏化五气,以生喜怒悲忧恐。”神分藏于五脏,即神、魂、魄、意、志,如《素问·宣明五气》曰:“五脏所藏:心藏神、肺藏魄、肝藏魂、脾藏意、肾藏志。”神统归于心,即为全身之主宰,《素问·灵兰秘典论》曰:“心者,君主之官,神明出焉……主明则下安……主不明则十二官危。”说明心藏神主明,心神昌明,则诸脏协调;心神失明,则诸脏功能皆失。

总之,精、气、神与五脏关系十分密切,两者均是生命活动的主要内容,精、气、神着重于生命基本要素的阐发,五脏是对生命整体功能系统的概括,是生命活动的执行者。因此,精、气、神是五脏系统的功能保障,而五脏系统是精、气、神发挥作用的场所及载体。

3)预防疾病

中医非常重视“治未病”,即防病于未然,并把它提高到战略高度来认识。《黄帝内经》说:“夫圣人之治病也,不治已病,治未病;不治已乱,治未乱。夫病已成而后药之,乱已成而后治之,譬犹渴而穿井、斗而铸锥,不亦晚乎!”“治未病”重要的一条,就是加强饮食的滋养作用,因为饮食对人体的滋养作用本身就是对人体的一种重要的保健预防。对于这一点,《黄帝内经》又指出:“正气存内,邪不可干。”即当人体正气充盛,邪气就不能侵袭使人致病。正气怎样才能充盛呢?这就要合理安排饮食,只有这样做,机体所需营养才能保证,五脏功能才可旺盛。现代医学证明,人体如缺乏某些食物成分,就会导致疾病,如钙质不足会引起佝偻病,维生素缺乏会产生夜盲症、脚气病、口腔炎、坏血病、软骨症等,而通过食物的全面配合,便可预防上述疾病的发生。祖国医学早在1 000多年前就已用动物肝脏预防夜盲症,用谷皮、麦麸预防脚气病,用水果和蔬菜预防坏血病等。此外,中医学还注意发挥某些食物的特异性作用,如用绿豆汤预防中暑,用大蒜预防癌症,用葱白、芫荽预防感冒,用胡萝卜粥预防头晕等。近年来,人们还主张用生山楂、红茶、燕麦降低血脂,预防动脉硬化,用玉米粉粥预防心血管病等。

4)治疗疾病

食物与药物都有治疗疾病的作用,但食物每人每天都要吃,与人们的关系较药物更为密切,所以历代医家都主张“药疗”不如“食疗”。远在古代,我国就很重视饮食治疗,《周礼天官》中提到的“食医”,与“疾医”、“疡医”、“兽医”,合为当时医学的4个专科。宋代《太平圣惠方》中将善于用饮食治病的医生称为“良工”,认为:“若能用食平疴,适性遗疾者,可谓良工。”

能够用于疾病治疗的食物很多，如猪骨髓可补脑益智、山楂消食积、大蒜治痢疾、当归羊肉汤治产后血虚、赤小豆治水肿等。

5）抗老防衰

《养老奉亲书》中说："高年之人，真气耗竭，五脏衰弱，全仰饮食为资气血。"这说明对于老年人，必须注意饮食的调配及保养，只有这样才能延缓衰老。清代大养生家曹廷栋提出老人以粥调治颐养，可以长寿。他说："老年有竟日食粥，不计顿，饥即食，亦能体强健、享大寿。"饮食之所以抗老防衰，其作用是通过补肾益气、滋肾强身而产生的。临床实践证明，肾的精气不足，常会导致牙齿松动、须发早白、健忘等未老先衰的征象。

总之，"食疗"作为中国食品文化的特色，在某种程度上印证了中国文化对天人关系的探讨，也求证了人的健康长寿与饮食之间的关系，而"食疗"正是追求人的健康长寿，提高国民素质一种途径。中国五千年的文明史对饮食和保健积累了丰富的经验，当今许多学者专家也致力于饮食营养的开发与研究，在提高中国人的体质上给予了更大的关注，同时对中式传统饮食进行了改善。

2.1.2 社会功能

自人类进入文明社会后，食品即成为人类社会活动的一个重要组成部分，在人们的社会交往中，就以其独有的物质特性和文化内涵，成为一位几乎无时不有、无处不在的社会"角色"。"吃了没？"是中国人问候语中使用频率很高的一句话，日常生活中的祭祀禳灾、欢庆佳节、婚丧嫁娶、迎来送往、贺喜祝捷、遣忧解闷等都与"吃"密切相关。这种"吃"，表面上看是一种生理满足，但实际上"醉翁之意不在酒"，它借吃这种形式表达了一种丰富的心理内涵和社会含义。在社会生活的方方面面，诸如人生礼俗、年节活动、人们日常生活中送往迎来以及酒肆茶馆中的交际等等，体现出饮食文化的社会功能主要有历史功能、教育功能、传承礼德、传递情感、陶冶情操、政治情愫等。

1）历史功能

中国食品文化的孕育呈现出明显的时代层次，好似不同年代的历史文物埋藏在同一地点的不同地层之中，故而它是活的社会"化石"，逼真的历史"录像带"，饮食文明史中的"特写镜头"。像"仿唐宴"中就有唐人饮食生活的风采，"孔府宴"中就有古代书香门第的翰墨气息。通过这一功能，人们记录、了解、研究中国食品文化发展史上的某些片断，进而探寻和总结中国饮食文化对全人类的贡献。

2）教育功能

中国食品文化有着深厚广博的群众基础，它们的产生大都蕴含着一定的功利目的。丰富多彩的食品文化，不仅可使人们熟悉自己祖先创造的灿烂文化，还能够通过食品文化活动潜移默化地进行传统教育，增强民族自豪感和民族自信心，形成良好的民族心理和民族性格。我国许多少数民族团结互助、豪爽待客的民风，在很大程度上都与食俗的长久熏陶有关。

3）传承礼德

中国饮食讲究"礼"，这与中国的传统文化有很大关系。生老病死、送往迎来、祭神敬祖都是礼。礼指一种秩序和规范。《礼记·礼运》说："夫礼之初，始诸饮食。"意即最原始的礼仪是从饮食开始的。基于饮宴中的礼仪，人与人的关系如中国古代君臣、父子、夫妇、兄弟、朋友的五伦关系都体现了出来，各人都得依礼而行。所以礼产生于饮食，又严格控制饮食行为。宴请宾客时，主客座位的安排，上菜肴、酒、饭的先后次序等，都体现着“礼数”。这种“礼数”不是简单的一种礼仪，而是一种精神，一种内在的伦理精神。这种精神，贯穿在饮食活动的全过程中，对人们的礼仪、道德、行为规范发生着深刻的影响。这种“礼数”在古代有古代的规矩，在今天有今天的礼仪，无论中餐还是西餐都有相应的礼数。

当然，饮食礼仪也反映出严格的社会等级区分和贫富悬殊的现象。例如元代大都的宫廷宴会均在大明殿举行，大汗坐北朝南，皇后坐在他的左边。皇子、皇孙及皇亲国戚均坐右边。他们的头和大汗的脚成水平线。其他诸王、贵族的席位依次降低。宴饮过程一切按程序和规定进行，自然还有乐舞伴食。同时也反映出鲜明的阶级和贫富悬殊现象。古代有钟鸣鼎食之家列鼎盛美食佳肴并伴以乐舞，贫民则瓦盆粗食充饥，随处可见“朱门酒肉臭，路有冻死骨”的社会不公平现象。

4）传递情感

食品是人与人之间情感交流的媒介。借食表意、以物传情普遍存在于人们的日常生活中，把情感融入热腾腾、香醇醇的饮食活动中早已成为人们情感交流的一种方法。一边吃饭，一边聊天，可以做生意、交流信息、采访。朋友离合，送往迎来，人们都习惯于在饭桌上表达惜别或欢迎的心情，感情上的风波，人们也往往借酒菜平息。过去的茶馆，大家坐下来喝茶、听书、摆龙门阵或者发泄对朝廷的不满，也是一种极好的心理按摩。因此，无论是文人墨客雅集宴饮的吟咏唱和，还是民间酒肆游戏的相互争逐，都在对不同口味菜肴的共同品尝中，在诗情画意的宴饮氛围中，达到了人与自然、人与人之间的和谐相处。

5）陶冶情操

食品文化在人类历史发展的进程中，与美术、音乐、文学等有着同等的提高人生境界的意义，它可让人洋溢出丰富的想象力和创造性。人们可在食品文化中去寻求心境的宁静，去追忆已逝的时空，去认识民族传统文化的精深，去寻找自己的寄托，增添生活的情趣。中国古代不少文人学士、书画名家，往往乘着酒兴挥毫泼墨、吟诗作画，创造出传世佳作。唐代大诗人李白就有“饮酒一斗做诗百篇”之誉，而且尝醉卧于长安酒肆，自称为“酒中仙”。唐代著名书法家张旭也嗜酒如命，“每大醉，呼叫狂走，乃下笔，或以头濡墨而书，既醒自视，以为神，不可复得也”。他清醒时，却写不出那样的“狂草”。

6）政治情愫

在以国家政治权力为中心的古代社会，人们的饮食活动、饮食行为始终自觉或不自觉或多或少要受社会政治干预或改造，呈现出鲜明的政治意识形态化特征。这主要表现在：把饮食行为与国家治乱相联系；从饮食烹饪理论中寻求施政治国的统治经验；把社会饮食活动纳入“礼”的政治伦理秩序；通过赐饮赐食或献食贿食把饮食作为笼络人心的政治手段或作为官场钻营的政治工具，以及社会成员在饮食消费、饮食资源占有方面的巨大悬殊导致尖锐的社会矛盾等等。中国历史上最突出的事例莫过于宋太祖赵匡胤“杯酒释兵权”的故事。赵匡胤做了皇帝后，惧怕拥戴他的功臣、将领篡夺帝位，于是在酒宴上策略性地说明其心迹，并指出诸功臣将领自保之道。诸功臣了解皇帝的深意后，纷纷称病，请求解除兵权。此举避免了藩镇割据之祸，加强了中央集权。这样的军国大事就是在酒宴上获得解决的。

“国以民为本，民以食为天。”饮食是人民生活中不可缺少的有机组成部分，饮食文化的社会功能还将随着社会生产力的发展，科学技术的进步，经济发展的提速，人们生活水平的提高，社会交往的频繁，不断丰富着饮食文化的内涵。深入研究它们的特征、属性和社会功能，对于国计民生无疑有着深远的历史意义和巨大的现实意义。

2.1.3 娱乐功能

所谓食品文化的娱乐功能，就是人们在食品文化的活动过程中获得快乐的效用。它作为一种社会现象出现而存在，有益于社会的生存发展完善。尤其是现代人，因生活节奏加快、工作压力加大和饮食社会化程度提高，人们在注重“吃得营养、吃得健康”的同时，更加追求食品文化的娱乐，以求获得享受。食品的娱乐功能主要表现在两个方面：审美乐趣和食俗乐趣。

1）审美乐趣

饮食品尝过程渗透着艺术的因子，美的欣赏贯穿于饮食活动的全过程。无论从饮食材料、饮食器具、饮食烹饪还是饮食环境、饮食本身，人们均可从中去创造美、欣赏美、品尝美，既可通过品酒去专注倾听酒中散发出的美丽动人的传说，又可通过宴请享受淳朴浓厚的亲情，也可以月饼寄寓一份团圆的美好情愫，当然也可在宴饮中抚琴歌舞，或吟诗作画，或观月赏花，或论经对弈，或独对山水，或潜心读《易》。在其中儒生可“怡情悦性”，羽士可“怡情养生”，僧人可“怡然自得”。人们就是在这种美好的饮食环境中畅神悦情，获得美的享受。

2）食俗乐趣

中国食俗既被广大群众所创造，又被13亿人民所利用。食品食俗又常和社交、婚恋、欢聚、游乐、竞技、集市相结合，带有很强的娱乐性。尤其是欢腾的年节文化食俗、喜庆的人生仪礼食俗和情趣盎然的少数民族食俗，多以群体娱乐的形式出现，表现了本民族人民对自己优秀文化的热爱，洋溢出健康、向上的精神和情调，人们可以从中获取乐趣，调适个人的物质生活与精神生活。汉民的春节、回民的开斋节，都是这方面的生动事例。

2.2 食品文化对人的影响

2.2.1 对性格的影响

性格是人们对现实稳定的态度及其与之相适应的习惯行为方式，是人的个性中最重要的心理特征。性格不是与生俱来的，而是后天塑造的。影响性格的因素很多，既有人本身的也有外界环境因子的影响。但是，任何环境因素都不能直接形成人的性格特征，它们必须通过人已有的心理发展水平和心理活动才能发挥作用。正如布特曼(Bultmann)所说：“每一个人都是他自己个性的工程师。”各种影响，首先要为个人接受和理解才能转化为个体的需要和动机，才能推动他去行动。作为渗透到社会每一个层面、每一个角落的食品文化，如中国的筷子文化，每一位中国人在很小的时候便会接受和理解，大人在教使用筷子的过程中，还教许多有关使用筷子的礼仪。所以有人说，中国的筷子文化造就了中华民族勤劳与智慧的品格。美国行为心理学家最近也通过大量的事实研究，证明人的性格与饮食有着密切的联系，两者相互作用，相互影响。

1）饮食观念对人性格的影响

饮食观念主要表现为两种：理性饮食观念和美性饮食观念，前者以西方人为代表，后者以中国人为代表。具有理性饮食观念的西方人在摄取食物时，基本上是从营养的角度理解饮食的。不论食物的色、香、味、形如何，营养一定要得到保证，讲究一天要摄取多少热量、维生素、蛋白质等等。即便口味千篇一律，甚至比起中国的美味佳肴来简直单调得如同嚼蜡，但理智告诉他：一定要吃下去，因为有营养。就像汽车行驶一段路程后需要给机器加油一样。享受在饮食中基本上不占有重要的位置，故而并不会过分地追求口味。在他们看来，如果一道菜或主食营养价值不高，尽管味道不错，也会被认为是没有意义的。正因为这个缘故，养成了西方人凡事都讲规范、科学、实用的性格。而具有美性饮食观念的中国人，他们吃饭主要是为了吃味，而不是获得营养。营养价值不高，但味道很好的东西，中国人仍乐此不疲。正是在这种讲究口味的动力下，烹调技术才得以持续发展，并达到相当高的水平。人们在品尝菜肴时，往往会说这道菜"好吃"，那道菜"不好吃"；然而若要进一步问一下什么叫"好吃"，为什么"好吃"，"好吃"在哪里，恐怕就不容易说清楚了。这说明，中国人对饮食追求的是一种难以言传的"意境"，即使用人们通常所说的"色、香、味、形、器"来把这种"境界"具体化，恐怕仍然是很难涵盖得了的。正因为如此，中国人更多的是感性、随意性的性格。

2）饮食类型对人性格的影响

以渔猎、养殖为主的西方人秉承着游牧民族、航海民族的文化血统，以采集、种植为辅，荤食较多，吃、穿、用都取之于动物，连西药也是从动物身上摄取提炼而成的。因而西方人喜欢冒险、开拓、冲突，常称动物性格。相反，以谷类为主的农业民族需要的不是进攻和凶猛，而是在耕作时的精心照料和耕作后的耐心等待，因而他们的性格必然倾向于平和娴静，这种性格常称为植物性格。

3）饮食方式对人性格的影响

世界上最典型的饮食方式是聚餐制和分餐制。聚餐制饮食主要体现在中国，聚餐制的具体表现就是不论是什么宴席，也不管是什么目的，都是大家都团团围坐，共享一席。这就从形式上造成了一种团结、礼貌、共趣的气氛。美味佳肴放在一桌的中心，人们相互敬酒，相互让菜、劝菜，在美好的事物面前，体现了人们之间相互尊重、礼让的美德。它符合我们民族"大团圆"的普遍心态。分餐制主要表现在西方国家，一般各吃各的，互不相扰，体现了对个性、对自我的尊重，将个人的独立、自主提到首位。

4）营养成分对人性格的影响

随着科学研究的不断深入，心理学家和社会学家提出了新的见解：不同的食物营养可以影响人的不同性格。例如情绪不稳定的人，往往是酸性食物摄入过量、缺乏维生素 B 和维生素 C 的缘故；优柔寡断者，可能是因为体内缺少维生素和氨基酸；性格固执者，常因喜吃肉类及高脂肪食物，血中尿素偏高所致等等。

5）味道对人性格的影响

饮食味道多种多样，人对其各有嗜好。有人总结说：喜欢吃面食的人能说会道，夸夸其谈，不考虑后果及影响，意志不坚定，做事容易丧失信心。喜欢吃甜食的人热情开朗平易近人，但平时有些软弱和胆小，缺乏冒险精神。喜欢吃酸的人有事业心，但性格孤僻，不善交际，遇事爱钻牛角尖，没有知心朋友。喜欢吃辣的人善于思考，有主见，吃软不吃硬，有时爱挑剔别人身上的小毛病。喜欢吃咸味食品的人待人接物稳重，有礼貌，做事有计划，埋头苦干，但比较轻视人与人之间的感情，有点虚伪。喜欢吃油炸食品的人勇于冒险，有干一番事业的愿望,但受到挫折即灰心丧气。

6）传统节日食俗文化对人性格的影响

中国悠久灿烂的传统节日食俗文化,无论是在社会还是在家庭,对中华民族的性格产生都有着深刻的影响,不断促进中华民族良好性格的养成。

春节,是中国一年中最重要的一个传统节日,春节的前一夜,就是旧历年的腊月三十夜,也叫除夕,又叫团圆夜,北方地区有吃饺子的习俗,南方有过年吃年糕的习惯。这是为什么呢？原来这是人们盼望在新的一年里,合家欢聚,团团圆圆,甜甜蜜蜜,一年更比一年好。人们在这种带有对生活美好追求的民俗节日中养成了乐观、向上的品格。

端午节,是中华民族古老的传统节日之一。端午节吃粽子,则是中国人民的又一传统食俗。而中国民众总是把端午节吃粽子与纪念屈原、纪念伍子胥联系在一起,由吃粽子传承屈原的爱国主义精神,培养孩子的爱国主义热情。

七夕节,一个富有浪漫色彩的传统节日,中国民众始终把它和牛郎织女忠贞爱情的传说相连,一些地方的姑娘们会在这一天带上有自己地方特色的饮食文化来表达她们对忠贞爱情的追求。如有些地方做巧芽汤来拜神,乞求上天能让自己像织女那样心灵手巧,祈祷自己能有称心如意的婚姻。她们在这种美好的追求中逐渐变得勤劳、自信和坚强。

中秋节,是我国众多民族中的传统文化节日,中秋与吃月饼相连,俗话中有:“八月十五月正圆,中秋月饼香又甜。”用月饼寄托思念故乡、思念亲人之情,祈盼丰收、幸福,期盼家人团聚。人们在这种带有良好期盼的民俗节日中培养出了亲情、友情。

重阳节,传统的节庆方法是赏菊并饮菊花酒,被现代人赋予新含义,同时定为老人节,使传统与现代巧妙地结合,通过这个节日培养人们尊老、敬老、爱老、助老的好风尚。

所以,充分理解食品文化的内涵,有利于优化人的性格,促进人良好品格的形成,从而对人的生活、工作、健康、家庭、社会都发挥着积极作用。

2.2.2 对民风的影响

什么是民风民俗？民风民俗是一种文化的千百年的积淀,是一种约定俗成的习惯,它与生活息息相关。过去有民风民俗,现在有民风民俗,将来也有民风民俗。民风民俗随食品文化的产生而形成,并随食品文化的发展而改变和丰富着。

民风民俗随食品文化的发展而经历了 3 个阶段：第一个阶段为自然饮食状态阶段,此阶段的人类与其他动物相似,采集到任何果实、捕获到任何动物均为生食,还不会用火烤。第二个阶段为熟食阶段,产生了烤食和煮食的饮食习俗。火的使用是关键,因为有了火,人们创造了熟食法。首先是烧、烤制食品,把捕获的兽肉剥皮后或放在火中烤,或叉到火上烧,找到了比生食更好的美味及补充体力的更好的办法。第三个阶段是烹调阶段,在熟食的基础上,人类的食物来源进一步扩大丰富,逐渐有了主食、副食之分。如农业社会中,稻米、小麦、玉米、高粱、小米等成了主要食物,蔬菜、禽蛋、肉类成了副食。各种主副食的不同搭配,造就形成了不同的风味和民族特色食品。为此,出现了新的社会分工,产生了饮食职业者,还发展了更多的饮食工具以及烹饪加工方法和饮食习俗。

在饮食的发展过程中,饮料占有不可忽视的地位。从简单饮水佐食到追求丰富的有滋味、有营养并有刺激性的饮料。最常见的饮料有茶、酒、奶。饮酒现成为世界上大多数国家、民族的习俗,饮茶也成为许多国家、民族的习俗,中国、日本还有专门的制茶、饮茶技艺。奶,现代几乎成为有条件借以改善食物结构和质量的普遍饮料，而且以奶为原料还可制成奶制品。

民风民俗还受食品文化的影响，形成了一些特定的食俗习惯。

1）日常食俗

人类最早采用早晚两餐制，农业有了进步后才渐渐采用一日三餐制度，这是人们普遍认为的正常饮食制度。一日三餐的食俗又因国家、民族、地区、历史、习俗的不同而有别。中国南方以米饭、粥、糕为主食，北方以馒头、面条、烙饼为主食。少数民族如居住于青藏高原的藏族则以“糌粑”和酥油茶为主食，西南边疆少数民族则多喜食糯米。副食主要是蔬菜、肉类、奶类和饮料等。我国各地的食品特产也很多，如北京烤鸭、天津包子、西安羊肉泡馍、广州“龙虎斗”、四川的麻婆豆腐、云南的汽锅鸡、无锡小笼包子等等，都是有名的佳肴。做各种菜肴时十分考究，仅菜谱就有上千种，并且不同地区形成不同的菜系，如京菜、川菜、粤菜、苏菜、湘菜等等。制作中十分讲究配料、刀法、火色、造型，做到色、香、味俱全。亚洲的一些国家日常饮食是大米、大酱、泡菜和大酱汤。欧洲、美洲的许多国家则以面包、蛋糕、肉类为主，早餐、午餐很简单，常常食用“快餐”，而晚餐则很正式，也很丰盛，是一家人一天中最好的团聚时光。

2）节日食俗

世界上各个国家的很多节日都具有民间传统性质或宗教色彩。所以，在这种特定的日子里，人们常常会食用具有特殊色彩或特殊意义的食物，以此来表示对节日的庆祝和纪念。

从年节及礼仪的社会需要出发，这种惯例形成了多种类型。如设宴席，席上盘盏数字、菜肴名目花色，都有祝愿吉祥的含义。又如我国正月十五吃的元宵、寒食清明的冷饭糕饼、五月端阳的粽子和雄黄酒、八月中秋的月饼和黄酒、腊八的粥、辞岁的饺子等等，都是节日礼仪的饮食。再如，宴席上的座次、上菜的顺序、劝酒敬酒的礼节、行各种酒令的内容和方法，也都有社会往来习俗中男女、尊卑、长幼关系和祈福避讳上的要求。

在中国汉族地区，一年之中最大的节日要数春节。春节期间的饮食也最为丰盛。节前十多天，各家即着手准备年货。除夕晚上全家要围坐在一起吃“团圆饭”，这天晚上的菜肴十分丰富，有条件的家庭都要做 12 道菜，象征一年的 12 个月，有丰富的象征意义。如鱼象征吉庆有余，吃鱼时要将鱼头留下，意为“有余头”；芹菜象征一年之中要勤快；葱象征聪明；蒜象征一年之中会计算；青菜、韭菜、粉条等合煮，称“长命菜”，全家老小都要吃一点。春节过后不久即是元宵节，此时要吃汤圆。接下来是端午吃粽子、中秋吃月饼、“冬至馄饨、夏至面”等等。

一些少数民族也和汉人一样过春节。藏族在除夕晚上，要把奶饼、手抓肉、血肠等食品准备好，年初一进食前要举行“放龙灯”、“烧柏香”等仪式，然后各人在嘴上沾一点糌粑面，表示自己是吃糌粑人的子孙。壮族人在春节期间互相赠送糯米饭，以此表示至亲至爱和亲朋间的盛情和敬意，并祝愿新的一年里吉祥如意。

许多少数民族都有自己的历法和年节。傣族新年就是泼水节，节日期间各家都要用糯米粉加红糖、香花做成类似年糕的食物，用芭蕉叶包成若干小包，分送亲朋好友。羌族人在欢庆节日时离不了咂酒。当男女青年手拉手跳到他们面前时就咂一口。这种独有的喝酒方式，大概只有羌族才有。一年中除了按时序算的共同节日之外，具体到一家一户来说，每逢婚娶、建房、寿诞等吉庆日子，也像节日一般热闹，其饮食习俗也是丰富多彩。

在泰国，每年泰历九月间举行素食节时，素食者们在 9 天的节庆期间，只喝菜汤和吃加有香料的米饭，切忌吃鱼、肉、酒，还不能与异性接触。

日本人在新年的除夕夜里要吃荞麦面，象征新的一年进程长长久久。元旦早晨，全家同饮"屠苏酒石酸"，共尝青鱼子、黑豆以及稍带甜味的酱油小干鱼等。据说这些象征吉祥的食物会带来子孙繁荣、身体健康。按习惯还要吃糯米做成的年糕，日本人称作"御杂煮"。

美国人每逢感恩节，仍要保持大摆丰盛宴席、举行歌舞晚会的传统欢庆的习俗，"火鸡"则是这一天必备的食品。

3）祭祀食俗

祭祀食俗来源于人们的灵魂不灭观念。古代，人们认为各种神灵、祖先在另一个世界里也过着人间一样的生活，也需要享用各种美味佳肴，所以祭祀时以食品供奉他们，就可以使他们感到愉悦，从而赐福人类。

自古以来人类就有把自己的饮食生活转移到信仰生活中去的习俗。人类饮食的本能和习惯，被理解为万物都具有的本能和习惯，所以从很古的时代便以"牺牲"供奉神灵或祖先。原始时代的"血祭"、"祭酒"、"供果"等，都是这种饮食习俗的转移形式。

在中国，祭祀食俗主要体现在很多节日里。人们以丰盛食品祭祀众神，感谢它们一年来给予人类的各种恩赐，并祈求新的一年吉祥安康，人畜兴旺。当然，供奉神灵、祖先的食品最终还是被凡人享用，祭神和娱人融为一体。胙肉就是祭祀后的肉，"赐胙"、"继胙"因而具有了特殊的政治上的意义。

在一些汉族地区，清明节扫墓时，要准备丰盛酒席，其中要特别做上几样死者生前爱吃的食品，祭毕，家人亲友在坟前选一草坪野餐共食。农历七月十五，有些地区也要以各种菜肴食品祭祀祖先。其他如端午节吃粽子、中秋节吃月饼，也含有一定祭祀内容。甚至在日常食俗中，也往往带有祭祀色彩。如在藏族地区，活佛喇嘛饭前要先念经，一般百姓饭前要用手沾酒或茶在桌上点 3 滴。各民族都有祭祀习俗，祭祀时少不了以食物为供品。祭祀用的牛称"天牛"。祭前，村中老人将牛宰杀，祈祷、念咒后将肉平均分给每家，大家又凑钱另买一头，准备下次祭天时用。

祭祀食俗中还有一层意义，即人们把祭品当作神人相通的中介，认为食用祭品就可以得到神灵祖先的福佑。基诺族举行成年礼时必须剽牛，以全牛祭祖先，然后将牛肉分给全村老幼，意谓人人都能托祖先的福。参与成年礼的青年面前置一桌，桌上摆着用芭蕉叶包好的两包肉，意谓祖先赐福。仪式后青年手捧这两包肉回家，全家共食这神圣的祭品。哈尼族祭神后分配祭品肉食，必须按户均分，各户男女老少都要分尝，即使出门在外的人也要给他留一点，认为只有尝到祭品，才会受到寨神的保护。

4）待客食俗

食物礼品的赠答往来，是很重要的民俗。如传统过新年到亲友家吃年酒，就是一种往来惯例，往往同时伴有答宴回敬活动，亲友之间十分盛行，用以维系社会上亲族、邻里、朋友之间的关系。由于阶级地位、经济状况的差异，这种习俗也自然分出了等级差别；又因社会关系的复杂，在特定的历史环境中，这种正常的礼尚往来也会转化成吃喝的不正之风。

待客食俗是人们在接待宾客、宴请亲朋时渐渐形成的，各国、各民族常常以自己特有的食品和礼节来招待远道而来的客人。尤其是在中国的各少数民族地区，待客食俗更是纷繁复杂。例如到彝寨做客，好客的主人马上端酒敬客人。不管客人会不会喝酒，在主人的盛情之下，是必须接饮的，哪怕只是用嘴抿一下表示领情，主人也会很高兴。然后主人杀鸡宰羊，准备佳肴，用酒招待客人。接待最尊敬的客人时宰杀牛款待，次之杀羊，主客不同餐，主人不陪客，让客人先吃，是彝家的礼节。客人吃得越多主人越高兴。客人吃完以后，放下筷匙，主人才开始吃饭。客人待主人吃完饭才告辞，热情的主人还要把牛或者羊的一条腿送给客人，请他带回家敬给长辈吃。

在西哈萨克族地区，每当亲友到来，主人一般都要宰羊款待。主人为了表示诚意，在宰杀之前，要把羊牵到客人面前，说一番美好的祝词，取得客人允诺，才将羊宰杀。羊肉经过烹调，端上席时，要将煮熟的羊头放在肉盆之上，并将羊头朝着客人，以示尊敬。这时主人要求客人用小刀先割去和吃掉羊头上的两腮肉并尝遍羊体其他部位以及心、肝之后，在座的人才能动手吃肉。对于十分尊贵的客人或多年不见的亲人，以羊款待还不够，还要宰马待客。宴席快结束时，主人还要将一大把碎肉凑在客人嘴边，要客人吃下。客人如果谢绝，则被视为小看了主人的诚意，所以必须吃下。这是一种热情得使人难以推却的习俗。

蒙古族设宴招待客人时，一般都要上全羊以示隆重。“全羊席”用上品羯羊烤制，以特制的炉子用微火慢慢烘烤。往往要烤好几天以后，将整只羊取出来，涂一层油，再接着烤。一般要烤4～5次，才能将全羊烤好。烤好的全羊肉，全身红亮，吃起来肥而不腻。食用前，先由长者朗声献词，献词完毕，由一个晚辈用刀将羊头皮划割几小块，捧给在场的长者，祭献天地火神，接着便把羊头皮划割成正方形，将零碎的肉块分给在场的小孩。这样，客人便可用蒙古刀边割边吃了。

待客时酒经常是必不可少的。在彝家山寨做客，主人总要拿出酒，和客人席地面对面而坐，边交谈边饮酒。这时主人还常常对客人说劝酒的话：“地上没有走不通的路，江河没有流不尽的水，彝家没有喝错了的酒，喝吧，尽情地喝！”直到客人醉了才不劝酒。每逢年节，彝家妇女还常抱一缸酒，插上几支竹管或麦秆，在家门口的路边上，请过往客人吸饮。饮者赞扬说：“甜不过彝家的麦秆酒，好不过彝家人的心。”在苗族村寨，每有客到即以酒献上，并殷勤劝饮。如客不饮或饮之不尽，主人则感觉不快。主人劝酒时经常唱祝酒歌助兴。妇女平时不饮或较少饮酒，但如遇客人也以酒相敬。

5）特殊食俗

在一些少数民族的饮食习俗中保留着原始平均分配的传统。如上山打猎，不仅参加者可以平均分配猎物，而且路上见到猎物的人也可以分一份。这种“见者有份”的习俗在饮食民俗中属于特殊食俗。

有些特殊习俗的形成与一定的生产条件、自然环境有关。如我国东北鄂伦春族在严冬出猎前，常喝一碗热熊油，以增强身体的御寒能力。亚热带地区的民族，为了适应当地气温高、雨量多、各种昆虫繁殖快的特点，把许多昆虫如蚂蚁、竹虫、花蜘蛛等当作美味食品。傣族、黎族等南方民族还有嚼槟榔的习惯。

2.3 食品文化的传播

世界上，到处都能够见到中国饮食文化的影响。那么，中国的烹饪原料、烹饪技法、传统食品、食风食俗等等，又是怎样传播到世界各地去的呢？

早在秦汉时期，中国的饮食文化就对外传播。据《史记》记载，西汉张骞出使西域时，就同中亚各国开展了经济和文化的交流活动。张骞等人除了从西域引进了胡瓜、胡桃、胡荽、胡麻、胡萝卜、石榴等物产外，也把中原的桃、李、杏、梨、姜、茶叶等物产以及饮食文化传到了西域。今天在原西域地区的汉墓出土文物中，就有来自中原的木制筷子。我国传统烧烤技术中有一种啖炙法，也很早就通过丝绸之路传到了中亚和西亚，最终在当地形成了人们喜欢吃的烤羊肉串。

还有一条西南丝绸之路，北起西南重镇成都，途经云南到达中南半岛缅甸和印度。这条丝绸之路在汉代同样发挥着对外传播饮食文化的作用。例如，东汉建武年间，汉光武帝刘秀派伏波将军马援南征，到达交趾(今越南)一带。当时，大批的汉朝官兵在交趾等地筑城居住，将中国农历五月初五端午节吃粽子等食俗带到了交趾等地，所以，至今越南和东南亚各国仍然保留着吃粽子的习俗。

此外，我国的饮食文化对朝鲜的影响也很大，这种情况大概始于秦代。据《汉书》等记载，秦代时“燕、齐、赵民避地朝鲜数万口”。这么多的中国居民来到朝鲜，自然会把中国的饮食文化带到朝鲜。汉代的时候，中国人卫满曾一度在朝鲜称王，此时中国的饮食文化对朝鲜的影响最深。朝鲜人习惯于使用筷子吃饭，朝鲜人的烹饪原料、饭菜搭配，都明显地带有中国的特色。甚至在烹饪理论上，朝鲜也讲究中国的“五味”、“五色”等说法。

受中国饮食文化影响更大的国家是日本。公元8世纪中叶，唐朝高僧鉴真东渡日本，带去了大量的中国食品，如干薄饼、干蒸饼、胡饼等糕点，还有制造这些糕点的工具和技术。日本人称这些中国点心为果子，并依样仿造。当时在日本市场上能够买到的唐果子就有20多种。

鉴真东渡还把中国的饮食文化带到了日本，日本人吃饭时使用筷子就是受中国的影响。唐代时，在中国的日本留学生还几乎把中国的全套岁时食俗带回了本国，如元旦饮屠苏酒，正月初七吃7种菜，三月上巳摆曲水宴，五月初五饮菖蒲酒，九月初九饮菊花酒等等。其中，端午节的粽子在引入日本后，日本人又根据自己的饮食习惯做了一些改进，并发展出若干品种，如道喜粽、饴粽、葛粽、朝比奈粽等等。唐代时，日本还从中国传入了面条、馒头、饺子、馄饨和制酱法等等。

中国菜对日本菜的影响很大。17世纪中叶，清代中国僧人黄檗宗将素食菜肴带到日本，被日本人称之为“普茶料理”。后来又有一种中国民间的荤素菜肴传到日本，称为“卓袱料理”。“卓袱料理”对日本的餐饮业影响很大，它的代表菜如“胡麻豆腐”、“松肉汤”等，至今还列在日本一些餐馆的菜谱上。

日本人调味时经常使用的酱油、醋、豆豉、红曲以及日本人经常食用的豆腐、酸饭团、梅干、清酒等等，都来源于中国。饶有趣味的是，日本人称豆酱为唐酱，蚕豆为唐豇，辣椒为唐辛子，萝卜为唐物，花生为南京豆，豆腐皮为汤皮等等。为了纪念传播中国饮食文化的日本人，日本还将一些引进的中国食品以传播者的名字命名。如明朝万历年间，日本僧人泽庵学习中国烹饪，用萝卜拌上盐和米糠进行腌渍，日本人便将其称之为泽庵渍。清朝顺治年间，另一位日本僧人隐元从中国传入菜豆，日本人便称之为隐元豆。

除了西北丝绸之路和西南丝绸之路之外，还有一条海上丝绸之路，它扩大了中国饮食文化在世界上的影响。泰国地处海上丝绸之路的要冲，加上和我国便利的陆上交通，因此两国交往甚多。泰国人自唐代以来便和中国的汉族交往频繁，公元9～10世纪，我国广东、福建、云南等地的居民大批移居东南亚，其中很多人在泰国定居，中国的饮食文化对当地的影响很大，以至于泰国人的米食、挂面、豆豉、干肉、腊肠、腌鱼以及就餐用的羹匙等等，都和中国内地有许多共同之处。

在中国的陶瓷传入泰国之前，当地人多以植物叶子作为餐具。随着中国瓷器的传入，当地人有了精美实用的餐饮器具，这使当地居民的生活习俗大为改观。同时，中国移民还把制糖、制茶、豆制品加工等生产技术带到了泰国，促进了当地食品业的发展。

中国饮食文化对缅甸、老挝、柬埔寨等国的影响也很大，其中以缅甸较为突出。公元14世纪初，元朝军队深入缅甸，驻防达20年之久。同时，许多中国商人也旅居缅甸，给当地人的饮食生活带来很大的变革。由于这些中国商人多来自福建，所以缅语中与饮食文化有关的名词，不少是用福建方言来拼写的，像筷子、豆腐、荔枝、油炸桧、油条等等。

距离中国稍远的几个东南亚岛国，像菲律宾、马来西亚、印度尼西亚等，受中国饮食文化的影响也不小。

菲律宾人从中国引进了白菜、菠菜、芹菜、莴苣、大辣椒、花生、大豆、梨、柿、柑橘、石榴、水蜜桃、香蕉、柠檬等蔬菜和水果，菲律宾人还爱吃中国的饭菜，如馄饨、米线、春饼、叉烧包、杂碎、烤乳猪等，日常饮食则离不开米粉、面干、豆干、豆豉等，使用的炊具也是中国式的尖底锅和小煎平锅。菲律宾人特别爱吃粽子，他们不但端午节吃，圣诞节也吃，平时还把粽子当成风味小吃。菲律宾的粽子造型依照中国古制，呈长条形，而味道则很像浙江嘉兴的粽子。

马来西亚在饮食文化上也受到中国的影响。据考证，马来人的祖先主要是来自我国云南一带种植水稻的民族，马来人的某些食俗同这些先民大有关系。例如，马来人的大米从种植到收获，都有类似中国古代的祭祀活动和礼仪。马来菜的烹制方法和中国菜相似。马来语中称作“塔夫”的中国豆腐，在当地十分受人喜爱，有些地方还把豆腐的色、香、味融入本土传统的咖喱菜中。

中国的饮食文化对印度尼西亚的影响历史悠久。历代来到印度尼西亚的中国移民，向当地人提供了酿酒、制茶、制糖、榨油、水田养鱼等技术，并把中国的大豆、扁豆、绿豆、花生、豆腐、豆芽、酱油、粉丝、米粉、面条等引入印度尼西亚，极大地丰富了当地人的饮食生活。

茶作为中国饮食文化的一项重要内容，对世界各国的影响最大。各国语言中的“茶”和“茶叶”这两个词的发音，都是从汉语演变而来的。中国的茶改变了许多外国人的饮食习俗，例如，英国人由于中国的茶而养成了喝下午茶的习惯，日本人则由于中国的茶而形成了独具特色的“茶道”。

思考与练习

1. 什么是食品养生？食品养生最根本的理论基础是什么？

2. 为何说食品养生是人体“精、气、神”三宝的物质基础？

3. 试以自己亲身经历过的一种中国传统食俗为例，说说你所感受到的食品文化的娱乐功能。

4. 你认为中国传统节日食俗对中国人良好品格的形成有影响吗？为什么？

5. 民风民俗随食品文化的发展而经历了哪3个阶段？

3 中国食品文化史

人类的文明始于饮食。中国是人类文明的发祥地之一，当然也是世界食品文化的发祥地之一。中国食品文化历史悠久，博大精深，是世界食品文化宝库中一颗璀璨的明珠，对世界食品文化产生过重要影响。本章试图通过对中国食品文化的介绍来揭示世界食品文化的发展。而中国食品文化又以长江、黄河流域以农业为主要生产方式的汉民族的食品文化为主体，兼及其他少数民族的文化。

任何事物都有其发生、演变的过程，食品文化也不例外。由于不同阶段食品原料和人们思想认识的不同，中国食品文化也表现出不同的阶段性特点。总体来说，中国食品文化的发展沿着由萌芽到成熟、由简单到繁富、由粗放到精致、由物质到精神、由口腹欲到养生观的方向发展。关于食品文化的分期问题，专家学者从不同的角度作了不同的划分。本教材将中国食品文化发展史分为萌芽阶段、成形阶段、初步发展阶段、全面发展阶段、成熟阶段和繁富阶段。

3.1 萌芽时期：原始社会

在人类发展的历史长河中，原始社会的历程最为漫长，人们的生活也最为艰辛。人们在艰难中慢慢的进步，从被动的采集、渔猎到主动的种植、养殖（尽管是原始的）；餐饮方式从最初的茹毛饮血到用火熟食；从无炊具的火烹到借助石板的石烹再到使用陶器的陶烹；从原始的烹饪到调味品的使用；从单纯的满足口腹到祭祀、食礼的出现。原始社会时期的人们在饮食活动开始萌生对精神层面的追求，食品已经初步具有文化的意味。所以我们把这一阶段称为食品文化的萌芽阶段。

3.1.1 食物来源与种类

从食品文化的角度看，人类早期的历史，是一部以开发主要食物资源为主要内容的历史。在原始社会，人们的绝大部分时间是在采集和渔猎中度过的，人们利用简便的工具，攫取自然界现成的食物，这种经济形态人们称之为攫取经济。在攫取经济时期，人们处于被动地位。在原始社会中期，由于人口相对较少，人们日出而作，日落而息，食物消耗相对较少，而大自然却为人们提供了丰富的动植物食源。从植物食源来说，人们春秋两季采集植物的叶、嫩芽、花果，主要植物有蕨菜、黄花、灰菜、苋菜、山白菜、米叶菜、兰花菜、杜鹃花、野葱、野蒜、水芹菜、青苔、葫芦、菱、藕、莲子、茨实、各种菌类等，秋冬则采集果实、挖掘块根，主要采摘竹笋、野芋头、野薯等。水果有野李子、山樱桃、野葡萄、野梨、野柿子、野香蕉、野柑、野橄榄、椰子、酸枣、杨梅，干果有榛子、橡子、松子、核桃等。正如《韩非子·五蠹》所说："古者丈夫不耕，草木之实足食也；妇女不织，禽兽之皮足衣也。”

动物性食源主要来自狩猎、捕捞，也有部分来自采集。采集的动物性食源主要是禽蛋、昆虫、蜂蜜，水域的螺蛳、小鱼、小虾、蛙、螃蟹、蜗牛、蝌蚪等。采集活动主要由老人、妇女、儿童来完成，青壮年男子主要从事狩猎和捕鱼。人类最早的狩猎工具主要是石块、棍棒，进而是砍砸器，还有加工成有尖的木棒，这就是矛。后来又发明了石球和流星索，这是旧石器晚期最有力的狩猎工具，能够远距离地杀伤野兽，可以猎取较大的动物。到了新石器时代，人们又发明了弓弩，弓弩可射杀远距离的动物，包括飞禽和走兽。狩猎是当时重要的肉食来源。因狩猎的对象不可能固定，能射杀到什么就吃什么，所以种类就多种多样。以河姆渡遗址为例，当时较容易猎获的野兽有野猪、赤鹿、梅花鹿、水鹿、青羊、猴、豪猪、青鼬、猪獾、大灵猫、小灵猫、猫、花面狸等数十种，还有较难猎获的猛兽如野牛、老虎、犀牛、大象、黑熊等等，射猎的野禽有野鸭、雁、鹤、鸬鹚、鹈鹕、乌鸦、老鹰等。当然还有各种鸟蛋也是美味食品。捕捞的水生动物有鲤、鲫、鲶、鳢、青鱼、鲻鱼、乌龟、螺、蚌、中华鳖、扬子鳄等。

由此可见，当时的肉食对象是很广泛的。另外，当时人们已经会从动植物身上提取毒药，把它涂抹在箭头上，进一步提高了弓弩的杀伤力。捕鱼也是攫取食物的形式之一，《初学记》卷二十二引《尸子》：“燧人之世，天下多水，故教民以渔。”在史前时期，鱼类资源极其丰富，有水就有鱼，捕捉的方法也很简单。多徒手捉鱼，摸鱼洞。在小的水域也可竭泽而渔，后来矛和弓箭也用于捕鱼。渔网的出现使大规模的捕鱼成为可能。《周易·系辞》：“古者庖羲氏之王天下也……作结绳为网罟，以佃以渔。”那时大自然就是一个大食物园，一年四季都有吃不完的食品。

当人类的脚步迈向新石器时期之时，人口明显增加，迫切需要更多的食物，而原来的渔猎活动的只猎不养，对自然界的动物食源破坏极大。而植物性食源有季节性，冬春两季植物枯萎，造成季节性食荒，原有的采集与渔猎之类的攫取经济越来越不能满足人类生存的需要。寻找新的食物来源，成了愈来愈紧迫的事情。于是大约在 10 000 年前左右，一种新的经济形式——生产经济开始出现，它包括农业和畜牧饲养业。

关于农业的起源，必须提到神农氏。古籍《淮南子·修务训》描述：“神农氏乃始教民播种五谷，相土地宜，燥湿肥墝高下，尝百草之滋味，水泉之甘苦，令民知所辟就。当此之时，一日而遇七十毒。”《新语·道基篇》：“至于神农，以为行虫走兽难以养民，乃求可食之物，尝百草之实，察酸苦之味，教民食五谷。”《白虎通德论·号》：“古之人民，皆食禽兽肉，至于神农，人民众多，禽兽不足，于是神农因天之时，分地之力，制耒耜，教民农作。”

当然这都是传说，农业的发明不是神农一人之功，而是集体智慧的结晶，是经过许多代人的摸索才实现的。传说把几万年缩成“一日”，把数百代人的奋斗化为一位英雄的伟业，更突出了其中的艰苦。我们可以把神农氏看作是这个时期从事农业生产的人的总称。许多学者都认定妇女是最早的农人，妇女在年复一年的采集活动中，对植物的生长规律逐渐有了一些认识。也许是将吃剩的植物籽实扔在住地附近，经历了春雨夏阳秋风，于是出现了发芽、开花、结果的现象。人们无数次地观察到完整的植物生长过程，常常收获到无意种出的果实，而且还是一些人们最爱吃的果实。就这样也不知经过了多少代人的经验积累，也不知经过了多少难熬的饥饿，妇女终于开始了最初的种植实验。原始的农业耕作非常简单，用石斧砍倒树木，用火焚烧土地，火烧过的土地松软、肥沃，不耕不翻，用尖木棒、鹤嘴锄刨坑下种，这即是所谓的“刀耕火种”。刀耕火种，地虽然肥沃，但灰肥皆浮在地表，在雨水冲击下极易流失，后来人们又发明了耒耜，用耒耜翻地，改变土壤结构，保存肥力。另外，据史前考古发现，远在四五千年前的良渚文化已有了石犁，出土数量相当多①。犁的发明大大改进了耕作技术，提高了农作物的产量。中国的农作物在史前时期就显示了南北的不同。在北方广大地区，农作物主要是粟，其次是黍、麦和高粱。中国是世界公认的粟的起源地，20世纪70年代考古工作者在距今八千年的河北邯郸磁山新石器遗址，发现了上百个贮藏粟的窖穴，积存的粟约有十万余万斤②。黍和稷大约与粟同时被我们的祖先驯化。黍、稷除了与粟同样具有耐贫瘠耐旱的特性之外，还特别适应生荒地，常常被作为新开垦土地上的先锋作物，所以在农业产生的初期显得更为重要，上古时期，稷被尊为农神③。

黍、稷等都是黄河流域的农作物，在长江及以南地区，主要种植水稻。大豆(古称菽)在南北均有种植。农业的发展为先民们提供了稳定的植物性食源，而为人们提供稳定的动物性食源的则是逐步发展的家畜饲养业。饲养业的起源据推测是由于一些大规模狩猎造成暂时性的动物性食物过剩，人们把一些小兽暂时圈起来，慢慢驯养，另一方面农业的出现，定居生活的持久也为动物饲养提供了有利条件。对动物的饲养大致经历了驯养野生动物、繁殖家畜和人工选择3个阶段。在新石器时代，“五畜”即猪、牛、羊、狗、鸡都已被驯化。

3.1.2 原始烹饪技术及炊具

在火未使用以前，人类的进食方式主要是生食，正如《礼记·礼运》所言：“未有火化，食草木之食，鸟兽之肉，饮其血，茹其毛。”这一历史时期，我们称之为“自然饮食状态”。火的使用在食品文化史上具有划时代的意义。

火使熟食成为可能。人类最早接触的熟食可能是偶然的。古代人们栖息的森林常因遭受雷击而引发火灾。当火灾过后，人们偶然吃到被火烧死的野兽和被火烤熟的坚果，觉得别有一番滋味，逐渐懂得食物是可以用火烧熟了吃的，而且味道更好。这是人类茹毛饮血时代结束的一个信号。尝到了熟食美味的人们开始想办法主动用火熟食。最初人们使用的火，是从自然火中保存下来的火种，后来，人们又在劳动中发明了钻木取火的方法。

关于火的发明，历来众说纷纭，但大家比较倾向于燧人氏钻木取火。《尸子》云：“燧人氏上观天象，下察五木为火。”《周礼·含文嘉》云：“燧人氏始钻木取火，炮火为熟，令人无腹疾，有异于禽兽。”

无论火的发明人是谁，但火的发明无论在食品文化史上还是在人类进化史上都具有重要意义。由生食到熟食，人类的进食方式开始与动物区别开来。另外，熟食加速了身体对养料的吸收，减少了寄生虫的侵害，在不知不觉中使体质起了良性变化，加速了从猿到人的进化过程。

人类最初的熟食方式，是把食物原料直接投入火中，或用木棍挑着在火上烤，这种熟食方式被称为火烹。后来人们又进一步学会用粘泥包着隔火烤，这样可以避免食物被烧焦，这种熟食方法叫“炮”。当时还没有炊具。

人们由粘泥联想到石块、石板，并把石块、石板作为烹饪器材。他们或者把食物放在石

---

① 宋兆麟.河姆渡遗址出土骨耜研究[J].考古，1979(2)

② 佟伟华.磁山遗址的原始农业遗存及其相关问题[J].农业考古，1984(1)

③ 黎虎.汉唐饮食史.北京：北京师范大学出版社，1998

板上烧烤，或者用火烧热石块烫熟食物。对人类这种早期烹法，古籍有记载。如《礼记·礼运》注说："中古未有釜甑，释米捋肉，加于烧石之上而食之耳。"《古史考》说："神农时民食谷，释米加烧石之上食之。"这个阶段被称为石烹阶段。石板、石块可称为是最早的炊具。但石烹的缺点是：植物的种子通过石烹很容易烤糊。于是我们的祖先在长期的实践中发现，被火烧过的粘土会变得坚硬如石，不仅保持了火烧前的形状，而且不易水解。由此，在距今11 000年以前，陶器产生了。在古代传说中，有3个人享有陶器的发明权，即昆吾、神农、黄帝。《世本》说"昆吾作陶"，还说"神农耕而作陶"；《古史考》说"黄帝始造釜甑"，总之那是十分遥远的事了。陶器应当是人类生活发展到一定阶段的产物，是长时期实验的结果。陶器主要用于农耕部落的饮食生活，它是因烹饪的需要而发明的，"耕而作陶、始造釜甑"的说法是极有道理的。陶器的发明使水煮成为可能，使烹饪法前进了一大步，从此中国进入原始烹饪的最高阶段——陶烹阶段。最初的陶器是陶罐，以后又出现了陶釜、陶鬲、陶钵、陶鼎、陶甑。陶甑的出现稍晚一些，它的形状似罐，底部有许多小孔，用时将它放在鬲、釜等上面，利用水烧开后蒸汽通过小孔把甑里的食物蒸熟。甑的发明使人们在烤、煮之外新增了一种熟食方法——蒸法。陶甑最早见于西安半坡遗址，这也是到目前为止世界上发现的最早用甑的历史。在甑的基础上又发明了甗，它是甑和鬲的结合体。新石器时代还发现有陶制的炉与灶等炊器。炊具的发展决定着烹饪的方式。正是由于炊具的不断进步才使烹饪技术一步步发展。到公元前3 000年，人类又发明了"煮海为盐"的方法。盐的成功熬制使中国烹饪进入了烹调阶段。当然，当时的调味品不只限于咸味调味品——盐，还有来自于甘蔗汁和蜂蜜的甜味调味品，酸梅作的酸味调味品，还有辣味调味品——野葱、野韭和野蒜。酒既可直接饮用，也作为调味品进入人们的烹饪活动。

3.1.3 进食方式和取食具

不同的食物原料和烹饪方式，影响人们的进食方式，进而产生相应的取食器和食器。

目前世界上有3种进食方式——用手、刀叉和筷子，这3种进食方式在史前时期都曾不同程度的存在过。用手抓食是最古老、最原始的进食方式。《仪礼·士虞礼》郑玄注："古者饭用手。"刀叉主要是叉取肉食。刀在古代叫匕，匕有两种。据王仁湘先生研究，大体可分为匕形和勺形两类。匕形一般为长条状，末端有薄刃口，用于吃肉；勺形匕称为柶，较明显地分为勺和柄两个部分。柶是古代取饭的器具，类似近代的汤匙，但匙端较浅平。从出土文物看，史前居民大量使用的是前者。至少在七八千年前黄河流域和长江流域都已开始使用匕。如河北省武安县磁山遗址发现的30多件骨器中，有23件长条形的骨匕。河姆渡遗址出土30多件骨匕，有长条形匕，也有勺形匕。制作精致，在匕的柄端刻有精美的纹饰。勺形匕只出土一件，是迄今年代最早的，距今约7 000年。叉是用来叉取肉食的器具，其出现的年代较晚，目前只在甘肃省武威市皇娘娘台齐家文化遗址中出土过一件骨叉，扁平形，三齿。也许在此之前曾使用过竹木之类的叉，否则骨叉就不可能诞生。叉作为取食器具，可能是从原始居民用树丫叉取动物在火中烧烤得到启发演变而来的。叉的出土证明我国古代原始居民已使用叉子进餐，从而改变了叉子从西方传入的观点。

《礼记·曲礼上》说："饭黍毋以箸。"又说："羹之有菜者用梜，其无菜者不用梜。"梜即箸，《广雅·释器》："梜谓之箸。"说明箸在古代是用来夹取羹汤中的菜食的。学者们都认为在新石器时代已经使用竹木制成的箸。先民们在烧烤动物时，不可能直接用手操作，需借助木棒、枝条或竹枝竹片来放置和翻动，取食时也要借助它们来拨弄挑刺。煮菜煮饭时用它来搅拌，吃菜时用它夹菜。

箸的发明和使用具有非常重大的意义，它一经使用，便表现出它特有的优越性，成为中华民族独有的取食器并一直沿用至今。

我们相信世界上有许多(如果不说所有)民族都曾有过用一根木棒为饪食工具和助餐具的历史，这可以被认为是人类饮食文化史上的一条普遍规律。但是，值得深思的是，其他民族只是将这一根曾经给了他们长久帮助的木棒投入火塘焚之，只有中华民族的祖先对其情有独钟，并心有灵犀地创造了两根并用的奇迹。

作为一种物质文明，箸在中国的发明可能是和农业经济和陶烹工艺有关，也是碗盛粒食和热食的必然结果。而它的普遍、持久使用反过来又加固了植物食料生产—甑釜饪物法—箸取食三者结构独特的中华饮食文化模式。以农业(种植及一定量的采集)为重心的食生产方式与生活模式决定了刺、串、挑、拨等功能助餐具的出现，这一工具的出现又反过来强化了决定其生存发展的生产方式与生活模式的存在发展。而作为一种精神文明，箸则更有超越物质层面复杂而深刻的蕴藉，箸的出现和普遍、持久、灵活使用对民族心理结构和思维方式产生巨大而深远的影响。箸由两根简单的木棍或竹棍组成(当然后来也出现了一些名贵材料的箸，比如象牙箸)，中正、和谐、协调不悖，是箸功能的运作原则，这一功能的一日三次，日日、月月、年年无穷尽的训练，无疑会对人们的心理模式与思维方式产生潜移默化的深刻影响。一以贯之于自三代以下的四千余年历史中的“无过无不及”的“致中和”的中华民族的民族心理和传统文化特征的形成便和箸的影响关系紧密。民族的基本心态是“忍为上”，“和为贵”。但我们应该清醒地认识到箸对民族心理产生的消极影响——求稳怕乱得过且过，和使用刀叉的民族相比，缺乏进取。

3.1.4 酒与酒器

酒在史前时期已经发明，并且有一定的发展，当时饮酒之风也已经很盛。这可以从出土的酒器种类和数量得知。以龙山时期为例，山东大范庄发掘26座墓，出土陶器725件，其中酒器644件。莒县陵阳河龙山文化有45座墓，出土酒器663件，占陶器总数的45%。当时的酒器已经有所分工，如陶壶、陶尊、陶瓶为储酒器，陶盉为注酒器，陶鬶为温酒器，陶杯、陶碗、木杯为饮酒器，斗、勺为舀酒器。至于酒的起源，本书有专章论述，在此不多赘言。酒的出现有可能早到采集经济时代，妇女极有可能是酒的发明者，因为妇女从事采集、粮食储藏、粮食加工和哺育婴儿，她们在长期的实践中发现：采集品或食物发酵会散发酒香。最初的酒可能是果酒，后来才有粮食酒。粮食酒的发明据说是由剩饭发酵而成。无论是果酒还是粮食酒，最初的发明都是具有偶然性，当农业生产发展到一定程度，人们的粮食供应有了剩余，能够拿出一部分来酿酒，酒就可能成为日常的饮料，就会出现专门的酒器。所以，酿酒术的发展，反映了当时农业生产的发展。

酒作为饮料，不仅能提供能量，缓解人们的饥饿，有益于身体健康，更多的是满足了人们心理上和精神上的需要。酿酒的出现直接导致了筵席的产生。酒也成了祭祀、社交娱乐的重要组成部分，从而导致了酒礼器的产生。山东龙山文化发现的“蛋壳高柄杯”就是一种专门的酒礼器。酒器不仅是盛酒工具，而且是礼文化的符号，从而具有文化上的意味。因此，我们认为，酒也是原始社会饮食文化萌芽的一个非常重要的标志。

3.2 夏、商、周：成形时期

夏、商、周时期的食品文化在很大程度上沿袭了原始社会食品文化的特点，又在发展过程中形成了自己的时代特点。在这近两千年间，食品源得到进一步的扩大。陶制的炊器、饮食器依然占据重要地位，但在上流社会，青铜制品已成为主流。烹调技术更加多样化。烹饪理论已形成体系，奠定了后世烹饪理论发展的基础。许多政治家、思想家、哲学家以极大的热情关注和探究食品文化，并各自从不同的角度阐明自己的饮食观点。在这一阶段，饮食距离单纯的果腹充饥的目的越来越远，其文化色彩越来越浓，人们普遍重视饮食给人际关系带来的亲和性，宴会、聚餐成为人们酬酢、交往的必要形式，食品的社会功能表现得越来越明显。中国食品文化的特征在这一阶段都基本具备。所以这一阶段被称为是食品文化的成形期。

3.2.1 烹饪原料的丰富和烹调技艺的大发展

人们一般把夏、商、周称作三代时期，这一时期是我国农业史上由原始农业向以精耕细作为主要特征的传统农业过渡的转折时期，或者说是传统农业精耕细作技术的萌芽时期。农业在春秋战国时期有了很大的发展，农业的发展为烹饪提供了丰富的植物原料。粮食作物主要有粟、菽、黍、稷、来、牟、粱、稻等。从瓜果蔬菜看，此阶段据文献记载有 20 多种，属栽培的有葵、韭、藿、薤、葱、芸、甜瓜、瓠、葑、姜、笋、蒲、芹、莲藕、茭白、菱、茨、芋、菲等，果实有桃、李、杏、枣、棘、梨、栗、榛、梅、橘、柚、樱桃、柿、木瓜等等。《诗经》至少提到了 44 种确定的或可能的食物性植物。陆地上肉食有猪、牛、羊、马、犬、鸡、鸭、鹅、鹿、象、虎、豹、熊、麇(獐)、兔、雉等。而畜牧业在当时也很发达，猪、牛、羊、马、犬、鸡、鸭、鹅等已被驯养而成为家畜，养殖业进入了个体家庭。海产有鱼、龟、鲸、鳖等。当时鱼类资源十分丰富，自然生态环境遭人类生存活动的破坏程度甚微，人们食用的鱼鲜水产品大都为住地附近的天然河湖所产。品种已很多，有鲢、鲤、鲂、鲲、鲬、鳣、鲕、鲔、鲦、鳊、鲨、鲆、鳢等，鱼类在商代前期已出现人工养殖。起初很可能在皇宫、贵族家做观赏之用，后来也开始成为养殖业，著名的陶朱公——范蠡就曾亲自养鱼并根据经验写成《养鱼经》。但当时无论是陆地还是海产都是饲养与野生并存。这些都为烹饪创造了优厚的物质条件。

三代时，烹饪技巧也达到了一定的高度。在原始社会，人们的熟食方法主要是烧、烤、燔、炮、蒸、煮，文献中的烹饪术语除了上面几个词语外，还有炙、烙、爆、脍、炖、熘、煨、渍、脯、醢、腊、醓、齑、豉、腌、臛(红烧)、酸(醋烹)炰、脜、濡(烹汁)、菹等，具体操作方法已难以完全表述清楚。另外，此时出现了“滫瀡”(勾芡)、煎、炸、熏法，干炒的出现是一个飞跃。代表三代烹饪最高水平的是“八珍”。“八珍”中有些食品的做法如淳熬、淳母和炮豚对现在的食品制作具有影响。

食品调味越来越受重视。调味品的进一步开发和利用是食品调味水平提高的基础，当时的调味品除了原始社会末期使用的蜂蜜、酒、盐、梅、野葱、韭、蒜外，又开发和利用了许多新的调味品诸如醯(醋)、醢(肉酱)、大苦(豆豉)、醷(梅浆)、饴(蔗汁)、糟、芥、椒(花椒)、血醢、鱼醢、卵醢(鱼子酱)、蚁卵酱、蟹酱、蜃酱、桃诸、梅诸(均为熟果)、芗(苏叶)、桂、蓼、姜、苴莼、荼等。其实当时的调味品还不止这些，《周礼·天官·膳夫》中说供周王用的酱多达 120

种。当时的味觉审美已达到一定的程度。《商书·说命》:"若作酒醴,尔惟曲蘖;若作和羹,尔惟盐梅。"《左传·昭公二十年》:"和如羹焉,水火醯醢盐梅,以烹鱼肉。"调味已成为厨师除刀工之外的又一大技能。

三代时期烹饪技术之所以能发展到如此高的程度除了食品原料的丰富和调味品的增多外,统治阶级对烹饪的重视和对美味的追求不容忽视。三代时的权贵大都懂得较好的烹饪技巧,往往在重大飨饮场合充当主厨的角色。此乃源于原始社会时期体现人与人关系的酋长掌勺,"合族以食,序之以礼"的古老饮食俗尚。传说燧人氏裹肉而燔,黄帝蒸谷为饭,烹谷为粥。《世本》言"少康作秫酒"。《淮南子·泰族训》称"汤之初作囿也,以奉宗庙鲜犒之具"。鲜指新割杀的鸟兽家畜之肉类,犒指干肉。尊者主厨,《礼记·乐记》云:"天子袒而割牲,执酱而馈,执爵而酳,冕而揔干,所以教诸侯之子弟。"所谓"君子远庖厨"属于后起事象。酋长掌勺的起源很可能和早期的食物匮乏有关,由酋长掌勺以示公正。

3.2.2 食品理论的初步形成和烹饪名家的纷纷出现

夏、商、周时期,烹调和饮食健康方面的许多经验都已提到理论高度来总结,是我国食品文化中一笔重要的遗产。

在烹调方面,从选料、刀功、调味与火候等各个方面都有一套理论。当时人们认为有6种肉由于有腥、臊、膻等气味而不可食。已经懂得从动物的症状中去判断它的肉是否可吃,是夏、商、周时直观检疫经验的总结。《礼记·内则》中还指出不成熟的禽鸟、鹅尾、鹄和竹鸡肋侧的薄肉、鸭尾、鸡肝、雁肾、鸨脾、鹿尾都不要吃,他们认为一些禽类某些特殊部位可能有害于人体健康。关于刀功,也有一套成法:周代把剔除筋骨、切成厚块的肉称为"脔",切除长条的称为"脯",切成薄片或缕切成丝的称为"脍",连骨砍件的称为"轩"。对牛和野兽的瘦肉切成片,"必绝其理"(必须逆着肉纹来切),都是刀功的常规。凡宰杀家畜或兽类,已知道分档切割,如脊、肋、肩、臀等,以便烹调时各适其用。三代时的屠宰行业还出现一些解剖能手,如《养生主》中记述的善解牛的庖丁。关于调味与火候,《吕览·本味》中有精辟的论述:"凡味之本,水为之始",而调制时,"必以甘酸苦辛咸,先后多少,其齐甚微,皆有自起",故调味之技、之学高深:"鼎中之变,精妙微纤。口弗能言,志弗能喻。"这样制出的菜肴才能达到"久而不弊(败坏),熟而不烂,甘而不哝,酸而不酷,咸而不减,辛而不烈,淡而不薄,肥而不腠(腻)"的效果。就因为它的论述精妙,《吕览·本味》一直被后世尊为厨艺界的"圣经"。

当时人们已经注意到饮食与健康的关系。《周礼·食医》就已经提出根据四季变化来调整饮食。"凡和,春多酸,夏多苦,秋多辛,冬多咸,调以滑甘。"春天酸味需大,夏天苦味需大,秋天辣味需大,冬天咸味需大,食医认为,当以甘美润滑的调料冲淡它,以免味过伤身。《黄帝内经》是一部医学专著,其中对食品的理论有深刻的阐发,比如其中拟构了一个"五谷为养,五果为助,五畜为益,五菜为充"的食品模式。人的食品结构当以五谷果蔬为主,肉制品作为补充。奠定了中国传统食品营养结构的框架系统,此结构模式在今天看来仍具有很高的科学价值。因为人类消化系统与动物中以果类食物为主的动物极为类似,与草食动物也很接近,与肉食动物却根本不同。美国哥伦比亚大学韩丁顿(G. S. Huntington)博士曾就人类的肠道做过解剖分析,证明了人类应该以摄取蔬菜为主,不适合吃肉。在其报告中指出,肉食动物,例如老虎的小肠很短,大肠很直,而且平滑,食物在肠中停留的时间很短,因为肉类食物纤维少,是浓缩的蛋白质,不必要慢慢吸收;食素动物的小肠很长,大肠也较长,食物在其中停留的时间较长，因为植物性食物纤维长，不易于消化。人类的肠子大约有 1.65 米长，而且来回排列，肠壁不平滑，多皱褶，类似素食动物。如果以肉食为主，肉食在肠内停留过久，产生毒素，增加肝脏的排毒负担。此外，肉类食物中还含有许多尿酸、尿素，增加肾脏的负担，同时肉类食物缺少纤维，也容易造成便秘，长期便秘，大肠息肉、直肠癌容易光顾。《黄帝内经》又用阴阳五行学说将五味、五脏、五谷相对应，并用相生相克的机制来探讨膳食平衡，达到养生目的。指出饮食不当易导致疾病，告诫人们注意饮膳和生理功能的自我调适。这已是将食品文化上升到系统化的理论总结了，代表了当时的认识已达到了一个相当高的层面。

这一时期尤其是春秋战国时期，许多政治家、思想家在食品文化理论方面也颇有建树。春秋战国是百家争鸣的时代，各种学派的代表人物都特别关注政治和人生问题。人生离不开食品，故先秦诸子都或多或少的接触到食品文化。其中孔子和墨子所思所论最深最广。孔子在《论语・乡党》中写道："食不厌精，脍不厌细。食饐而餲，鱼馁而肉败，不食。臭恶，不食。失饪，不食。不时，不食。割不正，不食。不得其酱，不食。肉虽多，不使胜食气。唯酒无量，不及乱。沽酒市脯，不食。不撤姜食，不多食。"食物做得越精细越好，食物陈旧变味了，鱼和肉腐败变质了，不吃。食物的颜色变坏了，不吃。色味不好，不吃。饪不当，即过熟或不熟，都不能吃。从市上买来的酒和熟肉，不吃；祭肉不出三日，超过三天就不吃。对肉的切割要符合一定的规格，不到吃饭时间不吃，在食物搭配上肉不能超过主食。每餐必须有姜，但也不多吃。喝酒要以不醉为度。孔子从刀工、火候、主副食搭配、食品卫生等方面阐述了他的食品理念。

墨家的食品理念是基于解决在当时的社会动荡中个体农民和小手工业者要求最为迫切的衣食问题，认为粮食对百姓和国君同样重要。因有口腹的驱遣，人们才努力工作。可是由于沉重的剥削，使得"民财不足，冻饿死者，不可胜数也"①。因此墨子主张"去无用之费"，节制过度奢侈的饮食。统治者"厚作敛于百姓，以为美食刍豢，蒸炙鱼鳖。大国累百器，小国累十器；美食方丈，目不能遍视，手不能遍操，口不能遍味，冬则冻冰，夏则饰饐。人君为饮食如此，故左右象之，是以富贵者奢移，孤寡者冻馁，虽欲无乱，不可得也。君实欲天下治而恶其乱，当为食饮，不可不节。"②君主提倡奢侈，左右效法，以致造成极大的浪费，因为人的实际消费能力有限，"食前方丈"只是摆谱。他从实用的观点出发，强调饮食与身体健康的关系，反对追逐美味，认为只要做到"充虚继气，强肱股耳目聪明则止"③。孔子和墨子都是以积极的入世态度来关注食品文化，而道家的创始人老子则是以一种消极的出世态度主张消灭一切文化。对于食品，老子强调"本味"，他认为"五味令人口爽(败坏)"和"味无味"(味的最高境界是什么味都没有)。要人们"甘其食，美其服"，以最低生活水平为满足。主张回到太古时代，让人们再过"茹毛饮血"的生活，这实际上是行不通的。

由于统治阶级对饮食的重视，因此这一时期出现了许多烹饪理论家和烹饪名家，有些人就是因为善烹饪得到国君赏识而参政。谈到这一时期的烹饪，不能不提到两个人：伊尹和易牙。伊尹本是商汤之妻陪嫁的媵臣，烹调技艺高超，商汤向他询问天下大事，伊尹便从说

① 《墨子・节用》
② 《墨子・辞过》
③ 《墨子・节用》

味开始，伊尹和商汤的对话，记载在食品文化史最早的文献《吕氏春秋·本味》中。另一位烹任名家是易牙，他以擅长烹饪受宠于齐桓公。有一次，齐桓公半夜腹饥，易牙又煎又熬又燔又炙，甚至烹子进食，做成美味给齐桓公吃。虽然易牙的为人不可取，但是他的知味并擅调五味却是应该给予肯定的。孟子说："至于味，天下期于易牙。"[①]元末明初的韩奕更把自己写的著名食谱定名为《易牙遗意》。

3.2.3 饮食业的初步发展和南北菜系的萌芽

商周时期，市镇已具有相当规模。随着人们交往的频繁和商品买卖交易的持续发展，推动和促进了社会生活中必不可少的饮食业的发展。为适应城镇人们和流动人口生活之需，饮食的固定供应点也应运而生，饮食市场随之发展。《帝王本纪》说商纣王造宫馆，"其大宫百，其小宫七十三处，宫中九市，车行酒，马行炙。""车行酒"、"马行炙"是市肆中设置的过往羁舍食宿之处，有酒和烤肉串供应，似乎当时都市中的饮食业已颇具特色。宋代谯周《古史考》说：姜太公曾"屠牛于朝歌，买饮于孟津"。姜太公指的是姜子牙，他先后在商都朝歌市肆里杀牛做卖肉生意，在黄河古渡口孟津开饮食铺子，后被周文王访到聘为国师辅佐周文王灭商。当时朝歌牛屠、孟津市粥、宋城沽酒、燕市狗屠、鲁齐市脯都很出名，可见饮食市场规模的一斑。春秋战国时期，城市发展很快，所谓"千丈之城，万家之邑相望"，在这种情况下，饮食业自然兴旺，《论语·乡党》"沽酒市脯不食"说明卖酒的和卖干肉的铺子都有。《史记·魏公子列传》载："公子留赵，公子闻赵有处士……薛公藏于卖浆者家。"薛公能藏在"卖浆者"的家，说明已有卖浆的行业并且已有一定的规模。又《史记·刺客列传》记载："荆轲嗜酒，日与狗屠及高渐离饮于燕市。"这说明当时燕京都城的市上不仅有酿酒和卖酒的人家，而且有可供饮酒的店铺。

食品制作受限最大的是食品原料。由于南北自然条件的不同，导致食品原料的差异进而引起食品制作的不同。三代时期，出现南北风味的分野，地方菜系初露头角。《周礼》中提到的周之"八珍"即属于典型的北方菜，北方菜以现今的豫、秦、晋、鲁一带为中心，活跃在黄河流域，主食是粟、黍之类，菜以陆产的猪犬牛羊为主料，注重烧烤煮烩，崇尚鲜咸，汤汁醇浓。南方菜，以现今的鄂、湘、吴、越一带为中心遍及长江中下游，《楚辞·招魂》所列菜肴系南方菜的代表。主食多为稻米，菜是淡水鱼鲜辅以野味，鲜蔬拼配佳果，注重蒸酿煨炖，酸辣中调以滑甘，还喜爱冷食。这一分野到汉魏六朝时继续演进，由二变四，逐步显示出四大菜系的雏形。

3.2.4 "以乐侑食"与"食以体政"

古代贵族阶级的进食，好以音乐歌舞助兴，用来渲染气氛，激荡情绪，增进食欲，引导程序，张大威仪。以乐侑食，侑，劝也。《周礼·天官·膳夫》有"王日一举，鼎有十二，物皆有俎，以乐侑食。""以乐侑食"的起源很可能和原始祭祀有关。传说神农氏"抟土鼓，以致敬于鬼神，耕桑得利而究年受福，乃命刑天作'扶犁'之乐；制丰年之咏，以荐釐来，是曰'下某'"。[②] 以乐侑食，早在夏代上层贵族阶层已甚流行。《夏书·五子之歌》言太康"甘酒嗜

① 《孟子》卷十一《告子》
② 《路史·后记》

音，峻宇雕墙。”乐不仅用于日常饮食，还用于祭鬼神祖先、酬飨宾客等场合。当时的人们站在活人的角度认为鬼神祖先和活人一样也喜美食、喜音乐歌舞助兴，区别只在于生活的地方不一样。活人祭祀时的乐舞和美食，鬼神祖先能通过一种神秘的方式享受到。通过对鬼神祖先的祭祀希望他们能保佑或赐福。在祭祀上商朝比之于夏朝，有过之而无不及。凡祭祀或贵族飨宴，几乎无不用乐。到了周朝，乐又与酒礼、宴礼、祭礼结合起来，什么时候奏什么音乐都有规定。乐成为与所谓“经国家、定社稷、序人民”的“礼”相辅相成的古代社会两大精神支柱。《左传·襄公四年》云：“先君之礼，藉之以乐。”《礼记·仲尼燕居》云：“不能乐，于礼素。”特别是宴飨等礼仪场合，无乐则礼过于朴素，甚至不成其为礼。故《礼记·乐记》称“乐由中出，礼自外作”，再三申述“乐”的精神作用和社会意义。“乐”是与“礼”互相补充的调谐人群关系的社会手段。但二者比较，“乐”更带有目的性。所谓：“圣人作为鼗、鼓、椌、楬、埙、篪，此六者，德音之音也，然后钟、磬、竽、瑟以和之，干、戚、旄、狄以舞之，此所以祭先王之庙也，所以献酬酳酢也，所以官序贵贱各得其宜也，所以示后世有尊卑长幼之序也。”①统治者所推崇的“德音”，合器乐与歌舞为一体，固然有熏陶中上层社会风气的目的，但从本质上说，却是试图借乐舞的各种形式和内容，序贵族集团内部的上下尊卑等级之别，在娱心悦目的同时，强化关系重大的礼仪典章制度。

这一时期食品文化的另一显著特点是“食政结合”、“食以体政”，即统治者将自己的政治原则、政治主张贯穿于饮食活动，特别是制度化的饮食活动当中。“食以体政”的首要表现是统治阶级把食品保障作为政治活动的头等大事。《尚书·洪范》中箕子提出了“食为政首”的理念。当时周武王向箕子请教治国之道，箕子便讲了“洪范九畴”。“洪范九畴”中第三类专讲“政”，共有8个方面，故又称“八政”。八政：一曰食，二曰货，三曰祀，四曰司空，五曰司徒，六曰司寇，七曰宾，八曰师。这8种政治中的“食”即指管理百姓的食物或者说食品。箕子把它放在政务之首，表现了明智的统治阶级“食以体政”的食品忧患意识，他们通常还通过高层享受的部分收敛或让步来满足低层社会有限需求的对策来维护社会的稳定。《孟子·离娄下》谓“禹恶旨酒而好善言”，《淮南子·修务训》称商汤“布德施惠，以振困穷”，都是说明明智的统治阶级“食以体政”的食品忧患意识的具体言行。

“食以体政”的第二个表现是通过饮食来“别君臣，名贵贱”，饮食器具的用材、数量、种类，筵席座次的排列，献酒的先后，食用的差别，都表现了不同人在社会中的不同地位。这从周代的用鼎制度和食器的使用制度可见一斑。原本是单纯食器的鼎、豆等在越来越森严的等级制度中充当礼器的功能越来越被强化。周人列鼎而食，天子九鼎八簋，诸侯七鼎六簋，大夫五鼎三簋，元士三鼎一簋，一鼎无簋。除列鼎外，还有“天子之豆二十有六，诸侯之豆十有六，上大夫八，下大夫六”，“尊者献以爵，贱者献以散；尊者举觯，卑者举角”②。

饮食器具的礼制化和饮食器具的出现一样都是人类历史发展到一定阶段而出现的现象。随着商周礼制的出现，社会上需要有一种东西作为衡量社会身份等级的标志物，这样，人们日常生活中须臾不可离开的饮食器具便起了这种作用。在商代初年，青铜饮食器的性质与功能可能与陶制饮食器没有什么大的区别，但是，由于商代礼乐制度的不断加强，它的性质与功能就起了变化。这时青铜鼎已不再是单纯的饮食器了，而成为礼乐制度中的重要

① 《礼记·乐记》
② 《礼记·礼器》

内容之一，被赋予了神圣的色彩，成为贵族的专用品以及统治权力的象征。这些青铜饮食礼器是区别商周贵族内部等级关系和社会身份地位的标志物，孔子将这种现象称为："信以守器，器以藏礼。"①。这就是说，有某种威信，即能保持其所得器物，而这些器物又能表示出尊卑贵贱，体现当时之礼，表明各级贵族身份等级的高低。因此，有学者指出："用礼来表现大小奴隶主贵族的等级身份，就各种礼典的内容来说，不外有两个方面：其一，礼家称之为'名物度数'，就是将等级差别见之于举行礼典时所使用宫室、衣服、器皿及其装饰上，从其大小、多寡、高下、华素上显示出尊卑贵贱，我们把这种体现差别的器物统称之为'礼物'。②"

"食以体政"的第三个表现是当时的朝臣、客卿、哲人等等都抓住了统治者的味欲特点，总是以饮食活动、烹饪工艺原理作喻发论，以达到劝谏天子诸侯修正治世之道的效果。最显著的例子就是前文提到的伊尹以味作喻谈天下和老子的"治大国若烹小鲜"的理论。

3.3 秦汉：初步发展时期

公元前221年秦王嬴政经过多年的兼并战争，建立了秦王朝，成为与地中海的罗马、南亚次大陆的孔雀王朝并立的世界性大国。秦统一后，采取了"书同文"、"车同轨"、"度同制"、"行同伦"、"地同域"等措施，极大地促进了不同地区的贸易和文化交流，当然也包括食品文化的交流。在秦统治的15年中，中国的食品文化随着生产的发展，水平逐年提高，并进入初步发展阶段。

汉朝初年采取了恢复生产的措施。休养生息，重视农业，兴修水利，普及铁制农具，推广农业生产技术，减劳役，轻赋税，从而促进了农业的发展，为食品文化的发展提供了重要的食品原料。张骞出使西域，促进了中外食品文化的交流，丰富了中国的食物种类。和先秦的食品文化相比，秦汉时期食品原料的开发引进、烹饪技艺及烹饪产品的探索与创新等方面都表现出前所未有的兴旺发达的景象。

3.3.1 食品原料的进一步丰富和餐制的变化

这一阶段是中国农业直线上升的阶段，食品原料无论从数量还是种类都大大超过了以前。从战国到两汉，由于铁器的普遍使用，水利和牛耕的推广，使战国的平均亩产量从春秋以前的一石上升到一石半。在农业发达的基础上，带动了各业兴旺。当时的陂塘养殖业已出现年产12万斤塘鱼的养殖户。畜牧业也很发达，据司马迁记载，当时一户养马五六十匹，养牛一百六七十头，养猪或羊二百五六十头的畜牧大户比比皆是。其他各行各业也都出现了富比王侯的经营者。瓜果类食物除了继续保持庭园式园圃外，还出现了以"千亩"计的大规模园林。在这些园林中，种植着包括枣、栗、桔在内的经济作物。在人们的精心培植下，一些传统的果类植物如梨、枣、桃、栗、李、杏等出现了众多的优良品种。据《西京杂记》卷一记载，梨的种类有10种，枣的种类有二十余种，其他水果亦种类繁多。《西京杂记》卷一、《上林赋》和《三辅黄图》3种文献记载，西汉的皇家园林上林苑先后种植有21种果树和68个品种。

① 《左传·成公二年》

② 沈文倬. 略论礼典的实行和(仪礼)书本的撰作[J]. 文史，第十五辑

这一阶段食品原料的丰富在种类上体现得更为突出。首先是豆腐的发明。据说豆腐是西汉淮南王刘安发明的。尽管人们对豆腐的发明时间众说纷纭，但河南密县打虎亭一号汉墓制豆腐图的出现有力地证明了豆腐的发明时间是在汉代。豆腐的发明是中国人对世界饮食的一大贡献，今天，它已成为世界各族人民喜爱的食品。孙中山先生在《建国方略》中充满自豪地写到："夫中国人之食豆腐尚矣，中国人之造豆腐多矣，甚至穷乡僻壤三家村中亦必有一豆腐店，吾人无不以末技微业视之，岂知此即为最奇妙之有机化学制造耶？岂知此即最合卫生、最适经济之食料耶？又岂知此等末技微业，即为泰西今日最著名科学家苦心孤诣研求而不可得者耶？""夫豆腐者，实植物中之肉料也，此物有肉料之功而无肉料之毒。"确实，在中国古代广大劳动人民普遍缺乏肉类食品的情况下，豆腐为他们提供了宝贵的蛋白质营养。豆腐的发明，进一步打开了利用大豆蛋白质的途径，不仅丰富了食品内容，而且在开发植物蛋白方面也是对世界的一大贡献。其次是西域食品原料的引进。张骞出使西域，为东西方物质文化的交流打开了大门，张骞和其后的数十批使者引进了胡葱、胡蒜、苜蓿、葡萄、黄瓜、胡荽、苜蓿、石榴、葡萄、胡桃、蚕豆等，大大丰富了烹饪原料。

还需要指出的是这一时期人们已经知道利用温室栽培蔬菜。秦时已经利用温泉的地温培植蔬菜。汉代出现了温室，利用温室栽培蔬菜。《汉书·召信臣传》记载："太官园种冬生葱韭菜茹，复以武芜，昼夜燃蕴火，待温气乃生。"书中反映的是皇宫里说利用温室种植蔬菜的状况，可以看出当时蔬菜种植技术已有相当高的水平。

食品的进一步丰富使人们的餐制发生变化。在先秦时期，人们日食两餐，早餐称为"饔"，时间为十至十一时，晚餐称为"飧"或餔，时间在下午三至五时。《孟子·滕文公》言："贤者与民并耕而食，饔飧而治。"皇帝中午加点心。汉时按照礼制规定，皇帝要日食四餐，《白虎通义》云："平旦食，少阳之始也；昼食，太阳之始也；餔食，少阴之始也；莫(同暮)食，太阴之始也。"贵族一般为三餐或两餐。《汉书·淮南厉王传》载汉文帝时淮南王刘长谋反，获罪徙蜀。文帝下令，刘长虽以罪流放，但生活待遇不变，每日可吃三顿饭，给肉五斤、酒二斗。这是诸侯的生活标准。官员每日大致为早晚两餐，称为旦食、暮食或朝食、夕食。东汉明帝曾下诏赐尚书属官"朝夕餐"。但自秦以来建立了皇帝早朝制度，所以他们在上朝之前吃些点心之类，当时叫寒具。实际还是一日三餐。普通百姓每日两次进餐，这就是晁错所说的"人情一日不再食则饥"。当然有条件的也可以早晨加一顿寒具。随着食品的逐渐富足，一日三餐制逐渐形成。

3.3.2 铁制炊具的使用和厨房、炉灶的改革及厨师地位的变化

冶金技术在秦汉时期已到了较为成熟的阶段。炼铁技术的进步带来了烹饪工具的改革，钢刃菜刀以及铁釜和镬开始应用于烹饪活动中。钢质刀刃给烹饪业的切割提供了新的锋利工具，更便于精工细作。曹植在其《七启》中对刀工有如下的描绘："蝉翼之割，剖纤析微。累如叠縠，离如散雪。轻随风飞，刃不转切。"读来虽嫌夸张，但也不失生活真实。铁釜和镬更利于炖熬和煎炒。到了三国时期，魏国还出现了"五熟釜"，即釜内分为五档，可同时煮多种食物。蜀国出现了夹层可蓄热的"诸葛亮锅"。秦汉时期的肉类与蔬菜食物的烹调方法突出地体现了"精妙微纤"的理论。当时的肉类食物制作方法主要有 14 种：炙、炮、煎、熬、羹、蒸、脍、腊、锻、脯、醢、酱、鲍、菹。脍法是秦汉时期的生食鱼类和肉类食物的方法，具体方法是将鱼或肉切成细丝，调以佐味品进食，鱼脍类似于今日的生鱼片。

中国古代的厨房起源，至今尚无明确的定论。河北藁城台西商代遗址中可能属于中等家庭的居室采取双室布置，即一室是居住间，室内有灶坑和炊事小灶，另一间是储藏室。从文献记载来看，至晚在春秋战国时期，普通百姓中的居室中就有厨房的位置。但厨房尚未从起居室分离出来。在汉代已有专门的厨房。厨房在汉代有多种名称，或称作“厨”，或称作“庖屋”，或称作“庖厨”、“中厨”、“东厨”、“爨室”。从文献表述看，“庖厨”是较为正式的名称，而“厨”则是民间通行的一般性称呼。

汉初，当列鼎而食的习俗逐渐消失后，人们开始在地面用砖砌置炉灶。灶是厨房中最基本的设备，在各地出土的砖石厨房画像上，以及厨房模型中，均把灶放在突出的位置上。可以说，没有汉代的灶就没有汉代的厨房。秦汉时期的灶与今日农村的柴灶相似。立体长方形，前有灶门，后有烟囱，灶面有大灶眼一个。东汉时期火眼增至二三个，炉灶的排烟系统也有改进。但南北方的灶不同。北方的灶有挡火墙，从平面看，北方的灶多为前方后圆式，南方多为尖尾弧背式，并有具备 4 个灶门和火眼的“都灶”。在北方地区的贵族家中也有使用都灶的情形。多火眼陶灶的出现，大大方便了人们的烹饪，它既节约能源，又节省烹饪时间，使人们在同一时间内，可以从事煮饭、烹菜、烧水等多种炊事活动，因此深受人们的喜爱。炉子在汉代较多，有陶炉、铜炉、铁炉，形式不一，有三足鼎式，有盆式，也有杯式，上设支钉，下有灰膛。从出土的汉代画像石发现，这些火炉大多用于烹饪，有的甚至可以生火烤羊肉串。

秦汉时期的厨房和炉灶格局，奠定了后世的格局形式，至今尚无大的变化。专门厨房的设置和炉灶地位的突出显示出人们对饮食更多的重视。但在这一阶段和对重视饮食极不和谐的是对厨师的鄙视和对厨事的贱视。

和夏、商、周厨师的地位相比，这一时期厨师的地位较低，在汉代人看来，厨事本身是“贱事”的活动，从事厨事活动的人是社会地位低下的“贱役”或家庭地位较低的妇女，一个厨者如果介入社会地位较高的事物是极为荒谬可笑的事情。两汉之际长安百姓对更始政权官吏中“或有膳夫庖人”的情形嘲笑道：“灶下养，中郎将。烂羊胃，骑都尉。烂羊头，关内侯。①”无论是贵族中还是普通百姓中都拥有“君子远庖厨，凡有血气之类，弗身践也”的心态。“庖人”的职责是烹制而不是享用饮食，“庖人调和而弗敢食，故可以为庖。若使庖人调和而食之，则不可以为庖矣”。对食物占有的自负和炫耀与对其制作的轻贱和躲避，就在这种社会心理中分离开来。享用食物是高贵的，制作食物是低贱的——这种观念自然并不始于汉代，却经汉世四百载而更为深入人心。

3.3.3 面点食品的增多

先秦时期人们粉碎米、麦和豆类，是用臼和杵。战国时期，虽已出现旋转石磨，但制造粗糙，数量也不多。除了少数贵族以外，大部分人都是粒食。到了汉代，旋转石磨迅速发展，并已逐步在民间普及。如 1968 年在西汉中山靖王刘胜的墓中发掘出石磨一盘，磨旁有一具推磨牲畜的遗骸，说明当时已使用畜力拉磨。另一种粉碎方法是使用石臼和木碓。木碓可用脚踏，也可用水力，能大量生产米粉和面粉。桓谭《新论》说：“役水而舂，其利乃且百倍。”但米粉舂出后仍有粗粒，麦面磨出后，面粉与麦麸混杂，在汉代时，出现了缣筛，筛出细米粉和无麸的细面粉。牲畜拉磨、臼碓和缣筛的使用促进了面点的发展，使更多的人由粒食走向面

① 《后汉书·刘玄列传》

食，麦子的实用价值也随之提高。秦汉时期人们尚不知道酵面发酵法，采用的是酸浆发酵法，因此汉代的面点均是死面。汉代统称面食为“饼”，把调好味分成小件的面团压平，放在烤炉颈边烘烤酥脆的称“烧饼”；放在平底铁锅上加油煎熟的称“烙饼”；用甑锅蒸熟的馒头或包子称“蒸饼”；用水煮的面条、面片或水饺称“汤饼”。此外，还有蝎饼、髓饼、金饼、索饼、饽饦、粔籹等。

3.3.4 秦汉时的两种重要饮料——酒和茶

茶是这一时期出现的重要饮品。先秦以前，史料并无人们饮茶方面的记载。大概自西汉后，中国的饮茶之风才开始。西汉王褒在其《僮约》中有“烹茶尽具”“武阳买茶”的文字记载。汉代扬雄的《蜀都赋》有“百花投春，隆隐芬芳，蔓茗荧翠，藻蕊青黄。”的诗句。另外他在《方言》中记录蜀地人谓茶为“蔎”。《蜀志》载什邡县“山出好茶”。《太平御览》卷八百六十七引华佗《食论》：“苦茶久食益思。”《三国志・吴书・韦曜》载东吴大臣韦曜不能饮酒，吴主孙皓“密赐茶荈以当酒”。从以上史料可以看出：中国古代饮茶习俗的出现不晚于西汉，茶叶的出产地集中在巴蜀地区，至东汉时期江南地区得到逐渐普及。不过那时茶又被称为“茗”、“荈”、“蔎”。

茶叶的培植和茶的饮用与豆腐的发明一样，都是中国食品文化史上杰出的历史性贡献。中国人民培植出茶叶，给世界提供了一种提神、解渴、保健、方便、价廉的饮料。在目前全世界数以百计的饮料中，没有一种能取代茶的地位。现在亚非的产茶大国，如印度、斯里兰卡和摩洛哥等都是从中国输入茶种和制茶技术发展起来的。日本的“茶道”和英国的“午后茶”，则是中国茶文化向东西两洋的延伸。目前全世界已有4/5的人口饮茶。

关于酒，在第一节我们就已经提到，酿酒要消耗大量的粮食。另外酒喝多了会麻痹大脑中枢神经，使人丧失理智，做出不当的举动。周朝的《酒诰》中就把商朝灭亡的原因归结为商纣王的滥饮。但完全禁酒也是不可能的，酒还负载有伦理和祭祀等社会功能。饮酒可以“致子弟之孝养，纠骨肉之睦亲，成朋友之欢好，赞交往之主宾”。饮酒也可以起到通达神灵的作用：“帝女仪狄，旨酒是献。苾芬享祀，人神式宴。①”所以周公在《酒诰》中指出只有祭祀和父母喜庆的日子以及和老人、君主相聚时才可以饮酒。如果无故群饮就要抓起来给予惩罚。这可以算作是中国历史上最早的禁酒令。秦朝建立时采用的是法家的治国思想，百姓3人以上喝酒就要受惩罚。汉朝初年萧何造律，3人以上无故群饮，罚金4两。景帝中元三年夏，旱，禁酤酒。但由于酒所负载的特殊社会功能，统治阶级也认识到完全禁酒是不可能的。加上汉朝农业的大发展，粮食不像建国之初那么紧张，汉朝的禁酒令逐渐松弛。汉武帝三年，开始榷酒酤，即以专卖的形式使卖酒合法化，卖酒者需要向政府交纳一定的钱。榷酒既增加了政府的财政收入，又照顾了百姓的饮酒需求。

世俗情感的亲密和人神交往的需要，使得酒成为汉代最耀眼的饮料。秦汉时期，酿酒业非常发达，已普遍使用含有大量霉菌和酵母菌的曲进行酿酒的“复式发酵法”。酿酒的曲已经成为市场上的商品。汉代已经有葡萄酒，但可能主要来自西域，普通百姓难以享用。

3.4 魏晋隋唐：全面发展时期

魏晋隋唐是我国历史上非常活跃的时期之一。人口迁徙、宗教、和亲和对外开放使中

---

① 《艺文类聚》引王粲《酒赋》

外、国内不同区域、不同民族之间的食品文化交流空前频繁，从而导致了食品原料结构、进餐方式的改变。佛教的传入和道教的发展促进了素食的发展，植物油的使用极大地促进了炒这种熟食方式的发展，发酵技术开始进入主食制作。这一阶段食品文化同文学艺术作品一样，也进入自觉的阶段，出现了一系列关于食品文化的专著，肴馔也一改过去只依据制作方法来命名之旧制，开始体现出丰富的历史文化内涵。这一阶段的食品文化体现出全面发展的特征。

3.4.1 食品原料结构的变化

魏晋时期的动荡，使北方世家大族南迁，劳动人口大量南移。同时也带去了北方的资金和旱地农业技术，北方传统的粮食作物在南方得到推广，加快了南方的开发。南方的水田作物在北方也有一定的推广。这一时期粮食作物的品种比秦汉时期有所增加，粟、麦、稻作为主粮的地位已基本确定。粟以其适应性强、产量稳定、营养丰富等优良品质备受农民喜爱，在魏晋时期成为最重要的粮食品种。到了隋唐时期，由于麦子和稻子的迅速崛起，粟类粮食尽管仍是当时人们的主粮，但在主粮地位上已降为第三，总产量稳中有降。麦在魏晋时期广泛种植，但其地位远不及粟。然而随着北方人口的南移，麦逐渐在南方得到推广。再加上石磨、臼碓等加工方法的进步，由粒食转为面食所引起的口感的改善，使麦的地位逐渐提高，在北方已经与粟类作物分庭抗礼，成为水稻之外的第二大主粮。南方农业经济有了进一步发展，水稻种植面积进一步扩大。稻米广泛的适应性和高产量，以及本身的色香美味是人们喜欢种植的主要原因。魏晋时期，随着北方人口的大规模南移，极大地改善了南方劳动力缺乏、生产力落后的状况，使长江中下游地区的水稻生产突飞猛进。大约从南朝中期开始，南方稻米的产量超过北方。到隋唐时期，水稻的总产量已经超过粟麦，居于主粮的首位。与此同时，我国南粮北运的历史开始了。唐初，南方稻米运往北方的数量尚少，一般年份只有20万石。中唐以后，南粮北运已达上百万石，最高年份竟达300万石。可以说南方的稻米支撑着中晚唐的政局，养活着长安的民众和军队。这一时期大豆逐渐退出粮食行列，到隋唐时期已完全转化成副食，这种转变是魏晋以来长期发展的结果，其原因主要有三方面：第一，这一时期稻麦粟等主要粮食作物产量迅速增加，已经能够满足人们饮食营养的需要，大豆作为主粮已没有必要。第二，大豆虽然营养丰富，但粒食口感较差，无法与其他粮食相比。第三，豆酱、豆豉是人们饮食生活中不可缺少的调味品，特别是豆腐的发明，为大豆在副食方面的应用开辟了广阔天地，大豆更适合作副食。大豆虽然逐渐转化为副食，但因其应用广泛、需求量大，故总产量并没有降低。

3.4.2 由食品交流所引起的食品种类的丰富和进餐方式的改变

魏晋南北朝时期，由于战乱所引起的人口迁徙客观上促进了内地南北和国内农业民族与北方游牧民族之间的交流。隋唐时期尤其是唐朝，带着帝国的自信，以博大的胸襟接纳吸收来自域外的食品文化，为中国的食品文化注入了新的血液。

这一时期，荞麦、茄子、莴苣、菠菜、西瓜、偏桃（俗称巴旦杏）等纷纷入种本土。葡萄在这一时期开始在南北各地广泛种植，葡萄酒的制造方法也在这一时期传入。唐太宗破高昌国，得到葡萄的新品种马乳葡萄及葡萄酿酒的方法，曾在宫中动手酿造，获得成功。“芳辛酷烈，味兼醍盎。既颁赐群臣，京师始知其味。”①除葡萄酒外，这一时期见于文献记载的果酒还有所谓的“三勒浆”——以庵摩勒、毗黎勒和诃黎勒3种外来果品加工酿造而成的一种特殊果酒饮料。《四时纂要》中专门记载有它的酿制方法，据称其酿制方法来自波斯国。在唐代，“河汉之三勒浆”已成为一种名酒。国外一些菜肴及烹饪方法也有传入，如交趾不乃羹、于阗蒸全羊等。唐代长安是当时世界首屈一指的国际大都市，许多域外食品，包括加工技术传入内地，其中尤以西域的饮食最受欢迎，当时称为胡食。唐玄宗开元以后，“贵人御馔，尽供胡食”，吃胡食成为一种时尚。慧琳《一切经音义》对当时流行的胡食有总结，如毕罗、烧饼、搭纳等都是面食系列。除主食外，蔗糖的加工方法也在唐朝初年传入，并经过加工改进，生产出的蔗糖品质更优。当时称蔗糖为石蜜。据《唐会要》记载：“西番胡国出石蜜，中国贵之。太宗遣使于摩迦佗国取其法，令扬州煎甘蔗汁，与中厨自造焉，色味愈于西域所出者。”所有这些都丰富了中国的食品种类。国内游牧民族对内地饮食文化的影响一方面是羊肉、乳品等食品原料进入中原人们的饮食生活。“羌煮貊炙”的饮食方式也冲击着内地传统的饮食方式。南北朝时期，生活在黄河流域的胡汉民族，在饮食上已经基本融合了，少数民族既食羊肉乳酪又食粮食蔬菜，而汉民族既食粮食蔬菜又不拒绝羊肉乳酪。

但这一时期的交流起革命意义的是由“羌煮貊炙”的饮食方式所引起的分食制向合食制的过渡。魏晋以前，人们的进餐形式是分食。人们席地而坐，每人面前放一低矮食案，食案上放置食物，人们跪坐单独进食，跪坐进食有一个最大缺点是起立行动不便。魏晋时期，游牧民族进入中原，他们的饮食方式在一定程度上影响了内地的饮食方式，胡床等胡人用具传播开来，低矮的食案已不能适应这种变化的要求，在游牧民族的影响和人们自身生理需求的作用下，适合两脚垂坐的高桌大椅发展迅速。随着桌椅的广泛使用，杯、盘、碗、盏等可以直接放置在桌子上，小食案就逐渐退出了饮食生活，人们围坐一桌进餐也就是很自然的事。由分食制向合食制的转变，是人们饮食方式发生的划时代改变，从此合食制就成为了中国固定的进餐方式。合食制之所以会取代分食制是因为合食制是以群体为本位，大家围在一起共吃一盆菜来表现亲情和友情，体现了中国伦理文化群体精神。合食制替代分餐制，从饮食的亲和作用来看是大大加强了，但这种“津液交流”的现象从卫生角度来看却差了许多。

3.4.3 素食的形成和发展

素菜在我国有悠久的历史，最初的素食是人们无可奈何的选择，是被动的素食。中国是一个农业国家，食素比食肉更为经济。在先秦两汉时期的素菜肴主要是各种菜羹和菹。素菜真正形成体系应该归功于佛道两教教徒。素食文化的形成伴随着道教的形成和佛教的传入，并随着佛、道两教影响的壮大而日益显出自己独特的风格。在长期的发展中，佛、道两教的教徒们逐渐形成了有别于普通民众的独特食俗，他们的食俗对民间产生了很大影响。

道教产生于中国本土，强调重生、乐生，认为世间之物皆由天地精气所化，如同人类一样，他们一样拥有平等的生存权。正是因为人类的贪婪，破坏了他们的生存环境，残杀了他们的躯体，从而造下了无边的孽障，坏了慈悲之心。所以人们应该食素，素食是人们向善的开端。

佛教是从印度传过来的，印度佛教徒本无素食规定，因为僧侣托钵乞食，对食物的荤素

① 《册府元龟》卷九七

并无选择的余地。佛教初入中国,佛徒食品也没有严格规定。后来,佛教逐渐汉化,受儒家"仁"思想的浸染,加上当时的社会经济条件落后,寺院素食也是不得已的事。佛教素食传统的正式形成和南朝时的梁武帝萧衍有关,南朝梁武帝是虔诚的佛教徒,终身素食,并大力推行素食,禁止僧侣食肉,认为食肉就是杀生,就是违反佛教戒律,并靠皇权势力对饮酒食肉的僧侣加以惩处。于是,佛教寺院禁断了酒肉。

随着佛教的盛行,信奉佛教的人愈来愈多,社会上形成了一大批食素人群,对素菜的烹饪和加工提出了很高的要求,促进了素菜体系的形成和发展。佛寺素菜经历了一个由单一到多样、由纯素到仿荤、由寺内到寺外的发展过程。到隋唐时期,素菜品种日益增多,技艺逐步完善,并形成了自己清鲜淡雅、工艺考究的独特风格,对后世产生了深远的影响。源于唐代的许多佛寺名菜,如桂花鲜栗羹、桑莲献瑞等,至今仍在烹坛上占有重要位置,为人们所喜食,这些名菜命名雅致,文化内涵丰富。

道教徒们的素食和佛教相比更为独特,对五谷杂粮不屑一顾,要餐霞饮露,服食药饵,以辟谷炼形,轻身延年。

素食在这一阶段能顺利推广和植物油在食品制作中的应用也不无关系。作为现代烹调中不可或缺的油脂在周秦两汉时期已经广泛食用。但先秦时人们所吃的主要是动物脂肪,"凝者曰脂,释者曰膏"。"脂"指有角的家畜(如牛羊)的脂肪,常温下较坚硬;"膏"是无角家畜(如犬豚)的脂肪,较稀软。人们在烹饪时用脂膏作为传热介质(如油炸和油煎)和调味剂。两汉时,植物油开始出现,大麻籽、菜籽、胡麻甚至大豆都是植物油的来源。当时人们只用植物油点灯,到魏晋南北朝时才有食用植物油的记录。植物油的使用不仅为以后烹调技艺的发展开辟了无限广阔的天地,而且使食品制作可以完全脱离荤腥而完成,这也为素食的全面推行提供了必要的条件。

3.4.4 饮料结构比例的改变

魏晋隋唐时期的饮料主要有酒、茶、浆3类。酒是饮料世界的常青树。我国在唐以前的饮料系列,相当长的时间是浆、酒并重。浆属于非酒精饮料,酒属于酒精饮料。依常理推断,浆的历史应该比酒要早得多,但我们所见到它的最早记录可追溯到《诗经》"或以其酒,不以其浆。""浆的概念非常广泛,一般的液体饮料都可以叫浆"。[①] 常见文献的浆名有酢浆(酸浆)、蜜浆、柘浆、粥清浆、酪浆等;有时甚至淡酒、水都可称为浆。由于浆的广泛适应性和酒的特殊性及所担负的社会功能,所以长期以来浆酒并重。到唐朝时,饮料界发生了重大革命,那就是茶的风行所导致的茶酒并重。我国是茶的故乡,发源地在中国西南的巴蜀地区,在魏晋及以前,吃茶饮茶习俗还局限在南方地区,茶叶也没有什么加工,大多是采摘以后直接煮饮。唐朝时以陆羽《茶经》的问世为标志,基本上结束了以前"煮作羹饮"、"浑以烹之"、"与瀹蔬无异"的饮茶历史,开始了包括从烧水到烹沏、从调和到饮用,以及烹饮器具选择等的饮茶有道的新时代。茶的风行也同时从南方普及到北方,持续了几千年的浆饮,尽管并未完全淘汰出局,却也无可奈何地逐渐衰落下去了。

浆衰落而茶风行的原因在于和浆饮料相比,茶具有种种潜在的竞争优势:茶的解渴效果更好、煮饮简单、远行携带方便、能够久藏;同时还有醒脑明目、提神去睡、除痰热、消食下

---

① 黎虎.汉唐饮食文化史.北京:北京师范大学出版社,1998

气等多种特殊功效，为浆饮所不能比。茶的特性使它很快成为佛寺的重要饮料，佛教的兴盛又推动了茶的消费，从此，中国的饮料系列开始进入了茶酒并重的阶段。

3.4.5 饮食思想和饮食文献

我国古代的饮食思想与饮食理论，从萌芽到建立系统的学说体系，经过了漫长的发展过程。先秦是饮食思想和饮食理论萌芽和初步发展的时期，经过两汉时期的进一步发展，至魏晋隋唐时期已经形成了完善的体系。饮食学作为一门独立的学科在魏晋时已基本确立，到隋唐时期饮食学的一些分支——食疗学、茶学等已经形成。

魏晋时期财富在士族阶层的过分集中，隋唐时期经济的空前繁荣所积累下的雄厚的物质基础使一部分人研究饮食不再仅仅局限于如何吃饱、吃好，而是从营养、卫生、保健、养生延年等方面研究饮食，在满足生理需求的同时，开始追求精神世界的完美和享受，从而将饮食研究提高到一个崭新的阶段。

魏晋以前，饮食学还没有独立的、专门的著作，曹操的《四时食制》是我国历史上第一部独立的、专门的饮食学著作，开饮食学著述之先河，在我国饮食发展史上具有开创意义。此书虽然早已散失，但从书名来看，应是记载一年四季的食制食俗与饮食宜忌等方面的内容。以后饮食著作开始大量涌现，种类亦多，几乎覆盖了饮食生活的所有方面。归纳起来，大致分为 4 类：第一类是有关饮食烹饪的内容，如各种食谱、食经，如崔浩的《食经》、虞悰的《食珍录》、谢讽的《食经》、韦巨源的《食单》等；第二类是有关食疗养生的内容，如孙思邈的《千金食治》和孟诜的《食疗本草》；第三类是有关饮茶及茶学的内容，这方面的代表作首推陆羽的《茶经》，其次是张又新的《煎茶水记》；第四类是有关饮食发展史方面的综合性内容，如《北堂书钞》、《艺文类聚》等。这些文献在中国饮食史上具有重要地位，尤其是陆羽的《茶经》，在世界饮食史上都占据重要地位。

3.4.6 节日礼仪食俗

岁时节日是中国人民为适应生产和生活的需要而共同创造的一种民俗文化，是中国民俗文化的重要组成部分。大体说来节日的起源主要与中华民族特有的历法、原始崇拜、禁忌与迷信、祭祀、宗教、多种信仰等有关。但历法是基础，中国的节日基本都带有农业文化的特色。另外在古代生产力低下的条件下，人的生命力极其脆弱，认识能力也受到限制，只能从某些片面局部的经验中积累所谓知识。如果得到某种重复性，就被认证为规律，这些规律就成为禁忌而规范人们的生活。某些节日的形成和这些禁忌认知有着某种联系，其中之一就是对于奇数的禁忌。原始人可能从人的五官和肢体以及筷子的使用上认识到偶数代表着和谐、美好，自然而然奇数就成了不吉利的象征，"趋吉避凶"的方法就是通过人们认为合理的、特定的一些活动包括一些饮食活动来达到贿赂神灵、驱除恶鬼的目的。所以中国的节日的日期都是奇数。就魏晋隋唐这一时期来说，节日主要有一月一日的元旦，一月十五的元宵节，三月三日的上巳节，五月五日的端午节，九月九日的重阳节。而那些表象上处于祭祀、宗教和多种信仰而产生的节日只能说它们作为节日的传说日期暗合了人们的趋吉避凶心理。这从节日的饮食习俗中可窥之一斑。

1）元旦食俗

节日食俗虽大多承自前代，但在内容上也颇具有鲜明的时代特色，是传承性与变异性的统一。元旦是一年的第一个月的第一天，魏晋南北朝时民间则饮椒柏酒、屠苏酒、桃汤，吃五辛盘、胶牙饧等以度岁。《荆楚岁时记》中说：元旦"长幼悉正衣冠，以次拜贺，进椒柏酒，饮桃汤，进屠苏酒、胶牙饧，下五辛盘，进敷淤散，服却鬼丸，各进一鸡子"。桃汤和胶牙饧是两种甜食，椒柏酒是用椒花和柏叶浸制的酒，屠苏酒是一种药酒，可以防治瘟疫，晋葛洪曾用干姜配制。吃五辛盘是将大蒜、小蒜、韭菜、芸苔、胡荽 5 种香辛物放在一起吃。吃五辛盘的习俗在隋唐得到继承和发扬。客观上说这些饮食有健身防病作用。但柏叶、辛香料和桃，在人们心目中都有驱鬼作用，"却鬼丸"虽不知是何物所制，但从名字看来，目的是为了"却鬼"。

2）元宵节食俗

元宵节又称上元节，魏晋隋唐时期的食俗与现在的吃元宵不同，这一天人们要喝豆粥。据《荆楚岁时记》记载："正月十五作为豆糜，加油膏其上，以祠门户。"祠，春祭也。隋唐时期，还出现了吃粉果和焦䭔的食俗，焦䭔是一种油炸的带馅圆面点。伴随着这些食俗的还有晚上观灯的习俗，观灯的习俗是由远古点火演变而来，据说鬼怕火，人们通过点火把元旦未驱走的鬼驱走，到这一时期，人们把驱鬼活动和游玩结合了起来，改成了观灯。

3）端午节食俗

五月五日端午节是很有影响的传统节日。端午节初步形成于汉代，魏晋南北朝时基本成形。关于端午节的起源目前有 5 种传说，但纪念春秋时期的大诗人屈原的传说流传最广。

据《史记·屈原贾生列传》记载：屈原是楚怀王时的大臣，很有才干，因为他受到楚怀王的重用而引起嫉妒、招致诽谤。楚怀王逐渐疏远了屈原最后将他放逐。屈原满怀悲愤，怀石投汨罗江自尽。屈原死后数十年，楚国终因奸臣误国被秦所灭。但是屈原这位悲剧英雄却一直活在百姓的心中。据说屈原投江后，楚国的百姓哀痛异常，纷纷涌到汨罗江边去凭吊屈原，渔夫们撑起船只，在江上来回打捞他的尸身。有位渔夫还拿出事先准备好的装在竹筒里的米、鸡蛋等食物往江里丢，说是让鱼虾吃了，就不会去咬屈大夫尸身(以后渐用粽叶包米代替竹筒)。一位老医师则拿了一坛雄黄酒倒进江里，说是要药晕了蛟龙，使它不能伤害屈大夫。这些活动以后逐渐演变成为端午的风俗，沿袭至今。

端午的风俗除了吃粽子、赛龙舟、饮雄黄酒之外，还有佩香囊、悬菖蒲艾叶、小孩穿虎头鞋等等。这些风俗不仅具有纪念意义，更有祛病驱邪的作用。

4）重阳节食俗

农历的九月初九，便是重阳节了。古人将九看作阳数，两阳相重，故称"重阳"。重阳节成形于汉代，至魏晋南北朝时已经非常成熟。主要食俗有聚会宴享，饮菊花酒。隋唐以后，节日食品发展较快，除菊花酒外，还有麻葛糕、米锦糕以及菊花糕，伴随着这种食俗的还有登高插茱萸的习俗。

关于重阳节的起源，梁朝吴均的《续齐谐记》中有这样一段记载：东汉时，在汝南郡有个叫桓景的人，跟着道人费长房游学多年。有一天，费长房对桓景说："九月九日你家中将有灾祸发生，要早做准备。"桓景急忙求教，费长房便让桓景回去告诉家人：在九月九日那天，做一个红布口袋，里面装上茱萸，系在手臂上，然后爬上山顶，喝一壶菊花酒，就可以消除这场灾祸。桓景依言举家登山。晚上回来，见家里的鸡犬牛羊全都死了，看来是代桓家受了这场灾祸。从此九月初九登高避灾的风俗便年复一年地流传下来。

3.5 宋元明清：成熟时期

从北宋建立到清朝灭亡，这一时期是中国传统饮食文化的成熟阶段，在这一时期，中国传统食品文化在其各个方面都日臻完善，呈现出前所未有的繁荣和鼎盛。

这一时期是古代社会中外食品文化交流最频繁、影响最大的时期，许多对后世影响巨大的粮蔬作物在这一时期传入中国。食品原料的生产和加工也取得了巨大成就，食品加工和制作技术日趋成熟。商品经济的发展和繁荣、城市经济的发展促进了饮食业的空前繁荣，宋代城市集镇的大兴，尤其是明清商业的发展，使酒楼、茶肆、食店到处都是，饮食业发展迅速。最具盛名的苏菜、粤菜、川菜和鲁菜四大风味菜形成并具有全国性的影响。菜点和食点的成品艺术化现象不断得到发展，使色、香、味、形、声、器六美备具，而且名称也雅致得体，富有诗情画意。食品加工业的兴旺也已经成为中国饮食文化日趋成熟的重要因素，在全国大中小城市中，普遍有磨坊、油坊、酒坊、酱坊、糖坊及其他大小手工业作坊。茶文化和酒文化在这一时期也发展到一新高峰。制曲方法和酿酒工艺都有显著提高，尤其是红曲酶的发明和使用，在世界酿酒史上都是重要的一笔。元代还从海外引进蒸馏技术，从此蒸馏酒开始成为重要酒种。茶文化发展到宋代，经过宋代盛行的“斗茶”、“点茶”等活动，使饮茶成为一种高雅的文化活动。明清流行的“炒青”制茶法和沸水冲泡的瀹饮法，使茶道无论是加工方法，还是品饮方法都焕然一新，“开千古饮茶之宗”。同时，文化人的参与，使得这一时期饮食思想的总结和理论研究也达到了新的高度，著作大量涌现，理论日趋成熟。

3.5.1 文化的进一步交流极大地丰富了食品原料

作为一个完整系统的民族，从广义上来说就不能不有某种程度的封闭性，或者说由于系统的封闭，才能构成它的整体性特征，它才能成为一个民族。它们对外来的东西往往采取犹豫或拒绝的态度，但各个民族最不拒绝吸收其他民族优长的是食物。宋真宗听说占城稻耐旱、生长期短，天竺菉豆子多而粒大，就遣使以珍货求其种，得占城稻种 20 石，天竺菉豆种 2 石。许多历史学者认为自明朝以后，中国逐渐走上自我封闭的道路，可就在这个时期，大量的产于南洋、西洋的食品却传入我国。它们不是被西方人用坚船利炮送来的，而是我们自己主动从外面“拿来”的，有些食品在引进过程中还曾冒过危险。例如番薯是明中叶从南洋传入我国的，广东《电白县志》记载：吴川名医林怀芝到交趾（越南）一带行医，以高超的医术治好了许多病人，国王赐给他甘薯吃。林想把这生熟皆可食的甘薯引入中国，于是要求吃生甘薯，国王赐给他一块，林咬了两口，便把剩下的藏了起来。当时交趾国严禁甘薯外传，林携薯离开交趾时被一关将查出，此将也曾得重病被林治好，为酬谢林之恩，遂允许他携薯出境。林带回的半块甘薯遂在中国得以种植繁衍。《农政全书》及《闽小记》、《金薯传习录》、《异物志》等书中都有这类记载，内容大同小异，可见在引进甘薯时确有一段冒险经历。番薯后来遍栽于大江南北，成为备荒抗灾的重要食品。

玉米原产于美洲，哥伦布发现新大陆后，最先传入欧洲、非洲，后经中东流入中国。李时珍在《本草纲目》中已有记载，并言它又名“西天麦”、“番麦”。这一时期引进的还有花生、土豆、辣椒、番茄等粮菜作物。这些粮菜作物不仅丰富了中国的食物品种，而且一些作物如甘薯、玉米等在以后相当长的时间里成了中国的主粮，这些高产作物的引进和种植客观上促进了人口的大发展。

3.5.2 食品烹饪技术的大发展，使烹饪技术达到艺术化的程度

自宋元始，烹饪工艺的各大环节如原料选取、预加工、烹调、成品成形已基本定型。再经过明、清几百年的完善，整个烹饪工艺体系已经确立。据《吴氏中馈录》、《饮膳正要》、《随园食单》、《清稗类钞·饮食类》等文献记载可知，人们对烹饪原料的选取不仅虑及原料本身的特点与烹调过程中配置原料间的内在联系，而且对原料选用和加工有了比较科学的认识。袁枚在《随园食单·须知单》中就先讲了选料问题，其云："凡物各有先天，如人各有资禀"，"物性不良，虽易牙烹之，亦无味也"。并指明："大抵一席佳肴，司厨之功居其六，买办(包括选料及配伍等)之功居其四。"这是对前几代厨师选料和配伍经验的总结，认识到烹饪原料的遴选是烹饪整个工艺过程的关键，烹饪产品能否出美味，关键程序在于选料。明代厨师已能掌握牛等六畜以及鱼虾等水产如何治净、如何按档取料等的基本技能，比如"涨发术"，用生石灰(氧化钙)加水释热以涨发熊掌等。再如元、明出现了"挂糊法"，即在原料外挂一层面糊而后再加以油煎的技法，明、清时厨师又用多种植物淀粉对所烹制的原料进行"勾芡"的方法。"吊汤"技术已成为明、清厨师们的基本技能之一，他们通过制作虾汁、蕈汁、笋汁等来使烹饪产品提味，其技术相当熟练。

这一时期，食品菜肴的造型技艺非常出色。据陈伟明《唐宋饮食文化初探》研究，宋代食品菜肴的构型大致可以分为4类：其一是自然构型，如整鸡、整鸭等，利用食物原料的自然形态构成食肴，其构型具有质朴自然之美。其二是割切构型，将食物原料解体分档之后，根据需要加工成块、片、条、丝、丁、粒、末等不同形态花样，并以此为单位组成菜肴整体。如"算条巴子"、"银丝羹"等都是经刀工技巧的变化而构成的美观细致的菜品形状。其三是装配构型，通过对食物原料进行装配雕刻而成。此类食肴属于与造型雕刻结合具有艺术美特色的象形菜点，其形状或为人物，或为动物，或为花果等。如《东京梦华录》卷二载，北宋东京市场上有"蜜煎雕花"；同书卷八载，市上"以瓜雕刻成花样，谓之'花瓜'，又以油面糖蜜造为笑靥儿，谓之'果实'，花样奇巧百端，如捺香方胜这类"。《李师师外传》谓："帝见所供肴馔皆龙凤形，或镂或绘，悉如宫中式。"到南宋，这种食肴的造型雕刻技巧则更高了：临安的王公贵族的宴席上就设有蜜煎食雕之品，如"雕花梅球儿、红消花、雕花笋、蜜冬瓜鱼儿、雕花红团花、木瓜大段儿、雕花金橘、青梅荷叶儿、雕花姜、蜜笋花儿、雕花帐子、木瓜方花儿"。原材料包括有笋、冬瓜、金橘、青梅、姜、木瓜等蔬果，雕刻的花样则有花球、花果、鱼、荷叶等。有的菜肴甚至以形状取名。南宋临安有名菜"两熟鱼"，实际上就是一种以鱼为造型的素食菜肴。其四是假形构型，即假借彼物形而构此菜肴之形状。像"假熊掌"、"假羊眼羹"、"假蚬子"等以"假"命名的菜肴就是首先以造型取胜的。在南宋招待金国使者的国宴中，就有"假圆鱼"、"假鲨鱼"等造型菜，其造型几乎达到以假乱真的境界。明清还出现了"假腊肉"、"假火腿"等造型逼真的菜肴。

以上这些熟练、高妙的技艺，都使烹饪技术达到了艺术化的水平，令人叹为观止，标志着中国菜肴文化已经达到至境。

3.5.3 空前繁盛的城市饮食业

宋元明清时期是中国古代饮食业大发展时期，饮食业出现了前所未有的繁荣景象。在

隋唐时期，都市是“市”、“坊”分区，“坊”为住宅区，“市”是买卖聚集之地。从宋朝起，饮食业已经突破了传统的坊市制度，各行各业遍布于城内外主要街面。特别是饮食业的突出发展，甚至超过了当时生产力发展所能达到的水平，呈现出畸形的繁华。据《梦粱录》记载，当时临安“内市两街”，每日宰猪不下数百头，鱼品单以干制的“鲞鱼”来说，城内外有专业的“鲞铺”一二百家。酒肆也很多，有不同等级、不同性质。到了宋代，在饮食行业之间及消费者与饮食行业之间也出现了居间商人的活动，而且相当活跃，不仅官僚地主家庭需要的供役人员，包括厨师、大夫等等由“牙行”人代为保荐介绍，酒楼食店亦如此。南宋时又出现了所谓“四司六局”，即专门办理有关筵宴、婚丧等饮食事项的机构和专业人员，同时出现了专门经营租借宴会用具的处所，宴会上所需的一切饮食器物不用自家购置。明清时期，农业、手工业和商业都有较大发展，水陆交通颇为发达，中外贸易日益增多，除名都古城如北京、杭州、成都、南京等继续发展外，又出现了许多新兴的城市，如广州、泉州、福州及汉口镇、朱仙镇、景德镇和佛山镇等。在这些城市中，饮食业蓬勃发展。孔尚任的《桃花扇》描写明末扬州时说：“东南繁荣扬州起，水陆物力盛罗绮。朱橘黄橙香者橼，蔗仙糖狮如茨比。一客已开十丈筵，客客对列成肆市。”清代吴敬梓在《儒林外史》中说杭州是“三十六家花酒店，七十二家管弦楼……肴馔之盛，品种之丰，更是可观”。记述南京时则道，“大街小巷，合共起来，大小酒楼有六七百座，茶社有一千余处”，“当年说每日进来有百牛千猪万担粮，到这时候何止一千头牛、一万头猪，粮食更无其数”。饮食业的发展不仅突破了区域的限制，而且也打破了传统上“日中为市，日落散市”的时间界限。夜禁制度取消，夜市盛行。饮食业发展成全日制经营。吴自牧说“杭州大街，买卖昼夜不绝，夜交三四鼓，游人始稀；五鼓钟鸣，卖早市者又开店矣。大街关扑，如糖蜜糕、灌藕、时新果子、象生花果、鱼鲜猪羊蹄肉……”有的面食店则“通宵买卖，交晓不绝。缘金吾不禁，公私营干，夜食于此故也”①。另外，这一时期饮食业的发展还有一个特点即饮食市场上出现并发展了许多专业化饮食行。它们主要靠专业经营与众不同的著名菜点而求得生存与发展，有着风味超群、价格低廉、经营灵活等特点，在当时城市的饮食业中占有重要地位。随着饮食业规模的扩大，饮食业内部开始出现雇佣关系，表明饮食业的多种经营特色已经超越简单商品生产的水平，促进了资本主义关系的萌芽。

饮食业的繁荣兴盛，有着多方面的原因：一是社会经济的进一步发展。这一阶段尽管由于战乱和朝代更替，社会经济会出现暂时的后退，但社会发展的总趋势是继续向前发展，这为饮食业的发展提供了物质基础。二是民族的融合和通商口岸的开放。这一方面促进了各地之间的饮食文化交流；另一方面，流动人口的增多、少数民族涌入中原和外商来华对其饮食业的发展又不断提出新的要求。三是政府对饮食业的支持。官府兴建酒楼让民间经营饮食，并采取措施刺激饮食业的发展。据《大政记》载，明洪武年间，朱元璋在南京“命工部作十楼于江东诸门之外，令民设酒肆其间，以接四方宾旅。其楼有鹤鸣、醉仙、讴歌、鼓腹、来宾、重译等。既而又增作五楼，至是皆成。诏赐文武百官钞，命宴于醉仙楼。”朝廷出钱让百官到酒楼去饮宴，确实刺激了都市饮食业的发展。四是经营者经营方式的灵活。他们根据人们喜欢游乐的特点，将饮食与旅游娱乐相结合。当时的饮食店里许多设有戏剧表演，还有些经营者在旅游景区办起了相应的旅游餐馆和餐船，这些都促进了饮食业的繁荣。

① 《梦粱录》卷一三《天晓诸人出市》

3.5.4 地方菜系的发展

由于每个地区的自然、气候、资源特产、习俗和传统的不同，地区间的饮食习惯有很大的差别。正如《中华全国风味志》所云："食物之习性，各地有殊，南喜肥鲜，北嗜生嚼（如葱、蒜等），各得其适，亦不可强同也。"中国烹调实践讲究"适口"，因此不同的地区自然会产生适合当地人口味的菜肴。随着商业、交通与文化的发达，特别是城市的繁荣，涌现出大量的具有不同地方特色的酒肆饭馆。各种地方风味餐馆的日渐发展，进而在一些大城市中出现了"帮口"。来自各地的餐饮业经营者，为了在经营中能相互照应，自然结合成帮，从而使"帮口"具有行帮和地方风味的双重特性。他们联合起来，主持或者占领某一大城市的餐饮行业，形成独具特色的餐饮行业市场。每个"帮口"都以一定地区的食客为服务对象，都有自己的名肴名馔，在原料选择、调料运用、烹调技艺等方面都有自己的特点。早在三代时期，中国菜点已出现了黄河流域和长江流域之分。宋代以后，市肆饮食文化已成气候，在南北饮食文化差异的背景下，各地饮食风味的差异日益明显，鲁菜、川菜、粤菜、淮扬菜四大风味菜肴脱颖而出，到明清，在此基础上又发展成为鲁、川、扬、粤、湘、闽、徽、浙、京、沪这"十大菜系"。

菜系是地方菜肴的升华，但地方菜肴升华成菜系需要有一定的条件。它需要该地区具有较发达的商业、交通与文化特别是要有城市的繁荣。只有繁荣城市的形成才会出现大量的酒肆饭馆，在这个以烹调为经营的场所，烹调技艺才能得以广泛交流和提高，从而形成大量的名馔佳肴；只有城市繁荣，成为百物聚散之处，烹调获得丰富而带有本地特色的原料，这样所形成的名馔名肴才会具有鲜明的地方色彩。菜系的形成还要拥有一定数量并能传世的技艺高超的厨师，这是出现名撰名肴的关键。当然，也还需要一批高水平的消费者和有文化教养的美食家品评提倡，这是菜系形成的动力。

3.5.5 食品文化理论的成熟

中国食品文化理论到宋清时期已逐渐走向成熟，内容越来越丰富和完善，这一时期尤其是明清两朝，封建王朝在政治上达到了最黑暗，许多文人为逃避现实，乐于从事饮食——闲事或雅事或善事的研究，研究热情空前高涨，有关著述层出不穷。

影响较大的主要有宋代吴氏《中馈录》、林洪的《山家清供》，他们是宋代著名的烹饪文献；元代以后，我国食品理论更加丰富，并且越来越成熟。主要有元代宫廷饮膳太医忽思慧的《饮膳正要》和无锡人倪瓒的《云林堂饮食制度集》、元明之际贾铭的《饮食须知》和韩奕的《易牙遗意》。其中以忽思慧的《饮膳正要》最为著名，此书集食疗理论之大成，注重阐述各种饮馔的性味与补益作用，即注重饮食与营养卫生的关系，是宫廷饮食理论的典章。明代的食书有很多，除《多能鄙事》、《墨娥小录》、《居家必用事类统编》、《便民图纂》等书中的饮馔外，还有韩奕的《易牙遗意》、宋诩的《宋氏养生部》、宋公望的《宋氏尊生部》和《遵生八笺》、高濂的《饮馔服食笺》、张岱的《老饕集》等等，李时珍的《本草纲目》亦涉及蔬菜的分类。就饮食理论而言，当以《宋氏养生部》和《饮馔服食笺》为代表，这两部论著以民间饮食为主，汇集明代烹饪制度，是官民兼有的饮食集锦。各类医籍中，影响最大的是李时珍的《本草纲目》，它系统地总结了我国 16 世纪以前药物学的成就，是古代最完备的药物学专著。它还集保健食品之大成，是古代最好的食疗著述，也可作为烹调原料纲目使用，集中体现了中国食品文化"药食同源"的特点，现今人们研究豆腐、酒品和不少烹调方法、食治方法的源流，常以此书作为依据。清代出现的食品文化专著，数量可谓空前，主要有著名文人袁枚的《随园食单》、戏剧理论家李渔的《闲情偶寄・饮馔部》、张英的《饭有十二合说》、曾懿的《中馈录》、顾仲的《养小录》、四川人李化楠著并由其子李调元整理刊印的《醒园录》、著名医学家王士雄的《随息居饮食谱》、宣统时文渊阁校理薛宝辰的《素食说略》、清末朱彝尊的《食宪鸿秘》以及《调鼎集》（又相传盐商童岳荐编著《粥谱》、《食品佳味备览》、《食鉴本草》、《调疾饮食辨》等。）这些烹饪文献中，既有总结前人烹饪理论方面的，又有饮食保健方面的，从烹饪原料、器具、工艺、产品，一直到饮食消费，这些文献都有不同程度的理论研究与概括并形成了一个较为完善的体系。其中袁枚的《随园食单》堪称这一理论体系中的杰作。各种烹饪经验兼收并蓄，各地风味特点融会一册，理论与操作相结合，形成了系统的理论学说。《随园食单》共有 14 篇，主要理论包括注意原料选择、注意原料搭配调剂、注意饮食卫生、烹调要"精始"、菜肴上桌要有次序、讲究进食艺术等。

3.6 民国至今：繁富时期

辛亥革命的炮声，敲响了封建王朝的丧钟，中国食品文化也在炮声中迈进了它的繁富时期。和前几个时期相比，这一时期的时间最短，但食品文化的发展是最快的。这一方面应归功于世界科学技术的飞速发展，另一方面是中国自觉不自觉的对外开放。在这双重作用下，中国食品文化的内容发生了天翻地覆的变化。从烹饪原料到烹饪工具，从食品制作方式到食品理念，中国食品文化的内容正在进行着划时代的变革。

3.6.1 新食料和新食品的引进、开发及使用

20 世纪以来，由于自觉不自觉的对外开放，我们主动拿来和帝国主义列强强行塞入的新食料很多。这些新食料都是工业革命的产物，由机械加工生产，如味精、果酱、鱼露、蛇油、咖喱、芥末、可可、咖啡、啤酒、奶油、苏打粉、香精、人工合成色素等。随着民族工业的发展，中国开始自己生产这些食料。这些食料在食品工业和餐饮业中的应用，改变了食品的原有风味，质量也有所提高。新食料的引进和生产，对传统烹调工艺产生了很大的冲击。如味精逐步取代高汤（用鸡、鸭、肉、骨等料精心滤熬的鲜美原汤），传统制菜规程也相应发生了改变。新中国成立后，尤其是 20 世纪 80 年代以来，烹饪原料又有了新的发展和变化，除了充分利用现有原料、增加产量、提高质量外，继续引进新食料，如牛蛙、鸵鸟、袋鼠、海狸、珍珠鸡、肉鸽、玉米笋、夏威夷果、泰国米、绿花菜、西兰花、凤尾菇、奶油生菜、樱桃番茄等。与此同时，还在繁殖食用昆虫、提取植物蛋白、利用野生草木、推广强化食品等方面开展科研，成果显著。

近年来，生物科技在食品中的应用越来越广，它不仅改变了原有食品原料的品质，而且还合成了许多原料。

生物科技可以用来改进农产或畜产的品质以利于后者的加工，比如说增加番茄的硬度以利于运输，控制玉米的油脂氧化酵素以省略冷冻玉米的杀青操作等，以防止因杀青带来的组织改变。也可以改进食品的品质，如利用某些荷尔蒙减少猪体的脂肪含量同时增加蛋白质的含量。遗传工程还可以用来提高产品的生产速率及生物转化率，产生新的香味，产生胆固醇分解酵素，脂肪修饰酵素等，它也可以用来改变饱和脂肪酸与不饱和脂肪酸的比例。

3.6.2 厨房的革命

如果把秦汉时期厨房从起居室独立出来当作厨房的第一次革命的话，那么这一时期厨房的变化可称作厨房的第二次革命。这一时期厨房的变化可称得上是天翻地覆。首先是烹饪工具的革命。烹饪工具的革命客观上和燃料（能源）的革命有关。在现代，作为传统能量来源之一的薪炭和煤在烹饪上的地位变得越来越微不足道。煤气、天然气、液化气、汽油、柴油、酒精、太阳能、电能等越来越多地被用于烹饪。能源的革命引起的是炉灶、炊具的革命，煤炉、气灶、酒精灶、微波炉、电磁炉、电炉、烤箱等被广泛应用于烹饪活动。其次是卫生、机械化的操作设备的使用。现在许多餐厅的厨房设备除了上述炊具外，还普遍使用冰柜、炒冰机、紫外线消毒柜、自动洗碗机、切肉机、刨片机、绞肉机、不锈钢工作台和其他饮食机械设备。值得一提的是，我国现在已经出现了许多大型的厨房设备生产企业，可以生产出灶具、通风脱排、调理、储藏、餐车、洗涤等300余个规格和品种的厨房设备。因此工作环境清洁，污染减少，劳动强度下降，工作效率提高，改变了中国"烹调技艺世界一流，厨房设备未入流"的局面。

3.6.3 工业食品的创制和食品工业的发展

几千年来，中国一以贯之的食品都是由手工制作而成，包括主食和各种菜肴的制作。每一个工序靠的都是手工。手工制作的特点是：耗时；一次成品制作量小；每一个环节的把握纯粹凭借经验；卫生条件难以保证。随着妇女逐渐走向社会、生活节奏的加快和人们营养卫生意识的加强，人们迫切需要方便快捷、营养卫生食品的出现。于是随着科技的进步，工业食品开始步入人们的生活。工业食品是传统烹饪食品的派生物，是现代科学进入烹饪领域的结果，也是为了适应现代快节奏的生活和人们的营养卫生意识。如今，已经出现了许多生产工业食品的企业，一些传统烹饪的食品如包子、饺子、馒头、面条、馄饨、月饼还有咸菜、各种酱制品等都有专门的食品加工工厂。还有一些半成品如鱼香肉丝、辣子鸡丁、酱排骨、西湖牛肉羹等配料齐全，只需加热即可。工业食品的出现既减轻了手工烹饪繁重的体力劳动，节省了时间，又使大批量食品的生产质量更加规范化和标准化。

自从食品生产迈入了工业化的轨道，中国的食品工业逐渐走向成熟，开始出现集团化的经营，每个食品集团都打造自己的品牌。从吃到喝，从零食小食品到各种真空包装的肉制品，从调味品到原材料，等等，可以说品牌已经渗透到食品的方方面面。火腿肠有双汇、春都、旺润；糖果有大白兔、金丝猴、阿尔卑斯；奶制品有蒙牛、三鹿；调味品有王守义、王致和等。

品牌意识的树立实际上是企业独立意识的体现，企业有了自己的品牌，说明企业成了法定的独立的个体，加工的食品具有与其他同类食品不同的独有的个性。有了自己的品牌，消费者可以很容易的识别食品销售厂家或食品来源，也有助于企业的销售和占领市场。品牌代表着企业的外在形象，如果消费者对某一品牌的赞誉度高，这一品牌就容易成为名牌，在市场竞争中占据优势。

3.6.4 营养安全的食品理念

中国的传统食品，特别是菜肴，在制作上讲究的是"和"。油盐酱醋，酸甜苦辣，鱼肉禽蛋，菜蔬豆瓜，烹煮烧烤，冷炙火锅，种种不同的物体、滋味和烧法，都能“和”在一块，共同为美味佳肴发挥作用。“五味调和”是中国食品文化中的一大特点，但随着社会经济的发展，人们对食品科学、食品营养知识的更深了解，人们已不再满足于食品的色香味形，不再满足于用嘴吃饭，而开始用脑吃饭，即重视食品的营养卫生和安全。强调食品各种营养成分的搭配，食品的卫生安全指标。富含硒、钙等微量元素的功能食品和卫生安全指标高的绿色食品等越来越多，越来越受到人们的喜爱。膳食结构也有质的变化，更讲究膳食结构的合理和营养的平衡，强调“三低两高”，即低糖、低盐、低脂肪、高蛋白质、高纤维。历史上留下来的大鱼大肉、厚油浓汤食风正在改变。目前许多高等烹饪学府都开设了烹饪营养学，使学生能够运用营养学的知识科学合理地烹饪，制作出营养丰富、风味独特的菜点。而中国预防医学科学院营养与食品卫生研究所与北京国际饭店合作，对淮扬菜、鲁菜、粤菜和川菜系的一批菜肴成品进行营养成分测定，这些都反映了我国目前烹饪营养学的发展状况。当然，中国烹饪与现代营养学密切结合的同时，仍然没有也不可能放弃长期指导中国菜点制作的传统食治养生学说。食治养生学说虽然比较直观、笼统、模糊，带有经验型烙印，但有宏观把握事物本质的长处。正是由于中西医学的结合，传统食治养生学说与现代营养学的相互渗透，宏观把握与微观分析两种方法的相互配合，使得中国烹饪向现代化、科学化迈出了更快的步伐。20世纪80年开始，鸡鸭鱼鲜和蔬菜水果利用率提高，破坏营养素和有损健康的技法减少，推出不少营养菜谱、食疗菜谱、养生菜谱。食用含碳水化合物为主的谷物比例相对减少，含蛋白质较多的动物、豆类和菌类原料相对增加。到了90年代，各种具有营养特色的食品陆续面市，比如说用遗传工程技术由真菌提炼的蛋白质，用饲料处方改变生产的低胆固醇蛋类，由饲料和饲养技术得到的低脂肪、低胆固醇牛肉等。人们开始注意饮食平衡对身体健康的重要性，注意通过饮食调整来治疗由营养失衡所带来的疾病，于是食疗药膳食品与保健食品迅速兴盛起来。

3.6.5 中外食品文化的大碰撞

20世纪初，随着西方教会、使团、银行、商行的涌入，洋蛋糕、洋饮料、奶油、牛排、面包等西菜西点也进入了中国，并对中国饮食文化产生了很大的影响。中国厨师吸收西餐的某些技法，由仿制外国菜进而创制“中式西菜”或“西式中菜”。这类新菜，原料多取自国内，调味料用进口的，工艺主要是中式的，筵席又袭用欧美程式，品尝起来别具风味。内地厨师向沿海学习，将这类新菜再加移植，增加了中菜品种，丰富了筵席款式。新中国成立后，尤其是近十余年来，随着改革开放的深入，西方一些先进的厨房设施和简易的烹饪方式正在被学习和借鉴。在食品方面，西式快餐、日本料理、泰国菜、韩国烧烤等异国风味竞相登陆，这不仅是对古老的中国饮食文化的挑战，更是中国饮食文化蓬勃发展的机遇。其中，西式快餐是将高科技发展的成果应用于快餐，是工业化标准和标准化思想、标准化科学技术运用的结果。它适应了高科技社会方便、快捷、卫生的客观需要，并以舒心的环境和人性化的管理等崭新的姿态赢得了中国人尤其是年轻人的青睐。面对这一现实，中国也正努力借鉴西式快餐的优点和成功经验，大搞中式快餐，并将其作为饮食业的新增长点。另外，中国饮食文化在海外的影响也越来越大，民国以后，出国人数渐多，这些侨胞中约有1/3的人以经营小型的家庭式中餐馆为生，并且世代相传。他们把中国烹饪介绍给各国，使中餐大规模的进入国际市场。中餐走出国门后，一部分保持原有的风貌，仍是正宗的粤味、闽味或其他风味，主要食客为华侨和留学生；一部分受原料限制和当地食俗影响，变成“中西合璧”的“混血儿”。目前在遍布世界各地的六千多万中国侨民中，有不少人仍是以开中式餐馆谋生，中餐馆数量非常多，尤其是华侨聚居的唐人街，酒楼鳞次栉比。它们传播着中国食品文化，使洋人大开眼界。改革开放以来，中国又不断派出烹饪专家和技术人员到国外讲学、表演、参加世界性的烹饪比赛，使海外更多人士了解中国食品文化，喜爱中国菜，这也促进了世界烹饪水平的提高。

社会在进步，科技在发展，未来的食品原料、食品制作方式和食品种类也将会发生目前我们意想不到的变化，但可以肯定的一点是，营养、安全、便捷、环保仍将是未来的食品理念和食品文化发展的主方向。

思考与练习

1. 中国食品文化的发展经历了几个阶段？每个阶段各有什么特点？
2. 中国节日的起源主要有哪些？说出3个节日的起源及其特定的食俗。
3. 夏商周时期食品文化的一个重要特征是“食以体政”，试举例说明“食以体政”主要体现在哪几个方面。
4. 中国的进餐方式经历了怎样的变化，推动餐制变化的原因是什么？

4 食品文化与艺术学及美学

4.1 食品作品的艺术性

中国食品文化在维持生存本能获得个体生命存在的基础上，早已将食品升华到满足人的精神需求的境地，成为人们积极地体验人生、充实人生的途径。任何人不仅可以将自己的哲学思想、审美情趣、伦理观念等寄寓于艺术，而且还将其寄寓于日常生活中，使之不仅成为维持个体生命的物质手段，而且让日常生活成为体现个体创造、发展和完善个体独立自主人格、寻求和认同个体生命价值的途径。中国的食品文化，正是在某种意义上寄寓了中国人的哲学思想、审美情趣、伦理观念和艺术理想。因此，中国食品文化的内涵，早已超越了维持个体生命的物质手段这一表象，而进入一种超越生命哲学的艺术境界，成为一种与科学、哲学和艺术相结合的一种文化现象。

食品作品的艺术性讨论的对象是食品的审美艺术活动，涉及食品的艺术性质、艺术的价值方位、视觉活动体系和食品种类的艺术特点等有关食品艺术的问题，目的在于展示食品活动的艺术规律。

审美意识就是我们通常所说的美感，即人对美的主观感受、体验与精神愉悦。美感在审美实践中产生和发展，美感是创造美的心理基础。中国食品的审美性，重点表现为对"味"的重视和对"和"的追求。

4.1.1 对"味"的重视

中国文化的审美意识最初起源于人的味觉器官，这从"美"字的本义可以看出。《说文》中的"美"字从"羊"从"大"，其本义为"甘"，也就是说中国人最初的美意识源于"甘"这样的味觉感受性。而"甘"主要是指适合人的口味，所谓"羊大"，是指肥大的羊肉对人们来说是"甘"的。所以"甘"给人以味觉上美的感受，可见中国人最原初的美意识起源于"肥羊肉的味甘"这种古代人们味觉的感受性。中国人原初的美意识，起源于味觉，然后依次扩展到嗅觉、视觉、触觉、听觉，又从官能性感受的"五觉"扩展到精神性愿度的"心觉"，最后涉及自然界和人类社会的整体，扩展到精神、物质生活中能带来美与美感的一切方面。由于中国文化中的美意识最初产生于人们的日常饮食活动，所以饮食中的"味"就成为中国美学的一个重要范畴。《说文》："味，从口，未声"，其意是"滋味"。而"未"的本义，《说文》中解释为"味也，六月滋味也"，其声同"味"。《史记・律书》："未者，言万物皆成、有滋味也。"可见，"味"与"未"是音义相同的。

在古代，所谓"滋味"，是从口含食物之意引申而来的，一般是表示"口有甘味"的意思，并且"滋"有"美"的意义，再考虑到"美""味"有双声关系，人们一般所说的"口好味"（《荀子・王霸》)的"味"，与所谓"滋味"、"甘味"或"美味"是同义词，滋、甘、美、味，古来都是意义相近的词。

由此可见，"味"产生于饮食，本身就含有"美"的意思，这就再次证明了古代中国人的美意识，本源于饮食中味觉的感受性。

这种将美归之于饮食中的美味的观点，有一个相当长的发展过程。从出土文物看，从原始社会的陶器到殷周时的青铜器，其中绝大多数为饮食用器皿，由此可以想象出饮食在人们日常生活中所占据的重要地位。从殷代至西周，都设有专管饮食的官，且这些人在政治上有相当高的地位，这说明当时人们味觉上的享受要比声、色的享受要求高。当人类的整个认识和审美艺术还不曾发展到应有的高度时，人们不可避免地将美感(及其对象)与快感(及其对象)连在一起，所以将五味、五声、五色并列共举，而以五味居首，可见人们最初的审美活动产生于日常饮食中味觉对美味的悦乐。中国古代的人们一开始就将人的生理感官看作是审美的感官，使中国的食品文化一开始从比较低级的生理需要，跨入了较高层次的审美境界。由"味"所引起的美感，表现了中国古代人们对美和审美活动的理解，即始终从人最基本的日常生活中去探求和体悟美，并始终认为美能够引起人强烈的生命感、唤醒人强烈的生命意识的东西，因此，审美活动既是一种体验，又是一种享受，需要全部身心的投入。正如马克思所说，人不仅通过思维，而且以全部感觉在对象世界中体验到自身的生命活动，使人的一切外在现实内在化、主体化，成为人的内心生活的一部分，同时使人的一切内在现实外在化、客体化，成为对象性的存在和对象的"生命表现"。体验是以感觉为基础，而感觉要通过感官的感受来实现，所以一切有助于体验活动的感官都应引起重视，应包含在审美体验之中。感官的感受，特别是人的味觉，是对人生最重要本能的自然欲求的满足，因而给予人生命以巨大的充实感和人生无穷的愉悦和快乐。所以，在人的审美体验中，味觉是不可缺少的。正是在此意义上，古人在讲到"心觉"、"心悦"时说："理义之悦我心，犹刍豢之悦我口"，将理义打动人的心灵所获得的愉悦感，同美味作用于人的味觉快感进行类比，这在中国文化中是一种特别普遍的现象。心灵所感受到的美虽然有理性的成分，但它实质上是一种生命的充实感，在这一点上与人生理上的味觉感受有类似之处，因此可以互相比附类推。审美活动既是一种内心的体验活动，更是一种身体的"享受"活动，那么作为享受的感官，味觉理所当然在人们的审美活动中受到了高度重视。中国美学的这种重视味觉等"享受"器官的特点，就使美与人的欲望、享受建立了密切的联系，这就从人们普通的饮食生活中发掘出了高雅的审美情趣，从而使日常的世俗生活带上了文化与审美的意义，中国文化将日常饮食活动提高到了审美的境界。正因为这样，所以产生于饮食活动中的"味"，不仅成为中国古代美学的逻辑起点，又成为了其归宿和立足点。

"味"作为中国文化的独特审美范畴，蕴含了一定的哲学思想，表现于具体的饮食现象中，便是对"淡"的追求。这当然是由于古代中国很早就进入农业社会，由采集渔猎过渡到农耕期，必然以植物果实为主要食物原料。从饮食文化看，中国人是属于以五谷杂粮为主要食物的草食民族，而植物果实无论从质地、性味、制作上都与动物肉食有所不同，以素食为主，那么必然就会形成以"淡"为主要特征的饮食习惯。如果说由于特定的地理环境限制，中国人的饮食以植物果实为主，并形成以"淡"为主的饮食习惯是出于偶然，那么在其后的社会文化发展中，这种特点却愈来愈明显，因为尚"淡"成为了整个社会的风气。在中国文化中，儒家推崇礼乐，节制人欲，主张饮食适宜；道家崇尚自然，倡导饮食养生；释家禁欲修行，主张清心素食。所有这些观念，都对后来饮食的尚素尚淡产生了深远的影响。特别是道家哲学，影响更是深远。老子说："为无为，事无事，味无味。"干无为的事，做无为的事，体味无味的东西。要从没有味道的东西中体味出它的有味、美味，要能从粗茶淡饭中品味出美味来。老子将饮食文化中的重要概念"味"借喻到哲学领域，表明他崇尚自然、返璞归真、无为无不为的哲学思想。老子崇尚"淡"的哲学观，对后世的饮食文化产生了重要影响，形成中国文化所特有的审美趣味，表现于具体的饮食现象，便是在饮食环境、饮食器具、宴席设计、食品材料等方面，有意识地追求一种淡雅的意境。"味无味"的命题，是对饮食活动中审美观照与审美体验的观察和总结：只有通过"味"（品味、体味）的步骤和过程，才能达到对"无味"（至味）的把握。或者也可以说，"味"的极致，便是"味"的本身，而非任何外加的东西。老子将"无味"作为一个审美范畴，指出"道"乃是一种"无味"之"味"，因而也就是一种"至味"。所谓"味无味"，就是全神贯注地去体味和观照美的最高境界，即"道"的本质特征和深刻意蕴，以便体悟到自然宇宙与人体生命的真谛，从而获得最大的美的享受。这说明老子美学深受中国古代饮食文化的启示和影响，有着浓郁的体验性特征。这种"味无味"的美学观，实际上就是"淡"的审美理想，而其深层次的含义，则是人去主动地感受和体验（"味"）大自然（"无味"）的存在，以便使自己能够完全地融入大自然的怀抱，了解和体悟到自然与人生的"至味"。表现在饮食中，便是通过饮食这一日常的行为去体悟自然的奥妙，反过来又以自然的运行法则来指导人们的饮食。

中国饮食文化以"淡"为美的风格，还与中国知识分子的刻意追求有关。我们随便翻开烹饪史，都会发现许多与大文学家、大画家或大书法家的名字或典故有关的美味佳肴，如谢玄与"鲊"，张翰与"莼鲈之思"，魏征与"醋芹"，白居易亲制胡麻饼，王维的"辋川小样"，杨万里的素食豆豉，苏轼的"东坡肉"、"东坡羹"，陆游的素馔，倪瓒的"云林鹅"，大都在追求一种清淡素雅的饮食风格，这除了受其哲学上崇尚自然、返璞归真思想的影响和他们在美学上"寄至味于淡泊"的追求外，更多地表现出对各种欲望的反叛，以便通过饮食上的清淡素雅来表现自己的生活理想和生命情趣，以及高雅脱俗的人格，而其根源，则是受到了"天人合一"思想的影响，从此出发，便有"无肉使人瘦，无竹使人俗"（苏轼）的说法，以及中国士大夫阶层对茶的特殊嗜好。清代钱塘人陆次云在《湖儒杂记》中写道："龙井茶，真者甘香不冽，啜之淡然，似乎无味，饮过后觉有一种太和之气，弥沦乎齿颊之间，此无味之味，乃至味也。"这才是中国知识分子在日常饮食中刻意追求的美学境界，这种境界的实现，源于饮食，弥漫于中国文化的各个层面，如水墨画色彩的浅淡、居室服饰的素淡、言语文字的冲淡、举止行为的恬淡等等。这种风格一旦形成，又反过来引导饮食向清淡的风格发展，而贯穿其中的审美理想和哲学观念，便是人工与自然的和谐一致。

4.1.2 对"和"的追求

中国饮食文化审美观念中所蕴含的思想还表现为"和"。"和"是中国古代文化重要的审美范畴，最初亦源于中国的饮食文化，其基本特征是追求天人合一、人人和同。"调和鼎鼐"是饮食中的一个专门术语，后被用作治理国家的代称。《说文》："鼎，调和五味之宝器也。"可见"和"最初源于饮食的调配，所以"和"表现在饮食中，主要便是"调"。饮食通常也称"烹调"，所谓"烹"，只是做熟了，而要想使饮食口味好，则全要靠"调"了。"调"，可以说是中国饮食文化所特有的方法。《吕氏春秋·本味》中对"调"有这样的描述："调和之事，必以甘、酸、苦、辛、咸，先后多少，其齐甚微，皆有自起。鼎中之变，精妙微纤，口弗能言，志不能喻。故久而不弊，熟而不烂，甘而不哝，酸而不酷，咸而不减（疑为“碱”），辛而不烈，淡而不薄，肥而不腴。”食物原料有各种不同的性能和味道，所谓调，就是将其怪异之味去掉，使之更符合人们的口味。此外还要调色、调形，其中最重要的还是调味。“味”大多数情况下要通过“调”才能实现，亦即通过人工调理，使饮食原料和佐料的气味相互渗透，达到美味的至境。这种调和五味的习惯，实际上是阴阳谐和观念在饮食文化中的具体表现。古代人们从自然界的天时地理中抽象出阴、阳这一对偶范畴，并进而专指男女两性，并将其扩展开去，上升为哲学、美学意义上事物两极的对立互补范畴，建立起了包括世界上万事万物在内的抽象模式。这种模式表现在饮食上，便是每一种食物都有阴阳之性，且分布不均，只有通过调和才能阴阳平衡，既美味可口，又不会对人的身体造成伤害。这种观念后来和五行学说结合，认为所有食物都有一种相生相克的关系，这就更增加了调和的重要性。“天以五气养人，地以五味养人”，“夫天主阳，以五气食人；地主阴，以五味食人”，可见“和”乃是对人与天地自然关系的一种协调，而这种协调又必须以时令的变化为根据：“凡和，春多酸，夏多苦，秋多辛，冬多咸，调以滑甘。”由此可见，“和”的第一层境界，是调谐人与自然的关系，从天和推导出人和，然后努力去追求天人相合，进而达到相互融合。在宇宙自然和谐相生的大系统中，个人只有汇入群体之中，个人的饮食习惯只有与天道相符合，人的生命才可以得以保存并融入自然，成为自然的有机部分。

饮食中的“和”，还表现在和合敦睦相互情感、整合社会人际关系上。“饮食所以合欢也”，中国饮食除了要通过调味把菜食加工得精美好吃外，还要注意饮食的主体——人的主观能动性，也就是说要注意到人的生理、心理及饮食者之间的融洽，概括起来即要讲究“天时、地利、人和”。所谓天时，不仅指随季节变化而饮食有所侧重，如炎热酷暑之时就不宜吃肥鱼大肉，同时恰逢喜庆之日，或午节之时，也有同平常截然不同的饮食方式和内容。地利除指注意各地不同的饮食习惯外，还讲求环境幽雅，亦即要有适当的饮宴场所，如许多大饭馆，房舍宽大，书画琳琅，置生其间，高雅情调骤生。不仅房舍，周围大自然环境也要幽雅宜人，晋代兰亭雅叙之所以传诵千古，原因之一便是环境幽雅。再如登上青城山，看山幽水明，听风行波涌，再品尝被誉为“道家四绝”的青城苦茶、百年泡菜、白果炖鸡、洞天乳酒，“一楼风月当酣饮，万里溪山欲醉眠”的意境立现眼前，顿时感到飘飘凌虚的仙风道骨。人和，即不仅仅是为了吃饭，而是席间要有高人雅士，才有情致。古人投壶行令、飞觞醉月，都是为了增情助兴。往昔文人郊游野餐，常带两碟菜一壶酒，一把壶左右各放一个碟子，状似蝴蝶，既形声，又象形，行蝴蝶之会，作赋诗之游，极富艺术情调。尤其是各种节日，或婚丧、生子、做寿、洗尘，都要大宴亲朋，无形中起到敦睦个人情感、整合人际关系、凝聚社会群体的作用，从而使日常饮食行为一变而为加强政治教化、强化伦理规范的一种凝聚剂，使饮食打上了政治伦理的烙印，这也许是饮食之“和”的核心。这时，“和”的境界就由单纯的调味进到了主体与客体的互相配合，从而使人由单纯物质丰裕而产生的感官欢愉，进到精神与物质统一后的心灵狂喜，使人伦和谐（即人和）代替自然和谐而成为最高的价值目标，使人自觉地认同于宗法等级制度，将每个人在伦理上纳入贵贱有等、上下有序、亲疏有别的道德规范体系中，体现出“礼之用，和为贵”的正统观念。

所以中国饮食文化中的“和”，源于最初的调味，渗透到对社会伦理秩序和谐的追求，上升到了精神的审美观照境界。这种境界既注意以素朴无为的人性去契合天道，又重视人为规范之和，体现中国饮食一方面执著现世人生，花样百出、异彩纷呈，另一方面又超越了具象的形式和功用，体现较高的审美价值，实现实用与审美的统一。所以中国哲学观念体现于中国饮食文化的审美观念中，就表现为“味”与“和”，其中尤以“和”为核心。这种倾向，应验了“和也者，天下之达道也”的观念，成为中国饮食文化最重要的哲学内涵和审美特征。

此外，饮食的美学还表现在质地美、节奏美、情趣美等方面。质地美是指原料和成品的质地精粹、营养丰富，它贯穿于饮食活动的始终，是美食的前提、基础和目的。“质”，是肴馔食品，即食品之质，而非单指原料的质。饮食的根本和最终目的，是为满足进食者获得足够量的合理营养，也即达到养生的需要。“凡物各有先天……物性不良，虽易牙烹之，亦无味也。”原料的质美是一切其他诸美的基础，俗话说“巧妇难为无米之炊”即是这个道理。

节奏美指的是顺序和起伏。体现在台席面或整个筵宴肴撰在原料、温度、色泽、味型、适口性、浓淡的合理组合，肴馔进献的科学顺序，宴饮设计和进食过程的和谐与节奏化程序等。程序的注重，是在饮食过程中寻求美的享受的必然结果。它的最早源头，可以追溯到史前人类劳动丰收的欢娱活动和原始崇拜的祭祀典礼中。清乾隆年间的才子袁枚在其著名的《随园食单》上就曾对上菜程序做过如下论述：“上菜之法：咸者宜先，淡者宜后；浓者宜先，薄者宜后；无汤者宜先，有汤者宜后……度客食饱则脾困矣，须用辛辣以振动之；虑客酒多则胃疲矣，须用酸甘以提醒之。”时间节奏和空间结构，整个宴饮活动的展开、起伏、变换、高潮、收束，犹如淙淙山泉，湍缓曲折，款款而来，使与宴者如入桃花幽境，流连忘返。

情趣美可理解为感情与志趣两方面。感情中有亲情、友情，亲情是亲人间在长期共同生活中形成的血浓于水的深情，它会自然地流露于言谈举止和饮食冷暖之中，处处为亲人着想，而绝不计较自己的得失，也没有丝毫的做作和表演。友情包括的内容很多，有乡里情、同学情、战友情、师生情、病友情、酒友情、藏友情（由于共同的收藏爱好而结识）等等。不论什么情，都讲真诚和热情，讲体谅和理解，在小事上谦让宽容，能同风雨共患难。在这样的感情氛围中餐饮才淋漓痛快，给人真正物质与精神的双重享受。

4.2 食品文化与艺术学及美学

最能体现食品文化的艺术是中国的烹饪艺术。中国的烹饪艺术包括内容和形式两个方面。在实际的美食中，烹饪艺术的内容和形式是不可分割紧紧交融的。从总体上看，是内容决定形式，但作为艺术的一个组成部分，形式既有服从于内容的一面，又有相对的独立性。烹饪艺术的内容可以包含好几个方面，其中最主要也是最重要的恐怕就是味。说味是烹饪艺术的核心，说烹饪是味的艺术，是十分公允的。自然界提供的食物，只有很少一部分具有天然的美味。人类为了获得更多、更丰富的味觉美感，就必须按照一定的目的，遵循一定的规律，对食物原料进行加工和改造，这就形成了美食的创造活动。在美食的创造活动中，逐步产生了艺术的因子，它的主要体现是原来的食物变成了主要用来品味的美食，或者在充饥的同时兼有审美的功能。烹饪艺术激活了人们潜在的味觉审美意识，引导和深化了人们的味觉审美能力。当“北京烤鸭”尚未创造出来，人们当然无从欣赏“北京烤鸭”的美味；当菜肴的烹调中还没有出现“麻辣”或“鱼香”的味型时，人们也就无法感受到由“麻辣”或“鱼香”味引起的味觉快感。烹饪的创造活动规范和指示着人们的味觉审美活动。普列汉诺夫说：“人最初是从功利的观点来观察事物和现象，只是到后来才站到审美的观点上来看待它们。”如果说人类的审美意识无不来自功利性的目的,那么在烹饪创造活动中,这种实用功利目的表现就更为明确。要是没有创造美食的自觉持久的实践活动,人类就无法改变食物的自然形态和拓宽人类的饮食领域,也就不能更好地、更多地吸收食物中的营养来维持生命和健康的需要。正是在维持生命需要、满足生命欲望这一点上,人们体验到了美味引起的感官愉悦和心理愉悦。味觉审美与烹饪艺术活动是相辅相成、相互选择的关系。有时候,正是味觉审美意识的发展和变异,促使了烹饪艺术的发展和变异,烹饪艺术常常服从于味觉审美的要求。

烹饪艺术是开放的、自由的、能动的。山肴海味,珍禽异兽,可以烧出佳馔来;寻常菜蔬,边角废料,也能成为美食。美食的创造,既是苛刻的又是宽容的;既是复杂的,又是简单的。有时"踏破铁鞋无觅处",有了不少原料仍烧不出好菜;有时又"得来全不费功夫",信手拈来,皆成美肴。它既可以化腐朽为神奇,又可以寓高贵于平淡,在貌似平常的蔬食中,体现出高雅不俗的美学品格。

4.2.1 烹饪艺术的追求

烹饪艺术在可食的基础上,追求的第一境界是求真,第二境界是求变,第三境界就是求雅。

烹饪艺术追求的第一境界求真是以真味取胜,视故弄玄虚为敌,追求真情、真味。只有真的东西,才感人、悦人,才美。炒虾仁曾作为筵席中的领衔佳肴,但人们在欣赏虾仁美味的同时,更钟情于带壳的手抓虾。因为带壳的虾更能体现虾的本味,更有真味。同样道理,鲜美绝伦的炒蟹粉也始终不能代替煮螃蟹的地位,煮螃蟹边剥边食的吃法不仅得蟹的真味,而且有审美的真趣。

烹饪艺术追求的第二境界求变是改变原料的原始状态:形态、颜色、质地、味道。丹纳在《艺术哲学》中强调,艺术不是再现和复制,而是一种改变。他说:"艺术家为此特别删节那些遮盖特征的东西,挑出那些表明特征的东西,对于特征变质的部分都加以修正,对于特征消失的部分都加以改造。"《红楼梦》中,王熙凤半是炫耀半是捉弄地向刘姥姥介绍那只有名的茄鲞的制法,这虽然可能是作者曹雪芹一种虚构、写意的笔法,但它恰恰为烹饪艺术对原料的变异做了最好的注解。在茄鲞中,变异和消失的何止是茄子,用来配茄子的母鸡不是也消失了吗。所以,烹饪艺术从根本上说是一种组合的艺术,变异的艺术。

烹饪艺术追求的第三境界求雅是一种模糊的很难界定的境界,一种只能意会难以言传的感觉。艺术的极致是雅,美食的极致也应该是雅。雅而不俗、美而不艳,才是高层次的美境。那么,美食的"雅",究竟指的是什么呢?大体而言,雅者,即简单也。"简则可继,繁则难久。"简,是美食的起点,也是美食的终点。

街头小吃:品种简单,用料不多,制作不繁,风味突出。这是一种雅。亲朋小酌:三两卤菜,寻常菜蔬,味简情浓,真趣盎然。也是一种雅。宴请贵宾:菜品精美,菜量不多,人各一份,恰到好处,是又一种雅。大鱼大肉不是雅,耳餐目食不是雅,一味动用贵重原料不是雅,绚丽夺目不是雅,锦上添花不是雅,暴殄天物更不是雅。雅,是对上述或平庸,或低俗,或粗陋,或浮华,或浅薄的审美意识的背离。

总之,烹饪艺术追求的求真是追求自然之美;求变是追求丰富之美;求雅则是追求丰富的简单;形式是简单的,内涵是丰富的,这是一种炉火纯青的美。求雅是烹饪艺术的终极追求,也是味觉审美的理想境界。美食的雅,是人的味觉审美意识和创造意识成熟的标志。随着时代的发展，人们看待美食的标准处于不断变化之中，美食的标准将更加多样和宽泛。烹饪艺术必须紧紧把握时代的脉搏，不仅要满足而且要引导人们的饮食走向，使人们吃得更科学、更合理、更味美可口。

中国烹饪艺术在长期的发展过程中，逐步形成了各种不同的风格和流派。这些不同的风格和流派，成为民俗文化、地域文化的组成部分。正是这些多样的风格、不同的流派，最后汇合成中华民族源远流长的饮食文化，使中国烹饪艺术呈现出斑斓夺目的色彩。

4.2.2 烹饪艺术的风格和流派

烹饪艺术的风格一是指具体的菜肴所表达的某种风味和格调，不同风格的菜肴表现出不同的特点，给品味者以不同的感受；二是指厨师个人对烹饪的把握，包括技能、经验、趣味、胆识、修养、悟性等个人素质的自然流露。

烹饪的流派则是一个群体和地区的概念，它体现为一个地区的烹饪特色和烹饪风格，是一个地区的地理环境、物产、民俗、经济、历史、文化等因素的综合反映。

烹饪艺术的风格是多元并存的，它们并行不悖，不分高下。流派也同样如此，很难对京、川、粤、苏等烹饪流派在水平和品格上区分高下。它们各有秋千，各呈异彩，相互依存，相互映衬，这是各种流派长盛不衰的重要原因。若用一种流派来取代或排斥其他流派，结果只能是流派的泯灭。要是全国各地都吃川菜，还存在真正的川菜吗？多样化而不是程式化的饮食活动和饮食审美需求，是形成风格和流派的前提。创造是为了欣赏，而人们的饮食需求又反过来促进了烹饪的创造活动。可见风格和流派的形成与人们的饮食需求是互为因果的。

不同的烹饪风格和流派的存在，是产生味觉美感的重要条件。一般来说，风格独特、流派鲜明的菜肴，总是个性特色突出的菜肴，同时也是在实践中被反复证明受到人们欢迎的菜肴。百菜百味是对百菜一味的挑战，符合味觉审美的客观规律。例如，人们到川菜馆就餐，就是为了获得品味川菜的特殊快感，即使辣出一身汗也是一种享受。又如，人们到广东等地旅游，总想尝一尝闻名遐迩的广东菜，体会一下“食在广州”的感觉。与此相反，缺少风格和不入流派的菜肴，常常是平庸和乏味的，至少是很难引人入胜的。

不管在什么地方，名菜最初往往出自名店，名店则必有名厨。因此，菜肴的风格特色，归根结底，就是厨师的个人风格。

厨师个人风格的形成，不是一朝一夕的事情，而是在长期实践基础上的经验结晶，是烹饪技艺的升华。并不是每个厨师都能形成自己的风格，恰恰相反，只有少数厨师才能有自己的风格，才能在自己创造的菜肴中注入个性的特质和审美追求。厨师个人风格的形成，不仅需要娴熟的烹饪技艺和功力，更需要智慧和悟性，需要对烹饪的独特理解。在这样的基础上，时间一长就会在无形中形成个人的烹饪习惯、手法和烹饪表达方式。在旁人看来，这就是与众不同的风格特点。

说到底，烹饪风格就是在烹饪的过程中有自己的东西，包括自己的理解、处理、情趣和偏爱。有时候，炉火纯青的厨师甚至有意无意地与烹饪操作中的常规有所偏离，这种反常规的做法一旦固定下来，即形成个人风格。

普希金曾说过：“我不喜欢没有语法错误的俄语。”他的意思是说，完全尊重语法的规范就不会有诗的诞生，对语法规范的冒犯，有时反而会产生美。烹饪风格的形成有着相似的道理。偏离正常的烹饪规则，或者在传统的烹饪规范中稍微加进个人的独创、独特做法，反而会产生意想不到的效果和韵味，这就是风格。

当然，上面这种偏差，并不是随意的、无章可循的，而是有条件的。一是需要在基本技艺得心应手的基础上才能有所“出格”；二是这种偏差应以接受者能够接受和欢迎为限度。而更主要的是，这样的偏差既是厨师有意为之，更是无意为之。这是一种非常自然的流露，而不是故意的做作。就像艺术中的稚拙，可以代表浅薄，也可以代表成熟，区别全在于功力和素养。

风格也可以说是一种绝招。烹饪技艺是可以传授的，但绝招和风格是无法传授的，因为人的气质、个性是无法传授的。大凡名厨师都有自己的成名菜、拿手菜，这种菜必定是独具一格的。如果说风格可以传授，那么也就没有了风格。

风格又是一种自由。这是一种得心应手、挥洒自如的自由，充满创造意识的自由，张扬着个性和才情的自由，以及冲破固有的烹饪模式后获得的自由。不能把对风格的追求看作沉重的跋涉，恰恰相反，它充满审美的愉悦、创造的愉悦，在形成风格的厨师那里，烹饪是一种乐趣和享受，是一种自我价值的实现。

烹饪流派的形成，与风格的形成不完全相同。地区性的烹饪流派，既是烹饪个体风格的汇总，又是群体饮食习惯的综合，更是地域文化的反映。北方的质朴、强烈，南方的清丽、婉约，四川的重辣、喜麻，广东的淡而带生……无不与自然环境和地域文化有关。在流派的表达中，烹饪的文化内涵表现得尤其鲜明。在流派的背后，隐藏着一个地区的全部风俗史、文化史、文明史。就拿中国烹饪四大菜系即四大流派来看，以山东、北京为代表的京帮菜，是宫廷贵族文化与北方少数民族文化的结合；以四川为代表的川帮菜，是以质朴的民间文化为主体的产物，那些脍炙人口的四川小吃，虽然不能与大雅之堂上的宫廷小吃相比，但其丰富的民俗特征足以使人忘情；以广东为代表的粤帮菜，则表现出较多的商业文化和外来文化的影响，它的清丽和淡雅，同样体现出地区和时代的特征；以江苏为代表的苏帮菜，融会了南方和北方各自的特点和长处，以优雅、适度的文人文化为主体，显示出一种闲适、中庸的饮食风格。

烹饪流派的产生，使中国烹饪呈现出丰富多样的格局，也给人们的味觉审美提供了更多的机会和更加宽广的空间。很难想象，如果缺少了不同流派的并存，中国烹饪还能否有今天这样的魅力？

烹饪的风格和流派也不是恒古不变的。厨师的个人风格随着厨艺的成熟而日臻完美。地区的烹饪特点，也会随着地区相互之间的影响、交流和渗透，处于发展变异之中。但这种变化最终并不会使流派消亡，而是更加适合现代人的饮食需求。可以这样认为，只要地区之间文化特征的差异存在，烹饪流派也将存在。成熟的烹饪必须找到自己，找到属于自己的风格和流派。

4.2.3 烹饪艺术的创造者

饮食离不开烹饪，烹饪则离不开厨师。一个民族的饮食文化应该是全民族共同创造的精神财富，但从具体的烹饪技艺来看，最主要的还得归结为厨师的创造性劳动。家常便饭中虽然积淀了不少烹饪的真谛，组成了饮食文化的最基本层面，但是最终最高的烹饪技艺体现还取决于厨师及其创造性劳动。纵观中国烹饪的发展史，一个最明显的特点就是民间烹饪与专业厨师烹饪的交相辉映。许多厨师都出自民间，都受到民间饮食文化的滋养和熏陶；同时也正是他们，集中了民间烹饪的精华，并加以凝练、改造和提高，使民间烹饪上升为一门专门的技艺。因此，在一定程度上，厨师的水平，往往代表着一个时代、一个地区的烹饪水平。说厨师是美食的创造者，是受之无愧的。

从烹饪的本质来看，它不仅是一门技术、一门手艺，更是一门艺术。因此，严格意义上的厨师，不是工匠，而是大师，是烹饪艺术家。

以艺术家的素质要求厨师，并不过分。如果厨师缺乏艺术眼光，没有艺术修养，他烹饪的作品就很难有艺术的品格，人们所向往的美食就会黯然失色。

当然，在实际生活中的厨师并非都具备艺术家的素质。正如搞文学的不一定都是文学家，会书法的并非都是书法家。能够代表一个地区、一个时期或者一家酒家烹饪水平的烹饪艺术家毕竟是少数，大量的则是工匠型的烹饪工作者。从这个意义上说，当一个真正的厨师是不容易的，厨师工作并不如人们所想象的那样简单。那么，工匠型的厨师和艺术家型的厨师，他们之间的区别又在哪里呢？黑格尔在谈到工匠时曾说过，工匠的劳动"是一种本能式的劳动，就像蜜蜂构筑它们的蜂房那样"。在这里，蜜蜂构筑蜂房的主要特点，是缺少领悟力和创造意识，尽管这种劳动不失精巧和严密。工匠型厨师的主要弱点，是否也有类似之处呢？

厨师烹饪技艺的提高，其实也可以理解为自觉或不自觉地从工匠型厨师向艺术型厨师的逐步转化。令人遗憾的是，不少厨师毕其一生，不乏苦心经营，但仍无法实现这一转化、这一跨越。这又是什么道理呢？

厨师水平的高低，除了先天素质的差异外，恐怕最主要的还在于其对烹饪的理解能否超越工艺技术的层次。因为只有意识到缺什么，才会主动地去填补什么，才会从较高的层次上去要求自己。

实践证明，完成从工匠到艺术家的跨越，不能仅仅依靠量的积累，即不能仅仅依赖于技术上的熟练程度。技术的熟练程度诚然可以使量变走向质变，即所谓的"熟能生巧"。但更关键的还得通过对烹饪的"领悟"来达到真正的"得道"。因此工匠型厨师与艺术家型厨师最主要的区别不在于烹饪的工龄，而更多地反映在文化素养、知识结构、思维方式、创造能力等等的差异上。这些看起来似乎是非烹饪技艺方面的因素，却常常从总体上决定了一个厨师的烹饪水平和发展前途。

对烹饪工匠来说，按照师傅传授的做法或者传统的手艺进行烹饪，这当然可以达到一定的水平；而对烹饪艺术家来说，却能以自己对烹饪的独特感受、认识和领会，超越原有的烹饪规范，进入一个更高的境界，即艺术创造的境界。一个高明厨师的最可贵之处，在于能按照美的规律而不是按照程式来进行烹饪，正是在这一点上，体现出可贵的艺术家气质。

一般来说，作为艺术家型的厨师，至少需要具备以下几个条件：

一是慧眼，即认识能力。烹饪的前提首先是对烹饪要素的认识。与工匠型厨师不同，艺术家型厨师具有追根溯源的欲望，希望洞察烹饪的本质规律。正因为独具慧眼，因而能在别人忽略的地方，表达自己独到的见解。而这一点，常常是提高烹饪水平的前提。例如，对烹饪原料的选择，一般厨师常囿于传统习惯的框框，不容易有所突破，而艺术家型的厨师就会去充分挖掘原料多方面的潜能，灵活多变、开拓创新、为我所用。

二是巧思，即构思能力。"凡画山水，意在笔先"。凡制作佳肴，又何尝不要事先进行一番构思呢。马克思曾说："带动过程结束时得到的结果，在这个过程开始时就已经在劳动者的表象中存在着，即已经观念地存在着。”巧思虽然不是烹饪技艺的直接表达，但却是菜肴创新的核心环节。某些即使已经相对定型的菜肴，也离不开烹制前的深思熟虑。至于对一些创新品种来说，创造性的精心构思就更加重要了。

三是妙手，即操作能力。烹饪作为一门技术，离不开自成一体的工艺过程。刀法、切配的技巧，运用火候、调味的技巧，乃至起锅装盆的技巧，都直接关系到菜肴的成败优劣。烹饪是一门操作性特别强的艺术，实际操作中的细微偏差都有可能带来整体的失误。所谓“鼎中之变，精妙微纤”。一个厨师要达到炉火纯青的境界，必然建立在烹饪技艺的得心应手、挥洒自如上。熟可以生巧，但真正的手巧还得“心巧”，这就是一边操作，一边思考，通过动脑筋来达到巧。

四是出新。烹饪技艺出新的一个标志，就是在技法上进入一种“化境”。这种“化境”，比巧思和妙手更高一筹。“化”不是人为的努力，不是故意为之，而是一种非常自然和自由的境界。这种“信笔拈来，皆成文章”，举一反三，融会贯通的能力，使厨师的个性和风格得到充分的体现。没有对规范的一定程度上的背离，就没有出新，就没有风格。正是这种深层的创造意识，使艺术型的厨师表现出自己的独创性，在烹饪所限定的天地里争得最大的自由。

4.2.4 美食家

美食家是一个模糊的概念，可以理解为对嗜好美食的人的美称。从一般的意义上讲，人人都可以是美食家。“口之于味有同嗜也”，每个味觉感官正常的人，都具备天生的辨别滋味的能力，都能在品尝美食中得到愉悦。然而通常情况下所指的美食家，又是一个特定的概念。所谓美食家，一般是指吃的行家，美食的鉴赏家。美食家不能算一种职业，然而有些美食家在吃的方面的鉴别能力所具有的权威性，令一些职业厨师望尘莫及。

有人也许会说，吃，谁不会，难道还有内行和外行之分吗？是的。既然烹饪是一门艺术，菜肴可以看作艺术品，那么如何欣赏这门艺术及鉴别艺术水平的高低，就不是人人都能胜任的。美味的食品菜肴，自然是人人都能感觉的，但要把对这些食品菜肴的品味提高到审美的高度，以审美的标准来进行评价，却需要有一定的甚至专门的修养。美食家高于一般人的地方，除了讲究吃外，还研究吃，因而就更加懂得吃，甚至还能吃出味道之外的不少名堂来。

在中国历史上，有一个十分耐人寻味的现象：能够大体上够得上美食家称号的，绝大部分都是文化人，包括学者、作家、画家和各种艺术家。在孔子、屈原、杜甫、李白、陆游、苏轼、李渔、曹雪芹、袁枚等文化人的笔下，都留下了不少品尝美食和有关烹饪的文字。这一独特的文化现象说明，饮食品味同文化修养之间存在着必然的联系，并不是人人都能做到真正懂吃。从这一现象也可证明，缺少文化的厨师不可能是一个完美的厨师。由于历史的原因，过去的厨师文化程度都比较低，这不能不影响到烹饪技艺的发展提高。万幸的是，在中国烹饪发展的过程中精于品味又有较高文化修养的美食家们弥补了这一缺憾。正是在既会吃又懂吃的文化人的促进和指导下，在美食家和厨师的共同努力下，中国烹饪才达到了较高的水平。因此，饮食文化的创造，不仅要靠厨师的智慧和劳动，而且需要美食家的参与。没有美食家的讲究和挑剔，烹饪技术就很难提高。也可以说，厨师在烹饪上的不断提高和创新，得益于美食家们的批评和推动。

美食家对吃的挑剔并不是盲目的、随心所欲的。美食家的主要特点是具有更敏锐的品味感觉，同时他更多地从审美的要求出发，来对美食作出比较科学的鉴赏。要做到这一点，就必须具备一定的条件。

首先，要有较多的品味美食的实践。古人说，“操千曲而后知音”，有了大量的实践积累才能有比较，有比较，才能有鉴别。从这一点看，可以说不少美食家是“吃”出来的。著名作家梁实秋在晚年写了大量有关吃的文章，汇集成《雅舍谈吃》。其中他曾谈到：“‘饮食之人’无论到了什么地方总是不能忘情口腹之欲。”可见有了这个“不能忘情”，才能有对美食的见多识广，谈起吃才会入木三分。

其次，对美食的鉴赏离不开一定的文化修养和审美能力。对于同样一席菜肴，有人得到的是食欲的满足，有人欣赏的是场面的豪华，有人赞叹的是厨师的刀工，有人感受到的是主人的热情，即使同样陶醉，也不可能是一样的，其中存在着感受层次上的差异。美食家与常人不同的地方，就是有一定的知识、阅历，有一定的审美情趣，能领略美食的内涵。

再次，要深入到菜肴艺术的深处，还要懂得烹饪技艺。事实上，不少美食家都是擅长烹饪的行家。苏东坡曾总结出烹调猪肉的方法，制作出流传至今的“东坡肉”，在谪贬黄州时还亲手做鱼羹招待客人。元代的大画家倪云林，不仅写出《云林堂饮食制度》，而且还以独特的烹饪方法制作了“云林鹅”。曹雪芹在《红楼梦》中创造了一个光彩夺目的美食世界，而且本人擅长于烹调，能烹制“老蚌怀珠”等非同一般的菜肴。当代大画家张大千曾说：“以艺事而论，我善烹调，更在画艺之上。”他独创的“大千菜”，风味独特，格调高雅，与他的画一样，颇有大家风范。

对美食的欣赏，除了上述这些个人的条件之外，还受到整个民族的文化观和价值观的支配。美食家的指向，总是反映了一个民族的饮食追求和审美指向。作为一种审美活动，美食家的审美总是以某种“前审美”为前提的，也就是说，美食家在味觉审美之前就有一个标准，这种产生于味觉审美之前的参照系，不是美食家个人决定的，而是一定的民族传统文化造成的。从这一点来看，美食家的品味活动并不是单纯的个人行为，它体现了历史和时代的积淀。

4.3 造型食品文化

食品造型集绘画、雕刻和造型为一体，融会了中国几千年来博大精深的文化，秉承了中国文化传统的精华，别具意蕴，是烹饪艺术中的一枝奇葩。它是运用烹饪原料进行美术创作的一门艺术，是雕塑艺术与烹饪艺术的完美结合，犹如无言的诗、立体的画，不仅可以提高宴席档次、美化餐桌，还能烘托宴席气氛，给人以美的艺术享受。

4.3.1 食雕文化

食品雕刻及塑造简称食雕艺术，泛指一切以食品为原料，运用雕刻、塑造、捏制、裱制、模塑、拼装等多种技法进行造型的一门艺术。食雕艺术源于雕塑，是雕塑艺术的一个分支，其设计与制作则借鉴了其他许多艺术门类：如绘画之工笔花鸟、工笔人物、吉祥图案装饰画、油画等；如雕塑之石刻、泥塑、现代树脂塑、石膏模塑等；如工艺美术之陶艺、青铜器、漆画、木雕、玉雕、牙雕、石雕、根雕等；如建筑艺术之城墙、桥梁、寺塔、宫殿、亭台楼阁、现代建筑等；如书法；如手工之纸花、绢花、草编等；又如插花、美术字、橱窗设计、工艺美术等等。在许多食雕艺术的杰出代表作中，都或多或少地体现和运用了这些艺术门类的指导思想及操作技法。

中国的食品雕刻艺术究竟起源于何时，现在已难以查考。但一般认为，它是在古代祭奠供品造型的基础上逐步发展演化而来的。据史料记载，食品雕刻在宋时即已有之。宋人庞元英在《文昌杂录》卷三中云："唐岁时节物……寒食则有假花鸡球・镂鸡子"，雕镂的是鸡蛋。以后又有了进一步发展，食品雕刻的范围也有所扩大。《韦巨源食单》中有一道点心叫"玉露团"，食单上特地注明是"雕酥"，就是在酥酪上进行雕刻。另外在"御黄王母饭"旁也注明是"遍镂卵脂合饭面，装杂味"，就是在鸡蛋和油脂上进行雕刻。由此可见，食品雕刻在宋时已渐趋流行，并成为一种时尚了。

早期的食品雕刻仅局限于花卉一类的题材，随着技术的日臻成熟，到明代已出现了人物、花卉、鱼鸟、虫草等不同题材的食雕作品，闻名中外的扬州瓜雕艺术就是在那时出现的。因此，把中国的食品雕刻艺术称作是一门古老的艺术，是恰如其分，一点也不夸张的。

1）食雕文化的作用

食雕艺术作为美食文化的重要组成部分，主要有以下几方面的作用：

(1) 装饰美化菜点。食雕艺术应用于烹饪的重要作用在于渲染气氛、增进食欲，如：

① 点缀装饰。即以小型食雕作品作为盘饰点缀，弥补菜点色形的不足或提升菜点档次。如以果蔬雕刻、粘接、卷穿或面团、粉团捏塑花鸟鱼虫等小型食雕作品去装饰菜点，可以使色彩和谐统一，形态美观大方。

② 盛装菜点。此类作品多为中型食雕，常用于高级宴席。如以西瓜盅、椰子盅盛装甜羹，冬瓜盅、萝卜盅盛装汤菜、酱汁，冰雕作品盛放刺身食品，巧克力模型、面包塑提篮盛装西点、蛋糕、炸制品，龙船、花篮类果蔬雕作品盛放热菜等等，都为本身平淡无奇的菜点增添了一抹靓色。

(2) 寓意于菜。此类食雕作品往往与菜点配合，共同营造出一种人文意境，为餐饮经营者发掘饮食文化提供了一条可资借鉴的蹊径。如以果蔬雕或面塑、糖塑人物配以菜点的作品就有依历史典故或神话传奇取名的"太公钓鱼"、"西施豆腐"、"哪吒闹海"、"天女散花"等，一些特色宴席如"九龙宴"、"百寿宴"、"龙凤宴"等，以及菜点组合如"百鸟朝凤"、"大展宏图"、"金秋硕果"等，其食雕作品所发挥的作用便不仅限于点缀装饰，更使菜点文化内涵得以充分表达，于美食美形之外更赋之美意。

(3) 营造宴席氛围。高级宴席上，为烘托气氛、营造环境以提升宴席档次及品位，多使用大型食雕作品。如"龙飞凤舞"、"鸳鸯戏水"、"佳偶天成"等作品用于婚宴；"八仙拱寿"、"麻姑献寿"等作品用于寿宴；"月满情圆"、"嫦娥奔月"等作品用于中秋赏月宴；"迎春纳福"、"年年有余"、"福禄寿三星"等作品用于春节团圆宴；"一帆风顺"、"华厦开新"等作品用于开张喜庆宴；"圣诞雪山"、"圣诞木屋"等作品用于圣诞狂欢宴等等。此类作品由于切中宴席主题，故使宴席主题得以淋漓尽致的发挥。

(4) 现场广告宣传。牛油雕塑、面塑、糖粉模型、巧克力模型等质地稳定，不易变质，可制成大型橱窗模型以营造餐厅文化氛围，体现餐厅经营思想。如体现拼搏向上精神的"雄鹰展翅"、"龙腾虎跃"、"骏马奔腾"等作品，体现团结协作精神的"众志成城"、"八仙过海"、"桃园结义"等作品，宣扬传统文化的"龙凤呈祥"、"金龙献瑞"等作品，体现乡土气息的"农家欢歌"、"水车小屋"等作品，以及异域风情的"老爷车"、"卡通人物"等等。此类作品多立意于企业形象设计，除了宣扬企业文化并兼具现场POP功能之外，更能体现企业员工的水准。

广义而言，食雕艺术包括了以瓜果蔬菜为原料的果蔬雕刻，以黄油为原料的牛油雕塑，以面粉或麦淀粉与糯米粉，或粘米粉与糯米粉搭配为原料的面塑、面浆模塑，以硬质巧克力或软质巧克力为主要原料的巧克力模塑、浇铸，以砂糖、麦芽糖为主要原料的糖塑、糖画、皮糖、嵌糖模板等，以糖粉膏或糖霜、胶糖团等为主要原料的糖粉模型、糖板，以面包面团为主要原料的面包塑造，以糖条、面条、面包面条为主要原料的编织塑造以及冰雕等等。

2）果蔬食雕艺术

果蔬食雕艺术给人以美的享受，让人浮想联翩。如凉菜中的围边点缀，热菜中的造型装扮，汤羹中的画龙点睛，让美食与雕刻相得益彰，让珍馐锦上添花，使人不仅品其味，而且赏其目、悦其心。有许多优秀的食雕作品，使就餐者叹为观止，感觉真的是妙不可言。如有一件仙女散花的食雕，其仙女是用西瓜雕成，艺术师充分利用了西瓜表皮的绿色以及内皮的白色，通过下刀的不同深浅程度，突出了人物各部分的着色深浅，层次分明，高高的云鬓、随风而舞的裙子、飘飞的丝带、纤纤的玉指、挽在玉臂上精美的花篮，每一样都让你惊叹不已。仙女回首散花，一朵朵鲜花飘飞散落，花是用红萝卜雕刻成的，通过花瓣的厚薄，借助光线的透射，来体现花不同部位颜色的深浅。欣赏着这尊艺术品，仿佛自己已随那仙女飞向天际，乘风而翔，不得不感叹艺术师的高超技艺和文化底蕴。几个外表粗糙，丑陋非常的芋头，在普通人的眼里是没有多少价值的，但是通过食雕艺术师的精雕细刻，几匹奋蹄飞奔的骏马会让你精神为之一振，芋头特有的褐色纹路，就如马匹身上的绒毛，艺术师充分利用芋头的这一特点来体现马的毛色，真是绝妙无比。又如一件“猴子捞月”的食雕，一泓清池上，一轮明月倒影水中，四只金丝猴倒挂在树上，一只接着一只，最下面的那只小猴伸手捞月，水波荡漾，涟漪清晰可见。最上面的那只小猴双腿勾在树上，双手环抱第二只小猴的腰，树顶上还有一只顽皮的小猴伸出脑袋，望向池中，作观望状。这尊艺术品让人过目不忘，不只因为那几只小猴顽皮的模样让人忍俊不禁，让人想起小学学过的猴子捞月的故事，而且因为它雕工的细致，动物形象的生动活泼，非常直观形象。猴子的取材是南瓜，南瓜肉色金黄，恰好表现金丝猴的“金色”，树则利用冬瓜，体现其结实的树干和翠绿的树叶，一轮明月则利用番薯。精致的雕刻艺术，加上巧妙的构思，以及合理的取材，使整个艺术形象引人入胜，确是绝妙的佳作。

3）面塑艺术

面塑（即食塑）是中国北方民间过节和祭祀时的一种习俗。如山东烟台民间的面（食）塑艺术已有几千年的历史，至今不衰。它与当地的生活习俗紧密相关，纯属自做自用的乡民生活艺术用品。民间制作面塑的时节很多，如烟台东县乡民俗称：“清明燕，端午蛋，正月十五捏豆面。”而烟台西县又称：“做春燕，捏龙凤，描花画叶欢吉庆。”这些面塑主要用于人生礼仪、岁时节令、婚丧嫁娶以及信仰民俗。不同的礼节民俗有不同的面塑，代表不同的象征意义：如用于婚嫁制作的送三面塑由姑娘出嫁后的第一个农历三月三带回娘家，象征的是燕子归巢，回报父母的养育之恩；又如在妇女生小孩满一百天时姥姥家要送百岁面塑，盼望的是子孙健康成长。面塑用的面可以是发酵的，也可以是死面，其色彩有单色点红的，也有彩色描绘的，形态千姿百态。常见的有鱼，寓意连年有余财，有鲤鱼、金鱼等，有蛇，民间称为小龙、盘龙，有刺猬、公鸡、玉兔、龙、虎、元宝等等，制作之精美生动，形象之逼真，令人叹为观止。

4）烘焙食品艺术

烘焙食品是以面粉、酵母、食盐、砂糖和水为基本原料，添加适量油脂、乳品、鸡蛋、添加剂等，经一系列复杂的工艺手段烘焙而成的方便食品。这类食品种类繁多，形色俱佳，应时适口，既可在饭前或饭后作为茶点品味，又可作为主食，还可以作为馈赠之礼品。既满足人们生活的需求，又培养人们高尚的审美情趣，陶冶人们的道德情操。

在中国最具艺术表现的烘焙食品属蛋糕，无论是哪一类型的蛋糕，经过制作者的巧妙布局和精心组合，均能在蛋糕表面上构成一幅惟妙惟肖、栩栩如生的景观图案。有的是形象完美、精神饱满、色彩鲜艳的月季花、莲花、荷花、菊花、梅花等花卉；有的是水中漫游的鱼，正在戏水的鸳鸯以及"二龙"戏珠；有的是空中飞翔的白鹤，腾飞的"巨龙"；有的是高耸入云的山峰、林鸟和潺潺流水；有的是开屏的孔雀、飞奔的骏马、挺拔苍劲的松树、闹梅的喜鹊以及丹凤朝阳；有的是园林风格的亭、台、楼、阁等。这些造型别致、象征意义有别的各式蛋糕，不但能让人一饱口福，满足人们的生理需要，而且能让人们在绚丽的色彩和精美的造型面前受到艺术的熏陶，心理上享受到愉悦。如象征着童真与纯洁的白色婚礼大蛋糕能给婚礼增加隆重、圣洁、热烈、高雅的气氛，并能长久地留在人们的记忆中。

食品雕刻艺术在其漫长的发展进程中，经过历代厨师的积极探索和努力，发展到现代，无论在雕刻技法还是在形式题材上都有了长足的进步，特别是近年来，随着中西烹饪文化交流的加深以及人们对生活情趣的更高追求，食雕这门融会了中国几千年来博大精深的文化，秉承了中国文化传统的造型艺术以其独特的风姿，在餐桌上大放异彩，将更加受到人们的喜爱和欢迎。

4.3.2 糖艺文化

糖画，顾名思义，就是以糖做成的画，它亦糖亦画，可观可食。民间俗称"倒糖人儿"、"倒糖饼儿"或"糖灯影儿"。糖画作为一种民间艺术，历史比较悠久。相传它是在古代"糖丞相"制作技艺的基础上演化而来的。据褚人获《坚瓠补集》载，明代风俗新年祀神，要溶就糖霜，印铸成各种动物和人物作为祭品。新年来临之际，上至帝王下至普通百姓，都要祭祀祖先和神灵。在祭祀的供品中就有一种用糖制成的供品。用糖制成的供品放不了多久就融化了，后来就改为用纸做供品，而糖画这种艺术则从供桌上走了下来，流于民间。据褚人获《坚瓠补集》载，明俗美新祀神，"熔就糖"，印铸成多种动物及人物作为祀品，所铸人物"袍笏轩昂"，俨然文臣武将，故时戏称为"糖丞相"。由于糖画有好看、好吃、好玩的特点，制作工艺又简便易行，既可观赏又可食用，观之若画、食之甘甜，很是招人喜爱，所以在民间得以传承至今。

卖糖画的艺人，挑起担子，装上一炉一锅一石板，带上一铲一凳一转盘，街头巷尾、集市村庄随地设档，现做现卖。卖糖画的艺人，其挑子的一头是画案，一头是"转盘"，盘上画着各种动物，购买人花上一点钱就可以转上一次，转着龙就是龙，转着凤就是凤——颇有博彩的意味。艺人在绘制糖人之前要先熬糖。熬糖前先准备一块大理石板，上面刷上油，油刷得要薄，以防止糖粘在大理石板上。把一个铜锅放在火上，加入适量清水，再放入白砂糖。水与糖的比例是 2∶1。白砂糖放入以后要轻轻搅动，防止粘底。水温要逐渐升高，利于糖溶解在水中。水开之后，把水蒸气排到空气中。这时，糖液的温度逐渐变高，糖液中的水分逐渐减少。可以看到，糖液开始起大泡了。因为糖液中的水分少了，张力就大了，空气在排放的过程中会在糖面上起一些大泡。这时候温度还不够。熬糖的合适温度是色泽稍微变黄，大泡变为小泡就差不多了。熬糖的目的是把糖液摊成糖片，以便在糖画绘制中使用。待颜色变黄，泡也变小了，火候就差不多了，这时画糖人即将制作糖画。只见围观者屏气息声，盯着糖画艺人的灵巧双手飞瓢铸画。只见糖画艺人不慌不忙地从身边锅里舀起一瓢熬化的糖汁，然后以勺为笔，以糖为墨，面对洁白如玉的大理石面板，执勺在手，凝神运腕，像变戏法似的，一抖、一提、一顿，就这么三下五下，将糖汁洒在白色的大理石台面上，顷刻之间，各种花草鱼虫、龙凤鸟兽、戏剧人物等图画便跃然石上，形象生动，妙趣横生。少顷，石板上的“糖稀”渐凉渐干，再粘上一支竹签，然后轻轻地撬起来，就是一幅甜蜜的画了。这种极具表演性和趣味性的糖画，在 20 世纪四五十年代，总是让围观者看得如醉如痴，或啧啧称赞或报以喝彩。在全国各地都可见许多小孩经常拿着捡来的铜板锡换糖画，卖糖画的艺人会根据重量，“画”出或大或小的糖画。每到春节前，卖糖画的生意就十分红火，红绿黄橙等色的糖画在阳光下晶莹透亮，很是诱人，再加上糖画又有吉祥如意的内涵，百姓踊跃购买，成为家居或馈赠亲朋的佳品。围观者不独孩童，也有青壮老翁，与其说他们是看画糖人做生意，不如说是在看画糖人玩游戏。花上一两分钱，你就可以在那个画满了各种动物图案的转盘上用手指转上一转（由此糖画又叫转糖），让指针来决定你究竟能得到威风的“大龙”还是小小的“蚱蜢”。运气好，也许能转到一条龙，这时，围在周围的细伢子都会跟着欢呼雀跃，最不济，也能转到一只小蟋蟀或小兔子，颇有一番成功的体验。

老一辈艺人做的糖画多用糖丝构图，用糖丝作糖画，用料少，成本低，这与当时的物质匮乏有关。现在的糖画艺人也与时俱进，采用糖丝和糖块相结合的方式构图，相当于国画的大写意泼墨和勾勒线条的手法，使糖画变得有虚有实，表现手法更加生动，变幻莫测。如今，随着中外文化交流日益频繁，糖画艺术也频频出现在各种大型的文化、旅游和经贸活动中。糖画，这种小小的民间传统艺术正向世人展现其不凡的魅力。

思考与练习

1. 为什么说中国食品的审美性，重点表现为对“味”的重视和对“和”的追求？
2. 中国烹饪体现食品文化的艺术性表现在哪些方面？
3. 试述中国烹饪艺术的风格和流派。
4. 食雕艺术有何现实意义？
5. 中国的糖艺文化具体体现在哪些方面？

5 食品文化与营销

5.1 食品文化在营销活动中的重要性

营销活动中买卖双方所交易的并不仅仅是商品或服务，完成一次满意的交易，更注重的是存在于背后的文化。因此，文化的认同与交融，成为食品行业及食品消费可持续发展的具有活力的因素。

"营销"概念的提出是在19世纪末20世纪初的美国。在"营销"理论还未出现之前，商业活动中仍具有营销行为的萌芽。在古代中国食品营销活动中，食品行业主要由饭店、商铺或者手工艺者的形式出现。食品文化常体现在店铺的装潢、所售卖食品的包装及简单的各种广告形式上（如店铺的招牌幌子、印刷的宣传单、各种材质的宣传物品等）。现代市场经济下经营情况良好的中国老字号的食品企业，都是传承中国传统文化和创新的优秀实践者。如"全聚德"、"稻香村"、"功德林"、"吴裕泰"、"张一元"、"狗不理"、"三凤桥"等等一大批的"中华老字号"食品企业，在市场经济的大潮中，迎接新的挑战，越发重视文化的塑造和品牌的构建。

随着市场营销理论在中国市场实践的深化，食品文化的作用愈加被诸多企业所重视。纵观我国食品行业改革开放三十年来在各种媒体上的营销广告，不难看出，若想提升产品的附加值，唯有在高质量产品基础上的文化营销才可能在市场取得消费者的长期信赖，消费者消费的不仅仅是食品，还有不同心理上文化需要的满足。不断追逐和挖掘顾客的终身价值将成为企业营销不变的追求。

食品文化的研究成果，在营销实践中发挥着重要的作用。现代传媒业的发展比以往任何一个时代都来得迅猛，食品文化的内容，借助于传媒向社会各界进行传播。常见的主要有以下几种形式：

5.1.1 通过广告作品的形式体现

通过广告主要体现了该食品或企业的历史文化、养生文化、商品文化等等。广告是企业营销活动中的一个重要环节，是有计划地通过媒体向所选定的消费对象宣传有关商品或服务的优点和特色，唤起消费者注意，说服消费者购买使用的宣传方式。现代广告形式多样，从媒体的角度来看，主要有报刊广告、电视广告、广播广告、互联网广告、手机网络广告、交通工具广告、路牌灯箱户外广告等等，只要有商机的地方，广告几乎无孔不入，并且通过多种媒体方式展现出来。这也说明了广告在市场经济活动中发挥着重要的作用。在各种形式的广告作品中不难发现，食品行业中的广告文化元素在整个作品中的分量逐渐增大，广告的诉求方式中，以文化为整个广告作品为核心的广告策划在多个媒体上系统的展现了食品企业及其食品商品的形象。

5.1.2 以食品文化专著的形式体现

近年来国内外出版了较多的发掘食品文化内涵的专著，尤其是探究心态文化的食品文化专著，体现了食品文化广博深邃的特色。而且，还出现了不少跨学科研究的食品文化著作。食品文化专著的增多，体现了世界及我国食品业的迅速发展，虽然从目前的营销实践上看，我国食品行业同世界上发达国家相比还存在着一些差距，但中国食品文化所独具的广博而深邃的内涵，具有后发优势，中国未来的食品业一定会以其独特的个性成为世界食品业的佼佼者。

5.1.3 以企业文化的方式综合体现

新经济形式下，企业若想成就一番伟业，一定是以文化制胜。梳理世界上著名的大企业不难发现，每个成功的企业都具有自己独特的企业文化，而且也动态的发展变化着。食品企业整合了食品文化、经营管理文化等等而塑造了企业文化，同时企业文化又赋予食品商品以更加个性化的兼具食品文化特色和企业文化特色的文化内涵，并被消费者所认同。

5.2 我国食品行业的营销状况分析

在人类的衣食住行中，食品是人类第一位的需要，食品产业也是人类第一大产业，食品产业的兴衰，从一个侧面反映了社会发展的曲线。在我国建国初期，物资紧缺，食品、副食品由于十分有限，“凭票据”购买是其一大特色。那时候，消费者能不能够买得到食品比买到什么样的食品更加重要。消费者消费食品所关心的首先是食品的数量，其次才关心食品的质量，自然也就淡化了食品文化的要素。食品包装装潢也较为简单，食品包装所具有的美感和促销功能未能真正受到重视。随着市场经济的发展，现代食品市场十分丰富，物流业发展很快，全国食品生产制作流通十分畅通，人们消费食品开始重视品牌的价值，指牌购买，选择名牌食品已成为人们购买食品的习惯。“相信品牌的力量”、“创新”、“文化力”等等，已成为当今时代中国发展经济的关键词。在食品质量安全基础上的品牌价值才能具有实际意义，消费者对食品消费逐渐重视文化价值的实现。消费食品从内涵上发生了很大的变化，心态文化层面逐渐重视，人们消费的不仅仅是物质态的食品，更是美味、悦心，食品文化的要素因之成为企业设计和营销食品的重要内容。

我国食品行业引入营销理论也只有不到30年的时间，在市场营销方面存在着诸多问题，尤其是在国际大的跨国食品集团公司盯上了中国这一庞大的消费市场之后，我国食品企业营销观念的滞后和营销能力的不足已经明显的处于劣势。如可口可乐、雀巢、卡夫等外国品牌食品凭借其雄厚的资本、先进的技术、世界著名的品牌、准确的营销目标、成熟高超的市场开拓能力，在大规模进军中国市场的前提下，我国食品企业营销观念的滞后和营销能力的欠缺已经成为明显的竞争劣势，并直接导致不断的失去国内和国际市场份额。

目前我国食品企业在营销方面主要存在以下不足：

5.2.1 营销观念滞后，阻碍企业的发展

从整体上看，我国食品行业中的中小企业（主要是指年销售额在 5 000 万元以下的企业）占了食品企业中的 95%以上，行业中大部分企业还缺乏能够适应现代市场变化的市场营销理念。部分企业处于传统营销理念的推销观念阶段。这些企业以生产产品为中心，没有真正做到从消费者和市场的实际需要出发，而是通过加强推销活动，以增加销售产品获得利润，导致了产品无法真正满足消费者的需求。随着我国市场经济的建设发展，有些企业已经意识到应该从消费者的需求和市场的实际需要出发，以销定产，但这只是被动的根据消费者的需求来调整自己的生产，甚至盲目的迁就消费者，忽略了顾客的不成熟性和顾客导向对企业资源的适应性，未能在满足现有顾客需求的基础上综合考虑消费者、企业和社会长远利益，采用主动式的社会营销观念，创造更多的需求引导消费。

从食品企业的商业伦理角度看，企业的营销道德水准普遍偏低，有些企业为了片面追求利润最大化，经营活动严重违规违法，如不少中小型企业在市场上生产和销售假冒伪劣产品、采取掠夺性价格、欺诈性价格、垄断价格等不正当的价格手段牟取暴利，制作及播放虚假广告，诱惑甚至强迫消费者购买等，而且目前违背营销道德，不讲商业伦理的企业大部分多为食品、饮料等与消费者生活息息相关的行业，给消费者造成严重后果，给社会带来严重的负面影响。

5.2.2 企业患有不同程度的市场营销近视症

在现代市场经济环境下，我国仍有不少企业还以“好酒不怕巷子深”作为其生存发展的理念。认为把有限的资金投到生产、技术改造上是正道，广告宣传投入是花“冤枉钱”，这种市场营销近视症在商品经济不很发达、市场竞争微弱、产品销售范围不大的情形下或许有一定道理，但在现代市场经济高度发展的条件下肯定是不适用的。而有的企业在促销上也存在一些问题：与国外同类食品比较，企业的促销手段单一落后，突出表现为广告和价格手段的频繁使用，忽视其他促销方法。广告的制作水平低下、诉求方式差，表达效果令人难以接受，甚至违反法律道德原则，进行虚假广告宣传；恶性的价格战导致企业自相残杀，不仅损害了自身利益，还危及整个食品行业的发展。

在市场开发中，企业不断追逐新客户，忽视与顾客建立长期稳定的关系，忽视企业中的客户关系管理，企业的促销往往侧重于如何最大限度地招揽新顾客，不断扩大产品销售区域和市场份额，这种促销策略导致促销成本居高不下而促销效率却不高。

5.2.3 缺乏适当的营销战略

缺乏适当的营销战略，不注重市场细分，市场定位模糊，目标市场营销意识淡薄。现代企业面对着复杂多变的市场，顾客人数众多，需求多样，只有通过市场细分，定位准确，针对目标市场进行营销，企业才能真正的服务于目标顾客，才能有效地进行市场调查和预测。有些中小企业求全求大，市场多元化开发，结果是每个市场都做得不深、不透。还不如实行资源集中战略，集中力量先选择一两个市场，开发成功后再陆续开发其他市场。如果同时开发

很多市场，企业资源分配到每一个市场上都难以发挥什么作用。

5.2.4 企业对整体产品概念理解模糊

我国食品企业普遍比较重视有形产品（实质产品），忽视无形产品和延伸产品带给消费者的利益。一是企业产品同质化严重、缺乏创新意识，在新产品开发上，应变能力差，创新能力低，造成了产品结构单一。在引进的新技术上消化、吸收和创新能力较低。二是产品的质量不过关，销售服务不完善。质量是一个企业生产经营的核心，销售服务则是质量的承诺和保障，但国内的一些中小食品企业并没有深刻认识到这一点。三是一些国内食品企业生产的产品对包装的材质和食品包装文化内涵注重不够，使得一些废弃食品包装成为新的污染源，对环境不友好，总体上造成了产品缺乏特色和竞争力。

5.2.5 销售渠道的网络运行不畅

销售渠道的网络不健全、不通畅，运行效率低下。分销网络是食品企业最宝贵的营销资源，它的建立需要一定的时间，一旦建立不会像广告、产品、公共关系、促销等方式容易被人模仿，而且能给企业带来源源不断的市场信息和动力，因此成为企业生命活力的基本标志。目前国内的食品企业营销网络建设还处于初级阶段，企业在分销网络的设计上仍然体现出以生产为中心的理念，没有意识到分销网络不应附属于生产产品的推销，而应是企业经营的龙头，应以市场为中心，并随着市场的变化引导生产并随之调整。在网络的设计和建设中，企业过于考虑自身利益，以自我为中心，市场意识淡薄，服务意识缺乏，导致分销商忠诚度低，利益的分配失衡和网络运行的大量耗损，导致网络的稳定型减弱。企业在销售渠道的长、短和宽、窄搭配上决策失误，造成了销售渠道太长，从厂家到消费者的环节过多，增加企业成本和消费者的负担；或是销售渠道太短，销售渠道的延伸不够，导致销售渠道的中下段往往掌握在“大户”手中，生产企业的市场调控能力较弱，假冒商品横行市场。

5.2.6 企业品牌意识淡薄

许多中小型食品企业并没有把食品的品质与品牌有机的结合起来，在营销中不突出品牌、厂牌和名牌意识的宣传工作，只注重短期的销售量是不够的。主要表现在：没有创牌意识，没有把创立名牌作为企业发展的主体行为，没有把名牌作为一种重要的无形资产加以保护。

名牌意味着市场和效益。谁拥有名牌，谁就拥有了市场、效益和竞争力，谁就兴旺发达。而其他一些非名牌商品市场份额不断萎缩，有的已逐渐退出了市场。然而，我国仍有相当数量的国有企业对此认识不足，品牌意识相当淡薄。

面对这些在我国食品企业中存在的诸多不足，我们应该以积极的态度来面对现代食品市场营销的环境。从企业角度而言，应建立市场经济下的现代企业经营理念，生产应服从于市场研发和营销，注重营销人才的引进和培养，打造成功的营销团队，构建研究型、实战型、创新型的企业人才团队，逐步消除企业中存在的问题，共同建设具有核心竞争力的中国食品行业。

5.3 营销活动中渗透食品文化的途径

5.3.1 从市场调研开始

现代市场营销条件下的生产与销售与以往大大不同，倘若不真正尊重顾客，最终将被顾客所抛弃。因此，食品企业的营销活动，应首先从市场调研开始。市场调研是企业了解消费者的需求以及决定进入哪个细分市场的前提和基础。进行市场调研工作尽量要使用当地的专业机构，或者是有实力的专业机构；食品企业要从其他渠道（如文学作品、民间故事、民间传说、轶文轶事等）对当地与饮食相关的民风民俗进行广泛的了解。

5.3.2 产品概念的形成与食品文化

在当今的食品市场，消费者对文化越来越重视，从产品的确定名称开始，就必须要考虑到其文化内涵，及其名称的好读、好写、好听、好记、好认，产品名称与企业文化的关联度、与所倡导的人类真、善、美的一致性等等都需要企业方予以重视。具体来说，主要包括：五好原则（即以上所说的便于读、写、听、记、认）；能够被人从众多品牌之中一眼发现；产品的用途、功能与独特性等使人一目了然；容易引起人的美好联想；创意富有特色，不与他人雷同；产品有格调，有文化品位；具有时尚感；产品有进一步深度开发的可能性；生产与广告一体化，产品与名称系统化；能够获得命名及商标注册权等等。

5.3.3 研究消费者的需求

从营销发展的角度看，基本上经历了产品的生产制造、产品推销、市场营销、制造市场、市场个性等阶段，先后经历了商品时代、印象时代、定位时代和专爱时代。尤其是当今的消费者不断追求个性的市场环境下，如何能够不断满足消费者的需求，成为企业成功的关键。对消费者的分析和研究，以发现其需求特征，以及不断变化的需求趋势，是食品企业所生产的食品具有鲜活生命力的源泉。

5.3.4 市场定位与食品文化

中国的食品企业对于产品研发和产品的质量尤为重视，多数企业在新产品上市之前几乎 2/3 的时间和费用都花在了研发上，对于研发的认识和重视程度似乎要远远大于产品营销，而真正产品需要上市销售了，面对消费者、经销商和市场一线的疑问却茫然了，甚至说不清楚产品的基本卖点是什么了。而找到合适的且唯一的卖点（一个产品也许有很多卖点，但一定要审时度势，找到那一个最关键的唯一卖点），能够被消费者所追捧，也正是说明了企业在市场营销活动中获得了真正的成功。

5.3.5 开发出具有一定文化力的品牌食品

品牌具有自然特质和文化特质两方面的内涵。自然特质是指个体品牌区别于竞争品牌的特殊风格，是吸引惠顾消费者忠诚购买的特质；文化特质是指消费者对产品差别化的心理体验，消费理性可以有效地识别品牌的文化特质。食品企业开发出具有一定文化力的品牌食品，就是要特别重视文化特质层面。从目前市场上品牌创建比较成功的食品企业来看，其产品所具有的文化内涵与商业文化、时代的时尚文化等融合的比较成功，消费者在享受到食品美味的同时，也有了更多心理上的文化满足。

5.3.6 促销中的食品文化

传统市场营销活动中的促销形式主要包括广告、销售促进、直销、公共关系和人员推销等；网络营销是在虚拟市场上进行的促销活动，主要形式有网络广告、网络直销、销售促进和公共关系等。

广告活动是当今食品企业广泛运用的一种营销活动方式。在企业营销战略的统涉下，广告战略服务于企业整体营销目标，运用多种广告手法，采用科学合理的多媒体组合，以塑造企业和产品在消费者心目中的良好形象，推动消费者购买其所广告的食品，以“重复的艺术”、“艺术性的说服”和“有效引诱”消费者忠诚于该企业，不断地消费其食品产品，实现多赢的目的。

在销售促进活动中，企业运用多种激励工具，刺激消费者或经销商对特定的产品和服务较快或较大的购买，通过有奖促销、拍卖促销、免费促销等多种形式，结合广告推广活动，使消费者认同该食品企业的企业文化，对其食品文化产生好感，接受其产品和服务。

公共关系是企业为塑造自身良好的对外形象，为企业的经营管理营造良好环境的重要促销活动。它运用多种形式，通过企业形象和产品形象的共同推动，互联网上和网下的“一个声音”的系统传播，使企业最终在消费者和社会各界中形成良好的形象，为企业可持续壮大和发展服务。因此，食品文化在塑造企业形象和产品形象方面功不可没。

5.3.7 维护和反馈产品服务信息

维护和反馈产品服务信息，进行动态调整与可持续创新发展。任何食品企业生产的食品或提供的服务都不可能是固定不变的，在企业根据自身的“位”进行企业经营行为的时候，它所面临的变化局势使得企业必须建立维护和反馈产品服务信息的顺畅沟通渠道，能够快速有效的了解食品和食品服务的具体状况，进行动态调整和可持续创新发展。企业必须加强对食品文化的研究，通过不断挖掘食品产品（包括有形产品和无形产品等）的文化内涵，不断调整营销卖点，使企业真正达到以文化制胜的目的。

食品消费推动了食品业的不断发展。食品工业将完成从“农业延伸型”到“需求拉动型”转变，走国际化、市场化、产业化发展之路，在不断提升技术含量和附加值的基础上，运用绿色、安全和高新技术加快对传统食品的调整改造，促进产品向时尚化、方便化、民族化、功能化、天然化及多层次、多功能、国际标准化方向发展。

到 2020 年，我国食品工业产值与农业产值比将达到 1∶1，届时食品工业产值与农业产值将一起分别突破 3 万亿元，食品工业在较长一段时间内将保持快速发展，成为国民经济发展的一个新的增长点。

食品文化发展进程中会继续渗透中华传统文化内涵，从而增加食品的经济附加值。食品文化的发展对国民经济的发展是一种强劲的推动力。

5.4 食品文化与旅游营销

5.4.1 食品文化是旅游业存在和发展的基础

民以食为天，旅以食为先。在“食、住、行、游、购、娱”的旅游六大要素中，饮食居于首要位置。食品文化的形成发展与各种人文景观、文化现象、特殊的历史事件及其发生地等内容紧密联系在一起，使之成为多姿多彩的食品文化景观。这种景观是旅游业的重要资源，也刺激着旅游业的发展。

食品文化旅游兼具有自然与人文的属性特色。如茶文化旅游产品的消费，就使得游客在品赏茶之味的同时又能览茶园秀色，得山水之乐，享茶肴美味。在旅游中，人们在欣赏自然美景与人文胜地时，幽雅的饮食环境、丰富而具有地方特色的食品与饮料也是重要的选择内容，假若没有了饮食业的发展和推动，旅游业是无法生存和发展的。

1）食品文化是旅游业的重要组成部分

旅游实质上是一种物质和精神的综合性的活动。一方面，它是物质的，没有饮食旅游就无法进行，饮食服务业是旅游业重要的构成部分；另一方面，它又是精神的（旅游从本质上可以说是一种以审美为突出特征的消闲活动，是综合性的审美实践）。游赏、娱乐是旅游的目的，以食品为物质形态的饮食文化自然也是游客愉悦的对象。腹中有物，审美才能得以正常发挥，无论从物质的还是精神的角度，食品文化都是旅游文化不可或缺的重要组成部分。

旅游的六大要素中的饮食文化要素已经受到旅游业人士的高度重视，把饮食文化融入到旅游产品中去，采用多种表现方式，使其真正成为旅游活动中的重要组成部分。在中国旅游业迅速发展的今天，旅游部门结合国内外旅游市场的不同特点，进行有针对性的合理开发。旅行社与具有悠久历史文化特色的酒文化、茶文化、餐馆美食文化企业联合打造观光和体验相结合的饮食文化专项游产品，游客既可了解体验饮食是如何生产加工制作出来的，又能够深入了解中华美食的特点，这对弘扬中华饮食文化大有裨益。从旅游线路的设计上来看，可以是饮食文化专项游，也可以是观光、休闲、度假、民俗体验等综合旅游产品的组合游，这需要根据旅游地的实际特色和细分的旅游市场有针对性的制定。

2）饮食文化丰富的内容使得旅游目的地更加具有吸引力

中国地域广泛，各区域民俗风情差异性较大，饮食文化特征差异性更为明显。各个地域的饮食文化内涵，从饮食思想、食制、食行为、食材等方方面面都是吸引游客的构成部分。

从地域上看，饮食文化圈和民俗文化圈（根据民俗旅游资源的区域特征，遵循民俗旅游区划的原则，可以把中国划分为东北、华北、西北、华东、中南、华南、西南、内蒙古和青藏高原9个民俗旅游区）相互交融，综合性的物态文化特色和心态文化内涵促使旅游目的地打造出了丰富多彩的旅游产品，游客在旅游目的地“吃喝玩乐”，得到了最大限度的旅游体验，精神愉悦，体验文化，多元化游客的游览又促使旅游目的地所打造的旅游产品更具有鲜明的文化特色，使旅游目的地更加具有吸引力。

5.4.2 食品文化与旅游开发

旅游是人们离开常住地到异国他乡访问的旅行和暂时停留所引起的各种现象和关系的

总和。“食、住、行、游、购、娱”是构成旅游活动的六大要素。游客远离居住地去旅游目的地感受和体验不同文化背景的生活，尤其是通过美味的食物，更能使他们有深刻的体验。

1）饮食文化旅游开发的现状

虽然我国饮食文化历史悠久，在世界上我国饮食文化得到的盛誉不断，然而将饮食与旅游结合起来，开发特色饮食文化旅游产品却还处在初级阶段。我国旅游业中饮食文化资源的开发利用程度还不高，很多地方仅仅将“食”作为旅游构成的一个方面，甚至仅仅把它当作满足旅游者不受饥饿的最低层次的要求（这与目前旅行社的竞争环境有关，各旅行社尽量压低报价，以从各个方面核算尽量压低成本），没有完全将饮食文化旅游作为特色旅游产品来开发。

2）科学规划和设计旅游产品

（1）饮食文化产品开发与设计的重要性

饮食文化产品开发与设计已经是旅游目的地旅游规划设计中的重要构成内容。随着旅游事业的发展，各区域的旅游科学规划设计受到了各级政府和主管部门的重视。在旅游规划设计中，饮食文化产品的开发已成为构成旅游发展规划的重要组成内容。在各区域的饮食文化项目规划中，强调游客的食品文化体验游成为打造食品文化旅游产品的重要内容之一。其体验包括了参与制作食品（从食材料的获取、制作、品尝等方方面面的内容），在饮食文化旅游产品的设计中，开发当地富有特色的风味饮食成为吸引游客重要体验型旅游产品。因此，加强对旅游目的地的食文化研究也成了旅游业人员和食品行业人员共同的研究课题。

（2）饮食文化旅游资源开发的原则

饮食文化旅游资源开发应遵循一定的原则，要合理有序的科学开发。目前，我国旅游业的发展已经从观光旅游产品阶段逐步过渡到休闲度假旅游产品为主的阶段，在这个阶段中，饮食文化旅游产品将会以更迅捷的速度深化发展，满足旅游市场的需求。文化旅游产品的逐步升温，也反映出饮食文化旅游市场是一个充满生机和活力，蓬勃发展的大市场，蕴藏着巨大的消费潜力。

从饮食文化资源开发的角度来看，应该遵循以下原则：

① 文化性原则

中国饮食文化内涵深厚，饮食文化旅游项目是食文化的具体展现。中国饮食文化的内涵应该在饮食文化项目中所设计的旅游产品上体现，以达到文化旅游项目的内涵，脱离了中国饮食文化内涵的旅游产品，脱离了该地的饮食文化个性，也就失去了饮食文化旅游产品的吸引力。

② 体验性原则

世界经济已经进入了体验经济的时代，旅游是最好的体验经济形式之一。因此，游客更加注重参与，那种走马观花、到此一游式的蜻蜓点水般的旅游已经越来越没有市场。注重游客的体验是设计饮食文化旅游产品的重要原则之一。

③ 系统性原则

饮食文化具有内容的多元化和表现形式的层次性的特点，在设计饮食文化旅游项目时要体现系统性的原则，以科学性及可持续发展性为基本保障，综合设计，使系统性的原则得以体现，使饮食文化能够全方位地在旅游目的地的旅游产品中成为其灵魂。

④ 艺术性原则

饮食文化的内涵丰富，既有技术性又有艺术性。充分挖掘饮食文化艺术性层面的内涵，使游客在满足物质层面上的体验的同时，又能够得到艺术审美的愉悦。比如饮食环境的布置，具有当地特色的饮食文化气氛的体现等等。

⑤ 趣味性原则

放松心情是很多游客选择去生态环境佳、历史文化深厚的地方旅游的主要目的。在饮食文化专项游中，针对饮食文化的丰富内涵和外延，应设计具有趣味性的饮食文化旅游项目。如通过旅游项目中与饮食文化相关的猜谜、对联、游戏等，来丰富和提升饮食文化旅游项目的趣味性。

⑥ 纪念性原则

游客在一次非常有意义的旅游中，"购"是不可或缺的一环。在饮食文化旅游项目中，应该充分考虑游客能够购买的旅游商品。当地的特色食品应注意所用的包装便于携带，包装说明上能够突出地方文化特色(如在食品包装装潢上的设计要注重弘扬该地域的历史文化、旅游文化、茶文化、生态文化等，同时注重绿色包装、适度包装)，使游客所购置的旅游商品既具有纪念意义，又能够当作礼品馈赠亲友，共同分享旅游所带来的快乐。

3) 通过旅游活动促进了饮食文化的交流与发展

(1) 必须尊重游客与旅游地各自的饮食习惯

和谐发展的基本前提之一是人与人之间的相互尊重。来自各地具有不同文化背景的游客，其各自的生活习惯、饮食偏好、禁忌等等各不相同，互相尊重是做好旅游饮食工作的基本要求。中国历来就有热情待客的风俗，在饮食的安排上，既做好饮食文明，又让客人体验到旅游目的地最地道的饮食美味，使游客流连忘返，得到最快乐的旅游体验，共同促进旅游地的建设发展。

(2) 食品文化圈的交汇融合随着时代的发展，变化很大

从饮食文化的角度看，我国不同的地域、不同的民族居住区可以划分为多个不同的饮食文化圈。各个饮食文化圈既有各自明显的个性特征，各文化圈之间又保持着不断的交流。随着现代交通的发达以及城乡结构的调整变化，人员流动比以往任何一个时代都多得多。现代城镇街头遍布的小吃，已经逐渐失去了原生地的小吃风味特点，"不地道"正是其在异地生存发展的特色。这些不地道的小吃，结合当地饮食文化的特色，成为当地饮食文化发展中一个不可或缺的组成部分。

4) 合理开发饮食文化旅游产品

根据旅游地的实际情况，有针对性的分层次的进行饮食文化旅游产品开发。旅游产品的魅力在于其独特性，具有独特性才能有吸引力和竞争力。美食的差异性与独特性正是游客无法抵挡的诱惑，中华饮食文化本身就是最具魅力的旅游吸引物之一。中华美食是我国得天独厚的旅游资源，高超的烹调技艺，富有民族特色、地域特色的美食及由"食"而生的种种文化，更是旅游者了解和体验历史悠久的中国文化的途径之一。具有特色的旅游产品，才有可能提升其品牌价值。饮食文化的特色是从多方面表现出来的，人们可以从感性悦耳悦目到有滋有味，最后上升到一个"悦心悦意"、"悦志悦神"的境界，从而在理性上给出一个深层次的、高度概括性的特色评价。

根据不同旅游者对饮食文化需求层次的不同，在开发中要有针对性的分层次的进行开发。注重旅游线路、系列旅游产品的开发，比如不同食品文化带的衔接、组合等等，都将对游客产生巨大的吸引力。在开发中必须注重旅游者的精神享受，在文化上做文章。要全面详

实地搜集整理关于饮食文化资源的文化背景、历史渊源、民间传说、神话故事、风土人情、文物特产等资料，进行系统加工，整合这些资料，进行多层次的展示，使之与旅游活动完美结合。

让游客充分多方位的感受当地饮食文化的魅力，最大限度地调动感官，听饮食文化的历史传说故事，看饮食原料及其制作工序（如可针对著名的食品及其副食品等名牌产品开发食品文化工业游旅游产品），品尝饮食的美味，思悟饮食所蕴含的美妙，使游客充分体验到饮食之美。这样既弘扬了中华饮食文化，又提高了旅游地的综合吸引力，促进旅游经济的发展。此外，应开发多种特色饮食文化旅游，针对中国几千年的饮食文化沉淀、两千多年封建社会的长盛不衰，可以再推出皇家贵族饮食文化旅游、市井饮食文化旅游、宗教饮食文化旅游等特色旅游项目。同时，可以利用我国独特的药用食物和中草药，让医药和美食相结合，借旅游或者是医药的舞台开展各种各样的专题旅游活动。

5）媒体业的发展促进了饮食文化旅游的建设

信息业、传媒业的迅速发展，使得饮食文化能够以多渠道多媒体的方式丰富旅游文化建设内涵。在当今时代，传媒业的发展超越了以往任何一个时代。在饮食文化的传播方面，传统媒体业中的报纸、电视、杂志、广播等仍然是主要的载体，尤其以电视、杂志和报纸对受众的影响广泛。新兴媒体主要是国际互联网、手机网络等，尤其是国际互联网上所承载的饮食文化内涵博大。它整合多种媒体的功效，一些以饮食为主题的网站，既有专门网站，也有综合性的网站，使饮食文化传播无论是从心态文化层面上还是从行为文化层面上都达到了历史上前所未有的盛况。

现代诸多的游客出游，手中多持有从互联网上下载的旅游目的地的“美食图谱”——分布在城市各个地段的餐馆、小吃坊，也能够提前从网站上选择中意的餐馆，点菜（对于没有吃过的菜品，甚至还能够看到制作的录像过程，以及食客食后的美食感言等等），这些细致而周到的饮食文化服务得益于当今传媒业的发展兴盛。

传媒业的发展，对促进旅游目的地旅游文化建设起着重要的作用。各种媒体既提供了海量的饮食文化信息，又促进了餐饮业的正当竞争，使消费者饮食方面的利益得到保障。

在餐馆的微观服务方面，由于信息技术的应用，客人点菜和服务更加迅捷和方便，采用无限通讯技术使得点菜员在消费者的身边进行周到服务的同时就完成了点菜服务，而客人也可以在需要服务时，按下在餐桌上的服务器键，召唤服务人员即刻到来，真正体现了尽量使顾客满意的服务内涵。

5.4.3 饮食文化节——集中而多元的展示地域食品文化的魅力

艺术节在中国可谓早已有之，古代的每一个节日无不是围绕着饮食而展开，每一个节日都有着自己独有的食品，如端午节的粽子、中秋节的月饼等等。改革开放之后的中国，解决了温饱问题，人民丰衣足食，不再为吃饭而发愁，人们对于饮食的要求高了，欣赏的品位高了，于是便有了饮食文化节。饮食文化节以饮食为主题，展开的是经济、文化、旅游等各方面的活动，既满足了人们的口腹之欲，又结交了朋友，开阔了眼界，所以在各地轰轰烈烈的开展起来。饮食文化节的由头林林总总，不一而足，总之是以饮食搭台，旅游开道，经济唱戏，红红火火。

饮食没有阶级的印记，可以避开意识形态之争，因此饮食文化节是世界各国人民交往的极好形式。

1）以饮食为重要纽带的节日有聚集效应，使多方受益

近年来各地的饮食文化节方兴未艾，“文化搭台，经济唱戏”的饮食节日红红火火。以饮食文化为主题，不断挖掘地方饮食文化内涵，是地方政府宣传城市、树立城市形象、形成良好的投资环境的重要举措。饮食文化节深化了当地饮食文化的内涵，加强了饮食文化的对外交流，促进了当地饮食文化的发展。

2）现代传媒业的发展，促进了饮食文化的传播

现代传媒业的发展，促进了饮食文化的传播，尤其是电视烹饪大赛，成了各地饮食文化交流的重要场所。现代传媒业发展很快，饮食文化通过媒体的宣传，传播比以往更加迅速。比如近年来以中央电视台为首的各电视台丰富多彩的电视烹饪大赛、美食节目，使百姓了解了各地美食，并且可以模仿，不断在自家的厨房里实践，体现了饮食文化从理论到实践的深化。国际互联网上饮食文化的网页内容更是丰富多彩，多种媒体的整合传播，促使了饮食文化的广泛交流。

3）各地民俗节庆的举办，促进了饮食文化的发展

对非物质文化遗产的重视，各地具有民俗性质的节庆火红登场，展现了各类地方和民间的饮食文化。2005 年国家公布了第一批非物质文化遗产名录，2006 年认定了第一批非物质文化遗产名录，并通过各种渠道向公众进行宣传，已经取得了良好的社会效果。对非物质文化遗产的重视，各地具有民俗性质的节庆会的出现，展现了各类地方和民间的饮食文化特色。在节庆会上，除了系统地展示地方饮食文化的特色之外，“兼收并蓄”是其又一大特色，各地的美食在节庆会上共同显现其独特风味，尤其是美味小吃，更是使参会者大饱口福，增长见识。

4）单一食品的饮食文化节的举办

饮食文化深厚的内涵，也促使更加细化的饮食文化节单独出现。如近年来各地盛行的地方名优茶文化节、酒文化节、调味品文化节（醋文化节、酱文化节、辣椒文化节等）、蟹美食节、龙虾节、陶瓷艺术节（茶具）、饺子文化节、粽子文化节、筷子文化节等等，林林总总，几乎涉及了饮食文化内容的方方面面。与饮食文化相关的历史名人也被借重，和饮食文化相结合，共同“办节”，以宣传地方文化，促进经济文化交流。

5）各地旅游美食节的举办

与旅游密切结合，各地直接冠名以“旅游美食节”，促进了饮食文化的发展。各地纷纷举办“旅游美食节”，尤其在优秀旅游城市更是层出不穷。如南宁国际旅游美食节，是南宁国际民歌艺术节的大型主题活动之一，旅游美食节集旅游、美食、娱乐、经贸于一体，围绕“四美”开展，即通过美食大都会、美景画中游、美人新姿采、美酒醉游人四大活动板块，采取森林美食与都市夜晚狂欢相对分离的活动形式，把美食引进森林，把狂欢留在都市，设立森林休闲美食和旅游狂欢两个主会场，通过丰富多彩的旅游美食活动，促使旅游和饮食业协调发展。

又如福州市第六届美食旅游文化节有“美食宝贝”表演赛亮相，“美食、美女”争相辉映，使旅游者在品尝全国各地美食时又可大饱眼福，增加食欲。美食节将美食、旅游和文化三者互动，增加文化品位；推出新创作的福州美食节主题歌、美食节吉祥物、形象大使、主题歌音乐碟片等，宣传和树立美食节品牌；同时还邀请俄罗斯、印度等外国的特色美食参加展出，使

得中外饮食文化异彩纷呈。此外，还举办社区妇女家庭小吃制作表演赛，比如包粽子、包元宵等。举行福州民间肩挑小吃现场展销，现场叫卖扑扑面、肩挑鱼丸、福州拌面等，增加了节日喜庆气氛。

6）国外的中国特色的食品文化节

中国食品文化魅力无限，国外也纷纷举办中国特色的食品文化节，以加强文化经济的交流。华人足迹遍布世界，勤劳智慧的中国旅居海外人士对“中华美食”饱含深情。在传承中国味的核心之外，结合本地饮食风味，创新发展着中华美食。在国外举办的“中国特色的食文化节”受到了越来越多的外国人士的欢迎，通过饮食文化，加深了不同文化背景下的中外人士的交流，促进了沟通和了解，增进了友谊。

如泰国就举办唐人街美食节，首届美食节是由泰国卫生部、泰国国家旅游局和曼谷市政府联合举办的，目的是推广介绍耀华力路商业街上卫生、可口的美味食品，吸引更多观光客，促进旅游业的发展。耀华力路全长 1.45 公里，是曼谷华人聚居的地区，也是曼谷一条著名的繁华商业街。在美食节期间，耀华力路汇集了曼谷 500 家中国餐馆的美食，并举办“耀华力最佳美食”、“耀华力老寿星”和“耀华力最佳特色建筑”3 项评选活动。美食节举办当天，这里吸引了十多万名游客。泰国国家旅游局已决定将唐人街美食节作为一年一度的活动推向世界。

又如新加坡举办的美食节内容中就有中华美食的主题内容——“来一碗中华美食”。通过美食，增进新加坡国内不同人群的文化交流。

7）中国举办西餐文化节

中国举办西餐文化节，促进了国际饮食文化的交流。“来而不往非礼也”，我国举办西餐文化节营造北京奥运饮食文化环境。如 2005 年 9 月 16 日在北京金源时代购物中心举行的第三届中国西餐文化节暨第三届北京国际西餐文化节，彰显西餐独特的文化色彩，增添现代化饮食时尚氛围，为迎接 2008 年北京奥运会营造多种饮食文化环境。文化节的主题是加强西餐企业之间的信息和技艺的交流，引导和促进中国西餐行业的发展。西餐文化节邀请各国驻华使馆、商务使团人员，欧盟六国行业协会代表和 5 个国家的著名西餐烹饪大师，这对促进国际饮食文化的交流大有裨益。

我国也和外国合作办饮食文化节，饮食文化为缔结友谊做出了贡献。如中国和德国在徐州举办的中德饮食文化节，中国洋河集团的“中国汉酒”成为中德饮食文化节的主角，受到了中外人士的追捧。

此外，中国的港台地区近年来也纷纷举办饮食文化节，既传承了中华饮食文化，又使这些地区本地的饮食文化得到了深化发展。

旅游业是当今世界发展得最快的产业，我国旅游业的蓬勃发展得益于改革开放的政策，自 20 世纪 80 年代以来，一直保持了快速增长，旅游已经成为我国国民经济的新增长点，在经济、文化生活中扮演着越来越重要的角色。据世界旅游组织预测，21 世纪中国的旅游业仍将蓬勃发展，每年接待的入境旅游人数将达 1.3 亿人次以上，到 2020 年中国将成为世界第一大旅游目的地国家，旅游业的前景美好，饮食业将为我国旅游从旅游大国向旅游强国的转变发挥着重要的作用。在旅游业大发展的前景下，饮食业也必将以更加丰富和深邃的内涵取得更大的发展。

思考与练习

1. 我国食品企业目前常见的文化营销主要表现在哪些方面?

2. 分析某食品的文化性从哪些方面入手,请以案例的方式,分析某个你所喜欢的食品在企业营销活动中运用文化的卖点是如何取得成功的。

3. 找一个你所喜欢的食品广告(形式不限),分析它的精彩之处。在课堂上以广告案例的分析方式和大家共同探讨。

4. 食品文化如何在旅游文化中发挥出更大的经济及社会效用?请结合案例分析。

5. 请以你家乡的食品文化为例,设想提升旅游文化产品的途径。

6. 结合某地的某食品文化节,请策划一份该食品与旅游相关的活动内容报告,并和大家讨论其可行性。

6 汉语言文字与食品文化

6.1 汉字与食品文化

中国的汉字是世界文化中的一个奇迹，是无价的瑰宝。汉字与食品文化结缘极早，甲骨文、金文、小篆，这些中国的最初阶段的古文字中，已较系统地反映出食品文化的面貌。

有学者这样说道："作为文化载体的汉字，从一开始就对人类的烹饪饮食有系统的反映：汉字反映出中国饮食的传统与特色，反映出原料的来源与食物的制作过程，反映出生熟食品的性能与养分，反映出高能度的神秘的火在烹饪中的多般作用，反映出酒文化、茶文化的丰富多彩的内容与发展，反映出集科学与艺术于一体的烹食器皿的崇高价值，也反映出人类在享用饮食过程中的各种心理……"①确实如此，还不仅如此，汉字是中国食品文化的一个宝库。

先民造字总是有所依托的，有其当时认识的理据性的，是根据古人实际生活而象形、指事、会意、形声等造的。只是今人早已对先民之实际生活环境及其思维状况不了解，或知之甚少，或全然不解，因此往往不能释读其结构及其内涵。这就需要对汉字从食品文化的角度去解读。在这一章里，我们将剖析汉字作为古代食品文化的"化石"，从中解读远古的信息。我们还将从食品与汉字、食具与汉字这两方面进行一些例析。从这些方面的解读中，我们会真切地体会到，汉字是一个文化宝库，数千年未曾断脉的文化血脉与其是相联系的，一旦我们从中获取了信息，犹如扪摸到了彼时饮食文化的脉动，历史的情景就像被复活了一角。

6.1.1 古代食品文化的"化石"

国学大师陈寅恪曾说过："依照今日训诂学之标准，凡解释一字即是作一部文化史。"②在中国的汉字中，字里往往涵蕴着食品文化的史迹，不过又常常为人们所习焉不察，熟视无睹而已。

先民使用火而进入熟食阶段，但在陶器尚未发明之前，熟食的方法又是怎样的呢？这有所谓的"石烹时代"，即将肉块放到盛水的石臼里，另将许多石头用火烧热，陆续投于水中，直到食物烫熟可吃为止。此外又有"石上燔谷"之说，即在石片上用火焙炒那些草木籽实等。这种情况从考古学、人类学、民族学中还可以考知，然而古代汉字却真实地保留了当时这种饮食文化的历史片断，十分珍贵。这是具有特殊价值的食品文化的"化石"。

---

① 何九盈等. 中国汉字文化大观. 北京：北京大学出版社，1995. 278

② 沈兼士学术论文集. 北京：中华书局，1986. 200

“庶”字是人所共识的常用字，如“庶民”即是众民、百姓等，但一般人已不知此字即是远古饮食文化的一块“活化石”。

庶字，《说文》：“屋下众也。从广，炗，古文光字。”这是说，庶是屋下光多，由广、炗会意，炗是古代光字。清代段玉裁注曾评说：诸家皆曰，“庶，众也”。许独云“屋下众者”，以其字从广也；光取众盛之意也。王筠《说文句读》：“广下之光，照彻四壁，有众意焉。古文光、广通用。又木部桄、充也，广大充满，皆有庶意。”林义光《文源》却从金文的结构中发现许慎之说不确，庶字本为从火、石声，从火取众盛之意。后来于省吾又据甲骨文肯定了林氏“从火石声”之说，而又批评他仍因袭旧解而以“从火取众盛”为说，殊有未当。

于省吾发现了此字原是积淀着一个远古饮食文化的密码。甲骨文庶字确实从火从石，石又表声。为什么这样结构呢？于省吾考证出，此字即是煮字，本作炗，也即是庶字。[①] 用火烧热石头以烙烤食物，或以烧热的石头投于盛水之器而煮熟食物，则是原始人类普遍采用的一种熟食方法。这在一些少数民族中曾经沿用了相当长的时间，如松花江下游的赫哲人，在用铁锅煮物以前，不知制造陶器。在他们传说中，用极大的木盆一个，内盛水，将肉放在其中，以石块烧红，立刻浸入大盆水中，如是数次即水沸肉熟。在甲骨文中发现有“煮牛于（某）”的卜辞，可以证明此字原意。如果我们想象一样，用这种“石煮”的方法煮牛该怎样个做法？有意思的是柯斯的《原始文化史纲》中曾记载了印第安人的这种煮牛方法。北美洲印第安人亚辛那奔族煮肉曾用石烹法，他们宰了一头牛后，便在地面挖一个窟，把牛皮铺上，使它凹下去，可以盛水，然后放入水，将牛肉浸在水中。另外，在旁边生一堆烈火，将一块块石头烧得滚热，一一投入水中，直到水沸肉熟为止。其他族也有用不漏水的编织物或木制器皿来代替凹坑的，把热石放在器皿内使水沸腾来煮熟。这虽然是印第安人的石烹法，但是也可以看到远古先民的史影。虽然石烹法曾是域内与域外许多远古先民使用过的熟食方法，但是从文字上留传下来，而且通过具体的形象传承下来，那么恐怕只有中国的汉字了。汉字确实是很神奇，在甲骨文中保留下远古人类的饮食文化的奥秘，而成为著名的文化“化石”了。

再说“炙”、“炮”两字与古代饮食文化的关系。炙字，上面是肉，下面是火，就是把肉串在火上烧烤。今人熟知成语“脍炙人口”，其中脍是指切得很细的肉，而炙是烤熟的肉，其美味令人称赞。不过“炙”这种烧烤，可以追溯到远古先民直接在火上烤肉吃的习俗。《说文》：“炙，炮肉也。从肉在火上。”这又引出一个“炮”字，以及先民以炮炙之法。

“炮”字，今人一般都将其看成火炮、大炮之“炮”了。其实“炮”字储存着远古先民饮食文化的信息。《说文》：“炮，毛炙肉也。从火，包声。”段玉裁注：“炙肉者，贯之加于火。毛炙肉，谓肉不去毛炙之也。”

这就是说炙是直接在火上熏烤，而炮是用泥巴包起来，投入火中去烧烤，然后再剥去泥巴来吃。这是远古先民熟食的一种方法，而汉字“炮”将此文化信息保存了下来。不过一直到今天，民间还有用这种“炮”法来烤吃食物的，如用黄泥涂在鸡豚之外，放在火中烤熟，泥干坼裂，用手剥落泥块，毛与泥均脱落，便可鲜美地品尝了。今人所称的烧烤，即是先民的炮炙遗法。

从汉字与食物的关系来看，汉字这方面的信息量是十分丰富的，有时一个汉字便似一眼“井”，看来平淡无奇，殊不知深入其里却有深远的“水源”，进入了中国文化的深层。这一个

① 于省吾. 甲骨文字释林·释庶. 北京：中华书局，1979

汉字便是一口这样的“井”，也是一块中国饮食文化的“活化石”。

我们再举“稷”字来剖视。稷是庄稼，人所熟知，国家又称为“社稷”，这是一为土神，一为谷神，这也为一般人知晓。但是“稷”字深层的文化内涵就不为很多人知道了。

“稷”字，是由“禾”与“畟”构成的。禾，《说文》：“嘉谷也。”这是指美好的谷子。畟，《说文》：“治稼畟畟进也。从田人，从夂。《诗》曰：‘畟畟良耜。’”从田人，即指农夫；从夂，指举足前进。毛传：“畟畟，犹测测也。”段注：“畟，测皆进意。”如此说来，“稷”字含有三层意思：一是美好的谷子；二是由农夫种植；三是由农夫不断地耕治前进而成。这是从写实的维度来释读“稷”字。许慎是怎样解释“稷”字的呢？稷，《说文》：“稷，齐也。五谷之长。从禾，畟声。䄠，古文稷省。”邵晋涵《尔雅正义》中认为，“北方呼稷为谷子，其米为小米”，“《说文》所谓‘五谷之长’，以先种为长也”。段玉裁《说文注》认为，“兕盖即古文畟字”。

白川静从字源字形上对“稷”字进行过深层考察：“稷”的古字形大概就是“畟”吧！《说文》谓因农耕时其足进入土中而一步步向前进行之意，故合“田”与“人”前进之形。但是，纵有合“田”与“土”为“里”的字形构造法，字的上部很明显的像神头之形，在其下添加了向左右垂开的手足之形，其全体可作表示稷神像之形。① 白川静将写实的层面与神话的层面相沟通，他认为，“畟”字表示“稷神像之形”，有其头形在上，又有其手足之形于下。又有日本学者池田末利发现“田”形有用来表示“鬼大头”的传统观念，代表异于常人的大头颅或大骷髅（池田末利《中国祖神崇拜的原初形态——“鬼”的本义》），这就佐证了白氏之说。

以后有学者更加深入地加以引申考证。叶舒宪曾对“稷的原型”作出考释，他由白川静、池田末利之说而来，又对“稷”提出新说。其主要观点是：① 畟字下半部分“夋”，具有男性（阳性）生殖力的隐喻意义，如“俊”为至高男性主神帝俊的本名（《山海经》），“朘”为男性的生殖器，此可连类考知之。② 畟字上半部分“田”，即是大头，头大则合“大头有保”、“大头有福”之俗语，而农人最喜欢谷粒的硕壮饱满，农业神话也相应地推出象征长寿与吉祥的大头人。③“田”与“夋”相合，则大头与阳物之间是换喻的关系，即是互为象征的关系。叶氏说：现在看来，田与夋的组合逻辑不用旁求，就在于头脑与朘精的内在联系上。代表大头的“田”既符合谷穗高高在上有如人头的空间位置，又可通过脑髓与种子的互喻关系，表明谷穗颗粒作为谷种谷灵的生命再造功能，而下部的“夋”既代表产生和传导精气使之上达谷穗的“茎”，同时又作为“玉茎”的隐喻，与古老的朘精观念相吻合。这样，“畟”作为阳性生命力的符号，再加上标明类属偏旁“禾”，一个象征谷灵即谷神的“稷”字就这样被神话思维创制出来了。这个男性的植物之神从诞生之日起，就与他赖以生长的地母神有着不解之缘，他们二者的配偶作用关系，正是使稷神像塔穆斯、阿都尼斯一样死而复生的永久生命力之源。

这种对汉字字形所蕴含的神话原型的解读，或许已追逐到原先的本义，颇有启发意义。学者又连类而及“畯”字的考察。

《说文》：“畯，农夫也。从田，夋声。”朱骏声注：“田畯，农官也。畯之为言俊也，率众农者也。”王引之《经义述闻》：“率人曰夫。”畯，是掌管农事的官，从田，夋声。传统的文献考释，“畯”均是农官或农夫的意思。白川静则认为，“畯”当是“田神”。白氏说：“以田畯为管理员

① 白川静. 中国古代文化（中译本）. 台北：台湾文津出版社，1983. 82～83

的解释或许是因在《诗经·豳风·七月》有'田畯至喜'一句的缘故。此句虽可释作'农业管理员亲临现场检查而感到喜悦满足'之意，但'喜'字应读作'饎'，意谓'田神来享农耕开始的祭品'，故田畯并非管理员，而是田神这个东西。"[①]这样白氏就将"畯"与"畟"、"稷"看作是同样的所指，即是"田神"或称"谷神"。叶舒宪又进而认为，"畟"与"畯"一是身上有首，一是身首异处，这是因为农耕神话把谷物生命类比为人的生命，成熟的谷穗高高在上，自然被认为是谷物之大头，穗落后谷粒化为种子重新繁衍，这正是大头谷灵一年一度断首再生的必要过程。谷种神奇的繁殖再生能力，也许正是神话思维关注的一个焦点，以此为准才类推到人头上，认为那也是储备种子(精子)、再造生命的起点。从而可观知，连云港将军崖岩画中两类大头人——身首完好的和身首异处的，正分别对应着"稷"和"畯"，反映着同质的谷灵在生命循环的不同程序中的形态。[②] 我们可以从中读出许多远古的饮食文化信息，虽然他们的考证并不一定就是确诂，还可以继续讨论，但可以确信，储藏在汉字中的远古文化信息真是极其丰富、深厚的，还有待人们艰苦地去解读它们。

再看"烹"字。甲骨文烹字像宗庙之形，作亯，本义是用食物来供奉鬼神，也就是"祭献"。《说文解字》："亯，献也，象进熟物形。孝经曰：祭则鬼亯之。"汉以后，这个字分化为 3 个形音义不同又互有联系的字。一是"享"字，具有享献、享受两方面的意思。享献就是给别人东西，享受是接受别人给的东西。二是"亨"字，主要意义是亨通，亨则通于上，可以得到鬼神的福佑，所以引申为顺利、运气好的意思。三是"烹"字，这个分化出来的字以后就专门承担了煮熟的意思，专用于烹饪。

学者从这三个字的造字意图和相互的渊源关系，读解出远古的文化信息。我们可以看到古代烹饪的一个重要特点，那就是饮食与祭祀是相关联的。上古宫廷里，供给人们膳食和供给鬼神祭品是烹饪的两大目的。《周礼》有"亨人"("亨"即"烹")之官，他的职务是"掌共鼎镬以给水火之齐，职外内饔之爨亨(烹)煮，辨膳羞之物"。也就是说，亨(烹)人是厨房里掌勺的厨师头儿，他的主要任务是掌握水量和火候，他的工作必须与内外饔配合。内饔是掌管宫廷内王、后和世子们的饮食的，外饔是掌管祭祀时设计祭品的。由此可见，熟食与祭祀关系之密切。正因为如此，"烹煮"才与"享献"、"亨通"之字同源。这种深涵的文化，后来人、今人已不太知道了，但是文字学家可以凭汉字与古典文献读解出来。

再看"饪"字。饪字的古文作"**肚**"，从肉。饪，或作"**肚**"，都反映出古代煮肉的情况。中国古代祭祀煮肉，在生熟程度上有腥、烂、糜、饪 4 种情况。腥是全生，烂是半生半熟，糜是过熟而烂，熟而不过称为饪。用于祭祀时，4 种情况都可以入祭，可是在供人膳食时，生熟必须适度，也就是要合乎"饪"的标准。所以《论语·乡党》说："失饪不食。"这说起来是礼节的问题，实际上是饮食卫生问题：肉不熟，一难消化，二不卫生；过熟，一不鲜美，二失营养。"失饪不食"，确实是中国饮食已达高度文明的一种表现。"饪"的异体字为"腍"，与"稔"为同源字。"腍"是肉熟，"稔"是谷熟。中原农作物是一年一熟，所以"一年"称为"一稔"。"胹"也是"饪"的同源字，扬雄《方言》："胹，熟也。自关而西秦晋之郊曰胹。"可见，"胹"是"饪"的方言音转字，"饪"是为标准语造的字。学者又认为："烹"本是一种用水煮物的熟食方法，后来发展为熟食的总名。人类的熟食法以烤炙为先，有了器皿后，才发现烹煮之法。有了烹煮，才

① 白川静. 中国古代文化(中译本). 台北：台湾文津出版社，1983. 82～83

② 叶舒宪. 诗经的文化阐释——中国诗歌的发生研究. 武汉：湖北人民出版社，1996. 508

能讲究生熟度。所以,烹与饪发展为熟食的通称而连用,已经是中国饮食文化发展到相当高度的事了①。一是"烹"字,一是"饪"字,两字合成"烹饪",此中层积着许多不为今人所知的文化信息。

"食"字是个象形字,甲骨文中上部为三角形,像个食器的盖子,下部像一件盛放食品的器皿。金文及以后的字形则加以简化、简单化、规整化,就体现不出象形来了,人们也不知道食字本来结构的含义了。从食字的结构,可以看出先民造字的智慧。食品太多了,用什么来作为标志性的符号呢?这在当时是煞费苦心的,或设想用米、饭、肉、菜、果、酒等等,但均是挂一漏万,先民选择盛食物的容器来表示食品,这是一种"借代"的思维方法。有一容器在此,而万种食品均可纳其中,从而以一概全,而不是挂一漏万,这是何等出色的造字智慧。

"品"字是个象形字,由3个口字会意而成,古代常用"三"表示多,如众、森、淼字等。中国人将"食"与"品"组成"食品"一词就十分有意思了。品表示多,如"品物"就是指万物,故知"食品"乃是千千万万可食之物。品又表示事物的品性、品格、特点,故知"食品"有千种万类,其特性也不同一,各有各的品性,如鱼肉不同于羊肉,羊肉又异于猪肉,如此等等,不可枚举。品又表示众口,故食品滋养众口,也由众口对食品作出过历史的选择,故中国人的饮食与西洋人不同,中国人的南方人与北方人的饮食习俗也不同。品又表示辨尝味道,故有"品茶"、"品酒"之说,而食品细加品尝,辨滋辨味便可由充饥的生理需要上升为精神的审美境界。这"食品"由"食"与"品"两字组合起来,已经"一"加"一"远远地大于"二"了,具有非常丰富的内涵。

再如"饮"字,它与"食"字构成中国饮食文化中一个重要的关键词"饮食",这也可解读一番。这一"饮"字,甲骨文本作"歓",像人俯首伸舌在酒尊之上,表示饮酒。金文向下之口舌讹为"今"而表声,或从人从酉会意,或从酉今声,或从欠从酉今声,后一种构字为小篆所本。经隶变后成为"饮"。段注《说文》曾说,"水流入口为饮,引申之可饮之物谓之饮"。如此水、酒等液体食物称为饮料,而吃食之动作便是"饮"。"饮食"又组成中国食品文化中的一个重要范畴。

张光直对于中国的饮食观念有深刻的分析。他在《中国青铜时代》中这样论说:在中国古代的餐饮制度或饮食习惯里有没有一套玛丽·道格拉斯所谓的准则呢?中国古代文明的本质是不是透过古代中国人自己使用或享宴宾客的饭菜而以准则的形式表现出来呢?虽不必称之为"准则",但下面这样的一种秩序似乎是可以建立起来的。

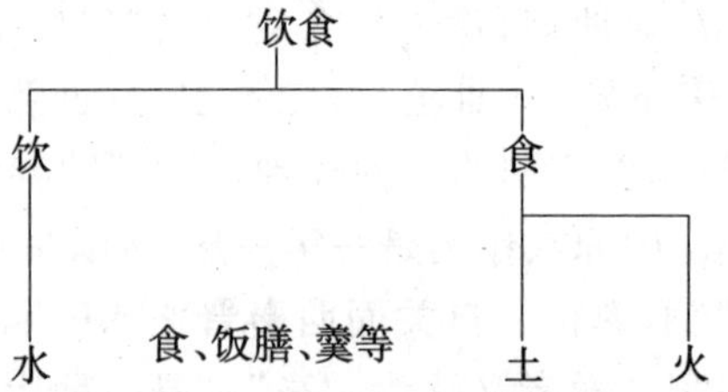

在饮食的"食"的里面,很清楚的又分有狭义之食,即饭或谷类食物和肉蔬的菜肴(即现代话中的菜)的对立。这一语词以及与它相联系的信仰与规矩的一套系统,依张光直的意见

① 何九盈等.中国汉字文化大观.北京:北京大学出版社,1995.279

看来，是中国饮食方式的结构上的本质，自晚周到今天一直未变。在古代文献里，只要饮食物被列举出来的时候，这种“饮”、“食”之间和在“食”内的“饭”、“菜”之间的对立便有表现。在古代，一顿餐饭的最低限度要包括一些谷类食物(以粟为主)和一些水，但是如果循着餐饭的规模向上走到士大夫甚至王公的餐饭，则在食与饮之外再加上第三个范畴，即菜肴，因此在“食”这个范畴之内，便有了狭义之食，即谷类食物与菜肴之对立。因为菜肴中常有肉类，这个对照有时便采取“食”与“羹”的对照形式：“羹食，自诸侯以下至于庶人无等”(《礼祀·内则》)，“箪食豆羹”(《孟子·告子》及《尽心》)，“豆饭藿羹”(《战国策·韩策》)。中国式餐饭里面饭菜的对照到现在还是一个重要的活的制度①。张光直所论可谓妙义纷披，对“饮食”二字所含有的深意，逐层揭出，实在是发人深省。

上文及日常生活中还经常提到“食物”一词，为什么两者联系起来成为中国饮食文化的又一关键词？“物”字又如何来解读呢？

“物”字在甲骨文中已出现，王国维有《释物》一文，考证“物”亦是牛名，古者谓杂帛为物，盖由物本杂色牛之名，后推之以名杂帛。王国维又引用《诗·小雅·无羊》：“三十维物，尔牲则具。”传云：“异毛色者三十也。”据此注可知，这是指杂色牛三十头，物是杂色牛之名称，由杂色牛之名引申至杂帛的名称，再引申至“以名万有不齐之庶物”，这是“文字引申之通例矣”。食品当然是天下众庶之物中的一种，将“食”与“物”联系起来当然是最自然不过的了，而且在食品中又是各色各样不可胜数，是天下众庶之物中的“万有不齐之庶物”，因此从这一层去看“食物”二字，实在能巧妙地概括其内涵。

另外《说文》对“物”字的解说也可以从另一角度去解读。《说文》：“物，万物也，牛为大物。天地之数，起于牵牛，故从牛，勿声。”这是说，物是指万物，牛则是万物中的重大之物。天地间事，兴起于牵牛而耕作，所以从牛，又以勿为声。天下万物，为什么用牛作形旁的字来表示呢？这想要表明“民以食为天”的重要理念，民众欲能常得食，最重要的事又在于耕种，这又依赖于牛耕。牛的重要被先民们突出出来。“物”与“食”两字组合成“食物”，内涵为：食依赖于农业，农业需要耕种，耕种离不开牛耕。当然还有另一层意思，即牛本身在远古乃至今日还是人们食肉的一个重要来源。虽然王国维批驳许慎《说文》中对“物”字的解说是“许君说甚迂曲”，但是许说又从迂曲中提供给人们一种文化视角。如果我们将上面的意见汇合融通观照之，对“食物”之理解或许更能有会于心。

在古代社会中，祭祀是食品文化中的一件要事，我们不妨再释读几个汉字“化石”。

“祭”字，《说文》：“祭，祭祀也。从示，以手持肉。”甲骨文、金文中均有“祭”字。甲骨文中“祭”字变体甚多，大抵是以手持肉，献于神前，神用“示”表示。另外，“祭”字中的许多小点，罗振玉等认为是表示酒，即献肉与酒于神灵。也有学者认为不当是酒，而是肉汁。今天我们看“祭”字已很难解读其中的文化，而只要一聆听文字学家对古文字“祭”的解读，则犹如看到远古的一幅生动的祭祀的图景。

“牺”、“牲”二字的意义与今人所谓的“牺牲”不同。《说文》：“牺，宗庙之牲也。”牺就是指供宗庙祭祀用的牲畜。《尚书·微子》孔传：“色纯曰牺，体完曰牲，牛羊豕曰牲。”又《说文》：“牲，牛完全。从牛、生声。”牲，是指供祭祀用的完整的牛。《周礼·庖人注》：“始养之曰畜，将用之曰牲。”朱骏声《说文通训定声》：“是牲者祭祀之牛也，而羊豕亦以类称之。”从这些字

① 张光直. 中国青铜时代. 北京：三联书店，1983. 240～241

中可以知道："牺"、"牲"，还有"牷"字均指敬献给神灵的祭祀食品，其中"牛"为最大，故其字均以"牛"为偏旁，作为典型之符号喻指。后世"牺牲"二字联用，则表示为了正义的目的舍弃自己的生命，泛指放弃或损害一方的利益，与古义仍有一定关系。

现代人对于汉字的原生态确实是很隔阂的了，唯其如此就不能了解古文字的形本，尤其不能深入到它的结构中去究析字义、它的本义、它的用法，当然用汉字"化石"来释读包含文化就成了难事，我们不妨再释读"胖"字。

"胖"字，今人只知道是人体脂肪多、肉多，即是肥胖的意思，但是内含于其中的饮食文化信息已很少有人能解读出来。《说文》："胖，半体肉也。一曰，广肉。从半，从肉，半亦声。"胖，原来是指祭祀用的半体牲，即是杀牲时从脊椎处分割成两半，成为两大块"半体肉"用以祭祀。又因为"半体肉"很大，也就很自然地称为"广肉"，即大块的肉了。另外既然从脊椎处分割，肥字与夹脊有关系，而又指称夹脊肉，肋侧薄肉。古人饮食很注意，那些可吃、那些不可吃，如《礼记·内则》："舒雁翠，鹄鸮胖。"这是说，鹅（即"舒雁"）的尾巴上的肉（即"翠"）不能吃，鹄鸮胸部两侧的薄肉不要吃，这里的"胖"字就指肋侧薄肉。又因为胖本从脊处判开，又与肋侧薄肉有关，肥又可作动词用，即指将肉切成薄片。"肥"字在古代所储存的这些饮食文化信息今人已大都不知了。那么古代用什么字表示今人所谓的胖呢？《说文》："肪，肥也。"不过，段注认为："肥当作脂。《通俗文》：'脂在腰曰肪。'"再说"肥"字，《说文》："肥，多肉也。从肉，从卪。"此字结构极有意思，为什么由肉与卪来会意呢？根据徐铉注："肉不可过多，故从卪。"卪字表示节制，这就非常有意趣了，规劝人们不可太肥胖。

再如"美"字与羊有关，中国人的审美心理也积淀其中（下文有论）。"甘"字，是美味，原本不是指今人所谓的甜味。"旨"字，也是味美的意思，而今人只知"圣旨"之"旨"，这些原本意义的失落，在汉字的构形中却可以得到追寻与复活。

6.1.2 食品与文字学

中国饮食文化的丰富，也丰富地反映在汉字中，这里我们从3个方面进行例析。

1）粮食与汉字

"禾"字，甲骨文是个象形字，罗振玉《增订殷虚书契考释》："上像穗与叶，下像茎与根。"然而"禾"字中又有古人的一种礼赞的理念。许慎《说文》中就是这样解读的："禾，嘉谷也。二月始生，八月而孰，得时之中，故谓之禾。禾，木也。木王而生，金王而死。"禾被赞美为美好的谷子，它二月开始发芽生长，八月成熟，得四时中和之气，所以称为禾。禾是木属。春天木旺就生长，秋天金旺就死去。人们因有了禾谷而有了赖以生存的主要食粮，所以称赞它是"嘉谷"；人们因其生长成熟能得四时中和之气，又从另一角度赞美它是"嘉谷"。先民对于"禾"的赞美中，正饱含着对"禾"的感恩，对大自然的感恩，这是先民的极其纯朴真诚的心理示现。

"年"字，《说文》："年，谷孰也。从禾，千声。"其实在甲骨文中，"年"字，上面是禾，下面是个人。叶玉森《说契》："疑从人戴禾。""禾稼既刈，则捆为大束，以首戴之归。"这是说，禾成熟收割后，先民在头上顶着大捆的禾归去。董作宾《卜辞中所见之殷历》："到了周代，才把禾谷成孰（熟）一次称为一年。"因此今天所说的"年"表示时间，而最早是指人们的收成。因一年一收成，所以后来表示了时间的一年。今人大都只知年的时间概念，已不知与粮食有关了。

"秦"字，《说文》："伯益之后所封国。地宜禾。从禾，舂省。一曰，秦，禾名。"我们一般只知道秦国，但不知道这字与粮食有关。秦是伯益的后裔被封的国名。相传尧时有伯翳，为皋陶之子，佐禹治水，水土既平，舜命其作虞官，赐姓为嬴。周孝王使其末孙非子养马於汧渭之间。周孝王封非子为附庸，封地在陇西秦谷，而此地适宜禾谷的生长，因此“秦”字中含有“禾”，即从禾结构。当然还有一种说法，即秦是一种禾谷的名称。又徐中舒《耒耜考》：“秦象抱杵舂禾之形。”总之，秦的名称是与禾有关的。

“稻”字，《说文》：“稻，稌也。从禾，舀声。”甲骨文、金文中已有“稻”字，李孝定《甲骨文字集释》：金文“从米从禾通作，或又从㫃为繁文，从舀，舀亦声。米字或在臼中，上从爪，所以取之。”这颇形象地示现古人臼米的情况。朱骏声《说文通训定声》：“今苏俗，凡粘者，不粘者统谓之稻。古则以粘者曰稻，不粘者曰秔。又苏人凡未离秆去糠曰稻，既离秆曰谷，既去糠曰米，北人谓之南米、大米。古则谷米亦皆曰稻。”从古文字的形体上可以解读“稻”字在臼中舂米的情况，从文字学家以苏州地方的民俗去解读，则又知道稻这一范畴的多种文化信息。

“黍”字，甲骨文中是个象形字，像散穗，与稻不同，有的甲骨文中还有“水”旁，罗振玉《增订殷虚书契考释》中有释。《说文》：“黍，禾属而黏者也。以大暑而穜，故谓之黍。从禾，雨省声。孔子曰：‘黍可为酒，禾入水也。’”张舜徽《说文约注》引米育仁之说：“禾者，黍稻之大名。析言则禾属之不黏者谓之稻，禾属之黏者谓之黍。”由此可见先民对粮食中的粘与不粘等属性均有十分深切的关注，另外还提出粟与酿酒的关系。

“香”字，若从现代汉字去看已不明白为什么由禾、日结构，原来小篆并不如此，《说文》：“香，芳也。从黍，从甘。《春秋传》曰：‘黍稷馨香。’”此字本从黍、甘会意而成，表示黍稷等粮食的芳香，先民审美地赞许着粮食的芬芳之气味。

从禾的字，有些是常见常用的字，但是很多现代人已不知道这些字与粮食的关系了。比如：秒，今人都只知道此字表示时间，而先民最早是指“禾芒”，即禾谷的芒刺。颖，今人都知道“聪颖”、“脱颖而出”的意思，而先民最早是指“禾末”，是禾穗的末端。秀，今人大都只知道秀丽之意，但先民是指“禾实”、开花等意义。私，先民是指“禾名”，后借用为公、厶(私)之字。稀、稠，本指禾的稀疏、稠密。积，本指禾谷的积聚。稿，本指禾秆，今人只知稿子、草稿等意义。兼，本指手中握着两把禾，这一本义也为今人所不用。如此等等。这些字中均含有“禾”旁，表示该字的意义范畴与禾有关，但这些信息到后来已被人们渐渐淡忘了。

我们再说“米”字，以及与“米”有关的汉字。

“米”字，甲骨文已有，是象形字。罗振玉《增订殷虚书契考释》：“像米粒琐碎纵横之状。”

精，《说文》：“精，择也。从米，青声。”这是指经过挑选过的米，故为精米。

粗，《说文》：“粗，疏也。从米，且声。”这是指糙米，因而后来有粗糙的意思。

粹，《说文》：“粹，不杂也。从米，卒声。”这是指无杂质的米。段注：“粹本是精米之称。引申为凡纯美之称。”中国的审美范畴有的来自食品、饮食，这也值得深究。

粉，本指米粉，但《说文》：“粉，傅面者也。从米，分声。”这就十分有意思地告诉后人，在古代搽在脸上的粉曾用米粉来充当。

粮，又写作“糧”、“粻”。有论者认为，是专指旅途中所带的熟食。“粮”与“食”在古代有所区别，粮指路粮，食指家食。《周礼·廪人》注：“行道曰粮，谓糒也；上居曰食，谓米也。”如孔子在陈绝粮，即是他周游列国途中的储备粮吃完了。古代使者出远门要带资粮，路过友好国家作为东道主要给使者补充资粮，资是路上的用度，粮是路上的食物。“粮”字一作“糧”，从“量”，正是因为上路的用粮要按人数、路程、天数和负载量事先算好的缘故，“计量”的“量”

是它的同源字。“粮”字又作“糒”，源于“备”(备)字，有戒备、具备、完备之义，上路准备粮食，要慎重而充备，所以源于“备”而字作“糒”。[①] 此说有理。

糗，是炒熟的粮食，有的是成粒，有的炒完后磨成粉，是粮的一种。古代行路的使臣到了友好的国家，一般都接受这些国家的资助，其中食物常是脡脯(晒干的肉)与糗粮(炒干的粮食)。正如《说文》所说：“糗，熬米麦也。”干炒的米麦有一股香味，装在袋里也可以用嗅觉分辨出来，所以“糗”从“臭”(xiù)。[②] 注意，此臭不同于今天的“臭”。

麦，解读起来又有许多文化信息。麦是中国北方的主食，周代以为天赐所得，所以假借为“徕”之字。小篆分“来”、“麦”为两形，其实在甲骨文中二字为异体字。为区别“来”、“麦”，小篆还出现了“秾”。其实这3个字都是后代分化的。又麦常在煎炒后磨成炒面带在路上食用，所以“熬”的异体写作“䵅”。麦要磨碎食用，所以有“粉”字；“粉”字从米，其实在古代首先是磨麦。麪《说文》解作“麦末也”，也是面粉之称。麦粉有时加水合成饼。“饼”字从“并”，由粉并合而成。[③] 这些都是与麦有关的食品文化，与麦有关的汉字文化解读颇有意趣，如果不经文字学家指点，今人大都已浑然不明了。

2) 副食与汉字

下饭的鱼肉蔬菜等，在汉字中也有丰富的记载与反映。

“鱼”字，本身是象形字。《说文》有“鱼”部首，今天各种中文字典中这一部首均一直保留着，绵延了数千年。从鱼的字，有不少是鱼的名称。如鳟，是赤目鱼。魴，是赤尾鱼。鱳，是出自乐浪郡潘国的鱼。鰅，是出自乐浪郡东暆的鱼。鲌是海鱼。鱷，是海里的大鱼。如此等等，《说文》中有许多鱼名的专字。另外又有“鲠”字，是指鱼骨。鳞，是指鱼甲。鮏，是指鱼的气味。鮨，是指出产于蜀郡中的一种鱼肉酱。鱻，是指“新鱼精也。从三鱼。不变鱼。”这是说，鱻是用活鲜煎烧的杂烩，由3个鱼字会意，表示不改变鱼的活生生的新鲜颜色。段注《说文》：“凡鲜明、鲜新字皆当作鱻，自汉人始以鲜代鱻”，“今则‘鲜行’，而‘鱻’废矣”。今天我们都用“鲜”字，并以“鱼”与“羊”之肉来表示鲜美之味。照《说文》之说，鲜本是一种鱼名，出于貉国，即北方国。

关于“鲜”字，钱穆有论：“中国人又称‘有鲜味’。北方陆地，人喜食羊。南方多水，人喜食鱼。合此羊字鱼字，成一鲜字。然鱼与羊，人所共嗜，未能餐餐皆备，于是鲜字又引申为鲜少义。但美字养字善字，则皆从羊，不从鱼。此或造字始于北方，此不详论。今日国人则尽慕西化，必以牛肉为最佳食品。然四千年来之语言文字，则不能尽改。而生为中国人，又不能不讲中国话，不能不识中国字。纵觉中国语言文字之乏味，而终亦无奈何。此当亦为今日中国人生中一苦味，又当如何期其苦尽之甘来，则亦无可深言。”[④]这些话是颇有警动性的，足可深味之。

再看“羊”字，在甲金文中是个象形字。《说文》：“羊，祥也。”古代常借“羊”来表示“祥”。又《说文》“美”字下有云：“羊在六畜主给膳。”即是说，羊在六畜马、牛、羊、豕、犬、鸡中，为供给肉食之主。正因为既吉祥，又因为羊为“膳主”，还因为羊肉之味美，所以“美”字从羊而来，

---

① 何九盈等. 中国汉字文化大观. 北京：北京大学出版社，1995. 285

② 何九盈等. 中国汉字文化大观. 北京：北京大学出版社，1995. 285

③ 何九盈等. 中国汉字文化大观. 北京：北京大学出版社，1995. 285

④ 钱穆. 中国思想通俗讲话. 北京：三联书店，2002. 103

虽然至今人们对于“美”字的字源字义有不同的看法，但《说文》的解释也代表了曾经有过的一部古人的理念。

“羊”字又作为形旁结构出一批与食品有关的字。如羞，《说文》：“进献也。从羊，羊所进也；从丑，丑亦声。”这里说，羞是手(即丑)持着羊进献之意，故从羊，从丑。

养，从羊，表示用食品供养人。膳，《说文》：“膳，具食也。”膳，是备置食物，字中有善，善中有羊。徐铉注《说文》将此解读为“庖人和味必加善，故从善”。在古代“膳”又作为美食之总称。“羹”字，《说文》：“五味盉羹也。”字从羔，从美，羊羔当然味美，故会意成“羹”字。羹在古代是用肉，或是肉和菜相杂，调和五味做成的有浓汁的食物。又有“羨”字，也从羊，有饱之义。如此等等，羊在肉食，食品文化中占有重要位置是无可疑义的了。

此外古代牛肉、猪肉、犬肉、鹿肉、鸡肉、鸭肉、鹅肉等都是肉食的重要来源，而水产中除鱼外，还有龟、鳖、虾、蚌、蟹等，也是重要的肉食来源，这些肉食在汉字中也有或多或少的反映，在此不赘述。我们来关注一下关于肉食的食用方式与汉字的关系，则也颇有意趣。

“昔”字，今人都知是往昔之“昔”，但是《说文》云：“昔，干肉也。从残肉，日以晞之。”这就是说，“昔”字是干肉。其实许慎的说法不确，昔解释为干肉是假借字，而“腊”字才是干肉的本字。从干肉这一视角去看汉字，会发现一组表示干肉的汉字：

脯，《说文》：“干肉也。”

脩，《说文》：“脯也。”

腒，《说文》：“脯也。”

𦟝，《说文》：“腒肉也。”

膊，《说文》：“薄脯，膊之屋上。”

浑言之则这些字都表示干肉，《说文》的解释是同义、近义互训。然而析言之，古人又有许多细别：“脯”是薄切的干肉，而“脩”是用姜桂等加工过的干肉。“膊”是薄薄的干肉，且是将它们贴放在屋上晒干而成的，今人只知此字为胳膊之膊，而这一干肉食品的信息失落了。

再看古人非常注重肉酱，这在汉字中有较多的信息遗存。

酱，《说文》：“醢也。从肉，从酉，酒以和酱也；爿声。”酱，由肉与酒会意，表示用酒来拌和肉酱，而又必须有器皿来陈放，故字中又含皿。

醢，《说文》；“肉酱也。从酉，𥁓。”作酱用酒，故从酉(酒)，𥁓是用来盛酱的容器。

脡，《说文》：“生肉酱也。从肉，延声。”这是生肉做的肉酱。

肍，《说文》：“孰肉酱也。从肉，久声。”这是熟肉做的肉酱。

臡，《说文》：“有骨醢也。从肉，耎声。”这是指有骨的肉酱。

䐶，《说文》：“豕肉酱也。从肉，音声。”这是猪肉酱。

鮨，《说文》：“鱼䐶酱也。出蜀中。从鱼，旨声。”

胥，《说文》：“蟹醢也。从肉，疋声。”

这些有关肉酱的汉字，向人们透露了先民的许多食品文化信息：一是酱的制作与酒关系极为密切。酱是经过发酵酿制而成的，酒也是发酵酿制的。酒的发明应该早于酱，酱的酿制或从酒的发明中汲取了某些借鉴与灵感。二是酱的制作需要酒作为调料，在字形中也反映出用酒的情况，另外还有用盐为调料的。三是先民重视肉酱，其品种多样，或生或熟，或有骨或无骨，或猪肉或鱼肉等等，当是积累了许多丰富的知识与经验。《论语·乡党》曾记载，孔子“不得其酱不食”，是说孔子没有一定的调味的酱就不吃，这也说明酱在日常饮食中占有不可或缺的一席之地。

在副食中还有蔬菜瓜果等物,汉字也蕴涵许多食品文化的信息。① 蔬菜之“蔬”字,最早不写草头。在古代的食物里,菜是粗食,所以“疏”本当是粗之义,专门用来指菜后,加上草头作专称。《论语》三言“疏食”,陆德明《经典释文》都说“疏”在另一些本子里也可写作“蔬”。直到今天,由植物根茎叶取来食用的,都称“蔬菜”。

又如“葱”字,与“窗”、“囱”字同源,前一字相当于今天的天窗,后一字相当于今天的壁窗,它们都是房屋的通风口,从这里可以明白“葱”的命名,是因为它中空而通。《本草纲目》记载,葱还可以写作“芤”,草中有孔。

“蒜”字,此字从祘,又有写成“茆”的。或认为字形像蒜的根须,此说不确。无论从食用还是药用出发,造此字都不会突出它的根须。其实“祘”、“筭”、“算”同音,它们是一词之化分,核心意义是“计数”。古代计数用筹,是一种长六寸的签,蒜是多瓣的,形同聚在一起的算筹,所以其字从“祘”。

另外如“姜”本作“薑”,虽各种姜的食性不同,但均有御病和体的功效,这又都与它强烈的清辣味儿有关。它的字形反映出构词的理据——以“强大”为其特点。麠,是大鹿;鳉,是大鱼;疆,是国界,地界是最广大者;犟,是身脊最大的公牛,它们都是“彊”(今写作“强”)的孳乳字,“薑”则因气味强烈而与它们同源。又如韭菜之“韭”字,原像一丛丛生长于地上的韭菜,每割一次,又长一茬,所以《说文》说它“一種而九,故谓之韭”。

3) 饮料与汉字

中国的饮食结构中,“饮”是一个重要的组成部分,饮料在汉字中也有许多信息储存。

“酒”字,《说文》:“就也,所以就人性之善恶。从水,从酉,酉亦声。”许慎非常有意趣地分析道:酒就是迁就,是用来迁就助长人性善良或丑恶的饮料。从水,从酉,酉亦声。其实古文字中“酉”之形像酒坛,或即作酒字,或又加上水示意。朱骏声《说文通训定声》中曾做过合理的分析:“酒”字本“即酉字之小篆,因‘酉’为十二枝(地支)借义所专,又加水旁以别之”。

在《说文》中关于酒这种饮料就有丰富的记载:

酴,是酒母。醖、酿,是造酒。酾、⿰酉肙、⿰酉鬲,均是滤酒。

醪,是汁渣相混合的酒。醇,是不浇水的纯酒。醹,是醇厚的酒。酎,是多次反复酿造的醇酒。醠,是浊酒。⿰酉农,是浓烈的酒。酤,是一宿酿造的酒。醨,是薄酒。

酷,是酒味厚。醰,是酒味苦。⿰酉市、配、⿰酉弋,均是指酒的颜色。

酌,是盛酒在觯中劝人喝酒。⿰酉匀,是稍微饮点酒。⿰酉替,是用嘴唇微微沾点酒。⿰酉監,是喝酒都喝尽了。⿰酉寿,是主人向客人劝酒。

醵,是众人凑钱饮酒。酺,是天子广布恩德,让天下人大饮酒。醧,是因私交而宴饮。

酣,是因喝酒而快乐尽兴。酖是以喝酒为乐。醅,是又醉又饱。醺,是喝得酒气熏熏。

从这些例子中可以看出,先民深入细致地将酒文化的诸多方面信息存储在汉字之中了。

6.1.3 食具与文字学

中国饮食文化历史极其悠久,就食具来考察,其与汉字也是结缘甚深甚厚。这里也举例说之。

---

① 何九盈等. 中国汉字文化大观. 北京:北京大学出版社,1995. 286~287

1）"鼎"字及其系列字

"鼎"字是个象形字，甲骨文、金文均像鼎形。马衡《中国金石学概要》："鼎本象形字，像三足两耳硕腹之形。其后渐趋整齐，最后乃成小篆之鼎。"鼎是古代炊器，用于煮肉、鱼等，也用来盛放熟牲。新石器时代已有陶鼎，后来发展为铜鼎。大体上说，商代前期的鼎多为圆腹尖足，也有柱足方鼎和扁足鼎。商代后期尖足鼎逐渐消逝，圆腹柱足鼎占多数，分档鼎也增多。西周后期，鼎足呈蹄形。战国至汉代多为敛口，大多有很短的蹄足，有盖，盖上多钮或三小兽。鼎不仅是饮食文化而且也是中国文化的一个具有标志性的事象，或者可以说是一个极其典型的文化符号。

在商周社会，鼎是用来"别上下，明贵贱"，作为标志统治权力和等级的一种器物，后来在历史的演进中又积淀了多重的文化意味。如"三足鼎立"、"一言九鼎"、"问鼎中原"、"鼎食鸣钟"、"鼎鱼幕燕"、"鼎镬刀锯"、"鼎铛玉石"、"鼎鼐调和"、"鼎新革故"等等，已是丰富多彩。如"鼎臣"为重臣，"鼎礼"谓大礼，"鼎吕"谓事物及言论分量重，"鼎位"指宰相等的重要职位，"鼎味"指国政，"鼎沸"指形势纷扰动乱，"鼎姓"指大族，如此类词语很多。鼎本为吃饭的鼎，又成为刑具——刀锯鼎镬，有喻革新者——鼎新革故，有喻危险而不自知者——鼎鱼幕燕，《左传·襄公二十九年》"犹燕之巢于幕上"，有表示政治志向者——"负鼎之愿"为担负起救国救民重任之志愿。凡此种种，亦可证明"鼎"在中国人心目中的情结。

《说文》对"鼎"字这样分析："三足两耳，和五味之宝器也。昔禹收九牧之金，铸鼎荆山之下，入山林川泽，螭魅蝄蜽，莫能逢之，以协承天休。《易》卦：巽木於下者为鼎，象析木以炊也。籀文以鼎为贞字。"许慎不仅解释了"鼎"的字形来源，还对该字进行了文化解读。不过王筠《说文句读》将析木也作为字形的一部分，"谓（鼎）下半是析木为两而作丬"，这是不正确的，因为甲金文中本不是木，而是鼎的三足。

由"鼎"字又产生一些与鼎有关的汉字，如"鼒"，是指圆的向上收敛的鼎，从鼎，才声。鼐，是指鼎中最大的，从鼎，乃声。鼏，是指用木杠横贯鼎耳抬起来，从鼎，门声。

考古已发现许多珍贵的青铜鼎，如商前期的枯岭方鼎，商后期的司母戊（或称后母戊）方鼎、司母辛方鼎；西周初的大盂鼎，西周中期的曶鼎、卫鼎，西周晚期的禹鼎、大克鼎、毛公鼎，等等，均为先民之重器。它们以实物向后人诉说着当时鼎文化、饮食文化的辉煌。

2）"鬲"字及其系列字

鬲，是古代炊器。《尔雅·释器》谓鼎"款足谓之鬲"，款足也即空足，《汉书·郊祀志》谓鼎"空足曰鬲"。这是似鼎而空足的形状。新石器时代已有陶鬲，青铜鬲是后来仿陶鬲而制作的，其形状一般为侈口，其3个中空的足，是便于炊煮加热。铜鬲流行于商代至春秋时期。商代前期的鬲多无耳，后期口沿上一般有两个直耳。西周前期的鬲多为高领，短足，常有附耳；有的在腹部饰以扉棱。西周时还有方鬲，体为长方形，下部有门可以开合，由门内放入木炭。故宫博物院藏有西周时期的一件刖刑奴隶守门方鬲。上部为器身，长方形，四角圆形，饰窃曲纹和环带纹；下部为鬲炉，也呈长方形，有可开闭的两小门，门的外面铸有一个受过刖刑的奴隶，其他三面还有孔可出烟。这是一件珍贵的青铜鬲。

甲骨文、金文已有"鬲"字，为象形字。甲骨文，金文字形，一看便知是三足且款足之形状，就像鬲的实物。《说文》："鬲，鼎属。实五觳。斗二升曰觳。象腹交文，三足。"其中"象腹交文"是说小篆中有"×"之构形为腹部花纹，其实甲金文中原本没有，此据小篆而说之。

"鬲"字构字能力较强，如融，是指三足大口锅。鬴，是秦地对陶制釜的称名。融，是炊气上升出来。鬻，是烹煮的意思。鬻，是鬲的又一写法，像煮熟了的五味香气向上冒出来。

由“鬲”又产生出“鬻”为部首的一组字来。如鬻，就是“粥”字，这是因为后来俗字省去了鬲。鬻，本也是粥，今通用为“糊”字。鬻，是五味调和的羹，是个会意字。在《说文》中还有一些这个部首的字，均与饮食或烹煮有关。读者不妨一览。

3）“毁”字及其系列字

毁，相当于现在的大碗，用来盛黍、稷、稻、粱等。“毁”字甲骨文已有，像手持勺取或纳于簋中。金文变体很多，或其中一部分变为“食”，或增益广、皿等，另一部分或变作餐、殳等。

“毁”字在文献中写作簋，《说文》：“簋，黍稷方器也。从竹，从皿、从皀。”这字是因竹制成故从竹，因是盛物之器故又从皿，又认为“皀，谷之馨香，谓黍稷也”，故从皀表示所盛之物。这是个会意字。

“簋”字又写作匭，是《说文》所载的古文簋，从匚，从饥，按此则从匭表示容器，从饥则表示为饥者供食。但段玉裁《说文注》认为，当从匭、从食，九声。九表示声，古读为“轨”。

“簋”字又写作匭，《说文》所载又一古文或体，此字从匭，轨声，是个形声字。

“簋”字又写作杭，《说文》所载另一古文或体。段玉裁注：“簋以木为之，故字从木也。”这便是从木、九声的形声字。

“簋”字从甲金文到文献中用字有许多变化，或会意，或形声，会意者也有异，形声者也有别，各有会心巧妙构字处。有意味的是，簋这一重要食器其形态也变化颇多，一般为圆腹侈口，圆足。商代的簋多无盖，无耳，或有两耳。西周和春秋的簋常带有盖，有二耳或四耳，还有圈足下加方座或附有三足的。战国以后，簋遂少见。许慎《说文》所释为“方器”似乎不确切，因出土之簋均为圆形，而《周礼・地官・舍人》：“凡祭祀共簠簋，实之陈之。”郑注：“方曰簠，圆曰簋。”此与出土文物相合。

在商周时代，簋和簠一样，标志着贵族的等级。据礼书记载与考古发现，簋往往成偶数出现，四簋与五鼎相配，六簋与七鼎相配，八簋与九鼎相配。考古发现的著名的簋，有如利毁、大丰毁、班毁、宜侯夨毁、轨毁，等等，它们对于中国古代青铜食器的研究、中国古史与文化史的研究均具有重要的价值。再从汉字来说，1950 年洛阳西宫秦墓出土一件青铜簋，在其盖和器身有对小篆“轨”字铭文，书法端正秀丽，小篆铭文在秦代青铜器上很罕见。这个字用“轨”来表示“毁”，是采用了通假字的方法，因音同而借用。这在毁、簋的系列字中又多了一个“轨”字，可见那些用“轨”、“九”来组成的“簋”的形声字是自有渊源的。轨毁，其形如敦，盖上有 3 个卧兽形钮，腹部有对称的两铺首，器和盖都饰蟠螭纹，形制具有从战国向汉代过渡的特点，现藏故宫博物院。

4）“簠”字及其系列字

簠，是古代食器，也用来盛黍、稷、稻、粱等。其形制为长方形，有四短足，有盖。盖与器的形状、大小相同，合上为一器，打开则为相同的两个器皿。簠在西周时期出现，流行到战国末年。早期的簠足短，口向外侈。春秋战国时期的簠足变高，口不外侈，器变深。考古发现的簠，有铸子簠、虢叔簠、盦肯簠，等等。

《说文》：“簠，黍稷圜器也。从竹，从皿，甫声。”此字从竹因其竹制，从皿因其为盛食物之器皿，是个从甫得声的形声字，但是这是文献中用字。

甲骨文未有“簠”字，金文“簠”字构形甚多：其形符多作匚，是因为表示器皿；形符或作金，是因为由青铜制成；形符或作竹，是表示又有竹制之器；形符或作皿，是表示本为盛物之器皿。从声符看，多作古；或作故、钴、𫎩、夫；或作㞷、黄等。这就造成系列字。形符多变是由所择物象不同特点而形成，自有逻辑。声符不同也自有其音理，以古、夫为主谐声字的同在鱼部，以㞷（往）、黄谐声者同在阳部，上古鱼、阳两部可以对转，所以可以相通。

再看文献这一系列，除写作“簠”外，还写作“胡”，《左传·哀公十一年》：“仲尼曰：‘胡簋之事，则尝学之矣。’”这里“胡簋”即“簠簋”。

“簠”在文献中又写作“瑚”，《礼记·明堂位》：“有虞氏之两敦，夏后氏之四琏，殷之六瑚，周之八簋。”瑚，即是簠。上文以“胡”为簠，这时以“瑚”为簠，皆自有其音理，“胡”、“瑚”均从古得声，金文中有作“⿷匚古”，其音也得诸“古”，可见此数字可以沟通。有学者还认为，“胡”中之“月”可能是金文中形旁讹变而成。

反视《说文》云簠为“黍稷圜器”，则所释与考古发现方器不相符合。而郑玄注《周礼·地官·舍人》“凡祭祀共簠簋”，认为“方曰簠”，此与实物器形相吻合。文字学家唐兰又认为，方器之⿷匚古属胡、瑚，圆器之匩（如厚氏匩、𥬰）属簠，此亦备一说。

5）“豆”字及其系列字

《说文》：“豆，古食肉器也。从口，象形。”豆是个象形字，古代吃肉盛用的食器。从口，像器体，上面的横画像盖，下面的构形则像器物之脚。

豆字甲骨文中已有，金文形体构形与甲骨文同，即像盖盘柄及圈足之形。这就是古代盛用肉酱一类食物的器皿，器浅如盘，下有柄，为圈足，大多数有盖。

由豆而有“桓”字。《说文》：“桓谓之桓。从木、豆。”这是木制的豆，故以木、豆会意而构形。据文献记载，豆初为木制。《诗·大雅·生民》：“卬盛于豆，于豆于登。”传曰：“木曰豆，瓦曰登。豆，荐俎醢也。”

这里又引出一个“登”字，表示陶制的豆。不过“登”字结构当作一解释，《说文》：“登，上车也。从癶、豆，像登车形。”李孝定《甲骨文字集释》：“许解云‘癶、豆像登车之形’者，谓癶立豆上乃像‘登车’之一动作。豆者像乘石之形。今吾湘甲第大门两侧常见两圆形石鼓分置作八字形。石鼓横置，下有座，侧视之，正作ꝏ形。俗谓之圆鼓登，或谓上马石，即此物也。”不过也有学者认为，豆是声符，表声。

由豆构形的尚有“登”字，是豆一类的食器，故从豆表意。这字又作“䅠”，桂馥《说文义证》：“登或作䅠。”《玉篇》：“䅠，屈木盂也。”不过甲骨文有此字，写作𤼷；金文写作𥂧等。容庚《金文编》：“𥂧，从米，从豆，像载米于豆，以收进之。义当训为登，为进。”“经典以烝为之。《说文》讹米为釆。”总之，此字与豆之食器有关而衍生出来。

从豆者又有𧯷字，《说文》：“蠡也。从豆，蒸省声。”此字的字义是瓠瓢，即同“卺”字。《广韵》：“卺，以瓢为酒器，婚礼用之也。”瓢不是豆之食器，为什么从豆呢？段注《说文》曰：“此非豆而从豆者，谓瓢可盛饮食，略同豆。”

从豆的字又有𢍆字，是一种礼器，字形结构是双手持肉放在豆的食器上。《说文》：“礼器也。从𠬞持肉在豆上。”甲骨文已有此字，但不从肉，作𢍆等形。

从豆的字又衍生出“豊”字。《说文》：“行礼之器也。从豆，象形。”豊作为了一个部首。豊，是祭祀行礼的器皿，从豆，象形。甲文有此字，均像豆中盛有物的样子，王国维《观堂集林》:“像二玉在器之形。古者行礼以玉。”

又衍生出“豐”(丰)字,并为部首。《说文》:“豐,豆之丰满者也。从豆,象形。”意思是豆器盛物丰满的样子就是丰。容庚认为,豐、豊为一字,豆之丰满者所以为豊也,汉隶中是一种写法。

从豆又衍生出“虘”字,作为部首字。《说文》:“虘,古陶器也。从豆,虍声。”徐灏《说文段注笺》:“虘,盖陶器之似豆者,故从豆。”

6)“皿”字及其系列字

“皿”字,《说文》:“饭食之用器也,象形。与豆同意。”甲文、金文等形,即是器皿之形。罗振玉《增订殷虚书契考释》:“卜辞中皿字或作ㄓ,若豆之有骹,故许云‘与豆同意。’”

由皿构成“盂”字,《说文》:“饭器也。从皿,亏声。”盂,即是盛饭之器。又《说文》:“盌,小盂也。从皿,夗声。”盌,即是今天的碗。有学者考证:盂字从于,从于之字多有“大”意。如《说文》:“芋,大叶实根骇人,故谓之芋也。”所以“盂”与“盌”有大小之别。“盌”就是今天的碗。“盌”与碗来源于“宛”。古代称中央低而四方高的丘陵地形为“宛丘”。这种山丘的形状酷似饭碗,以凹曲的特点而名。“宛”声之字大多有“屈曲”义。声音回转多变称为“婉转”,言语纡回委曲称为“委婉”。如文献中的“踠”、“蜿”、“婉”、“琬”都与“碗”同源,又以“屈曲”为词义特点。又“凹曲”义与“蕴积”义相通。碗形中央凹下,有容积,可装饭,这种食具的特点由它的一系列同源字中显示无余。① 这是从声中含义以及同源字方面来剖视汉字字义的特点,是训诂学上常用的有用方法。

再如“盧”字,《说文》:“盛饭器也。”此字也从皿。又“盬”字,张舜徽《说文约注》说:“湖湘间有陶器圆而深者,可用蒸煮食物,俗称古子,当即此字。”又“盄”字,朱骏声《说文通训定声》:“今苏俗煎茶器皿吊子,即此盄字。”

又“盨”字,指古代食器,用来盛黍、稷、稻、粱等。椭圆形,敛口,二耳,圈足,有盖。盖上一般有 4 个矩形纽,仰置时成为带四足的食器。盨在西周中期出现,到春秋后期便消逝了。

“盉”字,指古代盛酒器,或说是古人调和酒、水的器具。形状较多,一般是深腹,圆口有盖,前有流,后有鋬,下有三足或四足,盖与鋬之间有链相连接。盉从商代至战国都有,尤其盛行于商和西周。商代的盉多空心足,周代的盉空心足较少,而多四足的。春秋战国时出现了圆腹、有提梁的盉。盉,《说文》:“调味也。从皿,禾声。”段注《说文》:“调声曰龢,调味曰盉。今则和(唱和)行,而龢、盉皆废矣。”又云:“调味必于器中,故从皿。古器有名盉者,因其可以盉羹而名之盉也。”可见《说文》与段注均认为,盉是调味的。

王国维认为是“调酒之器”,是“和水于酒之器,所以节酒之厚薄者也”,“若以为调味之器则失之远矣”。此后郭沫若又释:“金文盉从禾者,乃象意而兼谐声,故如《良季父盉》……象以手持麦秆吸酒,则盉之初义殆即如少数民族之咋酒罐耳。”虽然古今文字学家各有己说,但似乎赞同王国维之说的较多,盉是用以调酒,当然也用于盛酒,而学者又认为从禾,是表示调和的意思。

从皿者又有“盘”字。“盘”字有多种写法,《说文》中有“槃”字,从木般声;又有“鎜”字,从金般声;另有从皿般声的盤字。从木是因为由木制成,从金是因为由金属制成,从皿是因为是容器。“盤”字从皿,《说文》认为是籀文。甲骨文作肞等,即般,或从口般声作磐。金文或

① 何九盈等. 中国汉字文化大观. 北京:北京大学出版社,1995. 291

作般，与甲骨文同，或从皿般声，或从金般声。这也说明《说文》中的字形是有来源的。古文字中的般所以从之H，或认为像高圈足盘，上像其盘，下像其圈足。也有学者认为，①此为舟，据《周礼·春官·司尊彝》，尊和彝下面有圆形承器称为舟。郑司农说，舟就像汉朝的承槃。如此则周代称“舟”，汉代称“槃”，名有异而用为一。《说文》：“般，辟也。象舟之旋，从舟从殳。殳所以旋也。”舟是承槃，圆形，可以旋转。“般辟”就是“盘旋”，因而取“舟”会意。后来“舟船”的舟也因为能在水中盘旋而得与承盘之舟同名。这是“盘”后来字形的来源。甲文中“盘”字完全象形，是一个带耳的盘子立起来放。这就是后代的“凡”字，以后“凡”借作虚词，才有了槃、盤等另形。

说到盘的作用，在商至战国是一种流行的水器。当时盥洗用匜浇水，以盘承接。小盘可以用来洗脸，大盘可以洗澡。盘多圆形，浅腹。大体说，商代的盘无耳，圈足；西周至春秋的盘多有附耳，实物发现的有散氏盘、虢季子白盘等，均为古代著名的青铜盘器。不过在发展过程中，盘最终也用为食器，后来的“杯盘狼藉”、“谁知盘中餐”等均说明用于饮食，今天“端盘子”、“洗盘子”更是留学生出国初期打工谋生的一种工作，可谓路人皆知。

7）“缶”字及其系列字

缶，《说文》：“瓦器，所以盛酒浆。秦人鼓之以节歌。象形。”缶，是陶器，用来盛放酒浆的器皿。秦地人也用它敲击着为唱歌打拍子。这是个象形字，下为器体，上为盖子。甲文作，金文作等。

缶，盛行于春秋战国，圆腹，有盖，肩上有环耳，也有方形的。器身铭文有自称为缶的，如春秋中期的栾书缶、春秋晚期的蔡侯缶等。

又䛐，《说文》：“䛐，小缶也。从缶，音声。”这是小缶。“缸”字，《说文》：“瓦也。从缶，工声。”这即是人们熟知的水缸、酒缸、米缸、酱缸之“缸”。又“罂”字，《说文》：“缶也。从缶，賏声。”罂也是缶，为盛酒器，小口大腹，此缶大。又罏字，从缶，是小口罂。另外还有人们熟知的“缾”（瓶）字、“罐”字等均为食器。

“𦉜”字，《说文》：“瓦器也。从缶，需字。”古代盛酒或水的器皿，其实考古发现有青铜器的，且铭文中有自称的，如《殷周青铜器通论》著录的伯䙝父𦉜。𦉜之状，口微侈，束颈，宽肩，饰有两兽耳，无足。盛行于西周晚期到春秋前期。

8）“瓦”字及其系列字

瓦，本指用泥土做成的，已通过烧制的器皿的总称。《说文》：“瓦，土器已烧之总名。象形。”现代人只知道瓦为屋上之瓦了。汉字中从瓦之字，其实与食器很有关系。

甑、甗，两字均从瓦，都指蒸饭食的器具。《说文》：“甑、甗也。从瓦，曾声。”段注：“甑，所以炊烝米为饭者，其底七穿，故必以箅蔽甑底，而加米于上，而𩟐之而馏之。”《方言》：“甑，自关而东谓之甗。”

《说文》：“甗，甑也。一曰穿也。”这是甑类蒸饭食器具，底有一大孔。段注：“郑司农曰：‘甗，无底甑。’无底，即所谓一穿。盖甑七穿而小，甗一穿而大。一穿而大，则无底矣。甑下曰‘甗也’，浑言之。此曰‘甑也’，一穿，析言之。”当然，考古发现那些穿，也并非一定7个孔，或一孔，而是相当灵活的，并不一定拘泥于文献上所说的数。

甑、甗，这些古代炊器，相当于现在的蒸锅，上部为甑，置食物，下部为鬲，置水，中间用

---

① 何九盈等. 中国汉字文化大观. 北京：北京大学出版社，1995. 291

箅，箅上有通气的孔。青铜甗流行于商代至战国时期。汉晋以后，甗的鬲足没有，则称为“釜”。

此外，汉字中与食器有关的，如“爵”字，甲骨文有柱有流有尾有鋬有足，像其形，为饮酒器。“尊”字，像两手奉尊，为古之酒器。又如匕、角、觥、觯、卣、壶、钟等等，均与古代先民的食器有关，限于篇幅不一一细述了。

总之，饮食在汉字中有深广而生动的反映，特别是远古的饮食文化信息，被极其珍贵地保留了下来，人们可以通过汉字进行饮食文化知识的考古。通过汉字、文献、出土文物之间的综合考证分析，人们可以再现先民的饮食活动情景。汉字的这一功能或许可以说在世界文字之中是无可比拟的。

6.2 食品文化与语言学

中国食品文化的博大精深在语言中也有相应的反映。语言的后面是有东西的，语言不能离开文化而存在，食品文化在语言中留下了极其丰富的历史层积，语言的历史和文化的历史是相辅而行的，中国食品文化是一个复杂的总合，有知识、艺术、习俗等等，这些在语言中，在汉语中，在其他少数民族语言中都有充分的反映。从语言学角度去研究中国的食品文化是一个新课题，也是从另一个视野去窥测中国食品文化深层奥秘的一个值得重视的路径。这方面有待研究的问题很多，涉及的方面很广。限于篇幅，更限于各方面诸多情况，这里仅作绪论式的概述。

6.2.1 词汇与食品文化

汉语词汇中与食品文化密切相关的真是数不胜数，而且内容丰富，涉及极广，所至极深，牵连极复杂，这可以说是研究中国食品文化的一个宝库。然而要进入这一宝库，细细清点一番，又进而系统深入研究一番，那就不是轻而易举的事了，应当作为一个系统的学术工程进行研究。词汇是一种抽象、概括的反映，然而最能反映社会的面貌，在一定的社会历史阶段中的饮食文化必然会相应地反映到词汇中来。比如一些饮食文化已被淘汰，那么一些词汇就会淡忘甚至不再使用，而后来者已不能解读，然而另一些词汇则随着饮食文化的发展而产生。因此研究历史上各个时期饮食文化的词汇，对于深入地了解当时社会、历史条件下的饮食文化是极有价值的。这方面的系统研究可以说还是个尚待开垦的丰沃处女地，我们在这里仅作出一些散点透视。

1）饮食词语的古今之辨

汉语中有许多关于食品文化的词语当用历史的眼光去解读，否则以今人之意去会古人之意，缺乏历史观，则往往风马牛不相及，产生许多误会，举例如下：

菜，如今所表示的范围很不同。今人都知道菜是兼指鸡鱼蛋等荤腥，《现代汉语词典》：“菜，经过烹调供下饭下酒的蔬菜、蛋品、鱼、肉等。”但是古代的意义跟今天的有很大的不同。《说文》：“菜，草之可食者。”菜就是指可供食用的草，因此古代的菜，专指蔬菜，不包括肉类、蛋类在内，这是“菜”的古义。《礼记・学记》：“大学始教，皮弁祭菜，示敬道也。”这是说，大学开学时，天子让负责的人穿上皮制弁帽的朝服，让他用苹藻芹藻一类的蔬菜来祭礼先圣先师，向学生表示对道术的尊重。注释说：“菜，谓芹藻之属。”又如《荀子・富国》：“然后荤菜百疏以泽量。"杨倞注:"荤,辛菜也。"辛菜,就是指葱蒜之类。郝懿行注:"荤菜,亦蔬耳。"直到宋代,"菜"还是不包括肉类等副食品。罗大经在《鹤林玉露》中记载了这样一则故事,仇泰然对一幕僚说:"某为太守,居常不敢食肉,只是吃菜;公为小官,乃敢食肉,定非廉士。"可见这里的"肉"和"菜"区分得非常清楚。

汤,《说文》:"汤,热水也。"《论语·季氏》:"见善如不及,见不善如探汤。"这是孔子说:看见善良,努力追求,好像赶不上似的;遇见邪恶,努力避开,好像将手伸到沸水里。刘宝楠《正义》:"探汤者,以手探热。"《孟子·告子上》:"冬日则饮汤,夏日则饮水。"这是说,冬天饮热水,夏天饮凉水。《九歌·云中君》:"浴兰汤兮沐芳。"这是说,沐浴着热气腾腾芳香四溢的兰汤。《史记·廉颇蔺相如列传》:"臣知欺大王之罪当诛,臣请就汤镬,唯大王与群臣孰计议之。"汤镬,即是开水锅,成语中"固若金汤"、"金城汤池"等中的"汤"均指热水。汤的今义是菜汤、米汤等,作为"热水"的意义在普通话中已经不存在了,只有在"赴汤蹈火"等成语中还保存着。

羹,今天是指用蒸煮等方法做成的糊状食品,如豆腐羹、鸡蛋羹等。古义则不同,《尔雅·释器》:"肉谓之羹。"这是指一种带汁的肉食。再如《左传·郑伯克段于鄢》:"公赐之食。食舍肉。公问之。对曰:'小人有母,皆尝小人之食矣,未尝君之羹,请以遗之。'"前面说"肉",后边说"羹",指的是一回事。《太平御览》在这段话下面引旧注说:"肉有汁曰羹。"又《诗经·商颂·烈祖》:"亦有和羹。"郑笺说:"和羹者,五味调。"这是说,上古的羹都要加上五种配料,便是梅、盐、醯(醋)、醢(肉酱)和菜,其中菜是主要的。不同的肉羹用不同的菜。不加菜的羹,叫"臛",不加调五味的叫"大(太)羹"。上古祭祀时一般用"大羹"。另外,穷苦人吃不起肉,只能吃菜羹。菜羹也不是菜汤,而是煮熟了的野菜或蔬菜。孔子被困在陈蔡时,"藜羹不糁",吃的是野菜,连点米粒也没有。《韩非子·五蠹》中"粝粢之食,藜藿之羹",是指藜和藿做的野菜羹,不能解释为野菜汤。因此在上古时羹是一种带汁的肉食,不同于唐宋以后的羹汤。

饭,《说文》:"饭,食也。从食,反声。"饭的本义是"食",即吃(饭),是动词。《论语·述而》:"子曰:'饭疏食。'"即是吃粗粮的意思。《孟子·尽心下》:"舜之饭糗茹草也。"这是说舜吃干粮(糗)啃野菜。《史记·淮阴侯列传》:"有一漂母见信饥,饭信。"这是说,有一漂丝絮之妇女见韩信饥饿,给韩信饭吃。这是"饭"由吃饮引申为给人饭吃,也可以指给牲口喂料。如邹阳《狱中上梁王书》:"宁戚饭牛车下。"这是宁戚在车下给牛喂饲料。后来"饭"字由动词转化为名词,引申为谷类熟食。《礼记·曲礼上》:"毋抟饭。"这是说,吃饭时不要把饭弄为饭团。因此当我们去解读古代的"饭"字时,要注意"饭"本是动词,上古一般也用作动词。然而表示吃的意思又只限于吃饭,吃其他食物如肉、鱼、水果等,叫"食"不叫"饭"。另外"饭"用于名词,起初只指谷类熟食,泛指饮食是后起义。

食,在古代作动词读 shí,表示吃,如"食鱼"、"食肉"等。作动词的读 sì,表示给别人吃,如《论语·微子》:"止子路宿,杀鸡为黍而食之。"食之,即老人杀鸡做饭给子路吃。又引申为喂养,如柳宗元《捕蛇者说》:"谨食之,时而献焉。"是说养蛇人小心地喂养蛇,到时候就进献上去。喂养意义的"食",后来就写作"饲"。"食"又从动词转为名词,泛指吃的东西。如《老子》"甘其食",而在成语"箪食壶浆"中"食"又特指饭,旧读 sì。正因为"食"音义如此复杂,所以一些词不能望文生义,当留心辨析。比如"食子"一词,"食"字有两读,读 shí 则作一般动词,读 sì 则是使动用法。"食(sì)子",则指用乳汁哺育子女。《礼记·内则》:"卜士之妻,大夫之妾，使食子。”在古代“食子”一词又指奉祭祀、供养的人。食子，这些用法现代汉语中已消失了。食子，本是典故，指战国时，魏将乐羊为表示忠于魏国，而忍心吃了中山国烹其子后所做成的羹。食人之风早已断绝，因此后来“食子”成为混饭吃的人。如郁达夫《遇释无邻知旧友某尚客金陵作此寄之》：“食子只今米日月，铜人庆更泣觚棱。”在方言中“食子”还用来指食物。

禽，今义用于“家禽”，如鸡、鸭、鹅之类。但在先秦两汉时包括飞鸟和走兽。《三国志·华佗传》：“作五禽之戏。”五禽，指虎、鹿、熊、猿、鸟。后来词义缩小，专用于鸟类了。

又“火米”一词，是历史词语，我们今天只知小米、大米、粳米、糯米等，而不知“火米”为何指。“火米”在古代指旱稻。唐代李德裕《谪岭南道中作》诗有“五月畬田收火米”句。宋范成大《离堆行》：“成都火米不论钱，丝管相随看蚕市。”明李时珍《本草纲目》：“西南夷亦有烧山地为畬田种旱稻者，谓之火米。”另外，“火米”还指先蒸后炒的稻谷。宋陈师道《后山谈丛》：“蜀稻先蒸而后炒，谓之火米。可以久积，以地润故也。”这是因地低潮湿，古人用来储藏粮食的一种有效方法，即先蒸后炒，均与“火”有关，故称“火米”。《本草纲目》曾概括地介绍：“火米有三：有火蒸治成者，有火烧治成者，又有畬火米。”了解历史及风俗，才知道“火米”一词的来历及含义。

我们研究中国饮食文化离不开对古代文献的深入解读，如果不知道古今词的种种不同，强以今义去解古义，缺乏历史观点，那么身入宝山而不能真知珍宝了。

2）外来文化与饮食词语

饮食词语中也反映出各个历史时期外来文化的影响。

有些以“胡”字开头的词语表明是外来的，如胡瓜，即黄瓜。《本草纲目·菜三·胡瓜》：“张骞使西域得种，故名胡瓜。”据杜宝《拾录》：“隋大业四年避讳，改胡瓜为黄瓜。”又唐吴兢《贞观政要·慎所好》：“隋炀帝性好猜防，专信邪道，大忌胡人，乃至谓胡床为交床，胡瓜为黄瓜。”

胡豆，即是蚕豆别名。《太平御览》：“张骞使外国，得胡豆种归。指此也。今蜀人呼此为胡豆，而豌豆不复名胡豆矣。”这是说，古时豌豆也别称胡豆，后来蜀人将蚕豆称为胡豆，而不再用胡豆称豌豆了。

胡荽，即今人所称的芫荽，俗称香菜。《齐民要术·种蒜》引晋张华《博物志》：“张骞使西域，得大蒜胡荽。”

胡桃，今人还这样称谓。晋张华《博物志》：“张骞使西域还，乃得胡桃种。”又宋代孙奕《履斋示儿编》：“胡人常食核桃而名胡桃。”

胡麻，即芝麻。相传张骞得其种于西域，故名。不过芝麻又称“脂麻”，据今人研究，脂麻是我国原生植物，原产地在我国西南云贵高原一带。又，用胡麻榨的油，称“胡麻油”；用胡麻做的饭为“胡麻饭”。

胡椒，今人还这样称呼。唐段成式《酉阳杂俎》：“胡椒，出摩伽国，呼为昧履支。”《本草纲目》：“胡椒，今南番诸国及交趾、滇南、海南诸地皆有之。”

胡蒜，即大蒜。《本草纲目》：“胡国有蒜，十子一株，名曰胡蒜，俗谓之大蒜是矣。”

胡饼，犹今天之烧饼。《释名》：“胡饼，作之大漫沍也，亦言以胡麻著上也。”晋陆翙《邺中记》：“石勒讳胡，胡物皆改名，名胡饼曰麻饼。”

胡萝卜，今人还这样称谓。《本草纲目》：“元时始自胡地来，气味微似萝卜，故名。”

胡食，今人已不知其内涵，唐代用“胡食”泛称来自胡人的食物。《旧唐书·舆服志》：“贵人御馔，尽供胡食。”唐慧琳《一切经音义》：“胡食者，即烧饼、胡饼、搭纳等是也。”

“番”字开头的词语也有一部分是表明受外来文化影响的。宋代就有把少数民族或外国人称为“番人”、“番子”的；明清沿用之，以“番”称少数民族或外国，在食品文化上也多有反映。如：

番茄，今天还这样称谓，另又称西红柿，原产于南美洲，现我国已普遍种植。

番菜，即指西餐。《文明小史》：“有天毓生同了几位朋友，踱到江南邨想吃番菜。”鲁迅也用过“番菜”一词，在《花边文学·洋服的没落》：“学戏台上的装束罢，蟒袍玉带，粉底皀靴，坐了摩托车吃番菜，实在也不免有些滑稽。”因此，“番菜馆”也就指西餐馆。

番薯，明代万历年间由吕宋引进，起初仅在福建、广东一带种植，后几乎遍及全国。后来在不同地区还有红薯、白薯、山芋、地瓜、红苕等名称。

番鸭，家禽的一种，也称洋鸭。鸭头及颈部粗红，嘴与眼部有肉瘤，行动迟缓，生长快，容易育肥。原产于南美洲及中美洲，我国华南地区饲养较多。

“西”字开头的，有关外来食品的词语，如：

西点，指西洋式糕点。西菜，即西式菜肴。

西餐，西洋式的饭菜，吃时用刀、叉，又名大餐、番菜。

西瓜，原产于非洲。《本草纲目》：“按胡峤《陷虏记》言，峤征西纥得此种归，名曰西瓜。”则西瓜自五代始进入中国。

“洋”字开头的有关外来食品的词语，如：洋面，旧时指从国外进的机制面粉。洋糖，是指从国外进口的机制糖。洋面、洋糖今天已不这样称名了。然而像“洋葱”、“洋芋艿”、“洋葱头”还依然流行于百姓们的口耳间。

3）“吃”字及其词语群

“吃”字是百姓使用频率极高的一个字。在许多地方，我们都能听到人们之间的问候语是：“吃过没有？”“吃过饭了吗？”在这种问候中，可以感受到汉民族对于饮食的关切，“民以食为天”可以说无处不在。而一个外国人往往不明白为什么要以“吃”这一问题作为问候语。其实老百姓最基本、最低生存的条件便是“吃饭穿衣”问题，这“吃”与“穿”在这样一个历史悠久、人口众多，曾长时期经济并不十分发达的大国中是一个突出而又十分敏感的问题。中国饮食文化层积特别丰厚博大，“吃”字所构成的词语也十分丰富。

“吃饭”是具体的，但又引申为各个方面。如谋生的手段，称“吃饭本领”、“吃饭家生”、“吃饭家伙”。无所事事，便称为“吃闲饭”；又称为“吃白饭”，方言有“吃白相饭”，鲁迅在《准风月谈》中还专门写了一篇杂文为《吃白相饭》。过太平日子，被称为“吃太平饭”。不会赚钱，靠旧有的家产过日子，或者是靠替他人操办丧事谋生，被称为“吃死饭”。古代又将包揽官司或敲诈勒索为生的人称为“吃荤饭”的。替外国人做事谋生，称为“吃洋饭”。不劳而获，坐享其成，称为“吃现成饭”。不明事理，黑心眼，称为“吃黑饭，护漆柱”。靠谁谋生就为谁做事出力，被称为“吃乌夜屙黑屎”。吃自家的饭却帮别人做事出力，被称为“吃官饭屙野屎”、“吃家饭撒野矢”。现代人都知道的“吃大锅饭”，便是指不分劳动的情况却均享劳动果实。

说到“吃饭”，钱钟书所论也值得一谈。他有一篇《吃饭》(《写在人生边上》)说：“吃饭有时很像结婚，名义上最主要的东西，其实往往是附属品。吃讲究的饭事实上只吃菜，正如讨阔佬的小姐，宗旨倒并不在女人。这种主权旁移，包含着一个转了弯的，不甚素朴的人生观。辨味而不是充饥，变成了我们吃饭的目的。舌头代替了肠胃，作为最后或最高的裁判。不过我们仍然把享受掩饰为需要，不说吃菜，只说吃饭，好比我们研究哲学或学术，总说为了真和美可以利用一样。”钱钟书引申到人生的复杂，比如吃饭，“一方面是有了肠胃而要饭去充实的人，另一方面是有饭而要胃口来吃的人。第一种人生观可以说是吃饭的；第二种不妨唤作吃菜的。第一种人工作、生产创造，来换饭吃。第二种人利用第一种人活动的结果，来健脾开胃，帮助吃饭而增进食量。所以吃饭时要有音乐，还不够，就要‘佳人’‘丽人’之类劝酒，文雅点就开什么消寒会、消夏会，在席上传观书法名画，甚至赏花游山，把自然名胜来下饭。……如此看来，吃菜的人生观似乎欠妥。”钱钟书还谈到“吃饭”与奖学金问题，“吃饭”与政治问题，都是对人生之现象进行了深刻的观照与剖视，而这一切又都在数千年来悄然隐掩于“吃饭”这一词语及其衍生的词语场中了。

汉语中“吃饭”这一词语内涵如此广泛，而“吃”的文化博大精深又表现在“吃”构成的其他词中。吃其他的东西，词语也是生动活泼的。豆腐可以吃，但‘吃豆腐’则指调戏妇女。醋可以吃，但“吃醋”却指产生嫉妒，“吃白醋”、“吃飞醋”都是指没有来由的凭空妒忌。鸭蛋可以吃，但“吃鸭蛋”是今人比喻考试或比赛的成绩得零分。酒可饮可吃，北方人称饮，南方也称为吃，“吃花酒”是指在妓院里狎妓宴饮，“吃白酒”则指吃酒食不出钱。烟可抽可吃，但“吃花烟”旧时指在妓院里由妓女陪侍着抽鸦片烟。谷物当然可以吃，但“吃青”是指粮食不够而吃尚未成熟的谷物；“吃到五谷想六谷”指贪得无厌，人们说：“爬得千钱想万钱，吃到五谷想六谷。”茶可以吃，但“吃茶”，还可以指受聘礼。明郎瑛《七修类稿》：“种茶下子，不可移植，移植则不复生也。故女子受聘，谓之吃茶。”所以女孩子到该婚配之时却尚未许给人家称尚未“吃茶”。“吃讲茶”、“吃碗茶”则指发生争执的双方到茶馆里请公众评判是非。

有趣的是，本来不可以吃的东西，也变成可“吃”的对象。汉语词汇中有许多看来不通情理而实是极富情趣的词语，“力”本不可以吃，但“吃力”则无人不知；管交通的红灯本不可以吃，但今人说汽车一路上连吃几个红灯，则也人知道“吃红灯”的意思。还有如吃钉子、吃拳头、吃板子、吃空、吃利、吃惊、吃闷等等，都是生动而形象的词语，传播在民众中。“不吃那一套”之吃也与吃的本意毫不相干。

“吃”字组成了许多俗语。如贪吃被说成是“吃一箭二看三”、“吃着碗里看着锅里”。特别小气称“吃个鸭子百只脚”。贪婪凶恶称“吃不了兜着走”。受一次挫折，长一分见识，称“吃一堑，长一智”。接受温柔、拒绝强硬，称为“吃软不吃硬”。受一方好处，却暗为另一方效劳，则称“吃里爬外”。“吃饱了撑的”，是说闲得没事干或干些不受欢迎的事。“吃香的喝辣的”是指吃的是鱼肉鸡等美食，喝的是美酒，过着好日子。“吃人家的嘴软”，指吃人家的东西，只好为人家说话，而不能说公道话了。

4）“味”字及其词语群

“味”的构词能力十分强，稍稍一想便演绎而来，如五味、七味、趣味、情味、韵味、意味、够味、无味、对味、乏味、腻味、兴味、回味、品味、有味、味道、滋味、味精、味觉等等。这些词语从饮食中的“味”出发，又巧妙地引申，广泛地渗透到社会生活的许多方面。

味，《说文》：“味，滋味也。从口，未声。”段注：“滋，言多也。”王筠《说文句读》：“《檀弓》‘必有草木之滋焉。’注：‘增以香味。’是滋即味也。”段玉裁认为，滋味是多味，王筠认为，味是滋味，滋与味是同义复合词。这是文字学家解释的“味”与“滋味”。

然而中国文化中循“味”字可进入一深广的文化哲学领域。钱穆于此曾有深入而极富情趣的解读。《中庸》云：“人莫不饮食，鲜能知其味。”钱穆说，饮食亦人生一道。孔子之饭疏食饮水，颜子之一箪食，一瓢饮，其中皆有道，故亦皆有味，常人饮以解渴，食以解饥，不知其中有道，故《中庸》说其不知味，此钱氏由“味”而及中国所常说的“味道”一词之含义。其又释“滋味”一词。滋有滋润、滋生、滋长、滋养义。人生必有长有养、有余不尽。其功在饮食，即为长养。若专以饮食为求味，此即不知味，不知道。惟孔子颜渊能知饮食之道，斯乃有味有乐可言。其乐深长，又称乐味无穷。又及“趣味”、“兴味”，钱氏说：兴趣皆须有味，始能有余，长存而无穷，耐人回味。今人每求尽兴尽趣，尽则不堪回味，那又失之。“中国俗语中此一‘味’字，真是大堪深究，亦可寻味无穷矣。能知其人其事之有味无味，此真中国人一番大道理，亦可称是一项大哲学”。此可谓探究至深层了。

此确实为至理之言。钱穆又读解中国所称“五味”，如其谓咸乃常味，酸与辣多刺激，甜味则多得人爱好，苦味饮膳少用。忠言逆耳利于行，良药苦口利于病。苦劝苦谏，苦口婆心，亦见用心之苦。一片苦心，苦学苦读，苦修苦练，苦下工夫，苦行苦守，苦干苦撑，苦熬苦咽，坚苦卓绝，吃得苦中苦，方为人上人，人生中乃有此一道苦味，苦尽甘来。对人赞美道谢，则连称辛苦。辛苦亦人生大道，此一道，乃为其他民族所不知。佛法东来，大慈大悲，救苦救难，人海乃如苦海之无边，佛法普度而无边，则亦大异于中国人生之有此一苦味之存在矣。俗语又称“吃苦头”，可见苦自有头，乐则无穷。但又必甘苦兼言，苦乐兼言。执其两端用其中于民。今日国人则惟知求乐，不谙吃苦。只以正面，不认反面。只许进，不许退。只说东，只执一端，不执两端。一切东西就会不成东西，一切味道也就没有味道，这又何苦呢？另外，使人欲笑不得，而又有苦笑。中国一“苦”字中，有多少人性味存在，则诚欲索解人不得矣。

钱氏在这里又深入解读“五味”以及其中“苦味”与人生之“味道”，真不愧史家对人生之悟识。

又释读“品味”、“体味”、“情味”等词。释读“品味”一词，钱氏则云：如品茶、品酒，茶酒皆有味，故可品。不入味，则不登品。凡物皆然，故称物品。斯知物亦各有其味矣。人之一身，以其面部，以及其所居之室，皆可加以装饰品。则凡所装饰，皆可玩味。就其人日常新接之物，亦可见其人之品味矣。又如释“体味”，其云：不仅口舌，还须心赏，始得此味。胃肠不消化，则口舌无味，可证物品物味皆从之品味中来。即观其人所品味，可知其自身本体之品味。今人乃言批评，亦一种分等分品之义。如狱官批判罪人，即依法分判其人之有罪无罪，以及罪之大小。今人言批评，则必批评他人之短处失处。实则其所批评，亦凭其已见。凡其所见，则都在他人之短处失处，斯亦可见其人生之无品而乏味矣。钱氏又释“情味”一词，云：味淡乃见情深。故君子之交淡若水，小人之交甘如醴。今人则惟有浓味乃谓情深。最近有一教师，求爱于其一女同事，不得，乃杀之。法官判其罪，谓其情深，仅得徒刑。又有人连杀其亲生父母，法官谓其有神经病，亦不判死刑。今世之民主政治，仅重法治，人生唯知有法律，宜可谓乃无情味可言。

与“味”组成的词语，又有“韵味”、“鲜味”等词，钱穆又读解一番。其云：韵者，声之余。中国人贵有余，亦贵“余味”。但又贵知足，又称“够味”。“足”指当下言，“余”指往后言。如歌唱，既须够味，又得有余味，须能回味无穷，回味不尽，不要不足。此是中国人生理想中一妙境，一佳味。故中国人言尽心尽力，实则心力永远用不尽。今人则求尽欢尽兴，尽了则不欢，没兴了，生之尽，则死亡随之。故人生必求有后，乃得有余而不尽。就其个人生命言，则生而至足，乃为一完人。完人者，乃完其天命之性。天命之性则虽死而不尽。如孔子，乃使后世人追求无穷。亦可谓人莫不有生，苟有知其生之有性，则亦鲜知其味矣。中国人又称“有鲜味”。北方陆地，人喜食羊。南方多水，人喜食鱼。合此“羊”字“鱼”字，成一“鲜”字。然鱼与羊，人所共嗜，未能餐餐皆备，于是“鲜”字又引申为鲜少义。但“美”字、“养”字、“善”字，则皆从羊，不从鱼，此或造字始于北方，此不详论。今日国人则尽慕西化，必以牛肉为最佳食品。然四千年来之语言文字，则不能尽改。而生为中国人，又不能不讲中国话，不能不识中国字。纵觉中国语言文字之乏味，而终亦无奈何。此当亦为今日中国人生中一苦味，又当如何期其苦尽之甘来，则亦无可深言。

经此种种梳理，钱穆对“味道”一词又有深层解释：又按人生面部耳听、目视、鼻嗅、口食，外接声、色、气、味四项。俗称“味道”，惟“味”乃有“道”，其他声、色、气三项，皆有言“道”。疑目视耳听，其与声色相接，显分内外。鼻嗅之气或可直进胸腔，但气自气，体自体，非各有变。惟口食，则所食皆化而为已有。故惟味，乃可继之曰道。至于气，俗亦称气味，下连一味字，却不如味之可连一道字。则声、色、气三字，岂不明有三别，而皆与味不同，其别亦自可见矣。孟子曰：“食色性也。”此色字则又与声色之色有辨。①

读钱氏关于“味”及其所组成的词语群，可见饮食之味与人生之味相联系，而论人生之味又深及中国文化之深层底里，这不能不说钱论之精辟，也不能不晓中国饮食文化之博大精深。

再如川菜有“七滋八味”或“七味八滋”之说，也别有情趣。七滋者，即甜、酸、麻、辣、苦、香、咸。八味者，即鱼香、酸辣、椒麻、怪味、麻辣、红油、姜汁、家常。若要去体味到底是何滋味，则可品尝其名菜，如鱼香肉丝、酸辣蹄筋、椒麻鸡片、怪味花生、麻婆豆腐、红油兔丝、姜汁肘子、家常海参等，必谓之“美滋美味”矣。又川菜则有“五滋六味”之说。

5）丰富的别名与专业词语

汉语中对于食品的别称特别繁富，词语很多如：

鲤鱼：有拐子、桃花春、青马、元驹、白骐、朱沙鲤子、红毛鲤子等别名。

鲫鱼：有鲋鱼、鲫鱼瓜子等别名。

鳜鱼：有桂鱼、花鱼等别名。

鳊鱼：有武昌鱼、团头鲂等别名。

黑鱼：有乌鱼、黑鱼棒、文鱼、生鱼、雷鱼、财鱼、蛇头鱼等别名。

鳓鱼：有鲙鱼、响鱼、白鳞鱼等别名；又广东称鳢白鱼，山东称火力鱼，浙江称鲞鱼，福建称力鱼等。

带鱼：有刀鱼、快鱼等别名；又福建称白带鱼或白鱼，辽宁叫鳞刀鱼等。

再举一些蔬菜名称，如：

辣椒：有番椒、辣茄、秦椒、辣子等别名。

芸豆：有豆、菜豆等另名；又北方称芸豆，南方称四季豆。

黄花菜：有金针菜等别名。

另外，同一种食物，因品种不同而有许多名称，如：

葱：常见品种命名的有高脚白葱、鸡腿葱、对叶葱、改良葱、山葱、洋角葱 6 种。

① 钱穆. 中国思想通俗讲话. 北京：三联书店，2002

黄瓜：以常见品种命名的有刺黄瓜、刺鞭黄瓜、鞭黄瓜、短黄瓜、小黄瓜 5 种。

再说"馒头"一词，原名"蛮头"。宋高承《事物纪原·酒醴饮食·馒头》："稗官小说云：诸葛武侯之征孟获，人曰：'蛮地多邪术，须祷于神，假阴兵一以助之。然蛮俗必杀人，以其首祭之，神则飨之，为出兵也。'武侯不从，因杂用羊豕之肉，而包之以面，象人头，以祠。神亦飨焉，而为出兵。后人由此为馒头。"这一取名很富传奇色彩。诸葛亮南征孟获，将渡泸水，按当时风俗，泸水多烟瘴，须杀蛮人头以祭神，从而保佑士兵平安涉水而过。诸葛亮不愿滥杀生灵，就用画着人五官的蒸面团代替，故将"蛮头"改称"馒头"。

唐时馒头又称为笼饼。宋陆游《蔬园杂咏·巢》自注："蜀中杂彘肉作馒头，佳甚。唐人正谓馒头为笼饼。"可见蜀中猪肉馒头确是由来已久，而宋时有称为"包子"的，宋孟元老《东京梦华录·饮食果子》记有"外卖软羊诸色包子"之事。明代有将"馒头"写成"馒饾"的。至清代称"馒头"的如《红楼梦》中的"馒头庵"，就是因为馒头做得好。又有称"馒首"的，清潘荣陆《帝京岁时纪胜·元旦》就谈到猪肉"馒首"、江米糕、黄黍糕等。

至现在，北方称无馅的为馒头，有馅的为包子，而吴语区有馅、无馅的统称为馒头。不过因地区不同名称实在很复杂，陕西、山东、河南都把馒头称为馍馍。浙江温州人将无馅的又称为实心包，有馅的称馒头，河北蠡县、博野把馒头叫卷子。

从"馒头"名称的演变过程可以看到中国饮食文化中食物名称十分复杂。一是名称有其一定的缘由；二是在漫长的历史流变中有复杂的历时变化；三是由于中国地域广大，共时之变也相当复杂；四是文化之称义不同。

当然，还有一种名称是由于语言不同，如"萨其马"人们大都吃过，但很少知道得名之来历。原来萨其马是清朝宫廷糕点，是满式饽饽，"以冰糖奶油合面而为之，形如糯米，用木炭烘炉烤热，切成方块，甜腻可食。"(《燕京岁时记》)萨其马的取名，是由满语缩写而成的。这个糕点，在制作过程的最后两道工序中，是切成方块，再一块块码起来。满语"萨其非"是指切的意思，满语"马平木壁"指码起来，这两个满语加在一起并加以缩写就成了"萨其马"。清代自乾隆以来，大臣们常以得到皇帝赏赐的糕点引为莫大荣耀，萨其马由此也渐渐流传到民间，不但满人欢迎，也深得汉人喜爱。清代中叶后，满汉杂居，习俗渐融合，于是汉族糕点铺也制作起萨其马来，并起名为"金丝糕"、"糖缠"。然而因为以满名先入为主，又"金丝糕"等名称不如"萨其马"名称响亮，所以一直到现在仍称萨其马。

每个行业都有行业用语，中国的餐饮业历史悠久，文化积淀极其深厚，其行业用语很丰富。厨师的专业术语、词汇则是一个内涵极其丰富的"场"。比如我们一般人称猪肉，或再细称出几种，如猪头肉、蹄膀等。厨师词汇则大约分为 14 个部位，每个部位各有名称，又各有适宜的烹调方法。

这还是仅从"肉"这一角度来看，如果再从部位来说就更为丰富了，如：

猪眼，又称金睛、龙眼、明珠等。

猪耳，又称双皮、俏冤家等。

猪舌，又称崔舌、口条、龙舌等。

猪脑，又称天花、脑乳等。

猪嘴，又称鼎鼻、嘴叉、拱嘴等。

猪颈，又称项圈肉、罗卷肉等。

猪尾，又称金钱鞭等。

又如中国烹饪的主要烹调方法有数十种，用词语概括出来，便是：炙、烤、烙、煎、贴、煨、炸、炒、爆、溜、烧、卤、酱、焖、扒、烹、煮、炖、熬、汆、涮、烫、烩、蒸、拌、醉、酢、炮、腌、渍、浸、糟、熏、冻、勾芡、制腐、拔丝、挂霜、蜜汁。

这还是主要的烹调方法，足以令圈外人士目不暇接，正是在这些词语后面记载着烹调的历史、文化、技术，闪烁出中国烹调的耀人光芒。

6）名食、名菜、名店的命名与文化

名食、名菜、名店的命名是极富文化又生动有趣的。

中国的小吃实在多得不可胜数，其取名也极有技巧。比如最为普通的油条，江南一带就称之为“油炸桧”，这是因为秦桧害死了岳飞之后，百姓痛恨奸臣，便有了这种油炸果来发泄其痛其恨。油条原先是做成背对背的两个面人，下油锅烹之，不过这样做花的时间比较多，太费事，后来渐加简化，变成了现在的样子，但还是保留了由两部分构成，表示两个人即秦桧夫妇。百姓让他俩下油锅，用来一解心头之恨，并取名为“油炸桧”。

无独有偶，安徽寿县有一种著名的、有着千余年历史的油炸饼称为“大救驾”，这个名称也有其历史文化内涵。相传五代时，后周世宗派大将赵匡胤攻打南唐所属的寿州。赵匡胤破城后，百姓用油炸饼犒军，这使赵匡胤很感动。后陈桥兵变，黄袍加身，赵匡胤做了皇帝，忆及寿州之战及油炸饼，把寿州油炸饼取名为“大救驾”，意思是当初百姓们油炸饼救了他的御驾，此后“大救驾”的名称一直流传至今。

两种油炸小食品，一贬一褒，然而都有着深厚的文化底蕴。

“贵妃醉酒”是北京同和居饭庄的一道名菜。这道菜的名称起得好，以音会义，极富情趣。贵妃是女官名，南朝宋孝武帝始置，仅次于皇后，隋唐以下，多沿用其名，位尊卑或有不同。杨玉环即杨贵妃，极美貌。那么这道菜是如何以音会义的呢？用料是肥胖的母鸡，其中肥谐音“妃”，鸡则谐音“姬”，这便合成了贵妃一词。烹饪时将肥母鸡整个油炸后再放到汤锅中炖，倒以少量的葡萄酒，使之烂醉如泥，这便有了“醉酒”一词，合起来便成了“贵妃醉酒”的菜名了。当然这种名称只能会心领悟，不能死抠字眼，否则意趣全无。

“东坡肉”是一道著名的菜肴，相传是苏东坡被贬官至湖北黄冈任黄州团练副使时所自创的一道菜。苏东坡有一首诗这样写道：“黄州好猪肉，价贱如粪土。富者不肯吃，贫者不知煮。慢着火，少着水，火候足时味自美。每日起来打一碗，饱得自家君莫爱。”莫爱，是指莫吝啬。可见苏东坡为这道菜深深陶醉，后来“东坡肉”广为流传，一直至今还是人们喜爱的一道名菜。

“宫保鸡丁”这道菜是清咸丰年间曾任太子少保，习称宫保的丁宝桢的家厨所创造的。家厨可能是参照京酱爆肉丁的烹调方法，用四川豆瓣酱代替甜面酱，又用鸡丁代替肉丁制成，并冠以主人的官职，从此名声大振，“宫保鸡丁”成为一道名菜流传至今。

饭馆、菜馆中名店的命名也有着深厚的文化底蕴。

店名有名藏雅意的，如李劼人曾于成都开一菜馆，命为“小雅”，出自《诗经》。又如北京“仿膳饭庄”，原名为“仿膳斋”，是以仿御膳房之宫廷风味为标志。“丰泽园饭庄”之名，取丰富、润泽之雅意，自康熙所建丰泽园之命名而来。名店有用典故命名的，如“会仙楼宾馆”、“八仙楼”均以会仙人之传说而命名。成都“金谷园”餐馆，用晋石崇之金谷园之典命名，许多地方有“大三元酒家”，乃以解元、会元、状元的“三元”祝宾客连中三元、吉祥如意。上海有“梅龙镇酒家”，此出自京剧《梅龙镇》。此戏描述明正德皇帝微服出游，在山西大同梅龙镇酒坊巧遇李凤姐的事，此酒家于1938年春开办的当时是由上海戏剧、电影界和作家中部分人士集资合办的，这种特殊的“遇合”又是艺术人士的特殊“遇合”，便有了这京剧的名称。名店有大俗的，如“麻婆豆腐”店之类的。又如重庆有叫“丘三馆”的，极有趣味。“丘三馆”的老板原本当兵，故是“丘八”，因退伍后开了此店，故八减五当为三，于是戏称为“丘三馆”了。更有趣的又有“丘二馆”，这是因为开此馆的一帮人曾给“丘三馆”的老板当过雇佣工人，四川俗称当雇佣的人称为“丘二”，于是有了“丘二馆”之名称。

名店有时直接从诗句中化出，如上海“绿杨村酒家”，是从清代诗人王渔洋的“绿杨深处是扬州”得来的。成都曾有“不醉无归小酒家”，是来自三国王粲《宴会诗》中“嘉肴充园方，旨酒盈金罍。常闻诗人语，不醉且无归”的诗句。成都曾有“带江草堂”店，用杜甫诗“每日江头带醉归”句；有“盘飧市”为店名者，取杜诗《客至》诗句：“盘飧市远无兼味，樽酒家贫只旧醅。”名店有时从经典中反映出，如广州的“大同酒家”，出自《礼记·礼运》中的“大同”。重庆的“颐之时”餐厅，出自《易经·颐》：“颐者，养也。咀嚼饮食，乃动颐之事，故谓养曰颐。颐之时，养颐身体，此其时也。”这些店名使人体味到传统文化的厚重，踏进这样的名店进餐，自有另一番文化的享受。

7）帝王将相与中华美食

中华美食的形成与发展和帝王将相有渊源的关系。帝王将相或亲自品尝，或大力推荐，或舞文弄墨，为美食文化的发扬光大留下了许多故事，颇具可读性。

樊哙大将狗肉香：徐州名菜。鼋汁狗肉：刘邦与樊哙。狗肉有益气轻身、安五脏、益脾胃、暖腰膝、壮气力、治五劳七伤等好处。沛县的和集镇，日销狗肉五六百斤。刘邦喜吃樊哙的狗肉却不给钱，樊哙在河对岸卖狗肉，刘邦骑鼋过去吃，哙杀了鼋，将鼋与狗肉同煮，格外好吃，遂成名菜。

霸王别姬：徐州名菜。霸王指老鳖（俗称王八），虞姬指鸡。以造型别致、肉质酥烂、鲜香味美、汤汁醇厚而著称。

红棉虾团献吕后：东北名菜。刘邦取得天下，吕后计杀韩信，刘邦赏给吕后“红棉锦衣”，又设宴献上“红棉虾团”——太湖大虾为原料。沈阳“迎宾饭店”厨师唐克明开发此菜，颇受欢迎。

樊坦郡守与黄瓜宴：“黄瓜宴”是石家庄名菜，整个大席离不开黄瓜，有二龙戏珠、金银瓜盅、金钩翡翠、龙须瓜条、瓤什锦瓜等。黄瓜原叫胡瓜，公元319年，五胡之一的羯族首领石勒在河北邢台建立襄国，不许叫胡人，黄瓜不许叫胡瓜，设宴时全摆的是胡瓜。郡守樊坦以诗答菜名道：“此乃紫案佳肴，银杯绿茶，金樽甘露，玉盘黄瓜也。”极美的色彩，回避了“胡”字，满座欢喜。

涮羊肉：元世祖忽必烈，连打7次败仗，又气又饿，派人回蒙古取羊。羊肉到后忽必烈等不及了，削下羊肉片放进锅里捞起就吃，结果十分美味。

太守豆腐：江苏高邮名菜。康熙皇帝每隔一天吃一次豆腐，尚书徐健庵被邀同食，从此难忘，想法取得配制方法。徐健庵后来被贬，回家乡后将配方传给太守的孙子。

6.2.2 成语典故与食品

成语是历史的产物，解读成语又让我们遨游于历史的时空中。

诸多有关饮食文化的成语使后人如行走于时光隧道之中。如“茹毛饮血”，让人返回到原始饮食状态的情境中去。若细想当十分有趣，当原始人吃着连毛的兽肉，饮着兽血时，他们必认为是美食，具有一种审美的心态，若用今天的烹制好的熟肉去喂之，其必呕而吐之。又“煮海作盐”，让人体味到先民发明盐的艰难。“象箸玉杯”，可以想见商纣王饮食上的奢侈，如此必至于政治上的腐败，必至于国之覆灭。“肉山脯林”则是夏王桀糜烂生活的写照。同样，“酒池肉林”如出一辙，帝王们饮食的豪华骄侈，必走向灭亡，这已成为历史的反面教材。另外，孔子有“食不厌精”之说，孟子有“膏粱之味”之言，让后人亲切地感到这些圣人们无一不谈饮食，且不乏要理。又如“借酒浇愁”出自唐朝，“觥筹交错”出自宋人，历朝历代都有大量的成语典故生成，而且不乏与饮食文化紧密相连的。

饮食的两个极端，一是贫困到饮食的极度匮乏，一是富裕到极度的奢靡。这在汉语成语中也有生动的反映。成语如食不果腹、饥寒交迫、饭糗茹草、饿殍遍野、饥不择食、饔飧不继、面如菜色、并日而食、僧多粥少、风餐露宿等等，均是穷极少食之情况。相反，成语日食万钱、一饭千金、钟鸣鼎食、食前方丈（方丈：一丈见方的地方。《孟子》：“食前方丈，侍妾数百人，我得志弗为也。”）、炮凤烹龙、炊金馔玉、羊羔美酒、食玉桂炊、琼厨金穴、酒绿灯红、米珠薪桂等等，均是说的饮食豪华至极。当然，汉语成语中又反映出另外的两极：一是因学习、工作的勤奋忘记饮食忍受饥饿，成语如发愤忘食、宵衣旰食、枵腹从公等等；一是终日吃饱了无所事事，成语如好吃懒做、饱食终日等等。

饮食的整个过程在成语中也有生动的描述。如未进食之前，则有成语如垂涎欲滴、垂涎三尺、食指大动等等，表示对美食的极强食欲。而举案齐眉等表示饮食前的礼仪。既食，则有成语浅斟低唱、大快朵颐、含英咀华、挑肥拣瘦、酒酣耳热、饮醇自醉、饭来张口、看菜吃饭、因噎废食等等。食后，则有成语余香满口、茶余饭后、酒足饭饱、食毕横箸、冷炙残羹、杯盘狼藉、残食余羹等等。

饮食审美重于味，汉语有成语“味同鸡肋”（又作“食之无味，弃之可惜”），即是乏味，食之无甚味道，抛弃又觉得可惜，这是曹操的饮食故事。这一成语非常有意趣地说出品味中的“两难”之境，在取与舍之间的徘徊与选择。再如：味同嚼蜡、耐人寻味、余味无穷、臭味相投、兴味索然、枯燥无味、索然无味、津津有味等等，这些带有“味”的成语真让人感到汉语成语的“味道”特好。

美食永远令人陶醉，“脍炙人口”成语即是两种美食为人传颂至今。一是脍，就是细切的肉，可以是猪、牛、羊等肉，也常指鱼肉，所以“脍”字又有写成“鲙”的。这种鱼丝之鲙，甚至还可生吃。传说春秋吴王阖闾就喜爱鱼脍，生切鱼肉成丝，蘸上盐、梅（指咸、酸味调料）等，直接进食。今天中国已不流行，而日本至今风行生食鱼肉丝片。二是炙，这是烤肉，在汉画像上还可以看到“串烤”的情况。可以多种，如猪、羊、牛、鸡、鸭等。如羊肉串烤味美，今天的新疆烤羊肉串人人皆知；北京烤鸭则中外闻名，回味无穷，因此这个成语也就很自然地由此及彼地移用了。

美食也有虚拟空间，这在成语中也十分有意趣地被保留着。“黄粱美梦”成语，让人在小米饭的烧煮间进入了邯郸卢生的荣华富贵的梦乡中，道士吕翁所给的枕头固然神奇，但到头来还是一场空。这个成语出自唐沈既济的《枕中记》，又演化出“一枕黄粱”、“黄粱梦”等。成语“画饼充饥”也是一种虚拟，但结果是天上始终没有掉下馅饼来，“无米”终究不能“成炊”，“蒸沙”也毕竟不能“做饭”。成语“烹龙庖凤”是又一虚拟空间产物，人们想象极度的肉类美食便是龙与凤皆属虚幻。这龙凤之味也成了中国饮食中美味的极致。因此又有“龙肝凤髓”来喻珍奇的佳肴。苏轼《江瑶柱传》:“方其为席上之珍,风味蔼然。虽龙肝凤髓,有不及者。”这种比较非常有趣,根本没有也不能吃到“龙肝凤髓”,而说眼前之食品胜过“龙肝凤髓”,虽然逻辑上是个大漏洞,但这其实是一种文学手法,更生动形象地说明眼下食品之鲜美无比,将“无理”变成了“有理”、“有趣”。《三国演义》第36回:“玄德曰:‘备闻公将去,如失左右手,虽然龙肝凤髓,亦不甘味。’”可见在古人那里这一虚拟的“龙肝凤髓”美食美味是如此的深入人心。

尽管是虚拟的,人们还是如此地设法来变成部分的现实。如广东粤帮菜肴中的“龙凤菜”,即以蛇与鸡为原料烹制而成。徐珂《清稗类钞·粤人之食鸟兽虫》:“以蛇与鸡同食也,谓之龙凤菜。”又如“龙虎斗”之名菜,鲁迅在《彷徨·幸福的家庭》中写道:“‘龙虎斗’又是什么呢?有人说是蛇和猫,是广东的贵重菜,非大宴会不吃的。”其实大众将虚拟的美食变成现实的心理是很有趣的,直到今天还有“龙须面”之取名,在古代又有“龙凤团茶”、“龙凤饼”之名称,均可见其趣味之盎然。

美食可食,非食者亦可“食”、可“饮”、可“餐”。言语可食,则有成语“食言而肥”,出自《左传·哀公二十五年》,鲁哀公用此话来讥讽鲁大夫孟武伯食言,说话不算数。怨恨可“饮”,则有成语“饮恨终生”。姿色可以餐,则有成语“秀色可餐”。汉语中有“饮食男女”成语,表示人类的食欲、性欲是人的两大本性。人们对秀色的欣赏,其实亦是“男女”中的自然本性,而用“餐”来表述,则又至审美之境,臻体味之道,即像体味美食一样来体味“秀色”之味道。晋陆机《日出东南隅行》:“鲜肤一何润,秀色若可餐。”说的就是人的秀美异常。但是“秀色”并不限于人,亦可能他物之秀美异常。宋陆游《山行》诗:“山光秀可餐,溪水清可啜。”宋王特起《梅花引》词:“山之麓,河之曲,一湾秀色盘虚谷。”这种山河之秀色当然亦可美餐一番了。另外古代汉语中“堪”即是可的意思,因此这一成语又说成“秀色堪餐”。

作“秀色可餐”成语的解读,又可与西方相比较。钱钟书有妙论:《诗经·汝坟》:“未见君子,惄(忧思、忧伤)如调饥。”《笺》:“调,朝也。……如朝饥之思食。”“按以饮食喻男女,以甘喻匹,犹巴尔扎克谓爱情与饥饿类似也。”《楚辞·天问》言禹通于涂山女云:“闵妃匹合,厥身是继,胡维嗜不同味,而快朝饱?”钱氏说:此以“快朝饱”喻“匹合”,正如以“朝饥”喻“未见”之“惄”。曹植《洛神赋》:“华容婀娜,令我忘餐”;沈约《六忆诗》:“忆来时……相看常不足,相见乃记饥”;马令《南唐书·女宪传》载李后主作《昭惠周后诔》:“实曰能容,壮心是醉;信美堪餐,朝饥是慰”;小说中常云“秀色可餐”,“恨不能一口水吞了他”,均此意也。西方诗文中亦为常言。费尔巴哈始稍加以理,危坐庄论“爱情乃心与口之啖噬”,欲探析义蕴,而实未能远逾词人之舞文弄笔耳。这可见中外于美色可餐之理念是一致的,而且于诗文中每每有生动描述,而哲学家费尔巴哈之“庄论”反不及文学中舞文弄墨来得生动深刻。

成语中反映饮食文化的面相当广泛,如“一言九鼎”反映了先民鼎食文化及其言重如鼎来比喻说话算数。而“调和鼎鼐”,是用伊尹以致味说商汤的故事来指任用贤相。

先说醍醐灌顶,佛教比喻以智慧灌输于人,使人茅塞顿开。醍醐,是作酪时上面一层重凝者为酥,酥上如油者即为醍醐,熬之即出,不可多得,极甘美。佛教用此来比喻一乘教义,如天台宗喻《法华》、《涅槃》为醍醐,真言宗喻陀罗尼藏为醍醐。这酥酪上凝聚的纯油浇到头上，清凉舒适，佛教用来比喻智慧的灌输。

“釜底抽薪”、“扬汤止沸”两个成语一正一反地说出解决问题的两种不同的方法，生动形象，极富哲理，而这又是从炊事的实际经验中抽取出来的。前者可以彻底解决问题，后者则白费精力仍不能从根本上解决问题。这启示人们寻找解决问题的方法是何等重要。

“尝鼎一脔”成语出自《吕氏春秋》：“尝一臠（脔）肉而知一镬之味，一鼎之调。”这是一种杰出的逻辑推理，由一脔之味推知全鼎之味，由部分局部推知全部整体，这是何等的智慧。

“弱肉强食”则告诉人们一则生存的现象、教训或规律。

“饮水思源”提醒人在生存中不要忘记过去对自己带来好处的人与事物。

“望梅止渴”是一个十分有心理学价值的故事，曹操能充分利用虚拟的饮食空间让士兵个个口中生津，这是他的智慧。

“越俎代庖”出自《庄子・逍遥游》：“庖人虽不治庖，尸祝不越樽俎而代之矣。”这个成语给人以处事的智慧，即尽管他人不尽职，如庖厨不治庖事一样，就像尸人与祝人那样不越过樽俎而替代庖人。越权办事、包办代替，有时会使自己处于尴尬的地步，古代社会如此，现代社会也常常如此。

“狡兔死，走狗烹”告诉人们一个处世之警言。是说天下太平了，君主就会杀掉功臣。历史上几乎一次又一次重复着这种悲剧。越王勾践卧薪尝胆，灭吴兴国，但随即欲杀功臣，文种被迫自杀，范蠡明察此道则远走高飞，免于此难。汉时韩信为国立下奇功，最终也是“兔死狗烹”。明代朱元璋则又演出了杀功臣的明版“历史剧”。

“添兵减灶”成语出于孙膑与庞涓斗智的故事，具有魅力十足的军事智慧。孙膑使齐军入魏地先为十万灶，第二天改为五万灶，第三日改为三万灶。庞涓不识其诈，认为“齐军灶，入吾地三日，士卒亡过半矣”。于是他弃其步军，而反以轻锐队伍倍日而追逐。孙膑在马陵道设下埋伏，尽破魏军，庞涓自知智穷兵败，自刎而死。俗话说“兵不厌诈”，孙子以炊灶日减之“诈”赢得战争胜利，这是一种大智慧。

成语与典故相联系，但在饮食文化中也还有许多典故虽不是成语，但对于中华食品文化的解读却十分有趣。

朵颐，这个典故出自《周易・颐》：“初九，舍尔灵龟，观我朵颐，凶。”朵颐，即是鼓动腮颊口中嚼食之意。此后便有“大快朵颐”、“朵颐大快”之说。“朵颐”也比喻向往、羡馋。如明沈德符《野获编》：“辛丑年，浙江吏部缺出，朵颐者凡数人。”由饮食之欲而引申至对某方面的向往，是颇合人之本性的。

6.2.3 谚语、俗语与食品文化

谚语是流传在民间的一种俗语。谚语是一个民族的智慧之光，被称为“人生的教科书”、“生活的百科全书”、“哲理的名言”、“科学的小诗”，谚语是语言中的一束“花”、一勺“盐”。中外古今名人颇重视谚语，英国哲人培根曾说：“一个民族的天才、机智和精神，都可以从这个民族的谚语中找到。”中华民族具有深厚博大的饮食文化，在我们民族的谚语中也对应地凸现出这方面的智慧、习俗、特点、感情。这些俗语虽俗，但言简意深，是从长期的生活经验中提炼出来的语句，是日常饮食的“教科书”，是饮食文化语言中的“盐”，意

味深长。

从古至今，中华民族的谚语十分丰富，而且每个民族都有自己的谚语，对于饮食文化来说又是一座美富的“金矿”。

关于饮食的谚语有些已不知流传多少年了，但至今生命力不衰，如“开门七件事，柴米油盐酱醋茶”，这在宋代就已有了。又如“一口吃个胖子”、“少吃一口，香甜一宿”、“火到猪头烂”、“饥不择食，寒不择衣”、“生米做成熟饭”、“头醋不酸，二醋不辣”、“吃饭别忘了种谷人”、“张公吃酒李公醉”、“画饼不可充饥”、“荤油蒙了心”、“挂羊头，卖狗肉”、“姜是老的辣”、“酒不醉人，人自醉”、“酒逢知己千杯少”、“曾叫卖糖君子哄，如今不信口甜人”、“寅年吃了卯粮”等俗语。谚语早在清代，有的甚至在宋元明之时就已出现了[①]。正因为它们揭示了人们饮食现象中的道理，给一代代人以有益启迪，所以活力不衰，代代传递。

有关饮食的谚语除了历史的悠久，还有深广的内涵。

从食物来看，有谚语：“黄熟梅子不值钱”、“种瓜得瓜，种豆得豆”、“王婆卖瓜，自卖自夸”、“强扭的瓜不甜”、“冷锅炒出热粟子”、“要吃桃仁，就要砸碎核桃壳”、“芝麻开花节节高”、“拣了芝麻，丢掉西瓜”、“吃烧饼没有不掉芝麻”等，这是有关植物食品的谚语。有关动物食品的，如“干的是牛马活，吃的是猪狗食”、“挂羊头，卖狗肉”、“有奶便是娘”、“鸭吃谷，牛吃草”、“鸡蛋碰石头”、“一粒老鼠屎，弄臭了一锅粥”、“苍蝇不叮没有缝的蛋”、“吃了河豚百无味”、“小小泥鳅，翻不起大浪”、“少吃咸鱼少口渴”、“癞蛤蟆想吃天鹅肉”等等。

从食物加工来看，有谚语：“冷嘴不吃热豆腐”、“心慌吃不得热豆腐”、“豆腐里拣骨头”(鸡蛋里挑骨头)、“饭后一根烟，快乐似神仙”、“烟搭桥，酒铺路”、“旧瓶装新酒”、“新瓶装旧酒”、“烘焦的大饼自己吃”、“饱尝黄连苦，方知蜜糖甜”等等。

从其他视角看，生动活泼且富有理趣的谚语也很多，如：“请客不在乎多放一双筷子”、“越吃越馋，越呆越懒”、“吃人的东西嘴软，拿人的东西手短”、“饮水不忘掘井人”、“陈谷子烂芝麻”、“人倒霉喝水都塞牙”、“吃一堑长一智”、“吃不了兜着走”、“有人吃肉，有人喝汤”、“一个和尚挑水吃，两个和尚抬水吃，三个和尚没水吃”。

谚语：“靠山吃山，靠海吃海。”这是一种生存的智慧，从吃的智慧开始，可以升华为利用现有的环境与有利条件。和这一谚语相近的便是“一方水土养一方人”，该地的物产养育了该地的百姓，且滋养了这一方人的性情。

谚语：“开门七件事，柴米油盐酱醋茶。”这一谚语充分说明了百姓日常生活中以食为天的情形。每日必需的生活保障，即首先是为了生存的吃喝，其余都是第二位、第三位的。当然，这是古代那种特定的经济条件、社会状况、生存环境所决定的，现代人看来似乎已格格不入了，然而其中仍闪烁着朴实的生活智慧。如果要追溯此谚语，那么至少宋代已有此说。宋吴自牧《梦粱录》：“盖人家每日不可阙者，柴米油盐酱醋茶。”这里还可以体会到“茶”在当时的日常生活中已占有了重要的位置。

谚语：“咬得菜根香，百事做得。”这是教诲人们安于过清苦的生活，心灵恬淡，不为外物所动，也就做什么事情都能有所成了。此谚语本出于宋吕本中《东莱吕紫微师友杂志》：

① 熊四智．中国人的饮食奥秘．郑州：河南人民出版社，1992．185

“汪信民尝言：‘人常咬得菜根，则百事可做。’胡安国康侯闻之，击节叹赏。”《朱子语类》卷十三：“某观今人因不能咬菜根而至违其本心者众矣，可不戒哉！”这一戒语由文人而流至民间，在民众中广泛流传成为民谚，十分有教育意义。至今这一谚语还是一块试金石，许多官员不正是因为不能“咬得菜根香”，于是本心既违，贪污腐化堕落而纷纷落马，成了贪官，沦为阶下囚。可见谚语之生命力在于蕴含着一种智慧，这种人生的智慧又具有长久的指导价值。

谚语“生米煮成了熟饭”是颇有趣味的话。从结果上言，生米煮成了熟饭，是既成的事实，比喻既然事已做成就不能再改变了。《金瓶梅词话》第 24 回：“你我生米做成熟饮，你识我见的，促织不吃癞蛤蟆肉，都是一锹土上人。”《红楼梦》第 64 回：“就是婶子，见生米做成熟饭，也只得罢了。”赵树理《三里湾·忌生人》：“他想再要不积极活动，眼看生米做成熟饭就无可奈何了。”

另一谚语：“火到猪头烂。”说火候的变化由量的积聚最后导致质变。不过古人也有连着说的：“火到猪头烂，钱到公事办。”《醒世恒言》卷十三：“自古道的好：火到猪头烂，钱到公事办。凭你民间稀奇作怪的东西，有了钱，那一件作不出来。”这又说到银钱财物花到了，事情自然能办成功。另外又有谚语：“一口吃不出胖子。”这也说明过程的重要，在逐渐的积累之中达到最后的结果。又有谚语：“心慌吃不得热豆腐。”这又是从饮食中得出一个经验，即操之过急不利于成事。如此，围绕一个主旨可以找到不少饮食上的谚语，生动活泼地从各个方面加以论说。

谚语：“食在中国，味在四川”八个字极其精练地概括了中国食品文化在世界上盛名久著，历史悠久。而在中国几大菜系中又标示四川菜系之味美非同一般。我们可以举个例子来说明。1954 年，周恩来在日内瓦会议期间，有一次在招待世界名流的宴会上，特意让川菜名厨范俊康烹制四川风味筵席款待客人，得到与会者对中国饮食文化的赞誉。当时卓别林品尝了“香酥鸭”后赞不绝口，其色、香、味、形俱佳，给他留下深刻的印象。卓别林说：“今天吃得满意，谈得高兴，是非常愉快的一天。美中不足，就是我的孩子没有来，未能尝到中国川味的美味佳肴……”说者无心，周恩来听后，即请人包上一包香酥鸭赠给卓别林，请他带回去给孩子品尝。外交无小事，这一席川菜、一只香酥鸭也巧妙地、艺术地向世界名流传播了中国食品文化的美妙，是传统的又是现代的食品文化的境界。

谚语有总结美食之法的，如江浙一带谚语“青鱼尾巴白鲢头”。青鱼的尾巴为整个鱼中最佳之部位，而白鲢则在于鱼头。就白鲢言，其脑油香，脂肪丰足，而胡桃肉最美。所谓胡桃肉，即指鱼头喉咙口边与鱼鳃相连处的肉，鲜美异常。扬州还有谚语这样说道：“鲢子吃头，青鱼吃尾，鸭子吃大腿。”鲢鱼头特别味美，胶质多，肉肥茸。“扬州三头”名菜，即是拆烩鲢子头、粉蒸狮子头、扒烧整猪头。其中拆烩鲢子头，是以上好的鲢鱼头，配以肉片、笋片、香菇和熟猪油等烹调。先煎好鱼头，投料烧焖，再入小火焖炖，要做到煎则鱼肉不老、颜色金黄，焖则火候适宜，烩出美味，从而成为一道名菜，谚语用极简练的语言点“铁”成“金”。

谚语中有许多是有关保健与养生方面的，一二句简短的谚语却是含金量极高的金点子。

“药补不如食补”、“药养不如食养”等谚语，既深刻地说明了中国医药文化中药食同源的理念，又表明对食物的二重性的认识，即一是认知食物的营养，二是认知食物的药疗，且将食补、食养置于药补、药养的上位。

谚语:“到了三月三,芥菜可以当灵丹。”“吃得马齿苋,一年无病害。”“大蒜是个宝,常吃身体好。”“冬吃萝卜夏吃姜,不用医生开药方。”“冬吃萝卜夏吃姜,小病小灾一扫光。”“早晨吃点姜,百病都消亡。”“朝食三块姜,如得人生汤。”人们总结出这些普通的食物,如芥菜、马齿觅、大蒜、萝卜等,都有药疗作用,不可小觑其功用。

饮食要科学,人们总结出许多有利于健康的科学饮食方法,这方面的谚语也有不少,且在通俗易懂中启迪心智。谚语:“少吃一口,安稳一宿;少吃一碗,安稳一天。”“吃饭八分饱,胃口好到老。”“吃饭数着口,活到九十九。”“吃饭减三口,饭后百步走。”“少吃多滋味,多吃坏肚皮。”“若要百病不生,常带饥饿三分。”“宁可锅里坏,不可肚里硬塞。”“吃喝有定,胃肠少病。”“暴饮暴食容易生病,定时定量可保平安。”这些谚语极生动地提醒人们,“节食”、“少吃”、“有定”会带来一天的安稳,换来一生的平安,盼来健康与长寿。

谚语中有许多是指导人们如何去进餐的。如“吃饭先喝汤,到老不受伤”、“饭前一碗汤,如得人参汤”、“饭前一碗汤,胜过好药方”等等,劝人们饭前先喝汤是很有道理的。

有许多谚语又科学地劝人们合理安排一天膳食:“早饭要早,午饭要饱,晚饭要少。”“早饭要吃好,中饭要吃饱,晚饭要吃少,身体才会棒。”谚语又规劝多吃粗粮、素食:“粗粮杂粮营养全,既保身体又省钱。”“蔬菜是个宝,赛过灵芝草。”“白菜萝卜汤,益寿保健康。”“常吃素,好养肚。”“鱼生火,肉生痰,青菜豆腐保平安。”谚语又具体总结出吃的方法,如“吃饭慢慢吞,赛过吃人参。”“吃得慌,咽得忙,伤了胃口害了肠。”

另外还有许多生动活泼的歇后语也值得一提。如:

哑巴吃黄连——有苦说不出。

哑巴吃汤圆——心里有数。

茶壶里煮饺子——肚里有货,嘴里倒(道)不出。

小葱拌豆腐——一青(清)二白。

肉包子打狗——有去无回。

王八吃秤砣——铁了心。

清明的韭菜——头刀。

三分面粉七分火——十分糊涂。

湿手抓面粉——甩也甩不掉。

厨房里的灯笼——常常受气。

鲫鱼下锅——死不瞑目。

这些歇后语诙谐活泼,或譬喻或解喻,或设谜或解谜,富有趣味,含有哲理。

俚语中也含有许多有关饮食文化的话语。俚语和谚语稍不同,谚语是流传较广和利用简单的话语来表达某种经验和道理,而俚语则带有地方方言的性质。举例如下:

黄鱼脑袋——形容没有头脑的人,也喻为愚笨的人,本是上海俚语。

老甲鱼——形容饱经世故的贬义词,本是上海俚语。

牛吃蟹——形容外行人的盲动,本是上海俚语。

炒鱿鱼——形容被解雇,卷铺盖离开。鱿鱼炒熟会卷起来,故用此形象来比喻,本是广东俚语。

吃满汉席——形容办事很慢,耗用时间很多,本为福州俚语。

拿筷遮鼻——形容掩盖不住，本为福州俚语。

务(有)钱买蔗当街咬——形容堂而皇之，无所顾忌，本为福州俚语。

这些俚语同样包含着人们的智慧，流播一方，同样具有魅力。

还有许多歌谣是有关饮食文化的。有一种竹枝词是歌咏风土民情的民歌，四川是竹枝词最盛行的地方，四川人又特别讲究吃，因此四川饮食烹饪的竹枝词很多。如在清代，农历春节前，城乡居民都要办年货，准备节日食品，竹枝词写道：

“精做年糕细磨磨，巧翻面果下油锅。米花糖并兰花豆，费得闺人十指多。”(杨燮)

“卖蜜声来打米酥，磨筛细细不教粗。印花木木壳间新样，敲得钉锤无处无。”(杨燮)

“年年腊月兴无涯，问定开旗往佛家。昭觉寺中看野鹿，归来帕里裹锅巴。”(吴好山)

“白粉红糖共和匀，做好最好数南人。一气蒸成砖块似，压倒方圆样式新。”

有趣的是，清代成都有许多饭馆，竹枝词对这些饭馆的优劣也有描写：

“秦椒泡菜果然香，美味由来肉爨汤。延客官家嫌味劣，庖厨不及大生堂。”

“三山馆本苏州式，不及新开四大元。请客何须自设馔，包来筵席省麻烦。”

“苏州馆卖好馄饨，各样点心供晚餐。烧鸡烧鸭烧鸽子，兴龙庵左如云屯。”

“麻婆陈氏尚出名，豆腐烘来味最精。万福桥边帘影动，合沽春酒醉先生。”①

虽然外地人对当时成都那些饭馆的名称及其特色已不太了解，但读这些通俗易懂的竹枝词可以感受到一种独特的饮食文化氛围，不仅如此，这些材料又是研究成都饮食文化史的宝贵资料。另外各地都有一些歌谣，如采茶歌谣就是非常流行的，且各地也各有特色，或唱茶歌，或唱茶歌又有采茶舞。总之，中华饮食文化博大精深，在民间的谚语俗语中可以真切地感受到。

6.2.4 楹联酒令与饮食文化

食品文化从产生之初就不是孤立存在的，是通过各种形式、各种途径表现出来，鲜活而具体地渗透到社会生活的方方面面。如果说饮食在原始初民时代偏重于物态的话，那么经过了五千年甚至更长的文明之后，则是融物质文化、心态文化、行为文化和制度文化于一体的全方位的文化。中国是举世闻名的饕餮大国，饮食文化博大精深，独具特色。饮食在中国，不仅仅是为了满足生理上的需求，更上升到了精神享受的层次，在饮食的审美性、娱乐性、趣味性、竞技性上不断追求和革新。

楹联、酒令就是人们不断实现这一追求的产物，形式上喜闻乐见，增添了“食外之趣”，承载和记录了很多中国食品文化的信息。物质一旦与意识形态方面的文化相融合便产生了巨大的生命力，流行于民间，延绵不绝。由一开始的有意识行为，发展为数千年后的“集体无意识”行为，这就是钟敬文先生所讲的“传统文化”。因此楹联、酒令不但值得作饮食文化的研究，也是民俗学研究的对象。同时，楹联和酒令与饮食文化的关系又有所不同。楹联脱胎于民俗文化，是饮食文化与民俗文化的交集部分；酒令则天生就是饮食文化的一部分。

楹联、酒令在过去历史地位并不高。梁启超在《苦痛的小玩意儿》一文中说楹联是“小玩意儿”，又说“骈骊对偶之文，近来颇为青年文学家所排斥，我也表相当的同意。但以我国文

① 熊四智. 中国人的饮食奥秘. 郑州：河南人民出版社，1992. 186

字的构造，结果当然要产生这种文学。而这种文学，固自有其特殊之美，不可磨灭。我以为爱美的人，殊不必先横一成见，一定是丹是素，徒削减自己娱乐的领土。楹联起自宋后，在骈骊文中，原不过附庸之附庸。然其佳者，也能令人起无限美感”。这样说来，楹联最早也只是社交礼仪的附庸。从论著数量上看，关于楹联、酒令的著作，与其他领域的艺术如文学相比，少得足以让人羞愧。但是，它们有着“种子”的精神，生生不息。任何一种文化都带有民族文化内核（文化精神）的遗传代码，是“全息”的。佛经上也说：须弥山可藏于芥子之中。所以我们研究楹联、酒令，对之钩梳整理，探求“内核”，可以见微知著，挖掘出中国文化尤其是中国食品文化的亮点和精髓。

1）楹联与饮食文化

（1）楹联的起源和发展

楹，指堂屋前面的柱子。楹联，就是挂或贴在堂屋前面柱子上的对联，又叫楹帖、对联、对子。通常雅称楹联，俗称对子。形式上，分为上下两联，字数相等，音律和谐，上下对称，符合中国传统诗歌的审美标准。内容上，内涵丰富，外延广阔，从写景状物、寄意抒怀、述志自警、赠答劝勉、庆贺吊挽，到戏谑嘲讽、自我解嘲，无一主旨不可。因而应用广泛，上至宫廷、宗庙，下到胜迹、书斋、茶楼、酒肆，随处可见。

楹联作为一种固定、独立的文化形式确立下来，至少始于五代，是结合了诗歌艺术与民俗文化而推陈出新的一种新的文化样式。楹联较为广泛运用则在宋代，鼎盛时期在明清两代。明太祖朱元璋的大力倡导，提升了楹联的政治地位，使楹联登堂入室，身价倍增。有人统计，从对联的产生，至明清时代全盛，至少产生过 80 万至 90 万副对联。发展至今，楹联的使用更广泛、更实用，与现代商业文明相结合，呈现出具有现代感的雅致之美。

（2）楹联与饮食文化

在林林总总的近百万副楹联中，与饮食相关的占了很大的比重。研究这部分楹联，不仅对探讨对联艺术有意义，而且对了解前人的饮食文化思想同样具有重要价值。

楹联与饮食文化的关系可以这样描述：楹联并非诞生于饮食，却活于饮食。楹联最初是桃符驱邪神佑的发展和代言，走入宫廷、庙宇、厅堂、胜迹、茶楼、酒肆后，饮食不时地、反复地出现在联句中。这或许并未改变楹联最初的含义，因为饮食与宰佑祈福也有暗中的契合，以饮食入联语，间接地体现了中国“民以食为天”的理念，饮食和楹联均有所寄托。从浅层意义上讲，楹联增加了饮食文化的丰富性，而饮食文化的鼎盛又促进了楹联的发展、发达。

楹联脱胎于诗歌骈切，其一大特点就是无一联无寄托。文人墨客喜好，故雅些。饮食无非“柴米油盐酱醋茶”，是生活的本原，故俗些。袁枚有联语说：“柴米油盐酱醋茶烟，除却神仙少不得。”而饮食楹联，犹如衣着简朴而思想超脱的行者，耐人寻味。

（3）饮食楹联世界

① 宫廷楹联之“蟠桃”印象

楹联“出生”于富贵之家，品位高，有内涵，尤为宫廷皇室器重。只要是喜庆的日子，必借其歌颂祖先，极扬盛朝，祈盼多福善德。“食”，作为最好的载体，将喜庆的愿望聚焦其上。饮食种类繁多，引入楹联中较具宫廷特色的首推蟠桃。清代乾清宫永祥门有联语云：“蟠桃千岁果，温树四时花。”养性殿茶膳房云：“五色云英滋秀草，千年露实熟蟠桃。”千年的蟠桃，是贵稀之物，祥瑞之果。食用之人，必是尊贵之人，这就显出了身份。食用了千年仙果，一是期盼多寿；二是祈求社稷江山千年永固，国泰民安。《西游记》中玉帝大寿时的仙果——蟠桃，入驻人间皇家宫廷，以楹联的形式展现出来，典雅而神秘。从蟠桃折射出了宫廷饮食的品位以及皇室的饮食理念。

除了“蟠桃楹联”外，再如“神鼎上方调六膳，宫壶春色酿三浆”等，以国之重器“鼎”调膳，“宫壶”酿浆，均有所寓意，企盼政通人和。

② 庙宇祠堂楹联与“饭美鱼香”

庙宇中的楹联，宋元时绝无传句。梁章钜认为始于明代，至清朝而开始兴盛。庙祠是纪念有功有德之人的圣地，旨在报功崇德，祈求他们泽被万代，使子孙后代丰足。清江浦有禹王台，浦中一处胜景，其间的麟见亭楹联云：“洪水想当年，幸怪锁洪湖，十万户饭美鱼香，如依夏屋；清时思俭德，祝神来清浦，千百载泳勤沐泽，共乐春台。”此联旨在歌颂大禹治水的功绩，使人间“饭美鱼香”。物质丰足了，百姓就安居乐业，就国泰民安了。

再如四川邯郸吕公祠“万井烟浓，人间正熟黄粱饭；四山云起，天上应开自奈花”等。与宫廷楹联相同，以“食饮”入联，祈盼多福。不同的是，前者是统治者的愿望，后者更贴近百姓的愿望。

③ 书院斋堂楹联与“菜根”

书院斋堂是古代士子读书修身之所。中国的传统文化精神中，崇尚一种苦行僧式的成才道路。追求精神至上，主张简朴饮食的“孔颜之乐”，遂为读书人尊崇。我国很多书院斋堂的楹联都体现了这样一种精神。如阳明书院的种桂堂有楹联：“闻木樨香，何隐乎尔；知菜根味，无求于人。”我们可以将之称为“菜根”精神。历来许多文人士子，都从这种“菜根”精神中得到启发，磨炼意志，最终成才。“菜根”，从物质层面上看，是粗陋的蔬菜，无法与蟠桃、香黍、鲜鱼等等高档食物相媲美。然而，咬得了菜根，百事做得。“菜根”联语，教会人们理性、自警、自省、自强。

相传清代于敏中曾经题了一联在自家蔬菜园子的门上：“今日正宜知此味，当年曾自咬其根。”可见，这种“菜根”情结不是个别现象，而是中国文人的集体意识和集体认同，也是中华民族的优良传统之一。

④ 胜迹、酒肆楹联与“浪漫之酒”

酒是浪漫的化身，大多数酒联都带有浪漫主义的风格。酒可以使人暂时忘却现实的烦忧，超凡脱尘。鲁迅有言：“躲进小楼成一统，管他春夏与秋冬。”那么，超脱的方式有哪些呢？隐逸、出家？对于大多数人来说，更多的选择是畅游胜迹或小酌酒肆。酒联，则以楹联的方式表达了人们这样一种心态，令人神畅。

湖北采石矶太白楼中联句以王有才的“吾辈此中堪饮酒，先生在上莫题诗”最著名，奇巧而雅切。意思是说：我们在太白先生您在世时喝过酒的地方饮酒，“斗酒诗百篇”的您在天之灵可不要诗兴大发啊。黄星岩题联云：“有亭翼然，占绿水十分之一；何时闲了，与明月对饮而三。”这副胜迹酒联描绘了这样一幅图景：闲暇的时候，独自在坐落于绿水中央的海心亭上饮酒，与明月对饮，有亭子做伴。杭州西湖仙乐酒家联：“翘首迎仙踪白也仙林也仙苏也仙今我买醉湖山里非仙亦乐，及时行乐地春亦乐夏亦乐秋亦乐来寻诗风雪里不乐也乐。”这副对联很奇特，运用反复的手法，强调“仙”和“乐”二字，巧妙地将酒家名“仙乐”二字缀于对联中，似有隐士的飘逸之感。这类楹联数不胜数，代表了中国饮食文化大气豪放的一面。

⑤ 茶联中的闲情禅味

与酒不同，茶是沉静的象征，这可能源于僧道最早提倡茶饮。所以说到喝茶，便令人想到坐禅修炼。虽然现代茶楼融入了新的元素，但较之酒楼，仍多些雅趣。

茶联的出现，最迟应在宋代，但目前有记载且广为流传的多在清代。现代的名山大川、茶楼、茶馆、茶社和茶亭等地都可见到意味深远、妙趣横生的茶联，给茶客以美的享受。如清代郑板桥在镇江焦山别峰庵求学时曾写过茶联："汲来江水烹新茗，买尽青山当画屏。"宋代大学士苏东坡曾去一寺庙游玩，寺庙住持和尚在其临别时请他作联以留念，东坡借联讽刺住持前倨后恭的态度，遂作："坐，请坐，请上坐！茶，敬茶，敬香茶！"茶馆中的茶联更是数不胜数，如广州羊城著名的茶楼"陶陶居"有楹联一副："陶潜善饮，易牙善烹，饮烹有度；陶侃惜分，夏禹惜寸，分寸无遗。"此联用了4个人名，4个典故，不但把"陶"字嵌入每句之首，而且还巧妙地把茶楼的沏茶技艺和经营特色都恰如其分地表露出来，受到店主的欢迎和饮茶人的传诵。浙江杭州的"杭人之家"悬有茶联："一杯春露暂留客，两腋清风几欲仙。"又有一联："得与天下同其乐，不可一日无此君。"四川成都茶馆遍布街巷，据说早年有家茶馆兼营酒铺，但经营因无特色，生意清淡，后店主为招揽生意，特请当地才子书写了一幅茶酒联："为名忙，为利忙，忙里偷闲，且喝一杯茶去；劳心苦，劳力苦，苦中作乐，再倒一杯酒来。"这幅茶酒联既奇特又贴切，雅俗共赏，人们交互相传，茶人、酒客纷至沓来，茶馆生意转危为安。杭州藕香居茶楼的茶联："欲把西湖比西子，从来佳茗似佳人。"另外，以茶、泉水、茶境等入联的佳作也美不胜收。如"龙井云雾毛尖瓜片碧螺春，银针毛峰猴魁甘露紫笋茶"、"扬子江心水，蒙山顶上茶"、"入山无处不玉翠，碧螺春香百里醉"、"瑞草抽芽分雀舌，名花采蕊结龙团"。再如"诗写梅花月，茶烹谷雨香"、"茗外风清移月影，壶边夜静听松涛"、"尘虑一时净，清风两腋生"、"甘泉无际流，香茗雾中飘"、"美酒千杯难知己，清茶一盏也醉人"、"竹雨松风琴韵，茶烟梧月书声"、"香分花上露，水汲石中泉"、"煮沸三江水，同饮五岳茶"。

台湾梁羽生著有《名联趣谈》上下两卷，录注了很多茶联。如得心茶室的："行其所哉，一盅两件；心诚乐哉，每日三餐。""一盅两件"，指专门用于饮茶的器皿，如茶盅、茶盒、茶匙、茶碾等。茶具，往往比较古朴，和茶道所崇尚的精神一致。"心诚乐哉"是说每日三餐，生活虽然简单，内心却是充实而愉快的。长江天心阁茶社的："四大皆空，坐片刻无分你我；两头是路，吃一盏各分东西。"其中"四大皆空"是佛教术语，"空"指超脱凡尘物欲的一种境界。饮茶时形形色色的人坐到一起，在这饮茶的片刻，一时间，阶层、等级、身份、地位诸观念被打破，饮茶成为大家共同的享受。

特定时代的饮食茶联还打上了政治的烙印。如"空袭无常盅客茶资先付，官方有令国防秘密休谈"一联，语言非常通俗，却渲染出了特定历史条件下的政治气氛。

茶联，作为中华茶文化的艺术表现之一，不仅在我国发展发扬，而且还传入邻国如日本、朝鲜等，在那里，也逐渐融入了茶道、茶礼中，为其增色。

⑥ 俗与雅的结合——食品店楹联

大凡饮食店多是中下层百姓饮食之地，消费者层次不及雅致的大酒楼，这也从侧面反映了不同层次群体不同的饮食文化取向，一俗一雅。然而，食品店楹联打破了这种界限，主动向雅致靠拢，创造出了一些宜俗宜雅的联语，妙趣横生。

某豆腐店有联云："味超玉液琼浆外，功在燃箕煮豆中。"夸赞了豆腐的口感，又点明了原料，并指出功夫不一般，巧妙而典雅。"琼浆玉液"是天庭中神仙们的饮品，味道自然不一般。鱼行联这样说："但作临渊羡，何须结网求。"化用古语"与其临渊羡鱼，不如退而结网"，未提一“鱼”字，却一目了然。冰店一联尤佳：“到来尽是热心客，此去均为快意人。”仿佛打谜，读着品着思着，别有趣味。

⑦ 横批与饮食

横批，指同对联相配的横幅，有时可写在牌匾之上，叫做“横额”。横批对对联的作用至关重要，配得好，如画龙点睛孔雀开屏，反之则会降低对联的表达效果。它是对上下两联的概括和提炼，不仅在内容上与对联相匹配，而且从外观上看也可以增加对联的美感。中国近代有一出名噪京华的话剧——《天下第一楼》，以这样一副对联谢幕：“好一座危楼，谁是主人谁是客；只三间老屋，时宜明月时宜风。”横批是：“没有不散的筵席”。这出话剧，以民国时全聚德烤鸭店为原型，展现了当时社会饮食生活的一隅和“天下第一楼”的兴衰。“天下第一楼”既是人们饮食的场所，又是人们交流的场所，对联中“危楼”和“老屋”展现了它的高耸和沧桑，横批一语道破天机——社会在不断变化，筵席总有散去的时候。这是饮食横批与文艺的结合，以饮食来再现社会生活。过去，因为文人的喜好，横批比比皆是。随着社会商业化程度的提高，横批更多的是与商业结合，尤其是在饮食店中。广东兴宁县有一家卖凉粉的小店，生意兴隆达几十年，据说与门前的一副妙联有关：“为己忙，为人忙，忙里偷闲，喝杯香茶消消汗；劳心苦，劳力苦，苦中作乐，吃碗凉粉清清心。”横批：“常来坐坐”。这副对联和横批可谓妙哉，既达到了广告的效果，又道出了百姓的心声。其实，不仅中国饮食店的对联有横批，西方国家比较正宗的中国餐馆也有。意大利比萨斜塔的故乡比萨镇上，有一家中国餐馆的门上和墙上就有许多副对联，并配以横批。如“梅花香锦砌，旭日映金樽。”横批：“神兴无疆”。“嘉宾同宴乐，胜友共加餐。”横批：“银饰五洲”。

中国饮食楹联文化是极富民族特色的。与独特的饮食文化相融，以文字的形态、半诗歌的形式、民俗的方式记录下来，其文化含量甚是丰厚。不仅如此，饮食楹联还蕴含了丰富的饮食文化精神，有政治的、历史的、风俗的、道德的、审美的、心态的，无一不有所寄托。正因为如此，楹联文化吸引了古今许多文人雅士的关注。

2）酒令与饮食文化

如果说楹联天生不是为饮食，那么酒令天生就是与饮食相伴而生的。从仪狄造酒醪、杜康造秫酒，“天之美禄”飘然至人间后，酒令便孕育在中国酒文化——饮酒之礼中。之后，加上黎民的智慧、文人的润色、统治阶层的提倡，酒令逐渐成为中国饮食文化中别有特色的一个文化“因子”。凡有宴饮，但求尽兴、合欢，必行令佐酒。酒令自春秋战国产生，三国魏晋时独立，唐时繁荣发展，宋元由雅转俗，明清时已经蔚为大观。发展至当代，酒令的身影仍不时地活跃在宴席上，或者是戴上了其他类型的文化“帽子”，转移到其他形式的文化中。正如张岱年、方克立主编的《中国文化概论》所概括的：“中国文化的强大生命力，表现在它的同化力、融合力、延续力和凝聚力等诸方面。”酒令文化体现出了强大的生命力。

（1）酒令的起源和发展

酒令，指宴饮时佐酒助兴的一种游戏，推选同桌中一人为令官，其他人听令官发号施令，轮流依照规定方式游戏，违者罚酒，或者按令喝酒。酒令种类多样，形式灵活，有雅有俗，适合各色人等。酒令，又叫酒律、觞政。酒律，意思是说喝酒行令如律令一样。“汉朝每下文书，皆云：如律令。”意谓那些不是法令的文书下达之后，有关部门和百姓应引起重视，不得懈怠。“酒律”大概取其意，显示其权威性。觞，酒杯之意。“觞政”指酒令事小体大，关乎政事。“一国之政观于酒”。“觞政”又代表行令规则，宋代赵与时就曾撰有《觞政述》

一书，考释了各种酒令的来源及行令方法。酒令具有趣味性、知识性、娱乐性、竞技性的特征，能给宴饮宾主带来智慧的快感、娱乐的快意，增添不少食外之趣。酒令著作中最有影响的当数清代俞敦培的《酒令丛抄》，该书把酒令分为古令、雅令、通令、筹令4种。

(2) 酒令与饮食文化的关系

与楹联相比，酒令与饮食文化尤其是酒文化的关系更为密切。酒令是中国酒文化的一大特色，反映了中国特有的国情、文化心理、艺术、宗教、伦理、物质、制度、法律方方面面的面貌。一部酒令史，就是一部中国文化史。饮酒行令，道出了中国社会各阶层或同或异的饮食思想，以及各时代变化发展的饮食方式、各地域融合创新的饮食风格。一部酒令史，就是一部饮食行为文化史。

酒令文化，是饮食文化的一部分。对酒令研究探析，实际上就是在破译一个个饮食文化密码，意义重大。

(3) 酒令林海

历来酒令分类标准不一，除了上述俞敦培的“四分法”外，今人何权衡《古今酒令大观》中将酒令分为词令、诗语令、花鸟虫鱼令、骰令、拳令、通令、筹令7类。从古到今酒令品种很多，为叙述方便，现以有无物质性辅助工具为标准，略举几例酒令。

① 有物质性辅助工具的酒令

投壶令　投壶令是最古老的酒令之一，由礼射演化而来。古代乡射时，射礼不能举行时，改行投壶令，后成为酒令的形式之一。投壶时，要求执箭者站在一定的距离之外，将(一支支)箭射入特制的箭壶中，以投中数量的多寡决定胜负，寡者罚饮酒。《礼记》朱熹注详细地记载了投壶的礼节，十分繁冗。至汉代，投壶更为流行。三国时的左思在《吴都赋》中云：“里燕巷饮，飞殇举白，翘关扛鼎，弁(音变)射壶博。”通过文字再现了当时吴国都城投壶令的盛况。明代万历皇帝的陵墓——定陵，曾出土一件金投壶，细细的长颈，扁圆的肚子，两侧有两个贯耳，圈形的底足。在唐宋时，雅令兴起，投壶令渐衰。之后也偶尔有人效古，据说大军阀孙传芳就曾经组织过一次。

曲水流觞令　这是一种由民俗演化而来的酒令活动。江南地区有三月上旬巳日在曲水池边沐浴饮酒的风俗，希望驱除邪秽之气。行曲水令时对地势的要求很高，九曲十八弯的细流最好。历史上最著名的一次曲水令宴，是王羲之在绍兴兰亭所举行的。大书法家王羲之与一群社会名流聚会于九曲水池之滨，在水的上游放置一只羽觞，顺流而下，酒觞停在谁的面前谁就取饮吟诗。一说当时参加行令的共有42人，26个会吟诗的共创作了41首诗，被王羲之汇编成册，成为我们今天所看到的《兰亭集》。后代许多富豪帝王，请能工巧匠，在府邸中修建曲水池，以弥补行曲水令时择时择地的缺陷。日本受中国文化的影响，历史上也曾举办过礼节隆重的“曲水宴”。发展至后代，曲水令的文化形式渐渐被“击鼓传花”令所传承并取代。

筹令　筹令，是在唐代产生、发展起来的。筹，原本是计数的筹码，后被引用至酒宴上，成为酒筹。晋代嵇含的《南方草木状·竹类·越王竹》中记载：“越王竹，根生石上，若细狄，高尺余，南海有之。南人爱其青色，用为酒筹。”可见，南方人喜欢用越王竹做酒筹。酒筹不仅有计数的功用，有些筹上有令格，可以直接按令格的规定饮酒。1982年，在江苏省丹徒县丁茂桥出土了唐代金龟背负《论语》玉烛筹筒一种，酒令筹五十枚，现收藏于江苏镇江博物馆。这是迄今发现的最古老的筹令。这些筹令上就写有行令的令格。如有的令筹上写有

“恭近于礼乐，远耻辱也。放”；有“贫儿(而)无谄，富儿(而)无娇。任劝两人饮”；有“敏而好学，不耻下问。律事五分”。“放”、“任劝两人饮”、“律事五分”是唐代的酒令话语，抽到令筹者，按令饮酒，或自饮，或劝他人饮，或饮五分，或饮七分，或不饮，十分有趣。筹令的种类很多，除了上述的“论语”筹令外，还有“安雅堂筹令”等。

骰子令 骰子，是用兽骨制成的边长为五毫米左右的正立方体，呈白色，共6个面，每个面刻有从1到6的点数，四点为红色，其余黑色。现代的骰子，由古代的“樗蒲”演变而来，早在《楚辞》中就有记载。现在的骰子据说为曹操所改进，魏晋以后多为六面。骰子也有18面的，河北省满城县西汉中山靖王刘胜之妻窦绾墓中出土了一枚18面的酒令铜骰。嵌有“一”至“十六”和“酒”、“骄”二字。骰子令在唐代尤为盛行。皇甫松《醉乡日月》中说：“大凡初筵，皆先用骰子，盖欲微酣，然后迤逦入令。”就是说，在唐代的酒宴上，往往变令，先用简单、热闹的骰子令调动气氛，待饮酒微酣之际，再转用其他种类的酒令。骰子令的种类很多，玩法也很多。《红楼梦》第108回写宝钗寿辰，席上所用的酒令就是一种骰子令。还有中秋赏月令，一骰递摇，“幺”点是“月”，摇到者满座饮酒，未摇到者自饮。

猜枚令 古时叫藏钩，得名于汉武帝的钩弋夫人。猜枚，《红楼梦》中也多次提到。行酒令的人取些小物件，如棋子、钱币、瓜子、莲子等物握在手心里，让其他人猜，可猜单双数目、颜色，未猜中者罚酒。猜枚，到晋代才形成分曹射覆形式。参加游戏的人数是偶数，正好分为两曹；如果是奇数，则剩下的一个人既可属上曹也可属下曹，叫游附。以猜枚令为题材的诗歌古今为数不少，最著名的如李商隐的《无题》：“隔座送钩春酒暖，分曹射覆腊灯红。”

拍七令 以桌子为辅助工具。从1数至49，挨次顺数，7、17、27、37、47叫“明七”，数到明七者用右手拍桌子正面。14、21、28等叫“暗七”，数到者用左手拍桌子背面。迟误者罚酒，所以参加行令的人反应要快。

酒胡令 是唐代盛行的一种酒令。“酒胡子”，是人们用坚木雕刻成的不倒翁式的玩偶，一手前指，上身丰满，下身瘦削，有点像陀螺的形状。用它行酒令时，先放在盘内，双手一搓，手指向谁，谁就饮酒。这是唐代饮食文化受“胡风”影响的表现。

② 无物质性辅助工具的酒令

歌舞令 这是刘初棠先生在《中国古代酒令》一书中列出的一令。唐代受“胡风”的影响很深，上到皇帝，下至黎民，不仅喜欢胡食，而且喜行胡令，按西域少数民族的方式劝酒，以歌舞为手段，劝宾客饮酒。唐时胡旋舞盛行，大概酒令也起了推波助澜的作用。歌舞令的风俗至今仍在新疆西部少数民族中流传。少数民族女子载歌载舞，每唱一首歌就手捧一杯酒给客人，客人接来饮尽。这是他们至高的礼节。

赋诗令 与“曲水令”有相似之处，但不需在曲水之滨。赋诗令源于先秦时期，诸侯会盟时在酒宴上“赋诗言志”。后来汉武帝和朝中群臣在柏梁台上饮酒作诗，每人依次作一句，都有相同的平声韵脚，连缀成一组诗，被称为“柏梁体”诗。古人崇尚雅致，当筵作诗，不仅活跃了酒席上的气氛，而且彰显了各自的才华。因此，赋诗令最为文人雅士所喜爱。到近代，诗学衰微，赋诗令才渐渐隐没于历史的帷幕后。

豁拳 又叫揞拳、划拳，是一种手势酒令，两人同时出拳，各猜出手指的合计数，猜对者胜出。因为是互猜合数，所以又叫做猜拳。《红楼梦》中很多章节都提到豁拳令。第62回，贾母、王夫人不在家时，丫鬟们没了管束，便纷纷喝酒猜拳，任意取乐。豁拳令的种类甚繁，如抬轿令，三人划拳，两人手势相同则为轿夫，另一坐轿人饮酒。又有对坐猜拳令、点将令等。豁拳令的术语，反映了一定的民族文化心理和民族志趣。如“哥俩好”，体现中国传统文化中的伦常；“四敬财”，寄托人民对福禄的期盼；“三桃园”，表现义气；“六顺风”、“十八如意”，寄托美好的愿望。因为简便易行，雅俗共赏，豁拳令一直流传至今，经久不衰。

文字令 文字令是一种尤为文人雅士所喜爱的酒令。在《酒令丛抄》中被纳入“雅令”一类。文字令种类很多，这里介绍几种。《镜花缘》中有一则字体象形的酒令：“春辉道：我说一个甘字，好像木匠用的刨子。施春燕道：我说一个且字，像个神主牌。褚月芳道：我说非字，好像篦子……”另外还有字体增损令、数目令、并头离合字令、省小令、成语接龙令、声韵令等等。文字令对行令人的文化修养要求较高，所以是较受文人欢迎的一种酒令。

另外还有口语类，如唐太宗与李君羡将军宴饮时曾行过的“言小名令”以及猜谜令、填字令等等。

发展到当代，由于时代、历史、环境的种种因素，许多酒令都成了“无源之水”，渐渐干涸了。幸存下来的，如豁拳令、骰子令、拍七令、击鼓传花令、歌舞令等大多是些通令。对于这些文化遗产，我们应该及时地予以记录、整理、保存，选择有利于社会进步的加以创新推广。

思考与练习

1. 简述汉语言文字与食品文化的关系。
2. 请收集并解读文献或日常生活中与食品文化有关的成语、谚语、楹联。
3. 你能举出外语中这样类似的与食品文化有关的现象吗？

7 食品文化与民俗学

中国食品文化内涵异常丰富，从民俗学这一维度去观察研究，则亦如身入宝山，满目琳琅。悠久的历史文化使我们的礼仪礼俗与饮食发生极其繁富的关系，如传统的“五礼”无一不与饮食有关联。我们还有许多传统的节日，如春节、元宵、寒食、清明、端午、中秋、冬至等等，均与各自的食俗相应相合。中国地域广阔，形成各地的风味也反映出浓郁的文化。中国有55个少数民族，众多的民族风情与食俗的多姿多彩也相映成趣。另外，一些民俗事象具有强烈的个性特点，比如筷子就具有特殊的形态、功能和历史文化，从中作一番解读也可以透视其中深厚的文化。

7.1 礼仪礼俗与食俗

中国是一个伟大的文明古国，在悠久的历史中形成了极其繁富的礼仪与礼俗，其与饮食都有着千丝万缕的联系，这里略加概述。

先说古代的礼仪与饮食。礼的起源与饮食相关。古代有“五礼”之说，而五礼之冠是吉礼，此外还有嘉礼、宾礼、军礼、凶礼等。

7.1.1 吉礼

吉礼是对天神、地祇、人鬼的祭祀之礼，是祈求福祥之礼。其中主要内容有：一是，祭祀天帝；祭祀日月星辰，祭祀司中、司命、司师、风师。这是祭祀天神。二是，祭祀地祇；祭社稷、五帝、五岳；祭山林川泽；祭四方百物，即诸小神。三是，祭祀人鬼；祫祭先王、先祖；禘祭先王、先祖；春祠、夏禴、秋尝、冬烝，享祭先王、先祖。这种种祭祀有着复杂的程式，而与饮食不可分离。如今天北京的天坛就是祀天的地方，有圜丘、大享殿、宰牲亭等，其清代祀天的礼仪一直可以追溯至周代。周礼的祀天之日，天子率百官于清晨至郊外，天子穿上规定的礼服进行祭祀。先要奏乐报知天帝，请其降临享祭，接着天子牵着牺牲并宰杀，与玉璧、玉圭、缯帛等祭品一起放在柴垛上焚烧，这是燔燎，也叫礼祀。此后由活人扮成尸，作为天帝化身，接受祭享。先要向尸献牺牲鲜血，再依次进献“五齐”之酒，还要进献全牲、大羹、铏羹、黍稷等。尸也要用酒答谢祭献者，此为酢。最后，祭祀者还要分离祭祀所用的酒醴，由尸赐福于天子等，称为“嘏”，后世称为“饮福”。天子还将祭祀用的牲肉赠给宗室臣下，称“赐胙”。此一例可见吉礼与饮食关系之一斑。

7.1.2 嘉礼

嘉礼是用以“亲万民”之礼，是和合人际关系，沟通、联络感情的礼仪。其主要内容：一是饮食之礼。这里所指的“饮食”是专指宗室之内的宴饮，是族宴，有逢祭而宴，也有以时而宴，用这种礼来亲和宗族兄弟。二是婚、冠之礼。男子二十而冠，女子十五而笄，是古代的成人礼。无论男女的冠礼、笄礼均有礼仪，均伴有酒醴之礼。婚礼是人生中极其重要的一部分，自古至今人们无不重视。古代有纳采、问名、纳吉、纳征、请期、亲迎等，称为“六礼”。“六礼”齐备，婚姻关系始告成立。新婚之夜，夫妻共用一个盛肉的牢盘进食，这是“同牢”，又将瓠剖为两半，各饮其一，称为“合卺”。婚后还有“见舅姑”、“醴妇”、“庙见”等仪式，与饮食关系者不少。三是宾射之礼。此中又有大射，是天子、诸侯祭祀前选择参加祭祀人而举行的射礼。有宾射，是诸侯朝见天子或诸侯相会时举行的射礼。有燕射，是平时燕息之日举行的射礼。有乡射，是地方官为荐贤举士们举行的射礼。射礼前后常有宴饮，乡射礼也常与乡饮酒礼同时举行。四是飨燕之礼。飨礼在太庙举行，烹太牢以饮宾客；燕礼在寝宫举行，有烹狗而食之习俗，而且可以开怀畅饮，一醉方休。飨礼规模宏大，有一定之规，重在礼仪往来而不在饮食。燕礼也有一定之礼仪，重点是在吃喝。五是脤膰之礼。脤是社稷祭肉，膰是宗庙祭肉。古代礼制，把祭礼社稷、宗庙的牲肉赐给同姓之国，使同姓的兄弟共享祖先的福禄。另外异姓有大功者亦可享受脤膰之礼。六是贺庆之礼。帝王即位改元，有贺庆之礼。如汉文帝由代王而立为帝，大赦天下，赐民爵一级，赐女子每百户牛一头，酒十石，酺五日，平时不许群饮，而此时特许聚会饮食。又如“常朝”为治理国政而设，即帝王与大臣日常办理政务之礼。此外还有“大朝”，又有节日庆贺之礼等，如汉初，于十月岁首行朝贺礼，诸侯王及群臣依次奉献贺礼。朝见后置酒以礼而饮，依尊卑次第为皇帝祝酒。自唐玄宗始还有“千秋节”、“万寿节”，此即帝王诞辰日庆贺活动，也少不了置酒张乐。

7.1.3 宾礼

宾礼是接待宾客之礼。主要内容有：

一是朝觐之礼。此礼用意在于君臣之间得以沟通信息和情感。天子要治天下，就得与诸侯商量大事，考察他们的功过，而诸侯要向天子进行述职。《孟子·梁惠王下》：“诸侯朝于天子曰述职。述职者，述所职也。”这朝觐之礼中饮食活动也占有重要的成分。

二是会国之礼。朝觐是天子个别接见一方一服来朝诸侯；会同则是四方齐会，六服皆来。此时有祭祀、盟誓、宴饮。

三是诸侯聘于天子之礼。诸侯在定期朝觐天子的间隔，派遣卿大夫为使者到京都作礼仪性的问候，并报告邦国情况，这也少不了宴饮招待。如《汉书·西域传》汉武帝“设酒池肉林以飨四夷之客”，“及赂遗赠送，万里相奉，师族之费，不可胜计”。

四是诸侯遣使交聘之礼。这是诸侯国之间派遣使者互致问候，有“大聘”，为卿作使者，有“小聘”，为大使者。其间宴饮之礼在古代也极繁富。

五是相见礼，相见之礼中也有关食品，如士相见，宾见主人要以雉为贽；下大夫相见，以雁为贽；上大夫相见，以羔为贽。贽是见面礼物，《仪礼·士相见礼》郑玄注解读其中的象征意义是：用雉，“取其耿介，交有时，别有伦”；用雁，“取知时，飞翔有行列”；用羔，“取其从帅，群而不党”。

7.1.4 军礼

军礼是军事方面的礼仪，主要内容：一是征战之礼。出师祭祀、誓师、军中刑赏、凯旋、饮至与论功行赏等，这些均与宴饮有相当密切的关系。如“饮至”礼，即是在战争胜利结束后，天子要宴享功臣，论功行赏，这称为“饮至”。《小盂鼎》铭文中多次提到庆功用酒，郭沫若指出，这就是“归而饮至”。二是校阅之礼。这往往与饮食有关。如康熙三十年(1691)又创“会阅”典礼，皇帝亲率部众在今承德一带会集49旗藩王、台吉，先置宴会，设歌舞杂技，次日各营布阵就列，皇帝身穿甲胄校阅。三是田猎之礼。这与祭礼有关，通过四猎获取祭祀之食物。这又与军事训练有关，通过田猎模拟战斗场面。当然又能用田猎之物来宴饮。

7.1.5 凶礼

凶礼是哀悯吊唁忧患之礼。主要内容有：一是荒礼。这是国家为救荒而采取的政治礼仪措施，与粮食、食品等直接相关。如散利救济灾民、用薄征来减轻百姓负担等等。二是禬礼、恤礼等。诸侯国外来侵略或内部动乱有灾祸，蒙受经济、财产、人员的损失，天子或盟国汇合财货予以救助，称为“禬礼”；派使者进行慰问存恤，称为“恤礼”。此外，还有札礼、灾礼、问疾礼等，也有与饮食活动有关者。①

1）人的诞生之食俗与礼俗

如果我们转向民间百姓，那么食俗与礼俗之间的关系被表现得异常丰富多彩。举例如：

人出生，中国人很重视，出生三日要摆三日酒，出生七日要设七日酒，出生一个月，要摆满月酒，十分隆重。孩子满月这一天，家里祭祖祀神，摆酒请客，这是满月酒。

摆满月酒这一天，母亲抱孩子出来接受亲友祝贺，家里要向邻里亲友赠红鸡蛋。孩子要剃满月头，将四周剃净，囟门处不剃。剃头后，在场的亲友要轮流抱一抱孩子，然后大家一起喝满月酒。大家还要给小孩礼物，如衣物、鞋帽和吉祥物等。

周岁酒，是孩子一周岁时摆的酒席，俗称“周晬”、“抓周”、“得周”。民间流行“抓周”做法，一般是在桌上放些笔、书、纸、算盘之类的东西，让小孩来抓，测试其志向。“抓周”后可摆“周岁酒”招待宾客。大人抱着牙牙学语的孩子向酒席上的长辈一一轮流称呼，逐一劝酒，别有一番情趣。

2）结婚之食俗与礼俗

从古至今，无论中外，结婚是人的一生中的又一件要事。中国的百姓有着十分丰富的礼俗与食俗。

从旧俗来说，男女两家先由媒人互通意向，如果能合成便互通帖子。帖子上写有拟成亲人的姓名、排行、生辰、八字等，如门不当户不对，生辰不合，便可以中止婚姻，如双方满意可以择日下定礼。然后择日送彩礼、嫁妆。此后是确定娶亲日期，到了该日男方便迎娶新娘。

迎来新娘后，开始拜堂，男女手牵“同心结”，拜天地，拜高堂，夫妻对拜。然后亲友来客纷纷入座尽兴喝喜酒。又有请两位新人喝交杯酒，表示合成一体，象征夫妻相亲相爱、风雨同舟。然后送入洞房，闹新房，等等。

一些地方还有特殊的习俗。浙江一带流行喝“别亲酒”。女儿出嫁前一晚，其父母为嫁女备酒席。其母先为嫁女斟酒，并有告诫之词。酒席结束后，嫁女要穿上新娘装束，由人搀扶着告辞家堂、灶堂、祖先，后拜双亲及诸亲属。绍兴还有一种“女儿酒”，即在女儿出生那年酿制几坛酒，藏于地窖或夹墙内，女儿出嫁时或作陪嫁，或用于婚宴。

---

① 阴法鲁等. 中国古代文化史(二). 北京：北京大学出版社，1991

某些地方还有新婚第三日这天，女方亲戚来男家，进上房见礼，然后在男方搭好的彩棚内按长幼就座。男家用果品、酒等招待。但按礼俗，大家均不动筷，待新郎按桌磕头行礼后，放赏封散席。这叫“吃梳头酒”，也称“望宴席”。

苏州有座民俗博物馆，当参观者一踏进大门，一派喜气扑面而来，彩灯高悬东西长廊中，6名塑像吹鼓手栩栩如生，像吹奏着迎亲乐曲。朱漆描金花轿，供街坊邻居喝喜茶讨吉利的茶担箱，盛放细软嫁妆的绸箱等旧时苏州婚嫁迎娶的用具一应齐全。喜堂里结彩挂红，悬挂寓意百年好合的和合二仙画，供桌上放着枣子、胡桃、桂圆干果，以讨“早生贵子”、“和和气气”、“团团圆圆”等吉祥口彩。这是食品在民俗、婚俗中的又一生动有趣的表现。新郎新娘手执扎着同心结的牵巾参拜天地。洞房则取吴地习俗“明灶暗房”，加以喜庆布置，新郎新娘进入洞房后将有“坐富贵”、“挑方巾”、“撒帐”、“饮合卺酒”等习俗程式，充分体现了苏州人对幸福生活的向往和追求。

中国除了汉民族各地有丰富的婚俗食俗外，少数民族的婚嫁酒俗也是多彩多姿。如鄂伦春族办婚事，先由男方派媒人去女家，边喝酒边谈。然后是认亲，由男方带着酒、野猪一头给女方家。女方父母要设酒宴招待。男方谢媒礼中也有酒，结婚时的婚宴称为狍子宴，很讲究，必须生擒一对活狍子，在新郎新娘拜完山神爷后杀掉，剥好皮，在火上烤焦。这样的狍子肉不但色味俱佳，而且也预示着新人未来生活万事如意。重要的是，举行婚礼用的狍子不能是用枪打来的，而是用狍子醉酒的方法擒获的。

景颇族的婚礼与食俗也很有意趣。如有“抢婚”这一礼节，男方先到女方寨中将意中的姑娘“抢”到手，带往男方村寨。然后由“长桶”（婚礼中女方寨子中的人）背着“抢婚者”带来的酒到女方父母家议婚。同时“抢婚者”在回到本寨附近时，要鸣枪告示家人。家人闻之，知道“抢婚”成功，迅速送酒至寨门口，众人一同饮酒后进寨，送新娘至“勒脚”（婚礼中男方寨内的人）家歇息。正式举行婚礼时，要专门选出两人往新娘歇息处送4次酒，每次水酒、烧酒各1筒。第一次送酒表示：你们来了，欢迎，欢迎！第二次送酒表示：来，请坐下。第三次送酒表示：请吃饭。这时“勒脚”家才端出早已准备好的饭菜，招待新娘及其陪客。第四次送酒表示：起脚起手到新娘家去。两位送酒者各背一竹篓，一只装着送给新娘的衣裙、长刀和长矛，另一只装有水酒、烧酒各一大筒。其中一筒带到新郎家饮用，一筒当场由新娘分给大家饮用。饮酒后，亲娘梳妆打扮，然后“长桶”背着装有酒的背篓，执矛带路，送新娘至新郎家。至新郎家门口，两位送酒者又要送酒4次，由新郎家送至新娘坐处。第一次送酒表示：接来了。第二次送酒表示：来，一起坐下。新娘此时正式入席。第三次送酒表示：嚼草烟。新娘便把草烟递给参加婚礼的人。第四次送酒表示：跨蓬草。新娘由新郎之弟或母亲牵扶，经过事先置于4束草丛中的“竹木躺”（独龙桥），登楼进入新郎家中。婚后第二天，新娘必须亲自酿制水酒，以备10天之后“回门”用，同时也检验新娘的酿酒技术。回门酒宴准备两大筒水酒和两大筒米酒。盛酒的竹筒一定要用新竹子做，象征完婚成双，荣华富贵。[①] 他们的婚俗与酒文化完全融成一片，且演绎成一种密合的程式了。

3）*祝寿之食俗与礼俗*

希望活得长寿是人们共同的愿望，因此礼俗须有祝寿的活动，而与之相应的食俗也很有意趣。

---

① 徐少华．中国酒与传统文化．北京：中国轻工业出版社，2003．349，364

祝寿，本是指祝愿人长寿，或是祝贺生辰，即是祝贺人的生日，一直到今天，人们还流行着生日这天吃面条这一习俗，并称为“生日面”。之所以吃面条是取面条之长，象征长寿的意思。当然，一些家庭在庆贺某人生日时也有办宴席的，除吃面条外，还有喝寿酒的。随着时代的变化，当代人庆祝生日之俗也已经有了很大的变化。首先最为流行的是为孩子、青年人操办这一节日，有父母，有单位同事来办，甚至有单位负责人为员工操办。其次必有生日蛋糕，上面插着表示岁数的小蜡烛，然后点燃，吹灭，切蛋糕，分食蛋糕，并唱《祝你生日快乐》之歌，然后再进餐。此歌只反复一句话：“祝你生日快乐！”其实中国传统的祝贺生日所祝不仅祝其快乐，而且祝其长寿，也并不限于年老者。《现代汉语词典》释“祝寿”为在老年人过生日时向他祝贺，其实此释义并不准确，颇可商榷。

办寿酒是在岁数逢十举行，这一习俗由来已久。不过一般来说，40 岁不做寿，因为“4”谐音“死”，被视为不吉利。50 岁以后祝寿的规格就越来越隆重，60 大寿、70 大寿、80 大寿、90 大寿、百岁大寿，人越活下去越不容易，便使祝寿变得更为人重视，而人越活下去，子孙也越多，儿孙满堂也更隆重地为老人祝寿，因此寿酒办得热闹丰盛。

祝寿要有寿堂，即祝寿的礼堂。清梁绍壬《两般秋雨盦随笔・寿堂》：“今人于父母诞辰铺陈庆祝之地，名曰寿堂。”寿堂上要高挂寿星图，还有祝寿对联，并要点燃寿烛。古代还有请人作“寿文”的，即祝寿文章。《儒林外史》第 23 回：“令堂太亲母七十大寿，欲求先生做寿文一篇。”即说的是此习俗。寿文又称为“寿序”，明中叶以后开始盛行。鲁迅《华盖集・并非闲话(三)》：“在中国，骈文寿序的定价往往还是每篇一百两，然而白话不值钱。”不仅有寿文，还有寿词、诗画屏条，统称为“寿屏”。巴金的《家》中还提到这种习俗：“他叫四叔写一堂寿屏准备给他底老友冯乐山送去。”不过到当代，这种习俗已不太流行了。

从食俗来看，祝寿有寿桃，是用鲜桃或面制的桃子。寿桃，是神话中可以使人延年益寿的桃子。食俗中有寿酒，此为祝寿之酒。祝寿的酒杯称为寿觞，而酒宴也称为寿宴。人们为做寿的老人敬酒，儿孙小辈向老人跪拜，大家庭其乐融融。

祝寿酒俗也有因地而各异者，如吴语地区有逢“九”做寿的习俗，即如 59 岁做 60 大寿，69 岁做 70 大寿，79 岁做 80 大寿等等，这是因为吴语中“十”和“贼”同音而避之，为讨个吉利，从而有“做九不做十(贼)”的习俗了。

4）丧葬之食俗与礼俗

中国古代十分重视丧葬，因为这是人生的一个终结。“养生送死”中，一是生者须得到“养”，二是死者能得到“送终”，均为人们所看重。古代文献中关于丧葬有繁杂的礼俗，其中与食俗联系者甚多，限于篇幅不一一细述。

如人死后要“饭含”，在死者口中放入米、贝等物。要祭奠死者，其食俗也有一定的规定，如小敛、大敛、成服、入葬等等不同的时辰，用什么祭奠、怎样摆设、怎样进行都有相应的要求。另外，对于丧事期间的亲人饮食也有严格的规定，该吃什么、不该吃什么、什么时候可以吃什么等也大有讲究。

各地、各民族丧事食俗与礼俗各不相同，现代与古代也有了很大的不同。今天一般在办完丧事后，丧家必办酒席，农村中还常见菜肴以素斋为主，被称为吃“豆腐饭”。虽然有酒喝，但大家因心情悲痛所以并不猜拳、行令、劝酒。不过在城市里，丧家已大都在酒店办酒招待，已不再是以素斋为主了，习俗也在慢慢改变着。

在中国礼俗与食俗中科举与饮食文化也值得一说，因为中国的科举是独特的，其食俗也是独特的。

隋朝废九品中正制，开创科举制。科举即是分设科目，通过考试选举人才。此后这种选官考试制度在中国实行了1 300年。孙中山曾仰慕英国文官制度，设想按照它的方式来改造中国的官吏制度，但经深入研究后，才知道英国文官制度是吸收了中国科举制度精华而形成的。事实上，中国的科举制度曾作为先进文化为不少国家学习引进。古代朝鲜、越南就直接搬用它，近代英、法、美的文官制度也有渊源于中国的科举制度的。当然，对于科举制度的种种弊端、腐败也已有大量的揭示与批判，这已为人们所知晓。我们从科举与饮食文化来略加叙述，而科举中的一大礼俗便是要庆贺，庆贺则又有一定的食俗，如种种宴饮。

鹿鸣宴，也作鹿鸣筵。乡举考试后，州县长官出面宴请那些考中的举子，或放榜次日宴请主考、执事人员及新举人，并歌唱《诗经·小雅·鹿鸣》，还表演魁星舞。因为唱《鹿鸣》之诗，所以就称为"鹿鸣宴"。

"鹿鸣宴"起始于唐代。《新唐书·选举志上》记载："每岁仲冬……试已，长吏以乡饮酒礼，会僚属，设宾主，陈俎豆，备管弦，牲用少牢，歌《鹿鸣》之诗，因与耆艾叙长少焉。"《诗·鹿鸣》："呦呦鹿鸣，食野之苹。我有嘉宾，鼓瑟吹笙。吹笙鼓簧，承筐是将。人之好我，示我同行。"这首诗大意是：鹿鸣呦呦，呼唤同伴来共食田野上的艾蒿。我有嘉宾，用鼓瑟吹笙来相邀。吹笙鼓簧娱宾客，赠送币帛盛满筐，宾客对我那么好，指我道路辨方向。这是古代宴群臣嘉宾用的乐歌，其《鹿鸣》乐曲至两汉、魏、晋间尚存，后即失传。不过《鹿鸣》已作为一种文化意象一直流传。特别是科举中，以举人中或为赋鹿鸣，明代即借指科举考试，可见鹿鸣宴的文化积淀是深厚的。唐以来诗文中屡见，如唐韩愈《送杨少尹序》："杨侯始冠，举于其乡，歌鹿鸣而来也。"唐元稹《桐花》诗："君若傲贤隽，鹿鸣有食芩。"宋欧阳修《送楚建中颍州法曹》诗："曾陪鹿鸣宴，遍识洛阳生。"《明史·于慎行传》："年十七，举于乡，御史欲即鹿鸣宴冠之，以未奉父命辞。"

至清代，又有"重宴鹿鸣"之制。清制，举人于乡试中举后满60周年，经奏准能与新科举人同赴"鹿鸣宴"，称为"重宴鹿鸣"。甘肃曾有王权重宴鹿鸣盛事，为人们所称道。王权(1822—1905)，清道光甲辰(1844)中举人，曾任地方知县，政绩卓然，著述亦多。王权任职兴平县时，左宗棠下车亲手扶起，并说："足下陇右读书人也。宰相非为具官下车，我为陇右读书人下车也!"一时传为佳话。光绪三十年(1904)王权中举满60周年，陕甘总督嵩蕃奏准清廷为王权"重宴鹿鸣"，加四品顶戴衔，当时王权已83岁，从卧室出迎酒宴，以尽其礼①。鹿鸣宴的历史由唐而至清跨度很长，在科举史上具有不可低估的作用。

琼林宴，是科举宴饮中的又一宴。这是为新科进士举行的宴会。不过要说琼林宴，先得说唐代的曲江宴。

曲江池是古代唐长安城东南的一个人工湖，风景秀丽，因湖水蜿蜒曲折而称为曲江池。曲江宴会原初是为安慰落榜举人设置的，后来演变为庆贺新进士及第的庆贺宴会。唐时考中的进士，放榜后大宴于曲江亭，也称曲江会。是由民间所谓"进士团"专门包办曲江宴会，由新进士们凑钱大宴于曲江亭，也称曲江会(唐李肇《唐国史补》)。唐明宗天成二年，皇帝下诏，命新进士举行闻喜宴，年赐银四百贯，由政府出钱赐宴，成了国宴。这里有一系列的欢庆宴会，如杏园宴、樱桃宴、月灯宴等等，令人应接不暇。其中杏园探花宴最令新进士激动不

① 甘肃省文史研究院编.陇右掇遗.上海：上海书店，1993.76

已。新进士与座主、权臣不仅在曲江池西的杏园宴饮，还要选出两位最年轻的进士作为“探花使”，骑马跑遍长安名园，采摘名花。如果有别人比他们先摘得牡丹、芍药，他们就得受罚。月亭宴在一系列活动中则别具一格。清明节前后，新进士们集中在月灯阁打马毬，打完后上千佛阁痛饮。

唐代进士欢宴的曲江宴到宋代演变为琼林苑赐宴，便改称为琼林宴。琼林原为宋代名苑，宋太祖乾德二年置，在汴京城西。宋太宗太平兴国九年(984)至宋徽宗政和二年(1112)，天子均在琼林苑赐宴新及第的进士，因此相沿称为“琼林宴”。宋叶梦得《石林燕语》说及琼林苑，“岁赐二府从官燕及进士闻喜燕，皆在其间。”《宋史・选举志一》：太平兴国九年“进士始分三甲。自是锡宴就琼林苑。”后来又改在宫廷学府辟雍赐宴，称为闻喜宴。《宋史・乐志四》：“政和二年赐贡士闻喜于辟雍，仍用雅乐，罢琼林苑宴。”所以宋徽宗政和二年后又称为闻喜宴，此后仍有称为琼林宴的，如明代即如此。清代则改名为恩荣宴，由礼部主办。

清朝规定，恩荣宴要派亲王大臣陪宴，所有参与考试事务的官员都参加。晚清进士商衍鎏曾记叙自己所参加的恩荣宴，但大臣们没有来出席，连考官也没有参加，宴会虽由恭亲王主持，也只是接受进士们谢恩一拜，立即就走了，全无隆重热烈的气氛。

从这些例子中可以解读出科举与食俗之间的一些关系，虽然科举制度一去不复返，彻底废除了，但曾拥有过的辉煌则已积淀在中国文化及饮食文化史上。

7.2 食品文化与传统节日

节日和节日中的饮食是人类生活的最亮闪光点，从这一维度可以深刻地体会到国家、民族的食品文化的特色及其社会心理。中国有许多传统节日，几乎每一种传统节日都有相应的食俗，这里作一概略的梳理。

7.2.1 春节与食俗

春节是中国人传统节日中最隆重的节日，在食品文化中也有极其丰富的体现。

首先是送灶活动。一般在腊月二十三日，要先祭灶神，放上新鲜水果、麦芽糖(或寸金糖)、酒等为供品，然后点香烛祈祷。灶神是传说中被玉皇大帝派驻民间的神，每家每户均由此神督察，并于此日向天帝汇报此家善恶情况，再作出处理。因此这一天民间要祭灶神，用糖来粘他的口，用酒食来讨他的欢心，希望能美言，并来年再度保佑平安。祭完灶神，即从灶台上请下灶神，送入竹马纸轿，然后焚烧送上天庭，此时还要以酒酹地表示恭敬。不过这种活动，现在只在农村才能见到，大部分家庭因用煤气灶作炊事已渐渐淘汰了这一习俗。

其次是大年夜的年夜饭进餐。这是一年的最后一餐，也是最隆重的一餐。每个家庭要尽量全家团聚在一起。先要用酒菜等饮食祭祖，让祖宗先享用，在全家吃年夜饭时，菜肴比平常丰富得多。据晋周处《风土记》载：除夕之夜，“各相与赠送，称曰馈岁；酒食相邀，称曰别岁；长幼聚饮，祝颂完备，称曰分岁；大家终夜不眠，以待天明，称曰守岁。”这馈岁、别岁、分岁、守岁也与饮食活动有关，其中喝酒守岁，这酒就称为“守岁酒”，宋代孟元老《东京梦华录》中还说到，除夕“士庶之家，围炉而坐，达旦不寐，谓之守岁”。颇有趣味的是，现代人已有许多在饭店吃年夜饭，然后便是围着电视机“守岁”了。

春节吃年饭，或认为始于清代。清顾禄《清嘉录》：“煮饭盛新竹箩中，置红桔、乌菱、荸荠诸果等，并插松柏枝于上，陈列中堂，至新年蒸食之。取有余粮之意，名曰年饭。”此为江南民俗。这种年饭到今天早已见不到了。又如清富察敦崇《燕京岁时记》：“年饭用金银米为之，上插松柏枝，缀以金钱、枣、栗、龙眼、香枝，破五之后方始去之。”这是北方年饭之风俗。这种年饭的装饰今天也已无遗。

清以前年饭的习俗又有不同。《荆楚岁时记》记述长江中下游一带习俗，是除夕时家家具肴守岁酣饮，送旧迎新，但“留宿岁饭，至新年十二日，则弃之街衢，以为去故纳新也。”这是不吃年饭，然后过一段时间抛弃在街道上，表示去故纳新的意思。《时镜新书》：“除夕，留宿饭。俟惊蛰雷鸣，掷之屋上，令雷声远。”这也是抛弃年饭的习俗。

春节吃年糕，或认为是明代才有的。《帝京景物略》：“正月元旦，夙兴盥漱，啖黍糕，曰年糕。”记载了用黍米做年糕，元旦吃年糕的习俗。《湖广志书·德安府》还载，湖广一带，“元旦比户，以爆竹声角胜。村中人必致糕相饷，俗曰年糕”。这是农村中相互赠送年糕的风俗，年糕的文化含义是年年高升，这是吉祥、希望、祝福的心态表露。

春节还有吃春饼的习俗。南朝梁宗懔《荆楚岁时记》引晋周处《风土记》：“‘元旦造五辛盘。正元日五熏炼形。’五辛所通五脏之气，《庄子》所谓春日饮酒菇葱，以通五脏也。”五辛盘装的就是五种荤菜，如大蒜、小蒜、薤、韭、胡荽之类。唐代史料及宋元明清史科都能说明“春盘”就是“春饼”。这说明晋时已有春节吃春饼的风俗。

春节有饮屠苏酒、椒柏酒的习俗。屠苏酒相传为三国时华佗所制，古代风俗于农历正月初一饮之。《荆楚岁时记》：此日“长幼悉正衣冠，以次拜贺，进椒柏酒，饮桃汤，进屠苏酒……次第从小起。”屠苏酒是一种药酒，用大黄、桔梗、白术、肉桂、乌头等制成，相传元旦饮之可却瘟气。饮屠苏酒也颇有意趣，是先小者饮然后轮到长者饮，据说是因为“小者得岁，故先酒贺之，老者失时，故后饮酒。”唐卢照邻《长安古意》诗“汉代金吾千骑来，翡翠屠苏鹦鹉杯”，此见唐时之状。宋苏辙《除日》诗：“年年最后饮屠苏，不觉年来七十余。”此又见宋时之情。清马之鹏《除夕得庐字》诗：“添年便惜年华减，饮罢屠苏转叹歔。”这里又见清时之况。另外还有一种椒柏酒亦于元旦饮之，也称为椒酒、胡椒酒、椒花酒，是用椒花、椒树根浸制的酒。崔实《四民月令》说到，元旦“祀祖称毕，子孙各上椒花酒于家长，称觞举寿”。至明代还有地方保留饮椒花酒的习俗。

春节期间饺子也值得一说。饺子是中国人喜爱的食品之一，也堪称世界食品中之一绝。饺子古代名称很多，如“牢丸”、“粉饺”、“扁食”、“水饺”、“角子”。钱钟书曾考证：“饺子原名‘角子’，孟元老《东京梦华录·州桥夜市》所云‘水晶角儿’、‘煎角子’，《聊斋志异》卷八《司文郎》亦云‘水角’，取其像兽角。”饺子中的“交”不仅表声而且含义，认为饺子取名于“交子之时”吃的寓意。传统习俗，每到腊月三十晚上，家家包饺子，等到新年钟声响起时吃饺子。因此时正是午夜子时，也是更岁之交。一夜连两岁，子时分两年，所以这顿饺子有“除旧迎新，更岁交子”之意，又寓意新一年交上子午好运。明沈榜《宛署杂记》：“元旦时盛馔同享，各食扁食，名角子，取更岁交子之意。”沈榜之文化解读不无道理。

过新年吃饺子还有许多民俗。除夕吃饺子忌讳很多，如煮破的饺子，不能说是“破了”、“坏了”，要说“挣了”，以讨吉利，而商人为讨吉利，还将饺子称为“银元宝”。农家还将4只轮子状的饺子，给赶车使牲的男子吃，祝福在新的一年里“车行千里路，人马保平安”。

除文字记载外，考古发现还让我们看到1 300多年前完整的实物。20世纪70年代吐鲁番阿斯塔那的唐墓里出土了1个饺子与4个馄饨一起放着的木碗，它们是以菜和肉作馅，用和好的面粉为皮。这已成了珍贵的食品考古文物了。

7.2.2 元宵节与食俗

元宵节又称上元节、灯节，在农历正月十五。一般以为上元节吃汤圆的食俗始于宋代，宋周必大《元宵煮浮圆子》诗序："元宵煮食浮圆子，前辈似未曾赋此，坐闲成四韵。"浮圆子即汤圆，因其煮熟即上浮，故名。又名汤团、元宵等。不过唐代段成式在《酉阳杂俎》中记载有"汤中牢丸"，此可能说明唐代已有汤圆了。人们吃汤圆也有文化含义，表示一家团团圆圆的意思。汤圆原为"珍品"，时至今日已成为普通食品，人们什么时候想吃均可以从商店中买到。这也颇像吃年夜饭，今日百姓说天天可以像过年那样地吃。不过有一点是不同的，即那种"吃"后面的文化不在那一特定的时间、氛围中则是体现不出来的。元宵节还要饮元宵酒，亲朋好友再次大聚合，一起进餐。至此传统的春节活动就结束了。

7.2.3 上巳节与食俗

上巳节是农历三月初三，人们来到河旁溪边祓禊，用春气祓除病魔，除灾去邪。这一活动本来是在岁末岁首于宗庙、社坛进行的一种祭祀仪式，后来改到水滨。时间原来又有定于农历三月上旬七日的，魏晋以后才固定在三月初三。上巳节虽起源甚早，周朝已有记载，但时至今日早已不流行了。不过历史上是很盛行的，此节日一到官民均参与，至水滨洗垢嬉游，又有饮食活动，并发展为临水宴宾。

"曲水流觞"就是修禊中的一种饮食兼娱乐的活动。引水环曲成渠，用耳杯盛酒浮在上游水面上，任其顺流而下，停在谁的面前，谁就取饮。东晋王羲之于永和九年(353)上巳节时与当时名士孙绰、谢安等41人，在绍兴兰亭宴集修禊，举行这种"曲水流觞"活动。与会者多有诗作，事后汇编成集，王羲之为诗集写了序言《兰亭序》，其书法成为"天下第一行书"。

7.2.4 寒食节与食俗

民间流传的说法，是晋文公曾与介子推等一起流亡，介子推曾经割股以啖文公。晋文公复国后，介子推未受赏。待文公悟及当赏其功时，介子推已奔介山，后抱木而烧死。后来为纪念他，于是有了不得举火的寒食节。这就是在清明前的一天或二天只吃冷食，不点火烧饭做菜。不过这一传说若用历史来考证显然是有问题的，学者多有考论，今人裘锡圭有《寒食与改火——介子推焚死传说研究》长文专题论之，见诸其《文史丛稿》。裘锡圭认为，用来解释寒食的起源的介子推焚死传说，应该就是以改火活动中用新点燃的火烧死代表谷神稷的人牺的习俗为背景的。

寒食节起因还有其他说法，如冬至后的105天，"即有疾风甚雨，谓之寒食。禁火三日，造饧麦粥"。此说见诸《荆楚岁时记》。《周礼·司烜氏》中说到，三月乃是起火最多的时候，周朝要让官吏摇着铎巡行国中，宣令国人禁火。这便是寒食禁火。

对于民俗来说，一般人已是听之传之，不再去考之证之，而于食俗却是影响颇大。有学者指出，寒食节对人们饮食烹饪的影响至今仍在。一是寒食节推动了一些可供冷吃的点心的创制。如以糯米粉和面，搓成细条状，油煎而成的"寒具"，就是寒食节的著名品种。寒具的别称和类似品种，如粔籹、餲、环饼、捻头、馓子、膏环、米果等一大串。此外还有适应寒食而生的青粉团、乌饭糕、椿芽面筋、柳叶豆腐等品种。二是寒食节推动了食品雕刻工艺的发展。《玉烛宝典》：寒食节“城市尤多斗鸡卵之戏”。《荆楚岁时记》：“古之豪家，食称画卵。今代犹染蓝茜杂色，仍如雕镂。”这些“画卵”要互相馈赠，或放置在餐具里观赏、比赛，这就是“斗卵”。斗卵对中国后来的食品雕刻艺术来说当是良好的开端，后世的瓜雕及蔬果雕花，当从其中得到启迪[①]。寒食节与食俗确实有良多趣味。

7.2.5 清明节与食俗

寒食节过后便是清明节，在阳历每年4月4日或4月5日。中国人重清明节，届时祭扫祖先坟墓，今人也祭扫烈士陵墓。人们上坟时，准备了瓜果、酒菜、鲜花、香烛等供品，祭扫时要叩首祷告，并在坟上除草培土。然后将这些酒菜供品或送给“坟亲”享用，称为“上坟酒”。扫墓时，人们也作踏青等旅游活动，也有游宴。《清明》诗中杜牧这样写道：“清明时节雨纷纷，路上行人欲断魂。借问酒家何处有，牧童遥指杏花村。”那种清明的氛围，杏花村酒香都融入诗的意境中了。

7.2.6 端午节与食俗

农历五月初五为端午节。据说，战国时楚国屈原因忧国忧民而投汨罗江自尽，百姓们为了不让鱼鳖来伤害其身体，于是在这一天往江中投粽子喂鱼鳖，又在江上赛龙舟吓退鱼鳖。端午吃粽子影响极广，不仅中国人家家户户都在此日吃粽子，而且朝鲜、日本、越南、马来西亚等国也有端午节吃粽子的风俗。制粽子在古代最初由菰叶裹黏黍做成。后来用箬叶裹米做成，其形状多样，而馅料也是各色各样。

民间在端午节还有饮雄黄酒的习俗。在酒乡绍兴一带，除喝雄黄酒外，还要吃黄鱼、黄鳝、黄瓜、黄梅，号称“五黄”。吃“五黄”的目的是驱“五毒”，即蛇、蜈蚣、蝎子、壁虎、蜘蛛。不过雄黄这种矿物含有毒，泡酒而饮，易使人中毒，召集饮雄黄酒的人渐已减少[②]。这是科学改变了食俗的例子。

其实许多民俗学家认为，端午节起源于夏至。此时农作物生长旺盛，必须加强田间除草灭虫的管理，同时也为了祈求祖先保佑丰收，早在周代，天子就在夏至日专门品尝黍米，并用来祭祀祖先。《礼记·月令》：仲夏之月，“天子乃以雏尝黍，羞以含桃，先荐寝庙”。这一活动渐渐影响到民间，并出现了吃“角黍”即粽子的食俗。《太平御览》引《风土记》：“俗以菰叶裹黍米，以淳浓灰汁煮之令烂熟，于五月五日及夏至啖之。一名粽，一名角黍，盖取阴阳尚未分散之时象也。”后来人们又将这一食俗的文化意义由农业生产演绎至屈原的爱国精神上，从而使端午节之食俗更富魅力。

7.2.7 中秋节与食俗

农历八月十五为中秋节，因为处于孟秋、仲秋、季秋的中间而得名。中国在周代就有帝王春天祭日、秋天祭月的礼制。我国最早记载“月饼”这一食品的，当是宋代，周密的《武林旧事》、吴自牧的《梦粱录》有了“月饼”的称呼和品种。月饼还起过特殊的作用，传说元末朱元璋起义时，就将写有起义时间的纸条藏在月饼中传递消息。

---

① 熊四智. 中国人的饮食奥秘. 郑州：河南人民出版社，1992. 206

② 朱宝镛，章克昌主编. 中国酒经. 上海：上海文化出版社，2000. 476

原来月饼是祭拜月亮时最主要的供品，祭供后全家分食，现在已不再祭月拜月，但仍有赏月吃月饼的习俗。明代田汝成《西湖游览志余》："八月十五谓之中秋，民间以月饼相遗，取团圆之义。"中秋最讲全家团圆，历代文艺作品已有不少是从这一角度着笔的，从古代的诗词到今日之歌曲不胜枚举。正因为有团圆之文化意义，故月饼是圆形的，另外用圆形来模拟月亮之状，向月亮祭拜，表达对大自然的感恩之情，不过这一层文化含义在今天已渐渐失落了。

月饼在唐代已有，至宋代更盛，明代《酌中志》："八月，宫中赏秋海棠，玉簪花。自初一日起，即有卖月饼者。"又清代《燕京岁时记》中谈到月饼时，称赞京城月饼以前门致美斋为第一，这又可见清代月饼专业生产中的情况。月饼到清代时制作已极为讲究，品种繁多。现在已有苏式、广式、京式等流派，有枣泥、莲蓉、椰蓉、五仁、豆沙、松仁、火腿、蛋黄、肉松等数十种不同风味的馅心，而且每至中秋节，月饼商战已愈战愈猛，已成为现代人节日食俗的一道风景。

中秋节食俗除吃月饼外，中秋酒俗也具特点。中秋节晚上喝酒，要拜月赏月，人们一般先吃完晚饭，然后在院中或天井中摆开桌凳、香烛、供品，做好拜月准备。待月亮东升后，女人们虔诚拜祭，男人们在此时开始喝酒赏月。这是在月下饮酒赏月，其他时候饮酒则在室内进行。

7.2.8 重阳节与食俗

农历九月九为重阳节，因为古时九为阳数，故得名。我国民间在此节日素有登高、插茱萸、赏菊花、饮菊花酒、吃重阳糕的习俗。

重阳节登高之风，起源于汉代汝南人桓景。传说他在此日登高以避灾害，后来慢慢在民间传播开来。唐代登高之风尤盛，诗人李白、王维、孟浩然、岑参、杜甫、刘禹锡等均有这方面的诗作。插茱萸是一民间习俗，大约起源于晋代，宋以后此风渐衰落，今人已经不太容易见到了。

重阳节一大食俗便是赏菊饮菊花酒。南宋吴自牧《梦粱录》："今世人以菊花、茱萸浮于酒饮之。盖茱萸名辟邪翁，菊花为延寿客。"这表明重阳节饮菊花酒已成为一种时尚。据晋人文献所记，菊花酒的制作是菊花舒时并采茎叶，杂黍米酿之，至来年九月九日始熟就饮，所以称为菊花酒，又称为重阳酒。

重阳节另一大食俗便是吃重阳糕。重阳糕就是用粉面蒸糕，辅料有枣、栗、肉等。最初称为"饵"，到了宋代，重阳糕已基本形成定制，《东京梦华录》、《梦粱录》、《武林旧事》所记重阳糕大体相同。清《帝京岁时记胜》中谈到重阳糕时说：京师重阳节花糕极胜，市人争买，供家堂，馈亲友。由此可见当时食糕之习俗很盛。现在重阳节是尊老爱老的"老人节"，重阳糕品种、成分、形状也各种各样，但用料中含有多种果料，品质松软，经过蒸制而成，在重阳节吃的松软糕类都称为重阳糕了。

7.2.9 浴佛会与食俗

农历腊月八日为浴佛会。相传为释迦牟尼成道之日，寺院于这一日诵经，举行法会，民间也视为盛大节日。这一节日与食俗有诸多关系。

是日，各大寺院用果子杂拌煮粥，分食僧众，因此有"腊八粥"的名称。民间也相尚成俗，《东京梦华录》：初八日，诸寺院"作浴佛会，并送七宝五味粥与门徒，谓之腊八粥。都人是日各家亦以果子杂料煮粥而食也。”腊八粥，又称为佛粥、七宝粥、五味粥等。腊八粥用料因时因地也有所不同，如《武林旧事》记当时杭州做此粥，用胡桃、松子、乳蕈、柿、栗之类。《燕京岁时记》记当时北京煮此粥，用黄米、白米、江米、小米、菱角米、栗子、红豇豆、去皮枣泥等，又用染红桃仁、杏仁、瓜子、花生、榛穰、松子、白糖、红糖、葡萄以作点染。

腊八粥十分流行，《红楼梦》第19回中写道：“明儿是腊八儿了，世上的人都熬腊八粥。”由此可见那一时代之普遍流行。沈从文专门写有一文《腊八粥》，其中写道：“初学喊爸爸的小孩子，会出门叫洋车了的大孩子，嘴巴上长了许多白胡子的老孩子，提到腊八粥，谁不口上就立时生一种甜甜的腻腻的感觉呢。”这将不同年龄的中国人对于腊八粥的那种情感写出来了。一直到今天，当代人还流行在腊八这一天喝腊八粥，不过其习俗也渐被淡化。

除腊八粥外，还有腊八面或称腊面。明时宫中于十二月初八日赐百官食面，这就是腊面。明沈德符《野获编》：“腊月八日吃腊面。”清俞樾《茶香室续抄·腊八面》：“十二月初八日，释氏以饧果诸物煮粥，名腊八粥。明宫中有腊八面。”

7.2.10 冬至与食俗

冬至节在阳历的12月21日或22日。大约在汉代，冬至已成为一个节日，魏晋以后，冬至的庆贺规模扩大，变成一个很重要的节日，同时也伴随着食俗。

人们在冬至这天进行祭祖活动，这一天的酒就称为“冬至酒”。人们在冬至前几天就要准备三牲菜蔬的供品，以及纸钱寒衣。祭祀时有的还要张挂祖先遗像，后辈以长幼为序依次跪拜，称为“拜冬”。祭毕，将纸做的寒衣和纸钱在院子里焚化，表示敬献给祖先。然后全家人才享用冬至酒。苏南一带家家还饮用冬酿酒，为冬至食俗之亮点。

冬至食俗也颇多，如有食馄饨的，其文化含义是，冬至节是阴阳交替，阳会发生的时候，食馄饨寓示祖先从混沌中开创天地，从而表达对祖先缅怀与感激之情。也有吃羊肉的，寓示吉祥，同时冬令进食羊肉也可滋补身体。《明宫史》卷四载，冬至节吃炙羊肉、羊肉包、扁食、馄饨，以为阳生之义。不过，冬至节吃馄饨、羊肉的食俗到今天已不很流行，普遍流行的是“冬至酒”。

以上概略地梳理了传统节日与食俗，此仅十个方面，其实传统节日还有不少。如宋代陈元靓《岁时广记》所载一年中节日有：元旦、立春、人日、上元、正月晦、中和节、二社日、寒食、清明、上巳、佛日、端午、朝节、三伏、立秋、七夕、中元、中秋、重九、小春、下元、冬至、腊日、交年节、岁除等。今天一些节日已淡化，而随着社会的发展一些节日又成为新的传统节日了，如国庆节、劳动节、妇女节等，甚至近年来圣诞节、情人节等也产生越来越大的影响，每逢这些节日也往往少不了聚会餐饮，不过要形成某种模式的习俗还要看是否能“约定俗成”了。

传统节日食俗是一值得进一步系统研究的课题，百姓是怎样“约”，怎样“定”，怎样“约定俗成”的，其中深含道理。

另外，少数民族的传统节日也丰富多彩，与食俗也紧密地联系在一起，很有特色。锡伯族也有清明节，但又分为三月清明、七月清明，前者称鱼清明，后者称瓜清明，一鱼一瓜即与食品相连。苗族有苗年、四月八、花山节、吃新节、赶秋节、龙船节等。白族有三月街、火把节、绕山灵、栽秧会、礼至节、果子节等。朝鲜族有婴儿节、回甲节、回婚节等。哈尼族有十月年、六月年、吃新谷节等。瑶族有灶王节、达努节、要望节、六月节等。侗族有祭牛神(四月八或六月六)、吃新节、侗年、三月三、姑娘节、花炮节等。他们喜气洋洋地过节，依他们的食俗过节，在过节中又传承积淀着他们的食俗。

7.3 食品文化与地方风味

古谚云：十里不同风。中国历史悠久，地大物博，人口众多，地域气候区别较大，形成了丰富的地方风味。赵荣光称其为“饮食文化圈”或“饮食文化区”，所表达和反映的均是中国饮食文化的区域属性与特征。并且认为经过漫长历史过程的发生、发展、整合的不断运动，中国域内大致形成了东北饮食文化区、京津饮食文化区、黄河中游饮食文化区、黄河下游饮食文化区、长江中游饮食文化区、长江下游饮食文化区、中北饮食文化区、西北饮食文化区、西南饮食文化区、东南饮食文化区、青藏高原饮食文化区、素食文化区。各饮食文化区的形成先后和演变时空均有各自的特点，他们在相互补益促进、制约影响的系统结构中，始终处于生息整合的运动状态。

人们从烹饪的角度曾将中国的菜分为鲁菜、苏菜、川菜、粤菜四大菜系，或分为鲁菜、苏菜、川菜、粤菜、湘菜、闽菜、徽菜、浙菜八大菜系。或又分成十大菜系，即在八大菜系上再加上北京菜、上海菜。菜系的前身提法是“帮口”，是中国烹饪的风味体系。其实对于世界来说，中国菜是相对于法国菜、土耳其菜等的一个独立的又有鲜明特色、悠久历史文化的菜系，即中国菜系。在中国菜系中，人们分为四大、八大、十大菜系，再从细里说，则又何止这些，于是又有地方菜系之说，认为可按行政区来分。不管划分方面是否符合实际情况与逻辑之律，但足以看出，中国饮食文化中地方风味显示出特别的丰富性、多样性，而这些地方风味又正是中国民俗的重要内容。各地的中国人是怎样于彼土彼水、于彼生彼长、于彼烹彼调中吃的，吃什么，怎样吃，于是形成了风味与风俗。这里仅概略述之。

7.3.1 鲁菜与地方风味

山东饮食文化极其深厚，鲁为周公旦封地，齐为姜太公封地，又有齐之易牙、鲁之孔丘等等，山东在上古已积淀下丰厚的饮食文化。北魏《齐民要术》记录山东的菜肴、面点、小吃达百种以上，烹饪制作方法众多，不少名食已形成，由唐宋至明清，山东风味已确立，今天“鲁菜”在国内外均有很大影响。

山东菜既有内陆风味的济南菜，又有沿海风味的胶东菜，还有孔府菜。济南菜烹饪技法以爆、烧、炒、炸等见长，菜肴以清、鲜、脆、嫩著称，口味浓厚鲜咸，有鲜明的济南地方特色。胶东菜因地制宜，利用丰富的海产资源为饮食原料，口味以鲜为主，偏于清淡。曲阜孔府菜又自有特色，继承了孔子“食不厌精，脍不厌细”等饮食文化观，选料严制作精，这是中国食品文化中的一朵灿烂的奇葩。

山东人喜欢生食葱蒜，这种民间习俗也随着鲁菜中的烤鸭、锅烧肘子、清炸大肠等进入了高级宴席。又如鲁菜还常用豆豉、豉汁来调味，这种习俗可以追溯到春秋、战国时期，这也让人惊叹食俗中所深藏的历史及其强大的生命力。

7.3.2 苏菜与地方风味

苏菜，主要由淮扬、金陵、苏锡、徐海四帮地方风味菜构成。

淮扬菜以扬州、镇江为中心，还包括南通、淮阴等地区。淮扬菜刀工精细，注重火工，善于运用炖、焖、煨等技法，注重菜肴的色泽鲜艳，造型生动，其味鲜嫩平和。淮扬风味小吃历史渊源久长，乡土气息浓郁，明清时期扬州就以有各种面点数十种而“美甲天下”。

金陵菜，即南京菜，能兼取四面之美，适八方之味，故有“京苏大菜”之称。南京有“三炖”——炖生敲、炖菜核、炖鸡孚，又有所谓“金陵三叉”——叉烤鸭、叉烤鱼、叉烤乳猪，均于刀工、火工特别讲究。南京菜以鸭馔最具地方特色。

苏锡菜，是以苏州、无锡为中心，包括常熟、宜兴等地的风味菜。其地善于烹制水产，以甜出头、咸收口，讲究浓油、赤酱、重糖。苏锡菜也重刀工、火工，苏州“三鸡”的西瓜鸡、早红橘络鸡、常熟叫花鸡等即是代表。苏州的碧螺虾仁、雪花蟹斗、莼菜塘鲤鱼片、母油全鸭以及无锡的脆鳝、香松银鱼、锅巴虾仁等都让人品味到苏锡菜的色美、形美、味美。

徐海菜，源于徐州、连云港等地。徐州风味受鲁豫影响较大，连云港风味则受淮扬菜影响较大，总体上是口味平和，兼适四方，风味古朴。

苏菜风味与该地区悠久的饮食文化积淀有密切关系。从上古时期名厨太和公、专诸、彭铿一起至今日，其中所累极其丰厚，足资借鉴开发利用，在老树上绽出一朵朵饮食新花。

7.3.3 川菜与地方风味

川菜，其饮食文化积淀也极其丰厚，如文君当垆、相如涤器等等，人尽知之。两宋时“川食”、“川菜”进入汴京、临安市肆，为其风味奠定了基础。明清之际，辣椒传入四川，川味更具特色。今有所谓“食在中国，味在四川”之说，可见川菜影响之大。

四川风味又由成都（上河帮）、重庆（下河帮）、自贡（小河帮）组成，风味小吃则还有川东、川北地区。其川味的主要特色是：取料广泛，因天府之国物产极为丰富；调味多样，为中国地方风味菜中首屈一指；适应性强，其烹饪技法有 50 多种；名食繁多，如宫保鸡丁、麻婆豆腐、樟茶鸭子等等，美不胜收。其小吃已达到 500 种以上，可见其丰多。

川菜有百菜百味之誉，如有家常味（咸鲜微辣）、鱼香味（咸甜酸辣辛而兼有鱼香味）、怪味（咸甜酸辣香鲜，各味谐和）、红油味、麻辣味、酸辣味、椒麻味、椒盐味、甜香味、咸甜味、姜汁味等等，有 20 多种。有学者这样写道：品味川菜的人，无不对其复合调味拍案叫绝。川菜厨师在烹调用料时十分注意层次分明，恰如其分；食客在品尝川菜时，大有甜、酸、麻、辣、苦、香、咸诸味高低起伏的感觉。如同是麻辣的水煮肉片和麻婆豆腐，其口味就各具特色。辣味用料上有油辣椒、泡辣椒、干辣椒、辣椒粉之别，运用中注意浓淡相宜，烹出的菜肴辣而不燥，辣而不烈。还有荔枝味、糖醋味都以盐、糖、醋为基本调料，但风味却各异。糖醋味菜式一入口即是甜酸，咸味微弱。荔枝味却咸甜酸并重，在酸甜的感觉上则是一个先酸后甜的过程。尤有怪味，融咸、甜、麻、辣、酸、鲜、香为一体，用十余种调味品互相配合，彼此共存，在食用时感到其味反复多样，味中有味，十分和谐，被誉为“川菜中和声重叠的交响乐”。可见四川菜的神韵在于百菜百味，一菜一格。另外四川小吃也可谓百食百味，百吃百美，著名的如赖汤圆、钟水饺龙抄手、担担面、夫妻肺片、青城白果糕、三合泥、山城小汤圆、九圆包子、牦牛肉、提丝发糕、鸡丝凉面、八宝枣糕、鸳鸯叶儿粑、泸州白糕、猪儿粑、川北凉粉、灯影牛肉等等。那些名称也极有意思，其他地方称馄饨，四川称为“抄手”，还有用龙抄手、吴抄手、矮子抄手等命名抄手店的。

7.3.4 粤菜与地方风味

粤菜即广东菜，由广东菜、潮州菜、东江菜、海南菜组成，为较大的菜系之一。

清屈大均《广东新语》:"天下所有之食货,粤东几尽有之,粤东所有之有食之货天下未必尽有也。"从这也许就能读出粤菜原料是非常丰富的,而且当地百姓又敢于吃、善于吃。早在唐代韩愈被贬至潮州时,就看到当地居民吃鲎、蛇、蒲鱼、青蛙、景鱼、江瑶柱等数十种异物,感到很独特。南京周去非《岭外代答》:"深广及溪峒人,不问鸟兽蛇虫,无不食之。其间异味,有好有丑。山有鳖名蛰,竹有鼠名鼬,鸧鹳之足,猎而煮之,鲟鱼之唇,活而脔之,谓之鱼魂,此其珍者也。至于遇蛇必捕,不问长短,遇鼠必执,不问大小。蝙蝠之可恶,蛤蚧之可畏,蝗虫之微生,悉取而燎食之。蜂房之毒,麻虫之秽,悉炒而食之。蝗虫之卵,天虾之冀,悉鲊而食之。"由古而今,此种食俗没有改变而是传承并发展着。

广东属亚热带,天气炎热,这也给食俗带来很大的影响,因天气热故粤菜口味清淡较重汤菜。粤菜又可分为四大地方风味菜。一是广东菜肴。包括珠江三角洲和肇庆、韶关、湛江等地菜肴。其风味特色是用料广泛,选料精细,烹饪技法多而善于变化,注重火候,菜肴清、嫩、鲜,力求保持原汁原味。二是潮州菜,源于潮州、汕头、饶平、惠来等地,长于烹制涨鲜类菜肴,汤类、素菜、甜菜最具特色。三是东江菜,又称客家菜,菜肴多以禽畜为原料,主料突出,造型古朴,酥烂浓香,口味偏咸,有"无鸡不清,无鸭不香,无肉不鲜,无肘不浓"之说。四是海南菜,其名产甚众,如文昌鸡、嘉积鸭和万宁东山的东山羊、和乐蟹、港北对虾、后安鲻鱼,又如大洲燕窝、陵水石斑、乐东淡鳗、东方豹狸等等。其烹调风格用料重新鲜,少浓口重味,有热带菜之特色。

粤菜食俗联系着深广的历史文化,其中历史上中原人多次向岭南移民,清末大量广东人流至海外,近代列强用坚船利炮轰开中国南大门,中外文化在这时碰撞与交融,粤东山区的客家人文化等等,使粤菜食俗在中国菜中独具一格,而且越来越多的人喜欢吃粤菜,在世界各地粤菜饭馆也是开得越来越多。

7.3.5 湘菜与地方风味

湘菜,源于湘江流域、洞庭湖区。此地区饮食文化积淀也极其丰富,《楚辞》、《吕氏春秋》、马王堆汉墓出土遗址上均有古代美食之记载,是地方风味形成的物质基础。

湘菜可分为几类:一是湘江流域菜,以长沙、湘潭、衡阳为中心。其名菜如麻辣仔鸡、生溜鱼片、清蒸水鱼、红煨鱼翅、红煨甲鱼裙爪等,均表现出制作精细,或油重色浓,或汁浓软糯,或汤清如镜。二是洞庭湖菜,以常德、岳阳、益阳为中心。此地区以烹制湖鲜、野味见长,又以吉首、怀化、大庸为中心。此地长于山珍野味、熏腊腌制的烹制,口味以咸香酸辣为主。

湘菜之"香"特色尤为人称道。有论者说道:湘菜之"香",芳馨独特,精微而细腻,恰如清代著名美食大师所言,"不必齿决之,舌尝之而后知其妙也",大有先声夺人之势。清代湘菜更随季节变化,其香味,春有椿芽香,夏有荷叶香,秋有芹菜香,冬有熏腊香;就原料而言,更有韭香、葱香、椒香、茄香;再以品质而论,亦有清香、浓香、醇香、异香等。还有一些特殊的香味令人叫绝,如"翠竹粉蒸鮰鱼"的竹香,是仿照云南竹筒饭的制法,将洞庭湖特产的鮰鱼置于翠竹筒中,上笼蒸熟,成品细嫩鲜美,竹香横溢四散。"君山鸡片"的茶香,是以君山银针茶叶为配料精制而成,食时别有一番韵味。

7.3.6 闽菜与地方风味

福建菜系,源于华东南部沿海地区,也称闽菜。唐代福建已有海蛤、鲛鱼皮作为皇家贡品，宋时已成为水稻、茶叶、甘蔗、水果的著名产区，宋代《山家清供》录有蟹酿橙等名菜。《清稗类钞》已将福建菜视为“肴馔之有特色者”。闽菜在华侨和东南亚一带较有影响。

闽菜由三部分构成：一是福建菜，取料广泛，长于烹制海鲜，口味甜酸，重调汤，有“无汤不行”之说，又善用糟香、香辣。其名肴佛跳墙、淡糟炒香螺片、糟汁氽海蚌均具有鲜明的特色。二是闽南菜，以厦门、漳州地区为中心。用沙茶、芥末、橘汁等调味，方法很独特，口味清鲜淡爽，代表者有东壁龙珠、沙茶焖鸭块、芥辣鸡丝等名肴。三是闽西菜，讲求浓香醇厚，以烹制山珍野味为长，味偏咸重油，善用香辣，有山区风味特色，以白斩河田鸡、上杭鱼白、煨牛腩等为其代表。

闽菜与苏杭菜有较深关系，南宋时中原人的再次南迁也影响了该地区的饮食文化，因此福州菜以“苏杭雅菜”作为一大支柱，另外又深受广东菜的影响，这是鸦片战争以后福州成为通商口岸，广东菜也浸入到福州，此中又夹杂着部分西洋菜，如英国的烹调方法在内，因此有人认为“京广烧烤”是福州菜的又一支柱。

福建风味小吃也别具特色，如蚝煎、鱼丸、蛎饼、锅边、油葱粿、光饼、汀州豆腐干、手抓面等，均制作精细、善于调味，地方特色浓厚。

7.3.7 徽菜与地方风味

徽菜起源于南宋时期的古徽州（今安徽歙县一带），原是山区的地方风味，随着徽商的经营足迹的迁移，徽菜也带到了全国各地。

徽菜有良好的本地特色原料，如皖南山区和大别山区盛产石鸡、香菇、石耳等山珍野味，又如长江中的鲥鱼、淮河中的肥王鱼、巢湖的银鱼和大闸蟹、砀山的酥梨、萧县的葡萄、涡阳的苔干、太和的椿芽、安庆的豆腐都是有名的。徽菜烹饪重火工，菜品油浓色重，炖菜汤浓味厚，质地酥烂，故有“吃徽菜，要能等”的说法。

徽菜中又分为皖南菜、沿江菜、沿淮菜三大地方风味菜。皖南菜以古徽州府歙县、屯溪为中心，具有皖南乡土特色。沿江菜源于长江流域，以合肥、芜湖、安庆风味为代表。沿淮菜源于淮河流域，以蚌埠为中心。

安徽风味小吃品种繁多，相传唐代就有了名品示灯粑粑，另有寿县的“大救驾”，传说是因赵匡胤吃过而得名。此外还有庐江小红头、芜湖虾子面、蟹黄汤包、老鸭汤，安庆江毛水饺、油酥饼，蚌埠烤山红、糁汤、五仁油茶，合肥鸡血糊、银丝面，和县霸王酥，淮南八公山豆腐，阜阳糊等，兼有南北风味特色，而又民间色彩浓厚。

7.3.8 浙菜与地方风味

浙菜，有着浓厚的饮食文化积淀，《梦粱录》、《武林旧事》等古代文献已说明了当时杭州饮食文明的发达、烹饪技术的高超。

浙菜由杭州菜、宁波菜、绍兴菜三大地方风味组成。杭州菜，著名的如西湖醋鱼、东坡肉、龙井虾仁、油焖青笋、叫花鸡、西湖莼菜汤、蜜汁火方、虎跑素火脚、赛蟹黄等，用料精细，口味清鲜脆嫩。宁波菜长于烹制海鲜，如清蒸河鳗、冰糖甲鱼、葱烤鲫鱼、苔菜拖黄鱼等均注重原汁原味，咸鲜味突出。绍式虾球、清汤越鸡等均表现出江南水乡的浓厚风格。

浙江风味小吃也品种丰富，如吴山油酥饼，即是袁枚介绍过的“蓑衣饼”，还有宁波汤团、虾爆鳝面、片儿川面、幸福双、西施舌、猫耳朵、银丝卷、三鲜烧卖、粽子等，其味型丰富，制作精细，很有地方特色。据说南宋时杭州的小吃店已有专业分工，故小吃之发达是有其渊源的。

除以上浙菜等八种地方菜系，北京“京菜”具有“北京化”了的外地风味菜，“外地化”了的北京民间菜，以及从宫廷、官府流传到市肆的宫廷菜，组成了北京风格的京菜。又上海“沪菜”，是以上海和苏锡水乡风味为主体，兼有各地风味的地方菜。陕西“陕菜”或称“秦菜”、河南的“豫菜”、山西的“晋菜”、湖北的“鄂菜”、河北的“冀菜”、云南的“滇菜”、贵州的“黔菜”，以及天津、吉林、辽宁、黑龙江、江西、广西、台湾、内蒙古、新疆、甘肃、宁夏、青海、西藏、港澳等地也各有其特色，各有其风味，各有其名肴，各有名小吃，伴随着百姓的历史、文化、民俗、地理、风物。地方风味之真知，在于品尝其食物时，应当“细嚼慢咽”地去寻找、领悟食物背后、深藏的民风、习俗之韵味。

地方风味的亮点在各地名食名肴中尤可解读。大家知道，羊肉泡馍是陕西风味的美食，而这一地方风味的形成有其悠久的历史文化。公元7世纪中叶之后，阿拉伯商人、使者来到长安，从而带来了阿拉伯烤饼和煮制牛羊肉的方法，还有必备的调料小茴香、八角、桂皮等。长安的穆斯林将我国的烤饼和阿拉伯的烤饼制法结合起来，小圆饼，称“图尔木”，后来称为“饦饦馍”。有了“饦饦馍”，又有了煮牛羊肉，也就产生了羊肉泡馍。大约在明代中叶，羊肉泡馍已在西安的穆斯林家庭中传开了。经过不断普及，羊肉泡馍成了西安乃至陕西民众喜爱的一种风味美食。至今西安市还有西羊市、东羊市等历史性街名，那里的穆斯林现在还称“饦饦馍”为“图尔木”。

清蒸武昌鱼是湖北传统名菜。这是一种团头鲂，鲂，即鳊鱼。三国时吴主孙皓一度从建邺（南京）迁都武昌（今鄂城县），陆凯上疏谏劝，用了当时民谣：“宁饮建业水，不食武昌鱼。”1956年6月毛泽东来到武汉视察，曾品尝清蒸武昌鱼，在所作词《水调歌头·游泳》中写下了：“才饮长沙水，又食武昌鱼。”从而使这一地方风味名菜又积淀了新的文化内涵，武昌鱼名声更大了。

洛阳水席是与龙门石窟、洛阳牡丹并列的“三绝”之一。全席共24道菜，先上8个冷拼盘的酒菜，接着上4大件，且每个大件带2个中碗，然后上主食，再上4个压桌菜，最后还上白菜汤或鸡蛋汤的“送客汤”。传说武则天出巡洛阳，曾以“水席”大宴群臣，她本人对“水席”也颇多称赞，从此“水席”进入宫廷宴会，唐时称“官场席”。直到今天，洛阳地区的民众还常用“水席”招待宾客。

孔府菜，其宴席菜肴的贵贱、精粗、多少以及餐具、器皿的贵贱都有严格的区别。清代大致有满汉全席、全羊大菜、燕菜席、鱼翅席、海参席、便席、如意席（丧席）等。乾隆三十六年（1771），皇帝到曲阜祭孔，孔府接驾宴席费用里记载有“预备随驾大人席面干菜果品需银二百两”，从这一点就可以透视宴席之奢豪。又孔府主人遵其祖训，“食不厌精，脍不厌细”，菜肴制作上选料广泛，粗菜细做，细菜精做，且有浓厚的乡土风味。其著名菜肴有：当朝一品锅、燕菜一品锅、红扒熊掌、扒白玉脊翅、御笔猴头、烧秦皇鱼骨、菊花鱼翅、神仙鸭子、一卵孵双凤、八宝鸭子、霸王别姬、绣球鱼肚、怀抱鲤、抱子上朝、烤花篮鳜鱼、干蒸莲子等。家常菜肴有：玉带虾球、松子虾仁、炒双翠、九层鸡塔、七星鸡子、鸳鸯鸡、汪肉丝、珍珠汤、什锦素鹅脖、鸡皮软烧豆腐、椿芽豆腐、炸熘茄子、油淋白菜等。我们从这些名菜的命名上，或许就可以解读出文化的意蕴，既含孔府的内涵，又有浓郁的地方特色。

7.4 食品文化与民族风俗

食品文化与民俗学又有一个重要内容，即少数民族的情况。中国有56个民族，55个少数民族，各民族的食品文化与民俗也各有特点，只是内容极其繁富，不能一一细论，这里只能概略论之。

7.4.1 蒙古族食品文化与风俗

蒙古族聚居于内蒙古自治区，其他分布在东北三省及甘肃、青海等地。牧区蒙古族以乳肉为主食，多吃肉干、奶干、炒米。农区以粮食为主食，多食牛羊肉和乳制品。

蒙古族人有自己的食品文化与习俗，他们将传统食品分为白食、红食。白食，是各种奶制品，其文化意义是表示纯洁高尚的食品，蒙语称为“查干伊德”。红食，是指各种肉食品，称为“乌兰伊德”。有煮全羊，烤全羊，是待客的上品，全羊席是宫廷菜肴的杰作。饮料有马奶酒，从伏夏骒马下马驹开始，至秋草干枯不再挤奶时止为酿制时期，又称为“马奶酒宴”期。又一饮料是奶茶，用茶砖加牛奶及盐熬成。蒙古族人习俗，待客先敬茶后敬酒。敬茶时，客人一定要喝。敬酒时，主人先用手指蘸酒往客人头上抹一下，再为客人斟酒。蒙古族多以“满杯酒满杯茶”为敬，汉族则多以“满杯酒半杯茶”为敬。

蒙古族有过原始宗教信仰，因此有“祭敖包”、“祭尚西”的饮食文化活动。尚西，蒙古语是独棵大树或神树之意。祭尚西，则要向扮演“尚西老人”的人敬酒，进献奶食品。锡林郭勒草原的蒙族人，于夏历八月末有马奶节。牧民盛装而来，杀羊宰牛，炸果，赛马。赛马毕，入席饮宴，祝酒歌唱，庆贺草原人畜兴旺。

7.4.2 藏族食品文化与风俗

藏族主要分布在西藏自治区及四川、青海、甘肃、云南等省。藏族人喜吃青稞面、酥油茶和牛、羊肉食品及奶制品。青稞面称糌粑，是将青稞炒熟后磨成粉制成，可直接吃，此谓干糌粑；又可与奶茶、酥油、奶渣等一起饮用。风干牛肉，是他们喜爱的生食牛肉。秋季宰牛并割成条，穿成串，又用食盐、花椒粉、辣椒粉、姜粉拌之，再风干而成，味道极美，口感极佳，他们吃偶蹄类的牛、羊、鹿及猪等，不吃奇蹄类的马、驴等肉食品，不吃五爪的鸡、鸭、鹅以及狗、兔、獭，大部分地区藏民不吃鱼和飞禽肉。他们很讲究饮料，青稞酒是普遍喜爱的传统饮料，传说其酿造技术是唐文成公主传授的。酥油茶是藏民不可缺少的饮料，这是在熬好的茶水中加酥油、盐搅拌后再加热而成，如果早上喝足酥油茶，即使不吃午饭也不觉得饥渴。此外他们还有奶茶、甜茶、黑马茶等饮料。

藏族牧民食肉也有习俗，喜欢白煮大块肉，至半熟即捞出来食用。吃时一手抓肉，一手用刀削片食之，然后剩下骨头。多用胸岔肉和肋条间的肉敬客。对尊贵的客人要进献一盘羊尾，尾稍上还要留有一绺象征吉祥的白羊毛。牛羊的头和小腿肉是自家食用的，肩胛骨处的肉给牙齿不好的老人吃。若小伙子在女友家吃了这种肉，即表示女方已默许了婚事。

藏族节日尤多，几乎月月有节日，节日少不了饮食文化。古突是年饭，在藏历腊月二十九日吃，本意为“腊九粥”。原料有麦粒、杏、羊毛、辣椒、瓷片、内向捻线团、外向捻线团、豌豆、木炭。这9种东西，每一种均有其文化意义。食得羊毛者，表示来年心肠软；食得辣椒者认为此人嘴不饶人；食得木炭者认为其人心黑，等等。藏族“洛萨节”即过新年，十分隆重，每家都要酿制青稞酒，做点心。大年初一早上，喝八宝青稞酒“观颠”，是由红糖、奶渣子、糌粑、核桃仁等与青稞酒合煮成的食品，表示祝贺新年的丰收、吉祥。藏历每年七月六日至十二日是“沐浴节”，男女老少带着青稞酒、酥油茶、糌粑到江河溪流边，先沐浴，然后全家聚集在一起，喝着吃着，每天日出则出，日落则归，要持续一周时间。

7.4.3 满族食品文化与风俗

满族大部分分布在东北三省和北京。他们主食丰富，如饽饽、小肉饭、龙斗虎（大米与秫米为“龙虎”，小豆为“斗”，合煮成饭）、秫米水饭等。满族以烧、烤见长，擅用生酱（大酱）。其先人好渔猎，祭祀除用家禽外，还有鹿、麂、獐、狍、雁、鱼等。尤喜食猪肉，多用白水煮，谓“白煮肉”。大宴则多用烤全羊。他们好饮茶，且好酸茶，用小米或稷子米泡到发酵后煮熟，将米汤加茶叶煮开，放些糖即可饮。满族人忌食狗肉。

满族家庭逢喜庆等大事必设肉食宴会。在院中搭一大棚，人们围成圈盘腿坐于坐垫上。用大铜盘盛大块猪肉约10斤，另有大铜碗盛肉汁，每个座位前有一小铜盘。一大碗酒由各人依次捧碗而饮，吃肉喝酒越多，主人越高兴只要是旗人，无论认识与否均可参加。

满族人祭祖之风盛行，用酒、肉祭祀。家中西炕是奉祖先的地方。每到祭日，供奉酒肉，全家礼拜，十分庄重。满族人特别讲究饮酒风俗，如主人向客人敬酒，敬年长者要长跪进酒，待客人饮毕才站起来，对年少者则站着敬酒。妇女敬酒礼大体相仿，只是客人象征性示意一下即可，酒不要沾唇，否则就得将酒一次饮尽，否则妇女就会长跪不起，直到客人饮完一大杯酒才罢。当然这是较古老的习俗，已渐渐消失了。

7.4.4 朝鲜族食品文化与风俗

朝鲜族主要聚居于吉林延边朝鲜族自治州，辽宁、黑龙江、内蒙古等也有少量分布，是19世纪陆续从朝鲜迁来的。延边是北方“水稻之乡”，主食丰富，如打糕、冷面、德固（汤饼）、五谷饭、药饭等均为代表性食品。比如药饭，是用糯米、红枣、栗子焖制成饭，拌白糖、蜂蜜、香油后再次加工，吃时又拌入松仁粉、桂皮粉等，色泽艳丽，余香满口。

辣椒为家中必备，好吃味辣微酸的生拌菜、凉菜、咸菜等。肉食品中尤喜吃狗肉，但节庆日不能吃。每餐必喝汤，讲究喝汤浓味重的浓白汤。好饮米酒，但不爱饮茶，在过去是我国少有的不饮茶民族，平时连开水也不大喝，专好喝凉水，且越凉越好。

肉食品也有生食的，如生拌牛肉，是将鲜牛肉中的里脊切成丝，加酱油等八九种调料后制成，又有生拌牛百叶。辣拌鱼丝，是将明太鱼干用木槌捶软，去皮，把肉撕成丝，放酱油等六七种调料拌制成。

朝鲜族盛行“归婚礼”，子女们为健在的结婚60年的双亲举行庆祝活动。老人穿上结婚时穿过的礼服，子孙们设宴，并一一跪着给老人敬酒，等老人喝过后，其余人再依次举杯而饮。另外老人“六十花甲”、“七十晋甲”时，子女也设宴为他们祝寿。朝鲜族在正月十五早晨要空腹喝酒，以助耳聪，称为“耳明酒”。

7.4.5 回族食品文化与风俗

回族主要聚居在宁夏，其余主要分布在甘肃、河南、河北、青海、新疆、云南、山东等地。

他们信仰伊斯兰教,因而有其特有的饮食文化与风俗。

回民饮食禁忌严格,不吃猪、驴、骡等不反刍动物的肉和凶猛禽兽之肉,不吃一切动物的血,不吃自己死去的动物,不吃不带鳞的鱼,不嗜烟酒等,共有 17 条饮食禁忌。不过因教派不同,如有新教、老教、小坊派等,以及分散居住的环境与影响的不同,各地回民的饮食风格也有差异。

回民食品丰富,有特色,如油香,炸制时非常严肃,先要沐浴净身,吃时要正面向上,要撕开吃。在宗教节日或办红白喜事时才做油香。另外如馓子、肉火烧、软皮儿烧饼、羊肉粥、卷果、夹饭、干巴、阀子、面肠、烧羊肉、红松羊肉、黄焖羊焦肉、桶子肉、手抓羊肉、羊肉粉汤、煨牛肉等均颇有特色。回民教徒不喝酒。

回民好喝茶,如盖碗茶、冰糖窝窝茶、八宝茶、罐罐茶、油茶、烤茶,均为特色茶饮料。回民在接待客人时,客人进门后,先小净,即用“活水”洗手与漱口,然后献上新沏的茶,此后端上油香、馓子等食品。若贵客临门或杀鸡宰鹅,或做全羊席待客,而妇女不陪客人。

回民的传统宗教节日也内含丰富的食品文化。每年伊斯兰教历的十月一日为开斋节(或称“肉孜节”),成年穆斯林在斋戒的一个月里,白天不吃不喝,晚上进食,斋月期满那天便是开斋节。各家备油香、馓子、羊肉粥等。这一天清晨到清真寺参加会礼。又如古尔邦节,汉译为宰牲节,这天要宰鸡鸭鹅,或者是宰牛羊,接待亲友,在清真寺举行会礼,宰牲献祭。又有圣纪节,是穆罕默德的生日与忌日,人们要聚在清真寺聆听阿訇讲述《古兰经》,然后会餐,圣纪节的饮食比其他节日都丰盛。

7.4.6 维吾尔族食品文化与风俗

维吾尔族,主要居住在新疆,史书上曾有袁纥、回纥、回鹘、畏兀尔等称名,其远祖曾是西突厥汗国的一部分。

维吾尔族传统食品有馕,即各种烤饼,又分为白面馕、两合面馕、油馕、肉馕等。烤羊肉串已是国人尽知。烤全羊是高级宴会的传统佳肴。维吾尔族的“抓饭”很有意思,他们自称为“帕罗”,是用蔬菜、水果、肉类做的甜味饭。他们将羊肉块煮至七八成熟,再油炸一下,然后捞出,与大米、胡萝卜条、洋葱块、葡萄干及各种作料一起焖制成饭。吃时盛在盘里,用手撮成团,抓到嘴里,抓饭内不可放盐。在婚俗中,一个未婚姑娘如果说“今天吃了顿没放盐的抓饭”,意思就是在恋爱中上当受骗了。

维吾尔族也信伊斯兰教,饮食禁忌与回民基本相同。客人就餐前必洗手,不可顺手甩水,用毛巾擦干后,行了谢主礼便可就餐。客人如吃不了饭菜,可双手捧还给主人,主人很高兴,因为这预示主人家富足有余。吃饭时不得随意拨弄盘中食品;共盘吃饭时,不可把自己抓起的饭团再放回盘里。维吾尔族的宗教节日与回民相同。

7.4.7 壮族食品文化与风俗

壮族聚居在广西壮族自治区,另外分布在云南、广东、贵州、湖南等地。壮族是我国少数民族中人口最多的一个。

壮族主食是大米,制成米饭、米粉、米花、粽粑、油团等。他们在食品上着彩很有特色,如“花米饭”是由各种颜色植物的汁液染成,再蒸熟后食用。又如“五色蛋”也是着色的,将煮熟的鸡、鸭、鹅蛋染上 4 种颜色,再加上一个本色蛋。壮族的“壮粽”种类多,且形体大,一般是重1公斤左右，形状像个枕头。

壮族喜饮酒，且在酒内放入不同的配料，从而有鸡胆酒、鸡杂酒、猪肝酒等。壮族还有一种特殊的饮酒方式叫打甏。据《岭外代答》载，邕州、钦州壮族村寨，用小瓮干酿成浓糟，储存起来。待客时，将小瓮放在宾主之间的席上，再置一盂干净水，开瓮后酌水入瓮，并插一竹管，宾主轮流用竹管吸饮，先宾后主。竹管中有一关捩，能开合，吸得过急或过缓都会关闭。这种风俗称为“打甏”。这种饮酒很讲礼仪，要先由主妇致欢迎词，然后将竹管庄重地递给客人，并同饮一瓮，水尽再加水。另外，壮族敬客人酒的风俗是饮交杯酒，但不用杯，而是用白瓷汤匙，两人舀酒相互交饮，主人这时还会唱起动人的敬酒歌。他们的酒文化又有如广西壮族的“牛魂节”风俗，四月初八这一天牛不劳动，人们整修牛栏。中午家家举行隆重的敬牛仪式，摆上丰盛酒菜，全家坐于桌边，家长牵牛绕桌一圈，边绕边唱，并且要将米酒浇在牛身上。

壮族除牛魂节外，有特色的还有中元节(鬼节)、哈立节、尝新节等。每年稻谷成熟时要过尝新节，各地时间不一，饭前要将每样饭菜盛一些让狗先吃。桂西山区过去缺盐少碘，正月三十有“送大脖子节”，捕鱼捞虾，吃黄糯米饭，并将饭菜装入空蛋壳内扔进河里，算是送走了“大脖子”。壮族人好饮茶、嚼槟榔，过去有“客至不设茶，唯以槟榔为礼”的习俗，今日妇女仍好嚼槟榔。

7.4.8 苗族食品文化与风俗

苗族分布在贵州、云南、湖南、四川、广东、广西、海南、湖北等地。

苗族主食上也有特点，如云南苗人多吃菜饭；湘桂黔苗人好吃乌米饭，用南烛的茎叶捣烂渍汁，拌在糯米中煮成，饭粒乌亮；黔东苗人好吃野生植物的花，叶染成多色的糯米蒸成饭，称“姐妹饭”，过姐妹节时吃；湘西苗家早餐和午餐均称为“吃茶”。

苗家酸汤煮鱼是风味名菜。苗家常以腌酸坛的多少来看一个家庭的富足情况。云南苗家吃狗肉也很有特点，先打死狗，用火烧掉毛，用狗胆拌狗肝吃，狗肚子、肺、肠子煮制后剁细与狗血一起炒，拌入薄荷吃，狗肉要先在土里埋一个小时去掉腥味再煮制。他们还将体长过尺且很粗壮的蚯蚓作为待客佳肴。

苗族的茶文化很突出，茶种类颇多。湘西苗家多用油茶待客。油茶是将玉米、黄豆、蚕豆、红薯片、麦粉团、芝麻、糯米分别炒熟，用茶油炸过。待客时，将各种炸品及葱、蒜、胡椒粉放入碗中，用沸茶水冲开。客人须加喝4碗。这是一种做法，还另有别的制法。另外还有湖南绥宁苗家的“万花茶”，是用冬瓜、橘子、南瓜一类瓜果雕成花、鸟、禽、鱼等形状，经过多道加工，成为香、脆、甜的食品。饮用时，取几块放入杯中后冲饮。他们不但重饮茶，还特重视唱茶歌。

苗族的酒文化也有特点，用牛角盛酒敬客是隆重的待客方式。遇到过苗年一类的盛大节日，家家户户都做迎客准备，将酒放在芦笙场或铜鼓坪上，把客人拥到寨里，由两人举牛角劝饮，鼓乐齐鸣，客人要一饮而尽。客人进家门时要饮“进门酒”，入席时要饮“转转酒”、“劝杯酒”、“双杯酒”等，还要唱助酒歌。

以上仅讲述了8个少数民族的一些饮食文化与风俗，但已见因地理、气候的原因，或宗教信仰的原因，或历史文化的原因，表现出异常丰富多彩的饮食文化与风俗，是中国饮食文化中极其宝贵的一部分，值得研究者认真梳理与总结。

其他少数民族的饮食文化与风俗也都有鲜明的特点，如鄂温克族喜食生狍肝、生野猪肝用来增强视力，饮鹿奶做的奶茶，但不吃驯鹿肉。赫哲族喜食拌菜生鱼、生鱼片、生拌大马哈鱼籽等。鄂伦春族，行猎时常以刀割开桦树皮，用嘴对着吸吮，作为饮料。羌族每家有永世不熄的“万年火”，即“锅庄”，极其神圣，将宰杀后的猪连皮带毛吊在锅庄上方梁上熏烤，为“猪膘”，然后食用。彝族的砣砣肉、盐巴茶、泡水酒都是其特色食品。白族喜食砂锅菜、酸菜等，还有炖梅与雕梅，且为婚礼上的食品，被认为是衡量新娘炊事技能的一种标志。①

思考与练习

1. 说说礼仪、礼俗与我们饮食生活的联系。
2. 说出中国传统节日中的饮食现象和积淀的内涵。
3. 分析筷子在中国饮食文化中的文化内涵。

① 鲁克才等. 厨师大全. 北京：中国旅游出版社，1999

8 东方食品文化

“民以食为天”，人类生存离不开食物。基于各地区、各国之间的文化差异、风俗习惯之不同，东方各国的饮食习惯也是千姿百态、各领风骚。

韩国的酱和泡菜延续了数千年的历史，蕴含着久远的传统。韩国饮食以自然为本：有时是原汁原味，平平淡淡；有时又是华丽无比，令人不忍食用。从豪华的宫廷宴席到简单的四季小菜，韩国饮食又有着哪些独特的风味和风韵呢？日本菜是当前世界上一个重要的烹调流派，有它特有的烹调方式和格调，在不少国家和地区都有日餐菜馆和日菜烹调技术，其影响仅次于中餐和西餐。日本菜有什么特色呢？四大文明古国之一的古印度，有着其深厚神秘的文化，而流传至今的饮食现象也是别具一格、独树一帜。其饮食文化有何特点呢？

8.1 韩国的饮食文化

韩国位于东亚朝鲜半岛南部，面积9.9万平方公里，人口4 000多万。全国人口均为单一朝鲜民族，通用朝鲜语。历史上受我国唐代文化影响很大，尤其受我国佛学、儒学影响很深，居民多信奉佛教、基督教和儒教，首都首尔文庙每年春秋两季都要举行祭孔大典。韩国的经济增长速度居世界前列，经济发展水平居亚洲前列，外向型经济较发达。韩国文化是东西方文化的交融体。韩国这个以现代热情示人的国度，其实更有着古朴淳厚的另一面，无论是被儒家佛教熏染已久的重礼谦和的国民，还是沿袭至今的韩屋韩服，韩国各地对于民族文化遗产的保留，处处展示出传统之美。尤其在饮食文化的遵循传统上，更是体现出耐人寻味的传承和执著。所以，更好地体味韩国，大可以从传统美食开始。

8.1.1 饮食礼仪

韩国有着悠久的历史，亦保留了不少传统文化。

自古以来，韩国极重礼仪，在语言方面，年幼者必须对长辈使用敬语，至于饮食方面，上菜或盛饭时，亦要先递给长辈，甚至要特设单人桌，由女儿或媳妇恭敬地端到他们面前，等待老人举箸后，家中其他成员方可就餐。至于席上斟酒，亦需要按年龄大小顺序，由长至幼，当长辈举杯之后，年幼者才可饮酒。另外还有一个传统习惯，男女7岁不同席，女孩子到了7岁之后就不与任何男人(包括父亲和兄弟)在同一房间同席。不过，这种习俗在大城市已渐渐破除，偶尔在乡间仍然可见。昔日的韩国家庭，是将盛着米饭的器皿放在台中央，而菜则在碗里，并放置于周围，每个人则有一把长柄圆头平匙、一双筷子、一盘凉水，用餐时就用匙把饭直接送到嘴里，筷子用来夹菜，凉水则是涮匙用的。现代韩国人用餐习惯已有很大变化，不少是使用食品盘，每人一份饭菜装在盘中，也有些更加摩登的家庭已不用食品盘，而是用碗盛饭了。

韩国饭馆内部的结构分为两种：使用椅子和脱鞋上炕。在炕上吃饭时，男人盘腿而坐，女人右膝支立——这种坐法只限于穿韩服时使用。现在的韩国女性平时不穿韩服，所以只要把双腿收拢在一起坐下就可以了。坐好点好菜后，不一会儿，饭馆的大妈就会端着托盘向你走来，她从托盘中先取出餐具，然后是饭菜。韩国人平时使用的一律是不锈钢制的平尖头儿的筷子。中国人、日本人都有端起饭碗吃饭的习惯，但是韩国人视这种行为不规矩。而且也不能用嘴接触饭碗。圆底带盖的碗"坐"在桌子上，没有供你手握的把。再加上米饭传导给碗的热量，不碰它是合情合理的。至于碗盖，可以取下来随意放在桌上。

既然不端碗，左手就一定要听话，老实地藏在桌子下面，不可在桌子上"露一手儿"。右手一定要先拿起勺子，从水泡菜中盛上一口汤喝完，再用勺子吃一口米饭，然后再喝一口汤、再吃一口饭后，便可以随意地吃任何东西了。这是韩国人吃饭的顺序。勺子在韩国人的饮食生活中比筷子更重要，它负责盛汤、捞汤里的菜、装饭，不用时要架在饭碗或其他食器上。而筷子呢，它只负责夹菜。不管汤碗中的豆芽儿菜用勺子怎么也捞不上来，也不能用筷子。这首先是食礼的问题，其次是汤水有可能顺着筷子流到桌子上。筷子在不夹菜时，传统的韩国式做法是放在右手方向的桌子上，两根筷子要拢齐，2/3 在桌上，1/3 在桌外，这是为了便于拿起来再用。

8.1.2　饮食结构

韩国是由南向北延伸的半岛国家，四季分明，因此各地出产的农产品种类繁杂。又因三面临海，海产品也极为丰富。谷物、肉食、菜食材料多样化，黄酱、酱油、辣椒酱、鱼贝酱类等发酵食品的制造技术不断发展，使韩餐的主料和辅料互相搭配，再加入辣椒、大蒜、生姜、香油等调味品，更使韩国风味进一步完善。韩国的饮食结构以谷类为主，由各种烹饪方式制作的菜肴为配菜。饮食起名的时候一般将主材料放在菜名的前面，后面加烹饪的方式，如紫菜包饭、海带汤等。韩国饮食以其食用功能分为主食、副食和甜点。

主食：主要为饭、粥、米糕片、稀饭等。一般以米饭为主，其他根据需要适当调节。

副食：副食的第一作用是增进米饭的口味，第二是补充营养。副食的种类很多，主要以汤为主，有以汤汁为主可泡饭吃的汤类、汤汁与菜量相当的煲类、加一点汤汁煸炒的火锅类，还有在火上直接煎烤的烧烤和鱼肉串类，在平底锅中略加油煎的煎饼类，在蒸锅里反复炖成的清炖类、红烧类，以牛肉、海鲜为材料的生脍，生菜、熟菜等蔬菜类，牛肉和猪肉煮后切片的煮肉片，还有腌在辣椒酱、黄酱、酱油里的腌菜、发酵的鱼酱等等。

甜点：吃完主食和副食后，食用的甜点主要有韩国传统的饼糕、油果、茶食、蜜饯以及什锦水果汤等。

8.1.3　饮食习惯

韩国人自从从事农业就开发发酵食品，形成了独特的饮食文化，调味食品酱油、辣酱、大酱等尤为讲究。韩国人对传统的素食情有独钟，以素食为主的寺庙食品自不必说，就是泡菜、豆腐菜、山野菜等日常食品也非常发达。如今随着经济条件的改善肉类消费迅速增加，因此各种成人病大为流行，在这种情况下，素食的寺庙食品作为保健食品越来越受到人们的青睐。还有就是韩国的饮食特色在于良好的饮食习惯。米饭，无论是白米饭还是和其他杂粮混合煮成的米饭，都是韩国人的主食。米饭通常佐以因地区和季节而异的各式小菜。仅次于米饭的是“金齐”(泡菜)。泡菜是一种用芹菜、白菜和萝卜或黄瓜加上盐、蒜、洋葱、生姜、红辣椒和甲壳类海鲜等腌泡而成的辣菜。汤也是必不可少的一部分。其他的菜还有海鲜、肉或家禽、蔬菜、野菜和块根等。每个人都有自己的饭碗和汤碗，但所有的菜都摆在饭桌中央供大家享有。韩国人喜爱喝汤。汤是韩国人饮食中的重要组成部分，是就餐时不可缺少的，种类很多，主要有大酱汤、狗肉汤等。韩国人常吃甜点、糕点和面食，主要有麦芽糖、油蜜果、打糕、蒸糕、发糕、冷面等。

人们的日常饮品，包括酒类和软饮料两大类。韩国的传统酒是米酒，酒精度低，清凉可口。此外，还有保存期长的清酒和适宜冬天酿制的甘酒。软饮料主要有民间自制的花茶和柿饼汁，前者与中国的花茶同名而实质不相干，后者多在元旦时饮用。

韩国人吃饭用匙和筷子。最受欢迎的菜是“布尔高基”(烤肉)。将切好的肉片用酱油、香油、芝麻、大蒜、葱和其他调味品腌泡，然后在餐桌上的火盆上烧烤而成。韩国人通常喜欢吃辛辣的食物，因此红辣椒一年四季少不了。

饮食包括每天重复的日常饮食，一生中必经的举行仪式时摆的食品，祈求丰年和雨顺时摆的丰年祭与丰渔祭食品，祈祷部落平安而摆的部落祭食品，还有悼念过世的人而摆的祭祀食品等。同时也随季节的不同利用当时的食物做季节美食。韩国的季节美食风俗在营养上也很科学。例如认为正月十五吃核桃整年不会生疮，这是以补充所缺脂肪酸，有效防止皮肤的烂、癣、湿疹的科学说法为依据。而立春吃春天的野菜，既有迎春的感觉，又能补充因过冬而缺乏的维生素。

韩国是一个崇尚大男子主义的国家。在韩国民俗中崇尚男性，所以许多家庭都会悬挂些辣椒企盼男丁兴旺。韩国人过中秋与我们一样，赏月食饼。至于木质的雕像，民间的含义很多，也许是一种权力和地位的象征。

8.1.4 美食

韩国人对饮食很讲究，有“食为五福之一”的说法。韩国菜的特点是“五味五色”，即由甜、酸、苦、辣、咸五味和红、白、黑、绿、黄五色调和而成。韩国人的日常饮食是米饭、泡菜、大酱、辣椒酱、咸菜、八珍菜和大酱汤。八珍菜的主料是绿豆芽、黄豆芽、水豆腐、干豆腐、粉条、椿梗、藏菜、蘑菇8种。韩国人特别喜欢吃辣椒，辣椒面、辣椒酱是平时不可缺少的调味料，这与韩国气候寒冷湿润，需要抗寒抗湿有关。泡菜是具有韩国民族特色的冬季必备副食品。每年11月，把白菜、萝卜洗净晾干之后，加辣椒、蒜、葱、海鲜等各种调味料，用大缸腌渍起来，密封半个月至1个月后食用。每个家庭主妇都有腌制泡菜的独特手艺和秘方，因此泡菜的口味每家各不相同。

1）泡菜文化

在中国，一提到韩国饮食，在大多数人的印象中只有泡菜，而且仅仅是辣白菜。其实，这是一种极大的误解。的确，泡菜在韩国饮食中有着极为特殊的地位和意义。无论在繁华的汉城或是在乡村，在居民的住宅院落或阳台，看不到大大小小的泡菜坛子是不可想象的。

泡菜是韩国最主要的菜肴之一，而且韩国泡菜的种类和美味的丰富，绝对超出了一般外国人尤其是那些没有到过韩国的人的想象。据考证，韩国的泡菜有3 000多年的历史。在中国的《诗经》里出现的“菹”字，在中国的字典里被解释为酸菜，韩国人认为这是世界上首次有文字记载泡菜的文献。由于韩国所处地理位置的冬季寒冷、漫长，所以在韩国的古代，泡菜在腌制过程中产生的大量乳酸菌，是韩国人从食品中取得必要营养的一种途径。最初的泡菜只是用盐来腌制蔬菜，到16～17世纪，从国外传来的辣椒使泡菜的制作出现了革命性的变化。由于韩国海多，辣椒去除了用鱼类制作泡菜的腥味，所以被当作香料使用，从此开始诞生了种类数不胜数的韩国泡菜。目前韩国的泡菜正在大举进军亚洲市场，在北京和广州已建有合资厂，其最终目标是占领国际市场。

2）糯米糕文化

糯米糕，在韩国传统饮食中可称得上是节日食品的台柱子，吃米糕在韩国几乎是和吃谷物的历史一样长。韩国人在生日、回家、孩子的百天和周岁、结婚、祭祀时，制造糕饼祈求平安。春节或中秋节等节日也制作节日糕饼，农历三月三要做杜鹃花饼糕，中秋的时候做松饼。韩国很多饮食文化和中国十分相似，比如正月十五吃五谷饭，端午节喝菊花酒等。

糯米和粳米都是做米糕的原料，米糕的做法和中国大同小异，有"蒸糕"和"打糕"之分。米糕多做成甜饼和各色花式的点心，甜饼和点心多数有鲜、咸、甜等味道的馅，甜饼还要在外面粘上花瓣并放在平锅上用油煎。在过去，韩国的贵族非常重视节日吃米糕，在韩国博物馆和韩国传统饮食研究所里，就展出着考古挖掘出的数百年前贵族吃米糕用的精美瓷器和民间遗留下来的制作米糕的专用器具。韩国的年糕（糯米糕）制作，用类似中国的花色糕点木模（米糕的木模非常小，制成的米糕点心一般只有核桃大小，木模有陶制和木制两种），扣出五花八门和各种形状的小点心。节日送礼不能缺了米糕，尤其送娘家礼中不能缺，据说米糕里还含有诚心、爱心和孝心的含义。搬家的时候，还有做米糕分给邻居的习俗。在韩国的出土壁画里，韩国的新罗时代（676—935）就有了打糕的场面，在朝鲜时代（1392—1910）韩国的米糕文化达到鼎盛时期。

3）水原烤排骨文化

如果有人来一趟韩国而没有吃到水原的烤排骨，那他的韩国之行无疑是打了一个大折扣。

在水原市开业已有60余年的"三父子排骨店"最为著名，这里每天的食客可达五六百人，高峰时曾突破过2 000人。三层小楼里的各个餐厅布置得韵味典雅，厨师先在大厅前的花园里表演拿手的排骨制作；满头银发、仪态端庄的老板娘则在旁边做详细的技术讲解。水原排骨选用的是上等牛的牛脊部分带骨肉，用刀交错片成长50厘米、10厘米宽、厚2～3毫米的薄肉片（肉片的尾部仅保留一根骨头，表示是排骨），然后撒上盐、香油、芝麻，折叠起来腌制2天以备烤制。上桌时，排骨烤至鲜嫩喷香的八成熟，然后蘸芥子酱或咸肉酱吃，也可以蘸着由香油、糖、果汁、蜂蜜调出的佐料吃。吃水原烤排骨，还可根据个人的口味，再配以拌萝卜条、生菜、花菜、辣螃蟹、腌蒜、多种泡菜、酱汤等一起吃，其味道之鲜美令人垂涎。

4）烤牛肉、烤牛排和烤牛里脊

在多种烤肉中最受欢迎的是烤牛肉（切成薄片的牛肉用佐料腌制后烤熟）和烤牛排（用佐料腌制后放在铁板上烤熟）。两者皆以生菜、芝麻叶等蘸辣椒酱或豆瓣酱食用。有时附带提供3～5样泡菜或小菜，有的餐厅则需另加点白米饭和汤。餐厅招牌常以花园为店名。如梨泰院花园（花山区梨泰院洞）、三元花园（江南区新沙洞）、西门会馆（中区西小门洞）等较有名。在韩国一般的餐厅也可品尝到烤牛里脊：将适当厚度的牛里脊烤熟后，醮少许黄酱，用洗净的生菜等新鲜蔬菜包卷后食用或醮香油、盐等佐料食用。

5）包饭套餐

包饭套餐是用新鲜蔬菜，包卷熟肉或其他蔬菜的风味食品。每家餐厅选用主料会略有不同，但大都是用蔬菜加少许酱（黄酱、辣椒酱或混合酱）后，卷包起来食用。与以肉为主的“包肉”不同，主料是蔬菜的包饭，不必担心胆固醇问题。蔬菜的甘苦味还有助于增进食欲。

6）冷面

主要有汤多且爽口的“水冷面”和以辣椒酱调味的辣味“拌冷面”两种。任何季节，在享用烤牛肉等菜肴后，以冷面作主食是最受欢迎的食用方式。面有以荞麦为原料制成的平壤式冷面，也有以马铃薯为原料制成的咸兴式冷面。各餐厅的种类皆有所不同，面上加的配料大多以肉类、蔬菜或水煮蛋为主，也有放生鱼片的餐厅。面可以用剪刀剪后再食用。

7）拌饭

韩国式拌饭，其中“石碗拌饭”是韩国独有的食谱，值得一尝。白米饭上盖上黄豆芽等蔬菜、肉和鸡蛋等佐料，盛在滚烫的石碗内，加放适量的辣椒酱后，搅拌而食。多种材料的味道相混合形成独特的风味。锅底的锅巴更是一绝，在大部分的韩国餐厅均可品尝到。全州中央会馆等是有名的拌饭专门店。

8）水果茶和汤茶

水果茶主要选用含有丰富的维生素 C 的柚子、木瓜、橘子皮等水果，加水长时间煎熬后饮用，或用蜂蜜腌制后加热水稀释饮用。冬季常饮，可预防感冒。汤茶利用生姜、桂皮、人参、五味子、大枣、草决明、葛根等中药材，长时间煎熬而成。中药可健身防病，并有治疗功效。因此，韩国人在感到疲倦时，总是饮用中药汤茶，提神防病。

9）韩果

韩果自古以来是祭祀的供品，也是婚礼仪式或饮茶时食用的韩国传统点心。面粉加上蜂蜜、麻油后油炸的油蜜草；“茶食”与中国的样式相似，加上中药材，以糯米等炸制的姜糖、麦芽糖亦与中国相似。此外，还有将水果或蔬菜用蜂蜜腌制而成的蜜煎果。婚礼所用的韩果即可口又美观。

10）其他美食

面条火锅：切成薄片的牛肉或海鲜，与各种时令蔬菜以及面条一起，放入烧开的汤锅内，煮熟后即可食用。清淡可口，余味无穷。

参鸡汤：在童子鸡内放入糯米、大枣、大蒜、人参后，长时间炖煮。随个人喜好还可加放胡椒粉、盐等食用。由于营养丰富，是炎夏的高级补品。

锅汤、火锅类：韩国家庭最经常吃的家常菜就是用豆瓣酱和蔬菜煮制的豆酱火锅，鱼和牛肉内脏煮成的什锦火锅等。火锅中以牛的内脏和蔬菜炖煮的牛肠火锅最为有名。此外还有用章鱼加放辣椒酱等佐料煮成的章鱼火锅等，种类繁多。韩国一般的火锅多以海鲜类为原料，可享用到各种海产品的鲜美味道。

风味灌肠：灌肠是将豆腐、粉条、大米和蔬菜按一定的比例混合后，灌入猪肠内加工成的韩国式美味香肠。

8.1.5 酒文化

韩国的传统酒是米酒。米酒是在蒸熟的糯米、粳米、面粉等中掺进酒曲和水发酵酿制而成的，也称作浊酒、农酒。据说，米酒在韩国三国时代就已经有了，是一种历史十分悠久的酒。米酒的颜色像淘米水一样，是白浊色的，是一种酒精含量仅有 6—7 度的低度酒。梨花酒是从高丽时代起就广为流传的最具代表性的米酒。由于米酒用的酒曲是梨花开的时分制作的，所以称为“梨花酒”。后来，由于什么时候都可以作酒曲了，“梨花酒”的名称也就慢慢消失了。当把白浊发涩的浊酒滗出之后，就成为清澈透亮的清酒。用糯米酿制而不经过过滤的酒叫“咚咚酒”(醅)酒。米酒甘甜可口，喝上一口沁人心脾，常用作农忙时节农民解渴的饮料。米酒既是酒也是保健食品。米酒有时还成为向皇帝进贡的贡品。任何一种米酒都需要十五六种原料来酿制。目前随着人们越来越关心健康，米酒又重新受到人们的青睐。最近，人们很喜欢喝高丽时代从蒙古传过来的一种蒸馏酒——烧酒(最近是稀释过的烧酒)。此外，西方国家的啤酒也开始魅力四射。但浊酒才真正是老百姓的酒，并因此而源远流长。

韩国人喝酒讲究礼节。过去，每年一到阴历十月，儒生们都会择吉日，守礼数，设宴款待大家。也就是说传统社会常通过“乡饮酒礼”来传授酒席上的礼节知识。此外，在节日和祭祀上也可以学到在长辈面前恭恭敬敬地喝酒的知识。只有得到长辈的允许，才能和他们一起喝酒。但是，到了喝酒的年龄，和成人仪式一样，长辈们也会教给“酒道”。当在酒席上作出无礼的举动时，如果是在家里，父亲就会对儿子说，如果是在社会上，先生或长辈就会对毛头小子说“没学好喝酒”之类的话，也就是违背了“酒道”的意思。时代的飞速发展使得现在也不那么刻板地讲究礼数了。现在有一种通用的“酒道”，喝酒时，通常是年纪大、职位高的人先喝，要先给长辈摆上酒杯，当长辈递过酒杯给年轻人时，年轻人一定要双手接。在长辈面前喝酒，要把脸稍向左边转过去再喝。酒和工作要区别开来。就是再醉酒，在工作岗位也不能露出一点破绽来，必须保持负责任地做好工作的精神状态，这是酒宴礼节中一个心照不宣的惯例。

在韩国喝酒时说“干杯”，是表示心里高兴愿意相互分享愉快，碰一碰杯烘托酒宴气氛的意思，而不是像中国人那样非要把杯里的酒喝干不可。韩国人喝酒随时都可以说“干杯”。在韩国喝酒时，不习惯续酒，一定要一杯都喝完之后再添酒。也许是中国人喜欢“满”字，所以认为续酒是件十分自然的事，就好像不断续茶那样。可以说韩国是唯一讲究饮酒礼节文化的国家。据说，这种酒文化是发端于祭祀上喝一口祭祀酒之后，要把酒杯重新呈给长辈的风俗。而这种习俗之所以能流传至今，是因为把自己的酒杯呈给长辈表达了一种尊重。正因为如此，把自己的酒杯递给同伴或初次见面的人是在表达人情和亲近感。与朋友在一起喝酒的对酌文化是韩国人十分珍视酒与人际关系的价值观的表现。虽然也可能偶尔与朋友开怀畅饮，尽兴尽致，但随着社会生活节奏加快，人人都很忙，朋友们在一起喝酒也渐渐成为了“速战速决”式的豪饮，所以有人也在呼吁要提高饮酒文化的质量。

烧酒是 25 度的蒸馏酒，是时下韩国男人最喜欢喝的酒。在朝鲜王朝时代，烧酒是一种传统酒，种类繁多，有 300 余种，但由于受日帝时代酒税令的限制而渐渐消失了。今天，人们都为健康着想，所以传统的民俗酒又开始受人欢迎了。此外，深受人们欢迎的传统酒还有用韩国著名人参酿制的人参酒、庆州的法酒和安东的安东烧酒等。特别是梨姜酒，是全罗道的特产，是用梨来代替水酿制的酒，味道纯美，回味无穷，喜欢喝酒的人都对它赞不绝口，说它是“人人爱不释手的琼浆玉液”。

8.2 日本食品文化

日本从诞生时起，就被称为“和之国”。直到现在，接头语“和”字常用来代表日本，一般只要是带有“和”字的东西，都与日本的文化有一定的关系。日本的饮食即“和食”，起源于日本列岛，并逐渐发展成为独具日本特色的菜肴。主食以米饭、面条为主，副食多为新鲜鱼虾等海产。而现在一般都将和食称为日本料理。

8.2.1 日本菜的特点

1）日本料理的特色

生、冷、油脂少、种类多、注重卖相是日本料理的特色。日本料理又称“五味、五色、五法”料理。五味是甘、酸、辛、苦、咸；五色是白、黄、青、赤、黑；五法就是生、煮、烤、炸、蒸。

日本菜的基本特点是：第一，季节性强；第二，味道鲜美，保持原味清淡不腻，因此很多菜都是生吃；第三，选料以海味和蔬菜为主；第四，加工精细，色彩鲜艳。

季节性强，不同的季节要有不同的菜点。可以这样来比喻，四季好比经度，节日好比纬度，互相交织在一起，形成每个时期、每个季节的菜。菜的原料要保证新鲜度，什么季节要有什么季节的蔬菜和鱼。其中蔬菜以各种芋头、小茄子、萝卜、豆角等为主。鱼类的季节性很强。日本四面环海，到处有丰富的渔场，而且日本沿海有暖流也有寒流，人们可以在不同的季节吃到不同种类的鲜鱼，如春季吃鲷鱼，初夏吃松鱼，盛夏吃鳗鱼，初秋吃鲭花鱼，秋季吃刀鱼，深秋吃鲑鱼，冬天吃鲥鱼和海豚，这种大自然的恩赐，使日本人可以吃到不同季节的鱼。

日本菜在烹制上主要强调保持菜的新鲜度和菜的本身味道，其中很多菜以生吃为主。在做法上也多以煮、烤、蒸为主，带油的菜是极少的。煮法上火力也都以微火慢慢煮，似开不开，而且烹制的时间长。在加味的方法上大都以先放糖、酒，后放酱油、盐，因为糖和酒不但起调解口味的作用，而且还能维护素菜里的各种营养成分。味精尽量少放。

中国人是用嘴巴吃，美国人是用脑子吃，而日本人则是用眼睛吃。因为日本菜五颜六色，很好看。日菜的刀法和切出的形状与中餐、西餐不同。日菜的加工多采用带棱角、直线条的刀法，尽量保持食品原有的形状和色泽。在菜的拼摆颜色上注意红、黄、绿、白、黑协调。在口味上注意酸、甜、咸、辣、苦的搭配。日菜除了在原料加工、刀法上有独特之处外，日本料理的拼摆和器皿也很有讲究。拼摆多以山、川、船、岛等为图案，并以三、五、七单数摆列，品种多，数量少，自然和谐。另外，用餐器皿有花形、树叶形、水果形、长方形、方形或一些仿古制品的竹篮、小筐等。

2）日本菜的历史

日本菜点的雏形形成于平安时代(794—1192)，使用的餐具除青铜器、银器外还有漆器，除烹调一般的饭菜外，已经学会了酿酒。但是大的发展主要经历了“室町”、“德川”、“江户”3个时代，大约有500年的历史。日本菜系中，最早最正统的烹调系统是“怀石料理”，距今已有450多年的历史。

日本菜按日本人的习惯称为“日本料理”。按照字面的含义来讲，就是把料配好的意思。总的分为两大方菜，即关东料理和关西料理。其中以关西料理影响为大，关西料理比关东料理历史长。关东料理以东京料理为主,关西料理以京都料理、大阪料理(也称浪花料理)为主。它们的区别主要在于关东料理的口味浓(重),以炸天妇罗、四喜饭著称。这是因为江户前(即东京湾)产一种小鱼和虾,无论是炸天妇罗或做四喜饭都特别好吃。关东料理就用当地产的这些原料来制作。关西料理的特点是口味清淡,可以吃出鲜味。关西料理使用的原料好,濑户内海海产的味道好,同时关西的水质也比关东好,生产出的蔬菜味道也好,所以关西料理的菜点比关东料理菜点好。

随着时间的推移,日本和世界各国往来的加强,尤其是近几十年来逐步引进了一部分外国菜的做法,结合日本人的传统口味,形成了现代的日本菜。"和风料理"就是日本化了的西餐,锅类和天妇罗就是这类菜点的代表。近三十年来,日本人民的生活水平有了很大的提高,在饮食方面也比以前讲究,日菜也越来越高档化了。

3) 日餐宴会的程序

在日餐宴会上有着严格的上菜程序和菜单编排。

日餐宴会上菜的顺序是:① 先付;② 前菜;③ 先碗;④ 生鱼片;⑤ 煮物;⑥ 烧物(烤的或炸的);⑦ 合肴(间菜);⑧ 酢物;⑨ 止碗(酱汤);⑩ 御饭(米饭);⑪ 渍物;⑫ 甜食。

这样编排菜单的道理是:先付,先上一个小酒菜,以免客人久等。前菜,即冷菜拼盘,一般 3 种或 5 种拼摆在一起。先付和前菜是专供客人喝酒用的酒菜。然后上先碗意思是先喝一碗清汤起清口作用,以免口内酒味浓吃不出菜的味道。然后再上生鱼片、煮物、烧物。合肴根据菜量可有可无。再上酢物起爽口作用。最后上酱汤、米饭、咸菜、甜食。

4) 日本料理的用餐礼仪

首先,取筷子时要以左手托住,如果是卫生筷则应上下分开 。拉开卫生筷时,首先需以前述正确的取筷方法,横拿住筷子,再双手上下逐渐拉开,动作不可太过夸张。还有,除了极简陋的筷子外,拉开后摩擦筷尖是相当不好的习惯。千万别忘了,每次拿碗时一定要先放下手中的筷子。用餐中途要将筷子放回筷枕,一样要横摆,筷子不能正对他人。筷子如果沾有残余菜肴,可用餐巾纸将筷子擦干净,不可用口去舔筷子。如果没有筷枕,就将筷套轻轻的打个结,当作筷枕使用。用餐完毕,要将筷子放进原来的纸套巾,摆回筷枕上。

上酒后,男性持酒杯的方法是用拇指和食指轻按杯缘,其余手指自然地向内侧弯曲。女性持酒杯的方法是右手拿住酒杯,左手以中指为中心,用指尖托住杯底。如果上司的酒快喝完了,女性职员或属下应适时帮对方斟酒,无论是啤酒或者清酒,斟酒时,都由右手拿起酒瓶,左手托住瓶底。接受斟酒时,要以右手持杯,左手端着酒杯底部。两人对饮时,必须先帮别人斟酒,然后再由对方帮自己斟,不能自己斟酒。

日本人喜欢吃生鱼片。吃生鱼片是有学问的,应该是油脂较少,白肉的鱼片先食用,而油脂较丰富或味道较重,如鲑鱼、海胆、鱼卵等,则到最后食用。同时,吃生鱼片必用芥末。芥末使用的方法有两种:一是将生鱼片盘中的芥末挖一些到酱油碟子内,与酱油搅拌均匀;二是将芥末蘸到生鱼片上,再将生鱼片蘸酱油入食。蘸佐料时应该蘸前 1/3,轻轻蘸取,不要贪多。许多日本人对台湾人用日本料理,最感到不可思议的,就是好像主要是在吃芥末,而不是生鱼片。其实佐料少量,才能吃出鱼片的鲜度与原味。

日本人用餐时十分讲究礼仪,用餐完毕主人会对客人说"谢谢你今天的赏光,很荣幸与你用餐"等礼貌用语。而客人如果是晚辈,也会回应:"谢谢你的招待,用餐很愉快,餐点很美味。"隔天,再打电话回礼一次,谢谢对方昨日的招待。

5）几个著名的日本风味菜的特点

日餐菜点在中餐和西餐的影响下，结合日本人的传统口味，逐渐形成了一些著名菜点。这些菜点，有的作为主菜，送到宴席上；有的自立门户，变成一种特殊的进餐形式，如铁板烧。日本菜中最有代表性的是寿司、刺身、日式铁板烧、天妇罗、牛肉火锅和牛肉水锅等等。

（1）日本寿司

寿司是在饭里放醋做主材料的日本料理，味道鲜美，很受日本民众的喜爱。寿司和其他日本料理一样，色彩非常鲜艳。制作时，把新鲜的海胆黄、鲍鱼、牡丹虾、扇贝、鲑鱼籽、鳕鱼鱼白、金枪鱼、三文鱼等海鲜切成片放在雪白香糯的饭团上，一揉一捏之后再抹上鲜绿的芥末酱，最后放到古色古香的瓷盘中……如此的色彩组合，是真正的“秀色可餐”。其中鲫鱼寿司被看作是日本料理中最著名、最具代表性的依古法制作的寿司。

寿司在公元7世纪叫做NARE寿司，原本是保藏鱼肉的一种方法。鱼肉用盐腌过并包在米饭里，鱼肉发酵后，米饭会产生乳酸，使鱼肉受到浸渍，以免腐坏。早期的时候，发酵的过程据说需要1～3年。对NARE寿司来说，人们只吃鱼肉，把米饭扔掉。15世纪，日本人首创了NAMA-NARI寿司，它和NARE寿司有两种不同的地方：一是它采用石头的重量把鱼片和米饭压在一起，使发酵的过程减低到1个月；二是人们不再把米饭扔掉，而把它配着鱼片一起吃。

17世纪中期，人们在寿司的米饭里加入醋，使寿司的制作过程得到革命性的发展。这种新的方法也叫做HAYA-SUSHI(蛋包寿司)，这种寿司可以在半天内做出来，这是因为醋里的酸性加快了发酵的时间，而使制作寿司的时间减少。大概200年之后，有一位名叫屋洋平的寿司大厨用双手而不是用石头来压寿司，使这种制作寿司的艺术更上一层楼。用温暖的双手挤压，使发酵几乎马上完成。

从此以后，江户前手握寿司就被简称为家喻户晓的手握寿司。目前做寿司和200年前在屋洋平所用的方法仍然十分类似。

日本是以米为主要食粮的民族，“寿司饭”更是日本国民饮食文化的一大骄傲。

（2）刺身

刺身，即生鱼片，是日本人最佳的生食。自古以来日本就有吃生食的习惯，江户时代以前生鱼片主要以鲷鱼、鲆鱼、鲽鱼、鲈鱼等为材料，这些鱼肉都是白色的。明治以后，肉呈红色的金枪鱼、鲣鱼成了生鱼片的上等材料。现在，日本人把贝类、龙虾等切成薄片，也叫“生鱼片”。去掉河豚鱼的毒，切成薄片的河豚鱼，是生鱼片中的佼佼者。制作河豚刺身的厨师必须取得专业资格，这刺身鲜嫩可口，但价格很贵。吃生鱼片要以绿色芥末和酱油作佐料。芥末是生长在瀑布下或山泉下一种极爱干净的植物“山葵”，一遇污染就凋萎。山葵像小萝卜，表皮黑色，肉质碧绿，磨碎捏团放酱油吃生鱼片，有一种特殊的冲鼻辛辣味，既杀菌又开胃。日本的生鱼片异常新鲜，厚薄均匀，长短划一。生鱼片盘中点缀白萝卜丝、海草、紫苏花，体现出日本人亲近自然的饮食文化。

（3）铁板烧

从进餐形式来讲与“锄烧”同属于即席料理，也就是大家围坐在一块大而扁平的铁板周围，用火烧热铁板后擦油，放上原料煎熟，厨师当场操作，边吃边烧煎，客人也可自己动手各取所爱，边剥边吃，吃法新鲜，气氛热烈，很受欢迎。铁板烧的原料包括肉类、家禽、水产、野味和果实类蔬菜。如牛肉、猪肉、鸡肉、马哈鱼、鲥鱼、墨鱼、大虾、扇贝、蛤蜊、葱头、柿子椒、大葱、茄子、蘑菇、苹果、嫩玉米等都是铁板烧的理想原料。对这些原料，需事先精选切成块或片，或预先腌制，以便随时烧烤。

(4) 天妇罗

用面糊炸的菜统称为天妇罗，便餐、宴会都可以上。天妇罗的烹制方法来源于中国，名字来自荷兰，已经大约有150年的历史。天妇罗的烹制方法是，将原料蘸上以蛋黄兑冷水和面粉而成的糊，放油中炸。调好的面糊叫天妇罗衣。和面衣用的面粉，日语叫薄力粉，就是面筋少的面粉。面筋多的面粉粘性大，这样的面糊炸成的天妇罗衣较厚，挂糊不符合要求，影响口味。故调制好面衣是炸好天妇罗的关键之一。夏季用冰水调糊最好，以东京湾的特产车虾、星鳗、鳕鱼、墨鱼和新鲜蔬菜为主要原料。天妇罗原料大致分为3类：海鲜类、蔬菜类、鸡禽类。由于口味和颜色不同，天妇罗衣也是多样的。但是天妇罗衣总的要求有3个标准：挂糊要薄，沥油要净，脆香。

(5) 牛肉火锅

此菜在日本是人人喜爱吃的菜，也是一个比较著名的体现日本风味的典型菜点，主要是以牛肉、蔬菜(大白菜、菠菜、豆腐、粉丝、大葱、蒿子秆等)为主。用酱油和糖等调料，口味甜咸，肉煮嫩一点蘸生鸡蛋吃。此菜分关东、关西两种。关东的是把汁兑好；关西的是将调料放在桌子上，食者自己调味。牛肉火锅是江户末期、明治初期在古代“锄烧”菜的基础上受欧美影响而产生的，至今大约有120年的历史。“锄烧”其原意据说是古代人们把锄在火上烧热，烤野猪肉片吃，逐步发展到现在以牛肉为主的火锅。锄烧的种类，不仅限于牛肉，凡是薄切的肉类，包括鸡、野味、猪肉配上作料用平底锅的烹调吃法都统称为锄烧。不过对日本人来说，称牛肉火锅为锄烧已为习惯叫法，前面不加牛肉二字，人们也能理解为牛肉火锅。但其他火锅在火锅前必须加上原料名字，才能区别于牛肉火锅。

(6) 涮肉

此菜是以牛肉、蔬菜为主的一种涮锅，类似北京的涮羊肉。菜名模拟涮牛肉水的哗啦声而来，直译成中国话叫哗啦哗啦锅。此菜吃法以牛肉蘸麻辣酱混合的汁，蔬菜蘸醋酸汁放辣萝卜泥、葱花，因此配两种汁。锅里的汤，一种是鸡汤，一种是海带水。一般多采用海带水，可保持菜的原味。此菜有40年左右的历史，据说是二战前后由中国传入日本，适宜于冬季食用，可以增加进餐的热烈气氛。

8.2.2 酒文化

说到日本文化，自然离不开沁人心脾的日本清酒。坐在日本料理店里，听着挂帘瀑布落入水中被石激出的清脆响声，用眼“吃”着刺身的那种非凡享受，再来一壶清酒，那种惬意尽在不言中。

1) 什么是日本清酒

清酒又称日本酒，是借鉴中国黄酒的酿造法而发展起来的日本国酒，但却有别于中国的黄酒。该酒色泽呈淡黄色或无色，清亮透明，芳香宜人，口味纯正，绵柔爽口，其酸、甜、苦、涩、辣诸味谐调，酒精含量在15%以上，含多种氨基酸、维生素，是营养丰富的饮料酒。正宗清酒的制作工艺十分考究，精选的大米要经过磨皮，使大米精白，浸渍时吸收水分快，而且容易蒸熟；发酵时又分成前、后发酵两个阶段；杀菌处理在装瓶前、后各进行一次，以确保酒的保质期；勾兑酒液时注重规格和标准。目前日本市场上出现的新型清酒，有用葡萄酒酵母酿制美味清酒，用稞麦酿制高香型清酒，用膨化精米酿制优质的清酒，用紫色甘薯生产红色的清酒，利用米胚芽酿制的清酒、低醇清酒、发泡型清酒、低糖清酒等等。

日本清酒是典型的日本文化，有这么一说，每年成人节(1月15日)，日本年满20周岁的男女都穿上华丽庄重的服饰，所谓男着吴服，女穿和服，与三五同龄好友共赴神社祭拜，然后饮上一杯淡淡的清酒(据日本法律规定不到成年不能饮酒)，在神社前合照一张饮酒的照片。此节日的程序一直延至今日不改，由此可见清酒在日本人心目中的地位。

2) 清酒的品种

日本清酒品牌众多，上善如水、赤磐雄町、久保田万寿、千寿等是成功人士的首选，因而价格也较高；玉乃光、醉心吟酿、朝香大吟酿、万寿纯米吟酿、菊源氏等价格适中，很受白领的青睐；菊正宗、美少年、日本盛、朝香等走平民化路线，特别被一般家庭所推崇。

日本法律规定酒的酒精度只能在15度至16度左右，醇香入口，略饮会有益身心，舒筋活络，美颜壮阳。清酒有档次之分，由低至高的顺序是清酒—上撰—特撰—吟酿—大吟酿酒。无论哪一种清酒，都是日本菜肴的最佳搭配，酒味可口甜美。美食当前，绝对不能没有与日餐匹配和谐的既轻度又爽口、既香又易入口的日本清酒。冷藏5℃的酒是最爽最美味的，特别是大吟酿、吟酿的清酒，经过用精选的上好日本米(世界上最好的米是日本米，由于品质好、产量少，一般都用于本土供应)以及矿泉水酿制而成。如上善如水、男山大吟酿、菊源氏大吟酿、久保田(万寿、千寿)等。清酒把饮酒的艺术推至最高点，正如“上善如水”的牌子一样，日本语意即“尊贵好饮的感觉就像奔流的水一样向四面八方流传”。以下几种清酒取名之意为：朝香——酒的清香就好像清晨扑面而来的空气一样，宜人惬意。松竹梅——松、竹、梅，日本庭园自然高贵的植物，此酒就像它们一样给人和谐自然而又不失高贵的感觉。菊正宗——菊花在繁花丛中显自然淳朴，到处可见，人人喜爱的花卉，不求高贵但求人人喜爱。千寿、万寿——长寿之人必不可少之意。

若是有朋自远方来，三五知己把酒言欢，自然少不了捧上一壶松竹梅；拜访长者，显示孝心，千寿、万寿是首选的佳品；公司聚会，商谈生意，菊正宗既不失身份，又彰显自然；若想享受天伦之乐，热上一壶朝香，真可谓乐也融融。天冷时，暖一小瓶，用“猪口”(喝清酒的小瓷杯)盛来喝，也是一件乐事。但不要忘记帮朋友倒酒，“猪口”是不能空着的。冷饮当然用玻璃杯较好，更地道的可用那种四方小木杯，以前的工人在杯角放一把盐来佐着喝，现在只能在喜庆节日看到了。

3) 酒浴之说

日本酒浴是一个日本人在一次偶然机会中有所感悟而发明的。一天，斋藤外出回来准备洗澡，他的妻子不慎打翻置于浴室的一瓶酒，酒在注满浴水的浴槽内。其妻要换水，斋藤说无妨。入浴槽浸泡20分钟，这次有酒的沐浴，斋藤觉得比平常洗浴后更舒适、更温暖，以后他每次淋浴都加入一些酒，不但治好了关节炎，而且皮肤变得光滑柔软。后经医学专家研究，酒对皮肤有良性刺激，能加速血液循环，对身体大有裨益。此后，日本流行酒浴。

4) 注重酒德

日本人在正式宴会或酒会上，没有中国人那么多的劝酒歌和劝酒方式。只有纯日本式宴请时，为表示对客人的尊敬，在蹋蹋米上饮酒时，主人有时来敬酒，是跪在你面前为你斟酒，只要客人喝下一点，主人再为客人斟满就算主人尽到礼仪了。一般情况下，日本人不强求对方饮酒，喜欢饮酒者可以自斟自饮。加之日本的酒度数都不太高，即使是白酒也不过40

度左右，这样不容易醉。但日本清酒比中国白酒容易上头，喝得太猛也一样致醉。

日本是无处无时不祭祀的国度，其目的是寻求民族的团结与互相了解，而每次祭祀都离不开酒。日本有各种各样的祭祀，天皇主持的祭祀有专用酒，称之为神酒。一般是“白酒”(Shiroki)与“黑酒”(Kuroki)。日本祭祀用白酒并非中国的白酒，而是白色浊酒，类似中国酒酿。黑酒是在白酒中加入久佐岐(或写常山木，日文发音一样：Kusaki)即一种树根的灰，呈现黑色。这种神酒是由特殊种植的大米——玉米酿造而成。插秧均由处女担任，在皇宫由指定的地方酿造。其酒用于天皇主持庆丰收的新尝祭。数不尽的祭祀用酒，多由村民、市民或政府部门、各种机构奉献好酒。日本人很重视祭祀，也同时重视酒。祭祀仪式结束后，日本有神人共食的习俗，把供奉给神的酒和食品取下来，大家开怀共饮，快快乐乐地美食一顿，用以消除一天的疲劳，而且这种聚餐不再拘泥礼仪，不分上下级，使参与者痛痛快快地欢聚一堂，日本人称为“无礼讲”，可自由自在地畅饮、品尝美味佳肴。喝醉后，发泄一下平日不满也无人说他无理取闹，说错话也不予追究。总之，日本人对饮酒后的言行较宽容。这种场合喝酒给人们带来欢乐，人们感谢酒，把酒奉为神，把饮用完的盛酒木桶摆放在神社供奉，如京都市岚山脚下的松尾大社是日本最古老的酒神神社，神社内摆放着很多酒樽，每年11月上卯日举办祈愿酿造安全的祭祀。此外，在日本有名的酒神神社还有梅之宫、三明轮神社。

5) 饮酒习俗

日本没有酹酒的习惯，一般把整瓶整桶的酒供奉神灵、祖先，看来比较讲究实用，把供奉用的酒取下来神人共饮，既满足尊敬神灵、祖先的心愿，也创造了活人聚集一堂的团结气氛，而且日本人认为饮用供奉神的酒，可以获得神灵的保佑。

日本人的婚礼上，夫妻也喝交杯酒。无论任何形式的婚礼，新郎新娘在宾朋的祝福声中举行“三三九度”交杯换盏。用3只浅的漆制酒杯，每杯喝3次，共9次。日本的数字信仰为奇数。源于中国阴阳说，奇数为阳，偶数为阴，而3和9均是《易经》中有缘的阳数。3杯分别表示天、地、人。3与3乘为阳数中最高的9，表示没有比它更庆幸的喜事。日本婚俗中的“三三九度”交杯换盏，斟酒用的酒壶盖上一定要有一对图案。中国古时用其比喻兄弟和睦，不知何时传入日本成为兄妹亲睦了。《日本书纪》说，伊那邪岐和伊邪那美兄妹，初次性交时，不知如何，看见振翅飞翔的姿态而受启迪，性交成功，有了日本后代。所以用此酒壶，寓意性生活和谐，种族繁盛。

日本没有酒令，但在盛宴时有余兴。一般由陪酒妇女弹三味线、唱歌或跳日本古典舞。也有擂当地日本大鼓或表演具有地方特色的歌舞技艺的习俗。

日本的酒肆名为“酒屋”或“居酒屋”，与中国的酒店有所不同。日本的酒店何时问世，没有统一的说法，不过在中国人撰写的《魏志·倭人传》中已谈到日本有了集市。日本酿酒史研究家加藤百一认为，其集市是中世纪日本酒店的萌芽。《日本书纪》载：“在饵香(现今大阪)集市，有标着价钱但人们买不起的美酒。”樱田胜德认为，日本的酒店名为“居酒屋”，它既不是造酒的作坊，也并非卖酒的店头，而是供人饮酒的地方。大概于江户时代初期，首先出现在大阪、江户的城外，那里有借宿住宅、渔场，卖苦力或手艺人在其居住，因经济上无条件，便去居酒屋饮酒，自斟自饮。后来发展到备有酒菜和用餐的肴馔。因在酒店入口处外侧，有从上挂到半腰中似绳子一样的门帘，所以酒店又称“绳暖帘”，其绳多为麻制品。也有一种说法，认为酿酒和贩卖酒的经营者为酒屋，卖酒量大大增加而变为批发商。由批发酒的商人分化出零售业者，在店头供人饮酒，被称为“居酒屋”，即酒店，而销售酒类者称“酒屋”。

8.2.3 茶道

提到日本饮食就一定离不开茶，这已经成为日本饮食不可缺少的一部分。茶道，尤其是绿茶，是日本除了喝酒以外最具特色的消遣。茶在8世纪的时候就从中国传到了日本，而茶道却是在12世纪末才被少数人所接受，在14世纪时，茶道才频繁出现在只有上层人士出席的茶会上。

日本茶道的前身是“斗茶”，“斗茶”最早是以游艺的形式出现在文人雅士之间。“斗茶”会的茶室一般为2层建筑，当时称作“茶亭”。客人先在楼下“客殿”等候，待到茶亭主人邀请，再到二楼“台阁”斗茶。“台阁”四面有窗，可眺望户外景色。室内的屏风上挂着名家的画，屏风前的桌上铺着织锦，上面放着香炉、花瓶和烛台。西厢房内放置一对饰柜，里面堆满奢华的奖品，胜者即可成为奖品的主人。

“斗茶”采用“四种十服”方法，参赛者每人饮十服四种抹茶，然后说出茶的“本非”和“水品”，按得分多少决定胜负。茶的“本非”意即本地茶叶和非本地茶叶；“水品”是指冲茶所用水的水质，亦即水的出处。

15世纪以后，中式茶亭遭废除，改用举行歌道和连歌道的会所。“斗茶”的趣味也逐渐日本化，人们不再注重豪华，而更讲究风雅品位，于是出现了贵族趣味的茶仪和大众化的品茶方法。珠光制定了第一部品茶法，因此被后世称为“品茶的开山祖”，珠光使品茶从游艺变成了茶道。

珠光流茶道历经几代人，出现了一位茶道大师千利休。千利休创立了利休流草庵风茶法，一时风靡天下，将茶道发展推上顶峰，千利休被誉为“茶道天下第一人”，成了茶道界的绝对权威。千利休在民间的威望威胁到了当政者的权威，将军丰臣秀吉借口平乱，颁布了士农工商身份法令，以莫须有的罪名勒令千利休切腹自杀。千利休死后，其后人承其衣钵，出现了以“表千家”、“里千家”、“武者小路千家”为代表的数以千计的流派。

到了16世纪末，日本文人学士中掀起了中国明代开创的煎茶法热潮。煎茶法是以一种固定的方式去享受一杯茶的味道。举行茶道时，客人和主人入席围坐，主持仪式的茶师按一定的程序奉行茶道，用竹制的茶勺从茶叶罐中取出两勺半“抹茶”，置于茶道碗中，注入沸水，用茶筅搅拌碗中的茶水，直至起泡沫为止。然后主人左手撑托碗，右手拇指和其余四指扶持碗边，送往正客面前，跪着举起茶碗，与额平齐，依次递给客人品茗。席间还常备甜食点心之类供客人调味。这种固定的方式却是受中国佛教的深刻影响后发展而来的，它讲究用一种简单的方式，使心灵得到大自然的净化。而这种茶道的主旨在于：平静、优雅和简朴。

煎茶法已经在日本民众的生活艺术中起到了非常重要的作用。从美学角度看，与欣赏茶道的场所有关，花园与房间相呼应，房间的装饰衬托着茶具，如一卷悬挂的卷轴或一盆插花。日本的建筑、园艺、制陶、花道的风格都归功于茶道，煎茶法的精髓是表现一种与大自然协调的美，简朴而诚实，这也是日本传统文化的基础。而且，茶道的这种礼节深刻地影响了日本人的日常礼仪。

日本茶道讲究典雅、礼仪，使用之工具也是精挑细选，品茶时更配以甜品。茶道已超脱了品茶的范围，日本人视之为一种培养情操的方式。

8.3 印度饮食文化

印度饮食文化的特征是：食性杂，忌讳多，差异大，不同的食风并存而且互不干扰。北方是以面食为主，南方是以米食为主；中上层习用西餐，平民保持东方饮食风貌；印度教徒多吃素，少吃荤，爱羊肉；穆斯林恪守清规，忌血生，戒外荤，过斋月；基督教徒有小斋、大斋和封斋之举；拜火教徒的饮食戒律则更神秘；还有部分人不吃蘑菇、竹笋和木耳，回避带壳的动物和4条腿生物；忌讳左手上菜和在同一盘中取食，饮食中回避1、3、7等数字；男女大多不同席，不吃他人接触过的食品；等等。

具有"一辣四多"的共通性。所谓一辣，就是普遍爱用咖喱和辣椒佐味，菜品重在生鲜、清火、香辣、柔糯或润滑。所谓"四多"，一是奶品多，印度人不吃牛肉但喝牛奶，并善于调制奶制品，这有利于营养平衡；二是豆品多，经常充当主食，可弥补动物蛋白摄取不足；三是蔬菜多，能充分利用热带和亚热带的地利，广辟食源；四是香料多，喜食花卉，金色郁金香人馔是其一绝。"一辣四多"的实质便是以素食为主，嗜好香辣，俭朴务实，有着浓郁的南亚原住民生活风情。

8.3.1 印度菜的特征

1）精致

印度菜非常注重选料的精致，如羊肉里不能有肥肉，不吃下水，羊必须是阿訇宰杀的，否则不吃。

2）纯天然

印度菜从不追求现代化的香料，如味精、化学色素等几乎不使用，一切入菜的原料必须是纯天然的。

3）注重营养

印度菜中有很大部分的菜相当于中国的药膳，是历代流传下来的，非常注重菜品本身的营养以及对人体的调理。

4）专一

印度人特别固守自己的菜系和味道。远离家乡的印度人几乎不吃外乡的菜，他们宁可吃自己带来的干粮，如果连干粮都没有了，他们宁愿吃水果过活也不背叛自己的家乡菜。

5）糊糊涂涂

代表为名食和小吃。从表面上看，中国菜的特点是"清清白白"，色香味三者，色是摆在第一位的，因好看可以激发食欲；印度菜的特点则是"糊糊涂涂"，各种主菜都放一大把咖喱粉，看起来都一个颜色，荤食不亲口尝一尝，很难区分是什么肉类，蔬菜也是捣成糊状，放些咖喱。

8.3.2 菜系的主题——咖喱

印度是世界公认的香料王国，出产许多绝无仅有的名贵香料。很长时间里面，印度人民尝试用各种香料配合烹制食物，不仅每一种食物有特定的香料，而且连咖啡和茶也有特定的香料，通常叫做 Masala Coffee 或 Masala Tea，直译过来就是咖喱咖啡、咖喱茶，而后确立了印度菜系的主题——咖喱。

所谓“咖喱”，是许多香料混在一起烹煮的意思，这个名字源自印度高原的坦米尔语。咖喱由多种香料混合，熬制成无辣、小辣、中辣乃至劲辣的膏状。在很多人的概念里咖喱是辣的，事实上，大部分咖喱是不辣的，其突出点是“香、鲜”。辣口而不辣胃，这是它与辣椒在味觉上的最大区别。印度人对食用香料特别着迷，所放香料之多恐怕是世界之最。以咖喱为例，里面的配料包括印度豆、印度麦豆、小茴香、大茴香、香菜籽、百里香、辣椒粉、月桂叶、丁香、青椒、黄姜、桂皮、八角等，由 40 多种天然香料调配制成。因此咖喱被称为“世界之香”已经是“地球人都知道”的事实。

1）咖喱口味

咖喱是一种长青不老的食物，会挑起人们想吃的欲望，尤其是炎热的夏天，都喜欢以它来醒胃提神和增进食欲。咖喱的种类很多，以国家来分，其源地就有印度、斯里兰卡、泰国、新加坡、马来西亚等；以颜色来分，有红、青、黄、白之别。

新加坡的咖喱清香。新加坡接近马来西亚，所以其咖喱口味与马来西亚咖喱雷同，特别是味道较淡和清香。此外，新加坡咖喱用的椰汁和辣味就更少，味道颇为大众化。

泰国的咖喱鲜香无比。泰国咖喱较受广州人欢迎，由于其中加入了椰酱来减低辣味和增强香味，而额外所加入的香茅、鱼露、月桂叶等香料，也令泰国咖喱独具一格。红咖喱是泰国人爱用的咖喱，由于加入了红咖喱酱，颜色带红，味道也较辣。

马来西亚的咖喱清新平和。马来西亚的咖喱爱用椰浆去减低辛辣和提升香味，所以味道比较平和。运用了多种香料，如罗望子、月桂叶、香芋等，令咖喱辣中带点清润，充满南洋风味。

斯里兰卡的咖喱香料优质。斯里兰卡的咖喱与印度的咖喱同样有着悠久的历史，由于斯里兰卡出产的香料质量较佳，因此做出来的咖喱就更胜一筹。

而这其中印度可说是咖喱的鼻祖，地道的印度咖喱会以丁香、小茴香子、胡荽子、芥末子、黄姜粉和辣椒等香料调配而成，由于用料重，加上不以椰浆来减轻辣味，所以印度咖喱的辣度强烈兼浓郁。你若想尝尝正宗的咖喱的话，印度咖喱是其中不可缺少的一部分。

印度人对咖喱的用法可谓是花尽了心思，几乎每道菜都用，如咖喱鸡、咖喱鱼、咖喱土豆、咖喱菜花、咖喱饭、咖喱汤……而其中最突出的代表就是咖喱饭，好处有二：一是非常容易出效果，热腾腾地端上来一锅，咖喱的香味四溢；二是做法很简单而又不失美味。正是由于咖喱特有的美味，因此印度的僧侣阶层甘心放弃鱼肉，却无不贪啖咖喱；崇尚清淡的日本人害怕辣椒和花椒，却也热衷于咖喱；一向追求口味享受的国人，厌倦于味精，平淡于酱油，对辣椒、花椒、茴香、肉桂、丁香、孜然、芥末等浓味调料习以为常，一旦遇到咖喱，却也会眼前一亮，食指大动。

2）咖喱功效

印度的咖喱不但好吃，而且还有许多功效。比如可以帮助降低餐后胰岛素反应，还能促进能量代谢，使人消耗更多的热量，促进脂肪氧化，从而有利于预防肥胖。最近研究人员又发现咖喱的新用途——防癌。据印度亚洲通讯社报道，美国芝加哥洛约拉大学医学中心的研究人员发现，咖喱中含有一种姜黄色素的化学物质，可以阻止癌细胞增殖，对预防癌症特别是白血病效果明显。另外，姜黄色素还可以消除吸烟和加工食品对身体产生的有害作用。

研究还发现，咖喱中含的其他成分孜然芹和胡萎等物质对心脏有益。

8.3.3 饮食习惯

印度虔诚的佛教徒和印度教徒都是素食主义者，耆那教徒更是严格吃素，吃素的人占印度人口一半以上，因此，可以毫不夸张地说，印度是素食王国，素食文化是印度饮食文化中最基本的特色之一。由于印度多数人喜欢吃素，因此印度开有不少只为素食主义者服务的饭店。西方国家的流行食品不得不适当地印度化。印度有专门为素食主义者开设的比萨饼店，麦当劳供应的夹层食品，相当一部分不是鸡鸭鱼肉，而是蔬菜。在许多中国人看起来是美味佳肴的东西，印度人基本上不吃。印度没有野味店，不仅野味无人问津，就是鳝鱼、泥鳅、甲鱼、蛇这些东西，印度人也不吃，至于吃狗肉、猫肉、鸽子肉等更是想都不敢想的事。印度人基本上不吃各种肉类的下水杂物，因而此类的价格便宜得不可思议，有的几乎等于不要钱。例如，5个卢比(相当于1元钱人民币)可以买到1公斤鸡爪。由于素食主义者人数众多，有的蔬菜价格反而很高。例如，白菜价格同鸡肉差不多，芹菜论根卖，5个卢比才能买到一根(约1两)。印度虽然吃素的人很多，但并不等于这些人缺乏营养，因为印度人喝了大量的牛奶，每次喝茶，印度人都会在茶里加一些牛奶和糖。值得指出的是，在印度，绝大部分长寿的人是素食主义者。

印度人的主食是麦面饼和大米，每餐都是先吃饼，然后再吃米饭。印度人只吃羊肉、鸡肉和一些海鲜，在印度，你不会吃到其他的肉类。印度很多人是素食主义者，为了补充蛋白质，豆类就成了他们每餐必吃的东西，并永远作为他们的一道主菜呈现给宾客。虽然目前在许多正式场合，印度人用刀叉吃饭，但私下里，他们还是习惯于用手抓饭。因为他们觉得，那样的食物没有兴致，如果你在印度人家里做客，一定要尝试用手抓饭的乐趣。也正因为这一习惯，使得印度菜大部分为糊状，这样便于用手抓饼或米饭拌着吃。而且，印度菜的吃法也很特别，是中西合璧的，用刀叉，却是大家一起点菜一起吃。印度的米饭用叫做 Basmati 的米做成，世界有名。这种米形状细长，味道浓香，是由于印度的气候决定的——半年干燥，半年湿润。

印度人不怎么喝汤，且以各式饼类取代米饭为主食。但是有一种印度式炒饭，米粒饱满纤长，吃起来松软，放多些水蒸煮也不会粘糊，呈现出润泽的金黄色。而说到其主食膳饼，则有些类似台湾的炒饼，但薄了许多，且仅为炸与烤两种。如以荞麦粉加入沙拉、油、糖、盐、牛奶，揉成球状后铲平，立即置入锅中炸成中空膨酥的麦饼，再沾上酸酸甜甜的芒果酱或咖喱泥入口，当脆嫩的饼皮碰上那用芒果、水蜜桃、姜丝、菜果醋混合煮成的冰镇糊酱，口感极佳。

印度人吃晚饭一般至少在8点以后，饭店晚上最早在7点半才开门。印度人喜欢夜生活，每天开始工作的时间很迟，即使在孟买，早上10点才上班。因此，他们不急于吃晚饭。

8.3.4 饮食礼节

印度是一个很注重饮食礼节的国家。客人到后要向主人问好，到印度人家做客，吃饭前要漱口和洗手。在传统的印度人家庭和农村，客人通常与男人、老人、小孩先吃，妇女则在客人用膳后再吃。不同性别的人同时进餐时，不能同异性谈话。

在印度的餐桌上，主人一般会殷勤地为客人布菜，客人不可以自行取菜。同时，客人不能拒绝给你的食物和饮料，食品被认为是来自上帝的礼物，拒绝它是对上帝的忘恩负义。吃不了的盘中的食物，不要布给别人，一旦你接触到那些食品就表示它已是污染物了。许多印度人在就餐前还要弄清他们的食物是否被异教徒或非本社会等级的人碰过。作为客人，就餐后要向主人表示敬意，但应当赞扬食品很好吃，表示喜欢。一般不要说"谢谢"等致谢的话，以免被认为是见外。

印度人进餐时，传统方法一般是一只盘子、一杯凉水，把米饭或饼放在盘内，菜和汤浇在上面。多数印度人进食时不用刀叉或勺子，而是用右手把菜卷在饼内，或用手把米饭和菜混在一起，抓起来送进嘴里。留洋的知识分子或中产阶级家庭则使用刀、叉和勺子。印度人吃饭还有一个规矩，无论大人还是孩子，一定要用右手吃饭，给别人递食物、餐具，更得用右手。这是因为人们认为右手干净，左手脏。

8.3.5 菜的烹饪方式

印度菜的烹饪方式南北是有区别的。北印度食物以烘烤、油炸为主，口味比南方清淡。烹调方式受到蒙兀儿宫廷影响，在回教式法中，以天多(Tandoor)、鸡肉、羊肉最为有名。南印度口味较重，酸、咸、辣为主。印度菜讲究烧烤，并使用被称为 Tandoor 的大烤炉，而且要烤成焦黄才罢休。如果在印度的餐厅吃饭，看到这样的菜品，千万不要以为是菜做坏了而大惊小怪。

8.3.6 特色美食——印度飞饼

有人说，辨别印度菜正宗与否，只要试点两道菜就可以了，一道是鲜青柠檬汁，一道是印度飞饼。此话很有道理。青柠檬酸甜清香，是印度菜乃至所有正宗东南亚菜系不可或缺的配料之一，用青柠檬而不是散发着浓香的黄柠檬来配菜，可以保证食物固有的香味不受破坏，更突出了食物的原味及咖喱的本真。

至于中国人所谓的"印度飞饼"，在印度称之为"加巴地"，似乎更应称作是一件绝妙的手工艺品。印度人做加巴地时，先利索地和面，捏成一个小圆团，再擀几下，便放入小平锅中加热。在小平锅旁边还有一个简易的小炉子，燃着蓝色的火苗，可是上面却没有锅。当平锅中的饼快熟，有点胀起来的时候，厨师会利索地用手把它拎起来，一下子扔到旁边那个炉子的火中去。

说也怪，那张饼被火一烘，膨胀起来，好像悬在火焰上一样，很奇妙。很快地，厨师把它取出，放入盘中，嗬，香喷喷的，前后不过 3 分钟。食客们难以抵挡刚出炉的"加巴地"的诱惑，没有谁能悟出"加巴地"里怎么会有那么多热气，能将薄如蝉翼的饼撑得如蒙古包般饱满。用筷子一戳，"呼"的一声，热气向外蒸腾，好不有趣。原来吹弹欲破的"加巴地"竟然还分为两层，外层浅黄松脆，内层绵软白皙，略带甜味，嚼起来层次丰富，一软一脆，口感对比强烈，嚼过之后，齿颊留香。如果用"加巴地"包着羊肉或鸡肉一起吃，回味更是隽永绵长。

8.3.7 其他美食

印度的甜食可谓名副其实，甜得发腻。甜食种类很多，有煎的、炸的、烘的、烤的，一应俱全，但每一道甜食都无一例外的甜得要命。多数印度人都嗜食甜食，印度人容易发胖，大概与嗜食过多的甜食有关。

由于长期是英国的殖民地，印度人也像英国人一样有喝下午茶的习惯。印度的茶是奶茶，做法是把牛奶掺水煮开，再把茶叶倒进去，煮沸后用小筛子把茶叶滤出，加糖后即可饮用。

用机器压制成的黄豆泥，由于泥中添加胡椒粒和盐巴，吃时不妨以油炸方式使薄片上部分盐分流失，口感不咸且符合健康原则。嗜辣者不妨撒点辛香粉和稠咖喱，别有风味。这种黄豆泥是一种很开胃口的菜。

香酥的咖喱脆饺素有“孟买蝴蝶”之称，外皮似越式春卷皮，内包马铃薯或肉酱2种口味，且吃得出青豆仁、青辣椒丁和洋葱香，若蘸上特制的绿酱一起食之，口感则岂止是单纯的惊奇而已。因为这绿酱可是用香菜末、洋葱、盐、柠檬汁、青辣椒做成的泥状蘸料。

印度人最爱吃的除了洋葱、咖喱、膳饼之外，还有各式奶酪制品。最特别的吃法分为甜与咸两饼，润颜又助消化。如黄瓜奶露，在新鲜柠檬糊状奶酪里放入小黄瓜、洋葱及番茄，酸咸开胃。另一种液态饮品酸乳，里面可随个人喜好添加糖、盐或者甜巧克力粉。

不喝汤的印度民族，餐后来杯奶酪饮料可去饱胀感，或者来杯印度的大吉岭奶茶。印度茶是直接将茶配入牛奶，加上姜、糖、香料慢火煮2分钟，或者直接加入炼乳即可。另一道极品“玫瑰奶油茶”，柔滑纯郁的玫瑰香味扑鼻而来，含入舌尖，纯香微蕴，更易醉人。

思考与练习

1. 韩国饮食礼仪有哪些特点？
2. 韩国美食有哪些特色？
3. 日本酒文化的特点有哪些？
4. 印度咖喱有哪些功效？
5. 印度饮食文化的特征是什么？

9 西方食品文化

9.1 概述

所谓西方，习惯上是指欧洲国家和地区，以及由这些国家和地区为主要移民的北美洲、南美洲和大洋洲的广大区域。本书所指的西方是指除亚洲之外的其他国家和地区，包括欧洲、南北美洲、大洋洲及非洲地区。本章西方食品文化主要指以上区域的食品文化。

就西方各国而言，由于欧洲各国的地理位置比较近，在历史上又曾出现过多次民族大迁移，其食品文化早已相互渗透融合，彼此已有很多共同之处。南北美洲和大洋洲，其文化也是和欧洲文化一脉相承的。而非洲由于受欧洲殖民的影响，饮食上，尤其是在宴请活动中，也带有明显的欧式风格。

从饮食观念、菜肴的烹饪制作、饮食对象和饮食方式上看，它们具有以下一些共同特点。

9.1.1 饮食观念

1）食用主义

英、美等西方国家，仅仅将饮食看作为一种生存的必要手段。美国心理学家亚伯拉罕·马斯洛在著名的需求定律中将人的需求由低级到高级划分为5个层次，饮食则被划分在第一层，即作为人类的最低级的需求。林语堂先生曾说："西方人的饮食观念不同于中国，英美人仅以'吃'为对一个生物的机器注入燃料，保证其正常的运行，只要他们吃了以后能保持身体健康、结实，足以抵抗病菌、疾病的攻击，其他皆在不足道中。"由此可见，"吃"在他们心目中只是起到了一种维持生命的作用，是原始饮食食用性的延伸。并不像中国那样赋予食品更多、更重要的使命。

2）个体主义

著名人类学家Clyde Kluckhohn认为，价值观是"个人或集体所持有的一种显型或隐型的认为什么是可取的观念；它具有一定的民族性。这一观念影响人们从现有的种种行动模式、方式和目的中作出选择"。

在中国，集体主义是主导价值观。而英、美等西方国家，更加强调个体主义，强调个人的价值与尊严、个体的特征与差异，提倡新颖，鼓励独特风格。这源于西方文化体系中的基督教文化，强调的是"差异性"与"独立性"的文化观念。西方人普遍认为某一事物的价值在于与其他事物的区别性，受这种文化观念的指导，西方人"个性"意识非常强烈，其思维模式中普遍的是要突出自我的独立与个性。

受个体主义思想的影响，西方人请客吃饭的习惯总是每人一份，且主客双方各自点自己的饭菜，不必考虑他人的口味和喜好，用餐时也只吃自己的盘中餐，付钱也往往采取AA制，各人自付各人账。

3）高度理性

西方是一种高度理性的饮食观念。这源于它形而上学的哲学体系，乐于采用直白的表达方式。而“形而上学”思想的精髓是追求事物、事件及行为的透明性。反映在食品文化上，努力缩小从形象到内容的距离感成为西方人在饮食要义上的追求原则。在西方人看来，距离感越小，事实性、客观性就越强。因此，他们把饮食当作一门科学，注重的是保持菜肴本身的自然属性和营养价值，而非对菜肴的色、味、形等人工技巧的追求。另一方面，西方近代科学文明，对西方理性饮食观念的产生也有很大的影响。西方发达的科学，使他们对分析食物的成分含量、掌握具体的营养要求易如反掌，更促进了他们对饮食科学和营养的追求。

同时，在“形而上学”哲学理念和科学技术的支撑下，西方人对追求现实性和客观性表现出高度热情，这也使其烹饪工作带上明显的规范性、机械性色彩，工作本身缺乏趣味性和艺术性。1995年第一期《海外文摘》刊载的《吃在荷兰》一文中还描述了荷兰人家的厨房，备有天平、液体量杯、定时器、刻度锅，调料架上排着整齐大小划一的几十种调味料瓶，就像个化学试验室。这在中国人看来简直不可思议。

4）简单随意

在西方，盛大的西餐宴席通常不过是六道菜，而且其中只有两道菜算得上是菜，其余不过是陪衬。平时宴请，饭菜更为简单。在美国，有时朋友聚餐会采取大家作贡献的手法，称之为“Potluck”，即每人都带一样菜，让大家共享。还有一种聚会，称之为“Party”，主人只提供饮料、酒和一些简单的食物，如奶酪、炸薯条、三明治等，并不提供饭菜。可见，他们将吃饭看成是聚会和交流的机会，是重温旧谊和结交新人的机会，也是获得信息的场所，吃的东西固然必不可少，但并不是最重要的，更不需要摆阔气、讲排场。正是受这一观念的影响，西方的宴会并不重吃，而重宴会形式的自由化、多样化。

9.1.2 烹饪制作

什么样的饮食观念，导致什么样的烹饪制作原理。与西方饮食观念相符，西方人认为饮食之美的最佳境界是“独”，重在满足人的生理需要。因此西方烹饪强调通过对食物原料的烹饪加工，保持和突显各种原料特有而美好的个性。就菜肴的组成、制作而言，西餐的大多数品种是由主菜、配菜和少司构成，并分别烹制、组装而来，没有菜肴的调和过程。即使有，“烹”和“调”仍属前后分立的两道工序。在西方语言中，也根本没有与“烹调”确切的对应词汇，英语的cook，法语的la cuision，都是烹熟的意思。

由于是分别烹饪成菜，所以烹制菜肴最主要、最常用的炊具是平底煎盘，最具特色、最常使用的烹饪方法之一是煎。马新的《中国“锅文化”与西方“盘文化”比较初探》一文言：西餐的原料常常制成柳叶片状或扁圆形态，“是为了便于在平底煎盘中，只进行上下两面的加热和上色。它的形状特征是，加工时是独立的，上火时从生到熟也是独立的，出锅后摆在盘中与其他蔬菜组配，仍然是独立的。”与圆底铁锅相比，平底煎盘多适用于煎，而极少或没有用于炸、煮、烧等方法，于是在西方又出现了其他相应的炊具，如炸锅、煮锅、蒸箱等，不仅如此，西方人在加工制作菜肴的过程中，还根据原料的种类、形状、质地等特点，制造和使用不同的炊事用具。如仅刀具就有菜刀、多用刀、切面包刀、削皮刀、禽类菜肴用刀等，突出地显示了

“独”的特点。

9.1.3 饮食对象

西方人的食品文化传承古希腊的食品文化而来。古希腊食品文化体现着游牧民族、航海民族的文化血统，吃穿多从动物身上获得，饮食结构以肉类、蛋白质为主。因此，西方的食品也主要是肉类，面包等粮食类食物主要是作为一种辅助进餐的食品。

9.1.4 进食方式

西方的进食方式倾向于分食制。在饮食方面食物个体较大，经常使用较浅的器皿。分食制的好处是在一定程度上保证了食物的清洁性，降低了感染传染病的几率。但是分食制在人际关系的营造上不如聚食制。分食制可以说是西方冷静理性的思维方式的一种侧面的体现。

以上特点为西方国家的饮食共性，当然各国也有各国的特色。本章将具体论述各洲的食品文化特色及其根源。

9.2 欧洲食品文化

众所周知，古希腊是西方文明的源头。在远古时代，东地中海是西方经济、文化的中心。雅典“创造了这样一个精神与智慧的世界，以至于今天我们的心灵和思维不同一般。西方世界中所有的艺术和思想意识都有它的烙印”①。黑格尔《历史哲学》中说：地中海是世界历史的中心、旧世界的心脏。如果这个观点是无可争议的话，那么说古希腊烹饪是西方饮食文明之源，也就理所当然。这除了各种文明的传承性外，更直接的原因是古希腊的主要食物、烹调方法尤其是正餐格局与品种都直接影响着西方许多国家的饮食烹饪。

9.2.1 希腊的饮食特色

古希腊人有一个规则，那就是在所有情况下，自由的男人与家庭的其他人分开进餐，不管是在什么时间、什么地点、吃什么菜肴，都是如此。家中的奴隶、儿童不论男女都只能与家庭主妇一起进餐。由此可见，男性的社会地位较高。而男性职业厨师的社会地位就更高了，因为他们的工作常常与宗教仪式联系在一起。在男性进餐和娱乐的过程中，所有服务工作都是由主人的男性奴隶或临时雇佣的男性仆人来完成。他们把饮食看作是一种至高无上、不容玷污的行为活动。这一服务特色流传到法国，至今法国正统的餐厅里清一色皆为男服务员，以示对饮食的重视，体现一种神圣的、不可动摇的价值观。

1）保命的粮食——大麦、小麦

在欧洲餐桌上主要的食物为面包，其原料便是麦子。在古希腊人家中，人们常将麦子磨成粉后烤成面包，配上橄榄油和其他调味品制成的鱼肉菜肴，作为餐桌上的主要食品。在

① 伊迪丝·汉密尔顿. 希腊方式——通向西方文明的源流[M]. 杭州：浙江人民出版社，1988. 1

《奥德赛》[①]中有一段描述:“其时,屋里有一个磨面的女奴说话虔诚,置身附近,民众的牧者在那里安放手磨,共计十二名女仆在里面埋头干活,碾磨小麦大麦,凡人的命根。”[②]在这些苦干的女子看来,小麦和大麦是所有人保命的食粮。在诗人荷马的笔下,麦粮是“常规”和居家过日子的东西,是支撑人的主要“物质基础”。人是吃面粮的凡胎,只有神、半神或者神所钟爱的王者们才能经常吃到猪肉、羊肉以及牛肉。在《荷马史诗》中,绝对不会出现用诸如“吃食面粮的”一类词语来修饰神祇的现象。

可见,古希腊一般人是吃不到畜肉的,最主要的食物还是以大麦和小麦为原料的面包,并成为保命的食粮,成为以后西餐桌上的主要食物。

2) 人们把食物作为一种恩赐和依赖的媒介

在荷马史诗时代(公元前11世纪—公元前9世纪),女人、儿童和仆人等最常得到的礼物便是食物和饮料;雅典侍从、王室的臣子都由其主人供养,并因功劳而得到食物作为赏赐;民主执政机构也用食物作为军人的军饷,用美味食物招待外来使节等。可见,食物成了联系各种关系的媒介,现在,对希腊人而言,聚会而食仍是最重要的社会活动。

9.2.2 希腊食品文化的发展及其对西方烹调的影响

由于整个国家对食物的重视,许多制作食物的烹调技术在希腊被广泛运用,并且得到高度发展。

从烹调技术上讲,当时的人最喜欢用各种辛香料来调味。一方面可以用来调味;另一方面香料还有其药用价值,它可以帮助消化,还具有防腐作用。在雅典的喜剧里,厨师们时常列出各种想要的调味料,不仅包括葡萄干、橄榄、刺山柑、洋葱、大蒜、孜然、芝麻、杏仁以及橄榄油、醋、葡萄汁、蛋、盐和腌渍的鱼肉,也包括百里香、茴香、芸香、洋苏草、欧芹、无花果叶子以及其他香草等。而用这些香草进行调味的方法在后来的西方各国烹饪中被广泛使用,一直延续至今。如今,希腊人仍习惯用柠檬汁和干香草。他们无论制作冷菜汁、烹制热菜,还是制汤,都习惯用柠檬汁。干香草“Oregano”是传统调味料,几乎所有的菜肴都要加一些。如今西方各国对调味也非常重视,如法国每道菜的烹调都很讲究调味,使用的调料种类很多,包括各种香料(香草)、酒和调味汁,品种多达上百种。意大利菜也擅长使用番茄酱、酒类、柠檬等调料。

希腊的最重要的调味品是橄榄油,在希腊几乎人人都喜欢使用橄榄油。希腊文字中,橄榄油与慈悲是相同的字眼,所以,橄榄油的重要性在希腊就不单是一种好食材而已,它更具有文化性的含义。橄榄油最迷人的地方还在于它神秘而动人的来源——希腊神话中的雅典娜。传说她是希腊神话中众神之王——宙斯的女儿,从宙斯头颅中出生,充满了智慧。她与海王波塞冬竞争做雅典城(当时还不叫雅典)的守护神,看谁送给人们的礼物最好。波塞冬将他的三叉戟往地上一插,出现了一群白色的骏马,在大海中奔驰,爱琴海美丽的浪花,就是那些骏马在奔跑。而雅典娜则用她的长矛刺入大地,地上立刻长出了橄榄树和无花果树。

---

① 《奥德赛》是公元前9世纪至公元前8世纪古希腊盲诗人荷马根据口头流传的史诗、短歌编成的长篇叙事诗,它与荷马的另一部作品《伊利亚特》一起被称为“荷马史诗”。关于古希腊烹饪的情况,在公元前8世纪以前主要体现在这两部书中。

② 陈中梅译注.奥德赛/(古希腊)荷马[M].南京:译林出版社,2003.648

橄榄树可以给人们带来阴凉，非常漂亮。橄榄油不但美味，更可以涂抹在身上解除一天的疲劳，橄榄为雅典人民带来了财富，于是人们推选雅典娜作为雅典的守护神，并且以她的名字来命名这个城市。于是，有了雅典城，并且，雅典的象征就是橄榄枝。

雅典是希腊的中心，橄榄是雅典的象征，橄榄油则是精华。人们对它的喜爱有着美丽而深厚的历史根源，并形成一个食品文化圈，散射开去，在地中海沿岸的许多国家乃至整个欧洲形成几千年的历史，因此，在西方它被誉为“液体黄金”、“植物油皇后”、“地中海甘露”。有人统计，《圣经》中，“油橄榄”，即“Olive”出现的频率次数超过了200次。通过《圣经》，橄榄油进而影响到欧洲大多数基督教国家。

在古希腊，聚会是一种重要的社交工具，食品的种类、顺序以及格局都是精心设计的，都有特殊的含义，并且已经形成一种体系。公元前4世纪时，在雅典精心制作的正餐上，开始时要上一篮烤面包，然后是第一道由各种开胃食物和调料组成的菜，与面包一起供享用。第二道菜是由各种海产品和蔬菜水果组成的，仍然伴有烤面包。第三道菜为主菜，所用原料有鱼类、家禽家畜及其他肉类，并配以酒。酒是主菜和餐后甜点之间的最佳选择，也是餐后甜点和饭后闲谈及娱乐活动中的必备之物。希腊是酒神狄奥尼索斯的故乡，葡萄酒文化之传播也是始自希腊。紧接着最后一道是餐后甜点，多用蛋糕、奶酪和干鲜果品等制成。这个格局几乎是所有西餐风味流派的正餐与宴会格局的蓝本，如今，西式正餐基本格局大多仍然是开胃菜、汤、主菜、甜点等这样的顺序。

9.2.3 欧洲食品文化的发展历史

公元前1世纪，古罗马帝国征服了希腊本土和希腊人活动地区，古希腊的历史到此结束，然而它的文化一直在流传，并征服了侵占它的古罗马。势力强大、疆域辽阔的古罗马也是在古希腊文化的基础上建立起来的。因此，古罗马的食品文化也直接受到古希腊的决定性影响。《牛津食物指南》指出，在公元前5世纪或4世纪以前，希腊的许多城邦就有了高度发展的烹饪技术，“当大部分地区都成了罗马帝国的一部分后，罗马的烹饪本身就受到希腊文化的强烈影响而产生”，而罗马的烹饪又成了“西欧大多数国家烹饪的直接渊源”①。

随着古罗马帝国的建立，西方的经济和文化中心也从东地中海向西移到意大利的罗马城。意大利即由古罗马帝国演变而来，它的食品文化直接源于古希腊和古罗马，因此意大利菜素有“欧洲大陆烹调之母”之称，在世界上享有很高的声誉，成为当时西餐中当之无愧的领袖。

拥有罗马教廷的意大利，通过占据着西方文化核心地位的基督教文化，把东、西罗马帝国相继灭亡之后四分五裂的西方各国众多的城邦国家、封建小王国、教会领地等联系起来。意大利成为西方的经济尤其是文化的中心。15、16世纪的文艺复兴时期，意大利更保持着中心地位。到17、18世纪，随着启蒙运动的兴起和法国大革命的成功，西方的经济、文化中心也逐渐从意大利迁移到法国。启良在《西方文化概论》中指出：18世纪的西方是法国人的世纪，由于路易十四的世纪所创下的霸业和给法国带来的繁荣，“使法国在整个18世纪成为西方文化的中心”②。因而，法国菜在这一时期快速发展壮大，最终形成了自己的特色，成为

---

① 爱伦·戴维森. 牛津食物指南[M]. 英国：牛津大学出版社，1994. 409

② 启良. 西方文化概论[M]. 广州：花城出版社，2000. 229

17 世纪到 19 世纪西餐的绝对统治者。

法国菜是西餐中历史悠久的重要风味流派之一，在罗马帝国时期就受到意大利菜的影响。法国是于公元 476 年西罗马帝国灭亡后，在其废墟上逐渐建立的国家，在此以前它是古罗马帝国的一个省，当时就有一些雅典和罗马的有名的厨师来到这里，奠定了法国菜的基础。当时，法国人的烹饪十分原始、粗犷，见罗马人的烹饪较为高超、奢华，便开始学习并逐渐脱离了原始状态，不过烹饪时仍讲究以大取胜，体现一种粗犷豪放的姿态。如在宴会上，人们常常将鱼、肉、家禽烹饪、组合成一个庞大的菜肴，由身强力壮的仆人抬出来，放在宴会桌上供享用。到了中世纪，法国烹饪用料逐渐广泛，烹饪日趋精致，开始追求滋补与欣赏的双重目的。不过，这一时期，法国菜基本受意大利的影响，依葫芦画瓢，缺乏自己的创新，也缺乏吃的礼仪。

直到 17 世纪，法国菜才真正形成了自己独特的烹饪风格，并取代意大利菜而成为新的统治者。这取决于两大事实：一是联姻。像中国唐代的文成公主出嫁吐蕃一样，意大利的两位公主先后嫁给了法国的两位王储。1533 年，讲究美食的凯瑟林公主嫁给亨利二世，以 30 名私人厨师作陪嫁，随之带入了意大利先进的烹饪方法和新的原料。亨利二世即位后，凯瑟林成为宫廷宴会的核心，又为亨利三世娶了意大利公主玛利亚。在两位公主的大力推动下，法国更大量引入意大利的菜点和烹饪技艺，使法国菜有了极大的发展。二是宫廷贵族对美食的关注。法国历史上的国王和贵族大多是美食家，对饮食精益求精。路易十四用 20 年的时间修建了凡尔赛宫，并多次在宫中为他的 300 多名厨师举行烹饪大赛，优秀者由皇后授予勋章，大大提高了厨师的地位。后来的法国国王路易十五和路易十六也都崇尚美食，上行下效，皇室成员和贵族也都以品尝美酒佳肴为乐事。在这种环境下，名厨辈出，法国厨师们也常常感到一种超越过去的责任，通过更新观念和采用新的味道来推进烹饪艺术，对烹饪工作极端认真。如 1671 年，法国贡代亲王宴请君主路易十四，他的领班厨师瓦泰尔得知送来的鲜鱼无法满足宴会的使用，将导致菜肴出现缺陷，因此拔剑结束了自己的生命。悲壮慷慨的故事更加渲染了食品美的伟大意义，为追求完美的厨师更是令人敬仰。这样，法国菜在广泛吸收意大利烹饪精华的基础上出现显著变化，逐渐形成了华贵、精美的特色，即选料精细、味美形佳、菜点豪华繁多。

1789 年，法国发生了资产阶级革命，大革命迫使贵族流亡他乡，他们的私家厨师沦落于贫困中，为了谋生，只有向处于上升地位的资产阶级提供服务，开放自己的餐桌，开设贵族式的大饭店，并取代一般平民的低级小饭店。他们的烹调技艺也随之广泛流传开来。其菜肴之考究、烹调技艺之精良，在西方国家声名鹊起，法国厨师被西方各国高价聘任，各国厨师也纷纷到法国学习烹饪。20 世纪法国菜成为了西餐的绝对统治者。可以说，20 世纪的法国菜虽然没有路易十四时的豪华，但其影响力和传播范围却超过此前的任何时代，算得上是西餐的国王。然而，20 世纪中叶，法国菜的尊贵和权威地位遇到了挑战，那就是简约而大众化的烹饪流派——英国菜，并丧失了其绝对的统治地位。

英国菜是西餐中历史相对短暂的重要风味流派。罗马帝国曾占领过英国，影响了英国的早期文化，但大多数烹饪知识以后都失传了。后来英国菜在其发展过程中受到了意大利菜和法国菜的极大影响。早期英国先民的烹饪十分原始、粗犷，对菜点几乎没有质量要求。11 世纪中叶以后，诺曼人进入英国，带来了法国、意大利的生活习惯、生活方式和食品文化，英国食品文化中落后而原始的方面才得以改善。16～17 世纪是英国食品文化发展的重要时期。一方面，英国王室和贵族的大部分成员热衷于法国菜，使上层社会的烹饪以法国菜之精美特色为主；与之相对的另一方面是，国王亨利八世拒绝罗马教皇的控制，并接受清教徒思想，斥责肉体享受，对烹饪既没有兴趣也不支持，这样中下层尤其是下层社会的烹饪更多地沿袭和推崇英国追求简单、实惠的古老传统，形成简约的特色，即简单而有效地使用优质原料，并尽力保持原有的品质和滋味。之后到18、19世纪，英国食品文化中简约的特色进一步发展。此时出现的食品工业就是简约特色与工业革命结合的产物。在工业革命期间，农民成了产业工人，没有时间做饭，不得不普遍依靠现成食品和食品商的服务。不断增长的城市人口的吃饭问题促进了食品工业的发展。脱水食品、罐头食品及冷冻食品不断地送上餐桌。从此，工业化的食品在英国人生活中占据了显著地位，以至于英国人自嘲说："英国人只会开罐头。"当然也存在另一种"不会开罐头，只会吃"的继承法国豪华精美特色的上层食品文化。

从以上3个对世界较有影响的欧洲风味流派来看，他们的食品文化都具有一定的传承性。追根溯源，其源头都为古希腊烹调饮食。然而，由于欧洲各国历史、政治、人文风俗、地理环境等的复杂性，欧洲食品文化也呈现出各种差异，形成食品文化的多样化。

9.2.4 欧洲食品文化的差异性

在西方，很少有国家始终保持统一大国的地位，大部分国家在整个历史发展过程中处于分裂、割据状态，难以在国家层面实行统一管理和控制，另外大大小小的城邦国家和封建小王国林立其中，都有着自己的相对独立性，相互间更加无法协调统一。古希腊就是由许多城邦组成的。据不完全统计，公元前500年前后的希腊已有近百个城邦。后来，古罗马将其统一建立帝国。可到了中世纪，古罗马帝国分裂，意大利又将这些分裂的小王国、封建领地联系起来。但是君王对国家缺乏绝对的领导权和控制权，封建领主借助教会势力与君权割据、抗衡。易丹在《触摸欧洲》中说，当时"所谓的欧洲一共有大约500个政治实体，包括封建领地、教会领地和城邦国家，等等。这些零零碎碎的政体之间矛盾不断"①。受其影响，欧洲食品文化的发展必然存在较大的差异性，且发展极不平衡，此起彼伏。

意大利、法国、英国3个风味流派，虽然皆为西餐模式，但它们形成和兴盛的时间各不相同，并都具有各自的特色。

1）意大利菜

意大利菜为鼻祖，最具古朴特色。它虽然直接承继古希腊、古罗马食品文化发展而来，却放弃了导致罗马帝国灭亡的奢华之风，并形成了独特的烹饪风格，处于整个欧洲的领先地位。意大利的烹饪艺术家在烹饪中讲究选料清鲜、烹饪方法简洁，注重原汁原味，各种菜肴和面食品不仅传统且家庭气息浓郁，使意大利烹饪具有了古朴的特色，并一直延续至今，具有了"意大利妈妈的味道"。用最简单的烹饪工艺制作出最精美、最丰富的菜点，成为意大利人对美食的理解与追求。面食和家庭风格成为意大利菜最主要的特色。

2）法国菜

法国菜就像贵族，极具华丽、精美特色。由于它本身出身宫廷贵族，所以无论是取材、烹调方式还是服务、用餐环境及餐具，无不体现着高雅的格调。从选料上看，内容极其广泛，常

---

① 易丹.触摸欧洲[M]，成都：四川人民出版社，2000.32

选用稀有的名贵原料，如蜗牛、干贝、鹅肝、黑蘑菇等。此外，还喜欢用各种野味。其烹调方法多种多样，几乎包括了西餐所有的近20种烹调方法。服务和用餐环境更是首屈一指，无可挑剔。正统的法国服务，是宫廷式侍卫的服务。当时路易十四极尽享受，特别训练了一批侍卫服侍他"吃"。几经流传，法国式传统服务和法国菜的地位一样，成为法国餐厅不可或缺的项目。在法国正统的餐厅里，服务人员都是男性，穿着正统礼服，以极熟练的动作替客人作至诚的服务，而且神色从容、举止得体，体现高贵气息。

高档餐厅固然格调高雅，可法国家庭也毫不逊色，哪怕是普通百姓家，餐具和酒具都有好几套，摆放的位置和上菜的顺序，以及座位的安排都很有讲究。法国人已经将世界许多国家人民视为日常生活需要的吃喝提升到了艺术的高度，对其中的排场、格式、摆设的创新都达到了登峰造极的程度。每年的博若莱新酒上市和《米其林美食指南》的出版居然会成为全国人民的大事，对其关心的程度远胜过教皇或总统的演说。正是由于法国人对饮食的重视，以及法国菜在国际上的地位，西方语言中大部分与吃有关的词汇也都来自法语，如餐厅(Restaurant)、菜单(Menu)、调味酱(Sauce)等等。

对于欧洲大多数国家和美国人而言，饮食仅仅是一种生理的需要或营养的补充；对法国人来说，吃饭喝酒已经远远超出了工作和生理的需要，更多的是一种对饮食的精雕细琢，一种淡淡中体现浓郁，慢慢中蕴出芬芳的文化，是一种享受。美国著名作家诺贝尔文学奖获得者海明威曾讲过："巴黎是不散的宴席。"这句话形象地道出了法国人如何沉迷于饮食。法国人吃正餐时，从开胃酒开始，到佐餐酒(至少两种)，再到消化酒和咖啡(有时可以有两道咖啡)结束，配上头盘、主食、甜点(有时甜点之前还要加上奶酪和蔬菜)，洋洋洒洒，至少3个小时。即使没有什么菜也可以吃喝上两三个小时，所有的一切都体现着豪华、贵族的气息。

3）英国菜

英国菜为新贵，颇具简约、快捷的特色。和其他欧洲国家相比，英国向来被批评为没有食品文化的国家，烹调方式简单得不能再简单。简而言之，英国菜制作方式只有两种：放入烤箱烤，或者放入锅里煮。做菜时什么调味品都不放，吃的时候再依个人爱好放些盐、胡椒或芥末、辣酱油之类。说起来是尊重各人的好恶，却也难免有不谙烹调之嫌。

英国是一个清教徒的国家，公开宣扬享乐主义或自己的财富在英国是被人看不起甚至会被认为是不道德的行为。清教徒的观念和哲学导致了英国人不追求享乐、不追求饮食质量、不讲究安逸舒适的习惯。英国人认为粗茶淡饭是"保留食品的天然营养成分和口味"。介于这一原因，英国的美食相对于其他国家实在少得可怜。有人形象地比喻说，法国大餐注重质量，德国伙计提倡分量，而英国人就知道在餐桌上讲究礼貌。他们将餐桌布置得很漂亮，就是不知道上什么菜，通常在英国布置和收拾餐桌的时间比吃饭的时间还要长。法国戏剧大师莫里哀有一句著名的台词："究竟是活着为吃饭呢，还是吃饭为活着?"将英国人和法国人对比之后，便很容易做出答案：英国人吃饭是为了活下去，法国人活着是为了吃得更好。

不过虽然英国人不精于烹调、不善于准备正餐，但英国的早餐却是闻名于世，成为英国"烹调"唯一的招牌。他们对早餐非常讲究，英国餐馆中所供应的餐点种类繁多。而时下所流行的下午茶也源自于英国，较知名的有维多利亚式，内容可以说是包罗万象。

以上列举了欧洲3个主要风味流派的饮食特色，可以说是花开几朵，各表一枝。当国家的整体文化发展壮大时，其所代表的食品文化也随之升温，成为世人瞩目的奇葩。但它们共同的根还是古希腊食品文化，并从中源源不断地汲取着营养。

当然，欧洲还有很多其他的国家也具有独具特色的饮食传统，归根到底，或多或少地都受到希腊的影响。比如俄罗斯，虽然离欧洲中心较远，地处欧亚大陆北部，但其饮食结构也毫不例外地沿袭了部分西餐风格。它受法式菜影响较大，并吸收奥地利、匈牙利等国菜式的一些特点，结合自己的饮食习惯，逐渐形成独具特色的俄式菜。

9.3 北美洲食品文化

北美洲是开发晚而发展快的大洲，不论是从国力还是国土面积上讲，整个北美洲似乎就是美国和加拿大的，它们均为发达的资本主义移民国家。在人种、宗教以及社会制度等方面都有着相似之处，食品文化也不例外，都在一定基础上呈现一种兼容并包、有容乃大的气势。

9.3.1 美国的食品文化特色

1）沙拉文化

有学者认为美国的食品文化是一种熔炉文化，这一观点的代表人物是美国的一位食物、酒和烹饪的权威——戴维德·罗森加滕①。美国的文化虽然主要是自欧洲带过去的，但最近一二百年，美国发明、消化、融合了各种文化内容，形成了大熔炉式的文化氛围，创造着世人前所未见、随心所欲的“嫁接”。

从早期的印第安土著人，到17世纪从欧洲大陆不断迁来的移民，以及现在仍在移入的亚洲人、中东人、非洲人、澳洲人和南美人，随着各个种族的移民来到这片土地，各自独具其民族特色的食品文化也随之而来，使美国的烹饪、食品文化也如其历史、文化一样，成为多元、多民族的。如在美国大街上，你能看到各式各样的，不同类型、不同名称的餐馆，诸如法国菜、正宗意大利烹饪、墨西哥菜、印度餐馆、泰国菜、韩国菜、越南菜以及随处都能见到的中国菜等。美国成为了一个融汇各国美食的场所。但是美国人能不能将这许多美食真正融合在一起呢？很困难。所以也有人认为，美国的食品文化是一种沙拉文化，各种食品就像沙拉一样被生硬地搅拌在一起，结果呢，蔬菜是蔬菜，水果是水果，并没有融合成新的东西。因为饮食不像语言和服装，你要在一个新的国家生存，获得机会，你必须学会当地的语言，穿着当地的服饰，这样更容易让人接近，很快被同化。但是饮食习惯往往是人们最顽固的文化习俗，不像语言和穿着，饮食经常在私人的住房里进行，隐藏在大众文化背后，具有独立的传统饮食习惯。如穆斯林不管他们身在何处，从不吃猪肉；即使餐桌上米饭是唯一的亚洲食物，中国南方人也会坚持每餐吃米饭。这些饮食习惯往往是没有逻辑可言的，受到很复杂的象征性的、经济的、社会的、生态的，甚至是生理的因素的影响。这使得不同文化背景、不同食品文化形成了各自保守的风格，这暗示着大部分人很难接受新的食物。不同的民族有不同的饮食风格，具有不同文化背景的人到同一个地方，会开始尝试接受这种新的大众文化，这个过程称为文化适应。但是大众文化的偏见或者歧视使得一些国外移民始终处在这一阶段，还是保持原有的风格，抵制着大众文化，而不能进入同化阶段。当然，传统食物的缺乏、

① David Rosengarten，获奖食谱《品尝》(Taste)的作者，全球播放的有线频道《食物网络》(Food Network)的主持人，关于食物的简讯《罗森加滕报道》(Rosengarten Report) 的制作人。

花费、便利等因素，也会加速原有风格的改变。但在美国这样一个交通发达、食物丰裕、民主自由的国家，不可能出现上述因素，因此这个文化适应的阶段会很漫长。所以说，美国的食品文化目前还是一种沙拉文化。

2）缺乏标志性烹饪美食

饮食的多元化、多民族化是美国食品文化的一大特色，然而同时，这也使得美国自己的烹饪美食在这多姿多彩的多元化饮食中显得很难辨认。什么是正宗的美国菜？不要说我们搞不懂，就连美国人自己也要想好一阵，然后冒出一句：汉堡包。但可惜这不是菜，其源头也不在美国，地道的美国人也不认为汉堡包是美国特色。此外，还有玉米这种土生土长的食物原料也没有变成“全国性的美食”，反而在邻国墨西哥得到了极大发展，成为墨西哥的标志性美食。

美国没有形成标志性烹饪美食的原因很复杂。

(1) 美洲印第安人——远在首批欧洲人到达之前就是个大陆上创造美国文明的长期居民——没有创建全国性饮食的理想条件。食品文化的发展依赖于相互得益的思想交流，而这个国家的广袤疆域和印第安人文化的分散性都阻碍了烹饪术的进步。美国印第安人所在地区没有大城市也妨碍了美食烹饪的发展，因为实践证明，在大的城市环境中的交际往来有助于精美烹饪术的出现。

(2) 美国烹饪始终没有来自王室的驱动力。法国、意大利、西班牙、波斯、北印度、泰国和中国的烹饪都深深地被为宫廷创造“全国性”食物的需求所驱动。这不仅统一了那些国家的烹调术，并且促进了它的复杂多样性。因为厨师们为了寻求王室的赞许，同行间争相超越。而美国是一个由移民组成的联邦制国家，宪法决定一切，不存在王室。

(3) 美国烹饪长期以来受到美国主流价值观，所谓的清教徒道德准则的影响。清教徒是基督教新教徒中的一派，16 世纪中叶起源于英国，主张简化宗教礼仪，提倡勤俭清洁的生活。他们为宗教自由而移民美洲。认为谈论吃喝，甚至在餐桌上这样做都是极度不礼貌的。吃东西并消化掉是为了再活一天。除了虚荣心，还有哪个思维健全的人会讨论某种食品的味道呢？因此，几百年来这种思想一直在美国流行着，形成一种不利于美食发展的对待食物的坚忍、实用的意识。

(4) “为活而吃”而不是“为吃而活”的这种精神特质。欧洲人初来时，做饭的主导思想是奋力获取各种赖以生存的食物而不是追求创新。显然，当你操心的是哪种树皮可以吃，让你多活一天的时候，你就不可能发明什么美食。饮食仅仅作为一种生存的必要手段和交际方式。

(5) 开拓者精神也在延迟美食方面起了作用。美国人如今依然存在的特色——不安分、探索精神，与欧洲人那种“我们一家子四百年来一直坐在这个炉子旁边”的心态完全不对头的生活——不可能促进精品美食的发展。

(6) 方便食品和快餐行业的快速发展。在世界上发展“方便”食物方面美国当之无愧地处于领先地位。既因为他们有技术上的足智多谋，也因为他们有那么多“没有时间做饭”的人。这种现实——1 分钟能煮熟米饭，或用微波炉转 1 分钟就能喝上汤，是不能在发展美国美味高级菜肴中起作用的。

(7) 外来强势食品文化的强大冲击，尤其是意大利和中国餐馆在美国餐馆文化中占领着主导地位。意大利食品进入到美国家庭里，在美国日常饮食中起着无比重要的作用，成为主流饮食的主要组成部分。还有许多其他种族的餐饮,如阿富汗烤肉串餐馆、朝鲜烤肉房、埃塞俄比亚烙饼铺、古巴猪肉菜肴店、印度咖喱坊、泰国面馆等也越来越受到欢迎。在某些情况中,美国人把外国的食物视为了最爱,如此一来,美国美食如何发展呢?

3) 快餐文化的强势发展

北美大陆是快餐行业的最大的地区市场,多个著名的速食品行业的国际品牌也都是来自美国,有人说美国的食品文化就是快餐文化。

美国经过200多年的惨淡经营,虽然没能搞出一个能与法式和意式相提并论的烹饪体系,却形成了以简单、方便、快捷为特色的烹饪方式,最具代表性的就是工业化生产的各种饮料和快餐食品、速冻食品等。仅以快餐为例,根据2002年的统计,美国的整个快餐业在职员工有530多万人,美国人花在快餐上的钱比用于高等教育、个人电脑和更新汽车上的钱还要多。90%以上的美国儿童每月都去麦当劳餐厅就餐,1/3的美国人每周吃3次汉堡包。1970年,美国人花在快餐上的钱是60亿美元,到2000年猛增到1 100亿美元。1968年,美国有1 000家麦当劳连锁店;到2002年,已有2.8万家麦当劳餐厅遍及120个国家,而且还以每月2 000家的速度在全球各地增长着。在美国,麦当劳公司每年的在职员工约100万人,超过任何一家私营或国有公司。据估计,每8个美国人中就有一个人在麦当劳公司工作过一段时间。

美国快餐业发展如此神速,其背后有着巨大的推动力。一方面,科技革命和管理革命极大地提高了劳动生产率和劳动者的收入,人们迫切需要简单、方便、快捷的食品,也渴望并且有条件实现家务劳动包括家庭烹饪的社会化;另一方面,机器加工和科学技术造就了生产的自动化,既促进了传统手工烹饪在一定程度上向现代工业烹饪的转变,也促进了食品加工技术与手段的提高,于是出现了麦当劳、肯德基等现代快餐企业。它们集现代科学与机器加工技术于一身,以标准化、规模化、工业化的手段,制作出简单、方便、快捷的食品,极大地满足了人们的需要。并且随着时间的推移,极具特色的美国烹饪在强大经济实力的支持下昂首进入欧洲,并且产生了极具震撼力的影响,香烟、口香糖、可口可乐等美国产品成为欧洲人新举止的象征。如今由美国快餐业引起的快餐文化已风行全世界,它不仅影响着美国的经济,而且影响到文化、意识形态甚至政治。

4) 饮食的欧式风格

美国1996年人口普查显示只有15%的人口不是欧洲移民,这15%的人中,大部分是当地土著印第安人,接下来是中国以及南亚地区的移民。也就是说,美国85%的人口来源于欧洲。当然这是1996年的人口普查,如今数字可能有些改变,但主体人口不会变化,这部分欧洲人的饮食代表着美国主要的饮食特色,即欧式风格。为大家所熟知的汉堡和炸土豆条其实也不是美国土生土长的食品,还有其他的一些被认为是美国的典型食物,如热狗、苹果派、冰淇淋等等都是源于欧洲。

由于历史原因,美国早期的居民中欧洲移民以英国人为主,英国是典型的欧洲国家,所以美国的饮食习惯具有欧洲风格并与英国很相似。

在1607年开始的早期移民中,英国人占了很大的比例,其中有许多是清教徒。他们利用当地的食物原料烹饪出英国风格的菜肴,使得这里的饮食烹饪具有浓厚的英国气息。此外,由于早期移民的生活条件十分艰苦,食物原料缺乏,依料烹饪,也使他们在烹饪上不得不承袭英国烹饪简单、实惠的传统特色。18世纪和19世纪,美国大量涌入了西方各国的移民，经济日益繁荣，与欧洲的交流更加频繁，于是在饮食烹饪上也融入了更多的风格，如爱尔兰移民在宴会上仿效法国人的习惯，将每道菜都配上相应的酒。托马斯·杰佛逊在当美国总统之前，曾游历法国、意大利等西方国家，带回了许多菜点和烹饪技法。如此一来，在美国的上层社会，人们醉心于欧洲贵族的生活方式，法国菜成为展示地位的标志，法国厨师在许多大城市深受欢迎。可以说，在这一时期，美国菜以英国菜为基础，深受法国、意大利烹饪的影响，是积极的学习者。到现在，美国的烹饪方式仍然是以英国菜为基础的欧式风格。

9.3.2 加拿大食品文化

加拿大在历史上曾是英法的殖民地，人口也以欧洲移民为主，因此它的食品文化也体现着欧洲特色。

早在 17 世纪初，欧洲人就开始殖民加拿大。1603—1608 年，法国人在芬地湾建立居留地，在圣劳伦斯河流域建立了魁北克城。因此，法国文化是最早在加拿大建立的欧洲文化。至今全国仍有 28%的人说法语。至 1613 年，英国人也开始移民到加拿大。在后来的几十年里，英、法移民不断地为毛皮贸易和加拿大殖民地的主权而发生争执。于是，在 1756 年，双方终于爆发了一场七年战争，结果英国战胜，并于 1763 年获得支配权，成为加拿大唯一的统治者。19 世纪上半叶，英国向加拿大移民激增。所以加拿大的食品文化也明显地带有英、法的特色。

加拿大联邦成立后，移民日益增多。1913 年移民至加拿大的人数达到了 40 万人的顶峰，大多数的移民来自不列颠群岛或东欧。第二次世界大战后，加拿大的经济持续发展，加上政府的社会福利制度，诸如家庭补贴、老年津贴、普遍医疗保险和失业保险等给加拿大人带来了高标准、高质量的生活。加拿大的移民潮也有了显著变化。越来越多的移民来自南欧、亚洲、南美和加勒比海群岛，这些移民的到来使得加拿大文化成为一种多元文化。食品文化也向多元化发展。

与美国不同的是加拿大全国各地都有自己的名菜名吃和风味食品，尤其是加拿大北部的爱斯基摩人的北极鲑鱼、西部印第安人的鹿肉、野牛肉和野生大米等等，都是其他国家所没有的。

9.4 拉丁美洲食品文化

在政治地理上，拉丁美洲是指美国以南所有美洲各国和地区的通称，包括墨西哥、中美洲、西印度群岛和南美洲。由于历史原因，拉丁美洲现在居民成分很复杂，3.6 亿居民中半数以上是混血种人。纯血统白人和有不同程度白人血统的居民占多数，数量次之的是纯血统印第安人及印第安人与其他一个或几个种族混血的人，位居第三的是纯血统及混血的黑人，最后是纯血统以及与上述种族混血的黄种人。这一地区始终处于两种或多种文明互相冲突与融合的状况下。

拉丁美洲文明的形成最早应该开始于 16 世纪哥伦布到达美洲大陆。这一时期是伊比利亚欧洲文明最早和拉丁美洲本地的印第安文明接触的开始。同时，伴随着欧洲人贩卖黑人奴隶到拉丁美洲，非洲的黑人文明也被带到了拉美大陆。哥伦布远航到拉美后，殖民者们就开始了对这一地区的殖民过程。如果从文明的角度来看,其实就是一种文明对另外一种文明的消灭和吞并,这两种文明从一开始接触的时候,双方的强弱就非常分明,伊比利亚欧洲文明占有绝对优势的地位,而土著美洲印第安文明无论从经济发展程度、政治组织和制度方面都居于劣势。但是虽然如此,土著印第安文明并没有完全被消灭,而是渐渐被融合进了强势的伊比利亚欧洲文明,当然还有非洲黑人文明。

拉丁美洲的食品文化也强烈地带有这一特色。多种地域的食品文化交杂在一起,欧洲食品文化占主体,本土食品其次。以中美洲的文明古国——印第安人的文化中心,印加文化的发源地,同时也是人类文明史上著名的玛雅文化的发源地——墨西哥为例来说明这一特色。

9.4.1 墨西哥的用餐习惯

墨西哥的用餐习惯很有特点,一般早餐时间为上午 9 点钟,午餐要到下午 2 点开始,晚餐则在晚上 9 点以后。一顿饭从宾主入座,到全宴吃完,少则二三个小时,多则四五个小时。进餐节奏非常冗长、舒缓,与同受欧洲文化强烈影响的北美洲相比,简直是天壤之别。一个分秒必争,简单快捷;一个优哉游哉,冗长舒缓。即使是在食品文化丰富多彩、源远流长的中国,平常一顿饭也不至于要三五个小时。那么墨西哥的这种用餐习惯的背后又是一种什么样的文化支撑着呢? 宗教是文化的一个非常重要的组成部分,许多国家或地区民族文化的形成,根子就在于宗教。宗教也影响着墨西哥人的饮食习惯。

在墨西哥或者整个拉丁美洲,欧洲殖民者带来的天主教文化占据着主导地位。天主教教义轻视人们追求物质享受,对人们从事世俗活动设置了种种规定,在一种宗教炫耀中以精神的安慰来弥补物质上的匮乏。接受这种教义的人们特别强调精神层面的东西,陶醉于自我满足的欣赏,而对与人们实际生活联系更为密切的物质文化常常表现出不屑一顾的态度。这些造成了人们不思进取的心理,形成了人们对工作的惰性态度。换句话说,这一切都是西班牙的折射。在伊比利亚文化圈内,许多人安于现状,顺从贫穷,把贫穷作为通向天堂的一种奖励,把发财看作受到地狱的惩罚。他们认为在现实生活中受罪是件好事,是未来获得永恒拯救的首要前提。在这样一种思维范式下,人们从事工作只是维持生命的需要,既不积极主动地追求事业上的成功,也很难从工作中得到太大的乐趣或满足。所以他们厌恶体力劳动、赚钱、技术技能和非人文主义知识。拉美学者何塞·奥尔特加·加塞特在谈到拉美人的工作观时指出:"所有我们从事的必要工作对我们来说都是痛苦的。它们给生活增加了负担,使生活痛苦不堪,支离破碎。……工作者在工作时总是希望,工作将导致他获得解放,某一天,他将停止工作,开始真正的生活。"①乔治·福斯特也指出,在拉丁美洲,"不像居支配地位的清教社会的传统态度,劳作不被认为是一种积极的价值观;它被视为是一种必要的邪恶,是人们为生计而必须做的一些事情。"②把劳作视为痛苦的"体验"造成了天主教文化圈的人时间观念比较淡薄,对一些事情的处理不愿意当机立断,能拖就拖,有人将之戏称为"明日文化"。在这样一种文化氛围或者思想观念下,人们对待饮食自然是能享受多久就享受多

① Carlos Rangel, The Latin Americans: Their Love-Hate Relationship with the United States, New York and London, Harcourt Brace Jovanovich, 1977. 192

② George Foster, Culture and Conquest: America's Spanish Heritage, Chicago, Quadrangle Books, 1966. 4

久，甚至饮食已经不再是饮食，而是人们聊天、休闲、打发时间的工具或方式。而同样受欧洲文化影响的北美洲接受的却是基督教的新教，认为履行职业的劳动既是上帝赋予每个人的神圣义务，也是人进入天堂的通行证。所以北美形成的是一种不断地工作、创造财富的思维模式，不愿意把时间浪费在烹调食物和用餐的过程中。因此，北美饮食呈现出来的是一种快捷方便的特色。

9.4.2 墨西哥标志性食物

墨西哥受西班牙殖民统治长达 300 多年，因此在饮食上受西班牙食品文化的影响非常大，比如正餐十分繁杂。但其本土的食品文化并没有因此而丧失，反而越来越鲜明，成为国家的一种标志。如，玉米和辣椒在食品文化中的地位。

玉米是墨西哥人食品文化的核心。现代考古证实，玉米起源于一种生长在墨西哥的野生黍类，经过逐渐培育，大约在距今 3 000 年到 4 000 年前，中美洲的古印第安人已经开始种植玉米了。人们对玉米的感情，近乎达到了崇拜的程度。在古代印第安人的宗教文化中，玉米已经超出了普通食物。墨西哥民间有许多关于玉米的神话和传说：古代印第安人信奉的诸神中，就有好几位玉米神，在玛雅人的神话中，人的身体就是造物主用玉米做成的；在乡土文化中，“玉米人”已经成为对中美洲印第安土著人的一个代称。玉米业已升华为墨西哥的一种文化情结，象征着墨西哥先民印第安人的勤劳、智慧和伟大，所以即使是最普通的玉米面饼，在高级宴会乃至国宴都有它的一席之地，在人们的日常生活中也占有着非常重要的地位。他们年人均消费大米只有 8 公斤，而年人均消费玉米却是几百公斤。墨西哥人用玉米制作的食品种类繁多，据说多达 40 种。把玉米比作墨西哥文化的精髓一点也不过分。至今用玉米做成的美食还是墨西哥人领先，并且影响着其他国家。美国久负盛名的，从超级市场到小杂货店均有出售，大人、儿童都爱吃的爆米花其实也是从墨西哥传入的。还有类似春卷的“达科”（把肉馅放在玉米薄饼中卷好后放在奶油中煎炸）、鲜美的玉米肉肠、嫩玉米棒子等墨西哥风味快餐食品都在美国街头流行。

除了玉米，辣椒也是墨西哥菜的特色。说到辣椒，中国人引以为傲的是中国的四川、湖南和贵州，并狂言“四川人不怕辣，湖南人辣不怕，贵州人怕不辣”。事实上，墨西哥人吃辣椒在世界上才算是最有名的。

首先是因为，辣椒的祖籍在南美洲圭亚那卡晏岛的热带雨林中，古称“卡晏辣椒”，是正宗的“辣椒之乡”；不过最早栽种的却是印第安人。在墨西哥的拉瓦坎谷遗址中，曾发现化石辣椒，后在秘鲁沿海一带遗址中也发现过化石椒。可见辣椒在这块地区历史悠久。

其次，早在玛雅时期，墨西哥的古印第安人就已经特别嗜好辣椒。500 年前，西班牙人入侵墨西哥，一位西班牙传教士看到，阿兹特克①国王吃的菜肴中就有许多辣椒做的菜。现在的墨西哥人更是把他们祖先爱吃辣椒的嗜好发展到登峰造极的地步。中国有句俗话叫“无酒不成席”，墨西哥是“无辣不成席”、“无辣不能活”了。他们早晨起床第一件事就是用辣椒“醒神”，各式食物都以辣为主，连松饼②都是和以辣椒烤制，甚至在吃水果时也要加入一些辣椒粉。如此一来，水果摊上卖什么水果，都要在上面涂满红红的辣椒粉。无论在大城市

① 玛雅时期另一个中美洲强大帝国。
② 一种点心类的小糕点，一般为甜香味，以面筋粉、鸡蛋、牛奶为主料。

的公园里，还是在偏僻乡村小镇的集市上，都可以看到小贩们把芒果、甜橙削皮，插在一根小棍上，蘸上一层红红的辣椒粉，大声叫卖；游人们则一个个举着蘸满辣椒粉的芒果或橙子，吃得满嘴通红，津津有味。实在让外人难以接受。

9.4.3 墨西哥烹调方式

就墨西哥的烹调方式而言，最著名的应该就是烧烤，烧烤也是整个拉丁美洲饮食的一大特色。对于热情的拉丁美洲人来说，整只牛仔腿、羊腿，大块烤肉是日常不可或缺的美味。而且在用餐过程中还伴有欢快的音乐和舞蹈，融入了部分黑人文化。就中国国内的拉美餐厅而言，其主打的也几乎都是烧烤。可以说这是一种比较原始，又充满情趣的烹调方式。

从以上可以看出，虽然墨西哥受到外来文化的影响很大，食品文化呈现一种多元的趋势，而其本土文化也仍占据着非常重要的地位。在拉美的其他国家，也都体现这一特色。

综上所述，拉丁美洲由于历史原因，它的食品文化融合了伊比利亚欧洲的饮食特色，同时又呈现着印第安本土特色，还夹杂着非洲黑人文化，表现着与众不同的食品文化风貌。从人种上我们也可以看出其文化的多元性，在整个世界的食品文化中占据着一角。单就墨西哥烹饪而言，墨西哥菜已经成为与法国菜、中国菜并驾齐驱的菜系，并且还在不断地发展壮大着。

9.5 澳洲食品文化

澳大利亚是拥有澳洲大陆全部领土的唯一大陆国。世界各大洲，例如亚洲、欧洲、美洲、非洲都有为数较多的国家聚居其上；唯有澳洲大陆仅为澳大利亚一个国家单独占有，故人们称澳大利亚为澳洲，或称澳洲为澳大利亚。一洲一国，一国一洲，这是一个独特国度的地域范围，也是世界上唯一最大的洲岛之国。

然而在这样一个独一无二的岛国上，却没有什么自己的食品文化。虽然澳洲中部也保留着土著饮食习惯，但随着欧洲和亚洲移民的涌入，也被欧洲和亚洲食品文化所同化。

9.5.1 澳大利亚移民与饮食的关系

澳大利亚是一个白人移民为主的国家，白人移民及其后裔约占全部人口的95%。1788年1月26日，首批英国移民1 030余人到达澳洲，其中有736人是英国罪犯。当时，英国国内的圈地运动和工业革命使英国的社会矛盾尖锐化，许多人颠沛流离，犯罪率有增无减，而英国国内的监狱早已人满为患，偏逢此时，北美殖民地通过独立战争获得独立。英国原来在美之犯人流放地不能再行使用，只得另觅适当的地方以遣送犯人，澳大利亚便顺理成章地成为英国罪犯的海外流放地。流放罪犯是当时殖民地人口增加的主要因素。在1830年以前，流放的罪犯在6.3～7.7万之间。自1830年以后，为加快殖民地开发和缓解英国国内的人口压力，殖民地政府积极鼓励移民，并用拍卖土地所得实施资助。随着自由移民的增加与罪犯流放制度的废除，自由移民的数量慢慢超过了流放罪犯。到1850年，移民共有33.3万人，其中18.7万人为自由移民，14.6万人为流放的罪犯。1850～1860年的淘金热，使前往澳大利亚的移民达到60.2万人。1901年澳大利亚建立联邦后，为发展经济和增强国力，以对付远东正在崛起的日本，澳大利亚又从英国大量移民。而英国也指望此举能缓解本国的人口压力，因此从财力上支持向澳大利亚移民的计划。从1906年至1929年，英国移民约为

51 万人，占这一时期移民总数的 90%。从以上数据看，澳洲人实际上与美国人一样，是英国人的后裔，其食品文化与英国渊源颇深，所以澳大利亚的食品文化或多或少地带有欧洲风味，主要以传统的英格兰、爱尔兰为主。

19 世纪 50 年代的淘金热带来了大量的欧洲移民，同时也带来了丰富多彩的食品文化。意大利、希腊、法国、西班牙、土耳其、阿拉伯等各地食品相继在澳洲各地落户生根，它不仅满足了各地移民的需要，也给那里的英国后裔带来了新的口味。

20 世纪 70 年代后期越南难民涌入，一种价格低廉的越南菜悄悄流传开来，其中最脍炙人口的就是牛肉粉，这几乎成了越南食品的象征，然后没过多久越南风味就被咸、辣、甜的泰国菜所取代。泰国餐馆就像当年的法国餐馆一样迅速遍及各个城区，并风行了 10 年。然而现在最为流行的亚洲餐为中餐。

从 19 世纪 50 年代淘金潮开始，华工就已经把中国的食品文化带进澳大利亚.当时的许多小城镇都可以找到中餐馆。20 世纪初，糖醋排骨、黑椒牛柳、咕老肉、杏仁鸡丁就已经成为风行一时的异国情调菜肴。现在可以在澳洲任何一个小城镇里看到中式餐馆，在大城市里的唐人街，中餐馆、酒楼更是鳞次栉比，不胜枚举。有统计说在各国风味餐馆中，中餐的数目是最多的。

在澳洲到底有多少家中国餐馆，这是一个无法准确统计的“未知数”。有人估计有 2 000 家以上，也有人估计约有 1/4 的澳洲人(指欧裔人士)经常吃中国菜。可以毫不夸张地说，绝大多数澳洲人都以能吃到中国菜而津津乐道，就连幼儿园里的孩子都明白，“中国菜 Very Good!”在澳洲，有许多饮食界专家和报刊专栏作家，常在他们的文章里描述和赞赏中国餐馆里的美肴佳馔，并称赞中国烹调是中国及其文化的永恒的光彩。可以说，中餐在澳洲的地位相当高。现如今的澳大利亚美食可以说是东西方食品文化的最佳结合，将欧洲和亚洲的美食共治于一炉。

9.5.2　澳大利亚食品文化特色

由于澳大利亚所处的地理位置、自然环境的特殊，它的食物原料也体现着与众不同的特色。

澳大利亚是一个富庶的国家，它位于太平洋西南部和印度洋之间，周围广阔的海域为这个国家的人们提供了取之不尽用之不竭的海产资源，海产品异常丰富，所以海鲜就成了这里非常著名的菜肴，其中龙虾尤为名声显赫。说到澳大利亚，你就可以马上想到澳大利亚的大龙虾，就像日本的三文鱼刺身。如果单用海产来概括澳大利亚是不够全面的，他们的畜牧业也十分发达，号称“骑在羊背上的国家”，乳制品、牛羊肉的消费量较大。据统计，澳大利亚人对肉的消费量居世界第三位，人均年消费量为 110 公斤。一个典型的澳大利亚的四口之家一个星期大约吃掉 5 公斤的肉类，所以肉类市场有大量野生动物，在饭店还能吃到鳄鱼、袋鼠和鸵鸟肉。其实早在 3 万年前，澳大利亚土著人已经以吃袋鼠为生了。出于袋鼠数多为患，现在澳政府仍批准人们可以宰杀、食用一定数量的袋鼠。袋鼠成为澳大利亚的特产、专利。澳大利亚人最偏爱的肉也是袋鼠肉，用袋鼠尾巴烹制而成的鼠尾汤也成为许多食客的最爱。

澳大利亚比较有当地特色的饮食是澳大利亚烧烤、邓皮饼和皮利茶。

烧烤在澳洲是一种非常流行的餐饮形式，在家宴或各种联谊性质的宴会上经常被采用，烧烤炉自然是澳大利亚家庭必备的烹饪器具。

皮利茶和邓皮饼是19世纪流传下来的，当时，大批淘金者风餐露宿，生活异常艰苦。由于没有煮水的容器，淘金者就在铁制罐头盒上装上吊柄，用它来烧水，当时，人们称这种罐头盒为皮利罐，用这种罐烧的水沏成的茶便成了皮利茶。

邓皮饼是一种面包。它以面粉、牛奶、糖和盐为原料，将面团揉好后放进一个铁锅，加盖捂严。将锅放在事先刨好的土坑中，在锅底及四周放上火炭及木材，在坑顶培上一些土捂严实。过一段时间后，扒开土取出铁锅中已经烘焙好的面团，邓皮饼就制作好了。如果在邓皮饼上抹一点黄油和糖浆，味道就更可口。威廉·邓皮是17世纪荷兰航海家，是澳大利亚早期的探险者，在登陆澳洲大陆后，由于找不到食物，他便用船上剩余的面粉按上述方法制饼充饥。后人便称它为“邓皮饼”。

以上3种饮食方式都比较原始，具有当地特色，而且还有一定的历史纪念意义。然而它们没能进一步发展壮大，形成澳大利亚的代表性饮食。提及澳大利亚，人们首先想到的是它是英国的后裔，食品文化呈现一种以欧洲风味为主的多元化发展趋势，其中，中餐占据着很重的一角。澳大利亚特产丰富，有着得天独厚的海鲜、独一无二的野生动物袋鼠……使澳大利亚的菜式与其他西餐有所区别，形成了澳大利亚菜独有的风格。如果说美国是一个食品文化大熔炉的话，那么澳大利亚就是一块镶嵌着各种食品文化的瓷砖。

9.6 非洲食品文化

9.6.1 非洲三大文化区

要了解非洲的食品文化，必须先了解非洲的三大文化区：阿拉伯—伊斯兰文化区、贝扎—安哈拉—索马里文化区和黑人文化区。

文化区指的是在一定的地理范围内盛行一种文化特征的地区，一个文化区拥有各种各样的行为系统：明显的居住形式，特殊的语言，一定的经济体系，一种特定的社会组织，某一种宗教信仰和仪式，还有独特的食品文化等。了解了这三大文化区后，自然也就能掌握它们的食品文化特征。

当然，这三大文化区是相互穿插的，而且在历史上也存在着此消彼长、你进我退、变动不定的情况。但是，仍然可以大概地在它们之间划出一条分界线，即从塞内加尔河口开始画一条线，向东经过廷巴克图到喀土穆，从那里往南和往东划到北纬12°埃塞俄比亚边界，再沿着埃塞俄比亚的西部和南部边界划到朱巴河，接着从朱巴河划到印度洋，这样就把非洲划为两部分。① 在线的以北和以东居住的基本上是肤色从淡白到浅棕的高加索人种（或称“欧罗巴人种”，也就是通常所说的“白种人”）。这一部分又可一分为二：沿着苏丹共和国和埃及在努比亚沙漠的边界画一条线到红海，以西包括埃及、利比亚、突尼斯、阿尔及利亚、摩洛哥、西撒哈拉、毛里塔尼亚以及马里、尼日尔、乍得、苏丹四国的北部。这里的居民属于高加索人种地中海类型，在语言上通行阿拉伯语，宗教上普遍属于伊斯兰教。所以我们把这一部分地区称作阿拉伯—伊斯兰文化区，也即图9.1上斜线阴影A部分地区。另一部分，图9.1中虚线

① 塞利格曼. 非洲的种族[M]. 北京：商务印书馆，1982. 35

以南包括苏丹东北部、埃塞俄比亚、厄立特里亚、吉布提、索马里以及肯尼亚北部。这一地区人民体质特征上属于高加索人种埃塞俄比亚类型，语言上属于亚非语系，宗教信仰基督教和伊斯兰教。主要部族有贝扎人、安哈拉人和索马里人等。因此我们把这一地区称作贝扎—安哈拉—索马里文化区，也即图 9.1 中网线阴影 B 部分。

以上两个文化区，从面积来说，占到非洲大陆总面积的 1/3，从人口上说，则不到非洲大陆总人口的 1/3。非洲大陆另外约 2/3 的土地和人口属于黑人文化区（图 9.1 中 C 部分），也即撒哈拉沙漠南缘那一条分界线以南的非洲大陆。人口从古至今一直以尼格罗黑人为主，信仰传统宗教拜物教。这一地区历史上一直与外部世界处于半隔绝半封闭的状态。主要原因是撒哈拉大沙漠对于非洲大陆北方和南方之间的阻隔作用，严重限制了南北的联系，使黑非洲文化与北非文化之间的差异日趋明显。另一方面是南部非洲大陆缺乏航海传统而造成的封闭状态。于是，地理结构上十分完整统一的非洲大陆，从文化上逐渐被分割成南北两大部分——以地中海周边文化为一体并与欧亚大陆东西方各大古代文化有许多联系的北非文化，相对封闭独立发展的以尼格罗黑人为主体的撒哈拉以南非洲黑人文化。

1. 廷巴克图　2. 喀土穆　3. 朱巴河　4. 印度洋　5. 红海

A. 阿拉伯—伊斯兰文化区　B. 贝扎—安哈拉—索马里文化区　C. 黑人文化区

图 9.1　非洲地图

9.6.2　阿拉伯—伊斯兰文化区食品文化

阿拉伯国家地跨亚非大陆，又与欧洲隔海相望，1 000 多万平方公里的土地上居住着两亿多的人口。幅员的辽阔和人口的众多，使这里的饮食显得五花八门。不同阿拉伯国家的饭菜不尽相同，但也存在着许多大体相同或相似的地方，都属于伊斯兰食品文化区。

北非的阿拉伯—伊斯兰化从公元640年阿拉伯人攻打埃及开始，之后又推进至整个北非。阿拉伯人占领这一地区后，采取了一系列的措施：用阿拉伯语传播伊斯兰教；宣传以阿拉伯文为官方文字；对穆斯林免除人丁税，以鼓励当地居民皈依伊斯兰教；向北非大举迁移阿拉伯人，并让他们与当地居民混合杂居，融为一体。这样，阿拉伯语和伊斯兰教就逐渐成了北非当地居民的语言和宗教，北非的文化也就成了阿拉伯文化的一部分，日久天长，甚至在血统上也难以准确地分辨谁是阿拉伯人，谁是原来的土著居民了。北非阿拉伯—伊斯兰化的过程，始于7世纪，完成于11世纪，持续了500年。如此一来，北非彻底成了阿拉伯的世界，饮食上完全阿拉伯—伊斯兰化，主要有以下3个基本特征：

(1) 主要植根于农林牧渔相结合的经济，植物性食料与动物性食料并重，膳食结构较均衡；羊肉在食品中的比例较高，"烤全羊"是其中名菜，风靡全非洲。重视面粉、杂粮，其中阿拉伯大饼是伊斯兰教最著名的食品，也是历史最为悠久的食品之一，早在1 400年前的《古兰经》中就有记载。

阿拉伯大饼由特制的炉子烘烤而成，外脆内嫩，鲜美可口，价格便宜，已成为千家万户的大众食品，难怪埃及人管它叫"生活"。吃大饼时通常蘸霍姆斯酱，就着嫩绿的酸黄瓜条和青翠欲滴的"杰尔吉斯"青菜等。手抓饭是先将米饭煮至半熟，然后添进椒盐、黄油等，拌匀后置锅内蒸，嗣后加入羊肉末、西红柿酱、胡萝卜、葡萄干、杏仁、洋葱、红线米等作料，用猛火炒至熟透。炒好的米饭软硬适中，不干不燥，看上去油光可鉴。

阿拉伯人从前的主食是玉米饼、麦饼和豆，贫穷家庭吃的主要是玉米饼。自从不少阿拉伯国家因出口石油而收入大量美元之后，各国政府对主要食品实行价格补贴。店铺里卖的大饼(发酵饼)和面饼比面粉还要便宜，所以平时家家都吃大饼或面饼。以西红柿沙拉、洋葱拌辣椒、煮豆、酱等为佐餐，肉类主要是牛羊肉。

(2) 烹调古朴粗犷，喜爱鲜咸和浓香，要求醇烂与爽口，形成"阿拉伯式厨房"风格；习惯于席地而坐，铺以白布，抓食，辅以餐刀片割，待客情谊真挚。

比如埃及人办喜事时就喜欢大摆筵席，除了邀请的贵宾亲友之外，有些平时与事主没有什么交往者也可光临，同样受到热情款待。习惯上是先摆出巧克力和水果，吟诵《古兰经》，吃肉面汤泡馍、米饭和煮肉，最后上一些甜点和小吃。埃及人请客时，坐席讲究其身份及等级；主人还习惯用发誓的方式劝客人多吃一点，自始至终表现得非常热情。菜肴越多越好，哪怕是原封未动地端上来又端下去，宾主都十分高兴，因为这是慷慨好客的标志之一。

(3) 受伊斯兰教和古犹太教《膳食法令》的影响较深，选择食料、调理菜点和进食宴客都严格遵循《古兰经》的规定，"忌血生，戒外荤"，"过斋月"，特别讲究膳食卫生，食风严肃，食礼端庄。不食猪肉，不饮酒。在每年一度的斋月里，人们白天不吃饭、不喝水、不吸烟，只有到太阳落下后才能吃饭。吃饭时不与他人说话，喝汤或饮料时不能发出声响，食物一经入口不得复出，还忌讳用手触摸食具和食品，认为浪费面包是对真主的不敬。

伊斯兰教是世界三大宗教之一，7世纪兴起于阿拉伯半岛，由穆罕默德创立。穆罕默德在创教和建国过程中多次颁布立法，其中饮食禁忌是一项重要内容。《古兰经》第二章第173节、第五章第3节、第六章第145节、第十六章第115节等章节均有所反映。如第2章第173节："他只禁戒你们吃自死物、血液、猪肉以及诵非真主之名而宰的动物；凡为势所迫，非出自愿，且不过分的人，(虽吃禁物)毫无罪过。因为真主确是至赦的，确是至慈的。"猪肉和对人有害的其他东西被归在一处，如血液、自死物等。认定猪肉一定是不洁之物，是有害于人体的。伊斯兰教禁食这些动物的原因，有些是本着卫生的角度出发的，有些则是本着人性角度出发的。因为《古兰经》和圣训的立法原则是：凡是对人有害的均属非法的；凡是不利人们的身心健康的均属被禁之列。

穆罕默德借安拉①之口宣布和强调饮食禁忌，禁戒穆斯林吃自死之物、血液、猪肉。从此，以禁食猪肉为主要特征的饮食禁忌便成为伊斯兰教的重要戒律。禁食猪肉和讨厌猪是一致的。《古兰经》中把变为猪作为对受安拉弃绝和谴怒的人的一种严厉惩罚。

伊斯兰教严禁饮酒，也禁止一切与酒有关的致醉物品。所以，一切有危害性及能麻醉人的植物或可食植物，如葡萄、大麦、小麦等一旦转化成能致醉的饮料，如酒一类的东西，就成为禁忌的对象。同时，伊斯兰教还禁止从事与酒有关的营生。所以一切比酒更有害于人身体的麻醉品和毒品也都在严禁之列。

作为一个虔诚的伊斯兰教徒，必须恪守宗教的戒律而绝对禁食。而且，由于宗教感情的作用，久而久之还形成了对所禁忌的饮食的极端厌恶心理。这种心理在信仰伊斯兰教的民族那里，成为共同的民族心理，构成了民族的共同心理素质的重要内容。饮食禁忌也由最初的宗教戒律变成了民族的生活习俗。

阿拉伯人喜欢咖啡和茶。在各城市的街道上，咖啡摊比比皆是，一杯咖啡加上几种点心，就是一顿便宜的午餐。名贵的菜肴有油炸鸽子、烘鱼、烤全羊等。烤全羊是把一只肥嫩的羔羊除去头脚，掏空内脏，塞满大米饭、葡萄干、杏仁、橄榄、松子等干果和调料，然后放在大火上烤。其特色是又嫩又香，味道鲜美。阿拉伯人用手抓饭的技术十分熟练，一是不怕烫，二是能用手指迅速地撕下一小块肉条、菜肴送入口内，手指还不允许碰着嘴。

吃阿拉伯餐，有点儿吃西餐的感觉，也有开胃菜、汤、沙拉、烧烤、甜点等等。先说说开胃菜，像雪白奶酪、盐清橄榄、鲜檬鸡肝、特色泡菜等，还有一些挺新鲜的名字，如贝鲁特胡木思酱，是胡木思酱加法国香菜和大蒜，还有羊肉胡木思酱、松子仁胡木思酱，闻其名字大概也就清楚它的原料了。沙拉也是品种繁多。生菜葡萄酒沙拉、酸奶黄瓜沙拉、橄榄沙拉、薄脆沙拉，都是一听就很诱人的菜品。阿拉伯餐的主菜当然少不了肉排，像黑椒牛排、香酥鱼排、鸡排等等。羊肉烧烤是阿拉伯餐厅的一大特色，一些听不懂名字的菜如玛丽亚、大叙卡、盖夫大宾姆，都是各种不同的羊肉的做法。阿拉伯餐的汤类味道也不错，浓味鸡汤、蘑菇汤、蔬菜汤、葱头汤等等。另外也有我们中国人最常见的炒菜，像羊肉炒土豆、炒蘑菇，听起来一点也不陌生，但味道却和中餐两样。还值得一提的是，阿拉伯式的甜点绝不比法国大餐、意大利餐差，什么腰果酥、枣泥宝、芝麻饼、桃果山、开心甜、指头卷、哥来比……应有尽有。

9.6.3 贝扎—安哈拉—索马里文化区食品文化

从地图上看，这一地区绝大多数为埃塞俄比亚所占有。埃塞俄比亚是一个具有 3 000 多年历史的非洲古国，富有民族特色。虽然这一地区受殖民侵略的影响，一部分人信仰基督教，一部分人信仰伊斯兰教，饮食还是以传统特色为主。他们的主食是一种名叫“英杰拉”的大饼，用当地的粮食作物“苔麸”制作而成。这种农作物在埃塞俄比亚五大谷物中占第一位，籽粒极小，50 粒苔麸籽的重量才相当于一粒小麦的重量。埃塞俄比亚是世界上唯一以苔麸

---

① 安拉，阿拉伯语的“神”，相当于英文中的“The God”（上帝），中文音译为安拉或阿拉。穆斯林，即伊斯兰教的信徒，只信奉安拉为自己的主。

为主食的国家。

埃塞俄比亚人还有生吃牛肉的习惯，被称为"爱吃生肉的民族"，因而也盛行用生牛肉招待客人的风俗，而且在当地是一种款待贵宾的高尚礼仪。

9.6.4 黑人文化区食品文化

相对独立封闭的撒哈拉沙漠南缘以南的非洲，也即黑人文化区却一直保持了传统的饮食风格。即使是在欧洲基督教对非洲传统社会的社会规范以及价值观生活产生有力的冲击之后，他们仍然保持着自己的饮食特色。尼日利亚史学家A·E·阿非格博指出："传统社会与现代价值观念之间的自然关系是一种彼此冲突的关系；它们一旦接触，新的价值、态度和结构必然要取代传统的价值、态度和机构；在任何殖民地或地理区域，传统社会对来自欧洲文化的冲击做出的反应都是相同的。"①传统社会势必会以某种方式进行抵制。虽然欧洲文化的价值观念的入侵势不可挡，并且随着越来越多的接受基督教教育和西方世俗教育的非洲人开始按照新的社会规范和价值观生活，黑人传统文化中的某些不合时宜的东西渐渐地为社会所舍弃，非洲传统社会的饮食习俗也发生了某种程度的改变。但饮食毕竟是人们最根深蒂固的文化习俗，不可能废弃。除非欧洲人也像阿拉伯人一样，从社会制度、语言、宗教乃至人种血缘都对其进行移植，否则人们的饮食习惯是很难改变的。事实也是如此。因为饮食还受到自然环境、地理位置、历史等其他方面的影响，而这些因素都是固定的。

当地人民在商务宴请等社交场合下，一般会请客人到饭店、宾馆吃饭，多用西餐招待对方。而如果关系更亲密的，则会邀请至家中做客，当然是用传统饭菜招待，自家的用餐习惯当然也是传统特色。其中最典型的即为手抓饭。非洲很多地方吃饭不用桌子，摊张席子，放两杯水：一杯供饮用，一杯用来饭前洗手。一盆主食，一盆菜肴，往席子上一放，宾主围坐四周，每一个人用左手按住饭盆边沿部位，用右手食指、中指、大拇指将主食捏成团状，放进菜盆里滚一下，夹着一块肉或一块鱼放进嘴里吃。动作要干净利落，做到饭菜不沾手指，不洒席上。从这可以看到，群体每天围坐在共同的食物旁，表现出来的是共餐制，象征着或大或小的"家族"的团结，说明了聚集、合同、群体这样的群体意识的至高无上。而其菜肴只有一盆，强调了中心，强化了对氏族或部落的依存。

黑人文化区人们的食物以薯类、蕉类、玉米和大米作为主食，牛、羊、热带水果为辅，甚至还有一些野生动物，比较多的是白蚁、毛虫、蝗虫、蜗牛、蟋蟀、蝉、虫蛋等，并且在人们的日常饮食生活中占有重要的地位。

由于赤道横贯非洲的中部，3/4的地区处于太阳的垂直照射之下，年平均气温在摄氏20度以上的地方占全洲95%以上。这样的气温条件不适宜种植性喜温凉的麦类作物和一年生喜温性谷类作物，于是那里的农民就培育出或者引进了薯蓣、甘薯、木薯、香蕉和食用芭蕉等块根、块茎和果类作物。其中木薯从巴西引进后得到广泛的种植，成为热带非洲几十个国家的主食。在炎热、多雨、土壤呈酸性、老鼠和鸟雀为害甚烈、寄生虫和微生物横行无忌的自然环境条件下，对任何实物无论窖藏还仓储，都不能不受破坏、不受损失，而且都不能持续较长的时间。在热带雨林地区人们赖以为生的薯蓣虽百般当心也难以保存。木薯之所以在非洲

① A·E·阿非格博.殖民统治的社会影响：新的社会结构[M].A·阿杜·博亨.非洲通史，第7卷[M].北京：中国对外翻译出版公司，1991.487

广为种植，重要原因之一就在于它的成熟块根可以长期留在土里，随吃随刨，存储问题较易解决。

木薯在食用前需浸渍去毒，然后晒干并研磨成粉，这样就形成了一套关于种植、加工和食用木薯的文化。每年人们都要举行木薯文化节，庆贺丰收、团结和兴旺。但是木薯的蛋白质含量比粮食作物少，为了补充人体所需的蛋白质，黑人农民往往把白蚁、毛虫、蝗虫、棕榈蚕等昆虫作为重要食物。有些农民还采集小毛虫，并把它们放养在自家宅院附近的树上，以便需要时随时采食；或者将毛虫晒干当作商品出售，商人到农村收购毛虫干以转售到别的地方。于是非洲黑人农民的食文化又增添了饶有趣味的成分。

这样的生活方式是受其自然地理环境的影响，从古至今一直延续着，并遍及整个南部非洲。17、18 世纪欧洲旅行者的直接记述和考古得到的零星材料都明显地反映了这种情况。比如，汤普森于 1823 年 6 月在奥兰治河上游附近的克拉多克地区旅行时，访问了一座茅屋，他在谈到该村庄的居民时写道："这些可怜的人主要靠平原上生长的某些野生球茎植物生活，同时也吃蝗虫、白蚁和其他昆虫……这就是他们赖以生存的一切，除此之外，男人们有时还用毒箭射死一些猎物。"

除了吃虫类补充蛋白质以外，黑非洲人民还吃一些粘土，以补充身体缺乏的矿物质。撒哈拉沙漠南缘以南非洲土壤普遍呈酸性而缺乏盐分，食用植物含的盐分不能令人满意；海盐和矿盐更是难得，很多地方的居民甚至几个世纪都不曾食用过。但是，非洲黑人以自己坚忍不拔的努力表明支配一切的不是环境而是文化。黑非洲人民世世代代在这样的环境中生存，他们已经适应了这种环境并创造了与之相应的文化。环境虽然恶劣，但文化的力量是无穷的。面对缺盐的现状，很多部族将植物灰烬收集起来，经淋洗蒸发后提取一种氯化钠、硫酸钠和碳酸钠的混合物，用来食用。肯尼亚、坦桑尼亚、赞比亚和尼日利亚的一些部族则食用含有很高矿盐成分的白蚁蚁冢的干土，吃土的主要是体内极其需要盐分的妇女和儿童。并且他们认为吃土可以治疗疾病，可以补充身体中钙的不足。虽然这类文化在今天看来是不可取的，但它毕竟曾经长期是黑人传统食品文化的一个组成部分。

9.6.5 其他

由于非洲炎热的气候，因此饮料业异常发达。非洲人有喜爱喝饮料的习惯，也有用饮料招待客人的习惯。饮料种类繁多，尤其是一些欧美的饮料，如咖啡、可口可乐、百事可乐、芬达等，除此之外还有牛奶、啤酒、汽水、橘子汁、香蕉汁、西瓜汁、木瓜汁、甘蔗汁、茶水、矿泉水、凉开水等当地饮品。总之，凡是在中国有的饮料，在非洲都有。其中最受欢迎、最流行的是咖啡。

非洲的 20 多个国家都广泛种植咖啡，它是世界第二大咖啡产地，仅次于美洲地区，并且还是咖啡的原产地。当今世界的一些咖啡品种皆原产于非洲。在撒哈拉沙漠南缘以南的非洲国家里有着浓厚的咖啡文化，当地不仅有喝咖啡的习惯，而且用咖啡待客还是一般家庭的隆重礼节。如果客人能够讲出一些有关咖啡的故事，会令主人顿时对你刮目相看，也会进一步密切你同主人的友好关系。

在北非地区的国家及东非等国，还广泛种植着另外一种刺激性作物，只收获其叶子；将叶子放进嘴里咀嚼后可以刺激人的中枢神经系统，这就是咔特茶，亦称阿拉伯茶。一般咀嚼 15 分钟后，人的瞳孔会出现放大现象，精神爽快，兴致盎然，思维活跃，想象力丰富，文人们称此可以产生创作的灵感。大约两个小时后，咀嚼着的神经系统完全处于抑制状态，神情怡然，自我意念加强，似乎旁若无人，说话轻声细语，漫不经心，倾吐衷肠。在非洲许多地方和阿拉伯国家有咀嚼咔特叶的嗜好，尤其以男性为甚。家常便饭后，每逢会客或者重要集会时，人们坐在席垫上，咀嚼咔特叶，相互商量着重大事情，许多重要的决策就是在这种悠哉悠哉的气氛中拟定的。许多人家还在房顶上建有专门的咀嚼咔特叶的厅室，当地人将咔特叶称为“人生仙丹妙药”、“天堂之花”。咀嚼咔特叶也会上瘾，每天都要咀嚼，不然就会无精打采，甚至神志恍惚，因此，许多人呼吁禁止咔特叶。由于咔特叶价格昂贵，不少农民便用耕地种植咔特。但另外一部分人认为咔特同咖啡一样，并非毒品，不仅可以提神助兴，还可以防止如霍乱、梅毒等疾病和治疗腹痛等症，应当允许广大民众享用，一旦不想咀嚼也很容易戒掉。不论人们对咔特叶的评价如何，当地咀嚼咔特叶的风气一直非常盛行。咀嚼咔特叶为人们提供了一种社会场所，创造了会友、社交以及谈判生意的机会。

非洲人的饮料还因地区不同而存在着差异。北部非洲的许多居民除有饮茶的习惯之外，还有喝凉水的习惯。走进这些国家的普通百姓家庭，客厅里的一只大瓷壶或者一个大土罐格外引人注目，里面装的便是凉水。稍为讲究一点的人家，将生水烧开后注入到里面，但不少人家是直接将生水注入的。当地天气炎热，从室外进入室内，口干舌燥。在当地许多宾馆的房间里均要为客人准备一壶凉水，即使那些高级的饭店也是这样。在这些国家举行的宴会上，每一位客人面前除了放着汽水、橘子汁等饮料外，一杯凉水总是少不了的。由于当地居民绝大多数是穆斯林，不饮酒，在宴会上往往是以凉水代替酒，相互干杯，表示美好的祝愿。

今天，人们往往说非洲地区没有烹饪，只有烧烤水煮食品。在这样一个吃得很不好，甚至饥饿的地区，谈何食品文化。然而正是因为食物的缺乏，非洲人给予了食物更多的关注。埃及的名菜嫩羊排饭、羊肉酥盒，乌干达的传统食品芭蕉鸡，埃塞俄比亚的毛毛虫、生牛宴、咖啡，赞比亚传统小吃油炸蝗虫，科特迪瓦油炸香蕉，加蓬的用大肚瓶酿造的棕榈酒，南非的传统美食马来料理①、三脚铁锅炖菜、咖喱肉沫、牛奶烘饼等等，除此之外，还有各式各样的热带水果、蔬菜，可以说是应有尽有。

非洲人民还把食物融入了谚语中，用大家喜闻乐见的食物作比喻，说明深刻的哲学道理。如“老人的劝诫是菜里的盐”，老人在非洲部族中地位非常高，酋长一般都由年长者担当，因此老人很受尊敬，老人的劝诫也就显得尤为重要。所以非洲人将老人的劝诫比作当地相当缺乏而又珍贵的盐。“不要扔掉牛奶桶”寓意不要放弃最后一线希望；“要学鸡喝水，喝多喝少皆仰头”告诫人们活着得有志气；“要吃蜂蜜，别怕蜂蜇”象征着一股勇气；“赠你一条鱼，报之以黄油”表明知恩图报等等。

他们的各种节日习俗也都与饮食有关。

1）*尼罗河泛滥节*

埃及每年的 6 月 17 日或 18 日要按照传统习俗举行“尼罗河泛滥节”。尼罗河泛滥给当地人民带来了灾难，但是洪水也灌溉了万顷沃土良田，养育着 5 400 万埃及人民，博得了当地人民的赞美和热爱。节日当天，家家户户门前摆一张桌子，上面放着盛有大豆、小麦、扁豆、

---

① 以调味的艺术而闻名，各种香料与调味料，如辣椒、豆蔻、肉桂、丁香等运用得淋漓尽致。常见的马来海鲜如小龙虾拼盘。

紫苜蓿和一些植物幼芽的碟子，象征着五谷丰登。

2）穆斯林斋月和开斋节

斋月和开斋节是穆斯林宗教的主要节日之一。按照伊斯兰教规定，回历每年9月是穆斯林的斋月。斋月，对于穆斯林是一次进行宗教意识锻炼的良机。除了老、病、孕、婴和正值经期的妇女外，大部分穆斯林都要在斋月内守斋。斋戒者必须向安拉表示斋戒的决心，整个白天绝对不许进食，吸烟者要暂时戒烟。到傍晚7点的时候，开斋的时刻到来，人们往往会吃一些能量较高的甜品和油炸食物。

斋月结束翌日，即穆斯林的开斋节。节日放假3天，期间人们走亲访友，甚似中国的春节。

3）捕鱼节

在辽阔的非洲，有些国家的渔民在长期的捕鱼生产劳动中，形成了传统的捕鱼活动习俗。渔民们按照传统习俗，每年进入5月后就开始撒网捕鱼。事前他们要举行隆重的献祭仪式，否则不得开捕，这一天，便是捕鱼节。祭祀活动中主祭人要先后宰杀5只公鸡和1头山羊作为祭品，把这些祭品的血洒到预先挖好的洞里，然后，主祭人把羊肉分给周围的孩童，祭祀到此圆满结束。

捕鱼节在尼日利亚还有着特殊的意义，它是全国各族人民团结的象征。相传很早以前，尼日利亚的两族人民因捕鱼而发生斗殴，结下仇怨，长期敌对。经过两族酋长和谈后，彼此达成友好协议。为了庆祝这个具有历史意义的事件，两族人民举行了首次捕鱼比赛。

4）马斯卡尔节

“马斯卡尔”是十字架的意思。马斯卡尔节，原是基督教徒为纪念海伦王后于公历326年找到耶稣基督的真正十字架而举行的节日。14世纪时，埃塞俄比亚人开始庆祝这个节日。现在，节日的原始意义已逐渐被遗忘，它成为了一个具有民族特色、充满希望和喜悦的迎春佳节，它标志着繁忙的收获季节的开始。

节日里，人们准备着各种食品和饮料。从9月27日前后的一个星期日早晨开始，直到星期三晚上才结束庆祝活动，并称这个星期日为“萨瓦·沃格”，意思是宰牛的日子。这一天家家户户都要宰牛，屠夫把牛宰杀后，边剔骨卸肉，边顺手割下一片冒着热气的牛肉送进自己的嘴里，并递给周围的人。这时宰杀场上会出现“生食宴会”的热闹场面。

非洲人民的社会生活、谚语、宗教节日等无不联系到饮食，他们将饮食活动置于文明的核心地位，创造了独特而又丰富多彩的食品文化。

在进食方式上，欧美人习惯用刀叉，东亚大部分地区人们喜欢用筷子，而非洲地区人们视右手为最洁净之物，用餐直接用手抓，既不同于欧美，也不同于东亚，自成体系。

在食品的种类上，非洲的食品种类似乎要比欧洲一些国家丰富得多。一方面，非洲大部分地区位于南北回归线之间，全年高温地区的面积广大，有“热带大陆”之称。境内降水较少，不利于农作物生长。因此农作物产量很低，很多地区常常处于饥饿状态。然而这正刺激了非洲人民不断地寻找更多可食的食物以维持生存，形成了食物的多样化特色。很多难以想象的食物，如蝗虫、蚂蚁以及各种昆虫的幼虫，都成了他们餐桌上的美味。另一方面，非洲有着各种类型的热带气候，尤其是热带草原气候和热带雨林气候，因此这里有着丰富的野生动物资源。由于当地缺乏相应的野生动物保护法律，因此当地人民缺乏法律意识，很多野生动物成了人们餐桌上的美味。

在烹饪方法上，非洲人民自古就形成了将许多种食品混在一起烹饪的方法，这也就形成了非洲人民餐桌上的传统风格：一盆菜、一盆主食及两杯水；对于各种肉食，大多采用烤制之后，再用咖喱、奶昔、番茄汁等淋拌的制作方法；对于面食则采用与其他水果相拌过油微炸的方法。

在饮食风格上，由于历史原因，非洲大陆既接受了中东阿拉伯伊斯兰国家的饮食内容和习惯，又吸纳了欧洲饮食风格，同时还在很大程度上保留了传统食品文化。

房龙曾在《非洲——充满矛盾和差异的大陆》一文中说到："生活就是这样，不是极度贫穷，就是十分的丰富。没有什么更好的内容，一个人不是受冻挨饿，就是享受美味。"这句话在控诉罪恶的奴隶制度的同时，也让人们感受到在世界的任何一个角落，都存在着可以饕餮的食萃，可以让人大快朵颐的美味。

思考与练习

1. 希腊食品文化对西方食品文化有怎样的影响？
2. 熔炉文化与沙拉文化的区别是什么？
3. 非洲文化主要分为哪几个文化区，各自的食品文化特色是什么？

10 中西方饮食文化的区别

10.1 饮食文化的交流

德国哲学家莱布尼茨说:“世界上没有两片完全相同的树叶。”由于地理环境、经济发展和文化背景的不同,各国的饮食内容、方式、习俗都大不相同,形成了丰富多彩的饮食文化。即使在同一个国家,不同地区的饮食文化也大有不同。饮食文化上的差异,归根结底是深层文化上的差异,是社会意识形态的差异。

中西方饮食文化在求同存异的过程中不断发展,互相融合渗透。当今多元化社会中,饮食文化的交流日益频繁,要想在现代社会中寻求饮食文化的发展方向,就必须适应开放的大环境,将本民族的传统和外来文化进行整合发展。而这就有必要对中西方饮食文化从宏观上进行比较,进而从深层次上分析其不同的原因,以资借鉴。

10.2 物质层面上的差异——饮食内容、饮食方式、饮食器具

一般人们可以直接感受到的中西方饮食文化的差别,大都是物质文化层面上的。从基本角度来看,可以从饮食内容、饮食方式、饮食器具3个方面来进行把握。

10.2.1 饮食内容上的差异

首先从饮食资源上来看。饮食资源也就是食物原料,它是饮食中最基础的东西,一切饮食活动都是围绕它而开展的。常言道,内容决定形式。不管是饮食加工技艺、饮食器具还是饮食艺术、饮食方式,都与饮食原料密不可分。饮食资源的采集、开发和利用自古以来就是人类物质生产活动的重要内容——这一点在人类社会中是相通的。

依据不同的标准对食物原料可以有不同的划分。从营养学的角度可以将食物分为谷类及薯类、动物性食物、豆类及其制品、蔬菜水果类食品及纯热能食品,每类食物为机体提供不同的营养;从文献资料总结的角度来看,食物可以划分为谷类、蔬菜、果实、兽类、鱼类、贝类以及其他。不同的国家和地区由于地理环境的不同其物产也大不相同,在食品原料上呈现出了丰富多样性,从而形成了不同的饮食结构。

中国的饮食结构在很早以前就已经基本形成。饮食结构应该分为“饮”和“食”两大部分。首先从“食”的角度来看。古人在理论上对饮食结构早有认识,《黄帝内经·素问篇》提出了“五谷为养,五果为助,五畜为益,五菜为充”的理论,其实这就是中国饮食结构理论的最

早总结。随着社会经济的发展，物质生活水平的不断提高，食物种类的构成虽然不断发生变化，但是基本上始终是在谷、果、畜、菜的食物结构范围内量变。当然这个结构也不是均衡的，有主次之分。在中国饮食中，谷类属于主食，而果食、菜食、肉食则属于广义上的副食。再看“饮”的方面。众所周知，“茶”和“酒”是中国传统两大饮品，有着悠久的历史和深厚的文化积淀，尤其是茶。中国不仅是茶的故乡，拥有完整的六大茶类体系、完善的制茶工艺，而且中国传统文化的特征和精神理念还融入了饮茶的过程中，在长期的历史发展过程中形成了独特的人文景观“茶道”即是其集大成的成果。从来没有哪个民族如中华民族一样嗜茶，对茶文化的研究锲而不舍、蔚为大观，将茶文化传播到世界各地，使茶成为除酒以外风靡世界的三大饮料之一。酒同茶一样，不仅历史悠久，而且与文化结合紧密，形成具有中国特色的酒文化。不过酒文化在西方也十分发达，所以酒不如茶能代表中国的民族精神和特点。除了茶和酒以外，“饮”的体系中还包括奶饮类、果汁类及水类等，也都是具有共性的。

西方的饮食结构，主要以西欧诸国为代表。首先看“食”方面。西方饮食原料与中国基本相同，仍然是谷、果、畜、菜四大类，但是各类原料在饮食结构中的地位却大不相同，主次结构不像中餐那样明显，各个国家有各自特点。我们可以通过英、美、法、意的饮食习惯来了解西方的饮食结构。意大利素有“欧洲大陆烹调之母”之称，意大利菜多以海鲜作主料，辅以牛、羊、猪、鱼、鸡、鸭、西红柿、黄瓜、萝卜、青椒、大头菜、香葱烹成；再看看英国，午餐一般由汤、色拉凉盘、主菜及餐后甜食等组成，主菜一般是肉类、蔬菜类和米饭混合而成的盘菜，有时只有三明治、汉堡包和热狗；法国菜也是名扬世界，主餐一般由蔬菜色拉、一盘热菜（一般是肉类或鱼）和一个甜点组成，晚餐则多几道汤和一些奶酪，典型的法国菜有焗蜗牛、红酒牛排、海鲜色拉、马赛鱼汤等；德国饮食中最主要的有面包、火腿、奶酪、马铃薯等等；美国则以快餐著称，但正餐也是有一定的章法程序的：在吃主食之前，一般都要吃一盘色拉，炸蘑菇和炸洋葱圈可作为开胃食品，牛排、猪排和鸡（腿）为主食，龙虾、贝壳类动物以及各种鱼类，甚至包括淡水鱼被统称为海鲜，炸土豆条则是深受人们喜爱且几乎成了必不可少的食物。

再看看“饮”的方面。意大利的饮料包括软饮料、低度酒、兴奋饮料、营养饮料几大类型，制作都很考究。意大利是个嗜酒的民族，无论男女都爱饮酒，甚至喝咖啡时也要掺酒以增加其香味。德国人则是十分嗜好啤酒，其啤酒种类和品牌数不胜数。在法国菜肴中，酒扮演重要的角色，不仅烹调把酒用作调料，同时葡萄酒、啤酒或苹果汁被认为是不可缺少的。法国人用餐时饮酒十分讲究，不同的菜饮不同的酒。而英国则以其“下午茶”而闻名，说是喝茶也不完全如此，有时也喝咖啡；茶多用红茶加糖，也有的在茶里加牛奶。酒馆每一桌的品茗器具都各成一派，形状、颜色各异。

从以上介绍可以看出，中西方饮食结构有着很大的不同。首先从食的方面看，中国人的主食以谷类及其制品如面食为主，副食则以菜蔬为主，辅以肉类。据西方植物学者调查，中国人吃的蔬菜有600多种，比西方多6倍。实际上，在中国传统菜肴里，蔬菜是平常食品，荤菜只有在节假日或生活水平较高时才进入平常的饮食结构，所以自古便有“菜食”之说，菜食在平常的饮食结构中占主导地位。现在生活水平提高了，肉食在日常生活中也平常了，但是以蔬菜为主导的意识仍根植于人们的观念中。西方人的主食以肉类、奶类为主，他们秉承着游牧民族、航海民族的文化血统，以渔猎、养殖为主，以采集、种植为辅，荤食较多，吃、穿、用都取之于动物，连西药也是从动物身上摄取提炼而成的，奶类食品也大都是取之于动物。从“饮”的角度来看也是如此。中国人习惯于饮茶，茶的性味平和，需要通过细品方能领略各种真味，悠远绵长，与植物性格相合。而西方人则喜欢酒、咖啡等具有刺激性的饮料，尤其是酒，有着水一样的外形、火一样的性格，具有较强的刺激性，会使人神经兴奋进而麻痹，西方有许多以浓烈为特点的著名的酒；咖啡一般以苦、醇、香而著称，饮后会使人兴奋，后力很足；茶类也多是红茶、奶茶等，口味比较重。总的来讲西方饮料是比较热情奔放的。

根据中西方饮食结构的这一明显差异，有人对此做出形象地概括，把中国人称为植物性格，西方人称为动物性格。反映在文化行为方面，中国人安土重迁、固本守己，西方人喜欢冒险、开拓、冲突。按照美国民俗学家露丝·本尼迪克特的“文化模式”理论，中国人的文化性格颇近似于古典世界的阿波罗式，而西方人的文化性格则类同于现代世界的浮士德式。

其次从食物原料来看。中西方饮食文化在内容上基本一致，因为人类生存所需要的物质元素是基本相同的，只是侧重点有所不同。为什么使用相同的原料，而在形式上会大异其趣呢？中国饮食为什么会在世界饮食文化中别具风格、独树一帜呢？主要在于对食物原料的制作的讲究程度不同。饮食制作，按加工方法和性能可以分为烹饪和食品加工两个部分。在食品加工上中西方各有千秋，但是烹饪却几乎可以说是中国饮食的专利，它和中国传统文化的紧密结合使之达到了“只可意会，不可言传”的境界，这令西方乃至世界其他民族可望而不可即。

中国人把做菜称之为烹调，这意味着中国历来将烹与调合为一体。西方原来有烹无调，现在虽说也有了调，但仍属前后分立的两道工序。虽然“烹”与“调”组合成“烹调”一词较晚，袁枚《随园食单》第一节“作料须知”：“善烹调者，酱用优酱。”但是“烹调”的概念早已深入人心。首先，中国菜几乎每个菜都要用两种以上的原料，即使是家常菜，一般也是荤素搭配来调和烹制的，如韭黄炒肉丝、腐竹焖肉、芹菜炒豆腐干……其次，中国的烹饪讲究在重视烹调原料自然之味的基础上进行“五味调和”，用多种调料来调和烹制，调和的最终目的是要味美适口。中国烹调的核心是“五味调和”，即《文子·上德篇》所称的“水火相憎，鼎鬲其间，五味以和”。在西式饮食中，除少数汤菜如俄式红菜汤（罗宋汤），是以多种荤素原料集一锅而熬之外，正菜中鱼就是鱼，鸡就是鸡，蜗牛就是蜗牛，牡蛎就是牡蛎。所谓“土豆烧牛肉”，也只是烧好的牛肉佐以煮熟的土豆，绝非集土豆牛肉于一锅而烧之。即使是调味的佐料，如西红柿酱、芥末糊、柠檬汁、辣酱油，也都是现吃现加。而那地道的西菜，更是一块牛排佐以 2 枚土豆、3 片西红柿、4 叶生菜，彼此虽共处一盘之中，但却“各自为政”，互不干扰。只待食至腹中，方能调和一起。以上种种都体现了“中餐重和合，西餐重分别”的特点。

中国的烹调方法十分多样，其中有很多是西方所没有的。比如说烹调方法中的蒸法，是东方区别于西方的一种重要的烹饪方法，在中国这种烹调方法已经有了不下六千年的历史。直到当今，欧洲人也极少使用蒸法，像法国这样在烹调术上享有盛誉的国家，据说厨师们也没有“蒸”的概念。西方人创造了蒸汽机，人们由此进入了蒸汽时代，但东方利用蒸汽能的历史却不是西方人所能比拟的，东方在史前便已进入自己的“蒸汽时代”①。

中国烹调特别强调随意性，而在西方，烹调的全过程都严格按照科学规范行事。就拿西餐中的牛排来说吧，除了后来根据自己口味添加的调料以外，刚刚做出的牛排味道都是一样的；无论到哪里，牛排的配菜也都只是西红柿、土豆、生菜有限的几种。西方人多生吃蔬菜，不仅西红柿、黄瓜、生菜生吃，就是洋白菜、洋葱、绿菜花（西兰花）也都生吃。中国的烹调与

① 王仁湘. 珍馐玉馔——古代饮食文化. 南京：江苏古籍出版社，2002. 29

之截然不同，不仅各大菜系都有自己的风味与特色，就是同一菜系的同一个菜，其所用的配菜与各种调料的匹配也会依厨师的个人特点而有所不同。即使同一厨师做同一个菜，虽有其一己之成法，但也会依不同季节、不同场合、用餐人的不同身份加以调整(如冬季味浓郁，夏季味清淡，婚宴须色彩鲜艳，丧宴忌红色；穷汉杀馋应浓油厚汁，老饕会餐宜新鲜别致)。此外还会因厨师自己临场情绪的变化，做出某种即兴的发挥①。因此，中国烹调特别强调随意性。食品加工的随意性，使得中国菜谱变化多端：原料的多样，刀工的多样，调料的多样，烹调方法的多样，再加以交叉组合，一种原料便可做成数种以至十数种、数十种菜肴。

10.2.2 饮食方式上的差异

所谓饮食方式，是指人们在一定条件下饮食生活的样式和方法，包括餐饮方式、进食方式等方面的内容。

从食用者的角度来看，吃中餐和吃西餐的方式有明显的不同。

吃中餐时，食客们围坐在餐桌旁，厨师做好饭菜以后，将所有的饭菜都置于食客的中央，围坐在餐桌旁的进餐人各取所需，根据各自的喜好各自选取相应的饭菜；餐桌上的任何一种饭菜都不属于任何一个食客，大家为了相同的目的聚在同一张餐桌旁，每个人都根据各自具体的主观感受选择客观的食品，面对相同的饭菜各取所需。

吃西餐时，主人预先根据来客的多少将准备好的饭菜分为相应的份数，厨师将做好的饭菜分成相应的几份，将每一份饭菜端到食客面前，然后自顾自地食用。每个食客只能吃各自的那一份饭菜。

中西方餐饮方式的区别是：中国人进食的过程中无须他人事先进行食物的分配，而西方人则有专人先行分配食物；在中国人的饮食过程中，食客的进食量或者说是每个人所消耗的食物的量占总食物量的比例是不确定的，而西方人则是基本确定的；中国人在饮食过程中是各取所需，而西方饮食方式则是一人一份的定量供应。这种饮食方式的区别所对应的是不同的文化背景：中国人将饮食作为交流的机会，体现的是和同精神，每一个人都应意识到自己是集体中的一员；而西方文化所强调的是个体的独立、个人的自由。

以上是简单地从享用者的角度对中西方餐饮方式进行的比较，那么从客观角度来讲两者也有明显差别。在入席以后的用餐顺序上，中西餐也有不同。

传统的中餐上菜顺序应是：先上冷菜、饮料及酒，后上热菜，然后上主食，最后上甜点和水果。宴会上桌数很多时，各桌的每一道菜应同时上。上菜的方式大体上有以下几种：一是把大盘菜端上，由各人自取；二是由侍者托着菜盘逐一给每位分让；三是用小碟盛放，每人一份。

西餐以法国菜、意大利菜为主流。传统的法式菜单通常超过12道菜，那是传统习惯下的一份丰盛的大餐。而现代西式菜单越来越简化，现今较流行的西餐菜式通常分为5道菜——头盘、汤、副菜、主菜、甜品，最后上饮料。西餐桌上的头盘是冷菜，也叫开胃小菜，一般有冷盘和热盘之分，作为第一道菜，一般与开胃酒并用。汤是西餐中的第二道菜。汤分为清汤、奶油汤和浓汤3种，冷菜和汤同时就着面包吃。喝过汤后，应上热菜。热菜是西餐的主要部分。根据烹调方法，热菜可以分为5类：炸菜，煎、烧、铁扒菜，烤菜，烩焖菜，蒸煮菜。

---

① 杨乃济.饮食文化的中西比较．光明日报，2003.2

内容主要是鱼、猪肉、牛肉、鸡等。副菜是起衬托主菜作用的一道菜，通常水产类菜肴与蛋类、面包类、酥盒菜肴均称为副菜，副菜同样有刺激食欲的功能；分量也不会太多。现今西餐中副菜常归纳到头盘的概念之中。接下来的一道菜是甜食，食后可使人对整个饭食增加完美感。西餐甜点基本上可以分为 4 种，即冰淇淋类、烩水果类、布丁类及干点。然后是咖啡或红茶，饮咖啡一般要加糖和淡奶油。至于水果，可上可不上。

从上餐顺序来看，中西餐主要有以下不同：一是中餐的主食是在上热菜以后上桌的，而在西餐中相当于主食的热菜是在副菜之前就上桌的。这大概是由于中餐的主食是单纯的谷类，比较单调，需要由菜类来辅助搭配才会完整；而西餐中的主食就是热菜，不是一定非要副菜才可以进食。二是饭后甜点和水果，在以前的中式餐饮中没有这道程序，但是随着中西交流的密切，在中餐的正式宴会中也加入了这道程序，尤其是饭后食用水果已成为人们的一种习惯。从美性的角度来讲，中式餐饮的上菜顺序还类似于古典戏曲和诗歌，具有起、承、转、合的艺术韵律。

在饮食的表面形式上，中西方有着明显的差别。事实上，不同的进餐方式隐含着诸多更深层次的意识形态文化上的不同，如思维方式的差别。

人类历史上的进食方式共有 3 种，即手指、筷子、叉子。其中以手指抓食的历史最为悠久。在人类历史早期，世界各地的人们吃食都是用手抓，就是现在，一些地区的人民吃饭还沿袭用手抓的习惯。但是从使用餐具开始，中西方就分道扬镳了。中国人吃饭用筷子，西方人进餐用刀叉，各有自己沿袭的历史。

对于筷子人们有这样的推测：筷子的前身是小竹竿或细树枝，临时折断两根小竹竿或细树枝，用来拨匀燃烧中的炭火，后来发现烧熟的块根食物如芋、薯之类很烫手，用细竹竿、细树枝夹出来吹凉就可以吃了，这大概就是筷子的前身。从真正人类学发展的角度来看，筷子是一种极端原始的、天然的工具，多数人种在刚开始学会使用工具时，都懂得用几根树枝来取代手夹起食物，不含任何复杂的工艺技术。如此简单的两根东西，却是高妙绝伦地运用了物理学上的杠杆原理。筷子是人类手指的延伸，用筷子进食时，要牵动人体三十多个关节和五十多块肌肉，从而刺激大脑神经系统的活动，让人动作灵活、思维敏捷。中国人在一开始使用餐具时保留了它，一直使用着。

围绕中国，在亚洲形成了一个所谓汉字文化圈，包括日本、朝鲜、越南等国。这个文化圈内，人们都使用汉字，也都使用箸。中国人到了亚洲以外的任何地方，不仅带去了汉字，也带去用筷吃饭的习惯。

其实中国古代也用匙和刀叉，据已发现的线索，我们用餐匙的历史比筷子还要悠久。在河姆渡文化和磁山文化中就已经发现了骨制的餐匙。青铜时代出现了金属餐匙，后来又有了金银制品，工艺越来越考究，成为与筷子配套使用的进食具。匙古称“匕”，匕用于食饭，而筷则专用于食菜。到现在，进食方式趋向简化，无论食饭食菜，都可以单用匙或筷子①。

西方进食的餐具主要是刀和叉，最初只用刀，早期的刀就是石刀或骨刀，知道炼铜以后有了铜刀，铁器出现以后才改用铁刀。单独的刀不像筷，不是严格意义上的餐具，因为它是多功能的，用来宰杀、解剖、切割狩猎物或牛羊的肉，到了烧熟可食时又兼作餐具。

大约最迟到 15 世纪，为了改进进餐的姿势，西方饮食中才使用了双尖的叉，因为用刀把

---

① 王仁湘. 珍馐玉馔——古代饮食文化. 南京：江苏古籍出版社，2002. 33～34

食物送进口里不雅观，改用叉叉住肉块送进嘴里显得优雅些。叉才是严格意义上的餐具，但叉的弱点是离不开用刀切割，所以二者缺一不可。17 世纪末英国上流社会开始使用三尖的叉，到 18 世纪才有了 4 个叉尖的叉。所以西方人刀叉并用只不过四五百年的历史。

为什么以刀叉为主要进食用具的方式出现在西方呢？刀叉是适应欧洲人的饮食习惯出现的，刀叉的出现比筷子要晚很多。据游修龄教授的研究，刀叉的最初起源和欧洲古代游牧民族的生活习惯有关，他们马上生活随身带刀，往往将肉烧熟，割下来就吃。后来走向定居生活后，以畜牧业为主的生产方式决定了其主食是牛羊肉，需用刀切割肉，送进口里。面包之类是副食，直接用手拿。到了城市定居以后，刀叉进入家庭厨房，才不必随身带。而中国人的农业结构以种植业为主，主食是米饭或馒头，副食以蔬菜为主，佐以少量鱼肉，主副食都可用筷子，熟练之后，非常简单方便。农业社会本来就是定居的，筷子没有必要随身带①。

刀叉和筷子，不仅仅带来了进食习惯差异，更重要的是影响了东西方人的生活观念。游修龄教授认为，刀叉必然带来分食制，而筷子肯定与家庭成员围坐桌边共同进餐相配。西方一开始就分吃，由此衍生出西方人讲究独立，子女长大后就独立闯世界的想法和习惯。而筷子带来的合餐制，突出了老老少少坐在一起的家庭单元，从而让东方人拥有了比较牢固的家庭观念。虽然不能将不同传统的形成和餐具差异简单对应，但是它们适应和促成了这种分化则是毫无疑问的。筷子是一种文化传统的象征。华人去了美国、欧洲，还是用筷子，文化根深蒂固，而外国人在中国学会了用筷子，回到自己的国家依然要重拾刀叉。

10.2.3 饮食器具上的差异

"工欲善其事，必先利其器。"在饮食文化生活中，饮食器具乃是必不可少的重要内容之一。自古以来，特别是进入文明社会以后，饮食器具的发展变化直接反映了饮食文化生活的进步及饮食风尚的演变，所以饮食器具的不同也是饮食文化比较的一个重要方面。广义上的饮食器具应该包括饮餐具、炊具和储存器等，而这里主要就狭义上人们所指的饮具和餐具来反映中西方饮食文化的差异。按用途划分，饮食器具可以分为餐具、茶具和酒具三大类。

首先从食器的种类来看，中国的餐具比较简单实用，主要有碟子、碗、箸和匙等。碟子主要用作盛放菜肴或调味品，碗则常用作盛放主食，有时也可以兼作酒器，进食器则有箸和匙等。虽然在形制上有大小之分，但是其用途是大致相同的。西餐则不然，西餐的餐具体系庞大繁复，无论是刀子、叉子、汤匙还是盘子，都有各种形制。比如说刀叉可以分为食用刀、鱼刀、肉刀、奶油刀、水果刀等；叉可以分为肉类用、鱼类用、前菜用、甜点用，而汤匙除了前菜用、汤用、咖啡用、茶用之外，还有调味料用汤匙。在正式西式料理的套餐中，常依不同料理的特点而配合使用各种不同形状的刀叉，并不是一开始就全部摆出来的。一顿正式的喜宴如果将全套餐具都摆出来需要一整桌。

相对于原始时期人类用手抓食进食来看，后来逐步发展起来的餐具都是手的延伸，例如盘子，它是整个手掌的扩大和延伸；而叉子则更是代表了整个手的手指。由于文明进步，这许多象形的餐具逐步合并简单化，例如进食器具，在中国最后就只剩下筷子和汤匙；而在西方，到现在为止，进餐时的器具仍然十分庞杂。由此可以看出中国文化发展中抽象性与实用性的对立协调发展，而西方饮食文化则是在理性和精确中不断探索。

① 游修龄. 筷子与刀叉. agri-history. net/scholars/yxl/yxl75. html

中西方在饮具上也各具特色。茶文化是中国文化的精粹之一，而咖啡文化之于西方则可以近乎相当于茶文化之于中国。所以我们对饮具的比较可以通过茶具和咖啡用具这两个具有代表性的系列来看。

中国的茶文化起步比较早，所以发展比西方也要更细致完整一些，体现在茶具上也是这样。在中国传统文化中，人们在饮茶时不仅要注重茶叶本身色、香、味、形的优美，而且还要配用实用性高与艺术性高的茶具。在形形色色的茶叶中，因为发酵、制造、烘焙方式的不同各有不同的香气与滋味，为了展现它们不同的风味，就必须使用不同的冲泡方式并搭配不同的器具。不同的茶叶冲泡方式，发展出不同的茶具器皿，不论是陶器、青瓷、白瓷、紫砂，或是金属、玻璃器皿等，都是为了表现不同的茶叶特色。芳香味美的茶叶，搭配质优、雅致的茶具，更能衬托茶汤的汤色，保持浓郁的茶香。特别是精致的茶具，本身也是一种艺术品，既可品饮使用，又能让人欣赏其中的美。

不同种类的茶叶，在冲泡时的工艺程序也不尽相同，形成了中国特有的“茶道”文化。从冲泡的角度来看，有些器具是必需的，如所谓的“茶室四宝”，缺一不可。“茶室四宝”即玉书碨、潮汕炉、孟臣罐、若深瓯。玉书碨即烧开水的壶；潮汕炉是烧开水用的火炉；孟臣罐即泡茶的茶壶，为宜兴紫砂壶，以小为贵；若深瓯即品茶杯。除了这 4 种必备茶具以外，不同种类茶的冲泡还要用到其他茶具，品种繁多，泡茶时并非一定要用，依据所泡之茶的品种要求而定。

而咖啡用具的讲究不比茶具逊色。一般来讲，从磨制咖啡豆到喝上咖啡，需要咖啡壶、咖啡杯、汤匙、咖啡匙、方糖夹子、杯托、小冲袋、小冲架、尖嘴水壶等等。咖啡的种类也十分繁多，如意大利咖啡、卡布奇诺・拿铁咖啡、康宝来・马琪雅朵咖啡、法国牛奶咖啡、摩卡咖啡、爱尔兰咖啡等等，不同种类的咖啡其加工制作和冲泡方式都不尽相同，所用的器具也就不同。

根据不同咖啡的特点，所选用的饮具也有讲究。就拿咖啡杯来说，一般有陶器制杯和瓷器制杯两种，近年来在咖啡一定要热热地喝的观念下，制杯业者甚至配合这种讲究，开发出保温效果的陶器制杯，甚至比瓷器制杯更好的骨瓷制杯，使用这种质地内含有动物骨灰的骨瓷制杯，可以使咖啡在杯中温度降低速度较慢。但由于它的价格比前面两者贵很多，所以一般家庭较罕使用，只有在比较讲究的咖啡馆内见得到。除此之外，咖啡杯的色调也相当重要。咖啡液的颜色呈琥珀色且很清澈，所以为了将咖啡这种特色显现出来，最好是用杯内呈白色的咖啡杯。在选购咖啡杯时，可依咖啡的种类和喝法，再配合个人的喜好及饮用场合等条件来选择。一般而言，陶器杯子较适合深炒且口味浓郁的咖啡，瓷器杯子则适于口感较清淡的咖啡。另外，喝意大利式咖啡一般使用 100 毫升以下的小咖啡杯；而喝牛奶比例较高的咖啡，如拿铁、法国牛奶咖啡时，则多使用没有杯托的马克杯。在个人喜好上，除了就杯子的外观来看之外，还要拿起来看看是否顺手，如此使用时才会感到方便舒适。杯子的重量，以挑选重量轻的为宜，因为较轻的杯子，质地较密致，质地密致表示杯子的原料颗粒细微，所制成的杯面紧密而毛孔细小，不易使咖啡垢附着于杯面上。

在茶文化中，中国的茶具讲究构成了中国“茶道”的重要部分，它不仅成为一个固定的程式沿袭流传，从古至今，从中到外，中国传统文化还赋予其形而上的意义，使之成为独特的文化景观；而咖啡具之于西方咖啡文化则主要是从其表面上的实用性来考虑的，而且各国有着各自的特点，没有与国家的意识形态相融合形成一种精神文化。在这一点上充分体现了中国文明中意识形态对物质世界强大的反作用，由此展现了中国文明的早熟性。

10.3 行为文化层面上的差异——饮食礼俗的差异

所谓行为文化，是由人类在社会实践，尤其是在人际交往中约定俗成的习惯性定势构成的，这是一类以民风民俗形态出现，见之于日常起居动作之中，具有鲜明的民族、地域特色的行为模式，反映在饮食文化上主要是饮食礼俗。

饮食礼俗包括两方面的内容：一是饮食礼仪；二是饮食礼俗。一般而言，饮食礼俗是以饮食习俗为基础的。“俗”是社会的习惯，“礼”是社会的规则。具体而言，饮食礼仪是指按某些指令要求、社会成员必须共同遵守并按具体的程序或规定进行的饮食行为方式，是阶级社会中一种借助于政治强制手段而出现的社会现象，具有维护不同阶级、阶层之间等级差别和规范各自行为准则的作用。当然，这种礼法并不局限于政治制度，在民间和宗教中也同样存在。而饮食习俗则是指人们的饮食风尚和习惯方式。它不仅是一种具有群体性、倾向性的社会行为，而且还具有明显的区域差异、地域特点、民族差异和分布规律。它不仅受地理、气候、水文等外部环境发展的影响，也受到经济发展水平、宗教信仰、民族特性、生产布局以及历史发展阶段的影响①。

在等级制的社会中，等级观念也深入饮食文化中。这种贵贱有等、尊卑有别的生活样式扩大到众庶百姓的饮食生活中，统治阶级以“法数制之”使之成为社会制度，在这种制度的约束下，众庶百姓集体无意识的遵从就演化成为意识形态，根深蒂固地存在于民众的思想中，形成了特有的饮食文化模式。在这种模式下，饮食就不仅仅是满足物质层面上的充饥、养生等自然欲求，还是社会地位、伦理道德等精神层面上的体现。无论中西都是如此。在不同的历史文化背景之下，饮食文化向不同的方向发展，日积月累就形成了具有各自特色的礼俗。虽然在现代，随着民主和自由观念的深入发展，一些礼俗上附着的政治伦理色彩已日趋淡化，但是它们的传统形式仍然保留了下来。

节日是体现饮食礼俗的最好平台。通过每个国家各自最具传统特色的节日饮食礼俗，可以体现一个民族深层次的民族审美心理和思想。在中国，最具民族特色的节日首推春节，而西方国家则以圣诞为最重要的节日。

公历每年的12月25日是基督教徒们纪念耶稣基督诞辰的日子，也即“圣诞节”。这是一个在欧美各国普遍盛行并在全世界也颇具影响力的节日。

为了这个节日，西方许多家庭往往一进入12月份就开始忙着采购各种节日用品和圣诞食物及礼品等。在12月24日这天晚上，全家人一般都要相聚在一起举行圣诞晚餐。餐宴餐桌上的食品种类繁多，丰富多彩，而其中最主要的一道菜就是必不可少的传统佳肴——烤火鸡。在西方人眼里，没有烤火鸡的晚餐就算不上是圣诞晚餐。有时，圣诞晚餐还要为“主的使者”设一席之位。圣诞晚餐之后，人们还要上礼拜堂报告佳音，并为唱诗班预备糖果点心等。

有些西方人还习惯在圣诞晚宴的餐桌上摆一只烤整乳猪，英美等国人还往往喜欢在猪的嘴里放一只苹果，据说这个习惯源于一些大家庭，因为只有大家庭才有可能吃得了一头猪，后来一些讲究排场的人在圣诞请客时便纷纷效仿。晚餐后的甜食一般有李子、布丁和碎

---

① 徐海荣主编. 中国饮食史. 卷一. 北京：华夏出版社，1999

肉馅饼等，英美等国人认为，吃过这几种食物之后会大吉大利、福星高照。

世界之大，无奇不有，各国过圣诞节的饮食习俗也是各不相同。澳大利亚人最爱吃喝，傍晚时分一家老小或携亲伴友成群结队的一起到餐馆去吃圣诞晚餐。因为每家酒店都为圣诞节准备了丰盛的食物，有腊鸡、火鸡、猪腿、美酒、点心等。在美国，圣诞晚餐中还有一样特别的食品——烤熟的玉米粥，上面有一层奶油，并放一些果料，香甜可口，别有滋味。在丹麦，当圣诞晚餐开始时，人们必须先吃一份杏仁布丁，然后才能开始吃别的东西。生性浪漫的法国人则喜欢在 12 月 24 日的晚上载歌载舞，伴着白兰地和香槟酒的浓郁酒香，醉度圣诞。英国人、德国人都喜欢畅饮啤酒。英国人除开怀痛饮之外，还喜欢去异地旅游。比较保守的家庭则在圣诞前夜举家团聚。

西方的圣诞节中一些饮食礼俗也寄托着人们的美好愿望，但是其不同于中国春节礼俗的一个重要方面就是它的礼仪大都源自人们的宗教信仰。在西方圣诞节中，人们将饮食视为耶稣的恩惠，必须接受他的教导以表示自己的虔诚。饮食内容更多的是一种形式而非本身，西方人对圣诞节更注重的是一种娱乐和放松的心态。

10.4 精神文化层面上的差异——饮食观念的差异

费尔巴哈曾说过一句名言："当人刚刚脱离自然界的时候，他也只是一个纯粹的自然物，而不是人。人是人、文化历史的产物。"①人之所以为人，是人能创造文化，并以文化来塑造自己，文化是人的第二生命，人是生物生命和文化生命的统一体。饮食是人类生存的第一要义，与物质社会紧密联系。在人类创造的物质社会进步的同时，这些与有形物质的生物生命相异的独特的无形的生命元素融化在人的生命里，并不经意地流露在人们的言行中，这就形成了人类社会特有的饮食观念和饮食思想。不同的地理环境和历史文化造就了不同的饮食观念和饮食思想。

西方饮食倾向于科学、理性，中国饮食倾向于艺术、感性。在饮食不发达的时代，这两种倾向都只有一个目的——度命充饥。而在饮食文化充分发展之后，这种不同的倾向就表现在目的上了：前者发展为在营养学上的考虑，后者则表现为对味道的讲究。

10.4.1 理性的西方饮食观

西方人的饮食重科学，重科学即讲求营养，故西方饮食以营养为最高准则，进食有如为一生物的机器添加燃料，特别讲求食物的营养成分，蛋白质、脂肪、碳水化合物、维生素及各类无机元素的含量是否搭配合宜，卡路里的供给是否恰到好处，以及这些营养成分是否能为进食者充分吸收，有无其他副作用。这些问题都是烹调中的大学问。而菜肴的色、香、味如何，则是次一等的要求。即便口味千篇一律，甚至单调得如同嚼蜡，但理智告诉他们一定要吃下去，因为有营养，就像给机器加油一样。

西方人的饮食强调科学与营养，故烹调的全过程都严格按照科学规范行事，规范化的烹调要求调料的添加量精确到克，烹调时间精确到秒。另外，在西方，流水线上的重复作业，实行计件工资制，生活节奏急促，人们有意无意地受到机械的两分法影响，形成了"工作时工

① 马克思恩格斯选集. 北京：人民出版社，1972. 233

作，游戏时游戏”的原则。因此西方菜肴制作的规范化使得烹调成为一种机械性的工作。肯德基炸鸡既要按方配料，油的温度、炸鸡的时间也都要严格依规范行事，因而厨师的工作就成为一种极其单调的机械性工作，生活的机械性导致了饮食的单一性或对饮食的单一熟视无睹，顿顿牛排土豆，土豆牛排，单调重复的饮食与其工作一样，只为达到预定目的完成任务，无兴趣、滋味可言①。

10.4.2 美性的中国饮食观

中国人则持一种美性饮食观念。人们在品尝菜肴时，往往会说这盘菜“好吃”，那道菜“不好吃”；然而若要进一步问什么叫“好吃”，为什么“好吃”，“好吃”在哪里，恐怕就不容易说清楚了。这说明，中国人对饮食追求的是一种难以言传的“意境”，即使用人们通常所说的“色、香、味、形、器”来把这种“境界”具体化，恐怕仍然很难涵盖得了。

中国饮食讲求“色、香、味、形”等诸多要素，“色”是菜肴本身美观的外在体现，菜肴的“形”也是很重要的方面，在现在的饮食内容中观赏性菜肴的出现就是对美性饮食追求的极致体现。从客观角度来讲，“器皿”也是美性饮食观的客观外在体现。古语说得好，“美食不如美器”，美食佳肴只有精致的餐具烘托，才能达到完美的效果。彩陶的粗犷之美、瓷器的清雅之美、铜器的庄重之美、漆器的秀逸之美、金银器的辉煌之美、玻璃器的亮丽之美，是配合美食的另类美的享受。美器与美食的和谐，是饮食美的较高境界。中国人在追求色香味形器的统一的同时，又讲求美食与良辰美景的结合，宴饮与赏心乐事的结合，并把饮食与美术、音乐、舞蹈、戏曲、杂技等艺术欣赏相结合，既增加了饮食的美感，也在一定程度上促进了文化艺术的发展。

在中国，烹调是一种艺术。既然是一门艺术，它便与其他艺术一样，体现着严密性与即兴性的统一，所以在中国烹调一直以极强烈的趣味性甚至还带有一定的游戏性，吸引着以饮食为人生之至乐的中国人。有道是“上有天堂，下有厨房”，烹调之于中国，几乎与音乐、舞蹈、诗歌、绘画一样，拥有提高人生境界的伟大意义。“游戏中有工作，工作中有游戏”的生活方式在饮食中也显现出来。趣味的烹调在中国是有传统的，出土的汉画像中众多《庖厨图》就很像一个大杂技团演出的场面；杜甫《丽人行》中“弯刀缕切空纷纶”的诗句提到的这种刀背上系了许多铃铛的刀，据说当年唐代的厨师可以用它一边切菜一边奏出丁冬的乐曲，可惜这种刀和操刀的技巧都已失传了。

中国饮食之所以有其独特的魅力，根本还是在于它的味美。而美味的产生在于调和，要使食物的本味、加热以后的熟味、加上配料和辅料的味以及调料的调和之味，交织融合协调在一起，使之互相补充，互助渗透，水乳交融，你中有我，我中有你。这正如张起钧先生在《烹调原理》中对上海菜“咸笃鲜”描述的那样：“虽是火腿、冬笋、鲜肉三味并陈，可是在煮好之后，鲜肉中早有火腿与笋的味道，火腿与笋也都各已含有其他两种因素，而整个说起来，又共同形成一种含有 3 种而又超乎 3 种以上的鲜汤。”②中国烹饪讲究的调和之美，是中国烹饪艺术的精要之处。

---

① 王仁湘. 饮食与中国文化. 北京：人民出版社，1993

② 张起钧. 烹调原理. 北京：中国商业出版社，1985

10.5 中西方饮食文化差异形成的原因

《孟子·告子上》:“食色,性也。”告子将食和色均看作人的本能,但是就其二者之间孰轻孰重却没有给出答案。台湾张起钧教授在《烹调原理》一书序言中说:“古语说‘饮食男女人之大欲存焉’。若以这个标准来论,西方文化(特别是近代美国式的文化)可说是男女文化,而中国则是一种饮食文化。”这种概括,反映了食和性在民族文化构成中的重要地位,他认为美国文化以色为第一,中国文化以食为第一。食与性成为社会文化重要特征这一现象,实际上已经超出人类的自然需求,不仅是人类个体发展的自然生态,也是人与人关系的社会生态。

从结构主义的观念来看,文化是指一个社会群体共有的具有差别性的行为方式。中国人习惯用筷子,西方人习惯用刀叉;中国人喜欢聚餐,西方人则实行分餐制;中国人在餐饮的同时还注重食品色香味的审美效果,而西方人则更注重食品本身的自然营养价值……这种饮食行为中表现出来的集体差别性方式就是不同的饮食文化的表现。这种集体性差异的形成是在长期历史发展过程中逐渐形成的。饮食文化是一个多层次立体化的概念,它的发展与社会各个层面都有很大关系。

10.5.1 地理环境

文化的根源往往和早期的地理环境有很大的关系,文化的发展尤其在早期,受环境的制约很大,中西方饮食文化差异的根源可以从两者的早期地理环境说起。

中国位于亚洲大陆的东南部,西北面是茫茫的沙漠、草原和戈壁,东南面则是茫茫的大海。在交通不发达的古代,中国就处于一个相对比较封闭的环境。中国文明就在这样一个比较封闭的环境中生存发展。中国文化的主要温床是华北地区:华北的中心是广阔的黄河冲积平原,这里的土壤很厚,蓄水性强,土地肥沃;从饮食文化的角度来讲,华北是中国许多基本食用作物的原产地,包括粟、大豆、白菜和桃在内。中国文明就在有着物质保障的黄土地上发展起来了,呈现出了与这个饮食环境相适应的饮食文化。

中国文化的主要温床黄河流域的土地虽然较肥沃,但是其环境较恶劣,多风少雨,生存条件不好。因此这个社会需要谦让,需要少欲,而一个社会需要什么的时候,往往是其缺少什么的时候。文明产生以后,当时的文化就以比较强烈的现实主义的思潮表现出来,伦理道德的色彩十分浓厚,中国文化从一开始就表现出早熟的特征。马克思就曾经认为,中国文明是一个早熟的婴儿,其发育过程中具有明显的超前特征。中国文化的生存土壤,在其发展过程中逐渐干旱,逐渐变得不利于农业的生产,由于土壤以及其他因素十分不利于农业生产,现实的苦难产生不了文化的浪漫,因而中国文明以其强烈的道德和禁欲特征贯穿始终①。

一般将希腊文化称为西方文明的摇篮,希腊三面环海,东临爱琴海,南与非洲大陆隔地中海相望,西南濒爱奥尼亚海,北部与阿尔巴尼亚、马其顿共和国、保加利亚接壤,东北部与土耳其的欧洲部分相连。希腊文明又可以称之为爱琴海文明,其地理位置决定了它以捕捞和航海贸易业为主要生产方式,与外界的交流相对频繁,于是就形成了一种开放外向的精

① 徐旺生.民以食为天——中华美食文化·序.海口:海南出版社,1993

神，习惯上被称为“蓝色文明”。这奠定了西方文化外向超越的基调。西方文化的童年时代的希腊文明，以其独有的浪漫气息写入文明史。希腊文化、罗马文化以至基督教文化是一个超越的过程，西方文化主要是以基督教文化为主，它是一种超越的浪漫精神。

自然条件决定生产方式，生产方式则影响人们的意识形态，形成不同的文化特色。中国文化可以用“黄色文明”来概括，它形成的自然环境中内部资源多于外部资源，注重农业，自给自足，相对封闭。从物质层面上来讲，它决定了中国传统的饮食结构以谷类为主食，兼以菜蔬，以家禽家畜等肉类为辅，这是一种以种植业为主的小农经济在饮食上的体现；从行为层面上来讲，文化发展早期的恶劣环境决定人们要通过团结协作来生存，地域环境的不均衡性使得人们不得不群居而作，所以中国人重和合，体现在饮食上习惯聚餐制、重五味调和、注重菜肴的搭配等等；再上升到意识形态层面，封闭的环境影响了中国人的审美心理、思维方式、价值观念等等，这个在后面要具体论述。

西方文化则可以用“蓝色文明”来概括：其地理环境决定了它内部资源少于外部资源，注重商业、交换或掠夺，相对开放。所以有这样一种归纳，将西方饮食文化称之为“海洋性饮食文化”，这是有一定道理的。首先是饮食结构上，海洋性的地理环境使得人们直接取材于自然，而对于以畜牧为主的西方民族来讲就是直接食用能方便取得的动物。海产品、动物类肉食的鲜是来自其本身的，强调原汁原味原色。所以西方人倾向于生食，既是长期形成的传统，也带有原始的粗犷豪放。海洋给予人们一种博大开阔、开拓进取和独立倾向，反映在西方饮食文化上可以表现在西方人习惯于分餐、饮食口味比较浓烈、饮食过程比较直观等等。当然，这种地理环境也是形成西方思维方式和价值观的深层次原因，进而影响饮食文化观念，其间的关系牵涉哲学、美学等方面。

10.5.2 文化渊源

任何一种文化都有其童年时代，而反映其童年时代的最好记录就是神话传说。神话是人类早期在不能实际地支配自然力的条件下，“用想象和借助想象以征服自然力，支配自然力”的愿望的表现。“人靠自然界生活”，自然界是“人类赖以生长的基础”；神话是人类早期对“自然和社会形式本身”的幻想性的反映。神话作为先民意识的表现，是把早期人类尚不能完全理解的抽象“自然力加以形象化”。古代人不可能像现代人一样，用科学技术思想武装思想，他们的思想更多的是一种朴素的、原始的、直观的东西，也就表现为一种神话形态。所以从人类早期的神话中可以窥见原始先民的思维，进而可以进一步探求到文化的根源。

希腊文化是整个西方文化的摇篮，是西方文化最早的一种文化形态。希腊的神话追溯到最早，是由一个跟荷马同时代的游吟诗人赫西俄德写的《神谱》，书中描述了诸神的一个起源。后来，到了城邦时代，《神谱》就构成了希腊人都相信的一个谱系。后来的希腊神话都是在这个《神谱》基础上发展起来的。《神谱》里描述的最早的神叫卡俄斯，卡俄斯就是混沌的意思，任何神话都是从混沌开始的，包括基督教也是这样：混沌世界，由上帝开始缔造世间万物。只不过不同的是，希腊神话连上帝也没有，它就是从混沌开始，所以希腊神话更加符合自然的演进过程。在混沌之中首先就产生了大地之神——盖娅以及一系列与之相关的众神，盖娅自己又生下了天宇之神乌兰诺斯。之后盖娅和乌兰诺斯结合生下了提坦神族的12个神灵。他们的小儿子克洛诺斯长大以后成为更为强劲有力的新一代的神，他和自己的父亲进行了一场战斗，战胜并阉割了他的父亲。这样，克洛诺斯就取代他的父亲成为新一代的天神，因为希腊神话遵循的是生殖原则。由此可见，希腊神话反映的就是自然界的演变过程以及揭示人类历史新陈代谢的自然规律。中国神话里，讲究的是子承父业，是一种连续性、肯定性的延续。而希腊神话一开始就出现否定，新一代神否定老一代神，所以表现出一个很强的不断否定、社会进化这样一个机制来。

希腊文化的一个特点是自然崇拜，包括两个内容：一个是对大自然本身的崇拜，另一个是对自己自然形体的崇拜。我们可以从中感受到西方人对自然的一种崇敬之情，自然是神圣的至高无上的，所以对自然所赐予的东西要尽可能的以其本来面目呈现，这是西方人理性思维的发端，对自然和自身的一种关注。所以体现在饮食思想中，西方人更多关注的是食物自身的营养，将饮食也看作是科学的一部分——饮食是为了维系人类的生存，必须从人类生存的角度来科学地规划饮食。所以西方的饮食多了一些机械性、准确性。

希腊神话中还包含了一个非常深刻的思想——命运，命运的前定力量产生了悲剧。西方著名哲学家罗素认为：希腊神话里真正具有宗教意义的神是命运，而承载命运的诸神却没有一点宗教的意味，即所谓"人神同形同性"。悲剧性的命运使得人们对自身力量产生怀疑，从而创造了基督教的上帝，成为人们心目中渴盼的全知、全能、全善的人的理性本质。基督教就是把人的精神力量抽象出来，当作人的对立面来崇拜——基督教是一种精神宗教。自然宗教是把非人的力量人格化，而基督教则是把人的力量非人化。人们对自身力量的不可预知性使得人们不断地从理性逻辑的角度去思考自身的生存，并借助于上帝这样一个完美的信念来支持自身，这是一种从理性到理性的思维，从而使得西方哲学更多地向形而上学的方向发展。所以早期的西方文化在科技等实用领域发展得不如中国。作为与人们日常生活很密切的饮食文化，在中国有着非常良好的发展土壤。

在中国的创世神话中，盘古开天辟地的传说是流传最为广泛的。在遥远的太古时代，宇宙好像一颗硕大无比的鸡蛋，里面漆黑一片，没有东南西北，也没有前后左右。就在这样的世界中，诞生了一位伟大的英雄，他的名字叫盘古。盘古在"鸡蛋"中沉睡了一万八千多年，终于苏醒过来。他打破混沌的状态，经过一万八千多年的努力，终于使天空升得高不可及，大地变得厚实无比。但是伟大的英雄死了，但他的遗体并没有消失：盘古的左眼变成太阳，照耀大地；右眼变成月亮，给夜晚带来光明；千万缕头发变成颗颗星星，点缀美丽的夜空；而他的四肢和身躯却变成三山五岳，给大地以雄壮；鲜血变成江河湖海，奔腾不息；肌肉变成千里沃野，供万物生存；骨骼变成树木花草，供人们欣赏；牙齿变成石头和金属，供人们使用；精髓变成明亮的珍珠，供人们收藏；汗水变成雨露，滋润禾苗；呼出的空气变成风和白云，汇成美丽的人间风光……首先神话的母题就是一个"鸡蛋"，其中的原因非常复杂，这里不加赘述。但是应该肯定的是，这个神话与食物有关，显然与人和食物之间的关系有关——有了食物才有生命。这个英雄传说中的英雄盘古完成了开天辟地的任务后将自己献身给天地间的人类，为人类生存提供了基本条件。

除了开天辟地的传说以外，中国古代神话中还有很多诸如神农氏、伏羲氏、燧人氏、有巢氏等等完善世界的传说：有巢氏是传说中发明巢居的人；燧人氏是传说中发明钻木取火的人；伏羲氏又称包牺氏，他对人们的贡献是很大的——"包牺氏始作八卦，以通神明之德，以类万物之情。"[①]他还发明"结绳为网以渔"，造福于民；神农氏是传说中的炎帝，炎帝是中国

① 《周易·系辞下》

的太阳神，又说他是农业之神，教民耕种，他还是医药之神，相传就是神农尝百草，创医学。中国神话，特别是创世神话，都与人的基本生存有关，这些神的伟大都来源于为人们提供了基本的生存条件，其中饮食又是最为基本的。这些神话从内容到社会根源都体现着人的中心地位。中国神话内在特征的以人为本、不死观念及善恶之对立等特性，扩大了乐观精神，形成了以伦理道德判断来评判社会功能的尚善美学。神话作为一个民族精神的基石，广泛体现在中国的饮食观念中：作为人类生存的基本要义，中国人十分重视饮食，“民以食为天”的观念应该是在这种传统理念的长期积淀中形成的；正是由于饮食的重要性，饮食也就成为体现社会伦理道德的载体；在中国的饮食民俗中，积极向上、求真求善是一个主题，饮食也成为体现民族精神的平台……饮食已经超越了满足人类生理需要的功用，上升到意识形态层面。中国饮食中的隐喻性特征与此也有着很大联系。

10.5.3 哲学理念

作为文化体系中的一部分，饮食文化的方方面面也能体现一个民族文化中的深层次的价值观和思维方式等等，而这些意识形态对饮食文化的影响也是无处不在的。在意识形态上，以儒教为核心的中国人同以基督教为核心的西方人有着巨大的不同。

西方哲学与中国哲学有很大的不同。西方哲学重自然，中国哲学重精神；西方哲学重理论，中国哲学重实践；西方哲学重科学，中国哲学重伦理；西方哲学讲“天人两分”，中国哲学讲“天人合一”。

西方自古希腊起就发展出了鲜明的纯粹理性精神，它是西方哲学的起点。西方主客对立的理性思维方式，以理性的力量维系着人的价值与尊严，因此形成了西方积极进取的实践理性，一种以工具理性为主导的实践方式。理性的挺立，使个人主义成为其发展的必然结果。这是西方饮食方式中分餐制形成的深层原因，他们各点各的菜，想吃什么点什么，这也表现了西方对个性的尊重。及至上菜后，人各一盘各吃各的，各自随意添加调料，一道菜吃完后再吃第二道菜，前后两道菜绝不混吃。

主、客对立的思维方式中，主体要认识客体，就必须对客体进行客观的分析。分析精神是一种知性的方法，这种分析精神，追求以纯“客观”的态度去分解一切事物，所以这种实证主义在饮食中的表现就是西方人对待饮食以机械和精确的科学理性来对待，西方饮食严格以营养为最高准则，蛋白质、脂肪、碳水化合物、维生素以及各类无机元素的含量搭配是否合宜，卡路里的供给是否恰到好处，以及这些营养成分是否能为进食者充分吸收，有无其他副作用等等都是西方饮食中必须考虑的部分。

在中国的哲学中，中国传统的理性精神是一种“内求于心”的理性认识方法。这种精神传统，很少去追寻对外在世界本原的认识，而是重视“本心仁体”的自我觉知、自我体认。主宰我们民族理性精神的是和谐，而不是西方的那种两极对立。我们的理性传统追求的是人与自然、与社会、与国家的内在的统一，即“天人合一”。儒家主张内圣外王，向内部求价值之源，求安身立命之地。于是“善”成为中国哲学至高无上的法则，它既是道德的、政治人伦的，也是天道天命的体现，而且这种天道天命只能靠直觉、神秘的顿悟和当下的感受来把握，无法证实，无法进行客观的分析。在道家、佛教中，天人合一仍是主流概念，直觉呈现是主要的认识方法。在缺少理性分析基础情况下的和谐追求，使得中国传统哲学思维呈现出一种直觉的整体性思维的特点，这种思维具有整体、圆融、系统的特征，但也同时造成了模糊、混沌、不精确的弱点①。这种整体、圆融体现在中国饮食思想中主要就是“和合”思想。

中国菜的制作方法是调和鼎鼐，最终是要调和出一种美好的滋味。这一讲究的就是分寸，就是整体的配合。它包含了中国哲学丰富的辩证法思想，中国人一向以“和”与“合”为最美妙的境界，音乐上讲究“和乐”、“唱和”，医学上主张“身和”、“气和”。中国烹调的核心是“五味调和”，即《文子·上德篇》所称之“水火相憎，鼎鬲其间，五味以和”。《吕氏春秋·本味篇》称赞“五味以和”是“鼎中之变，精妙微纤，口弗能言，志弗能喻”。中国的“五味调和论”是由“本味论”、“气味阴阳论”、“时序论”、“适口论”所组成的。就是说，要在重视烹调原料自然之味的基础上进行“五味调和”，要用阴阳五行的基本规律指导这一调和，调和要合乎时序，又要注意时令，调和的最终结果要味美适口。在饮食上，不但菜的制作讲究调和，菜肴和餐具是相辅相成的，宴席整套菜点的成龙配套、互相呼应，构成一个完美的整体，以及筵宴与周围环境的和谐统一等等，无一不体现出中和、和合、均衡的风格。中国人发明筷子，实际也是这种重调和的饮食文化的结果。筷子来源无以查考，但它同调和之事也有关。因为合和才有分离，这是自然的辩证法，筷子成双本身便是均衡对偶的象征。这种“和合”还体现在食仪上就是中国人习惯团团围坐合吃一桌菜，而饮食也成为增进人际关系的一种形式，成为一种社会文化。

思考与练习

1. 请举出中国古代历史上与国外进行文化交流比较突出的1～2个事例，并就其中的饮食文化交流内容加以说明。

2. 说说你对古代中外饮食文化交流的特点的看法。

3. 以茶和咖啡为例，分析中西方饮食文化在“饮”的方面的不同，中国传统文化的特征和精神理念是如何融入到茶这一物质形态中的。

4. 中西方不同的文化渊源和哲学观念是如何影响各自饮食观念的形成的，你认为还有其他影响因素吗？

---

① 黄津成. 中西方哲学理性精神比较. www.blog.edu.cn/more.asp? name=wuli&id=17148

11 中国古代的食品安全

11.1 古代食品安全的含义及其重要意义

关于食品安全,至今学术界尚缺乏一个明确的、统一的定义。食品安全的概念是1974年11月联合国粮食与农业组织在罗马召开的世界粮食大会上正式提出的。即“保证任何人在任何地方都能得到为了生存与健康所需要的足够食品”。1983年4月,联合国粮食与农业安全委员会通过了总干事爱德华提出的食品安全新概念,其内容为“食品安全的最终目标是,确保所有的人在任何时候既能买得到又能买得起所需要的任何食品”。2004年世界卫生组织在其发表的《加强国家级食品安全性计划指南》中则把食品安全解释为“对食品按其原定用途进行制作(或)食用时不会使消费者受害的一种担保”。以上这些概念反映的是当今世界食品生产、加工技术相对发达、食品储藏技术和流通体系等方面趋于完备情况下食品安全的概念,不能很好的反映古代食品安全的基本属性。基于此,需要对我国古代食品安全问题作一说明。

古代的中国是一个传统的农业国家,农业生产力水平相对比较低下,抵御自然灾害的能力弱,所以食品供应一直显得比较紧张。“民以食为天”这句话除了强调“人必须吃饭才能生存”的常识外,更重要的是反映了食品问题对于生产力低下的农业大国的极端重要性,以及解决该问题的特殊困难。对于古代的食品安全的概念,我们可以从宏观和微观两个方面来界定。宏观意义上的食品安全是指国家的食品储存能满足国家机构的正常运转、征战以及赈灾之需;微观意义上的食品安全是指广大庶民阶层在平常年景能够获得健康所需要的食品,在灾荒年景能够获得生存所必需的食品。即孟子所说的“乐岁终身饱,凶年免于死亡”。本文所涉及的食品安全问题主要是站在广大庶民阶层的立场上从微观意义上来论述。

食品安全系统产生问题,极易直接动摇一个政权的统治基础。在古代中国,食品安全一直是个关系社会稳定的焦点问题,先秦时期许多政治家、思想家就已经认识到了食品安全的重要性。箕子“食为政首”的理念和管子的“仓廪实则知礼节,衣食足则知荣辱”以及墨子所说的“食者,国之宝也”等言论都是在强调食品安全的重要性。事实证明:历史上许多次的农民起义和改朝换代都和食品安全系统出现问题有关。所以历朝历代都非常重视食品安全问题,在实践中也积累了一些宝贵经验,并努力采取了一系列保障食品安全的措施。梳理和研究这些措施与经验,对于应对当今人口爆炸、耕地缩减、环境恶化等等而导致食品安全日益紧张的形势具有重要的启示意义。

11.2 中国古代食品安全保障措施及其效果

总的来说，食品安全保障主要是从食品生产、食品节约、食品储备和食品赈济四方面来采取措施。

11.2.1 食品生产措施

中国古代食品生产措施是以发展农业为主，兼顾自然资源，适当发展养殖业。一是因为中国所处的地理环境适合发展农业。中国的大部分处于中纬度，气候温和，又位于全球最大的陆地——欧亚大陆的东部和全球最大的海洋——太平洋的西岸，西南距印度洋也不远，季风气候发达。大部分地区雨热同季，温度和水分条件配合良好，为发展农业提供了适宜的条件。二是因为农耕种植的食品生产方式在同样的生态环境中所能容纳的人口数量高。在工业时代到来之前，在一个固定的地区范围内，生态环境（假定环境质量不变）所能容纳的人口数量主要受食品生产技术条件的制约，例如通过采集和狩猎获得食品的中石器时期，每平方公里 0.05 人的人口密度，已接近当时环境容量的饱和值；在自然放牧条件下，每平方公里的人口数量也不能高于 10 人；相比之下，通过农耕而获得食品，环境容量就要高得多，即使在粗放的原始农业技术条件下，人口密度也可达到每平方公里 25 人甚至更多①。随着农耕技术水平的提高，单位面积土地的承载能力即其所养活的人口（环境容量）还将大幅度提高。反过来说，从历史发展的长期趋势来看，人口密度的高低对实物生产方式的选择也具有决定性的影响：在人口密度较低的时期和地区，相对易于获得野生实物资源和发展畜牧业，即使从事农耕种植，其生产经营也倾向于粗放；反之，随着人口密度的提高，只要条件适宜，发展农耕并不断提高生产集约程度，乃是最为合理的选择；而畜牧业和采捕经济则因草地、森林和野生动物的减少而逐渐受到排挤。在中国历史上，每一次北方民族入主中原建立王朝时，都有人建议，要把中国土地转变成牧地，而这个建议从来没有实行过，原因即在于此。

1）发展农业的措施

发展农业即通过投入更多的劳动、技术、资金等来达到单位面积土地上增产增收和扩大种植面积增收。具体措施如下：

(1) 推广农业生产技术，实行精耕细作、集约化生产

夏商周三代时期，土地与人口的矛盾就初露端倪。面对出现的食品安全问题，为了提高单位面积土地的承载能力即养活更多的人口，政府就开始重视先进农业技术的推广工作。那时国君本身已经脱离了生产劳动，但他们仍然对生产进行监督，亲自巡视或者命令臣下去监督检查生产活动。这种行动，在卜辞有关的农业生产中叫做“立黍”或“观黍”，并设立农官。相传周代的远祖稷是尧舜时期也是中国历史上第一个农官。《史记·周本纪》言：“后稷名弃……其游戏，好种树麻、菽，麻、菽美。及为成人，遂好耕农，相地之宜，宜谷者稼穑焉。民皆法则之。帝尧闻之，举弃为农师。”从此就有了专门负责教稼的农师和主管农业的官员，开始形成行政推广体制。由于后稷教稼有方，原始农业开始走向成熟。夏、商、周时期是我国农业史上由原始农业向以精耕细作为主要特征的传统农业过渡的转折时期，或者说是传

① 潘纪一. 人口生态学. 上海：复旦大学出版社，1998. 60

统农业精耕细作技术的萌芽时期。随着农业生产水平的提高，农业推广体制也日趋完善。后稷的重农治国思想和行政教稼制度得到发展，初步形成从中央到地方较为完整的教稼体制，使以教育、督导与行政管理、诏令相结合的教稼方式渐趋定型。在教稼过程中，由于加入了行政干预，使农牧业先进地区的许多技术经验得以较快地向其周围地区呈波浪式传播。

秦汉时期，中国的农业基本定型，产量和技术获得了实质性进展。这一方面归功于相对适中的地租和对自立的小农阶级的维护（要么是自耕农，要么是相对有保障的佃户）刺激了庶民阶层的生产积极性，但更多的还应该归功于政府对农业知识的推广。汉朝政府不仅赞助为农民所编的农书，还指示官吏宣传有用的知识。西汉搜粟都尉将推广集约耕作技术作为其职责的一部分。农业专家氾胜之在政府资助下出版了农书——《氾胜之书》。此书不仅研究和总结了作物栽培的综合因素，还针对不同作物的特性和要求，提出了不同的栽培方法和措施。我们单从书中对种子的预处理的记载就可看出汉代的农业是如何的精耕细作：种子浸泡在煮过的骨头、粪便或者蚕屑制成的人造肥料里，这种肥料还要加入附子或者其他植物毒素。种子被反复覆以这一层糊状物，必须小心的将裹在薄薄表皮中的种子弄干，使它们不会腐烂。这种种子预处理在西方只是在近二三十年才被发明。种子的预处理保证了出苗率和禾苗的质量，节约了种子，增加了产量。

随着对农业推广的愈加重视，越来越多的人投入到农业知识的总结与推广中。一批有价值的农书先后出现，重要的如唐代韩谔的《四时纂要》、元代的《农桑辑要》和王桢的《农书》、明代的《农政全书》、清代的《授时统考》等。

宋清两朝是古代中国历史上最重视农业，也是农业发展最见成效的朝代。宋代首创“农师制”。“（太平兴国七年）诸州置农师。”①农师就是专管农业推广工作的官吏。为农师者，必须具备能“推练土地之宜，明树艺之法”的基本条件。为了加强对农业推广工作的领导和力量，宋真宗又设置劝农使。宋朝的农作制有重大的发展，这主要表现在南方稻区的复种指数空前提高。稻后复种麦、豆、油菜、麻或蔬菜的现象在南宋已很普遍。“再熟稻”的地区有所扩大，且出现了从南推移的趋势。三季稻在南宋时已有明确记载。清朝时集约化生产程度更高。清代乾隆四十一年(1776)时，北方局部地区已出现谷类、麦类、菜类、蓝类作物轮作复种间作套种技术，使用此土地利用成果技术，可使两年“十三收”，对此，《修齐直指·一岁数收之法》述道：“法宜冬月预将白地一亩上油渣二百斤，再上粪五车，治熟。春二月种大蓝，苗长四五寸，套种小蓝于其空中，挑去大蓝，再上油渣一百五六十斤，俟小蓝苗高尺余，空中遂布粟谷一料，及割去小蓝，谷苗能长四五寸高，但只黄冗，经风一吹，用水一灌，苗即暴长叶青，收之后，犁治极熟，不用上粪，又种小麦一料。次年麦收，复栽小蓝，小蓝收，复种粟谷；粟谷收，仍复犁治，留待春月种大蓝，是一岁三收，地力并不衰乏，而获利甚多也。如人多地少，不足岁计者，又有两年收十三料之法，即如一亩地，纵横九耕，每耕上粪一车，九耕当用粪九车，间上油渣三千斤，俟立秋后种笨蒜，每相去三寸一苗，俟苗出之后，不时频锄，旱即浇灌，灌后即锄，俟天社前后，沟中生芽菠菜一料，年终即可挑卖，及起春时，种熟白萝卜一料，四月间即可卖。再用皮渣煮熟，连水与人粪盦过，每蒜一苗，可用粪一铁杓，四月间可抽蒜苔二三千斤不等，及蒜苔抽后，五月即出蒜一料，起蒜毕，即栽小蓝一料，小蓝长至尺余，空中可布谷一料，俟谷收之后，九月可种小麦一料，次年收麦后，即种大蒜。如此周而复始，两年可收十

① 《宋史·太宗本纪一》

三料，乃人多地少、救贫济急之要法也。”

精耕细作和集约化生产最大限度地挖掘了土地的潜力，扩大了环境的容量，也在人口大量增加的情况下最大限度地保护了生态环境。

(2) 引进培育生长期短、产量高、适应性强的品种和物种

尽量扩大种植面积，把贫瘠的无法利用的土地利用起来也是食品生产的一项重要措施。在缺少重大的技术革新的情况下，中国农民与新土地斗争的主要武器是作物。在中国古代，通过作物的传播而实现的土地利用和食品生产的重大革命主要有两次，分别是宋朝占城稻和天竺的菉豆的引进与培育以及明朝玉米、甘薯、花生、土豆、辣椒、番茄等粮菜作物的引进和利用。宋朝的皇帝都是重农主义者，宋真宗听说占城稻耐旱、生长期短，天竺菉豆子多而粒大，就遣使以珍货求其种。得占城稻种 20 石，天竺菉豆种 2 石。占城稻引进后很快被推广培育，据宋代浙江和苏南的方志记载，原来的占城稻移栽后的成熟期是 100 天，这正适合供水较好的山地。到 12 世纪，聪明的中国农民已培育成功不少新品种，移栽后 60 天就能成熟。到了 16 世纪，为了对付每年的夏涝，高邮的农民又育出了 50 天的品种。占城稻的引进和早熟品种的进一步培育，影响是多方面的：首先，早熟品种大大保证了两熟制的成功，在长江流域水稻一般是夏熟作物，较短的生长期就使同一块地在水稻收割之后，可能种上小麦、油菜或其他越冬作物。其次，在越冬作物的收获和水稻的收获之间有很长的间隔，很多世纪以来农民一直为青黄不接而担忧。早熟稻便成了很好的补缺作物，其口味和食物价值远远胜过其他杂粮。再则由于早熟稻用水比其他品种少，使只能利用泉水和雨水浇灌的高地和坡地便有可能种植。明朝玉米、甘薯、花生、土豆、辣椒、番茄等粮菜作物的引进和利用。极大地丰富了人们的食品原料。玉米、甘薯、花生、土豆等产量高、耐贫瘠、适应性强，它们对丘陵、山地、滩边沙地的利用起了关键作用，产量则成倍或数倍地高于其他品种。玉米亩产最低亦有二百来斤，高产者可达三百或四百余斤，这与亩产不足百斤的北方旱田杂粮显然是不能同日而语的。自 18 世纪以后直至 20 世纪 70 年代，玉米成了北方及南方众多山区广大民众的主要粮食品种。除了玉米之外，番薯、马铃薯这两种适应地域广、耐贫瘠、产量高的外来品种也成了广大下层社会民众最重要的辅助性食粮。其中番薯，直到 20 世纪 70 年代末的统计仍表明，栽培面积和种产量仅次于水稻、小麦、玉米而居第四位，至于它的单位面积产量则要比其他粮食作物高得多，其经济产量系数高到 70%～80%，为一般禾谷类作物所不及。它的高产性在很大程度上缓解了由人口增多带来的食品危机。

(3) 兴修水利，灌溉农田，防虫治蝗

古代的中国属于灾荒多发之国。有些灾荒如风、雪、霜、雹、地震等灾荒非人力所能控制，但有些灾害如旱灾、蝗灾则可以通过努力避免或减少受灾程度，保障农民的食品生产。

通过兴修水利、灌溉农田来改变靠天吃饭的状况，使农产品增收是我国很早就开始采取的食品安全措施之一。据史料可考的历史记载，这些措施的采取最早可追溯到西周时期。《诗·公刘》:“度其阴阳，相其流泉。”《白华》:“滮池北流，浸彼稻田。” 滮池是最早的灌溉工程，在今陕西省咸阳西南。战国时期，灌溉工程甚多，西门豹引漳水溉邺，韩国水工郑国领凿郑国渠，灌溉四万余顷，粮食产量一亩地一钟。李冰建都江堰，使成都平原成为天府之国。汉朝对农田水利更加重视，修建凿六辅渠、白渠，扩大了郑国渠的灌溉面积。元朝时，中央设有都水监，地方上设有河渠司，以兴举水利、修理河堤为务。元文宗天历二年 3 月，修洪口渠，引泾水入白渠，自泾阳至临潼五县，分流灌田七万余顷。明清时期灌溉工程也有许多，此

处不再一一列举。灌溉工程解决了大旱之年农田的水源问题，保证了农作物的正常生长。

我国除蝗的最早记录是《诗经・小雅・大田》："去其螟螣，及其蟊贼，无害我田稺，田祖有神，秉畀炎火。"（这是西周贵族丰收祭神的歌。螟、螣、蟊、贼是4种不同的田间害虫，田稺在这里指幼苗，"畀"即"付于"）蝗虫的种类很多，据调查所得，我国有80多种，最普遍的有两属：一个是土蝗属，另一个是飞蝗属。前者因不能飞翔，所以迁徙性不强，危害不大，且限于地域，遗害稍轻。后者则不然，生殖力强，食性也大，且飞翔能力强，故其危害甚大，凡其所经之处，千顷良田荡然无收。所以前者如果为数不多，则无扑灭之必要，但后者必须加以扑灭。我国古代治蝗，皆设有专官。捕蝗之法一是禳祷，二是力捕。禳祷之法源于人们的有神论思想，认为一切灾祸都是因为不修德，上天震怒所以降灾人间。他们希望通过禳祷获得上天的原谅，收回灾祸。此法属于巫术、迷信，当然不会有成效。一些有识之士认识到治蝗只有捕杀。汉代时开始通过奖励来鼓励人们捕蝗。"元始二年，郡国大旱，蝗，遣使者捕蝗。民捕蝗诣吏，以石斗受钱。①"唐代开始有给粟捕蝗之例。"赵莹为晋昌军节度使，天下大蝗，境内捕蝗者，获蝗一斗，给粟一斗，使饥民获济。②"此法和汉代给钱捕蝗之法相同。唐代倡导力捕之最者当推姚崇。姚崇亲临捕蝗一线，根据"蝗既解飞，夜必赴火"③的习性，采取"夜中设火，火边掘坑，且焚且瘗（埋葬）"④的办法，在他的示范和倡导下，灾区人民采用了挖坑、赶打、火烧、掩埋相结合的措施，使河南、河北的广大灾区获得了"蝗害讫息"的效果。以后各代除继续通过奖励来鼓励人们捕蝗外，还主动出击，防患于未然。宋代在秋耕时节，采用深翻土曝晒的方法来消灭蝗虫的遗种。明代已积累了一些昆虫学知识，治蝗更严。在春初即差人巡视，遇有蝗虫初生即设法捕灭，务要尽绝。到了满清，治蝗之法已经完备，治蝗知识亦稍充实。政府把治蝗作为考察地方官政绩的一个指标，对治蝗不力者予以严惩。

2）保持自然资源的可持续性发展——适当发展养殖业

在人类历史上相当长的时期内，人类的肉食主要来自于大自然的野生动物，先民们通过采集、渔猎等方式来获得肉食资源。但盲目攫取极易造成资源的枯竭，先秦时有识之士已认识到保护自然资源、保持可持续性发展的重要性。《孟子》中"不违农时，谷不可胜食也；数罟不入洿池，鱼鳖不可胜食也；斧斤以时入山林，林木不可胜用也；谷与鱼鳖不可胜食，林木不可胜用，是使民养生丧死无憾也。"孟子的话对理解当时及此后的食品安全政策至为重要。

随着人口的增多，可耕地面积的扩大，荒地森林面积的减少，野生动物越来越少，人们的肉食资源从单纯依靠采集、渔猎过渡到逐渐发展饲养业。为了减少能量传递过程中的能量损耗，人们一般只饲养以植物为食源的动物。饲养分为家庭饲养和政府饲养，人们在饲养过程中还积累了丰富的知识。《齐民要术》中记载了大量的饲养猪、羊、鸡、鸭、鹅、鱼的知识。养猪技术有了系统的总结。猪仔初生，"宜煮谷饲之"。饲养小猪应加入谷类精饲料。小猪催肥，"埋车轮为食场，散粟豆于内，小豚足食，出入自由，则肥速"。小猪与大猪分开饲养，以免大猪抢小猪之食，保证小猪生长。大猪催肥不宜放养，宜舍养，且"圈不厌小"，圈小则活动

① 《汉书・平帝纪》
② 《册府元龟》
③ 《旧唐书・姚崇列传》
④ 《旧唐书・姚崇列传》

少，活动少则消耗少，可使饲料更多地转化为脂肪和肌肉。北方寒冷，冬季出生的猪仔易冻死，应采用“索笼蒸豚法”，微火暖之，以使其顺利过冬。《齐民要术·养羊》对羊的放牧时间、方法、冬季舍饲、围栏喂养都有详细的介绍和分析。《齐民要术》中还记述了当时鸡种选育和饲养肉鸡、蛋鸡的经验和方法。关于鸡种选育，书中说：“桑落时生者良，春夏生者则不佳。”因为桑落时生的蛋孵出的鸡“形小，浅毛，脚细短者是也，守巢少声，善育雏子”。饲养鸡雏，要求“二十日内，无令出巢，饲以燥饭”。而饲养肉鸡则“又别作墙匡，蒸小麦饲之，三七日便肥大矣”，这是21天快速育肥的方法。饲养蛋鸡“唯多与谷，令竟冬肥盛，自然谷产矣，一鸡生百余卵”。关于人工养鱼方面，《齐民要术》中也介绍了关于鱼塘建设、鱼种选择、自然孵化、密集轮捕等方面的内容。当然，这些肉食主要供给统治阶级享用，而为统治阶级提供肉食的广大庶民阶层则很难享受他们的劳动成果，他们一年很少有机会享受肉食，有时连起码的维持生存的素食也很难保证。杜甫的“朱门酒肉臭，路有冻死骨”就是古代社会食品享用两极分化状况的真实写照。

11.2.2 食品节约措施

食品安全的保障一方面是开源，另一重要方面便是节流，通过节约来达到细水长流的目的。具体的食品节约措施主要有：

1）全社会树立崇俭意识

崇俭一直是中国社会舆论和政府法令褒誉的占统治地位的意识形态，而食生活的节俭更是全社会倾心赞扬的美德。“勤俭持家”和“不能‘坐吃山空’”的俗语、古训充分表现了这一点。奢侈浪费的人被称为“败家子”而遭时人贬抑。所以一般家训中都把节俭作为重要的一条。北齐颜之推的《颜氏家训》就有“人生衣趣以覆寒露，食趣以塞饥乏”。在中国历史上，一个人无论他有过何等辉煌的业绩和成就，也不管他的学识和修养有过怎样崇高的声誉，只要他曾耽欲过口腹，便将不可避免地为此受累。或生前訾于当时，或辞世遭议于身后，总要落个大节有亏的历史结论。中国历史传统的这一“春秋笔法”的道义影响和社会感化力是绝对不能低估的。西晋陈国阳夏（今河南太康）人何曾，出身门阀士族，武帝朝官至司徒、太傅，进位三公，诏旨屡次褒扬其“立德高峻，执心忠亮，博物洽闻，明识弘达”，“明朗高亮，执心弘毅，可谓旧德老成，国之宗臣者也”，时誉则谓其“性至孝，阖门整肃，自少及长，无声乐嬖幸之好”，甚至被仕伍学林推重为古圣再现、时贤楷模。然而，这样一个权重宠极、誉高名重无以复加的显赫人物，也免不了因“性奢豪，务在华侈，帷帐车服，穷极绮丽，厨膳滋味，过于王者……日食万钱，犹曰无下箸处”之过而屡遭朝臣“劾奏”。至其身后，则“侈忲无度”①四字便足以使毕生光芒黯然失色。石崇和王恺历史上也不乏文治武功之绩，然而他们给历史留下的记忆只是“石王斗富”的佚趣和贪纵口腹的耻辱。

北宋名相寇准，起家清贫，自太宗朝中期至真宗朝的三十年间，于朝政国事多有建树，“君子正人”、“功业赫赫”谓之实不为过。然而他富贵后好摆筵席，每次宴请宾客，把门关上，把客人的车卸了，晚上从不燃油灯，总是燃大蜡烛。所以遭史家批评，终成白璧有瑕，遗讥后人。与之相比较，同样于朝政国事多有建树的明代官员海瑞，居官“布袍脱粟，令老仆艺蔬自给”，逢“母寿”日始“市肉二斤”，便是青史留名的“清官”。中国历史上的完美形象是智慧、廉

---

① 《晋书·何曾传》卷33

洁、刚直不阿，贪婪和奢侈是最大的污点。我们的民族有以史为鉴的传统，这种在官修正史（私乘也是如此）正统文献中，把崇俭鄙奢思想鲜明地体现在对人物扬善惩恶道德评价上的做法，无疑是对促进食品节约有积极意义的。

2）政府以强制手段实行酒禁、酒榷

关于酒，我们知道最初的酒是天然的，是由于野果、兽乳或储藏不当而发芽的粮食等含糖丰富的物质，在适当的条件下，由于微生物的作用而发酵成的。后来大约是在尝到天然酒的美味后，人们开始有意识的去酿造。但用野果、兽乳造酒在当时的自然环境和社会条件下是不可能形成社会性生产的，只有采用谷物酿酒才能可靠地为人类提供酒这种饮料。酿酒发展过程中的一个必备的物质条件就是农业生产发展到一定的规模，粮食有了一定的节余。也就是说，酿酒要消耗大量的粮食。《战国策·魏策》："帝女令仪狄作酒而美，进之禹。禹饮而甘之，遂疏仪狄而绝旨酒。"认为"后世必有以酒亡国者"。事实证明大禹确实有先见之明。夏桀、商纣王都是因酒亡国的典型。周朝建立后，一个重要的措施就是实行酒禁。非祭祀、父母节庆日、和君主老人一起用餐等场合不能饮酒。后世人读到这些资料，总解读为酒的特性使人容易沉迷，耽误正事，而没有从粮食节约的角度来解读。试想在当时生产力还不发达，粮食产量还不高，许多百姓还在贫困线上挣扎的情况下，再消耗大量粮食造酒会更加重庶民阶层的困窘，激发他们心中的不满，从而动摇政权的基础。周王朝鉴于夏商因酒亡国的教训，实行酒禁。以后各朝代基本上都或松或紧的实行酒禁。由于酒在祭祀、节庆日、人际交往中负有特殊的社会功能，完全禁酒是不可能的。一般在各朝建立之初和灾荒年，酒禁非常严格。因为各朝建立多通过战争，生产力遭到极大破坏，粮食生产不能保证，和灾荒年一样，食品供给困难。所以通过禁酒来节约粮食，渡过难关。汉初萧何造律，三人以上无故群饮，罚金四两。景帝中元三年夏，旱，禁酤酒。武帝三年，开始榷酒酤，即以专卖的形式使卖酒合法化，卖酒者需要向政府交纳一定的钱。榷酒在一定程度上限制了酒的消耗，节约了粮食。以后各朝基本上是或禁或榷。但无论是禁或榷，都在不同程度上起到了节约粮食的目的。

3）素食和减食

人类是杂食动物，正如我们的营养需求、行为模式和人类文化学中普遍记载的生活方式所证实的那样。与动物王国的大多数成员相比，人类具有相当奇怪的饮食要求。与大多数动物不同，我们不能制造维生素 C，但必须消费它。我们需要异乎寻常的大量蛋白质，且不能像有些哺乳动物那样合成许多氨基酸。我们是大动物，因此有大脑袋要支撑；于是我们需要食用大量的卡路里。在维生素丸问世以前，人类可以确保健康的唯一方法是吞吃各种各样的食物，包括谷物、水果、蔬菜和肉食，也是《黄帝内经》中提出的合理的食品结构。但肉食对中国古代的庶民阶层来说属于奢侈品。人们卡路里的获得主要是通过谷物。因为从生态学上讲，生态系统中的食物能量传递受热力学第二定律所支配，"当能量以食物的形式在生物之间传递时，食物中相当一部分能量被降解为热而消散掉，其余则用于合成新的组织作为潜能储存下来，只把一小部分转化为新的潜能。因此能量在生物之间每传递一次，只把一部分转化为新的潜能。因此，能量在生物之间每传递一次，只把一小部分转化为新的潜能就被降解为热而损失掉……""因此，在生态系统能量流程中，能量从一个营养级到另一个营养级的转化效率大致在 5%～30%之间。平均来说，从植物到植食动物的转化率大约是 10%，从植食动物到肉食动物(食肉动物)的转化率大约是15%。"①美国生态学家史密斯更具体地指出:"当能量通过生态系统比植物层次更高的层次传递时,能量大量减少,只有1/10的能量从一个营养层次传递到另一个(更高)营养层次。"这些观点的依据就是生态学中著名的"林德曼效率"理论。人作为生态系统食物链中的一员,其食物能量的生产与消费同样受到上述规律的支配。许倬云先生在他的《古代中国文化的特质》中说,他曾做过一个计算,一头牛吃的草所用掉的土地单位面积,来除这头牛所供应的食品,包括奶、肉等,折合成卡路里,与农耕得来食品的卡路里相比为1∶9。因此,如果农地转换成牧地,就有8/9的卡路里不见了。也就是说,同样的土地,如以农耕种植和素食为主,就可以多养活8/9的人口。当然这种单一的食品结构是以有损健康为代价的,但对中国古代的庶民阶层而言,健康的概念是模糊的,他们的最大愿望是吃饱。

根据"林德曼效率"理论,吃素是减少能量损失、节约食品的最好方法。但对于已经是常年依靠素食勉强维持生存的古代中国广大处于果腹层的庶民而言,素食早已是他们不得不采取的措施了。肉食在西周就被认为是珍食,庶民阶层是很少有机会吃到的。《礼记·王制》中就说:"诸侯无故不杀牛,大夫无故不杀羊,士无故不杀犬豕,人无故不食珍。"那么,什么时候可以吃上肉呢?一般而言,主要是在一些大的节庆活动之中,人们才可以宰杀牲畜。所以,孟子的理想是:"鸡、豚、狗、彘之畜,无失其时,七十者可以食肉矣。"②人到老年才有资格经常享受一下肉味,但对穷苦百姓而言,真正实行起来也是十分困难的。所以食品节约主要靠以富贵阶层为主的全社会的努力来完成。

皇室、官员是社会上最大的食浪费群。他们"厚作敛于百姓,以为美食刍豢,蒸炙鱼鳖。大国累百器,小国累十器;前方丈,目不能遍视,手不能遍操,口不能遍味,冬则冻冰,夏则饰饐。"③以致造成极大的浪费,因为人的实际消费能力有限,"食前方丈"只是摆谱。战国时墨子就指出:由于沉重的剥削,使得"民财不足,冻饿死者,不可胜数也"。因此墨子主张"去无用之费",节制过度奢侈的饮食。但后代人君真正节俭的很少,他们的减膳食措施一般也只用于灾荒时节,往往由国君下诏以示节俭。汉宣帝本始四年,以岁不登,诏太官损膳省宰,乐府减乐人,使归就农业。晋武帝咸宁五年,以百姓饥馑,减御膳之半。北齐武成帝河清四年,以谷不登,减百官食。唐太宗贞观元年,以旱灾减膳。减膳食其实对他们的生活质量影响不大,所省食物也有限,但对在死亡线上挣扎的饥民来说,用这些粮食来施粥,就能救活许多生命,有些生命因此得以存活下来。

当然,食品节约的方法还有许多,如食粥、节食。食粥、节食对能终日饱食的人来说是养生之道,但对广大贫苦人民而言,却是他们为了尽可能免于饿死而不得不采取的措施。

11.2.3 食品储备措施

中国是多荒之国,饥荒时节的食品就得靠以前节约下来的储备食品。为了保证储备食品的质量安全,人们在实践中积累了宝贵经验,许多方法还沿用至今。食品储备包括粮食储备、果蔬储备和肉制品储备。

---

① 孙泳儒等.普通生态学.北京:高等教育出版社,1993.245~253

② 《孟子·梁惠王章句上》

③ 《墨子·辞过》

1）果蔬和肉制品储备

果蔬储备和肉制品储备很大程度上不是为了防备灾荒年景所造成的食荒，更多的是延长对这些食品的享受期和防止浪费（当然，有些果蔬如榛子、板栗和土豆等在很多时候储备起来是为了对付饥荒）。肉类是最容易腐败的食物，人们田猎的兽类或屠宰的牲畜都是难以一餐吃完的。特别是田猎一次猎获量和渔捞一次的渔获量都可能很大，更是难以在一二日之内吃尽。如何将兽肉和鱼类保藏不坏，即短期不致腐败，这可能是原始社会时期即已向人们提出的问题。还有蔬菜、果品也是有季节性的，如何延长这些东西的保质期，使人们单调、粗糙的饭食更容易下咽，我国古代劳动人民也想出了许多办法。

储备果蔬的方法很多，主要有冷藏、腌制、密封、风干、熏制、物藏等。

(1) 冷藏。当温度低于10℃时，大多数细菌生长缓慢，且随着温度下降生长速率减慢。冷藏法对食品进行储藏就是利用微生物活动会随着温度的下降而减慢的原理，以延缓或防止食品变质败坏。从周代以来，人们已从实践中积累了一定的经验。主要是借助于冰在融化时的吸热特性来给食品降温，以延长它的安全期。《诗经・豳风・七月》："二之日凿冰冲冲，三之日纳于陵阴。"这句诗大意是"十二月凿冰冲冲响，正月冰块满窖藏"。但这些冰窖里储藏的冰做什么用《诗经》却无说明。根据汉代以后"凌室"的储冰，认为是供夏天天气炎热时取出饮用，有明确的记载。周室的官职中有"凌人"的设置，《天官・凌人》的职文说："凌人，掌冰。正岁十有二月，令斩冰，三其凌。春始治鉴，凡外内之膳羞鉴焉。凡酒醋亦如之，祭祀共冰鉴，宾客共冰，大丧共夷盘冰，夏颁冰掌事，秋刷。"这段职文的意思是：凌人是掌管有关冰的政令。每年的十二月命令属下去砍冰块，把需用冰的3倍藏入冰窖。春天到来的时候，要检查盛冰的鉴。凡内外饔所共的肴撰，都要放入鉴中冷藏。凡三酒、五齐、六饮等酒浆也是这样办。祭祀时则供应冰鉴，待宾客时供应冰块。王或后丧，应供给夷盘所用的冰块，夏季天气暑热，周王颁冰赐群臣，也要掌管其事。秋天要刷除冰窖，以待冬天再藏冰。以上所述，周代用天然冰和修建冰窖作为冷藏食品之用当是确切无疑的了。文中的"鉴"是一种青铜容器，形似大盆，周代用以盛水和盛冰。盛水用以照影，盛冰用以储藏食品。冰在周代是供王室享用的一种分配物资。《左传・昭公四年》云："食肉之禄，冰皆与焉。"意思是说凡是吃肉的官吏，都是有资格用冰的。后代专门有卖冰之家，还把地方官孝敬朝廷大员的钱称为"冰敬"。

(2) 密封保藏。此法是将食品放入储藏器中密封，通过降低氧的含量来达到保藏食品的目的。所用的储藏器有缸、瓶、罐、盆、碗及活竹等，密封材料则主要是纸、泥及薯叶等。用活竹密封藏物始见于宋代，到明代人们用此法保藏易变质的鲜荔枝，即将鲜荔枝从活毛竹的孔内放入，装满后将孔封固，可藏至冬春，色香不变。此法非常巧妙，是中国保藏技术的一大创造。纸封法极为普遍，元代《居家必用事类全集》记载了直接用纸和罐密封保藏鲜果的方法，如："选拣大石榴，连枝摘下。用新瓦罐一枚，安排在内。使纸十余重密封，可留多日不坏。"明代则使用了先烘后纸封以保藏鲜果的方法。《宋氏养生部》载："荔枝、龙眼火焙，纸封竹器中，悬近火处。"泥封法也由来已久，只是此时更加讲究。《群芳谱》记载了用菜瓜等加工制作十香菜的方法：将菜瓜与其他辅料、调料腌拌后，"以净坛盛满，箬扎泥封，外写东西南北四字，每日晒一面，三七后可用"。《饮撰服食笺》还记载了用纸、箬叶、泥混合密封的方法，将鲤鱼"用炒盐四两擦过，腌一宿，洗净，晾干。再用盐二两、糟一斤拌匀入瓮，纸箬泥封涂"。这种混合密封的方法效果更佳。

密封保藏法也用于储存少量的粮食、种子等，既可防潮、防火，又可防鼠、防雀和防虫害。

(3) 腌制。腌制法就是在肉类食品或果蔬食品中加入盐以延长食品的保存期。腌制又具体包括菹齑和做酱。《周礼·天官·醢人》："王举则共醢六十瓮，以五齐七菹三实之。"郑玄在《周礼·天官·酸人》注文中说："凡醯酱所和，细切为齑，食品若牒为菹。"可见，菹和齑都是用醯酱来浸渍调和以使蔬菜保藏的方法。两者不同的是，齑法是细清腌，菹是粗切或整棵清腌而已。又郑玄注"五齐"："齐当作青，五齑。"昌本（将菖蒲根裔切成四寸长做成），脾析（牛百叶，即牛胃做的裔），屋（大蛤做的青），肠柏（猪肩肉做的奇），深蒲（即蒲荫，蒲芽做的奇）。"七菹"：韭菹，普（蔓普）菹，茆（茅的嫩苗或一种水草）菹，葵（葵菜）菹，芹（水芹）菹，菭（水中鱼衣）菹，笋（竹笋）菹。由此言之，作齑、菹的原料是蔬菜和肉类相近的，即是说作齑和菹的原料并不是严格限于蔬菜。

(4) 做酱。酱的种类很多，包括肉酱、豆酱和其他原料做成的酱。《诗经·大雅·行苇》："醓醢以荐。"醓，有汁的肉酱；醢，肉酱。我们在《周记》、《礼记》里见到醢的品种很多，几乎为人们所食的绝大部分动物的肉都可以做成醢。《楚辞·招魂》："大苦咸酸，辛甘行些。"大苦即豆豉，豆做的酱。《论语·乡党》："不得其酱，不食。"说明酱有许多种。

在中国古代，腌制加工酱菜的调料主要有酒糟、盐、酱和酱油、糖、醋、糜、虾油、鱼露等。在酱腌菜食品的加工技术方面，明代有巨大进步，清代上升到最高水平，且在酱腌菜的品类上较前亦大为扩充。譬如，北方的酱菜工艺、南方（四川）的泡菜技艺均十分精湛。腌菜时使用倒缸、砖石压菜的方法。倒缸是为了便于热气、酸臭气的挥发，压砖石则有利于有益微生物的正常发酵，防止有害霉菌的破坏。南方（四川）的泡菜在制作时所用的原料甚多，有白菜、萝卜、甘蓝、胡萝卜、芹菜、刀豆、莴苣、嫩姜、食盐、黄酒、烧酒、花椒、辣椒、草果等，经过各种加工制作，使各种单一的滋味巧妙地融为一体，产生出"正宗"性很强的川味泡菜。①

(5) 风干。处于正常生长状态的微生物体内含有 80%以上的水分，这些水分主要是微生物从它们生长所依附的食品中获取的。所以当食品干燥时，生物细胞也会因失水而停止生长和繁殖。尽管是部分干燥，但对大多数细菌来说，部分干燥就足以抑制其生长和繁殖。先秦时期人们已经想到用风干法来保藏食品。

《易·噬嗑》："噬腊肉，遇毒。"这句中的腊肉和干肉，可能是用弓矢射杀的野兽所制的腊肉和干肉，当是我国文献中最早的记载。周王朝官职中有"腊人"的设置，《周礼·天官·腊人》的职文规定说："腊人，掌干肉。凡田兽之脯腊膴胖之事。凡祭祀，共豆脯，荐脯，膴，胖。凡腊物，宾客丧纪，共其脯腊，凡干肉之事。"文中的"掌干肉"即是掌管猎兽类的肉干制和保藏。因为"兽人"的职文中也有"凡兽，入于腊人"的规定，即是佃猎的兽类交给腊人去干制保藏。文中的"脯"也是指干肉，郑玄注说"小物全干"，即整个干制的小动物肉。"膴胖"指的是"夹脊肉"，当是适宜于做干肉的大块肉。西周以后，肉类的干制可能已成为人们的一种普遍应用的保藏方法。在《周礼》、《礼记》中已有许多干制肉品名称。例如《周礼·天官·膳夫》："凡束脩之颁赐皆掌之。""脩"即脯，也即干肉。《仪礼·有司徹》："(主妇)兴于房，取粮与腶胳。""腶胳"为捶捣而加姜桂的干肉。又《周礼·天官·庖人》："夏行腒、蜗"。"腒"可解为马类的干肉。而郑司农注解："腒，干雉（干制的野鸡）；鳙，干鱼。"可见当时已有禽和鱼类干制品。见于《礼记·内则》的，还有牛修、鹿脯、田豕脯、麋腊等等。干制的肉品名称就多了。干

① 洪光住.中国食品科技史稿(上册).北京：中国商业出版社，1984. 173～176

肉最初是保藏方法，和其他一些加工食品一样，后来就发展成为一种独具风味的日常普通食品。

(6) 熏制。这种方法主要用来储藏肉类和鱼类等食品。熏烟中含有多种具储藏作用的化合物，如甲醛和木柴燃烧产生的其他多种产物。另外，在烟熏过程中还伴随着加热和脱水，从而更有助于储藏。《礼记·内则》："雉，芗无蓼。"郑玄注："芗，苏荏之属也，烧烟于火中也。"这里所说的烤野鸡(雄)时用芗的烟火熏灼，除了可以改变风味外，也可起到防腐作用。

(7) 物藏。物藏是在食物中加入某些原料，利用原料间的相生作用，在不改变食物风味的情况下保藏食物的方法。随着人们知识的积累，人们越来越多地认识到原料间的相生相克作用，因而利用这种作用来保藏食物。元代《居家必用事类全集》记载了用灰藏瓜茄与萝卜藏梨的方法："用染坊淋退灰晒干，埋藏黄瓜茄子，冬月食用。""拣不损大梨，取不空心大萝卜，插梨枝柯在萝卜内，纸裹暖处，候至春深不坏。"明代《饮撰服食笺》载，用松毛、绿豆藏橘及用麦面糊藏桃的方法："以麦面煮成粥糊，入盐少许，候冷，倾入瓮中，收新鲜红色未熟桃纳满瓮中，封口，至冬月如生。"《宋氏养生部》则记载了菱叶藏银鱼、茄子以及稻秆藏大豆的方法："银鱼干晒，菱叶蕴藻苴之，不黄。""大豆肥满时，连科本晒至叶干，积于稻秆中。至春时欲用，先以水浸，煮如新摘。"清代《食宪鸿秘》还记载了以小麦藏醋之法："头醋滤清，煎滚入坛，烧红火炭一块投入，加炒小麦一撮，封固，永不败。"此外，当时还用一些化学防腐原料如明矾等保藏食物。明代《便民图纂》载："枇杷林檎杨梅等果，用腊水同薄荷一把、明矾少许入瓮内，投果于中，颜色不变，味更凉爽。"也有用青铜末作防腐剂的，《居家必用事类全集》载收藏诸般青果法："遇时果出，用青铜末与果同入腊水收储，颜色不变如鲜。"

2) 粮食储备

对于中国古代的庶民阶层而言，真正重要的倒不是果蔬的储备。民以食为天，食以粮为源，食品的危机主要还是来自于粮食。中国是自然灾害的多发国，粮食生产具有波动性，加上农业本身的季节性，这些都决定了粮食储备在食品安全上的重要性。先秦时期人们就认识到了这一点，《礼记·王制》云："国无九年之蓄曰不足，无六年之蓄曰急，无三年之蓄曰国非其国也。"西周时期已经初步建立了储粮备荒的仓储制度，设置"仓人"负责粮谷仓库的具体事宜，主要是粮食储备和粮食赈济。以后各代基本如此。

储备粮的主要来源是国家征收的正租。第二是国家通过平准之法买的。政府在粮食丰收的年份以高于市场的价格买进，目的在于在灾荒之年再以低于市场的价格卖给百姓。第三是富家大户捐的和百姓在正租之外劝课出的粮食。另外还有军队屯田收获的粮食。

粮食的储备主要靠挖窖建仓以延长粮食的保质期。我国黄河流域的广大地区，由于黄土层很厚，地下水位低，土质干燥，宜于开筑窖穴，从而一开始，人们就采用窖穴来储藏谷物。根据近年考古工作的发展，已在河北省武安县磁山、河南新郑裴李岗等文化遗址发现了我国早期储存谷物窖穴六十余处。那些窖穴是最原始的，没有任何防潮措施。到了仰韶文化时期，考古工作者在河南陕县庙底沟、西安半坡、临潼姜寨等遗址发现了800余座窖穴，这时的窖穴，窖容量增大，制作已有改进。

进入奴隶制时代，农业生产比以前有所发展，传统中的夏代路台、商代钜桥都是当时储藏粮食的要地。从殷墟发现的殷商时期用以储藏谷物的窖穴、窖底和窖壁都用草拌泥涂抹过，长方形的窖壁多为直壁，长1～8米，宽1～9米，深1～7.9米。窖壁整齐、窖底平坦，装进谷物后，再加顶盖。说明窖穴的建筑已进一步改进，窖容量更加扩大。在殷墟发现的窖穴中还有储存的已变成绿灰色的谷物。

西周以后，由于农业生产的继续发展，谷物也丰富了，储藏自然有很大的增加。近年来在张家坡西周遗址和河北磁县下潘旺西周遗址发现的窖穴，主要有椭圆形袋状窖和长方形窖两种。当时不同的窖穴，已开始出现各自的专有名称。椭圆形袋状叫窦，长方形叫窖。《礼记·月令》："仲秋之月……是月也，可以建城郭，建都邑，穿窦窖，修囷仓。"郑玄注："穿窦窖者入地，椭曰窦，方曰窖。"春秋战国以后，由于建筑材料和建筑工程的进步，开始在地上建筑仓、廪，粮谷在地上储存的数量也就相应地增加。后世建立的名目繁多的仓如正仓、太仓、常平仓、义仓、社仓、惠民仓、广惠仓、农储仓等都是用于储存粮食的。

11.2.4 食品赈济

中国古代的庶民阶层在大多数情况下是在果腹线上徘徊，没有更多的储备食品或者说储备食品不足以应付灾荒，灾荒一旦发生他们很容易就滑到了果腹线以下，死亡时时都会降临到他们头上，这时候极易发生饥民暴动，破坏社会秩序，危及政权统治。为此统治阶级和一些慈善家千方百计地做好灾民的食品赈济工作。食品赈济主要包括低价粜粮、钱粮赈济、施粥等。

施放粥饭是救济饥饿灾民、平民最普遍、最迫切的一个方法，它有一些明显的功能，如能救急，对于饥肠空腹的灾民，颇能缓解燃眉之急；耗费少而救济面广等，简便易行。这种方法可追溯到战国时期。《礼记·檀弓》记载了两件个人施粥的事例："齐大饥，黔敖为食于路，以待饥者而食之。""卫献公之孙'公叔文子卒，其子戍请谥于君曰：日月有时，将葬矣。请所以易其名者。君曰：昔者卫国凶饥，夫子为粥与国之饿者，是不亦惠乎？'"汉代施粥赈济已经成为救荒的普遍方法。《后汉书·献帝本纪》载："兴平元年秋七月，三辅大旱……人相食啖，白骨委积。帝使侍御史侯汶出太仓米豆，为饥人作糜粥……"以后累代施行，未尝稍衰。既有政府行为，也有个人行为。

赈济钱粮也是灾后急赈中流行的形式。通过赈济粮食或钱款帮助饥民渡过难关，这种方法也出现很早。《礼记·月令》"天子布德施惠，命有司发仓廪，赐贫穷，赈乏绝，开府库，出币帛周天下"就是讲国家发放粮食、钱款、衣物对贫民进行救济。《晏子春秋》也记载了晏子使齐景公赈济灾民谷物的事。赈济粮食有不便于流通之弊，有时就以赈银来代替，让灾民自行买粮。赈银有时与移粟就民措施配合使用，目的是平抑粮价。还有一种隐性的赈济，即招募饥民兴修水利等工程，也叫工赈，此法既赈济了灾民又减轻了国家的负担。

低价粜粮是和粮食储备相关联的。为了防荒，中央和地方建立了许多粮仓，灾荒之年打开仓库低价粜给灾民。《册府元龟》记唐玄宗时事说："开元十二年八月诏曰：蒲、同等州，自春偏旱，虑来岁贫下少粮。宜令太仓出十万石米付蒲州，永丰仓出十五万付同州，减时价十钱，粜与百姓"。《旧唐书·玄宗纪》说：天宝十二年"八月，京城霖雨，米贵。令出太仓米十万石，减价集与贫人"。天宝十三年"是秋霖雨积六十余日，京城垣屋颓坏殆尽，物价暴贵，人多乏食，令出太仓米一百万石，开十场贱粜，以济贫民"。

以上介绍的食品安全方法主要是着眼于全局，是站在全社会的角度针对占社会总人口90%的庶民阶层的食品安全来作宏观介绍的。尽管历代政府都采取了一些积极措施，庶民阶层为了高效生产也竭尽心智，但在中国古代史上"乐岁终身饱"的时候很少，"路不拾遗，夜不闭户"的现象也只是昙花一现。在不少的时间段里庶民阶层低得不能再低的存活要求所需的食品有时也难以保障。为了存活，人类甚至发生了自食行为。从先秦到满清，有关饥荒所引起的大规模公开化食人现象的记述充斥在二十五史、方志、笔记、诗文等大量史籍文献中。大规模公开化的食人，使长久和平条件下积累下来的信念和观念等像山崩一样倒塌了，文明的情感被迫沉落到原始社会，这至少在人们的心理上造成了历史的大倒退。但即使退回到原始的野蛮，也仍然有大规模的人死于饥饿。西汉建立之初，由于战争大规模的摧毁了人们的生活资料，尽管存在着大规模食人，全国仍有近一半的人口死于饥馑。1876～1879年的3年间，陕西、山西、直隶、河南和山东部分地区几乎滴雨未下。据当时赈灾委员会的报告说，大约有900万至1 300万人死亡①。

11.3 中国古代食品安全保障困难的原因及启示

在古代的中国，农业文明创造了世界上最为完善和先进的农业耕作技术，创造了同时代世界农业史上最高单位面积产量。但为什么食品安全保障依然困难呢？原因有以下几点：

11.3.1 人口多

在古代中国，重视祖先崇拜、强调人脉延续传宗接代的文化观凝聚成了“不孝有三、无后为大”的礼仪传统，多子多福的生育观深深烙入了我们的民族性格，历代统治者处于战争和农耕的需要也都采取鼓励生育的政策，致使人口数量从历史纵向发展上一直呈上升趋势，并在历史上不同的朝代形成了多次突变式高峰。汉朝时，中国就已经属于多人口国家。《汉书·地理志》载，公元2年在汉朝设置政区的范围内有近6 000万人口，未列入统计的少数民族和此范围之外的中国人估计还有数百万。合计超过当时世界人口约1.7亿的1/3。到了12世纪初的北宋末年，境内的人口已经超过1亿，加上辽、西夏境内和其他少数民族地区就更多，而当时世界人口约有3.2亿，也占1/3以上。1850年，世界人口达到12亿，而中国人口已突破4.3亿，所占比例并没有减少。当然这中间由于大规模的天灾人祸，人口在某些阶段会有一定幅度的下降，但即使在人口低谷，在世界人口中的比例一般也在1/5以上。而可耕地在世界所占的比例最多不会超过10%，相对于可耕地面积来说，人口密度相当高。以1850年为例，这一年中国人口是4.3亿，每平方公里的人均密度为45.45，密度在100人以上的省份有10个，人口密度全国之最的江苏省达到408.84。人口密度高，使土地与环境承载压力非常大，这是古代中国食品安全产生问题的最根本原因。

11.3.2 灾荒多

中国是一个灾荒多发国家。由于地处地球北半部的温带大陆性气候，太平洋的湿润水气不能够四季均匀的进入内陆，所以不论是从上古时期先民生活的黄河流域，还是到东晋时期经济生活中心扩展后的长江中下游地区，水、旱、蝗、风、雪、霜、雹、地震等灾荒几乎年年都有，有些年份还一年多次。据邓云特的《中国救荒史》统计：从公元前18世纪到清末，中国的各类灾荒数共计5 187次，其中公元前18世纪～公元前1世纪，灾荒数是235次，公元1世纪到清朝灾荒数是4 952次。造成灾荒的原因一方面是天灾，更多的应归于较多的人口与

① [美]郑麟来. 中国古代的食人. 北京：中国社会科学出版社，1994

自然地理环境的矛盾。从上面的统计数字看,公元前后的统计时间大致相当,但公元后发生的灾荒数是公元前的 20 多倍。造成这种状况的原因主要就是人口增加所导致的人地之间矛盾的加剧。人们被迫毁林开荒、围湖填海,致使水土流失、江河湖泊淤积、生态失衡、对大自然水旱灾害调节能力减弱,使水灾、旱灾、风灾等的发生加剧。以黄河为例,黄河流域本是中华文明的发源地、我们的母亲河,但是由于长期水土流失、泥沙沉积,母亲河成了灾难河。2 000 年来,有记载的黄河决溢,据统计就有 1 500 次之多,平均不到两年就泛滥一次,下游多次改道,黄泛区成了重灾区。另外还有战争引起的灾荒,战争一方面造成割据局面,使食品不能流通,从而造成局部食荒,另一方面使许多劳动力因被迫服兵役或逃亡他乡而导致农业生产中断。更可恨的是在战争中把洪水当作武器,掘堤以抗敌军,使农业生产和人民的生命、财产受到重大损害。唐末军阀朱温为阻止李克用的骑兵南下,曾先后 3 次掘开黄河堤防。11 世纪 80 年代,西夏决黄河堤淹宋营。1642 年,明朝为堵截李自成的农民军,扒开黄河堤,大水直冲开封,淹死 34 万人。

11.3.3 对食品占有的不平等

在中国古代,农业生产水平长期处于世界领先地位,人均光粮食占有量最低时也有 614 市斤,宋元时竟达到 1 457 市斤,应该说食品安全不应成为问题。但是为什么历史上又出现那么多的食荒呢?这就必须从制度层面来分析,从社会阶层和食品分配方面着手研究。

在古代中国,众多的人口由占人口总数 10%的富贵阶层和 90%的庶民阶层组成。富贵阶层掌握着大量的土地,依靠对庶民阶层的剥削掌握着国家的绝大部分生活资料。而无地和少地的庶民阶层则需要向封建国家和地主缴纳相当重的租税、钱粮,他们平常年景也只能解决温饱,没有更多的食品储备来面对饥荒。富贵阶层凭借着占有的丰富的食品,生活上穷奢极欲造成了食品的极大浪费,夏朝末代君主桀和商朝末代君主纣都是奢侈浪费的典型。桀尽日与宠妃妺喜饮酒,"无有休时,为酒池可以运舟,一鼓而牛饮者三千人,革奇其头而饮之于酒池,醉而溺死者,妺喜笑之,以为乐"①。纣王在宫中"以酒为池,悬肉为林,使男女裸,相逐期间,为长夜之饮"②。周朝宫廷中,专为王室吃喝服务的就有 2 332 个工作人员,汉朝时达到 6 000 人。

到了封建社会中后期,王侯贵胄饮宴的奢侈越来越令人瞠目。唐代大官僚韦巨源宴请唐王的"烧尾宴",菜目 58 种,其中 37 种是菜肴,21 种是各式点心。南宋初年,佞臣张俊宴请宋高宗的一次宴席,菜肴共 102 种,另有点心、水果、干果、雕花蜜饯、香药等共 120 碟,筵宴从早到晚,分 6 个回合才吃完。清光绪年间,孔丘七十六代孙孔令贻的母亲彭氏和妻子陶氏向慈禧贺寿进献两席酒菜,包括大菜美点 44 种,共用银 240 两,这顿饭菜足够 100 多户农民一年的伙食。据溥仪回忆,慈禧和隆裕太后每餐的菜肴有 100 种左右,要用 6 张饭桌陈放。

上面举的几个例子只能算是冰山一角,上行下效,整个贵族阶层形成了奢靡之风。"日食万千,犹曰无下箸处"的不唯西晋的何曾和明朝的张居正。他们的奢靡浪费了大量的食品,加重了庶民阶层生活的困窘。贵族阶层钟鸣鼎食,庶民阶层数米而炊甚至无米下锅。所

① 刘向《列女传》
② 司马迁《史记》

以对食品占有的不平等也是古代中国局部食品安全难以保障的重要原因。

现在，中国人口的几何级增长仍然对环境造成更大的压力，生态有进一步恶化的趋势。前车之鉴，不容忽视，要提高中华民族的人口素质，控制人口增长、保护生态环境的国策必须继续贯彻执行。

思考与练习

1. 中国古代为保障食品安全都采取了哪些措施？

2. 中国古代的重农政策和食品安全之间有何关系？

3. 造成中国古代食品安全难以保障的原因有哪些？对中国当代的食品安全保障有哪些启示？

12 酒文化

人类食品中,酒是一个非常重要且又特殊的品种。不仅在中国而且在世界各国,酒与人类都结下极其丰富深厚又十分繁杂的情缘,滋生出一种独特的文化,便是"酒文化"。

其实有些事物不必先一定要下定义,就像美学家千方百计要为美学下个定义,但无一确切,无一不被人指摘。我们于"酒文化"也不先框定其范围,确论其义域,而是展示其诸多方面,让人们去体味其内涵、其精神、其博大与精深。酒文化积淀在酿造中,馥郁在酒香中,外露在酒器中,聚焦于名酒中,酒文化又表现出多元化结缘,而酒文化如何在当代被开发利用,这些是下面要论述的内容。

12.1 酒的酿造与文化

中国的酒已有 8 000 年以上的悠久历史,它作为文化的载体,在政治、经济、军事、农业、商业、历史、文化、艺术等领域都留下了极其深刻的影响。

酒文化积淀在制酒的历史中,也积淀在饮用酒的历史中,同样积淀在由酒介入到各个领域中所出现的文化中。

12.1.1 酒的发明与传说

中国的酿酒,传说始于黄帝时代,在《黄帝内经·素问》中记载着黄帝与岐伯讨论酿酒的情况。

仪狄,是禹臣,也是传说中的造酒者。《战国策·魏策一》:"昔者,帝女令仪狄作酒而美。进之禹,禹饮而甘之,遂疏仪狄,绝旨酒。"不过《文选》曹植《七启》及张协《七命》注引《战国策》,均作"昔帝女仪狄作酒而美,进之于禹",那么又有"帝女仪狄"作酒之说。

另外还有杜康造酒之说。《说文》:"杜康作秫酒","古者少康初作箕帚、秫酒。少康,杜康也"。夏的第五代传至相,当寒浞攻杀相时,相妻后缗已怀孕,从墙洞中逃归母家有仍氏,生子少康。少康后来当了有仍氏的牧正,管畜牧。寒浞子浇又使人去抓少康,少康逃至有虞氏,当了有虞氏的庖正。舜的后人虞思把两个女儿嫁给少康,分给他一成之田,一旅之众,少康才站住了脚,开始恢复夏朝的统治。① 杜康酿酒上的贡献是发明了秫酒,这就是用粮食来造酒。而晋人江统《酒诰》中说远古时候,"有饭不尽,委以空桑,郁积成味,久蓄气芳。本出于此,不由奇方"。其实专家们认为,最早产生的大约是自然果酒。远古时期,一些能酿酒的水果熟透落地,在遇到适当的气候后,野果会发酵而成天然酒。1977 年江苏泗洪县双沟出

① 郭沫若主编. 中国史稿(第 1 册). 北京:人民出版社,1976. 140

土了古猿人化石，经中科院专家考证，被命名为“双沟醉猿”，并推断在一百多万年前这里是原始森林，古猿人因吞食了经自然发酵的野果液而醉倒未醒，成为了化石。此论断已被收入中国现代大百科全书。

人类学家认为，酒的发明可能是人类在采集活动中把剩下的果实保存起来，经过日晒、发酵而积水为酒；或是妇女在哺乳婴儿时发现的。酒的发明与妇女的生活实践有着密切的联系。① 这些材料与论断，都可以看到酒文化在最初阶段的第一层的积淀。

解读先民将发明酒的人说成是“帝女”，不正是透露出妇女在酿酒中的功劳，而杜康更成了酒文化的象征。是杜康将剩余的饭粥弃于桑树洞中，发酵后，杜康尝而甘美，遂得酿酒之秘，便以酒为业。因此既有说是夏后之杜康，即少康，又有说是周代人。周平王东迁洛邑，常为战事忧虑，不思饮食，杜康献上美酒，平王饮后赏其美，特封杜康为“酒仙”，从此杜康酒名闻天下。三国魏武帝曹操饮此酒，即兴赞扬：“何以解忧，唯有杜康。”唐杜甫也有诗句：“杜酒频劳动，张梨不外求。”河南汝阳杜康酒，是我国最古老的历史名酒，因杜康始造而得名。几千年来，杜康被尊为酿酒鼻祖，在各地建庙立祠祭奉杜康神。直到近代，贵州茅台、山西汾酒等名酒作坊还沿循此俗。这些又可见第一层酒文化积淀的影响是极其深远且重大的。

中国制酒在远古已发明用曲酿酒，1979 年在山东莒县陵阴河大汶口文化墓葬中发现距今五千年的成套酿酒器具，为揭开当时酿酒技术提供了极有价值的资料。20 世纪 70 年代和 80 年代在河北藁城台西商代遗址，发现了一处完整的商代中期的酿酒作坊。专家们推测为曲法酿酒，这后来也成了我国酿酒的主要方式之一。“曲糵”也成为酒文化中的重要一部分。

12.1.2 酒曲文化

曲是发霉的谷物所制成，糵是发芽的谷物，它们是我国最原始的糖化发酵剂，用以制酒。曲由原始的“散曲”发展到汉代和北魏的“块曲”，《齐民要术》又列有九种曲，麦曲占八种，另一种用谷子(粟)制作，分类则有神曲、白醪曲、笨曲及大州白堕曲方饼等。唐宋时期还发展了豆曲、药曲、红曲等，而按制曲方式分，有罨曲、风曲、曝曲。元代又在传统的麦曲中分化出一种大曲，明清又在小曲中加入种类繁多的中草药，成为这一时期的特点。这是中华酒曲文化的一个方面。

酒曲文化的另一个方面也颇有意趣。《说文》：“籟，酒母也。从米，籟省声。”此字也写作“麴”、“麯”，今简化为“曲”。《本草纲目·谷部·麴》：“麴以米麦包罨而成，故字从麦从米从包省文，会意也。酒非麴不生，故曰酒母。”这是对“曲”的构字的解读，同时用“酒母”诠释“曲”也是一种颇为巧妙的文化解释。先民还不懂得酒曲的科学原理，于是《春秋纬》曰：“麦阴也，黍阳也，先渍曲而投黍，是阳得阴而沸，故以曲酿黍为酒。”这是用阴阳学说来训解，虽然不能得其真谛，但也是一种古代的文化现象。另外，古人在制曲酿酒之前一般都有拜祭活动，比如首先择黄道吉日。又制曲人要选用儿童，表示纯净。摊放曲的地方要设置用面粉捏成的小人“曲人”。摊完酒曲于地上后，要上供酒脯，并读三遍《祝曲文》：“酒脯所荐，以相祈请。愿垂神力，勤鉴所愿；使出类绝踪，穴虫潜影；衣色锦布，或蔚或炳，杀热火熿，以烈以猛，芳越椒薰，味超和鼎……”即使到了清代，这种活动也是必不可少的。② 这就是制曲中的一

① 宋兆麟等. 中国原始社会史. 北京：文物出版社，1983. 363

② 朱宝镛等. 中国酒经. 上海：上海文化出版社，2000. 9

种特有的文化活动，反映了古人心理上对于不可知的神秘的酒曲作用的崇拜与祈祷。再者，对于酒曲也有文学意味的描写，《列子·杨朱》："聚酒千钟，积曲成封，望门百步，糟浆之气逆于人鼻。"数千年前的情景历历如绘。对于酒曲也有哲学层面的思考，如贾思勰提出"曲势"的理念，酒曲以"曲衣"为基础而作势，这种"曲势"是将谷转变为酒的推动力，曲势又有始亦有终，有强亦有弱，应当识其势、察其机、明其变，及时地调控。现代专家认为，这种"曲势"就相当于微生物和酶的活性。"酒曲"所具有的文化内涵也是酒文化中的重要部分。

12.1.3 酒的工艺文化

远古时期主要的酿酒方法是：用酒曲酿酒，用蘖酿制醴，或用曲蘖同时酿制。

从已有的考古资料看，远古酿酒的基本过程是：谷物蒸煮—发酵—过滤—贮酒。上古除曲法酿酒外，还有蘖法酿醴。《周礼·天官》记载有"五齐"，被现代酿酒专家解读为一个完整的酿酒发酵过程：

(1) 泛齐：酒刚熟，有酒滓浮于酒面，酒味淡薄。

(2) 醴齐：汁滓相混合的有甜味的浊酒。

(3) 盎齐：熟透的白色浊酒。

(4) 醍齐：赤黄色的浊酒。

(5) 沈齐：酒滓下沉后的清酒。

《周礼》除"五齐"之说，又有"三酒"之分：

(1) 事酒：有事时临时酿造，比如遇有祭祀或接待宾客等。其酿造时期较短，酿成后立即就用，无需经过陈酿。

(2) 昔酒：经过较长时期酿造，如冬酿春熟之酒。

(3) 清酒：酿造时间最长久而味道最醇美的高档酒。

另外，现代专家重视《礼祀·月令》中的酿酒"六必"，认为字数虽少，但概括得全面，成为酒酿造的六大原则，从现代知识来看仍具有指导意义。

(1) 秫稻必齐：原料必须精选，分量充足。

(2) 曲蘖必时：曲蘖的供应、制造必须适时。

(3) 湛炽必洁：浸曲、蘖、米以及蒸煮必须清洁。

(4) 水泉必香：水质必须清冽而无异味。

(5) 陶器必良：所用陶器必须不渗不漏。

(6) 火齐必得：火候必须控制得当。

从这些方面可以看到，先秦时期酿酒工艺文化的最初的积淀，而中国的文化学家每每去考证这些名词术语，训诂学家也反复辨证之。

汉马王堆帛书有《养生方》和《杂疗方》，让现代人看到我国迄今为止发现得最早的酿酒工艺记载。《养生方》共 6 例酿酒法，《杂疗方》有 1 例，专家解读出"醪利中"制法有 10 道工序，而且发现先秦时所谓"酎酒"的奥秘。原来古典文献上有"酎酒"、"三重醇酒"之说，训诂学家往往不能确证其意。现代专家发现：先秦采用了两种酒曲，酒曲先浸泡，取曲汁用于酿酒。发酵后期，在酒醪中分 3 次加入好酒，这就是"酎酒"。

此后曹操还向汉献帝推荐过"九酝春酒法"，由于他的推荐，后来成为我国黄酒酿造的最主要的方法，现代称为"喂饭法"。后来《齐民要术》中共载酿酒法四十多例，是一份珍贵的酿酒文化文献。唐宋时期，黄酒酿造技术进入辉煌的发展时期，出现了许多酿酒专著，著名的如苏轼的《酒经》、朱肱的《北山酒经》、田锡的《曲本草》、窦苹的《酒谱》等等。朱肱用阴阳学说、五行学说来解释酿酒的机理，并记录了较完善的酿造技术。宋代蒸馏烧酒还处于萌芽状态，从元代开始发展迅猛，其酒刺激性大，香气独特，普遍受欢迎，至明代已占领了北方大部分市场，到清代更成为商品酒的主流，而黄酒相对地处于萎缩时期。明清以来关于酿酒工艺的文献典籍很多，分布于医书、烹饪饮食书和一些笔记中，如《饮膳正要》、《轧赖机酒赋》、《居家必用事类全集》、《易牙遗意》、《墨娥小录》、《本草纲目》、《天工开物》、《调鼎集》等等。这些都积淀为古代的酒文化的重要部分。中国的现代酿酒业得到蓬勃发展，在生产技术上围绕提高出酒率、改善酒质、变高度酒为低度酒、提高生产水平、降低劳动强度等方面做了不断的改革，另外还在啤酒工业、葡萄酒工业等方面取得了巨大的成就，于是新的酒文化又厚重地积淀了下来。

12.2 酒香文化

酒本身有色，有气，有味，从文化角度来说可以分别长论之，这里我们集中谈酒香文化。其实酒最讲究的是香，传说中酒的发明就是因桑树洞中被遗弃的饭粥发酵后逸出的香气诱人，才引发人们的注意。酒之香，其实不仅在闻而香，也在尝而香，不过这一品尝之香，是香味了。酒之香，也不仅在闻其气味、尝其滋味，而且又成为酒之风格的审视点。

中国白酒中的名酒、优质酒就是以“香”作为类型风格的，专家们分成若干类型：①

(1) 清香型。清香型白酒，其风味特点为清香纯正，酒体纯净，沁心明快，刚烈神怡，以清、净、爽为完美。山西汾酒为其代表。对于这种酒型的香成分，专家也有规定，即主体香成分乙酸乙酯和乳酸乙酯在成品酒中的比例以 55∶45 为宜。

(2) 酱香型。酱香型白酒，其风味要求酱香突出，幽雅细腻，酒体醇厚，空杯留香持久。贵州茅台酒为其代表。酿酒工艺特点为高温大曲，高温堆积，采用条石筑的发酵窖，多轮次发酵，高温流酒。再按酱香、醇甜及窖底香 3 种典型体，分别长期贮存，勾兑成产品。

(3) 浓香型。浓香型白酒，其风味要求窖香浓郁，绵甜纯净，香味协调，回味悠长。四川泸州老窖特曲为其代表。酿酒的工艺特点是优质泥窖发酵，发酵周期长。

(4) 米香型。米香型白酒，其风味特点为蜜香清雅，入口绵柔，落口爽净，回味怡畅。广西三花酒为其代表。

(5) 凤香型。凤香型白酒，其风味醇香优雅，甘润挺爽，诸味谐调，尾净悠长。陕西西凤酒为其代表。

除以上 5 类外，酒业专家又将某些条件尚未成熟但具有独特风格的优质白酒统称为其他香型白酒，其中也有分类：

(1) 药香型。其风味特色是融植物药香和浓香为一体，酒体爽净。以贵州省的董酒为代表，药香型曲酒主要产于云南、贵州等省区。

(2) 兼香型。其风味特色是兼有浓香与酱香。以湖北白云边酒、黑龙江玉泉大曲等为代表。

---

① 朱宝镛等. 中国酒经·酒技篇. 上海：上海文化出版社，2000

(3) 豉香型。其风味特色是玉洁冰清，豉香独特，醇和甘滑，余味爽净。以广东省石湾酒厂的特醇米酒玉冰烧酒为代表。

(4) 特型大曲。其风味特色是酒色清亮，酒香芬芳，酒味纯正，酒体柔和，清、浓、酱香三型具备，但又不偏向任何一型。以江西省四特酒为代表。

(5) 芝麻香型。其风味特色是具有类似烘烤后的芝麻香而得名，酒味醇厚，酒体爽净。以山东省景芝白干和江苏省梅兰春为代表。

这是白酒的香文化，黄酒也有香文化。专家分析，黄酒中的香气成分有一百多种，正常的香气由酒香、曲香、焦香三方面组成。黄酒的香气随品种不同而有差别，但一般均应有柔和、愉快、优雅的香气感。黄酒的香气主要由酒曲带入，在发酵中还有生成，在贮存中也会增浓，另外原料也会给黄酒以香气。

此外，啤酒、葡萄酒、果酒在生产与饮用时无不讲究酒之香、酒香文化。以葡萄酒而言，还专门有一种加香葡萄酒，是在葡萄中添加少量可食用并起增香作用的物质，从而形成新的典型香，具有开胃和滋补作用，有果香型、花香型、芳香型等类型。

20 世纪 90 年代中国又出现了“露酒”之名称，按规定的呈香、呈味，原料分类就有植物香源型、动物香源型、动植物混合香型等等。其酒之香源，有来自花果香，有来自植物类，有来自动物类，有来自综合香源，有来自人工香精或香料。要求生产出来的酒香气谐调，口味舒顺，醇和适口，并要保留各种香源原料的有效成分。如竹叶青、五加皮就是植物香源型的代表，白凤乌鸡酒、三蛇酒是动物香源型的代表，至宝三鞭酒是动植物混合香型的代表。

尽管中国白酒的这种香型的分类是当代的酒事，是当代酒文化的一部分，但其实远古先民早已注重酒之香，其气之香，其味之香。

商周时有一种最珍贵的酒称为鬯、郁鬯，是用黑黍作为原料，在酿造过程中要加入郁金香草捣煮合成，其香馥郁浓烈。因其芳香条畅，故称为鬯，因其用郁金香草而又称为郁鬯。可见先民重视酒香之一斑。这种香酒主要用来祭祀，用以裸祭，天子也将其作为高档礼物赏赐给诸侯，另外帝王去世就用鬯酒为其沐浴尸体。这可悟其珍贵，而所珍贵的一个原因是用郁金香草，通过不一般的工艺酿造出来的。

《楚辞》中也反映出酒香文化。《大招》：“四酎并孰，不涩嗌只，清馨冻饮，不啜役只。”四重酎酒已经酿熟，其味纯正，不刺喉咙，酒味清香最宜冷饮，奴仆们是无资格品尝的。这里赞美“四酎”美酒之“清馨”，馨是香气远播的意思。

《楚辞・东皇太一》：“奠桂酒兮椒浆。”桂酒，是“切桂置酒中也”。这是增加酒的香，后代在酒中添入花果之香、植物之香，其源头可以一直追溯到先秦，如桂酒、郁鬯等，均是例证。酒香文化确实是源远流长。

我们再回到当代，看看中国酒的评酒会上专家们是如何来品评酒香的，这已是一种酒香文化的新内容。

评酒专家每人要将盛有酒的酒杯放在鼻下 3～5 厘米处闻香。

先是静态闻香分辨。酒杯静置，细辨香气是否符合该酒种质量标准，再分辨香气强、弱，有否香气沉闷及本酒种不应具有的浮香、异香及其他气味。

再是动态闻香分辨。摇动酒杯，对准酒杯深吸气，以分辨不易挥发的气味。

最终闻香核定，选出最佳酒样。将酒杯置于鼻下，用力急促吸气，或用手握杯增加温度，促使香气挥发，增强嗅觉刺激，判断静态、动态闻香结果。

专家们在酒香鉴别时还有许多要点：如酒杯与鼻孔要保持一定的距离；鼻孔对酒杯先呼气，再吸气，酒气经鼻孔缓慢充满鼻腔，充分接触，加深刺激感觉反应，切忌对酒呼气，避免造成酒气散发；各杯酒样，保持吸入酒气量均等；不可反复闻香，避免嗅觉疲劳。

评酒专家们还有特殊的闻香法，比如用滤纸裁成小长条，吸足酒样，闻香比较各酒样的差异，又将滤纸条放置片刻，任其自然挥发后继续闻香，确定香气变化及放香时间长短。又比如将酒样滴入手心，握拳，在拇指与食指的空隙间对准鼻孔，深呼吸，判定香气特点。还可以将酒滴在手背上，任其挥发，闻其香气，确定香气挥发持续时间及香气特点。还可以每杯酒样闻香结束，将酒样倒出，摇动空杯，促使残留酒气挥发干净，闻空杯留香，确定香气纯正与真伪。

当然还有一项是非常重要的，即最后专家们要按各酒呈香的特点，写出描述各杯酒样的香气评语，用语要简练明了，表达要清楚，明确所具有的香型特点和不应有的异香状况。

其实香气与香味又是联系在一起的，品味中要分辨各味的存在，验证闻香的结果，分辨余味香气之长短。① 当然，口感之辨还有酒的柔和、醇厚、寡淡、纯正、洁净、爽口、暴烈、回味等等。

“酒香扑鼻”，“空杯留香”，以致大禹尝过仪狄酿造的旨酒，因其香醇甘美至极，而告诫不要酿造这种酒了。这些都说明酒香留给人们的印象太深了，而数千年来人们又不断地酿造出香美的酒，创造出丰富的酒香文化，并一轮又一轮地积淀在中国的酒文化中。

12.3 酒器文化

中国的酒史悠久，酒器文化也是异常丰富，这方面的内容也是酒文化殿堂中极具魅力的长廊。

12.3.1 原始时期陶制酒器文化

考古发现，属最早历史时段的酒器著名的有几起：① 1979 年在山东莒县陵阳河大汶口文化遗址出土一组成套的酿酒用具，有沥酒漏缸、接酒盆、盛酒瓮、盛发酵品的大口尊；② 1983年在陕西眉县杨家村出土一组新石器时代的酒器，距今约六千年；③ 1998 年在浙江余姚县鲻山遗址出土河姆渡文化时期的陶盉，属六千年前之酒器；④ 1999 年在江苏新沂市小徐庄出土一组陶杯和一个沥酒器，属大汶口早期之酒器。这些考古资料说明酒器的出现可以追溯至五六千年前，而当时是用陶来制造的，而且在每种考古文化中各呈现其不同的特点。

先民于酒器的制造中洋溢着他们无穷无尽的智慧与热情。他们用红陶、灰陶、黑陶、白陶制造出酒器，又根据实用且富有审美的要求制造出各种形状的酒器，如船形陶彩陶壶（北首岭遗址出土）、猪形陶鬶（大汶口遗址出土）、人首灰陶瓶（嘉兴大坟遗址出土）、人头口彩陶瓶（大地湾遗址出土）、鸮形陶壶（内蒙古大南沟出土）、白陶鸡型鬶（潍坊姚官庄遗址出土）等等。他们又常在陶制酒器上进行彩绘或美化，画上花纹、鱼兽等等。先民发明了陶鬶，又发明了陶盉，造型美观，设计合理，而盉又有盖，从而比鬶更加卫生清洁。

---

① 朱宝镛等. 中国酒经·中国酒类评比. 上海：上海文化出版社，2000

这一历史时段的一些精品酒器往往令人叹为观止，且如何制造出来的还不能破解，被考古学家称为"蛋壳高柄杯"的即是如此。这是山东龙山文化罕见的精品，用黑陶制成，由杯身、高柄、底座三部分组成，由一根细管上下连接起来。陶质极细，光泽极亮，器壁极薄，造型极美。当时的东夷人是如何制作出来的至今还是一个谜。有些专家指出，蛋壳高柄杯已是一种专门的酒礼器。龙山时代的人已不再是纯粹地为娱乐而饮酒，而是已经创造出了一套酒礼，饮酒已变成与政治有关的重要活动之一。[①] 酒器已成为不仅是实用的，而且是礼文化的符号了。

12.3.2 商周与春秋战国时期青铜酒器文化

辉煌的青铜文化也造就了这一时期青铜酒器文化的辉煌。现择要述之：

爵：爵为最早出现的青铜礼器，饮酒器。

角：饮酒器。

觚：饮酒器。

觯：饮酒之杯。

饮壶：饮酒之杯，其器名因有自铭而成为一类。

杯：饮酒器。

斝：盛酒行祼礼之器，兼可温酒。

尊：高体的大型或中型的容酒器。

壶：此指盛酒之壶，另有盛水之壶。

卣：盛酒器。

方彝：盛酒器。

觥：盛酒器，真正器名尚不可知。

罍：盛酒器。

𬬻：盛酒器。

瓮、甗：常称为瓿，容酒器。

盉：用来调和酒味浓淡。

𬮿：盛酒器，另有盛水的盥缶。

𬭚：盛酒器。

瓮：盛酒器。

铏：饮酒器。

枓：挹酒器。

勺：取酒浆之器。

禁：承酒樽的器座。[②]

其中每一种又有许多不同的形式，或同时期的、或不同时期的多种形式。如尊的形体就可分为有肩大口尊、觚形尊、鸟兽尊 3 类，而鸟兽类尊又可分为象、犀、牛、羊、虎、豕、驹、怪兽、鸷、凫等尊形。

---

① 杜金鹏等. 中国古代酒具. 上海：上海文化出版社，1995. 24

② 马承源. 中国青铜器. 上海：上海古籍出版社，1988

从以上可以感知到青铜酒器的琳琅满目，亦可感悟到先民的聪明才智与审美情趣。

这些酒器按照一定的理念进行组合使用，充分体现出尊卑贵贱的不同身份与等级，在酒器中体现出礼制，这是酒器文化的一个重要内容。另外，青铜酒器的精美制造工艺，或典雅，或雄健，或洒脱，或凝重的造型与纹饰，往往令中外人士赞不绝口，这种酒器文化给后人提供了取之不尽的艺术灵感。青铜酒器上的铭文是史学研究的珍贵材料，而其铭文的书写是中国书法艺术的瑰宝。北京故宫博物院藏有春秋时代的莲鹤方壶，造型极其精妙。其上莲花盛开，仙鹤亭亭玉立于花心，昂首振翅，似鸣似舞；壶腹四隅各有神兽；圈足下压两只怪虎。郭沫若曾赞美：此鹤"突破上古时代之鸿蒙，正踌躇满志，睥视一切"，莲鹤方壶"乃时代之象征"。莲壶乃一酒器也，竟能体现出一个时代的精神，这也可以看出决不可小觑酒器文化的价值。

12.3.3　秦汉漆制酒器文化

青铜酒器由于受到铁制与漆制酒器的直接冲击而终于没落，在秦汉，漆制酒器兴旺而至鼎盛。

汉代常见漆制酒器有樽、锺、壶、钫、卮、勺、耳杯等。樽，是由承铜器尊而来，漆樽之画精美。锺，也作橦，《说文》："锺，酒器也。"铜制的为锺，漆木制的称橦。长沙马王堆一号汉墓中的随葬品就出土 2 件漆画橦，河北满城汉墓出土的铜锺形制与之同。汉代橦的形制与当时壶的样式全相同，因此为什么要用不同的名称，学者们还在研究。

枋，也作钫，《说文》："钫，方锺也。"枋是方形的。马王堆一号汉墓 172 号竹简上记载"枋二，有盖，盛白酒"。173 号竹简上写有"枋一，有盖，盛米酒"。174 号简上"枋一，有盖，盛米酒"。结果真的发现漆画枋 4 件，至于所谓白酒，可能指久储澄清的陈酒，米酒可能是醴酒。

卮，是汉代常见的饮酒器，直筒状，有把手。过去把出土文物中卮误称为奁，后郑振铎正名为卮。1977 年安徽阜阳西汉汝阴侯墓中出土的漆卮上发现了"卮"字，可确证郑振铎考证正确。长沙马王堆一号汉墓出土 7 件漆卮，最为精美珍贵者当属"漆布小卮"所谓"漆布"指在麻布胎上刷漆制器。

耳杯，饮酒器。长沙马王堆一号汉墓共出土漆耳杯 90 件，均为椭圆形，侈口，浅腹，月牙状双耳上翘，平底。其中有 40 件题写了"君幸酒"，有 50 件题写了"君幸食"。

勺，即斗。《说文》："斗，勺也。"在马王堆一号汉墓中出土龙纹漆斗一件。此为竹木胎体。斗内髹红漆，外壁与底部则在黑漆地上绘朱色几何纹和柿蒂纹。斗柄上分 3 段装饰，柄端一段浮雕怪龙，十分精美。斗是挹酒之器。

以上是汉代常用的酒器，其文化特点为：一是汉代酒器由先秦那种凝重的礼文化氛围中走出来，更趋向于日用、自由、活泼；二是酒器文化中的审美也发生变化，从质地、器型、色彩、纹饰都有了新的时代的审美视野与审美标准；三是这些漆制酒器的造型、造材、制作、髹漆、彩绘，使赋有了新内涵的汉代酒器文化又厚重地积淀到了中华酒器文化中去。当然，秦汉酒器还有铜制的、玉制的、玻璃制的、陶制的，但其主流是漆制酒器。

12.3.4　三国两晋南北朝的青瓷酒器文化

汉以后漆制酒器渐渐衰落，三国两晋南北朝时期是我国青瓷的发展期，于是青瓷酒器走上历史舞台。

两晋时有最为常见的青瓷鸡首壶，又有用鹰、鼠等动物来装饰的青瓷壶，如出土有鹰饰青瓷盘口壶、鼠耳青瓷扁壶等。这种酒器质地不同于青铜、漆木，但胎质致密坚硬、釉层青亮，而其式样既吸收了商周铜器中鸟兽尊的特点，又融入了日常常见的禽兽姿态，便生发出一种新的时代美感与意趣。其他如青瓷尊、青瓷罐、青瓷耳杯等亦然如此，既继承前代的酒器文化又不同于前代的酒器文化。再如东汉有耳杯与托盘一起使用的，而东晋以来出现了盏托，从耳杯与托盘而来，但最后淘汰了它们，替代了它们，南北朝时盏托普遍生产使用。

从这一历史时期可以清楚地看到，青瓷酒器不仅以其比汉代漆制酒器更简的工艺、更省的成本、更广的普及取代了漆制酒器，而且以这一时代的新的酒器文化丰富了中国的整个酒器文化。

12.3.5 隋唐五代的酒器文化

唐代是我国酒器文化发展的一个重要阶段。国力的鼎盛，文化的繁荣，生活的富足，使品茶饮酒成了生活的必需，也是文化的必需。

唐代酒器中出现了许多金银制作的酒杯、酒壶等。1970 年在西安市南郊何家村出土了1 200多年前唐邠王李守礼埋于地下的两口大陶瓮，出土文物1 000多件，其中金银器 270 多件，属于酒器的有金杯、金碗、金铛、银杯、银碗、银铛、银盘、银壶、银羽觞等。金酒器中有一件掐丝团花金杯，工艺精美绝伦，被专家认为是景泰蓝的前身。此外还有 2 件人物八棱金杯，亦为珍稀可贵之物。另有形体硕大、花纹精美者，如鸳鸯莲瓣纹金碗，同时出土有“舞马衔杯”银壶，而舞马口中所衔酒杯与此金碗形状相同，故专家认为，此金碗为饮酒之器。另外如西安出土过唐摩羯纹金酒盏，咸阳出土过唐鸳鸯莲花纹金执壶，江苏丹阳丁卯桥出土过唐银酒瓮，内蒙古敖汉旗李家营小村出土过胡人头银执壶等等，从中可以看到唐代金银酒器的一些侧影。

隋代瓷器已出现了“乳白釉”、“茶沫釉”，唐时瓷制酒器也是精彩纷呈。如扬州曾出土唐时黄釉绿彩龙首壶，或说是彩瓷，或说是唐三彩，但其精美珍贵却是共同认定的。连云港出土过牡丹三彩扁壶、扬州出土过绿釉执壶、浙江宁波出土过绿彩鹿纹瓷壶……瓷制酒器文化有了极大的发展。

唐代还有许多用极其珍贵的材料制成的酒器，1970 年西安何家村出土了唐代玛瑙角形杯，采用淡青、鹅黄双色润纹的深红色玛瑙制成。杯形呈兽角形，雕有牛首状，牛嘴镶金，甚至连牛的髭翳也精雕细刻，堪称艺术杰作、酒器珍品。唐代用玉来制酒器也是美不胜收，如西安何家村出土的 8 瓣莲花白玉盏，真可谓白玉之精，洁白晶莹。在唐代用玉雕制成酒杯十分盛行，出土文物中也多见之。

五代时期青瓷酒器在制胎、胎面设计、造型方面也有时代特点。如 1979 年 3 月苏州七子山五代墓葬出土了青釉金扣边碗，通体呈橄榄青色釉，晶莹如碧玉，是国内少见的越窑珍品。

隋唐五代这一历史时段酒器文化有许多新的内涵，这里特提两点：一是酒器文化同样反映出历史的进程，如随瓷器业的发展而进步，随中外文化的交流而融合，随生活方式的改变而改变等等。特别是唐代的富强繁荣在酒器中得到了充分的反映，其时代的辉煌也在酒器文化中射出耀人的光芒。二是唐诗是中国文化的精华，而唐代酒器在唐诗中也得到了充分的展现，是诗与酒器、酒器文化最为灿烂的结缘篇章。李白有“莫使金樽空对月”、“玉椀盛来琥珀花”等诗句，王翰有“葡萄美酒夜光杯”句，韩愈有“我有双饮盏，其银得朱提”句，白居易有“就花枝，移酒海，今朝不醉明朝悔”句，等等。其中“金樽”、“玉椀”、“夜光杯”、“双饮盏”、“酒海”，这些唐代酒器永远被定格在唐诗中了，这些酒器及其酒器文化给后人以无穷的美感。

12.3.6 宋元明清时期酒器文化

酒业的发展使酒器又出现了新的局面。宋代河南宝丰之汝窑、朝廷之官窑、浙江龙泉之哥窑、河南禹县之钧窑、河北曲阳之定窑，制造出各具特色的精美瓷制酒器。宋瓷制酒器品种繁多，如瓶类，就有梅瓶、鹅颈瓶、贯耳瓶、葫芦瓶等；壶类，有瓜棱壶、兽流壶、提梁壶、葫芦壶等；酒注，本为唐人始创，至宋代各式酒注起码在15种以上。另外就金银酒器而言，宋较唐有了较大变化，追求雅致、工巧、新颖。

辽代瓷制的鸡冠壶为其代表性的酒器，金代磁州窑生产的酒器承宋代而来，元代瓷酒器釉彩明亮且有描金，还有了“青花”瓷器，工艺水平相当高。宋代以及后来，蒸馏酒已普遍饮用，一般不需要加温饮用，酒器发生了变化，像酒注和注碗后来逐渐被淘汰，酒器日趋简单。

明清时期交通和商业的发达使酒业得到进一步发展，酒器也发展得更为迅速。

明代常用酒器虽还是尊、壶、瓶、锺、杯、盏等，但每一类有几十个甚至上百个品种。当时景德镇官窑，历朝都有发展，如永乐窑的鲜花釉、甜白釉和青花瓷，宣德窑的青花瓷，成化窑的“糊米底”、斗彩，弘治窑的黄釉釉彩，正德窑的孔雀绿釉，嘉靖窑以花捧字的装饰，隆庆窑的提梁壶，万历窑的五彩器等等，展示了一个五光十色、精品林立的瓷制酒器世界。明代金银酒器也很发达，象牙杯和景泰蓝酒器也在上层流行。

清代官窑康熙的青花、单色釉及彩器都有很高成就，雍正窑珐琅彩器达到顶峰，乾隆窑的古铜釉尤为出名。另外，清代景泰蓝酒器、金银酒器都有了新的发展。如现藏于故宫博物院的“金瓯永固”金杯，是清皇帝每年正月初一举行元旦开笔仪式时专用的酒杯。杯为斗形，两侧以夔龙为杯耳，龙头各有珍珠一颗，3个卷鼻象头为杯足，用象牙围抱足两边，杯身饰有宝相花，花中嵌珍珠、宝石为花心，杯上刻有“金瓯永固”等字，此杯为极其珍美珍贵之国宝，是清代酒器文化的杰出代表。

12.3.7 现当代酒器文化

这是人们熟悉的酒器文化。从酒器质料来看主要是陶瓷类、玻璃类、金属类、塑料类，另外还有木质类、皮质类、玉石类等。随着不断的开放交融，中式酒器与西式酒器并存，传统酒器与新潮酒器互见。现当代人更重兼收并蓄，并又不断创新，仅盛酒器的器型、包装就令人目不暇接，如“易拉罐”一经流入就风靡中国，而中国设计精美的酒罐、酒坛也为外国人喜爱。

如今人们更注重酒器文化，比如郁金香的白兰地杯，杯肚大而杯口小，能让饮用者充分闻到白兰地的香醇气味。阔品古典威士忌杯，杯体坚实厚重，适宜加入冰块，手持杯子亦显得稳重典雅。有柄的啤酒杯更能让饮用者便于持杯，手指的热度又不会影响啤酒的温度。因此饮酒要选合适的酒杯，饮葡萄酒则用葡萄酒杯，香槟酒和起泡葡萄酒用香槟杯，白兰地或干邑用白兰地杯，威士忌加冰用古典杯，饮威士忌、中国白酒用烈性酒杯或利口酒杯，啤酒可采用容量较大的各式啤酒杯。另外，所有玻璃杯具应选用无色透明、质地良好、规格容量适宜的杯子，这样才能使品饮者饮得高兴。① 虽是简单的酒杯选择，实质上却含有饮酒的科学、饮酒的审美、饮酒的风度，一句话即有关酒器文化，有关酒文化。

我们匆匆地走过酒器文化的长廊后，会领悟到不同的时空中有不同的酒器及酒器文化，即使是同一酒器在不同的历史时空也有不一样的文化。酒器文化随社会、经济、文化、科技的发展而发展制酒业的发展则是直接动力。酒器文化内涵极广，反映酒的文化、历史与社会的诸多方面，如工艺、民俗、美术、文学、心理、中外交流等等，酒器虽非人们生活中的重器，但却能折射出许多重大的内涵。酒器文化是酒文化中一个很重要的构成部分。

12.4 名酒的酒文化

中国酒的酿造历史极其绵长，而其酿造之地既多得不可胜数，又分布极其广阔，真可谓各得其地的水、土、气候、原料之所宜，各有创造，百花齐放。历来名酒层出不穷，且各具特色。

成都平原上名酒、优质酒就满目琳琅：宜宾五粮液、绵竹剑南春、泸州老窖特曲、渠县陈酿红桔酒、邛崃文君酒、万县太白酒、古蔺郎酒、大足龙岗酒、灌县青城山茅梨酒、郫县郫筒酒、荣县旭水大曲、射洪沱牌大曲、犍为泡子酒、资阳伍市干酒、重庆山城啤酒等等。

就某一地区来看，如宝鸡地区有著名的西凤酒、太白酒、秦川大曲等，虽都同属白酒中的凤香型酒，但又有各自不同的风韵。

中国不仅名酒多，而且名酒还多涵丰富的文化。襄樊就有美酒：宜城贡酒、枣阳山葡萄酒、随州编钟乐特曲、南漳珍珠液、清河凤泉液、保康翁泉特曲、谷城石花大曲、承恩大曲、襄樊特曲等。而这些酒与历史文化有着种种关系：宜城贡酒可以追溯到春秋战国时期的历史文化；石花大曲则与屈原、项羽、李自成、张献忠、李宗仁这些历史人物都有过关系；随州出土了震惊中外的编钟，当地就以此编钟为图案设计成精美的包装，“编钟乐特曲”也因此获得了1987年全国包装评比银质奖。

名酒为一美，名酒所涵悠久丰富的文化为另一美，两美兼有的名酒更加引人入胜。这里不妨再略作解读。

12.4.1 太白酒文化

陕西太白酒的文化源头可以一直追溯到3 000多年前，其文化积淀真可谓厚重美富了。

太白酒产地位于秦岭主峰太白山下的眉县，这里是周秦文化和中华酒文化的重要发源地。史传这里是神农氏教民稼穑的地方，炎帝又在此开拓了中华民族最早的农耕文化。1983年在神农炎帝部落活动的重要地域，宝鸡市眉县马家镇杨家村考古发掘出土了一组新石器时代的陶器，有小杯、高脚杯、陶葫芦。考古学家确认，这些是酒具无疑，属仰韶文化类型。器物为泥质红陶，烧成温度均在900℃，距今有5 800～6 000年历史，是我国目前出土的最古老的酒器。有趣的是，考古发掘之地正是现在陕西太白酒厂所在地，这种相隔五六千年的历史与现实的链接可以使人们产生很多的联想。

据传《黄帝内经·素问·汤液醪醴论篇》中记载了一段黄帝与岐伯讨论酿酒（醪醴）的对

① 徐少华. 中国酒与传统文化. 北京：中国轻工业出版社，2003. 66

话。黄帝问:“为五谷汤液及醪醴奈何?”岐伯回答:“必以稻米炊之稻薪。稻米则完,稻薪则坚。”此问答中已透露出这样的信息:当时先民已掌握了用稻米为原料,经蒸煮酿成带甜味的“醪醴”的技术了。岐伯是岐山脚下人,距眉县仅几十公里,由此也可推知当时这一带已在实践这种酿造方法了。

西周时期,这里制酒业非常兴旺,《诗经》中有“申伯信达,王饯于郿”之述,即周成王在郿(眉)县用酒为远行的申伯信饯行。到了汉代,眉县的酿酒技术已开始对外传播交流。据传东汉末眉县人孟佗因给宦官张记赠送一斛葡萄酒而得到凉州刺史之官位,上任后又将酿酒技术带到了那里,促进了凉州酿酒的发展。

盛唐时期“太白酒”也空前兴旺昌盛,并出现了蒸馏白酒。“太白酒”逐渐从酒精含量较低的发酵醪酒向酒精含量较高的蒸馏白酒转变,并自成一体,别具一格。唐太宗到眉县太白山下汤凤泉避暑时,畅饮了“太白酒”,并赋诗称之为“琼液”。“太白酒”又与李白结缘甚深,传为美谈。据说李白从西蜀去长安求取功名,翻越秦岭太白山,夜宿眉县金渠镇,畅饮“太白酒”,赞不绝口,写下《蜀道难》。抵长安后,贺知章慧眼识才,从此有“谪仙太白”之美誉,“太白酒”也因此美誉日隆。此后宋之张载、苏轼等都留下许多赞美“太白酒”的佳话。“太白酒”的这种文化积淀随着历史的进程一层又一层地累积着。

“太白酒”采用太白山上雪融之水作酿浆,选用优质高粱为原料,将大麦、豌豆进行中高温制曲,秉承百年老窖发酵,把传统工艺与现代生物技术有机地结合起来,以秦地独有的酒海长期陈酿,精心勾兑而成,是历史的产物和智慧的结晶。“太白酒”荣获了中国历史文化名酒、世界历史文化名酒等80多项殊荣,[①]可谓名实相符。

“太白酒”的文化令人感动,从上古源头看已有三千多年历史文化,从原始源头看,则已有五六千年之悠悠岁月,酒中看文化,酒中有乾坤,“太白酒”就是一个很好的文化看点。然而更可贵的是,太白酒厂能利用这些酒文化与时俱进,开创新的历史,谱写新的篇章,铸就新的辉煌,从而积淀了新的一层酒文化。

12.4.2 西凤酒文化

陕西西凤酒出产于八百里秦川的西部——渭北平原上,其历史文化积淀深厚,是中国名酒之一。

北周庾信《秦穆公饮盗骏马赞》:“骏马遇盗,秦王不嗔。先饮美酒,翻畏伤人。领兵向国,穷寇侵秦。于是大盗,还作功臣。”这里赞美了西凤美酒。苏轼在凤翔任签书判官时有《壬寅重九·不预会》:“花开酒美曷不醉,未看南山冷翠微。忆弟泪如云不散,望乡心与雁南飞。明年纵健人应老,昨日追欢意正违。不向秋风强吹帽,秦人不笑楚人讥。”苏轼独游普门寺僧阁饮此美酒,又怀念子由。

西凤酒发展到今天,面对生活方式的不断变化和洋酒的挑战,积极地开展酒文化的研究,及时准确地把握酒的文化价值演变趋势,不断增强西凤酒的文化适应性。他们将西凤酒向着优质、低度、多品种、系列化的方向发展,形成三大系列、几十个品种,从香型、包装、档次、瓶形、瓶料、容量方面都实现了系列化,具有更加多姿多彩的风味美与文化意蕴。

有许多赞酒联是这样赞美西凤酒的:“西凤文苑盛,凤鸣酒香浓”、“西凤酒添豪士兴,东

---

① 张吉焕《太白酒文化探源》一文,载于徐少华《中国酒与传统文化》.北京:中国轻工业出版社,2003

湖柳带美人风"、"柳林千家醉，西凤万里香"、"秦王扫六合雍酒助军威，唐皇拓疆土柳酿醉西域"等等。确实，西凤酒作为"凤香型"之宗，饮誉海内外，曾荣获第十五届巴黎国际展览会金奖、首届巴黎国际名优酒展评会特别金奖等。

12.4.3 茅台酒的辉煌

司马迁《史记》中记载，早在二千多年前，今茅台酒产地仁怀一带就盛产"枸酱酒"。汉使唐蒙出使南越，曾专程绕道至此地取酒，回到长安后献给武帝，武帝饮而"甘美之"，此成为茅台酒走出深山的开始。唐宋以后，更逐渐成为历代王朝贡酒，还通过南丝绸之路传播到海外。清代茅台镇已出现了早期的股份制企业，合股酿造茅台酒。

1915年，北洋政府以"茅台公司"名义，将土瓦罐包装的茅台酒参与巴拿马万国博览会展览，由于当时中国国际地位低下，茅台酒遭冷遇。最后有一名中国官员将瓦罐打破于地，顿时酒香扑鼻，惊倒四座，茅台酒获得了金奖。

新中国成立以后，茅台酒作为国酒在屡次全国评酒会上荣登名酒榜首，在我国政治、外交生活中发挥了举足轻重、独一无二的作用。1954年，日内瓦会议上，中国人以美酒和艺术为媒开展全方位外交，赢得了与会各国的理解和支持，凯旋而归。周恩来总理由衷感慨，助此行成功的有"两台"，一是茅台，二是舞台艺术片《梁山伯与祝英台》。另外建国以来，从中美建交到中日建交，从尼克松、田中角荣到金日成、撒切尔夫人，一位位外国领导人与茅台酒结下了不解之缘，"茅台酒融化了历史的坚冰"，早已载入世界外交史册。① 茅台酒的辉煌基于酒本身的美质美味，进而演绎至酒文化的辉煌。茅台酒走进了外交、政治中去，将其美衍播出去，这是酒的魅力，亦是文化的魅力，是酒文化的一种骄傲！

12.4.4 泸州老窖

泸州是中国著名的酒城，名酒"泸州老窖"即诞生于此。

泸州酿酒的历史可以追溯至秦汉。西汉司马相如曾作《清醪》："吴天远处兮，彩云飘拂。蜀南有醑兮，香溢四宇。当垆而炖兮，润我肺腑。促我悠思兮，落笔成赋。""蜀南有醑"，即是指四川的泸州美酒。

泸州酿酒业在唐宋更兴旺，至明清更昌盛。苏东坡《浣溪沙·夜饮》："佳酿飘香自蜀南，且邀明月醉花间，三杯未尽兴犹酣。夜露清凉搀月去，青山微薄桂枝寒，凝眸迷恋玉壶间。"这是苏轼对于泸州美酒的迷恋。一直到今天还留有一大批老窖池群，使用历史在百年以上的就有300多个，其中最古老的4个，建造于明朝万历年间，连续使用至今已有400多年的历史，经国家派出的专家小组进行反复考察与论证，确认为我国酒史发展中保留下来的唯一建造时间最早、保存最完整、持续生产使用时间最长的酒窖，已成为珍贵的民族文化遗产。1996年经国务院审查批准，确定为全国重点保护文物。

"泸州老窖"，其水独厚，工艺精湛，酒香醇美，早在1915年即获得了巴拿马万国博览会金奖。新中国成立至今，国家主办的"中国名酒"评比中，"泸州老窖"均榜上有名。然而更可赞美的是，当代"泸州老窖"人以文化营销为新理念，深挖"泸州老窖"文化底蕴，扩充其品牌内涵，提升其品牌核心价值，张扬其品牌魅力，写出"泸州老窖"的"新文章"、"大文章"。

---

① 袁仁国《迎接文化酒的春天》一文，载于徐少华《中国酒与传统文化》. 北京：中国轻工业出版社，2003

12.4.5 汾酒文化

山西汾阳杏花村被视为中国酒文化史上的一处酿酒圣地，“杏花村”成了中国酒及酒文化的代名词。

杏花村酿酒历史久远，在当地的龙山文化堆积层中发现了壶、尊、罐、瓮等饮酒器，从而其酿酒史可以上推到4 000多年前的原始社会末期。此后历史文化积淀极其深厚，如北周庾信在《春日离合》中写道：“田家足闲暇，士友暂流连。三春竹叶青，一曲鹍鸡弦。”这是对竹叶青酒的优雅赞美。最为著名的是唐代杜牧的《清明》：“清明时节雨纷纷，路上行人欲断魂。借问酒家何处有？牧童遥指杏花村。”这首广为传布的唐诗将“杏花村”深入到古代及当今人们的心中，其魅力之无穷已被数千年的历史证明，还将被未来的历史重新证明，而“杏花村酒”也同时沁人心脾地留在民众心里，镌刻在中国酒文化的丰碑上。

汾酒是清香型酒的典型代表，沁心明快，刚烈神怡，以清、净、爽为完美。就拿庾信称赞过的竹叶青酒来说，今日之酒液金黄微翠，芳香浓郁，味道醇厚。当代人还可以兑加汽水、冰块和冷开水饮用，风味不变，还是调制鸡尾酒的绝佳用酒。汾酒酒美，其文化亦美，声誉很高。1915年，汾酒荣获巴拿马万国博览会甲等大奖，曾几次获大型博览会金奖，新中国成立后又囊括全部5次国家名酒称号。像这种拥有至少1 500年绵延不断的酿酒史的酿酒基地，且有如此丰富的文化积淀，在中国历史上可以说是绝无仅有的。①

12.4.6 宜城醴醪

湖北襄樊宜城酿造的美酒称为“宜城醴醪”，其文化内涵丰富。

远在二千多年前的春秋时期，楚昭王为避开吴国的进攻，由江陵迁都至宜城（今襄樊市），王宫每日皆饮“宜城醴醪”。又据说，战国末期楚国大将王旗以此向楚平王进贡，“贡酒”由此得名，后来有了“宜城贡酒”之称，王旗所率部队驻地被后人称为“王旗营”。

三国曹植在《酒赋》中赞美：“宜城醴醪，苍梧缥清。”晋傅玄《七谟》：“甘醪贡于宜城。”张华《轻薄篇》：“苍梧竹叶青，宜城九酝醝。”清代乾隆时，宜城王旗营覃凡所酿之酒香飘十里，所以又名“十里香酒”。后来清末一考生至襄阳应试，将此酒请主考官品味，主考官连称好酒，又因此敬献于朝廷，被赞美且改称为“状元红”，年年由宜城进贡。

宜城贡酒除工艺精细外，还比一般酒曲多用六七种野生植物原料。贡酒用的水是王旗营地下水，具有醇清质软的特点；贡酒的原料为优质高粱。宜城贡酒由于水质、土壤、气候的特殊性，酿造出来的贡酒具有独特的美感。1975年考古专家在楚皇城出土的文物中发现了古代蒜头型酒瓶，经鉴定是宜城贡酒瓶，这样王旗营酒厂就仿制了这种古朴的蒜头型陶瓷酒瓶，恢复了贡酒的历史面貌，并注册为楚瓶牌王旗营贡酒。如今宜城贡酒在国内外市场上均享有很高的声誉，在国外远销美、日、新加坡、马来西亚等国家和地区，让更多的人品尝到美酒，又品味到中国的酒文化。

12.4.7 古井贡酒

古井贡酒为中国名酒之一，明代万历年间，该酒被作为名产进贡皇帝，从此之后一直被

① 见郭双威《杏花村里酒如泉》一文，载于徐少华《中国酒与传统文化》. 北京：中国轻工业出版社，2003

明、清钦定为贡酒。

古井贡酒的文化意蕴十分美富，它产于安徽亳州城郊的减店集(旧称减集店)，该地是曹操的故乡。《魏武集》载，曹操曾向汉献帝上表献《九酝酒法》，说道："臣县故令南阳郭芝，有九酝春酒，今谨上献。"可见这酒是渊源有自，被称为"贡酒"有其深厚的文化积淀。

至今在亳州一带还流传着曹操醉酒吟诗的传说。赤壁大战前，曹操同诸将领举行酒宴，即用此酒欢饮。曹操踌躇满志地赋诗："对酒当歌，人生几何？譬如朝露，去日苦多。"不过当时此酒还称为"减酒"，因为是减集店所产。名人与此酒结缘甚深，又如北宋欧阳修曾任亳州知州，对减店美酒十分钟情，有诗句"自醪酒嫩迎秋熟"，又为美酒增色。自明、清定为贡酒后，"古井贡酒"一直名扬天下。

古井贡酒又与古井有关，而这古井也有文化层积。公元532年，南梁与北魏交战于谯城(即今亳县)，此属北魏领土，亦为兵家必争的军事要地。梁武帝萧衍派遣大将元树攻城，北魏战将独孤出城勇战梁军，终被战败。元树欲活捉独孤，而独孤最后将方天画戟投入井中后自刎殉国。后人为纪念勇将独孤，在他投戟的井旁盖了一座"独孤将军庙"，并在庙旁又掘了二十多口井。不过，这么多的井水中，只有独孤投戟的这口井的水最清澈甜润。人们用这口井的水酿造成的酒，酒香浓郁，甘美醇和，古井贡酒是与古井密切相关的。

历史在演进，古井贡酒继续产生着它的文化层积。1959年在公兴槽坊旧址上建古井酒厂，该厂继承源远流长的"九酝"技术，采用传统的"老五甑"操作法，又吸收现代酿酒技术，酿制出浓香型的"古井贡酒"。在1963年全国第二届评酒会上被评定为国家名酒，荣获金质奖章，有评古井贡酒是："风格独具，色清如水晶，香醇如幽兰，入口甘美醇厚，回味悠长不息。"①现在古井贡酒的生产更是与时俱进，又研制了"低度古井贡酒"、"古井特曲"、"古井大曲"、"古井玉液"等名优特酒，畅销全国并远销海外。

12.4.8 绍兴佳酿

江南绍兴是个历史文化名城，其酒文化源远流长。

早在战国时期，越王勾践之都城即在会稽(今绍兴)。勾践被吴国击败后，为麻痹对方，曾以当地所产酒进贡给吴王，并分赠吴国军队，传说吴军饮后丢弃的酒瓶竟然堆集成山，而如今嘉兴尚有所谓"瓶山"遗址。后来勾践重整国力，便欲伐吴，越国父老闻讯而献上美酒。勾践将美酒倾于河中，与军民共饮河水，士气大振，结果出师大捷，灭了吴国。"越王投酒"成为一个典故，广为流传，《吕氏春秋》亦有载。据说，如今绍兴城南有条投醪河，又叫劳师泽，即是当年越王投酒之河。这些传闻也许不仅可以说明绍兴酒历史的悠久，也可以表明绍兴酒文化悠久的历史。

此后随着历史的前行，绍兴酒文化也层累层积。至明清，绍兴酒名声更盛。曹雪芹《红楼梦》中的许多人物都喜爱绍兴酒，应当不是偶然的。清嘉庆时，绍兴酒被评为十大名酒之一。1915年，在美国"巴拿马万国博览会"上获金质奖。1952年，绍兴加饭酒被列为全国八大名酒之一，它是其中唯一的黄酒品种。

其实绍兴黄酒品种多样，有"元红酒"、"加饭酒"、"善酿酒"、"花雕酒"、"女儿酒"等。其中"女儿酒"颇具民俗文化，当女儿出生时，父母就酿了酒装了坛，放在阴处或埋入土中存放，

---

① 马冀主编. 中国名城历代贡品录. 上海：文汇出版社，1991. 102

等到女儿出嫁时取出作为陪嫁。其酒储存了这么久的年月后，色泽由橙黄转为青碧色，而香气更加醇郁芬芳，因此绍兴酒中的“女儿酒”显得十分珍稀。

12.4.9 葡萄美酒

世界上最早栽培葡萄的是西亚和埃及。《史记》称西汉张骞出使西域，由大宛把葡萄引进。凉州葡萄的种植始于汉武帝太初二年（前103），用葡萄加工而成的葡萄酒甘甜醇美，汉时凉州葡萄酒已很名贵。传说汉灵帝时，凉州孟佗只用了一斛凉州葡萄酒贿赂权臣张让便买到凉州刺史，这成为一则历史的笑话。唐刘禹锡有感而写出“为君持一斗，往取凉州牧”句，讽刺了汉灵帝的这一“政绩”。不过，从中也可看出当初凉州葡萄美酒的名贵。

三国时，此酒又曾因进献魏文帝曹丕，得到极高评价。曹丕《凉州葡萄诏》中曾云：“旦设葡萄解酒，宿醒掩露而食。甘而不啖，脆而不酸，冷而不寒，味长汁多，除烦解悁。”唐代王翰的《凉州词》盛为传颂：“葡萄美酒夜光杯，欲饮琵琶马上催。醉卧沙场君莫笑，古来征战几人回。”这里美酒与美器相连兼美，成为此诗千百年来审美的一个亮点。夜光杯是传统玉器珍品，相传周穆王时西域进献“夜光常满杯”，有如“光明夜照”，故称“夜光杯”。试想，将醇醪葡萄美酒倾入这亮如镜、薄如纸、满不溢、纹饰雅的夜光杯中，对月映照，呈闪碧辉，沥沥入口，让人心都醉了。

不过唐中叶后，凉州没于吐蕃，后又属西夏，后又为蒙古人之牧场，凉州的葡萄美酒也随经济衰落而萧条。明清时又复苏，葡萄又大量种植，酿酒技艺也在提高。民国年间，又趋于衰落。新中国成立后，凉州葡萄美酒得到前所未有的发展，重获新生。

12.5 酒文化的多元结缘

中国酒文化的美富，不仅在于酒的本域之内，而且还在于酒与文字、语言、文学、艺术、民俗、游戏等等广泛结缘，且蔚为大观，从而愈加使中国的酒文化具有鲜明的民族特点。

我们从这些方面略加论列，限于篇幅，只能点到而止。

12.5.1 酒与汉字文化

汉字文化是世界文字中的一大奇迹，其历史悠悠数千年从未被割断，其内涵之至深至厚亦非其他古老文字所能比拟。酒与汉字文化结缘也是至深至厚，酿成酒文化中的香溢“文化美酒”。

酒是先民最重要的饮料之一，人们充分享受饮酒的愉悦与美感，并智慧地造出了一系列的有关汉字。甲骨文中有“酉”字即“酒”字，作、、等形，其状就像古时酿酒之器，侈口，便于进料；敛颈，可以减少酒气外溢；大腹，可增加容量；尖底，便于半埋于地中。①“酉”又由酒器义引申为酒义，古籍中酉、酒二字可以通用，金文中皆以酉为酒。后来人们加上表示酒液的水旁，由“酉”而有“酒”字。

酉，又是《说文》中的一个部首字。《说文》：“酉，就也。八月，黍成，可为酎酒。象古文酉之形。凡酉之属皆从酉。丣，古文酉字。从卯，卯为春门，万物已出。酉为秋门，万物已入。

① 温少峰等. 殷墟卜辞研究——科学技术篇. 成都：四川省社会科学院出版社，1983. 367

一，闭门象也。”其实后来学者根据甲骨文、金文知道酉字本是像酒尊，郭沫若在《甲骨文字研究》中指出：“乃壶尊之象也。”李孝定《甲骨文字集释》：此字“上象其颈及口缘，下象其腹有花纹之形”。不过，许慎能破解出“酉”是与酒有关的信息，这也是他的灼见，因此从“酉”的字和酒的关系太密切了。

再看《说文》对酒字的解释：“就也，所以就人性之善恶。从水、从酉，酉亦声。一曰：造也，吉凶所造也。古者仪狄作酒醪，禹尝之而美，遂疏仪狄。杜康作秫酒。”许慎短短数言，不仅释解其构字原理，而且进行了文化上的释读。酒字是会意兼形声的结构，从水、从酉，是因用水泉在酉月（八月）来酿造，而又以酉来表声（依段注）。许慎对字义则进行了深广的文化释读：酒的一种意思是“迁就”，酒是用来迁就助长人性的善良或其反面丑恶的饮料，比如段注说的“宾主百拜者，酒也；淫酗者，亦酒也”，前半句说酒助人性之善，后半句说酒就人性之恶。酒的另一种意思是“造就”，即产生、形成之意。酒可以造就吉事，也可以酿就凶事。许慎对酒字从其给人类带来的正反两重作用进行释读，十分启人心志。许慎介绍了两个酒文化典故：一是仪狄造出酒醪后，大禹尝了既称赞酒味醇美，但也因此疏远了仪狄；二是杜康首先醞造秫酒。

《说文》中关于“酉”部的字有数十个，我们稍加梳理，可得数类字群。

(1) 关于酒的创造，如“酿”字、“酝”字等，都是指造酒。后来有“酝酿”一词，其原意即是造酒。

(2) 关于酒药字，如醓、酴等字。《说文》曰：“醓，孰籥也，从酉甚声。”酴，音涂，一指酒曲，二指重酿的酒。《说文》曰：“酴，酒母也。从酉余声，读若庐。”

(3) 关于酒质的字，如醇、醲、酎、酷、配等。如“醇”指不浇水的纯酒，“醲”指厚酒，“酎”是多次酿成的醇酒，“酷”是指酒浓厚的味道，“配”指酒的颜色，等等。

(4) 关于饮酒的字，如“醉”字本指饮酒尽其量而不过量，另一说为溃乱。“醺”指喝得酒气熏熏。“醅”指醉饱。“酌”指稍微饮点酒。“醵”指众人凑钱饮酒。“酌”指盛酒在觯中劝人喝酒。“醻”指主人向客人劝酒。“酣”字指因喝酒而快乐尽兴。

(5) 关于酒器的字，如“醆”指酒杯。“尊”字本指盛酒的器皿，甲金文中即像双手奉尊的样子，后来此字用为尊卑之“尊”，就另造“樽”等字来替代。

(6) 关于酒病的字，如“酲”字即因酒醉而引起的病态。此又一“医”字值得一说，繁体字作醫，《说文》说：医是治病的人，用酒作药物的辅助剂，或用酒作治病的饮料，所以从酉。《周礼》有称为“医”的酒类饮料。对医者的解释有不同说法，或认为病人发出的声音，或认为古代医者的性情多乖戾，就像多有违背常人的姿态那样。这又可见医与酒的关系，今天尚多见中医用酒治伤治病的事例。

(7) 酒与祭祀之字，如“酹”字指用酒洒在地上祭奠。“莤”字指向捆束的菁茅灌下郁鬯，表示享神祭祀的礼仪。

(8) 与酒有关的其他方面的字，如“酱”字指用酒来拌和肉末。“酸”字本指醋，吴东地方称为酸。“酢”字本指醋，而“醋”字原本指客人用酒回敬主人，后从俗，醋作为酱醋之醋了。

以上只是酉部的部分字，但已可知中华酒文化的发达也充分体现在汉代的《说文》中了。确实这许多字都用“酉”来表示了与酒有关的意义范畴，而且是那么的形象，这是汉字的魅力。

12.5.2 酒与汉语文化

汉语中反映、记录酒文化的词语、成语、典故、谚语真是数不胜数，涉及各个方面，真可谓姹紫嫣红的一方文化林苑。

我们这里仅从酒的名称、别名和代称来看已是琳琅满目。如汉代有廉价的“行酒”，有红酒称为“醧”或“糟下酒”，有清酒称为“醆”，有酽烈的“中山冬酿”等。南北朝又有称酒好者为“青州从事”，因为其本为贵官之职；酒劣者称“平原督邮”，因为其本为贱职而用以拟喻。唐代人常用“欢伯”言酒。另外，酒又别称为“黄封”、“黄娇”、“曲居士”、“曲道士”、“曲秀才”、“曲生”、“曲君”、“玉友”、“郎官清”、“索郎”、“快活汤”、“天禄大夫”、“金盘露”、“椒花雨”、“玉液”、“琼浆”等等，且大都有出典可考可查。十分有趣的是，佛家谓饮酒有过有失，然而中国僧人在宋代却给酒送了个隐词“般若汤”。“般若”是梵语中智慧、慧明的意思，而且还是“一切诸智慧中最为第一，无上无比无等”的智慧，“般若汤”当然成了智慧之酒了。[①] 赵朴初有一首《访杏花村》，序云：“一九七八年十月十一日陪日中友好净土家协会第一次友好访华团来访杏花村，稻冈团长云日人称酒为不老长寿水，而佛家则呼酒为般若汤，宜与良朋开怀畅饮。”诗云：“和风华雨正纷纷，举盏欲招千古魂。般若汤兮长寿水，不妨畅饮杏花村。”赵朴初的这首诗写得有景有情有意有象，写出与日本友人在名酒产地杏花村畅饮美酒的胜状，如果我们懂得了“般若汤”以及日本人所说的“不老长寿水”的酒名别称，品味起来就更有情趣了。

汉语文化中还有相当丰富的成语、典故、谚语是与酒有关的，从这里也可以看到酒文化渗透到了各个方面，而历史又是如此的悠久。

商纣王穷奢极欲，数千年前已用“酒池肉林”来比况之。《韩诗外传》有“酒入舌出”成语，记下管仲那个时代已总结出酒一入口话就多了，话多则易失。唐韩愈曾经用“酒食征逐”指出当时的不良风气。从汉王充将只会吃喝不会做事的人称为“腹为饭坑，肠为酒囊”起，后代如晋有“酒瓮饭囊”，宋有“酒囊饭袋”之说，至今尚在使用，可见历史的层积之厚。

汉语中关于酒文化的典故亦是不可穷指。“千日酒”就是一个美典。古代传说中山人狄希能造千日酒，饮后使人醉上千日。晋张华《博物志》：“昔刘玄石于中山酒家酤酒，酒家与千日酒，忘言其节度，归至家当醉，而家人不知，以为死也，权葬之。酒家计千日满，乃忆玄石前来酤酒，醉向醒耳。往视之，云玄石亡来三年，已葬。于是开棺，醉始醒。俗云，玄石饮酒，一醉千日。”这一典故极具浪漫色彩，十分吸引好饮者，又引申出“千日饮”、“千日酿”之典。北周庾信《蒲州刺史中山公许乞酒一车未送》诗云：“只言千日饮，旧逐中山来。”这位好酒雅士对于“千日酒”是无限的向往。限于篇幅不能多举，但仅此一典，亦足以使人回味良久，也可由此一脔之尝推知鼎中之味了。

生动活泼的谚语于酒文化的反映也是多姿多色。如：“敬酒不吃吃罚酒”，是指不识抬举。“酒香不怕巷子深”，是表示质量好不怕卖不出去。“无酒不成席”，是说酒在宴席上不可或缺。“酒不醉人，人自醉”，是说饮酒当掌握分寸。“烟酒不分家”，这是酒的一种交际上的观照。“旧瓶装新酒”，虽是简单的行为，却极富启迪意义。“酒在肚里，事在心头”，是说不因为喝酒而糊涂误事。

另外在俗语中还有许多歇后语：酒杯掉进酒酝里——醉上加醉（罪上加罪）；酒壶里打

① 熊四智．中国人的饮食奥秘．郑州：河南人民出版社，1992．28

跟头——壶(胡)闹;酒肉和尚菜道士——岂有此理;酒醉倚门帘——靠不住,等等,均不乏意趣。

12.5.3 酒与文学艺术

中国最早的诗歌总集《诗经》与酒文化结缘很深。《国风》中的《卷耳》生动形象地想象了服役的丈夫在归途中的借酒浇愁,《简兮》中对善于舞蹈的男士赏酒,《七月》描写喜悦地收稻酿酒情景,又如《小雅》、《大雅》又有许多贵族的宴饮场面,热烈氛围,均是远古先民酒文化在诗歌中的印迹。这些诗篇对后世影响甚深。

《诗经·豳风·七月》有"八月剥枣,十月获稻,为此春酒,以介眉寿"句,后世便多以"春"来命酒。如唐代之"土窟春"、"石冻春"、"剑南烧春"、"玉壶春"、"曲米春"、"松醪春"、"罗浮春"、"竹叶春"、"梨花春"、"瓮头春"、"金陵春"、"抛青春"、"若下春"、"老春"等,见诸唐人诗文之中。宋代亦然,如"千日春"、"锦江春"、"绿萼春"、"万里春"、"留都春"、"蓬莱春"、"秦淮春"、"万象皆春"、"洞庭春"、"软脚春"、"玉露春"、"风光春"、"锦波春"、"松花春"等等。当然另外还有原因,比如,古代冬酿春熟之酒,就是称春酒的又一原因。再者与做春酒的曲有关,还有以为酒有春意而名之。[①] 这是很有意思的酒文化趣事,也可窥见《诗经》中所载对于后世深远影响之一斑。

《楚辞》亦如此,其中描述的佳酿与香草、美人,与诗人人格之魅力、诗的瑰丽一起深沁后人心肺。有了先秦这一源头,此后秦汉至魏晋文学作品中关于酒文化的创作不知其数,其后唐诗、宋词、元曲、明清小说,直至今日,分流分派,文学与酒文化之情缘始终亲密无间,在不同的历史时空下、不同的文学样式中不断地作出新的演绎与深化。

曹操曾吟诗"何以解忧,唯有杜康",曹植又撰《酒赋》盛赞宜城美酒。唐代李白是酒一斗而诗百篇,杜甫是欣羡酒仙而作《饮中八仙歌》,罗隐则写出名句"今朝有酒今朝醉"。宋代欧阳修云"醉翁之意不在酒",苏东坡有举杯邀明月之举,等等。直至明清文学,如《三国演义》中曹操和刘备"煮酒论英雄"之描写,《水浒》中武松醉饮打虎之情节,《红楼梦》中各式宴饮场面,无不让人感到酒文化的美妙。

文学家那里也积淀下一批广为流传的酒文化典故。

白衣送酒,这是陶渊明的典故。据说陶渊明九月九日无酒,于宅边菊丛中摘菊花并坐于旁侧,这时望见一白衣人,乃王弘送酒使至,便酌饮,醉而归。白衣即是僮仆。后来文人在"重九"节或"宴饮"的作品中常用此典故。

葛巾漉酒,这也是关于陶渊明的典故。陶渊明在酒熟后曾以头上葛巾漉酒,表现了陶渊明爱酒及其真率放达的性格。陶渊明嗜酒又有一著名典故,是"种秫田"。陶渊明为彭泽令时,以俸田种秫,为了用于酿酒而求一醉。后来妻子因请种粳,乃使二顷五十亩种秫,五十亩种粳,可见陶渊明一生与酒结下了深而又深的交谊。

金貂换酒、金龟换酒,成语都说因嗜酒而将标志自己身份的所著、所佩之物用来换酒吃。晋代阮咸曾以金貂换酒喝,金貂是汉魏时官员的冠饰,侍中、中常侍佩戴。另外,唐贺知章曾用金龟换酒喝,金龟为唐三品官员的佩饰,一说仅为一种佩饰物。

刘伶酒、刘伶五斗酒、酒不到刘伶坟,这些成语典故都说的是刘伶与酒的故事。晋刘伶

---

① 熊四智.中国人的饮食奥秘.郑州:河南人民出版社,1992.367

嗜酒，常乘鹿车，携一壶酒，使人荷锸而随之，并云："死便埋我。"(《晋书·刘伶传》)刘伶嗜酒而放浪形骸如此！

毕卓缚瓮边，这是晋代名士毕卓嗜酒、不拘形迹的典故。毕卓为吏部郎，常饮酒废职，曾夜间盗饮他人酿熟之酒，为人捆缚于酒瓮边。毕卓曾对人说："得酒满数百斛船，四时甘味置两头，右手持酒杯，左手持蟹螯，拍浮酒船中，便足了一生矣。"后来此典常出现在文人笔下，并又以"持蟹螯"来写隐居和以诗酒自傲的生活。

艺术家也多有好饮者，从古至今不乏其人。草圣张旭，"每大醉，呼叫狂走，乃下笔，或以头濡墨而书，即醒自视以为神，不可复得也，世呼张颠"。(《新唐书·张旭传》)他是依恃酒给予的力量与灵感来创作草书。无独有偶，唐僧人怀素，被称为"醉僧"，他自言"饮酒以养性，草书以扬志"，饮酒—养性—草书这一轨迹也显示了酒的魅力。酒使他的字飞动起来，神采飞扬。一直到今天，书法家创作时借助酒力者仍然不少。不仅是书法家，还有画家等等，总之，酒与文学艺术之缘实在是太深太厚了，这里只能举隅及之。

12.5.4 中外酒文化的交融

先秦关于中国与域外各国饮食文化的交流在文献中记载较少。秦汉以来中外文化交流随着历史的推移而不断地抒写着各个时期各有特色的篇章，酒文化的交流也是如此。

汉乐府《羽林郎》："昔有霍家奴，姓冯名子都。倚仗将军势，调笑酒家胡。胡姬年十五，春日独当垆。""就我求清酒，丝绳提立壶。就我求珍肴，金盘鲙鲤鱼。"这里记载了汉代长安城胡人经营的酒店，年方十五的胡姬当垆卖酒的情景。据载，此时胡人的一些饮食制作方法已传入中国，比如胡羹、胡饭、胡炮、外国豉法。而有关酒的有外国苦酒法，此可见诸《齐民要术》等。

确实，汉以来随着丝绸之路的开拓，一方面是中国饮食文化走向世界，而另一方面是外来的饮食文化也输入并融合到中国饮食文化中来。据《太平广记》卷 233 所引《古今注》："乌孙国有青田酒核，莫知其树与实，而核大如五六升瓠。空之盛水，俄而成酒。刘章曾得二枚，集宾设之，可供二十人。""因名其核曰青田壶，酒曰青田酒。"这是记录了乌孙国(后归并哈萨克)的青田酒在汉时传入了中国。

汉时还有一种"瑶琨碧酒"来自远域，汉郭宪《别国洞冥记》："瑶琨去玉门九万里，有碧草如麦，割之酿酒，味如醇酎。"又"汉武帝坐神明台，酌瑶琨碧酒"。用这种如麦的"碧草"酿成美酒，或推测是一种粮食酒，汉武帝品尝之，说明已以珍贵的佳酿身份跻身于帝王的食谱中了。

晋时开始，今越南中南部古称为林邑的杨梅酒已输入。晋嵇含《南方草木状》："林邑山杨梅其大如杯碗，青时极酸，既红，味如崖蜜，以酝酿，号梅花酎，非贵人重客不得饮之。"书中还记载了诃梨勒果酒，"诃梨勒树似木梡，花白，子形如橄榄，六路，皮肉相著，可作饮"。这是南亚酒品输入的一些概况。

唐朝中外文化交流发达，外国酒的输入也更多，如有"三勒浆"之称的诃梨勒、菴摩勒、毗梨勒，还有龙膏酒、煎澄明酒、无忧酒等等，唐苏鹗《杜阳杂编》中就有相关记载。

宋代，如窦子野《酒谱》记载诃陵国(在今印尼爪哇岛)人以柳花柳子为酒。岳珂《桯史》记外国侨民在番禺酿制味甘如崖蜜的美酒。宋、元之际暹罗酒传入，这种蒸馏的烧酒对中国酿酒业有一定影响。《广东通志》卷 52 引《外国名酒记》："乌丸有东墙酒，诃陵有柳花椰子酒，波斯、拂菻有肉汁酒，南蛮有槟榔酒，扶南有安石榴酒、土瓜根酒。”“赤土有甘蔗酒，真腊有明芽酒，波斯有三勒浆酒，以暹罗酒为第一。”其中，赤土国有今马来半岛出产甘蔗所制之酒，在明代极受欢迎。真腊，今之柬埔寨，所产之明芽酒为当地名酒之一。又扶南在今之柬埔寨，拂菻古代称东罗马帝国及其所属西亚地中海一带。从这些材料可以看出外国名酒的纷纷输入。

明代万历年间，澳门已经成为欧洲葡萄酒的到岸码头，其酒用玻璃瓶包装，十分精美。葡萄酒发源于西亚地区，公元1世前后开始逐步流传于世界各地，中国的葡萄酒的酿制也有二千多年历史，始于汉武帝。明清西洋葡萄酒的输入受到欢迎，《红楼梦》中也有宝玉饮西洋葡萄酒的描写。另外啤酒的输入也值得注意。啤酒发源地为阿拉伯，约有四千年的历史，传到中国大约是近一百年的事，这种被誉为“液体面包”的酒越来越受到人们的青睐。

由古代至近代，由现代到当代，中国的酒文化受到外国酒文化的影响是由小到大，由弱到强，由接纳到借鉴，由推动到挑战应战，值得认真地去梳理总结一番。这种洋酒文化从酒的制造、酒的味道、饮用的酒具、酒的历史与民俗等诸多方面极大地丰富了中国传统的酒文化。今日饮酒者口味的审美、精神的享受，又如造酒者包装上的中西文化碰撞与互动，酿酒技术工艺的交流，甚至酒具的设计等等，人们都会发现外来酒文化的影响是既深且广的。

12.6 酒文化与现代营销

中国酒业自20世纪“西风东渐”以来便不断受到碰撞、挑战、冲击，本土传统的白酒生产业面对着严峻的现实。于是在20世纪80年代有了一个前所未见的结构大调整，即啤酒大规模发展，在90年代又出现了以葡萄酒为主的果酒生产的迅猛发展，而白酒生产企业中又展开了彼此激烈的、甚至可以说是有些“残酷”的竞争，于是传统的白酒生产便处于来自两个方面的挤压中，走进了一个狭谷，白酒产业何去何从已是企业家感到困惑的一个重大问题。

然而挑战也带来极大的机遇，困境往往是生命力重新拓展的转折点。要从传统酒业的狭谷中冲出去，便要使现代企业家更善于借鉴，勤于思考，勇于开拓。美国管理学家通过对80家企业的深入调查研究后得出结论：“强有力的文化是企业取得成功的新的‘金科玉律’。”一种新的企业管理学的智慧“企业文化”渐渐深入人心，在这方面中国成功的酒业企业家也作出了积极能动的实践。我们先来看几个实例。

12.6.1 茅台酒文化与茅台文化酒

茅台酒作为国酒，长期鲜花簇拥而花开不败，特别是在当今愈演愈烈的白酒企业竞争中愈战愈勇，这与他们的企业文化战略是密切相关的。确实，他们依靠茅台酒的悠久历史与深厚的文化内涵，打了一次又一次胜利的“茅台文化酒”之战。

20世纪末，茅台酒厂集团公司总经理在21世纪中国名优白酒质量与市场发展战略研讨会上发表了论文《迎接文化酒的春天》。他们提出21世纪将是“文化酒”的时代，“文化酒”这一理念将“酒文化”提升到一个新的历史层面，而将制酒企业置身于一个充满朝阳光辉的瑰丽地带，一改人们所谓白酒业已属“夕阳产业”的心态。

《迎接文化酒的春天》将传统白酒生产经营轨迹划分为3个阶段：

(1) 作坊酒阶段。主要特征是：工艺传统，手工操作，生产能力落后，传播方式多为文人咏颂、帝王钦点或民间口碑相传，经营思想是“酒好不怕巷子深”，因而市场狭小。这时白酒的质量、口感等并无太大差别，只是因为酒师高明而个别作坊的酒稍好而已。

(2) 工业酒阶段。新中国成立以后，白酒生产由作坊变工厂，工艺进一步健全完善，生产能力进一步扩大，建立质量体系，酒质稳定提高。厂家只抓生产，市场由政府划分和控制，其结果是经营思想比较僵化，产生了官商和坐商作风。

(3) 品牌酒阶段。由于市场经济的来到，生产厂家坐商式经营已无法生存，于是不得不树起品牌大旗，揭开了市场竞争的序幕。第一阶段是“广告酒”阶段，企业用广告作先锋，打响品牌声誉，塑造品牌形象，用广告炸出广阔的市场，一夜之间，开创了白酒空前超常规发展的先河。第二阶段是“名牌酒”阶段，当广告大战的尘埃落定之后，消费者多了一份理智，使得企业重新溯本求源，在质量上下功夫，对品牌塑造做出更深思考，开始了中国白酒业真正的“名牌战略”之路。

这几个白酒的发展阶段，“折射了相对应的与社会经济历史形态对称的演变轨迹：作坊酒体现了农牧经济的原始，工业酒反映了工业经济的局限，品牌酒虽然是一种进步，但仅仅是一种新的社会经济形态到来之前的混沌阶段。今天，当知识已成为社会经济发展的根本动力时，文化对于酒业发展的重要意义也因此凸现，从而使中国白酒迎来了一个可能孕育着深刻质变的全新发展阶段，那就是‘文化酒’时代。从某种意义上说，所谓‘文化酒’，就是中华民族数千年文明史的一种缩影，是人类社会历史发展过程中精神财富和物质财富的总和，是人类文明的结晶。既具有形而下的属性，又具有形而上的品质，是综合反映人类政治、经济、文学艺术、社会生活等以液态形式出现的一种特殊食品”。这里提出了 21 世纪“文化酒”时代的观点。

茅台酒厂实施国际通行的 C—R—D—P 的企业策略(C 指用户，R 指研究，D 指开发，P 指生产)，并且在如何创造性地真正张扬、发挥出自身的文化内涵，释放自身的文化能量，进行全方位的实施创新与延展。如 1993～1997 年，茅台酒厂共斥资 1.2 亿元建成国酒文化城，占地 3 万多平方米，建了汉、唐、宋、元、明、清、现代和世界 8 个展馆，以大量的群雕、浮雕、匾、屏、书画、实物、图片、文物展示了茅台酒的悠久历史、独特工艺、超凡品质、酒厂巨变、人的创新精神等等。置身此“国酒文化城”中，会深入了解到什么是酒文化，什么是文化酒，什么是“文化酒”时代。另外，茅台酒厂紧紧抓住“国酒”这一品牌定位，在天安门广场的人民英雄纪念碑前举行过“中华丰碑——国酒敬国魂”大型祭奠活动，同中国历史博物馆联办“国酒茅台与共和国世纪情”大型图片巡回展等等，在消费者心目中进一步巩固了“国酒茅台”的地位。他们加大资本投入，进一步增强力度，搞好隐性和显性两方面的宣传广告工作，进一步提高企业和产品的知名度、美誉度，提高消费者对企业和产品的忠诚度、信用度。

利用开发酒文化，将酒文化升华为文化酒的企业营销理念，确实使贵州茅台酒更加浓香四溢，而茅台酒企业更加生机勃勃，凯歌高奏，既利厂，又利民，且利国。

12.6.2 泸州老窖与“卖文化”

中国又一传统名酒泸州老窖集团提出了又一观点：“统治酒类销售的是文化”，“中国白酒业所面对的一个‘卖文化’的时代焦点课题”。

为什么要“卖文化”？目前，一方面我国经济有了很大发展，人民生活水平有了明显提高;另一方面,进入了高科技时代,人们的生活节奏加快,工作多变动、高竞争、过度紧张,易导致心理压力增大、情感失衡,精神生活相对缺乏,甚至有些人会出现精神空虚状态。因此,人们对精神生活、情感需要日趋强烈,在消费领域中就直接反映出文化消费倾向。具有这种消费倾向的消费群体,在现实消费中往往是借助购买和消费感性化商品来实现情感寄托,实现情爱和实现自我价值等层次的需要。所以,他们认为,"'酿酒',就应该'学会把物质技术上的奇迹和人性的需要平衡起来'(约翰、耐期比特语),让我们的'酒'有性格、有情感、有品位、有精神价值、有文化感染力……以满足人们日益增长的高层次需要。"

泸州老窖集团又是怎样去"卖文化"的呢?他们以"泸州老窖·国窖酒"的"四个大典"为主旋律,奏响了这种文化营销的华彩乐章。

(1) 出酒大典

他们有4个历经400多年历史的国宝酿酒窖池,在20世纪末于窖池举行了隆重的"泸州老窖·国窖酒"出酒大典,让800多位省市政府、部门领导和嘉宾参观了窖池酿造的全过程,并将这批1999年"泸州老窖·国窖酒"分装成1 999瓶,每瓶1 999毫升,逐瓶编号,且不在社会上流通,因此具有极高的珍藏、观赏和品尝价值。出酒大典的成功举行,极大地增强了"泸州老窖"的品牌扩张力。

(2) 拍卖大典

出酒大典制造出1 999瓶国窖酒,聚集了稀缺资源、高技术含量以及历史、文化、情感为一体,显示出极高的品位,因为不上市流通,从而又具有珍贵的收藏价值。为了使20世纪这批浓香型白酒绝版极品的身份充分烘托和展示出来,并得到消费者的认同,又特意举办了拍卖大典。他们抽取出编号为0009、0099、0999、1999的4瓶酒公开拍卖,其中1999号最终以18万元成交,创下中国乃至世界白酒拍卖的天价。他们又将4瓶酒拍卖所得的40多万元,奖励给四川省10位卓有贡献的科学家,从而这一"拍卖大典"既充分张扬了"泸州老窖·国窖酒"的高贵身份和高文化附加值,又赢得了社会声誉,使这一品牌的美誉度进一步得到提升。

(3) 赠酒大典

他们又将这批绝版品中编号为0003号和0002号的两瓶酒分别赠送给香港、澳门首任行政长官董建华、何厚铧先生,将编号为0001号的酒暂时珍藏在"泸州老窖"酒史陈列馆中,等到五星红旗在台湾升起之时,作为又一赠品。这种隆重而神圣的赠酒大典,高扬美酒敬英雄的主题,从而揭示了"泸州老窖"为祖国酿精品、为英雄造美酒的民族工业精神和敬业精神。

(4) 品酒大典

"泸州老窖·国窖酒"有文化之美、历史之美、资源之美,为了显示其酒质之美,他们又邀请20多位当今中国著名的酒类专家进行考究品尝,专家们称赞其酒:"无色透明,窖香优雅,绵甜爽净,柔和协调,尾净香长,风格曲型。"品酒大典不仅充实、丰富了"泸州老窖·国窖酒"的品牌内涵,而且极为有效地传播了其品牌魅力。

这"四个大典"给企业带来了巨大的社会效益,也收到了明显的经济效益。2000年在全国白酒市场销售很不理想的形势下,"泸州老窖"的销售量却比上年增长了50%,显然这种"文化战"策略是值得人们借鉴的。

12.6.3 汾酒与酒文化旅游

汾酒是又一名酒,如何利用这一名酒积淀的丰厚的文化,山西杏花村汾酒集团有限责任公司也有高招。他们注意到自古以来到杏花村来游赏的人络绎不绝,于是确立要把汾酒集团建设为中国酒文化特色旅游基地。他们将旅游工作与销售工作结合起来,把旅游宣传同企业宣传、产品宣传结合起来,通过宣传酒文化来提升汾酒品牌形象,引起游客游览兴趣。

他们的整个工程有 20 个项目,到 2004 年全部完工。我们可以看一看他们已开发的一条全新的旅游线路,体味其打出的一张"文化牌。"

(1) 参观古老的名酒生产线

先看神秘的汾酒酿造生产,"地缸分离发酵,清蒸二次清",这是汾酒酿造的特色。其次看万吨粮食,粮仓总储量可在 3 万吨以上,且实现电脑自动化管理。三看传统酒库和万吨"酒海",汾酒出厂前都必须经过酒库储存,少则 3 年,多则数十年,集团储酒能力在 30 万吨以上,名酒储存能力在 5 万吨以上。四看成装线,由洗瓶、验瓶、灌装、压盖、灯检、贴票、装箱等工序构成。

(2) 参观公司酒文化名园醉仙居

1993 年在这里建成全国第一家酒器酒具博物馆。收集了上至三代下至民国的一千余件饮酒器或盛酒器,均为真品。此外收集到解放以来名人书画作品三千余幅,其中有毛泽东亲笔手书的《清明》诗。建成 3 座碑廊,将上百名家作品雕刻成碑。游人在这里可以进一步体会到酒文化的魅力。

(3) 领略乡村风光,于名酒产地品名酒

建设花园式的工厂,绿化美化环境,杏林成片,梧桐槐柳成行,体会大自然和现代文明的完美结合,还可以在此悠闲地品尝名酒。

12.6.4 企业与酒文化的研究

业内人士曾这样概述过:市场经济的转轨变型使中国的一些白酒厂家在经过了地方战、金牌战、价格战、广告战、返利战等浅层次的竞争以后,转而实行独特的"文化营销"。[①] 企业从对酒文化的重视到转而研究酒文化,开发利用酒文化。这是渐入渐深的酒的文化之战了。企业研究酒文化较早的要数汾酒厂,在 20 世纪七八十年代出版了《杏花村里酒如泉》、《杏花村酒歌》。此后全国的名优酒厂先后推出研究成果:《酿造国酒的人们》、《泸州老窖史话》、《郎酒史话》、《剑南春史话》、《五粮液史话》、《全兴史话》、《在神秘的茅台》、《古井贡酒》、《中国杜康酒志》、《陇南春酒话》、《杜康仙庄故事集》、《杜康酒歌》、《西凤酒文化》、《中国绍兴酒文化》、《绍兴酒文化》、《中国第一窖》、《剑南春历史真迹》、《五粮液环境建筑艺术》等等。1989～1990 年,中国酒文化丛书编委会还为双沟酒、董酒、四特酒等一批名优酒编写了一套酒文化书籍。[②] 这些企业在研究本企业的酒文化的同时,也正是对于历史积淀的认真回顾、梳理、发掘、总结,体味其底蕴,把握其脉动,凸现其特色,从而服务于当前,又瞻瞩于未来。前文所举的茅台酒业集团、泸州老窖集团以及汾酒集团的成功事例,就可证明这种文化

① 徐少华.中国酒与传统文化.北京:中国轻工业出版社,1991.396～397

② 徐少华.中国酒与传统文化.北京:中国轻工业出版社,1991.396～397

营销策略是有远见的，而且是卓有成效的。

思考与练习

1. 中国酒文化有哪些特征？请查阅相关资料，进行学习交流。

2. 谈谈你所在家乡酒文化的特点，尤其是在日常待客、特色民俗活动中的体现。

3. 收集4～5个酒商品广告(形式不限)，谈谈这些酒广告作品中有效的运用了哪些酒文化元素来促进酒商品的营销的。

13 茶文化

人们常在品茶的过程中品味人生，品茶是一种享受，又是一种排遣，汲一壶山泉，沏一杯新茶，或吟诗咏歌，或长啸伴乐，享清风之悠然，知春意之畅远，于中得从容之趣，体自得之乐，这正是茶文化的深奥与平实之处。

13.1 茶史

中国是茶叶的故乡。我国是世界上第一个种植茶叶的国家，也是第一个出口茶叶的国家。种茶，起源于我国西南地区，云南、贵州、四川等地是茶树的原产地中心地带①。

13.1.1 茶树的起源

茶树是多年生、木本、常绿植物，分类上属于被子植物门，双子叶植物纲，原始花被亚纲，山茶目，山茶科，山茶属。学名为 Camellia Sinensis(L.)O. Kuntze。全世界山茶科植物共有23属380多种，我国有15属260多种，多分布在云南、贵州、四川一带。据不完全统计，全国已有10个省区近200处发现有野生大茶树。主要有4个集中分布区：一是滇南、滇西南；二是滇、桂、黔毗邻地区；三是滇、川、黔毗邻地区；四是粤、赣、湘毗邻地区。少数散见于福建、台湾和海南省。野生大茶树主要集结在北纬30°线以南，其中尤以北纬25°线附近居多，并沿着北回归线向两侧扩散。这与山茶属植物的地理分布规律是一致的。当然，野茶树的生长之地，并不意味着就是茶树的原产地，要考证茶树的起源，还必须从古地理、古气候、古植物学等方面研究茶树植物形成和演化的历史。研究结果表明，中国西南地区确实是茶树的原产地，茶的传播是以中国的四川、云南为中心，向南推移，由缅甸到阿萨姆，向乔木化、大叶形发展；往北推移，则向灌木化、小叶形发展。

在分布区中，以云南省的南部和西部的野生大茶树为最多，其次是四川省的南部和贵州省，这些地区的茶树多属高大乔木型，具有较典型的原始形态特征。

如1991年，云南省思茅(现普洱市)地区镇源县九甲乡和平村罗忠甲、罗忠生两兄弟在哀牢山国家自然保护区内千家寨的原始森林中，发现了一株野生古茶树，高25.6米，根径1.2米，树干胸径90厘米，离地面5米的地方开始分枝，叶呈椭圆形，长15厘米，宽4.3厘

① 关于茶起源于中国的哪个区域，学者争论较多，主流观点是起源于西南地区。学者陈珲在《中华茶文化起源与发展演变的理论体系》中认为："茶"大致经历了"森林—食物—饮料"这样3个发展阶段。其中，"食物"与"前饮料"阶段为"非茶叶之茶"；到"后饮料"阶段，才出现"茶叶之茶"。"非茶叶之茶饮料"大致出现在已发明煮烧器的数万年前，成熟于已有陶器的1万年前后，证据是出土于杭州跨湖桥遗址的8 000年前原始茶遗物与煮茶的茶釜等；而从分布于杭嘉湖地区距今约6 000年的崧泽文化中出土了最早的擂茶钵来看，吾中华饮茶(茶叶之茶)是诞生及成熟于杭州湾一带的。

米，树冠成伞状，树阴占地约20平方米。经专家考证，这棵世界上最大、最古老的茶树，堪称“世界茶王树”，已经在地球上生活了2 700个春秋。消息传开，惊动全世界茶业界，并载入上海大世界基尼斯记录①。我国著名的野生大茶树有：四川古藺县黄荆林场的黄荆大茶树，广东省台山县大隆洞牛围山的黄龙头大茶树，海南省五指山南爹岭的五指山茶树，湖南省江华县两岔河的江华苦茶，广西防城县十万大山的十万大山野茶等等。

茶究竟产于何时呢？据研究，地球上高等被子植物起源在白垩纪和第三纪时期，历经几千万年的时间演化而成，但它从何种植物演化而来至今难以定论。从形态结构来看，茶是从山茶科山茶属里分化而来的，山茶属又是一个比较原始的种，按此推算，茶树起源至少已有六千万年至七千万年的历史了。中国茶叶的历史十分悠久，在新石器时代的仰韶文化的遗迹中已发现有野生茶树，并且可探知先民已将其作为药物食用，“茶之为饮，发乎神农氏，闻于鲁周公”，“神农尝百草，日遇七十二毒，得茶而解之”。神农氏的年代，伊世同先生从天文学的角度考察，距今在12 000～25 000年，但学者们一般认为神农氏距今5 000～7 000年。当时茶主要用于食用，用茶充饥，最早食用的方式便是“生煮羹饮”——煮茶。关于茶的原产地之争，在20世纪20年代国外学者的茶印度起源之说有所争论，但中国所拥有的大量的原生态野生茶树证明，印度的茶树乃是中国茶树的变种而已。

13.1.2 多种多样的茶字

“茶”是茶叶最早的代名，茶树具有良好的适应环境的能力，我国是茶叶品种资源最丰富的国家。随着茶树品种的增加和饮茶之道的广泛传播，茶的名称也渐渐增多，由于产地、方言、习惯的不同，从古至今，见诸文字的名称就有十几种之多。中国人在饮茶之道上，有茶和“非茶之茶”的区别。非茶之茶是指除了以 Camellia Sinesis 嫩叶作饮料之外，用其他植物的叶为基本组分，也用沸水冲泡后饮用的饮料，但不包括咖啡和可可，因它们的饮用部位是籽实或籽浆②，如常见的苦丁茶、菊花茶、大麦茶、莲心茶、绞股蓝茶、银杏茶等等。至唐代陆羽著《茶经》，对种种名称加以考察分辨，去其含义不明者，择其通称，归结为5种：一曰茶，二曰槚，三曰蔎，四曰茗，五曰荈。另外，史料中代表茶名的还有诧、苦荼、皋芦、瓜芦木、选、游等。在汉代以前茶字的字形已经出现，但作为一个完整的茶字，字形、字音、字义三者被同时确定下来，乃是中唐及以后的事。唐代国事兴盛，全国普遍饮茶，所谓“开门七件事，柴米油盐酱醋茶”，于是“茶”就成了更为普遍的通称。

文字作为一种抽象的语言虽然已定下来，但由于中国的民族众多性、方言差异性，同样一个“茶”字，发音仍有差异，一直到现代茶之发音也有其多样性。如汉民族中，广州发音为“chá”，福建发音为“tá”，厦门、汕头发音为“dèi”，长江流域及华北各地发音为“chái”、“zhou”或“chà”，云南傣族人发音为“la”，贵州苗族人发音为“chú tā”等。

国外对茶的称呼和发音也受到我国的巨大影响。学者普遍认为历史上茶叶由我国海路传播出去的西欧等国，如英国、美国、法国、荷兰、德国、西班牙、意大利、丹麦、挪威、捷克、拉脱维亚、斯里兰卡等国家茶一词的发音，多近似于我国福建等地的“te”和“ti”音。

由我国陆路向北、向西传播出去的西亚、东欧等国家，如日本、俄罗斯、印度、土耳其、蒙

① 邹家驹．漫话普洱茶[M]．昆明：云南民族出版社，2005

② 季鸿崑．十九世纪中叶英国人论茶．饮食文化研究，2006(2)

古、朝鲜、希腊、阿拉伯等国家的人对茶的发音，近似于我国华北的“cha”音。

从世界各国的茶读音，也证明了茶的故乡在中国，世界上各国种植饮用的茶叶都是直接或间接地由中国传播出去的。

13.1.3 饮茶方式的变化

茶被发现可以利用之后，并不是迅速地发展成为像现在一样丰富多彩的茶类及茶饮料，这期间经过了一个漫长的过程。从茶叶的制法及外观性状来看，主要可以划分为7个历程：从生煮羹饮到晒干收藏；从蒸青造型到龙团凤饼；从团饼茶到散叶茶；从蒸青到炒青；从绿茶发展至其他茶，如黄茶、黑茶、白茶、红茶、乌龙茶等；从素茶到花香茶；茶叶饮料的发展等等。从茶文化的传播来看，饮茶，作为食品文化的重要组成部分，具有鲜明的时代烙印。秦灭蜀的公元前316年以前，茶是以四川为中心的地方性饮料；发展到魏晋南北朝的时候，茶是立足于长江流域向北方普及的中国饮料；到唐宋元明时代，茶是立足于长江、黄河流域向周边少数民族地区以及东亚普及的中华饮料；清代时候的茶已经是立足于中国向全球普及的世界性饮料。

茶最初是作食用和药用的，饮茶是发展到后来的事。古代在何时开始饮茶，至今尚未有统一的看法。

1）茶的史前期

这个时期至今为止没有确凿的文献史料可供史学家研究，只能通过其后饮茶发展状况进行推测，或者根据文化人类学的田野调查结果演绎，此时期当为茶文化的酝酿时期。顾炎武根据饮茶史料在秦代以后集中出现于四川的文献特征，推论“是知自秦人取蜀，始有茗饮之事”。巴蜀地区，向来为疾疫多发的“烟瘴”之地，“番民以茶为生，缺之必病”。巴蜀人日常饮食喜好辛辣，正是这种地域自然条件和由此决定的人们的饮食习俗，使得巴蜀人首先“煎茶”服用以除瘴气，解热毒。久服成习，药用之旨逐渐隐没，茶于是成了一种日常饮料。秦人入巴蜀时，见到的可能就是这种作为日常饮料的饮用习俗。但直到汉代为止，仍没有足够的文献史料供研究，饮茶之事，还很难上升到精神享受的层次。

2）汉魏六朝时期

在汉魏六朝时期的饮茶方法，采用的是煮茶法。即把茶投入鼎或釜中煮沸后，盛到碗中饮用。比如，晋代郭璞《尔雅》注记载：“树小如栀子，冬生，叶可煮羹饮。”

东汉华佗《食经》：“苦茶久食，益意思。”记录了茶的医学价值，已经注意到饮茶有醒脑提神的作用。西汉已将茶的产地命名为“茶陵”，即湖南的茶陵，证明此时茶叶的生产已具规模。

三国魏人张揖《广雅》：“荆巴间采叶作饼，叶老者饼成，以米膏出之。”这是我国最早有关制茶的记载，也表明了三国及以前我国所制茶叶为饼茶。

晋代、南北朝时期，茶叶生产有了较大的发展，此时茶的文化性得以体现。此时是各种文化思想交融碰撞的时期，出现了儒道佛玄等合流的趋势，文人名士，玄学、儒、道、佛、神怪故事等都与茶联系起来，茶已进入宗教领域。茶的文化、社会功能已远远超出了它的自然功能，其精神内涵在物质形态上已日渐显现，茶文化已初见端倪①。晋代的茶文化的内容，特别是与三国时吴国的饮茶文化有着直接的承续关系。著名的以茶当酒的典故，至少已经说明了在三国后期，在统治阶层中已经流行着饮茶习惯。到了南北朝时期以后，茶饮进一步普

---

① 董尚胜，王建荣. 茶史[M]. 杭州：浙江大学出版社，2003

及，饮茶已经成为一种待客的方式，也是清谦俭朴的标志，茶也用在了祭祀中。随着文人饮茶之兴起，有关茶的诗词歌赋日渐问世，茶在文学中得以体现。茶已经脱离作为一般形态的饮食而走入文化圈，起着一定的社会作用。

3）隋唐时期

在隋唐时期饮茶方法除继续沿袭汉魏南北朝时期的煮茶法之外，又有泡茶法和煎茶法，而以煎茶法为主流。这一时期，在川东鄂西交界一带，采集茶叶制成饼茶。饮时先烤茶饼使颜色变至赤色，再捣成末投入瓷器之中，加入葱、姜、橘子皮等作料，加入沸水浇泡，并加以搅动，三沸时则可取出放入碗内饮用，饮此茶可解酒、提神。

唐代，茶文化已经形成。公元780年间陆羽著《茶经》，是唐代茶文化形成的标志。唐代十分重视茶叶生产，饮茶活动也广泛盛行。陆羽的《茶经》是对唐代和唐代以前的茶叶科学和文化的系统总结，建立了茶学的基本框架结构，并直接促进了茶叶生产和茶饮的发展。陆羽，字鸿渐，一名疾，字季疵。自称桑苎翁，又号竟陵子、东冈子、东园先生、茶山御史，世称陆文学。湖北天门人，被誉为“茶圣”。所作《茶经》是我国第一本论述茶叶的著作，记载了中唐及唐代以前茶树起源、栽培、制作、名品、茶具、煮饮等各方面的成果，将儒、释、道的思想融入饮茶艺术，首次创立了中国茶道，提出了“俭”的茶道精神。

陆羽《茶经》之后又出现大量茶书，有《茶述》、《煎茶水记》、《采茶记》、《十六汤品》等。唐代茶文化的形成与禅教的兴起有关，因茶有提神益思、生津止渴功能，故寺庙崇尚饮茶，在寺院周围植茶树，制定茶礼，设茶堂，选茶头，专司茶事活动。在唐代形成的中国茶道分宫廷茶道、寺院茶礼、文人茶道等。

4）五代宋时期

五代宋时期饮茶方法除先前的煎茶法、煮茶法之外，又兴起了点茶法，以点茶法为主流。因为从茶类来说，五代时以团饼茶为主，且制作比唐代精致，散茶质量也佳。宋代以片茶为主(即团饼茶)，宋末时期散茶取代片茶为主。

宋代茶业已有很大发展，栽培茶叶的面积比唐朝时增加了2～3倍，同时出现了专业户和官营茶园。制茶技术更加精细，出现了龙团凤饼(凤饼茶，作贡茶用)和适于民间饮用的散茶、花茶。消费层次普及至民间，“君子小人靡不嗜之，富贵贫贱靡不用也”。点茶法的兴起，使大众斗茶成为一种时尚，宋初宋辽互市中，茶马交易是边贸的主要内容，“茶兴于唐而盛于宋”此说不虚也。

在文人中出现了专业品茶社团，有官员组成的“汤社”、佛教徒的“千人社”等。宋太祖赵匡胤是位嗜茶之士，在宫廷中设立茶事机关，宫廷用茶已分等级。

茶仪已成礼制，赐茶已成皇帝笼络大臣、眷怀亲族的重要手段，还赐给国外使节。至于下层社会，茶文化更是生机勃勃：有人迁徙，邻里要“献茶”；有客人来，要敬“元宝茶”；订婚时要“下茶”，结婚时要“定茶”，同房时要“合茶”。民间斗茶风起，带来了采制烹点的一系列变化。

5）元明清时期

元明清时期饮茶法除继承五代宋时期的煮茶法、点茶法之外，又兴起了泡茶法，且以泡茶法为主流(点茶法本质上属泡茶法，其最大的区别是点茶须调膏击拂，而泡茶不用)。当时已出现蒸青、炒青、烘青等各类茶，适合“撮泡”(用杯、盏泡茶)。泡茶法起始于隋唐，但在当时并不流行。到了明清时期，泡茶法继承了宋代点茶的清饮，不加任何作料，包括撮泡、壶泡、功夫茶(用小型茶壶泡茶)3种形式。而煮茶法主要是在少数民族地区流行，以紧压茶、粗茶为主，通常加奶、盐巴、酥油、花椒等煮沸后饮用。由于茶类中的叶茶茶类的流行，泡茶法逐渐成为主流，一直流传到现代。

元代茶文化的发展，除了民间“散茶”的发展，贡茶也还是“团饼茶”外，烹茶的方式和作料带有蒙古游牧民族的特征，而且和汉族的清饮方式也有新的交融。明清时期，茶文化已有较大发展，形成了具有艺术性的泡茶方式。明代不少文人雅士留有传世绘画之作，如唐伯虎的《烹茶画卷》、《品茶图》，文徵明的《惠山茶会记》、《陆羽烹茶图》、《品茶图》等。茶类的增多，泡茶技艺有别，茶具的款式、质地、花纹千姿百态。到清朝茶叶出口已成为一种正式行业，茶书、茶事、茶诗不计其数。

考察中国的饮茶历史，饮茶法有煮、煎、点、泡 4 类，形成茶艺的有煎茶法、点茶法、泡茶法。依茶艺而言，中国茶道先后产生了煎茶道、点茶道、泡茶道 3 种形式。中国的煎茶道亡于南宋中期，点茶道亡于明朝后期，唯有形成于明朝中期的泡茶道流传至今，无论是煎茶道还是点茶道，都未曾形成支派。晚明以来的中华茶道唯以泡茶道的形式流传，中华茶道在当代走上复兴之路，呈现百茶齐盛的局面①。

新中国成立后，茶叶生产的大发展为我国茶文化的发展提供了坚实的基础。1982 年，在杭州成立了第一个以弘扬茶文化为宗旨的社会团体——“茶人之家”，1983 年湖北成立“陆羽茶文化研究会”，1990 年“中国茶人联谊会”在北京成立，1993 年“中国国际茶文化研究会”在湖州成立，1991 年中国茶叶博物馆在杭州西湖正式开放，1998 年中国国际和平茶文化交流馆建成。

随着茶文化的兴起，各地茶艺馆越办越多。国际茶文化研讨会吸引了日本、韩国、美国、斯里兰卡及我国港台地区等纷纷参加。各省各市及主产茶县纷纷主办“茶叶节”，如福建武夷市的岩茶节、云南的普洱茶节、上海的国际茶文化艺术节、无锡的太湖翠竹茶叶节、安徽祁门的祁红国际茶文化节、河南信阳的茶叶节等等。都以茶为载体，促进全面的经济贸易、旅游、文化的发展。

13.2 茶的分类与鉴别

茶树品种众多，树型可分为乔木型、半乔木型和灌木型 3 种。生长在多雨炎热地带的野生茶树多为树冠高大、叶子厚大的乔木型大叶种；在一些比较寒冷的地区，灌木型的中小叶种茶树比较常见，它耐寒冷、干旱、耐阴、树冠矮小、树叶较小；在长三角地区常见的是介于这两者之间的茶树，为半乔木大中叶树种。茶树最适宜生长的气候条件是 18～25℃的温度范围，年降水量在 1 500 毫米左右，海拔高度 300～2 130 米。海拔与湿度结合能促进必要的缓慢生长，茶树种植的海拔越高，味道越醇，品质越高，而且高山茶比平地茶多耐泡，营养物质也丰富。世界上很多著名的茶叶都来自于海拔 1 200 米的灌木种植地，如海拔很高的斯里兰卡、中国的武夷山、印度大吉岭等。茶树性喜温暖、湿润，高山多雾出名茶，名优品种出名茶。茶树喜欢酸性土壤环境，适宜在土质疏松，土层深厚，排水、透气性良好的微酸性土壤中生长，以酸碱度 pH 值在 4.5～5.5 为佳。

人们日常饮用的茶叶是采摘茶树的芽叶制成的。由于茶树芽叶内的各种成分含量的差异，适宜制成不同的茶类。如乔木型和半乔木型的适合制作红茶，灌木型的适合制作绿茶，也有的茶树品种红茶、绿茶都适合制作。有些树种如福建武夷水仙、安溪铁观音等适合制作半发酵的乌龙茶。实际上，各种茶树的芽叶都可以制成红茶、绿茶、乌龙茶、黑茶等，只是品质上有所优次。我国历史上一些著名的名优茶产区出产的某些名茶名品，其实也是经过多

① 丁以寿.中国饮茶法源流考[J].农业考古，1999.2

年来茶树品种和茶类适制反复实践以及茶叶消费市场选择的结果。所以，茶类品种的不同，是由于茶叶加工工艺的差异造成的，并不是红茶用红茶树叶制成、绿茶用绿茶树叶制成、乌龙茶是用乌龙茶树叶采制的。

中国茶叶在长期的自然选择和人工选择下，经历了漫长的演化，形成了许多种类，仅就我国已知的栽培种类就有 500 多个，目前常用的国家级优良品种有 77 个。据不完全统计，目前，我国各地生产的名优茶逾千种，仅《中国茶叶大辞典》所载的就达 970 多种，其中绿茶 689 品，红茶 60 品，乌龙茶 87 品，白茶 15 品，普洱茶 6 品，花茶 46 品，紧压茶 55 品。

茶叶商品的分类较为复杂。从商品学的角度看，不同的划分方法得出的结果不同。陈椽先生从制法和品质角度把初制茶分为绿茶、黄茶、黑茶、青茶（乌龙茶）、白茶、红茶六大类；从制造加工的角度，程启坤先生提出基本茶类和再加工茶类两分法；国际贸易上，茶叶出口分为绿茶、红茶、乌龙茶、白茶、花茶、紧压茶和速溶茶七大类；刘勤晋先生从现代茶使用功能的角度有“三位一体”分类法。而国外，茶叶分类则比较简单，欧洲从商品特性的角度将茶叶分为红茶、乌龙茶和绿茶 3 类；日本普遍按茶叶发酵程度把茶叶分为不发酵茶、半发酵茶、全发酵茶、后发酵茶等。陈宗懋主编的《中国茶经》中将中国茶分类如下：

- 中国茶类
  - 基本茶类
    - 绿茶
      - 蒸青绿茶（煎茶、玉露等）
      - 晒青绿茶（滇青、川青、陕青等）
      - 炒青绿茶
        - 眉茶（炒青、特珍、珍眉、凤眉、秀眉、贡熙等）
        - 珠茶（珠茶、雨茶、秀眉等）
        - 细嫩炒青（龙井、大方、碧螺春、雨花茶、松针等）
      - 烘青绿茶
        - 普通烘青（闽烘青、浙烘青、徽烘青、苏烘青等）
        - 细嫩烘青（黄山毛峰、太平猴魁、华顶云雾等）
    - 白茶
      - 白芽茶（白毫银针等）
      - 白叶茶（白牡丹、贡眉等）
    - 黄茶
      - 黄小茶（北港毛尖、沩山毛尖、温州黄汤等）
      - 黄芽茶（君山银针、蒙顶黄芽等）
      - 黄大茶（霍山黄大茶、广东大叶青等）
    - 乌龙茶（青茶）
      - 闽北乌龙（武夷岩茶、水仙、大红袍、肉桂等）
      - 闽南乌龙（铁观音、奇兰、黄金桂等）
      - 广东乌龙（凤凰单枞、凤凰水仙、岭头单枞等）
      - 台湾乌龙（冻顶乌龙、包种乌龙等）
    - 红茶
      - 功夫红茶（滇红、祁红、川红、闽红等）
      - 小种红茶（正山小种、烟小种等）
      - 红碎茶（叶茶、碎茶、片茶、末茶）
    - 黑茶
      - 湖南黑茶（安化黑茶等）
      - 湖北老青茶（蒲圻老青茶等）
      - 四川边茶（南路边茶、西路边茶等）
      - 滇桂黑茶（普洱茶、六堡茶等）
  - 再加工茶类
    - 花茶（茉莉花茶、珠兰花茶、玫瑰花茶、桂花茶等）
    - 紧压茶（黑砖、茯砖、方茶、饼茶等）
    - 萃取茶（速溶茶、浓缩茶、罐装茶水等）
    - 果味茶（荔枝红茶、柠檬红茶、猕猴桃茶等）
    - 药用保健茶（减肥茶、杜仲茶、降脂茶等）
    - 含茶饮料（茶可乐、茶汽水等）

刘勤晋在《茶文化学》一书中按茶的现代功能“三位一体”分类法分类如下：

- 茶叶饮料
  - 泡饮式
    - 绿茶——按制法分
      - 炒青：如珍眉、珠茶、龙井、碧螺春、贡熙等
      - 烘青：如黄山毛峰、蒙顶甘露
      - 晒青：如川青、滇青
      - 蒸青：如玉露
    - 黄茶——按制法分
      - 湿坯闷黄：如蒙顶黄芽、远安鹿苑茶
      - 干坯闷黄：如君山银针、安徽黄大茶
    - 青茶——按制法分
      - 筛青做青：如闽北水仙、大红袍、武夷岩茶
      - 摇青做青：如台湾包种、冻顶乌龙、安溪铁观音
    - 花茶——按窨花种类分：如茉莉花茶、珠兰花茶、玫瑰红茶、中国香兰茶、荔枝红茶
    - 红茶——按制法分
      - 功夫红茶：如祁门红茶、川红功夫
      - 小种红茶：如正山小种、烟小种
      - 红碎茶：如 C. T. C. 红茶、洛托凡红茶、转子机红茶
    - 白茶——按嫩度分
      - 芽茶：如白毫银针
      - 叶茶：如白牡丹、秀眉等
  - 煮饮式
    - 黑茶——按产地分：如云南普洱茶、安化黑茶、广西六堡茶、日本阿波晚茶
    - 砖茶（紧压茶）——按形状分
      - 篓装紧压茶：如四川康砖、金尖、方包茶
      - 砖形茶：如湖南黑砖、花砖、茯砖、湖北老青砖、紧茶、云南方茶
    - 腌茶——云南竹筒茶、日本富山黑茶、其石茶
    - 擂茶——湖南擂茶、广西擂茶
    - 油茶——湖南湘西油茶、四川土家油茶、西藏酥油茶、蒙古族奶茶
  - 直饮式
    - 速溶茶——速溶红茶、速溶绿茶、速溶乌龙茶、速溶花茶、速溶普洱茶
    - 冰茶——柠檬冰茶、苹果冰茶、香草冰茶、麦香冰茶
    - 汽水茶——柠檬汽水茶、荔枝汽水茶、香草汽水茶、果味汽水茶
    - 泡沫茶——泡沫红茶、泡沫乌龙茶、泡沫包种、泡沫铁观音
    - 茶水罐头——荔枝红茶、麦香红茶、乌龙茶、茉莉花茶、玉露绿茶
    - 茶酒——四川茶酒、日本茶酒、台湾茶酒
- 茶叶食品
  - 茶糖果——红茶奶糖、红茶朱古力、红茶饴、绿茶饴
  - 茶点心——红茶饼干、红茶蛋糕、浆茶三明治、绿茶馒头
  - 菜肴——龙井虾仁、樟茶鸭子、清蒸茶鲫鱼、绿茶番茄汤、凉拌茶尖
  - 茶饭——茶粥、鸡茶饭、盐茶鸡蛋
  - 茶冷饮品——红茶冰淇淋、红茶娃娃糕、绿茶果冻
- 茶保健品
  - 茶多酚——维多酚、儿茶酚口服液
  - 保健茶
    - 专用药茶：宁红保健茶、清咽保健茶、防龋茶、降糖茶、降脂茶
    - 补药茶：人参茶、富硒茶、杜仲茶、八珍茶、参芪茶
  - 茶多糖抗辐射针剂
- 茶叶日用化工品及添加剂
  - 茶叶抗氧化剂、茶叶色素、茶叶保鲜剂
  - 茶皂剂制品：茶叶洗发香波、茶叶防臭剂、茶叶起泡剂（表面活性剂）

在基本茶类中，绿茶类是属于不发酵茶，发酵度为零。这类茶叶的颜色黄绿、翠绿或墨绿等，经过冲泡之后，茶汤绿黄色，滋味鲜爽。开汤后茶汤与热空气接触容易氧化变色，变成

黄、黄褐色等。绿茶富含叶绿素、维生素C，茶性寒，咖啡碱、茶碱含量较多，较易刺激神经。红茶类属于全发酵茶，发酵度为100%。干茶外形常为芽条状及碎片状，颜色为深红、红褐色，茶汤红艳，具有麦芽糖香、焦糖香，滋味醇厚略带涩味。红茶茶性温和，不含叶绿素、维生素C，含咖啡碱、茶叶碱等较少，兴奋神经效能较绿茶低。乌龙茶（也称青茶）类属于半发酵茶，发酵度为10%～70%。乌龙茶的种类较多，干茶呈深绿色或青褐色，泡茶后茶汤呈黄绿色或金黄色，茶香具有花香果味，从清新的花香、果香到熟果香都有。滋味醇厚回甘，略带微苦，饮后舌底回甘，余韵悠长。茶性温凉，略有叶绿素、维生素C，咖啡碱、茶碱约有3%。白茶是我国的特产，主要分两大类：一是指用白茶树的鲜叶为原料制成的茶叶，采用绿茶的加工工艺制作，因其芽叶满披白毫，成银白色。严格地说，未经萎凋工序的白茶应属绿茶类的白茶，如浙江安吉白茶、太湖白茶等。二是指采用工序：鲜叶—萎凋—轻微发酵—自然干燥或文火微焙的方法制作的轻度发酵的白茶（发酵度为10%～20%）。如银针白毫茶、白牡丹、贡眉等。银针白毫茶芽头肥壮，遍披白毫，挺直如针，色白似银。干茶色白隐绿，茶叶表面有白色茸毛，多呈针形或长片形。冲泡后，茶汤呈象牙色，味清鲜爽口，甘醇，香气较弱。茶性寒凉，有退热祛暑之功效。黄茶类属于部分发酵茶，发酵度为10%～20%，具有黄叶黄汤的特色，香气清纯，滋味甜爽。黑茶类属于后发酵茶，随时间的不同，发酵程度会发生变化。干茶颜色为青褐色，泡茶后，汤色橙黄或褐色，具有陈香，滋味醇厚回甘。黑茶花色品种丰富，茶性温和，可久藏不坏，耐煮泡。

在再加工茶类中，花茶（也称香片）是将茶叶加入香花窨烘而成的。其发酵度根据茶坯的不同而有所差异，现有绿茶花茶、乌龙茶花茶、红茶花茶等。其干茶颜色因茶类不同而带有茶坯形状，允许有少许花瓣存在，其茶具有茶香和花香的特色，其性凉温都存在，视茶坯而定。紧压茶以红茶、绿茶、乌龙茶、黑茶的毛茶为原料，经过加工、蒸压成型后而制成成品茶。各种茶类的毛茶都可制成紧压茶，干茶大都为暗色，煮泡后茶汤颜色也多为深色，香味沉稳而厚重。萃取茶是以成品茶或半成品茶为原料，用热水萃取茶叶中的有效成分，获得茶汁，经系列加工后，制成固态或液态茶，统称为萃取茶。果味茶是在茶叶半成品或成品中加入果汁后制成的各种含有水果味的茶。药用保健茶是指用茶叶和某些中草药或食品拼和调配后制成的各种保健茶，增强了该种茶的保健功效。含茶饮料是在饮料中添加各种茶汁而开发出来的新型饮料，受到了城市快节奏生活的人们的普遍欢迎①。

13.3 茶具文化

我国茶具种类繁多，各类材质各式造型的茶具世界驰名。古今中外，从古至今的各国权贵富豪无不以拥有中国茶具为荣，而茶具中的宜兴紫砂壶、景德镇瓷茶具更为爱茶人士所追捧。茶具也叫茶器，最初都称为茶具。西汉王褒《僮约》中的"烹茶尽具"，指烹茶前要将各种茶具洗净备用。到晋代以后则称茶器。到唐代，陆羽《茶经》中将采制所用的工具称为茶具，将烧水泡茶的器具称茶器，以区别其用途。宋代，又合二为一，把茶具、茶器合称为茶具。一般而言，狭义的茶具，主要指茶杯、茶碗、茶壶、茶盏、茶碟、托盘等饮茶用具。广义的茶具，是指与饮茶有关的所有器具。

① 陈文华，余悦．茶艺师．北京：中国劳动社会保障出版社，2004．45～47

13.3.1 茶具的演变

我国茶具发展最早，在原始社会，人们生活简朴，饮食文化不发达，还没有专门的茶具，饮食器具多为土罐、木碗等，且一器多用。进入阶级社会，食器有了发展，开始出现陶碗，逐渐演变才出现了专门用于储茶、煮茶和饮茶的茶具。茶具的发展是中华民族食品文化发展的集中反映，也是陶瓷工业、制壶技艺和茶道茶艺有机结合的象征。

古代的茶具演变有一个漫长的过程，从无到有，从共用到专一，从粗糙到精致。发展到后来，依其用途不同，主要可以分为生火用具，煮茶用具，烤、碾、量茶具，水具，盐具，饮具，洁具，藏陈用具8类。根据质地的不同又有陶土、瓷器、玻璃、搪瓷、漆器、玛瑙、金属、竹木茶具等。陶土茶具出现于新石器时代晚期，由硬陶发展成釉陶，直到晋朝才较多采用瓷茶具。唐朝时瓷壶（也叫注子）、瓷碗、白瓷为主要的茶具；宋代时黑瓷、青瓷、白瓷等较为流行，茶具的型制方面出现了茶盏（茶盅）、茶壶也由常见的莲花瓣形发展成瓜棱形；元朝时景德镇青花瓷最为鼎盛，闻名于世；明朝时宜兴的紫砂陶土茶具又与瓷器争齐斗艳，名噪于世，此时的景德镇在青花瓷的基础上又创烧了“斗彩”、“五彩”、“填彩”等；到清朝时，陶瓷茶具的生产达到了空前鼎盛时期，形成了以瓷器和玻璃器为主的局面，朝廷内外多以瓷器为佳品。

13.3.2 细说紫砂陶

陶土茶具中的紫砂茶具以其特殊的材质和悠久的与茶结合的历史而享誉世界。江苏宜兴被世人誉为“世界陶都”，和江西的景德镇瓷器并称为“景瓷宜陶”，外国人称紫砂壶为“红色瓷器”。紫砂壶始于北宋而盛于明代，它的兴盛与茶叶的制作、饮用，由蒸团、碎碾、沸煮改为散叶、炒青、冲泡等有直接的关系。紫砂茶具和一般陶器茶具不同，其里外都不敷釉，被誉为“素面素心”。制壶原料选用宜兴特有的紫砂泥，主要分为紫泥、绿泥和红泥三大类。每种泥料又可细分，而且可以按一定比例混合成不同质感的泥料。每种泥料在不同的温度下烧成后色彩各异，因此，紫砂壶可制成色彩斑斓的各类茶壶，制壶的紫砂泥也被人们称为“五色土”，体现了制壶艺人以抟土为生的爱恋之情。“人间珠玉安足取，岂如阳羡溪头一丸土”，“与金玉等价”，“壶以字贵，字以壶传”，这都是对紫砂壶艺术的赞誉。

明代以后，世人所饮茶类中逐渐流行发酵、半发酵茶，这类茶要求浓泡，重滋味和香气。明代新儒学的出现，将佛家的禅宗思想和道家思想糅合于儒学之中，提倡儒家的中庸、尚礼、尚简。佛家的内敛、喜平、求定，道家的自然、平朴、虚无等，讲究茶道审美，紫砂壶的裸胎素朴之美正好顺应了这一时代潮流，而从材质及功能上看，用紫砂壶泡茶到底有多大的魅力呢？有俗语称赞紫砂壶：“表里不施釉，盛茶不渗漏，透气性能好，烹茗香醇厚；储茶不变色，越宿不易馊，砂质无土气，泡茶味不走；寒冬不易冷，盛夏不炙手，沸水注不裂，火炖无破忧，赏用日经久，光润暗自留，越发显雅古，蕴蓄茶香悠。”具体而言，紫砂泥的可塑性很好；干燥收缩率小，可制成型制多样的壶艺作品；砂壶具有的双气孔结构，壶体内壁易吸收茶汁，外部致密易阻隔异味侵扰，使其具有良好的泡茶效用；耐冷热急变性能良好；紫砂壶长久使用会有黯然“宝光”，使人赏心悦目。由于朝夕相处，用心呵护，使用者也会对此器物产生特殊的感情。

紫砂壶的制作是宜兴陶业兴盛发展过程的一个必然产物。由于历史的原因，第一个制作紫砂壶的人具体是谁，寻典籍无从可考。据说是宜兴金沙寺的一位老和尚，性情“闲静有致”,常做壶为乐,而文人吴颐山的书童供春(也称龚春)陪主人在金沙寺读书时,偷学来老僧的制壶技艺,抟作“树瘿壶”。现在中国历史博物馆的藏有一“供春树瘿壶”,传是供春所作,专家多有疑义。继供春之后,在明代万历年间有董翰、赵梁、袁锡和时朋制壶高手四家。四家之中,以董翰的壶艺“工巧”,其他三家多“古拙”。时大彬是继供春之后知名度和影响力较大的一位制壶宗师,后人称其作品“千奇万状信手出”、“宫中艳说大彬壶”、“明代良陶让一时”等。时大彬的弟子众多,有李仲芳、徐友泉、欧正春、邵文金、邵文银、蒋伯荂、陈光甫等人。当时紫砂界曾流行说“壶家妙手称三大”之说,指的就是时大彬、李仲芳(大仲)和徐大友(友泉)。清代紫砂制壶又有发展,清初的陈鸣远、邵大亨、惠孟臣、蒋时英等,嘉庆年间的杨彭年和陈曼生,光绪年间的黄玉麟等,都有优秀的作品传世。民国时期的程寿珍、俞国良、李宝珍、范鼎甫、范大生、陈光明、冯桂林、汪宝根等,制壶也精美而多有创新。现代,紫砂制壶大师顾景舟、蒋蓉、徐汉棠、徐秀棠、汪寅仙、吕尧臣、谭泉海、李昌鸿、鲍志强、顾绍培、周桂珍等的壶艺作品,使紫砂壶艺达到了高度的艺术化,使茶友在静心品茗的同时,把紫砂壶具的艺术性上升到审美领域,达到了吃茶谈壶、静心怡悦的美好之境。

泡不同的茶需要选用相配的茶具,一方面是充分展示茶性的需要,另一方面也是充分享受茶的精神需要。一般而言,泡绿茶、黄茶、白茶和花茶多选用身矮的透明玻璃杯、瓷壶、瓷杯、瓷盖碗、紫砂壶等等。比如,用高约8厘米、直径约7厘米晶莹剔透的八棱玻璃杯来泡色泽翠绿、形状悦目的绿茶,看到茶叶在杯中上下翻腾起舞,就可得到目品、口品、神品和心品的高级享受。玻璃杯体若太高,易造成茶叶被烫闷,影响茶汤的滋味和香气,而且由于杯体较高,喝茶汤也不太方便。用瓷壶或紫砂壶,注意选择器型较矮、壶身口较大的,泡茶时不要加盖,以防止由于加盖闷烫而产生熟汤味,从而减少了鲜爽味和绿茶特有的香气。

泡乌龙茶多选用容积较小的紫砂壶。不同发酵程度的乌龙茶选用的紫砂壶也有细微差别,一般从容量的角度,又有一人壶、二人壶、三人壶和四人壶之分,常根据参加品茶活动的人员多少来选择。对于容量在200～300毫升的壶也多称“一手壶”,意指壶的大小适合用手掌把玩。品茗杯可以选择用紫砂材质或瓷质的等等,可以根据自己的口唇所触之感和喜爱品何种茶而定。其实,用心吃茶的朋友都有体会,用不同器型、色泽和材质的品茗杯,所喝进口中的茶汤感觉是不同的。对紫砂壶而言,制壶的紫砂泥料的细微差别、古代的壶和当代的壶胎质的差别,其泡茶的滋味也有差别。

紫砂壶经过历代爱茶人士的选用、养护,基本已经形成一套专业的知识体系。在爱茶人士、壶友们的细心品评和选择下,一般认为,从器型和材质的角度看,泡绿茶适宜选择壶口比较大、壶身较扁的壶,泥料用段泥(段泥浅色,黄色,泡出的茶平顺温和,黄色和绿色的茶汤配合,给人以轻松怡悦之感)、底槽青泥(紫泥的一种,棕褐色,配以绿色,以沉静之感)制作的壶;泡黄茶、白茶和绿茶择壶的要求类似;泡红茶适宜选择壶口小、壶身稍高些的,以达到闷茶的效果,泥料以清水泥(紫泥的一种)、底槽青泥等为佳;泡乌龙茶适宜选择用纯朱泥壶,因为朱泥因高收缩本质或砂浆比率而呈现之皱纹,壶表是平整的,但侧面细察却有许多微细、紧密而自然之收缩感浮现壶体,泡茶展香佳,茶汤柔滑,回甘强,有韵味,冲泡台湾高山茶、福建铁观音、乌龙茶等轻发酵重香气的茶;泡花茶适宜选择壶口大些、壶体矮些的,和绿茶选壶相似,泥料以底槽青和段泥为佳;泡普洱茶适合选择用底槽青泥壶和段泥壶,壶形有大盖的似茶杯状的壶。如果从声音角度看,一般用壶盖轻轻敲击壶体,壶音频率较高的,适合泡重香气的茶叶;壶音频率低些的,适合泡重滋味的茶叶。如果从胎体厚薄看,壶体胎质薄的,适合泡重香气的茶叶；壶体胎质厚实的，适合泡重滋味的茶叶。如果从颜色角度看，色泽深的壶适合泡发酵类的茶汤颜色深的茶；泥质色泽浅的壶适合泡不发酵的绿茶或微发酵的黄茶和白茶等茶汤色泽浅的茶。

若从紫砂壶的胎质密度来看，高密度的壶适宜泡清淡风格的茶，如绿茶、花茶、红茶或白毫乌龙茶等，其茶香不易被壶胎吸收，茶汤显得特别清冽；低密度的壶适宜泡香气低沉、滋味厚重的茶，如铁观音、水仙、普洱茶等，低密度的壶气孔率高、吸水量大，泡好茶后，嗅其壶盖内部则可闻到醇厚的茶香。

从壶艺所呈现的气韵角度来看，古拙的壶适合泡重滋味的乌龙茶、普洱茶、红茶等；清趣的适合泡重香味的绿茶、乌龙茶等；壶盖高的，似蒙古包穹隆状且壶唇高而薄的朱泥小壶，泡制重香气的乌龙茶，揭盖闻壶盖的香气，其壶盖的聚香功能不亚于闻香杯之闻香功效。

红茶多用瓷壶、紫砂壶进行冲泡。在宜兴，无论制壶的艺术家还是售卖壶具的壶商，他们常喝的就是宜兴本地出产的红茶，如竹海金茗茶、雪芽红茶等。红茶性温，对胃的刺激性较弱，茶汤色泽红艳，滋养茶壶效果也佳。选择器型方面，多为壶身较高和壶口较小者，便于保持温度，使茶味更加醇厚。

黑茶的泡制多用古拙的紫砂壶烹煮，以提高茶香和激发茶汤滋味。在少数民族地区，多用铝制或铜制的金属茶壶烹煮，加盐或奶等，制成了营养丰富的民俗茶。现在专用来打酥油茶的电动打茶器更加方便，已渐渐进入了藏民的家庭。

云南省质量技术监督局 2003 年 3 月公布了普洱茶的定义：普洱茶是以云南省一定区域内的云南大叶种晒青毛茶为原料，经过后发酵加工成的散茶和紧压茶。这个定义既包括历史上云南大叶种晒青毛茶及制成品经自然发酵而来的普洱茶(存放也是一种加工方式)，也包括现今人工发酵和自然发酵的普洱茶，如普洱散茶、普洱饼茶、普洱沱茶、普洱茶砖、贡茶(俗称生普)、普洱方茶(俗称熟普或熟茶)等。普洱茶又分生茶(生饼、青饼)和熟茶(熟饼)两种。在茶类划分上，生茶属于绿茶类，熟茶属于黑茶类。生茶是指由晒青绿茶制作成的普洱茶饼，完全依靠自然陈放而成。陈放期间由于微生物等的作用，茶饼的品质发生转化，一般要经过 15～20 年才能彰显其陈韵并有“活”的气氛。熟茶是指杀青后的湿坯直接经过渥堆，使其生青气迅速转化，达到内质的纯化。熟茶一般要经过 3～5 年的适当存放，其陈韵才能显露。

喝普洱的茶客们各有一番品鉴理论，又因普洱尚老，以陈年老茶为上品，在嗜好普洱茶人之中因嗜好及口感的差异各有论述，多用紫砂壶冲泡，浅底白瓷杯品饮。根据茶种不同及冲泡次数的差异，泡茶温度在 88～95℃之间，3 秒左右洗茶之后，20～60 秒不等倾出茶汤，熟茶香气有荷香、枣香、陈香、参香、樟木香等不同，滋味醇厚，性温和，刺激性弱，有暖胃之功效。生茶茶性烈，口感清爽，似绿茶，但储藏多年的老生茶，其味更加迷人，具有“气清水甜、甘润爽滑，舌底鸣泉”之美妙体验。品饮普洱茶，在台湾、香港等地尤其盛行。

13.3.3 选壶的学问

对一般的工业制品壶，艺术性的要求要弱于实用性。而对紫砂壶而言，其艺术性要求则较高。如何挑选呢？紫砂工艺美术大师顾景舟先生著文《简谈紫砂陶艺鉴赏》中曾说：“抽象地讲紫砂陶艺的审美，可以总结为形、神、气、态 4 个要素。形，即形式的美，是指作品的外轮廓，也就是具象的辟面相；神，即神韵，一样能令人意远，体验出精神美的韵味；气，即气质，陶艺的内涵的和谐协调色泽本质的美；态，即形态，作品的高、低、肥、瘦、刚、柔、方、圆的各种姿态。从这几个方面贯通一气，才是一件真正完美的好作品。”

紫砂壶从造型上看，主要可以分为花货、光货和筋囊货等。花货造型主要是把自然界动植物的自然形态，用浮雕、半浮雕、堆雕等造型设计成仿生形态的茶壶，也称为“自然形体”，如常见的南瓜壶、梅桩壶、寿桃壶等。评价花货作品，应探究其“形、神、气、态、韵、精、功”的多种效果。光货又分为圆器和方器，也叫“几何体造型”，是根据球形、筒形、立方、长方及其他几何形变化形成的。圆器造型讲究“圆、稳、匀、正”，其艺术性要达到“柔中寓刚，圆中有变，厚而不重，稳而不笨，有骨有肉，骨肉亭匀”。方器造型方中藏圆，线面挺括平正，轮廓线条分明，给人以干净利落、明快挺秀之感。艺术造型规则是：“线条流畅，轮廓分明，平稳庄重，以直线、横线为主，曲线、细线为辅，器型的中轴线、平衡线要正确、匀挺、富于变化。”所谓“方非一式，圆不一相”就是说紫砂壶的造型方圆多样，没有统一的样式。它讲究外轮廓线的组合，并用各种线条作为装饰变化，要求壶体光洁，块面挺括，线条利落。筋囊货也叫筋纹货、筋囊器、筋纹形体。将自然界中的瓜棱、花瓣、云水纹等形体分为若干等份，把生动流畅的筋纹纳入精确严格的设计当中，即作出“筋囊器”。其造型，不仅在侧视上寻求变化，其俯视面上的形象更加吸引人。筋纹器造型纹理清晰流畅，口盖衔接严密是艺术与技术的高度统合。另外，还要类似雕塑作品的紫砂壶，也有壶做好之后，趁壶坯未干之时，用外力挤压壶体，俗称“摔壶”，倘壶体未有摔破，可入窑烧制，烧好之后，得其特殊造型的砂壶（如吴光荣、许艳春创制的壶艺作品）。随着各种新科技在紫砂壶制作上的应用，各类创新壶会不断问世。

从紫砂壶的质量上分，有粗货、细货和特种工艺品之分。在一般旅游小商店看到的多为粗货和细货砂壶，特种工艺品因价值高，往往为制壶名家制作的壶艺作品，在旅游商店中较少见到，在选购紫砂壶时注意谨慎购置。

选购紫砂壶，一般应注意从泥质、工艺、装饰、印章款识等几个方面来判定壶的优次。泥质的优次判断，要经常接触优质泥料的砂壶才能提高辨识能力，假若见识的少，也可以从店家标价的壶上进行比较而初步判定。鉴赏紫砂壶，可从远观和近辨两个方面来判定。远观，主要观整个砂壶的“气”，砂壶的气质和韵味要用平和的心来品味，砂壶的造型符合艺术美，外观流畅。近辨，要用手触摸，提拿砂壶，要手感舒适，取用方便。砂壶质地细腻，色泽温润，口盖密合，轻旋壶盖顺畅，用壶盖轻敲壶体发声铿锵悦耳。壶内无异味、火烧味、土腥味、油哈味或人工着色剂等怪味。壶把、壶嘴、壶盖造型位置安排得当，取用及倒水都顺畅。特别要注意用水检验壶盖和壶身的密闭性及壶嘴的断水性如何。方法是用手按住壶盖气孔，再倾壶倒水以不漏水并壶盖不翻落者为好，倾壶倒水能够一次倒净，壶嘴出水有力且水束不散，倒水后，残留的水不会顺着壶嘴下流到壶身外。但不流涎的壶一般较难选到。在壶底和盖内及壶把的末端会有制作者或经销商的印章，名家的壶常属艺术品，在一般商店难以觅得，而且价高（工艺美术师的作品常以千元、万元人民币为定价单位），购买时要请懂行的人参考，不要有取巧捡漏的购买心态。紫砂壶的装饰技法很多，如有陶刻装饰、绞泥装饰、镶嵌装饰（包括镶嵌金、银、玉、红木）、包银锡装饰，满釉装饰、粉彩装饰、泥绘装饰、抛光等等，每一种技法都凝结了艺术家精湛的技艺。从制作工艺上看，有传统手工制作的，有模具配合手工制作的，也有灌浆制作的，还有手拉坯制作的。一般而言，茶人壶友多青睐传统手工制壶，价值较高，模具壶多在壶把和壶嘴的中线处有突出的现象，在选购的时候要注意识别。有时售壶者会误导挑选壶的标准，比如在紫砂壶壶店内，就常有店家用火柴在紫砂壶上能够擦着火，用脚踩住紫砂壶壶不碎，在盛满水的水盆上将壶放在水面上能够平稳漂浮，俗称“水上漂”，若顾客有疑议壶嘴或壶把有些歪，店家就说“十壶九歪”属正常现象。凡此种种都属以偏概全，有夸大和不当之处，需要明辨。

13.3.4 养壶有法

美食者一定会有生活的审美体验，爱茶者定会寻觅适合自己的那把壶。依心觅得佳壶定是怜爱有加，如何才能养好一把紫砂壶呢？

使用紫砂壶泡茶要注意不能使紫砂壶沾到油渍，每次品茶的时候要先用无香的洗手液或肥皂洗净手，用干净的棉质茶巾擦干手，泡茶和品茶之余暇，可反复用沾有茶汤的茶巾擦拭壶体，品饮茶活动完毕之后，要即时清理出叶底（茶渣），用茶巾全面的擦干净壶体，打开壶盖，使壶和壶盖分开放置通风干燥处。第二次泡茶之时，先用开水温壶，再放入适量茶叶，进行泡茶细品。通过如此养护，日久天长，用鼻深嗅壶体内部，能够嗅出壶体内散发的特有茶香，若用白开水冲壶，似有淡淡茶香，用心养壶者不妨一试，可得紫砂养壶的美妙。

在品茶时，需用心地慢慢抚摸和擦拭壶具，用心地和壶进行思想的交流，也许从养壶中你就能深刻地明白制壶艺术家的良苦用心，通过茶壶和茶，多了一位神交的益友。

除紫砂壶受茶人壶友追捧之外，现代茶具尚有瓷质茶具（如青瓷、白瓷、青花、黑瓷等）、玉器茶具、玻璃茶具、金属茶具、竹木茶具、石质茶具、水晶茶具、玛瑙茶具、搪瓷茶具等。其中石质茶具中的用石头雕刻的石壶，其艺术性和泡茶性也较佳，是近年来受到茶人喜爱的茶具。石头中有益于人体的微量元素常随茶汤被补充到人体内，石质的天然纹理和质感和各种造型一同给茶人带来美的享受。

用瓷质的茶壶泡茶，因瓷质致密，瓷胎不会吸收茶汁，不必刻意养壶，只要每次泡完茶把茶渣洗净、擦干，放在干燥通风处保存即可。但瓷壶经过长期使用也会有岁月的包浆，一样会有心动的喜悦。用心的爱你的壶吧，因为，喝茶不仅仅是享受美味的过程，也是用心感悟生活、修身养性、享受生命的过程。

13.4 茶道、茶艺与茶俗

中华茶文化，是一个原生的、自然生成的文化，其饮食与药用价值又与儒释道有密切的关系，具有极其深厚、强大的物质文化背景。它继承和发展了古人的自然观、宇宙观，强调身心协调，以“廉、美、和、敬”为茶人的茶德精神，其内涵十分广泛。

我们所说的中华茶文化，一般是指在饮茶、品茶、制茶中所蕴含的某种观念、程式和理论形态的总和，涉及中国哲学、史学、文学、美学、艺术学、民俗学、商品学等诸多领域，体现了中国传统文化的积淀和民族特征的某些方面，其内容博大精深、内涵丰富。

从文化的内部结构来看，文化可包括物态的、制度的、行为的、心态的等几个层面。具体而言，在茶文化方面，主要包括：

(1) 物态文化。人们从事茶叶生产活动方式和产品的总和，既有关于茶叶的栽培、制造、加工、保存、化学成分及保健疗效等研究，也包括品茶时所使用的茶叶、水、茶具以及桌椅、茶室、挂画、插花等可视物品和建筑。

(2) 制度文化。人们在从事茶叶生产和消费过程中所形成的社会行为规范。如，随着茶叶的发展，历代统治者不断加强其管理措施，称之为“茶政”，包括纳贡、税收、专卖、内销、国际贸易等。从现代而言，主要包括有关茶叶生产及贸易方面的有关的政策法律规定等。

(3) 行为文化。人们在茶叶生产和消费过程中的约定成俗的行为模式，通过茶俗、茶礼以及茶艺的形式表现出来。如我国历来的客来敬茶的礼俗、以茶表敬意、以茶预示婚姻、以茶敬佛、以茶祭祀等，还有我国各地历来形成的各个民族的饮茶风俗习惯，以及茶与不同国家、不同民族所用后形成的不同饮茶风俗等等。

(4) 心态文化。人们在应用茶叶的过程中所孕育出来的价值观念、审美情趣、思维方式等主观因素。如人们在品饮茶汤时所追求的审美情趣，在茶艺操作过程中所追求的意境和韵味，以及由此生发的丰富的联想；反映茶叶生产、茶区生活、饮茶情趣的文艺作品；将饮茶与人生处世哲学相结合，上升到哲理的高度，形成所谓的茶德、茶道等等。通过品茶活动、茶艺实践、欣赏“茶艺术”作品等表现出来，这是茶文化的最高层次，也是茶文化的核心部分。

13.4.1 茶道的内涵

茶道是中华茶文化的核心内容。目前茶学界对茶道、茶艺等的认识还多有争鸣。历代茶人学者对何为茶道多有探索，但古代茶人提出的茶道却含义广博，而无定论。如最早提出“茶道”的皎然、封演、茶圣陆羽以及涉及茶道概念的裴汶、卢仝、刘贞亮等都未能确切说明“茶道”的含义。也许正是由于“茶道”一词的语意模糊，在唐之后的时代，茶道一词几近沉寂，直到近代才被大量使用。在古代，茶德的含义主要是指对饮茶的道德要求，即饮茶人的品德要求。大多数学者认为“茶德”是我国茶道发展早期的含义。如唐代刘贞亮在《茶十德》中将饮茶的功德归纳为 10 项：以茶散郁气，以茶驱睡气，以茶养生气，以茶除病气，以茶利礼仁，以茶表敬意，以茶尝滋味，以茶养身体，以茶可行道，以茶可雅志。

中国茶道是中华茶文化的核心，属中华茶文化的精神层面，它更多的体现了中华民族传统的思想观念。中国人的民族特性是崇尚自然，朴实谦和，不重形式。饮茶也是这样，不仅仅像日本茶道那样具有严格的仪式和浓厚的宗教色彩。中国茶道是母体，是源。自唐代陆羽开创之后，融儒释道于一体，博大精深，流派众多，既具有宗教色彩(如禅茶道、道家仙茶道等)，又具有活泼自然的生活茶道特色。日本茶道是分支，是流。它是自宋代开始，在学习了中国茶艺茶道的基础上，以禅宗茶文化为基础所创立的茶文化流派，结合日本文化不断吸收中华茶文化的精华，发展很快，产生了较大的影响。

日本茶道把建筑、园艺、美术、宗教、思想、文学、烹调、技术等文化诸风格融为一体，在一般喝茶习惯的基础上，通过特定的程序和内容(如对饮茶用具、煮茶方法、茶室布置、礼节礼貌、交谈话题等都有特定的规定和要求)，从饮茶中追求艺术、感悟人生、陶冶情操、精神的修炼等等，采用一种特殊的礼仪，这种礼仪的技艺规范、精神境界、礼教功效等使茶道始终保持着一种神奇的魅力。它以“四规七则”为茶道宗旨，“四规”即和、敬、清、寂。“和”是强调主人与客人之间要和睦相处；“敬”指上下关系分明，待人要有礼节；“清”指茶室的茶具要清洁干净，人心要清净；“寂”是指茶事活动要有恬静和美的气氛，茶人们表情庄重。“七则”是指茶要浓淡相宜；煮茶水要讲究火候；茶水的温度要和季节相应；插花要新鲜恰当；客人要提早到来；不下雨也要准备雨具；要照顾好所有的客人。

但茶道毕竟是指导饮茶的思想核心，茶艺活动等一切茶文化活动都要在茶道的思想指导下进行。台湾中华茶艺协会第二届大会通过的茶艺基本精神是清、敬、怡、真。台湾吴振铎教授解释:"清"是指清洁、清廉、清静、清寂。茶艺的真谛不仅要求事物外表之清,更需要心境清寂、宁静、明廉、知耻。"敬"是万物之本,敬乃尊重他人,对己谨慎。"怡"是快乐怡悦。"真"是真理之真,真知之真。饮茶的真谛,在于启发智慧与良知,使人在生活中淡泊明志、俭德行事,臻于真、善、美的境界。我国大陆学者对茶道的基本精神有不同的理解,其中最具代表性的是茶业界泰斗庄晚芳教授提出的廉、美、和、敬。庄老解释为:"廉俭育德,美真康乐,和诚处世,敬爱为人。""武夷山茶痴"林治先生认为和、静、怡、真应作为中国茶道的四谛。因为,"和"是中国茶道哲学思想的核心,是茶道的灵魂;"静"是中国茶道修习的不二法门;"怡"是中国茶道修习实践中的心灵感受;"真"是中国茶道终极追求。

中国茶道精神的特点要能够体现中国饮食文化的精神,中国茶人的心态文化要能够体现出茶道精神的时代性以及可发展性。茶道精神是茶文化的核心,是茶文化的灵魂,是指导茶文化活动的最高原则,我们在茶道精神的指引下来进行茶艺、茶具创作、茶事等茶文化活动,使中国茶文化事业向着健康向上的方向前进,与时俱进。

中国茶道的精神是和谐、宁静、圆融、朴真的相互统一。"和谐"意为以"和"为核心的和而不同,和谐一致;"宁静"是茶能够使茶人涤烦去燥,心灵归于宁静;"圆融"是中华阴阳调和运动思想的体现,圆满而有机的融合;"朴真"是茶的质朴真性与人际关系追求素朴、真诚。通过茶事的举行而体现茶道的精神。

13.4.2 雅致的茶艺

茶艺的含义是:以中国茶道精神为指导,通过艺茶的过程、品茶的实践(也包括了解茶、欣赏茶、泡好茶、品好茶等),配合当时营造的环境(包括音乐、空气的质量等无形的环境),加上内心的思悟而完成的茶事活动。

茶艺内涵丰富,表现形式多样。比如从主体不同来看,有宫廷茶艺、文士茶艺、民俗茶艺和宗教茶艺等;从茶类的角度来看,有各种名优绿茶茶艺、红茶茶艺、乌龙茶茶艺、黄茶茶艺、白茶茶艺、黑茶茶艺、花茶茶艺、紧压茶茶艺等;从举行茶艺活动的目的性来看,有生活型茶艺、表演型茶艺和促销型茶艺等等。而且在不同的地域,茶艺的表现程式也是不大相同的,但都是以中国茶道为指导思想,是学问与艺术的结合。只要能够真正体现中国茶道内涵的都是好的茶艺,千万不要太机械的按照某些程式来约束茶艺,参与茶事活动的时候,保持宽容和欣赏的心态是十分重要的。做好茶艺,概括起来要求做到"四要七会":要精茶、要真水、要活火、要妙器;会选择茶、会选择水、会选择茶具、会选择环境、会煮水、会泡茶、会品茶。总体上说,就是要使茶艺的主要因素——茶、水、器、环境、技艺、心灵等达到完美的统一。

茶艺的最高境界是人与景、人与物、人与天地、人与大自然的形神结合,达到人、境、物、情、景的交融和统一。达到这种境界是要以文化的深厚素养为基础的,不是一蹴而就的,需要不断的研习和领悟。

从内涵上看,中国茶艺讲究文质并重,尤重意境;从形式上看,百花齐放,不拘一格;从审美上看,强调自然,崇尚静俭;从目的上看,追求怡真,注重修心养性。

多数人一提到茶艺或者茶道,大多会用手提茶壶倒茶的"凤凰三点头"的动作来表示,无论是否看过或亲身小试茶艺,大家对茶艺都有着或深或浅的认识。那茶艺是如何进行的呢?一般而言,它包括了取茶、赏茶、投茶、冲泡(温润泡、开汤)、闻香、品饮、续水冲泡等程序。而且不同的茶类其流程或复杂或简约，解说词或优美或简单，直到用心体悟，沉默不语，这其中的内涵还要大家深入其中才能感受到茶艺的魅力。

欣赏茶艺的美，要保持开放宽容的心态和享受一杯茶的快乐心情。不要以"挑剔"的心态来对待茶艺表演者，要用心体会，充分享受茶艺之美。

对茶艺表演者而言，要了解茶性，泡茶时选用适当的茶具，用水得法，艺茶者的服饰、仪表神态、心境要与环境相统一，背景音乐要选配恰当，既注意茶艺流程中的细节动作，又能体现茶艺中的神韵，充分展示中国茶艺之美。

习茶，学会以茶养生，以追求内心的修养为宗旨，充分享受从准备茶到泡好并品饮一壶茶的每一个细节，和茶、茶具、茶友相互沟通，交流思想的过程。在茶艺的过程中，以"朴讷有容"的心态，尊重友人，看重每一个器物、茶叶，注重以茶所引发的哲思。

中国茶道不仅在哲学上受到儒释道三家的深刻影响，而在美学表现形式上受三家的影响也很大，并能兼收并蓄，博取众家之长，形成自己的特点。中国茶道的美学通过茶人们"以艺示道"，通过茶艺来表现茶道美学。主要特点是具有神韵、对称与和谐统一、注重节奏、自然朴素、对比协调、主次分明、强调意境等。而日本茶道的美学上，主要有"不均齐"之美、简素之美、枯高之美、自然之美、幽玄之美、脱俗之美、静寂之美等①。

对中国茶道而言，道家表现在源头，儒家体现在核心，佛家主要表现在茶文化的兴盛和发展方面。中华茶文化最大限度地包容了儒释道三家的思想精华。道家的自然境界，儒家的人生境界，佛家的禅悟境界，融会成了中国茶道的基本格调和风貌，也表现了中国茶道的和谐与宁静、淡泊与旷达、注重礼仪教化与养生、注重清思养性的特色。

在中国茶道中，儒释道三位一体，共同体现了中国茶道的精神——"天人合一"。在中国这样一个以农立国的文化中，形成天人合一的整体思维观是十分自然的，在一切农事活动中，人本来就直接的亲密无间的与天地相交融。日出而作，日落而息，恪守天时，深耕细植，人与大自然形成了一个系统的整体。这与西方人的人神对立的观念是区别很大的。所以，西方人虽然也饮茶，但是他们很难体会中国人的饮茶的内涵。今天的茶文化，已渗透到社会的各个层面，成为中华民族的国饮，同时，也成为一种现代文明的象征。它参与构建着新时代的人与自然、人与人、人与心的和谐，直至构建和谐社会，茶文化起着十分重要的作用。茶文化的发展，也必然趋向于人与自然的融合、个体与群体的融合、意识与物质的融合②。中国的茶道，将一直受到世人的尊敬。

在东方茶文化中，中国、日本、韩国茶文化各具特色，在当代又交流不断。韩国茶道精神主要体现为敬、礼、和、静、清、玄、禅、中正，受我国儒家思想的影响最大；日本茶道受佛教影响最大，故重"禅茶一味"和"清寂"；中国茶道受道家思想影响最大，故重"自然"、"虚静"和"率真"。

在当代的茶艺中，中华茶艺基本上是泡茶茶艺，注重茶的品饮和冲泡艺术；韩国茶艺以泡茶为主，点茶、煎茶为次，非常重视礼仪；日本茶艺以抹茶(点茶)为主流，煎茶(泡茶)为支流，重礼仪，重禅味。

---

① 林治. 中国茶道[M]. 北京：中华工商联合出版社，2000

② 陈香白，陈再粦. 茶文化通义[J]. 中国数字期刊网(1994—2006)

13.4.3 多彩的茶俗

茶之为饮，上下五千余年，在中国渗透到祖国各地，无论城市乡间，可以说只要有人居，就会有茶的饮用；从中国传播到国外，饮茶风俗习惯又与国外的当地饮食习惯等风俗相碰撞融合，又有其异域风情。

中国幅员辽阔，历史悠久，民族众多，现有56个民族，分布在祖国各地。其中各民族除聚居生活外，也有部分杂居在其他民族生活区。因此饮茶的风俗也多姿多彩，丰富并发展着中华茶文化。

独具特色的少数民族饮茶习俗以及中国各区域民俗的差异，即使是同一个民族，由于地域的差异，饮茶习俗也相差很大。这些多样的饮茶方式，与众多的民俗节日和人生仪礼共同交织形成了丰富多彩的茶俗茶礼。少数民族茶俗中，比较闻名的有：藏族酥油茶；维吾尔族奶茶与香茶；蒙古咸奶茶；云南白族的三道茶和响雷茶；云南基诺族的凉拌茶和煮茶；云南布朗族的酸茶和青竹茶；云南傈僳族的雷响茶；云南傣族、拉祜族的竹筒香茶；云南崩龙族的水茶；云南爱尼族的土锅茶；云南纳西族的盐巴茶与"龙虎斗"茶；景颇族、拉祜族、彝族的烤茶、腌茶；土家族的擂茶；客家擂茶；苗族虫屎茶；羌族的罐罐茶；苗族、侗族的油茶（也叫打油茶）；裕固族的摆头茶；佤族的铁板烧茶（苦茶）；布依族"姑娘茶"；回族罐罐茶、三炮台盖碗茶；撒拉族三炮台碗子茶；等等。

在汉族茶俗中，如主要流行于福建、台湾、广东等地的功夫茶（乌龙茶）；江南等地的细品龙井茶；江南水乡的豆子茶（湖南洞庭湖畔姜盐豆子茶，江浙一带的橙皮芝麻烘豆茶，苏州水乡周庄阿婆茶和吃讲茶，湘西侗族的豆子茶等）；四川的盖碗茶；北方的大碗茶；云南昆明九道普洱茶等等。

另外，各地的与茶相关的人生礼俗更有诸多体现。如，庆祝小孩出生后三朝茶、满月茶、百日茶、一岁茶、生日茶等等各地民俗表现不同；男女青年谈婚论嫁礼俗中，茶几乎贯穿了整个从相识、相爱、结婚的整个过程；茶在祭祀中也常常被用来作为沟通先人与慰藉今人的媒介；从庆祝新年开始到整个一年的诸多节日中，茶在沟通气氛、和谐人际关系中起到了不可或缺的作用。

早在公元9世纪初茶叶就先后传入不同的国家。茶或在异国他乡被种植、制作、消费，或只能被作为消费品。它与本地文化相结合，历经多年，形成了现在的国外形形色色的饮茶风俗与文化。比较有名的有日本的茶道、韩国的茶礼、英国的下午茶、美国的冰红茶、马来西亚的肉骨茶、印度的拉茶、阿根廷的马黛茶等等。

"有朋自远方来，不亦乐乎。"陌路人相逢，一杯暖暖的热茶相迎就拉近了彼此的距离。"客来敬茶"，茶不仅丰富了我们的生活，更和谐了人与人之间的关系，茶风带动世风，带来了饮茶人心灵的宁静和人间的和平。

13.5 茶与文学艺术

茶自被文人雅士喜爱后，自然而然地与文学艺术结下了不解之缘。以茶益思，诗词歌赋自是广为流传。以茶入诗词、以茶入画、以茶入戏、以茶为歌等等，茶与艺术的交融，从古至今广为流传。

13.5.1 茶与诗词

以茶入诗词，从最早出现于左思的《娇女诗》至今，已有一千七百多年的历史了。以茶入诗词，除了主题为“咏茶”的诗词外，也包括了诗词中提到“茶”的诗词，这样算来，其流传发展至今已有二千多首了。茶叶诗词，不仅具有历史的意义，而且在当时的现实生活中，对茶业的传播和发展也起到积极的促进。历史上茶叶诗词的作者多为名士官员，他们对茶的推崇喜好，对茶文化的提炼升华，无疑大大的推动了茶文化的发展。

唐代，我国的茶叶生产有了较大发展，饮茶风尚也广为普及，文人墨客著述颇多，如李白、杜甫、白居易（写了 50 多首）、卢仝、皎然、钱起、杜牧、袁高、李郢、刘禹锡、柳宗元、韦应物、孟郊、陆羽、颜真卿、岑参、元稹等等都写了茶诗。在茶词的表现形式上，也出现了多种形式，如古诗、律诗、绝句、宫词、宝塔诗、联句等。在咏茶的具体对象上也有具体细分，如有咏名茶、煎茶、采茶、造茶、茶功、茶园，饮茶之诗，咏名泉、茶具之诗等等。

宋代的诗人非常重视对传统的继承，饮茶之风盛行，诗人们都嗜茶、爱茶，所以茶诗在许多诗人的作品中往往占很大比例。著名的诗人有王禹偁、梅尧臣、欧阳修、王安石、苏轼、黄庭坚、陆游、范成大、杨万里、蔡襄、周必大、丁谓、苏辙、文同、朱熹、秦观、朱芾、赵佶、陈襄、方岳、杜来、熊蕃等等，只是从这一长串鼎鼎大名人物的知名度，就可以知道茶文化的影响之大了。

元、明、清时代，除有茶诗、茶词外，还出现了以茶为题材的曲，尤其是元曲最为盛行。

我国的茶叶生产在清代后期逐渐衰落。20 世纪 50 年代以来，茶叶生产有了较快的发展，因此，茶叶诗歌的创作也出现了新的局面。特别是 80 年代以后，随着茶文化活动的兴起，茶叶诗词创作更呈现出一派繁荣兴旺的景象，为人们留下了许多韵味盎然的新作。

13.5.2 茶与歌舞、戏曲

从茶史资料上看，茶叶成为歌咏的对象，最早出现于西晋孙楚的《出歌》中，其称“姜桂茶荈出巴蜀”。此后，唐代陆羽创作有茶歌，卢仝的《走笔谢孟谏议寄新茶》、皎然的《茶歌》等也广为流传。《韩诗章句》“有章曲日歌”，认为诗词只要配以章曲，声之琴瑟，则其诗也歌了。熊蕃在《御苑采茶歌》序中称采茶歌“传在人口”，说明了茶歌传唱在民间。以上的茶歌，是由文人雅士的茶诗演变而来，另外还有从民间由民谣流传而来的。茶歌另一个来源是由茶农和茶工创作的民歌或山歌，歌曲内容丰富多彩。有反映社会状况的，有反映茶民生活的，也有关于各类茶事的等等。如清代流传在江西武夷山采茶工人中的歌：“清明过了谷雨边，背起包袱走福建。想起福建无走头，三更半夜爬上楼。三捆稻草搭张铺，两根杉木做枕头。想起崇安真可怜，半碗腌菜半碗盐。茶叶下山出江西，吃碗青茶赛过鸡。采茶可怜真可怜，三夜没有二夜眠。茶树底下冷饭吃，灯火旁边算工钱。武夷山上九条龙，十个包头九个穷。年轻穷了靠双手，老来穷了背竹筒。”当然，像此类的茶歌在产茶盛地均有传唱。

随着茶歌的创作传唱与发展，曲调逐渐统一，后来形成了专门的采茶调。采茶调、山歌、盘歌、五更调、川江号子等并列，发展成为南方的一种传统的民歌形式，歌唱内容也扩大了。

在西南少数民族中，汉族的“采茶调”也被演化成“打茶调”、“敬茶调”、“献茶调”等广为传唱。如藏族同胞中流传的“格奶调”（挤奶劳动时唱）、“结婚调”、“敬酒调”、“打茶调”、“爱情调”等。

在当代，社会发生了巨大变化，随着茶农生活水平的提高，茶歌的内容也多为歌唱美好生活和茶事方面了。如周大风词曲的《采茶舞曲》，不但被单独演奏、演唱，还以舞蹈相伴。相配的舞蹈多从茶农劳动动作中提炼加以艺术化。茶舞主要分为采茶舞、采茶灯两类，音乐以"采茶调"为主。

随着茶歌与茶舞的成熟和民间戏曲的发展，出现了流行于江西、湖北、湖南、安徽、福建、广东、广西等省区的"采茶戏"。采茶戏最早的曲律是"采茶歌"，采茶戏的人物表演又与民间的"采茶灯"极其相近，在演唱形式上也保持了过去民间采茶歌、采茶舞的一些传统。它和花灯戏、花鼓戏的风格十分相近，也互有影响。形成的时间大多在清代中期至清代末年这一阶段。主要曲调和唱腔有"茶灯调"、"茶调"、"茶插"。曲牌有"九龙山摘茶"等。采茶戏一般在曲调上婉转欢快，在舞蹈动作上节奏鲜明。

早期戏曲是通过茶馆进入城镇的。茶馆出现于唐，宋代后已相当发达，当时京城的茶馆已成为茶客消闲之地及艺人卖艺的场所。在明清时，凡是营业性的戏剧演出场所，一般都统称为"茶园"或"茶楼"。以卖茶点为主，演出为辅，茶客一边品茶一边听曲，看戏是附带的，演员的演出收入由茶馆支付。所以有人说："戏曲是用茶汁浇灌起来的一门艺术。"

戏曲的创作者、演员、观众都好饮茶，茶文化浸染在人们各个方面。明代戏剧剧本创作中的"玉茗堂派"就是因为剧作家汤显祖嗜茶，将其临川的住处命名"玉茗堂"而来的。另外，还有不少戏曲剧目都与茶有关。如元代大戏曲家王实甫《苏小卿月夜贩茶船》杂剧，元人纪君祥的《信安王断没贩茶船》，明代朱权《卢仝七碗茶》杂剧、佚名《三生记》杂剧，清代大戏曲家洪昇《李易安斗茗话幽情》、王文治《龙井茶歌》杂剧、孔尚任《桃花扇》中的"访翠"等等。有以茶事为背景和题材的，如我国传统剧目《西园记》的开场词中，就有"买到兰陵美酒，烹来阳羡新茶"的语句，把观众引入到特定的乡土风情之中。

当代，老舍的《茶馆》话剧在国内外不断演出，受到了中外观众的好评。

13.5.3 茶与美术

美术是通过构图、造型、施色等手段来创造可视形象的一种艺术，它包括绘画、雕塑、建筑等内容。茶文化中的雕塑技艺，主要集中在壶、碗、杯、盏的茶具、团茶、饼茶的形制及饰面上，另外还有茶桌、茶椅等相关饮茶设备方面。建筑方面，主要有茶馆、茶室、茶亭等。绘画是对自然景物、社会生活的一种描摹或再现。绘画起源甚早，早在旧石器时代人类居住的山洞中，洞壁就留有早期人类的画作。但是，关于饮茶和茶的有关画卷，据现有史料看，湖南长沙马王堆汉墓出土的数件"汉代帛画"中的一幅《敬茶仕女帛画》应当是最早的，描绘的是汉代皇家贵族烹煮茶饮的情景，据考证距今已有 2 100 多年。

唐代茶画较多，在画卷和墓葬壁画中均有茶事活动的描绘。如唐代画家阎立本的《萧翼赚兰亭图》，其中就有寺院煮茶的场面。晚唐佚名《宫乐图》描绘宫中边弹琴赏乐边煮茶品茗的场景，真切而生动。

宋代民间饮茶之风盛行，茶画渐多。宋徽宗赵佶不仅著有《大观茶论》，而且画有《文会图》描绘了饮茶情景。从上到下，茶事活动丰富，尤其斗茶活动日益高涨。茶画中就有许多反映民间饮茶习俗的茶画传世。

元明清时期以茶事入画的更多，一时间蔚然成风。如文徵明的《惠山茶会图》、《品茶图》、《林榭煎茶图》等都是极佳的艺术珍品，以及"扬州八怪"之一汪士慎的《煎茶图》，李芳膺的《梅兰竹石》等。这些茶画作品中也多体现了诗、书、画、印于一体的中国书画艺术特色。

从茶画所反映的内容上看，唐代是茶画的开拓时期，对茶事活动中的烹茶、饮茶、场景的描绘具体生动，但茶画反映的茶道精神内涵不够深刻；五代至宋，茶画内容较为丰富，题材广泛，如有反映宫廷、士大夫大型茶宴的，有描绘士人书斋饮茶的，有表现民间斗茶、品茗的，这些茶画多是名家的书画艺术珍品；元明画家更注重茶画的思想内涵，多从书画艺术作品中品到茶味以外的味道来；明末之后，封建社会的矛盾日渐加深，这一时期的茶画也向更深邃的方向发展，注重与自然相合，反映社会各阶层的茶事状况；清代茶画注重茶壶茶杯与场景的描绘，常以茶画反映社会生活，多以和谐、自然之茶思创作茶画。

13.5.4 茶与音乐

音乐是人类心灵的栖息地，是涵养人们道德品性的灵池，品茗喝茶若有音乐相伴，则可排遣烦忧，心灵得以抚慰。在生活中，人们几乎离不开音乐。茶与音乐自古以来就相伴而行。早在春秋时代，孔子就有欣赏高雅音乐“三月不知肉味”之说。写茶的音乐和佐茶的音乐既有区别又有联系。写茶的音乐，主要以茶及其与茶有密切关系的因素作为创作对象进行音乐的阐释；佐茶的音乐，只要能够使品茶者心情舒畅，几乎任何音乐都无不可。当下的各类主题的茶馆中所选配的音乐题材多样，有真人现场演奏的，也有CD电声音乐的，十分丰富。

茶乐大致可分为5类：描写茶叶的音乐，如写中国各类名优茶，通过音乐来展示该茶的茶香、茶味、茶境等；与茶有密切关系的音乐，如泡茶用水(多为名泉)、茶具、吃茶环境、茶道、茶俗等；写非茶之茶的音乐，如写花、竹子和青松等的音乐；宗教、哲学、音乐人思想中表现茶道的音乐；茶与养生的音乐等①。音乐都会把自然美渗透到饮茶人的思想深处，引发饮者心中的和美，为品茶创造了一个美好的气氛，同时，通过边饮茶边欣赏音乐也促使饮者问心求悟，思悟中国“天人合一”的思想及中国茶道的真谛，以茶修养身心，以达“内圣”，茶饮之后，积极践行“外王”之道。

13.6 茶文化的传播及其社会影响

茶叶的外传最初是作为茶叶商品经丝绸之路向西亚传播的。一是通过来华的僧侣和使臣，将茶叶带往周边的国家和地区；二是通过派出的使节以馈赠礼品的形式与各国上层交换；三是通过贸易交流，将茶叶作为商品向各国输出。在与各国交往的漫长历史中，中国种茶制茶技术与饮茶文化不断向外传布。到目前为止，世界茶叶产区的最北界限已到北纬49度，最南达南纬22度，垂直分布从低于海平面地区到海拔2 300米地区，全世界产茶的国家和地区已达50多个，形成了东亚、东南亚、西亚、欧洲、东非、南美六大茶区。随着种茶区的扩大，饮茶人数的增加，茶文化也日益发展，已经成为一些国家和地区社会风俗和民族文化的一部分②。

---

① 胡付照.茶叶商品与文化[M].西安：陕西人民出版社，2004

② 汤泽民.中国茶与茶文化传播[J].湖南林业，1995(10)

13.6.1 茶叶传播国外的简况

唐代国事兴盛，茶的栽培、制造、品饮等各方面的深入发展使唐代成为茶业史上的重要时期。唐王朝的外交开放，派出使节出使西域、文成公主下嫁吐蕃，使得长安遍布各国遣唐使及商人的舍馆，成为当时世界的国际文化、贸易、经济中心。这一时期也是中国茶对外传播的重要时期。

中国的茶，最早传到朝鲜和日本。通常认为日本输入茶叶的时间当从高僧最澄来华时算起，实际上茶传入日本的时间更早。隋文帝开皇年间(581—601)，即日本圣德太子时代将茶传入日本。日本文献记载，公元 729 年即日本圣武天皇天平元年 4 月 8 日在宫廷举行了大型饮茶活动，召百名僧侣入宫讲经，并赐茶给百僧。公元 804 年 9 月日本最澄到浙江天台山国清寺学习佛教，805 年 5 月回国时带回茶籽，种在京都比睿山东麓日吉神社边。同一时期，到中国学佛的僧人还有空海与永忠，都将中国饮茶的生活习惯带回日本，荣西还著述《吃茶养生记》，对茶的保健作用和修身养性功能进行详尽叙述，由此，荣西被认为是日本茶道的真正奠基人。

茶传入韩国的时间比日本早，据可靠记载，公元 632～646 年新罗统一三国后，不仅传入饮茶习俗，也学会茶艺，讲究水质。朝鲜在公元 828 年(唐文宗太和二年)，遣唐使金大廉从中国带回茶籽，种在智异山下的华岩寺周围，随着禅宗的发展，种茶在朝鲜半岛曾推广到 51 个地域。当时朝鲜的教育制度规定，除诗、文、书、武必修之外，还必须学习茶艺。韩国同日本一样，全面引入中国植茶、制茶和饮茶技艺及茶道精神。但与日本不同的是，日本注重完整的茶道仪式，日本茶道是在吸收中国唐朝茶艺、宋代茶道思想和中国民间打茶会形式的基础上，又结合本民族特点创造而成的。而韩国更注重茶礼，把茶礼贯穿于社会各个阶层。作为礼仪之邦的韩国重点吸收了中国茶文化中的茶礼、茶规，形成了带有民族特色的茶文化。韩国茶礼是高度仪式化的茶文化，它以茶礼仪式为中心，以茶艺为辅助形式，通过茶事活动来怡情修性，最终达到精神升华的完美境界。

公元 850 年左右，阿拉伯人将中国茶带往西域各国，16 世纪由威尼斯传入欧洲。17 世纪，茶的种植传播很快，1780 年英国东印度公司商人从中国输入茶籽到印度试种，因种植不当而未成功。1834 年又派专人来学习，并购买茶籽、茶苗，招募制茶技工，制茶得以在印度发展。斯里兰卡 1824 年首次由荷兰人从中国输入茶籽，1839 年又从印度阿萨姆引种种植，1841 年再次从中国引入茶苗，聘制茶技工，1867 年开始商品生产。印度尼西亚直到 1872 年由斯里兰卡引入阿萨姆种及中国种茶树才试制成功。

北美洲茶叶最初由英国东印度公司输入，红茶、乌龙茶、绿茶等多大量输入美国。南美洲种茶始于 1812 年，中国茶籽与制茶技术同时传入巴西。

非洲的肯尼亚 1903 年从印度引种茶树，并成为当今世界主产茶国之一。

澳洲最早在 1940 年从中国引种茶树，试种在塔斯马尼亚等地。

俄国在中国明代后期，由我国西北边境输入少量茶叶，当时的茶叶十分昂贵，只有贵族才能享用。1847 年，俄国在黑海沿岸的萨克姆植物园试种茶树成功。

越南、老挝、缅甸等东南亚国家与中国毗邻，很早就向中国西南地区的少数民族学习茶事，越南在 1825 年开始大规模经营茶场，缅甸在 1919 年创办了专门从事红茶生产的茶场。

13.6.2 茶文化传播的社会影响

茶叶商品的流通和消费，自然就带有商品文化的色彩。可以说，一种消费方式就带有一种文化方式。从茶叶向世界各国的传播来看，如前所述，从语言学方面而言，世界各国对茶的称呼大都采用了中国原来的发音。茶叶通过陆路和海路两大途径向外传播，形成了外国语中两大类不同的读音模式：与中国陆地接壤或邻近的国家与地区，大都直接音译中国“茶”的语音，使用中国北方话“茶”的发音；从海路传播茶的国家(日本除外)都将茶读作清塞音，声母 t 即来源于闽南话的“茶”之发音 te。从行为文化的角度来看，世界各国的茶式茶艺虽千姿百态，但其核心内涵总会保留着某一时代的中国痕迹，如日本茶道动作大多沿袭于中国宋人的模式。从功利的角度看，引入茶叶商品文化的国家侧重点不同，或关注其药用价值，或欣赏其天然成分。由于东西方文化的差异，西方国家在接受中国茶产品时首先关注茶的商品价值，随后才考虑其文化背景，如茶最早传入欧洲时就被视为药物。世界各国在接受中国茶产品的同时，也接受了与茶相关的附属产品，这其中包括茶包装、茶用具、茶设施等物品，并通过这些物品来体验中国茶文化的综合魅力①。茶文化融入了各国的食品文化之中，既丰富了当地的食文化内涵，也促使茶文化的表现更加活泼生动。

从茶叶商品文化在国内的传播来看，茶文化通过各种表现形式给社会带来各种有益的影响。

茶馆是中国社会各阶层交流思想、传播友谊、解决民间争议的场所。茶馆在古代被称为茶坊、茶肆、茶轩、茶斋、茶阁、茶寮、茶店、茶社、茶园、茶铺、茶室、茶楼等。从历史上看，茶馆的出现可上溯到饮茶习俗开始普及的唐宋时代，兴盛于明清时代。作为一种群众性活动的场所，茶馆是随着城市经济和市民文化的发展而自然兴盛起来的。20 世纪初流行于江浙一带的“吃讲茶”习俗(甲乙双方发生了民事纠纷，邀请乡里邻居多人在茶馆里听取两人对事件的阐述和辩论，理亏的一方将在众人的舆论威慑之下承认缺失，大家的茶钱也自然由理亏之人全付)，就生动体现了茶馆在解决民间争议中所发挥的“和”的作用。茶馆所发挥的重要的信息沟通作用，随着时代的变迁而表现得更加丰富。现代茶馆里经营内容和经营模式更加多元化，在茶馆里可以品茶、看戏、听歌曲、上网、美食、学艺术、看文艺表演、听各类文教艺术经济讲座、商务会谈等等，在这里，传统的、现代的、中国的、外国的，各类多元文化的交融，几乎都能够在茶馆里得以体验。

茶庄也是重要的弘扬茶叶商品的场所。遍布在中国各地装修风格各异的售卖茶叶的茶庄，既提供了丰富的茶叶，又传播了茶文化。

茶园经济对解决“三农问题”提供了一个良好的思路。新中国成立以来，我国茶园种植面积不断扩大，茶叶商品的价格也逐年递增，企业集团化运营，茶叶品牌的不断塑造，促使茶叶质量和茶叶品牌价值不断提升。农民增收和加快农村经济发展，茶叶生产功不可没。

茶文化的传播和发展，对社会风气的净化产生了有益的影响。当今的现实生活，市场经济的发展，处于转型期的中国，社会思潮多元化，而在以追逐物质财富为主流导向的影响下，人们生活节奏快捷，竞争压力增大，人心浮躁，心理易于失衡，人际关系趋于紧张。茶文化是一种温和的、雅静健康的文化，它能使人们通过参与茶文化活动来放松身心，净化心灵，丰富

① 王赛时. 国际茶文化交流的历史成就与现代审视[M]. 饮食文化研究，2006(2)

心灵，以“和”为核心的茶道，提倡和诚处世，以礼待人，自信自尊，爱人爱己，惜福惜缘，与我国政府所倡导的构建和谐社会、建设全面小康社会是一致的。

21世纪的主题是和平与发展。世界多极化、经济一体化和文化多元化，是全球性的三大趋势。

21世纪是茶饮料世纪已成为共识，全世界将有更多的人消费茶叶，欣赏茶文化。茶文化中人与自然和谐共处的思想，以人为本，以和为贵，以茶联谊，以茶休闲的道德修养和群体功能，都是有益于现代社会的内涵①。

中国茶的对外传播和友好交流，是中国儒家“修身齐家平天下”思想的一个体现。通过食品文化，与世界人民友好往来，以茶作为连接友谊的桥梁，中国的茶，传播的不仅是友谊，更是和平。

思考与练习

1. 历史上我国主要有哪些饮茶之法？当代茶馆里流行的泡茶之法有哪些？请举例说明。
2. 从造型上看，紫砂壶主要分为哪几类？其特点是什么？如何挑选紫砂壶？
3. 中华茶文化的内涵主要是什么？茶道与茶艺的关系如何？谈谈你的观点。
4. 请调查一个地方的茶俗事象，写一份该地的茶俗报告，总结其茶的文化特点。
5. 试比较东方茶文化中的中国茶艺、日本茶道和韩国茶礼的各自特点和联系。
6. 如何看待茶文化在当代社会的升温？

① 徐永成.21世纪茶文化将成为世界文化[J].茶叶，2000(3)

14 其他独成体系的食品与食品文化

本章主要介绍汤、粥、豆腐、调味料、面食、点心、小吃、宫廷饮食等饮食及其文化发展历史，了解其起源及形成原因。

14.1 汤文化

汤羹是中国饮食中最为普通的食馔，有着极其久远的历史。汤羹是中国烹饪体系中的一种基本构成，它不但以羹汁形态呈现出菜肴特色，更以饮品、调味品、增鲜剂等多样功能来升华饮食质量，最终通过液态烹饪的注入而使中华美食达到了最为玄妙的至上境界。尤其汤羹那种灌注于汁液之间又迸释于载体之外的文化冲击，一直渗透在每一个人的生活之中。应该说，汤羹食馔所带来的文化影响至今仍然影响着人们的饮食行为。

法国著名厨师路易斯·古伊说："汤是餐桌上的第一佳肴。"这可能是他的偏爱，但汤确有这么一种魔力，无论一顿饭多么丰盛，人们还是把许多赞美之词加到汤上。汤，是人们所食用的各种食物中最富营养、最易消化的菜肴之一，一般是指以水为传热介质，对各种烹饪原料经过煮、熬、炖、氽、蒸等加工工艺烹调而成的有滋有味的饮品。汤不仅味道鲜美可口，且营养成分多半已溶于水中，极易吸收。汤在烹调中起着举足轻重的作用。

人类食事活动有几次重大的变革，其中一次就是利用火，变生食为熟食。自从人类进入熟食时代，汤就自然而然地出现在烹饪食物之中。它不仅使先民享受到熟食的美味，更重要的是获得更多、更高级的营养成分，促进了大脑的发育，从而使人类与一般动物区别开来，成为万物之灵。以农业为主体的华夏民族，似乎给汤赋予了更多的使命，以至于整个食界总是难以离开"汤"的滋润。明末清初的著名饮食理论家李渔这样总结："宁可食无馔，不可饭无汤。有汤下饭，即小菜不设，亦可使哺啜如流；无汤下饭，即美味盈前，亦有食不下咽。"[①]可以这样说，汤在中国饮食领域中始终扮演着一种表次实主的角色，烹饪家以汤来提纲挈领，把握烹调尺度；调味者用汤来画龙点睛，品尝滋味深浅；而美食鉴赏家更通过汤来衡量菜肴和饮品的质感。如果站在饮食的角度去正视汤的内涵，那么，汤就是烹饪中精华的浓缩体。

14.1.1 汤的历史

烹饪属于文化范畴，烹饪是技术层面的东西，它只有在人们赋予它特定的意义的时候才转化而具有文化的意义，它是中华民族宝贵的文化遗产。作为这一文化遗产的组成部

① 《随园食单》

分——汤，和中华民族的古老文化有着密切的关系。“soup”(汤)这个词的来源有两种说法，一种说法是喝汤时要发出咕嘟咕嘟的声音，呷汤时则发出“丝丝”的声音，“丝丝”的声音和“soup”这个词的发音很相似。另一种说法是“soup”这个词可能起源于德文“sop”，即一种浇有肉汤或浓汤的面包。在英语中，“晚餐(Supper)”这个词来自“啜饮(Sup)”，意思是请坐下喝一碗汤。在美国，喊一声“汤来了”，就表示家人可坐下来用餐了。汤的历史悠久，从远古时代起，人们就知道食用菜汤了。据考古学家所发掘的文物表明：约在公元前 8 000 年到 7 000年间，近东地区的人就已学会了煮汤。由于当时陶器还没有产生，人们煮食物时，在地上挖一个坑，铺上兽皮，使之凹下一个坑，放入水和要煮的食物，然后在坑的附近燃起柴火，将一块块石头烧烫了投入坑内，将食物煮烂成汤喝。据记载，在古希腊奥林匹克运动会上，每个参赛者都带着一头山羊或小牛到宙斯神庙中去，先将羊或牛放在宙斯祭坛上祭告一番，然后按照传统仪式宰杀，并放在一口大锅中煮。煮熟的肉与非参赛者一起分食之，这表明在那个时候，人们已知道在煮熟食物中，汤的营养最为丰富。

中国人喝汤最为精致，是伟大的喝汤民族，具有深远的历史。当我们祖先学会用器皿来做饭的时候就首先掌握了水煮食物的技能，如今考古发现的古老器具，大部分都是煮食用具，如陶鬲、陶釜、陶甑、陶聋、陶鼎、陶罐等，都是通过水的加热来完成烹饪过程的。在水煮食物的同时，出现了汤的原形。但这个时期的汤还不同于后代烹饪中的汤。上古时期的汤只是炊熟过程中的一种载体，并没有多少增味功效。

随着烹饪能力的提高，汤从单纯的水煮载体逐渐演变成液态食品，这就出现了烹饪意义上的汤，古人称之为羹。羹是汤的远古名称。李渔《闲情偶寄·谷食第二》这样考证：“汤即羹之别名也。羹之为名，雅而近古；不曰羹而曰汤者，虑人古雅其名，而即郑重其实，似专为宴客而设者。”羹的烹制体现了烹饪手段的进步与升华，人们把催熟的汤液载体改造成五味调和的菜肴，从而给予饮食者更多的享受。

中华民族回溯自己的饮食历史，往往上寻到创世时代。《稗史》中有这样一段阐述烹饪起源的传说：“太古菇毛而饮血，有巢始教民食果，燧人始作火，制馔以炮，神农始作耕以炒米，轩辕造粥、饭、羹、炙、脍。”看来，古人把汤羹的发明归结到轩辕氏时代。轩辕即黄帝，是我们中华民族公认的始祖。就此而言，古人给汤羹寻找到一个不可亵渎的人物定位，从而也给饮食赋予了更多的神圣意义与权威意义。

商周时代，汤羹发展成为中华饮食的主体肴馔，并体现着当时烹饪所能达到的最高层面。《礼记·内则》就说：“羹食自诸侯以下至于庶人无等。”孔颖达疏：“羹之与饭是食之主，故诸侯以下无等差也，此谓每日常食。”羹者，汤也；食者，饭也。汤和饭构成了先民们饮食的基本框架。李渔《闲情偶寄·谷食第二》诠释说：“有饭即应有羹，无羹则饭不能下……饭犹舟也，羹犹水也；舟之在滩非水不下，与饭之在喉非汤不下，其势一也。”在菜肴并不丰盛、烹饪技能并不完美的上古时代，汤羹成了佐饭的最佳选择，就连进餐仪式也明确规定了汤羹的摆放位置，如《礼记·曲礼》记载：“凡进食之礼，左肴右馔，食居人之左，羹居人之右。”《论语·乡党》在阐述孔子饮食态度时说：“食不厌精，脍不厌细……虽蔬食菜羹瓜祭，必齐如也。”如此可见，汤羹在上古饮食中已是餐案上的“权威”。

随着人类历史的发展和烹饪技艺的提高，汤羹种类不断增多，并以原料为标识而分高下。周代烹羹，已有肉羹、菜羹的区别，从《礼记·内则》中可以搜索到鸡羹、雉羹、犬羹、兔羹、脯羹等肉羹名称，这些都属于士大夫阶层的汤羹。而《庄子·让王篇》所言：“孔子厄于陈蔡之间，七日不火，食藜羹不糁”，其中“藜羹”又属于最低档的菜羹。又《战国策·韩策》记载：“韩地险恶，山居五谷所生，非麦而豆。民之所食，大抵豆饭藿羹。”这里的“藿羹”是指用豆叶做成的羹。《韩非子·喻老篇》所说：“象箸玉杯必不羹菽藿。”意思是说商纣王的精美食器从不盛粗劣的羹。

汉朝时，普通百姓佐饭菜肴，一般都要烹制汤羹，富裕者吃肉羹，贫贱者吃菜羹。《后汉书·刘宽传》记载太尉刘宽家中饮食，点出了“侍婢奉肉羹”的场面。同书《崔瑗传》又记载了食用菜羹的情况：“瑗爱士，好宾客，盛修肴膳，单极滋味，不问余产。居常蔬食菜羹而已。”另据《史记·楚元王世家》记载，汉高祖刘邦年轻时很贫穷，常到兄长家吃饭，兄嫂十分厌烦，有一次，“叔与客来，嫂详为羹尽，栎釜，宾客以故去。已而视釜中尚有羹，高祖由此怨其嫂”。后来刘邦做了皇帝，还有意封兄嫂之子为“羹颉侯”，以示奚落。这些史料反映了汉朝人日常羹食的普遍模式。马王堆汉墓出土过一批竹筒菜单和随葬汤羹，通过文字与实物向我们展示了两千年前的汤羹。如马王堆一号墓出土“遣册”中载“羹”5 种 24 款，其中包括米屑和肉做成的白羹，芹菜和肉做成的堇羹，芜菁和肉做成的葑羹，茶和肉做成的苦羹。仅苦羹一类中就有狗苦羹、牛苦羹等多样汤羹，可见汉代汤羹品类已很丰富。

魏晋以后，汤羹品类与日俱增，不但入汤原料增多，烹调技艺升华，而且还渗透了很强的人文色彩。除传统的肉羹和菜羹之外，食界又相继推出鱼羹、甜羹和各种花样汤羹，汤羹品种已趋丰富。北魏贾思勰撰著《齐民要术》，在菜肴制作方法中专设了“羹雁法”，记载北方流行的各种汤羹，并对前代的汤羹食馔做了扼要的记录和总结，内容十分丰富，体现了当时的汤羹烹调技术已经非常到位。

唐宋以后，汤羹在烹饪园地中仍然散发着无穷活力，并且分别向高档和低档两个方向发展 。《独异志》记载：“武宗朝宰相李德裕，奢侈极，每食一杯羹，费钱约三万。”这是高档汤羹的典型代表。但就大多数人而言，菜羹仍然为其主要食馔。如林洪《山家清供》卷下记载了自己的清雅饮食：“一日，山妻煮油菜羹，自以为佳品。偶郑渭滨(师吕)至，供之，乃曰：‘予有方为献：只用莳萝、茴香、姜、椒为末，贮以葫芦，候煮菜少沸，乃与熟油、酱同下，急覆之，而满山已香矣。’试之，果然，名‘满山香’。”可见，纵然是生活清贫，古人也能够把最普通的菜羹烹制成精美的食馔，从而显示自己的生活情趣。到明清之际，由于饮食水平的提高，肴馔种类已趋丰富，汤羹已经不再当作餐案主菜，有时还会成为其他菜肴的陪衬，但汤羹所用之高档原料却达到极限，如燕窝汤、鱼翅羹之类，足以使普通人望尘莫及。而百姓大众则继续烹制家常汤羹，同时形成了一定的区域风格。中原地带烹制的汤羹大多带有传统色彩，以肉羹和菜羹为主要形式，肉羹一般以羊肉为原料，菜羹多以瓜瓠园蔬为配料；而江南地区流行鱼羹，并且常以特产蔬菜为羹，特色十分明显。

总之，自从汤羹生成之日起，中华饮食园地中就始终散发着汤羹的芳香，直到今天，任凭各种菜肴极大丰盛，烹饪美食层出不穷，但那一碗原汁原味的汤仍然会勾起人们的食欲，引发强烈的追求。人们对汤依旧是那么情有独钟。

14.1.2 汤羹的一些基本知识

汤作为我国菜肴的一个重要组成部分，具有非常重要的作用：饭前喝汤，可湿润口腔和食道，刺激胃口以增进食欲；饭后喝汤，可爽口润喉，有助于消化；中医认为汤能健脾开胃、利咽润喉、温中散寒、补益强身；汤还在预防、养生、保健、治疗、美容等诸多方面对人体的健康起到非常重要的作用。中华饮食中把汤分为肴馔汤、提味汤、饮料汤、食疗汤四大类。肴馔汤一般作为菜品出现，主要用于佐食下饭；提味汤是厨师自己加工的增鲜剂，主要用于烹饪过程；饮料汤是指人们配制的各种饮品，既可以佐食，又能日常饮用；食疗汤则是饮食保健的特有饮品，主要用于养生健身和防治疾病。这4类汤羹异曲同工，从不同的角度来释放汤的魅力。

肴馔汤最早称作羹，北魏之际开始汤羹并称，但直到宋代，称汤者仍然较少。元明以后，称汤者渐多，到清朝时一般称汤不称羹，羹逐渐演变成一种浓厚或加芡的汤。

最早的羹一般都添加谷物，称之为糁。到宋元时代，加入谷物的羹仍可见到，如苏轼制作的"东坡羹"，就"下菜汤中，入生米为糁及少生姜"。明清以后，人们在汤羹中渐渐去掉了习传已久的糁，改用勾芡或面糊加稠等方式来提高羹的浓度。

肴馔汤羹品种最多，凡是能够做成菜肴者大多能够做成汤。中国古代饮食典籍记录下很多汤羹，如《齐民要术》记载了胡羹、瓠叶羹、鸡羹、鸭羹、鱼莼羹、甜羹、菰菌鱼羹、鳢鱼汤，这些都属于最常见的肴馔汤羹。《山家清供》记录了碧问羹、太守羹、锦带羹，这几种羹属于历史名羹。《清异录》记载了道场羹、回汤、十遂羹、百岁羹，这些又属于流行汤羹。《饮膳正要》用大量篇幅记述了"聚珍异馔"，其中列出汤品多种，有马思答吉汤、大麦羊肉汤、八儿不汤、沙乞某儿汤、木瓜汤、鹿头汤、松黄汤、沙汤、阿菜汤、河羹、杂羹、荤素羹、黄汤、葵菜羹、瓠子汤、团鱼汤、苔苗羹、鲤鱼汤。这些汤羹中既有汉族食用的汤，也有蒙古族食用的汤。经过历代庖厨以及行家里手的共同努力，肴馔汤羹不断推陈出新，最终达到繁盛境界。

肴馔汤羹也有若干类别，每个类别中有许多款目，如薛宝辰《素食说略》卷4就列举出一系列素汤，有冬笋汤、蘑菇汤、豌豆苗汤、黄豆芽春菜汤、紫菜汤等等。清无名氏《调鼎集》卷5记载了很多鱼汤，并简要介绍了烹制方法。其中记载鲚鱼汤："刮肉去刺，配笋丝、火腿丝、木耳丝、鸡丝作汤。"记载解鱼汤："披薄片，入笋片、火腿片、鸡汁窜汤。"记载连鱼汤："切片，配火腿、鲜笋、香蕈、朮耳、酱油、葱姜米、鲜汁作汤。"同时还记载了鱼汤的醒酒功能："醒酒汤，不拘何鱼，多加酒、醋作汤，用之醒酒。"诸如此类，难以缕表。

在历代宴席中，汤羹都是不可或缺的主菜，就连唐朝宰相级别的烧尾宴中列有58款菜点，其中也少不了冷蟾儿羹、卯羹这几道肴馔汤。具体记载见韦巨源《食单》。元朝时，汤羹在宴席菜肴中占据的比例又有所增加。明初叶子奇《草木子》卷3总结北人宴会款式时指出："筵席则排桌五蔬五果五按酒，汤食非五则七。"清初李渔《闲情偶寄·谷食第二》也强调说："近来吴越张筵，每馔必注以汤，大得其法。吾谓家常自馔，亦莫妙于此。"可见汤在宴席中的位置举足轻重。直到今天，无论大小筵席，人们总会见到汤的影子。如果离开了汤，任何筵席都不会完整。

提味汤是厨师为自己加工而备的专用增味剂，这种汤体现着厨师对烹饪的理解能力和操作能力。提味汤一般不直接当作菜品，而是在菜品烹制中起增鲜提味的作用，北方人称其为"老汤"，南方人称其为"鲜汁"，此外还有高汤、清汤、哨汤、对汤、毛汤、鲜汤的诸多说法，虽微有区别，但功效一致。

提味汤需要厨师自我研制，俗称熬汤、吊汤、煨汤。通常情况下使用鸡、鸭、猪肉、猪肘、牛肉和骨架之类作原料，长时间熬制而成。熬出来的汤含有原料特有的浓缩鲜味。在味精、鸡精等现代调味品未发明之前，提味汤是厨师手中唯一的增鲜法宝。行话所说的"唱戏的腔，厨师的汤"，其意义就在这里。

除了肉和骨架之外，提味汤亦可用其他原料或其他手段制作，内容多种多样，其选料加工完全取决于厨师对烹饪味学的感觉与认识。清代著名烹饪典籍《调鼎集》强调：烹饪者必须"备采诸汁，牵素听用"，才能在烹调菜肴时得心应手。而《调鼎集》一书还详细总结了历史上提味汤的熬制方法，对业界有着非常重要的指导意义。

饮料汤是中国饮食界独创的一类汤品，它虽不同于肴馔汤，但亦可用于饭食之间，一般情况下，这种饮料汤只是作为日常饮品，适应于更多的场合。商周时代已经出现饮料汤，那个时候叫做浆，到汉朝时，饮料才开始用汤来称呼。枚乘《七发》有云："小饮大歌，如汤沃雪，此亦天下之至美也。"这里所说的汤就是饮料。唐朝人日常饮汤的现象已经十分普遍，《全唐诗》卷453白居易《七月一日作》有云："饥闻麻粥香，渴觉云汤美。"其中的"云汤"即为一种饮料汤。到宋朝时，饮料汤大为发展，虽未能离开保健范围，但已向优化口感方面努力。陆游《夏日》诗"斫取溪藤烧作香，炼成崖蜜旋煎汤"就反映了这种趋势。在我国古代，饮料汤始终带有药汤的某种痕迹。

饮料汤与肴馔汤有着明显的区别，肴馔汤主要功能为佐食下饭，一般为就餐而烹制，而饮料汤则不一样，它既可以临时调制，亦可制作出大量成品，用储器保存。从原料上看，肴馔汤多以谷物、肉类、鱼类、蔬菜为原料，而饮料汤则以水果、干果、药材、花卉为主料。在饮料世界里，饮料汤往往与茶相提并论，称为汤茶或"茶汤"。如《梦溪笔谈》卷一记载："礼部贡院试进士日，设香案于阶前，主司与举人对拜，此唐故事也。所坐设位供张甚盛，有司具茶汤饮浆。"其中的汤即为饮料汤。

食疗汤在我国饮食领域中自成一派系，古代食疗专著中对此有详尽记载。唐人昝殷《食医心鉴》列举出木瓜汤、人参茯苓汤、鲤鱼汤、羊肺羹、青头鸭羹、小豆羹、葛粉汤等数种汤食。如"鲤鱼汤"记载其烹制方法为："鲤鱼一头，治如食；葱白一握，切。右以水三升煮鱼及葱，令熟，空心食之。"并说明其用途："妊娠胎动、脏腑拥热、呕吐不下食、心烦躁闷，宜服鲤鱼汤。"又"葛粉汤"条记述："葛粉二两，以水三合相合，调粉于铜纱罗中，令遍沸，汤中煮熟食之。"这种葛粉汤可以医治呕吐不下食等病症。就饮食汤羹体系而言，食疗汤羹品种之多足以与肴馔汤羹颉颃，而其独有的养生疗病功效也远非其他食馔可比拟的。

食疗汤与饮料汤有相似之处，都选用药材为主要配料。不同的是，饮料汤往往以固定饮品的形成而流行，每种汤都可以适应大多数人的口味，而食疗汤的针对性更强，它只适合某种疾病的患者，或只针对某类人群进行特殊滋补。食疗汤既可以以饮料的形态出现，也可以烹制成汤菜，佐饭共食，其原料和用途都极为广泛。在我国古代，食疗汤又称为滋补汤、食治汤。

14.1.3 汤羹文化

汤羹作为一种美味载体，已成为各国饮食文化的一个典型代表。难怪法国人说："餐桌上是离不开汤的，菜肴再多，没有汤，犹如餐桌上没有女主人。"在品尝这些口味各异的汤食时，也可领略其特有的奇趣。

汤在我国烹饪园地中显示出耀眼的光芒，但它本身所具有的魅力还不仅仅限于烹饪圈内。由于历代食客的喜爱和厨界的努力，我国汤羹的烹制和享用已扩展为一种文化现象，进入了社交礼俗、人伦交往和文学宣扬的广阔领域，产生了深远的影响。

古人解读烹饪，总要把汤羹摆在一个显著的位置，并以"调鼎"的方式来展示羹的魅力。

"鼎"是加工汤羹的炊具,"调"是烹饪汤羹的手法,二者合一,则可以产生特殊效应。《神仙传》记载:"彭祖善养性,能调鼎,进雉羹于尧。"虽然这只是远古的传说,但毕竟说明古人制羹调鼎已经显赫于上古部落。《史记·殷本纪》记载商汤初期,有名士伊尹"负鼎俎,以滋味说汤,致于王道"。伊尹将调鼎的道理比拟于国事,其意义已超越烹饪的狭小范畴。经过历史的培育,"调鼎"最终成为我国烹饪的代名词,而"汤羹"则以食馔缩影的形态活跃于饮食生活的各种场合。后人为了表示对来客的尊敬,往往亲自动手调鼎,并将调好五味的羹送到客人面前,就连天子帝王赏赐大臣,也以这种方式来表达心愿。《白孔六贴》卷十六记载:"李白召见金銮殿,论当世事,帝赐食,亲为调羹。"在我国古代,"调羹"由饮食所推展,逐渐发展成为一种敬重来宾的礼仪文化。

汤的烹制过程需要调和五味,思想家、政治家由调和五味推而广之用来说明君臣之间的协调,比喻社会的和谐;哲学家进而推广到天人合一、阴阳燮理,汤的烹制成为中国古代哲理的最好比喻物。因此,汤便有了文化的意义,便有了汤文化。汤文化因为有了"和"这一理念因此成为中国饮食文化的核心,汤文化又通过"和"这一理念与中国文化的精髓相通,体现了中国哲学的最高境界。

汤的烹饪制作方法不计其数,如粤菜中的煲汤便荟萃了中国的传统文化。煲汤讲究个慢火候,置于文火之上,长则数天,短则几个小时,不急不躁,不需要搅动,也感觉不到汤水的滚动,悠然自得,不知不觉中鲜美的汤便逍遥而得,这是一种精神境界。"宠辱不惊,闲看庭前花开花落;去留无意,漫随天外云卷云舒",无欲无求,宁静淡泊,这又是一种超然的修养,一种上乘的灵性。这便是中华文化所追求的做人的最高境界,表面平淡无奇,而实质却是高深莫测。

汤羹从肴馔进入文化领地,生成巨大的名人效应。美味汤羹曾让许多名人高士为之留连,而正是因为名人食羹,又使得一些传统汤羹闻名天下,流芳千古。

比如《庄子·让王篇》提到:"孔子厄于陈蔡之间,七日不火,食藜羹不糁。"后代学子为了表示自己的生活清贫与品格清雅,常以"藜羹"为标识而自立,意在承袭先哲,这一传统历经千年而不移。唐代陆龟蒙写给友人的书简中有这样一段名言:"读古圣人书,每涵咀义,独坐自足,案上一杯藜羹,如五鼎七牢馈于左右。"宋代陆游也常以藜羹自勉,在《剑南诗稿》卷三十八《午饭》诗中说:"破裘负日茅檐底,一碗藜羹似蜜甜。"应该说,藜羹本身所反映的不仅仅是一种普通的汤食,更代表了一种气节和一种精神追求,正是因为孔子曾经身历口啜,所以才能这样的感染后代。

自古以来,江东地区喜欢吃莼羹,但经过晋人张翰"秋风思归"的典故熏染,则演变成一种怀恋家乡、不图功利的文化表象和知识分子特殊的心态。《晋书·张翰传》记载:"翰因见秋风起,乃思吴中菰菜、莼羹、鲈鱼脍,曰:'人生贵得适志,何能羁宦数千里以要名爵乎!'遂命驾而归。"后人每食莼羹,必以张翰为榜样,抒发内心情怀。历代文人写诗作赋者络绎相继,如宋人徐似道《莼羹》诗云:"千里莼丝未下盐,北游谁复话江南。可怜一箸秋风味,错被旁人苦未参。"清初诗人汪琬《莼羹》诗云:"人世从来为口忙,惟须一食疗饥肠。莼羹菰饭原无价,莫与微官共较量。"可以看出,并不起眼的莼菜一旦与名人结缘,展现出的就是另一种人格精神。明人李流芳写过一首《莼羹歌》,用大段诗咏来描绘这种汤羹的美妙,直到今天,人们食及莼羹,超然于物外的韵味仍然会油然而生。

许多名人还自制汤羹,留给后人的不仅仅是一碗汤品,同时传颂着千年风流。如著名的

“东坡羹”就由苏轼首创，在食界引起强烈震撼。《东坡全集·东坡羹颂并引》记载：“东坡羹，盖东坡居士所煮菜羹也，不用鱼肉，五味有自然之甘。”其实，所谓东坡羹只不过是一种很普通的菜羹，但经过苏轼之手来烹调则展现出一种特殊的韵味。此羹面世以后，文人雅士响应共赏，手烹模仿并动笔诗咏者接踵而至。在古人心目中，只要是名人烹制的汤羹，总是笼罩着一种耀眼的文化光环。

由于汤羹是一种覆盖面很广的大众食馔，可荤可素，可浓可淡，因而在食界博得了最为广泛的喝彩。尤其是用普通蔬菜调制的菜羹，在很长时期内成为百姓人家的佐食肴馔，可谓深入生活又深入人心。围绕着这一款款淡薄的菜羹，许多文人都曾敞开诗怀，抒泄感慨。为此，我国诗坛园地中涌现出数量可观的咏羹诗篇，其中警句佳篇飞如雪片。尤其是宋代诗人，更把菜羹食馔当作文学创作的题材，他们通过诗律词韵来捕捉饮食生活中的精彩镜头，为我们展现了汤羹世界的绚丽风貌。苏轼《狄韶州煮蔓菁芦菔羹》诗云：“我昔在田间，寒庖有珍烹。常支折脚鼎，自煮花蔓菁。中年失此味，想象如隔生。谁知南岳老，解作东坡羹。中有芦菔根，尚含晓露清。勿语贵公子，从渠醉膻腥。”

总之，汤羹是一种最普通的食馔，但它所包含的烹饪技艺、调味功能和食疗作用却远非其他食馔所能企及，尤其那种灌注于汁液之间又迸释于载体之外的文化冲击，更使得碗碗汤羹皆获食界垂青。几千年来，汤羹文化虽然从未张扬过自己的朴素外表，但它那无声无息而又沁润肺腑的魅力却一直渗透在每一个人的生活之中。

14.2 粥文化

中国是世界文明古国，也是美食大国。在中国有文字记载的历史中，粥的踪影伴随始终。自古以来，粥是人们喜爱的主食形式之一，早在《周书》中就有“黄帝始烹谷为粥”的记载，虽为附托之词，但也表明中国人民食粥的历史十分久远。

粥，俗称稀饭。古时凡粳、粟、粱、黍、秫、麦等都可以煮粥，现在一般是以粳米、粟米(小米)、糯米熬粥。粥有两种类型，一种是单纯用米煮的粥，另一种是用中药和米煮的粥。这两种粥基本上都是营养粥，后者因加进中药，所以又叫药粥。粥有稠厚、稀薄之不同，在古代其名称也有别。《广雅》称粥之厚者为“鬻”，唐代经学家孔颖达则认为“稠者曰糜，淖者曰鬻”。食粥之益处，清代黄云鹄《粥谱》说：一省费，二津润，三味全，四利脑，五易消化。其实，从更宽广的角度来看，食粥至少有六方面的意义和作用，即敬老、节约、救荒、疗疾、养生、美食。

《礼记·月令》载：“仲秋之月，养衰老，授几杖，行糜粥饮食。”《汉书·武帝纪》载：“民年九十以上，已有受粥法。”表明春秋战国时期到汉代，政府规定供应粥食作为奉养高寿者的一种福利。然而，后来此种规定未能得到切实贯彻。《汉书·文帝纪》载：“诏曰：今闻吏禀，当受鬻者，或易陈粟，岂称养老之意哉！”指出操办煮粥人员作弊，把陈仓米取代新米煮粥供应寿高老人，已失去尊老、养老的原意。

人们长时期以粥代替饭食，其节约意义是不言而喻的。从另一角度而言，食粥与家贫有密切联系。宋代秦观“日典春衣非为酒，家贫食粥已多时”的诗句，以及黄云鹄《粥谱·序》中所说的“吾乡人讳食粥，讳贫也”，都是此种社会现实之写照。

历史上，由于旱灾、水灾、虫灾以及战乱等，导致粮食歉收的情况时有发生，施于灾民的慈善措施，首先要解决其饥饿，而供应粥食则是首选的简捷应急办法，对此，我国历代文献曾有记述。《南齐书·刘善明传》：刘善明家有积粟，因青州饥荒，开仓以救乡里，幸获全济。人名其家田曰“续命田”。明代耿橘《荒政要览·条议荒政煮粥》提到：荒年煮粥，全在官司处置有法，就村落散设粥厂。而《明史·王宗沐传》还详细列出“赈粥十事”。可见，粥食对于荒年灾民赈饥贡献极大。

我国是药食同源的国家，药粥是我国饮食的一大特点。药粥，是祖国医学宝库中的一部分。用药粥治疗疾病，最早见之于汉代伟大史学家司马迁所著的《史记·扁鹊仓公列传》：“齐王故为阳虚侯时，病甚，众医皆为蹶，臣意(指西汉医学家淳于意)诊脉，以为痹，根在右胁下，大如覆杯，令人喘，逆气不能食。臣意即以火齐粥且饮，六日气下；即令更服丸药，出入六日，病已。”另外长沙马王堆汉墓出土的14种医学方技书中，记载有服食青粱米粥治疗蛇伤，用烧热的石块煮米汤治疗肛门痒痛等治验方。据考证，这批出土的古医书约成书于春秋战国时期。这就是说，“火齐粥”、“青粱米粥”等方，是我国记载的最早食用的药粥方。这两份珍贵的历史资料也可以说是药粥治病最早的文献记载。

我国现存最早的医书《黄帝内经》中说：“药以祛之，食以随之。”“谷肉果菜，食养尽之。”药粥正是以药治病、以粥扶正的一种食疗方法。《内经》的这一论述，是药粥疗法最早的理论基础。由此可见，药粥是一种古老疗法，远在2 000多年前，我们的祖先就把它用于防病治病了。进入中古时期，人们更是将粥的“食用”、“药用”高度融合，进入了带有人文色彩的“养生”层次。宋代以后，药粥疗法有了很大发展，民间普遍喜欢用药粥来防治疾病，并积累了很多极为宝贵的药粥食疗方法。如宋代大文豪苏东坡在《粥帖》中说：“粥能推陈致新，利膈益胃，粥后一觉，妙不可言。”明代名医吴有性《温疫论》力主“大病之后，客邪新去，胃口方开，宜先与粥食，次糊饮，次糜粥，次稀饭，尤当循序渐进。”清代医家王士雄《随息居饮食谱》中说：“病人、产妇，(粳米)粥养最宜，以其较籼为柔，较糯不粘也。”如将米与不同的药物合煮成各种药粥，则疗病作用更广更大；清代医家章穆《调疾饮食辩》说：“粥能滋养，虚实百病固已。若因病所宜，用果、菜、鱼、肉及药物之可入食料者同煮食之，是饮食即药饵也，其功更奇更速。”这些都是食疗经验的记载。

食粥不仅能疗疾，还可养生，这是中国古人的又一宝贵经验。南宋著名诗人陆游曾作《粥食》诗一首：“世人个个学长年，不悟长年在目前，我得宛丘平易法，只将食粥致神仙。”将世人对粥的认识提高到了一个新的境界。

中国古人煮粥、食粥还产生过不少轶闻趣事。《金銮记》记及白居易受赏“防风粥”之事。白居易任职翰林院时，皇帝曾赐他“防风粥一瓯，食之口香七日”。“口香七日”显然是太过夸张了，不过，既然防风粥能被作为皇帝赏赐之品，表明此粥之非同寻常。

北宋著名政治家、文学家范仲淹也有一则十分感人的食粥故事。他的青少年时期是在清贫生活和刻苦攻读中度过的，每日三餐吃的是腌菜粥。据《范仲淹年谱》载，他22岁时读书于长白山，每天把粥盛于一器皿内，午餐吃一半，早、晚餐吃另一半。菜则是“断齑数茎，入少许盐以啖之，如此者三年”。范仲淹27岁时就学于南都学舍，仍然以腌菜粥度日。有一官吏之子也就学于此，目睹范仲淹之清苦，回家告诉父亲，其父即嘱儿子把官府饭菜送给范仲淹。但范仲淹始终不碰这些饭菜。官吏之子见此，问道：是否“以相浼为罪乎？”范仲淹深表谢意地回答：“非不感厚意，盖食粥安之已久，今遽享盛馔，后日岂能啖此粥乎！”他正是为了日后自己仍能吃得起苦，所以没有接受官吏之子赠送的美食。从这点也可看出，范仲淹后来的成就和他的“先天下之忧而忧，后天下之乐而乐”传世名言，同他青少年时期的清贫生活和刻苦奋斗的磨炼有着密切的渊源关系。

由此可见，我国的粥文化源远流长，粥与中国人的关系正像粥本身一样，稠粘绵密，相濡以沫；粥作为一种传统食品，从不同的侧面反映出中国粥品与粥文化的丰富多彩，在中国人心中的地位更是超过了世界上任何一个民族。如果说在古代，粥的意义和价值主要针对人们的健康，那么进入现代社会，美食的范畴已大大拓宽，餐饮的概念已日新月异，它的作用正在被人们重新认识，有待我们更好的挖掘。

14.3 豆腐文化

豆腐，古时称黎祁、小宰羊、菽乳、脂酥、刀呱、软玉等。豆腐既是可直接入口的食品，又是烹饪的主要原料。我国最早记载豆腐的古籍是五代陶谷所撰的《清异录》，书中描绘道："时戢为青阳丞，清已勤民，肉良不给，日市豆腐数个，邑人呼豆腐为小宰羊。"宋代《膳食批》中记有"生豆腐百宜羹"。寇南奭《本草衍义》中也有"生大豆……又可硙为腐，食之 "。苏东坡《物类相感志》中记"豆油煎豆腐，有味"，陆游《老学庵笔记》中也有"嘉兴人……开豆腐羹店"的记载。

明代李时珍《本草纲目》记载："豆腐之法，始于前汉淮南王刘安。"罗欣《物原》也有"前汉刘安做豆腐"之说。刘安是汉高祖刘邦的孙子，承袭父亲的封爵为淮南王，是一位集思想家、文学家、美食家称号于一身的才子。传说，他在八公山上兴建楼阁，养方术之徒烧药炼丹，偶以石膏点豆汁而成豆腐。距今已有 2 000 多年的历史。

豆腐营养丰富，口感柔润，是人人喜爱的家常菜。豆腐为中国人所发明，并通过数千年的衍化，融入包容万象的哲理，也演绎出源远流长的"豆腐文化"。

古往今来，由于豆腐深受人们的喜爱，古今诗人文豪曾留下了许多题咏豆腐的诗文。唐诗中有"旋乾磨上流琼液，煮月锅中滚雪花"的诗句。南宋爱国诗人陆游曾咏道"拭磨推碾转，洗釜煮黎祁"。宋朝著名学者朱熹诗云："种豆豆苗稀，力竭心已苦，早知情有术，安坐获帛布。"作者描述了豆农的辛苦劳累，希望他们"早知情有术"，把大豆加工成豆腐，以便获得更大的经济效益。元代萧大雅有一首咏豆腐的长诗，其中一段是写豆腐的制作过程："戎菽来南山，清漪浣浮埃，转身一旋磨，流膏入盆缶。大釜气浮浮，小眼汤洄洄。倾待晴浪翻，坐见雪华皑。青盐化液卤，绛蜡窜烟煤。霍霍磨昆吾，白玉大片裁。烹煎适我口，不畏老齿摧。"明代诗人苏秉衡曾赞美道："使得淮南术最佳，皮肤褪尽见精华，一轮磨上流琼液，百沸汤中滚雪花……"清代诗人李调元《童山诗选》对豆腐及其制品的动人描述更给人以美的享受："家用为宜客非用，舍家高会命相依；石膏化后浓如酪，水沫挑成皱成衣……近来腐价高于肉，只恐贫人不救饥；不须玉豆与金笾，味比佳肴尽可损……"

在现代、当代文学史上，许多著名作家、戏剧家笔下生花，使豆腐成为小说、散文中的得意之笔。作家老舍在小说《骆驼祥子》中就有很多祥子吃豆腐的描绘，如"歇了老大半天，他(祥子)到桥头吃了碗老豆腐，醋、酱油、花椒油、韭菜末，被热的雪白的豆腐一烫，发出点顶香美的味，香得祥子要闭住气"。浩然在长篇小说《艳阳天》中所描绘的饭馆的场面也非常生动，如"有的结伴，在一起吃着炒鲜豆角或者熘粉皮烩豆腐，一边'吱儿咂'地喝着酒"。鲁迅在小说《故乡》中对"豆腐西施"出神入化的描写特别生动。茅盾在散文《卖豆腐的哨子》中这样描绘："早上醒来的时候，听得卖豆腐的哨子在窗外呜呜地吹。"梁实秋在散文《忆张自忠将军》中写道："他招待我们一餐永远不能忘的饭食……4碗菜是以青菜豆腐为主，一只火锅是以豆腐青菜为主。"朱自清的散文《冬天》："说到冬天，忽然想到豆腐。是'小洋锅'(铝锅)白煮豆腐，热腾腾的水滚着，像好些鱼眼睛，一小块、一小块豆腐养在里面，嫩而滑，仿佛反穿的白狐大衣。"豆腐已俨然成为环境与人物描写的必不可少的凭借物。歌咏豆腐的诗篇也很多，如木斧的《豆腐颂》和谢辉煌的《献豆腐的老乡》等，都是值得一读的好诗。

熟语"是伴随着语言史发展的脚步和语用跳动的脉搏，由使用该语言的整个社会力量对语言财富进行创造性劳动的成果，是汉民族语言的精华"，"蕴含着汉民族人民对客观事物的认识和文化观念"。除了饮食领域外，中国的传说和民俗中也流传了不少与豆腐有关的佳话，与豆腐有关的熟语广为流传，形成了别具特色的文化熟语。人们常用"刀子嘴，豆腐心"形容那些说话强硬尖刻，但心肠和善慈软的人，其中"豆腐心"是说心像豆腐一样软，进而引申为仁慈之心。"刀子嘴，豆腐心"用对比的手法鲜明地突出了豆腐"软"的特性。"软"是豆腐的最大特性，所以自然而然地将"软"与豆腐等同起来，甚至用它指代具有软性的一切事物，如：豆腐补锅——不牢靠，豆腐垫鞋底——一踏就软，豆腐做匕首——软刀子等。"小葱拌豆腐——一清二白"含义丰富，既可以用来表示清楚明白、毫不含混，也可以表示清楚不出差错，或指人与人之间的关系明白等。然而，"小葱拌豆腐——一清二白"在中国还有着其他熟语所没有的深刻内涵，它不仅被不同文化层次的人使用，而且歇后语所强调的语义内容几乎成了整个中华民族人格的象征。正如《中国娃》中所唱的："最爱吃的菜是那小葱拌豆腐，一清二白，清清白白，做人也像它。""豆腐"熟语是劳动人民在长期的语言活动中反复加工锤炼而成的，它触及人们生活的每一个角落，是人民群众社会生活经验的总结，表现出了非常强烈的民族特性，它涵盖了中华民族的人格精神，对中国文化起到了传承和保存的作用，有着极其突出的效用。

豆腐问世已有两千多年，它的制作工艺不断发展，豆腐制品种类繁多，豆腐菜肴日益丰富。在我国豆腐有南豆腐、北豆腐、老豆腐、嫩豆腐、板豆腐、圆豆腐、水豆腐、冻豆腐、包子豆腐等不同划分，都是豆腐的鲜货制品(包括豆腐干、豆腐皮、豆腐脑等)；豆腐的发酵制品，有臭豆腐、腐乳、长毛豆腐等，这些都是我国人民传统的副食品。豆腐同世间任何一件有价值的商品都蕴含着丰富的文化内涵一样，豆腐品尝的方法和感受，豆腐的精神和品质，构成了独特的"豆腐文化"，它在我国文学艺术的历史长河中是源远流长的彩色溪流，为后人留下许多璀灿夺目的美好诗篇和脍炙人口的上乘之作。"豆腐文化"是美食文化中一朵瑰丽的奇葩，是以豆腐为载体，以豆腐的独特品味、丰富营养、风格品质、蕴含哲理、历史渊源等为基础，由饮食渗透到人类精神领域的一种特有的文化。

14.4 调味料文化

古人云"民以食为天，食以味为先"，可见调味品在中国饮食文化中所居的重要地位。从古籍文献来看，中国人使用调味品的最早史料记载见于《尚书》、《周礼》等著作中。《尚书·禹贡》中记"海岱惟青州……厥贡盐"。青州的贡品是盐，盐是重要的调味品。并且提到了酸、苦、甘、辛、咸五味，而且还有"若作和羹，尔惟盐梅"的记载，梅也是被当作调料使用的。《周礼·天官》中有"凡和，春多酸，夏多苦，秋多辛，冬多咸，调以滑甘"的记载，说明当时的人已经知道调味品与季节的关系。由此可知，中国人的饮食调味文化已有五千多年的历史。

“味”是能引起特殊感觉客观存在的某种呈味物质，在日常生活中，人们习惯于将菜肴之味称为滋味、口味、味道。它是食物中的呈味物质溶于唾液或食品汁入口后，经过舌表面味蕾的味孔进入味管，刺激细胞，并经味神经传至大脑中枢神经而产生的一种生理感觉。《吕氏春秋·本味篇》载：“调味之事，必以甘、酸、苦、辛、咸，先后多少，其齐(比例)甚微，皆有自起。鼎中之变，精妙微纤，口弗能言，志弗能喻。故久而不弊，熟而不烂，甘而不哝，酸而不酷，咸而不减，辛而不烈，淡而不厚，浓而不腻。”指出了调味的重要性。中国人的调味之道是“五味调和”。人们不仅认识到五味可饱享口福，而且还领略到调味品对健康的重要作用。在古代称调味为调和，并对此极重视。如《黄帝内经》提到：“谨和五味，骨正筋柔，气血以流，腠理以密……谨道如法，长有天命。”为了达到这个目的，在长期的饮食活动中，发现和选择出大量的调味品用以佐餐，如葱、姜、蒜、花椒、醋等。这些调味品不仅鲜香味美、风味独特，而且具有不同的去腥除膻、矫味辟秽的作用，同时还有杀菌解毒、开胃健脾、促进消化的药理功能，在中国饮食文化史上占有一定的位置，丰富和发展了调味品。

14.4.1 醋文化

醋是日常生活中不可缺少的调味品，它是以米、麦、高粱、玉米等为原料，经过多种微生物发酵、酿造而成的一种酸性调味品。早期的醋称作“酢”，《广韵》中记载“酢，浆也，醋也。”北魏贾思勰的《齐民要术》有“作酢法”，自注“酢，今醋也”。但又称“醯，醋也”。可见，早期的醋又称“醯”。那么醯和酢有什么区别呢？若仔细考察，我们会发现“酢”字比“醯”字出现得晚。《礼记·内则》记载：“脂用葱，膏用韭，三牲用茱萸，和用醯，兽用梅。”事实上，《说文解字》中已有“醋”字：“醋，客酌主人也。”这里是酬宾的意思。

关于醋的起源有许多不同的说法。据说在公元前5 000年，巴比伦尼亚有最为古老的有关醋的生产的记录，那时是用椰枣的果汁和树液以及葡萄干酿酒，再以酒、啤酒生产醋。椰枣是椰子科树木的果实，椰枣果汁可以生产优质的醋；把椰枣树茎顶端切除，流出的树液可以生产椰子酒。然后经过再发酵成醋。初期都是家庭生产，用于增强食物风味或是保存酱菜。公元前3 000年，啤酒业者开始了醋的销售，巴比伦尼亚人为了丰富家庭的饮食生活，将醋与香辛料、药草一起用于蔬菜腌渍，制作出各种各样的酱菜。

据古籍记载，醋虽在中国烹饪史上诞生得晚一些。食醋的使用在我国有着悠久的历史，醋的酿造稍晚于酒，民间传说醋是由酒之鼻祖杜康发明的。杜康是我国最早的酿酒发明家，然而他作为醋的创制者却鲜为人知。相传，杜康有一次酿酒时，将酒糟浸在缸里，到了21天后的酉时，当他揭开缸盖后，一股特殊的香味扑鼻而来。他尝了缸中的酒糟水，只觉得酸溜溜、甜滋滋的，味道极好。待煮菜时放入一点，味道很是可口，且令人食欲大增。杜康将它分送邻居和亲友家，作为汤菜调味品，并叫它为“调味浆”。后来，杜康边酿酒边制醋，同时在市场上出售，但他觉得这调味浆应该像酒一样，有个专用名词为好。他考虑多时，才联想到21天后的酉时，便将其合起来称呼，取名为醋。醋的偏旁“昔”即21日之意。从此，醋的名声大振，酿醋技术也流传下来。这是民间的一种传说，究竟何人发明醋，现在已经无从考证了。在公元前3世纪才有了醋的文字记载，到春秋战国时就有专门酿醋的作坊了。据《史记》记载：“通邑大都，醯酱千瓿。”在2 400多年前的《论语》里也有关于醋的记载。但那时的醋还是比较贵重的调料，直到汉代才开始普遍生产。

醋是我国人民所深爱的一种调味佳品，食醋在我国有着悠久的历史。食醋自出现以来，在日常生活中占有重要的位置，是劳动人民开门七件事之一。醋陪伴中华民族跨越千年历史，经久弥醇，已形成了自己的文化体系，它在中国整体文化的浸染下焕发着更加幽醇、绵长的无穷回味。随着时代的变迁，制醋工艺不断发展演变，食醋品质愈发酸香郁冽。

在醋未诞生之前，古人用梅作为调味之酸。《尚书》中记载“欲作和羹，尔惟盐梅”，梅子捣碎后取其汁，做成梅浆，这也可称为最初的醋。《礼记·内则》记“浆水臆滥”。在制作梅浆以后，发现米也可以制成酸浆，“熟炔粟饭，乘热倾在冷水中，以缸浸五七日，酸便好用。如夏月，逐日看，才酸便用”。在制成酸浆的基础上又加上曲，做成苦酒：“取黍米一斗，水五斗，煮作粥。曲一斤，烧令黄，槌破，著瓮底。土泥封边，开中央，板盖其上。”这里已经利用曲发酵，实际上已是早期的醋。北魏贾思勰所著的《齐民要术》是世界上现存最早的系统而全面的酿造典籍，书中共收载了22种制醋法，系统地总结了我国劳动人民从上古至北魏时期的制醋经验和成就，其中的一些制醋方法一直沿用至今。

山西是醋的故乡，晋人食醋历史悠久，据《尚书》记载，远在公元前12世纪晋人就有了食醋的习俗。北魏贾思勰在《齐民要术·作酢法》中总结了22种酿醋法，他在“称米酢法”注云：“八月取清，别公瓮贮之，盆合泥头，得停数年。”这正是山西老陈醋的“陈酿”之法。宋代，山西酿醋业遍布城乡，太行、吕梁这些偏僻地区也出现了“家家有醋缸，人人会醋匠”的盛况。明清时，太原及清徐县一带酿醋作坊比比皆是。古人称醋（或作酢）曰：“醯，周朝设有‘醯人’，专管酿醋之事。”《周礼》中说：“食医掌和六食、六饮、六膳、百馐、百酱、八珍之齐。”六饮中有浆，就是一种淡味之醋，“百酱”中明确提到了“醯”。山西人喜食醋，“醯”与“西”是同音，久之“老醯（西）”就成了山西人名闻遐迩的雅号了。

山西民间百姓爱吃醋的习惯历史悠久，区域广泛，这同当地的水土特征、自然气候和多数人以杂粮为主的生活条件有着直接关系。例如，贫乏的餐桌上，全靠盐、醋来调味；艰苦的劳作之后，身体需要大量盐的补充。山西民间百姓的饭菜中用醋量很大，这种饮食习惯是众所周知的。山西地处黄土高原，气候干燥，温差较大，属于少水低温地带，适宜种植高粱、大麦、豌豆等“抗逆性”较强的作物。当地人们利用这一本土特产，运用独具特色的酿造发酵技艺酿造出了一方名醋。我国最早的史书《尚书》中已有山西人吃醋的记载。专家认为，山西百姓爱吃醋的习惯与当地的水土特征、自然气候和饮食结构有着直接的关系。山西一些地区“水硬”（即碱性强），居民喜面食或以杂粮为主，食醋有助于促进消化。山西人喜欢用醋调和饭食或烹调菜肴，还因为醋具有一定的食疗作用。

醋的疗疾药用，应当是中国醋文化的一大历史特征。据说，战国时的名医扁鹊就认为醋有协助诸药消毒疗疾的功用。有关食醋的药用，在古代医书中已有论述，最早的记载是于1973年湖南长沙马王堆3号墓出土的医学帛书，其中具有很高历史价值的《五十二病方》，是迄今已发现的最古医方。据考证，此书大约抄于公元前3世纪秦汉之际。书中记述治疗癫痫、尿闭、疝气、痔疮、痈、癣、白癜风、烧伤、疯狗咬伤等疾病的处方中有醋的记载，说明当时的医家已认识到醋有清热、解毒、疗疮、利尿等功效了。李时珍《本草纲目》一书所录用醋的药方就有30多种。李时珍所记载的在室内蒸发醋气以消毒的方法至今民间仍在沿用，人们还时常使用此方来防止流感、流脑等传染性疾病。

现实生活中，人们还经常使用“吃醋”、“醋意”、“醋劲儿”、“吃干醋”等类词来形象地说明由妒忌心理而表现出来的情绪和行为，而且多数情况下是指男女感情之间的排他性。史称唐太宗名相房玄龄妻卢氏妒忌甚重，有一次，唐太宗李世民赏了几个美女给房玄龄，但是房玄龄却惧内不敢接受。于是唐太宗就派人给卢氏送去一壶毒酒，同时宣布旨意：妒忌为妇德之大亏，念其为重臣结发之妻，且其夫又恩爱于她，故赐给最后一次选择的机会：同意房玄龄接受皇帝的赏赐，否则饮鸩受死！没想到，刚烈的卢氏竟不假思索的夺过酒壶一饮而尽！在中国封建制时代，一个女人为了把“第三者”关在门外，连付出自己的生命都能够无所顾忌，其悍烈决绝的程度可以说是无以复加了。然而，卢氏并没有死，因为唐太宗不愿作历史留瑕的恶人，他让人在壶中装的是苦酒——醋，不是毒酒，于是就有了“吃醋”之典，于是吃醋和嫉妒才有了亲缘关系。

总之，醋历尽千年沧桑，它早已超越了调味品的范畴，成为一种文化现象深深地融入了中华民族文化之中。

14.4.2 卤料文化

酱在中国古代烹饪中占据重要的地位，“酱之为言将也，食之有酱，如军之须将。取其率领近导之也。”古人把它看作是调味的统帅。故孔子《论语·乡党》说：“不得其酱不食。”充分表明酱在饮食中的重要地位。

酱的名称很多，含义比较广泛，包含动物和植物原料酿造而成的咸、酸味调料。《周礼·天官·膳夫》郑玄注云：“酱，谓醯、醢也。”贾公彦疏云：“酱是总名，知酱中兼有醯、醢。”由此可见古代的“酱”是“醯”和“醢”的一个总称，同时又有五齑、七醯、酱佐之称。一般是将物料研碎、腌渍而成，大约在西周时期就已出现。酱有肉酱、鱼酱，《左传》昭公二十年：“水火醯醢盐梅，以烹鱼肉。”孔颖达疏：“醯，酢也；醢，肉酱也。”到后来又出现植物果实豆类酱，到南北朝时期又出现酱清，即我们现在的酱油。酱和酱清的出现在中国烹饪史中占有重要的地位，是很有特色的调味品，讲得夸张一点，它们是世界烹饪文化中的中国特色。

酱是酱油的前身。酱油，是中国人餐桌上不可缺少的调味品之一，已经有了 3 000 多年历史，习惯上被称为清酱、酱清、豆酱清、豉汁、豉清、酱汁等。酿造工业对酱油的规范性解释是：以植物或动物蛋白及碳水化合物（主要是淀粉）为主要原料经过微生物酶或其他催化剂的催化水解生成多种氨基酸及各种糖类，并以这些物质为基础，再经过复杂的生物化学变化合成的具有特殊色泽、香气、滋味和体态的调味液。而以历史文化的标准认识“中国酱油”，则应当表述为如下概念：以大豆蛋白为主要原料，按“全料制糗”、“天然踩黄”工艺酿造而成的咸香型调味液。中国俗谚说“开门七件事，柴米油盐酱醋茶”，指的是人们日常生活的核心部分——“饮食”的基本内容。俗语又说“油盐酱醋”，那是讲中国传统烹饪的基本调料，用以指代厨房或烹饪之事，又引申为不登大雅的琐屑之事。这种习俗文化所反映的社会意义的普泛性，足以表明酱油在民族大众日常生活中的重要性。

中国历史上的酱油，或曰传统的“中国酱油”，具有如下耐人寻味的两个明显特征：其一是与中国酱的关系，即它是“酱”或“豉”的“清”、“汁”，或反过来称之为“清”的“酱”或“清”的“豉”；其二是最初的一些称谓经过三千余年至今几乎仍在沿袭使用。中国酱油的这样两个特征，或是两大文化属性，至少表明了这样的意义：称谓具有很强的寓意合理性及与大众心理认知的亲和力。当然，除此两点之外的一个重要的经济因素也是不能忽略的，那就是自中国历史上第一代酱油出现以后，由自给自足小农经济决定的中国人的生活方式几乎一直是周而复始的运转，酱油的生产方式长时间里也基本一以贯之是“酱园”作坊模式。大概正因为如此,中国酱油的传统称谓才能够经受时间的考验,一直保留着,如同酱油本身一样至今浓香依旧,毫不褪色。

14.4.3 香辛料文化

1) 葱

我国是葱的故乡,栽培葱的历史已有三千多年了。早在《山海经》中就已有"北单玉山,多葱韭"的记载,北魏贾思勰《齐民要术》作羊蹄膝法:"羊蹄七具,羊肉十五斤。葱三升,豉汁五升,米一升,口调其味,生姜十两,橘皮三叶也。"说明我国早在一千多年前已用大葱作为调味品。

葱既是蔬菜又是调味佳品,荤菜、素菜的调制都少不了葱,家家必用,一日不可无葱。葱可增加菜肴的香味,又能去腥除膻,是烧制各种佳肴的必需之品。葱可生食,北方人喜食的大葱蘸酱、大饼卷大葱都具有独特的地方风味。

葱作为调味品,炒菜时满锅香气四溢,切碎做汤不仅香气弥散迷人,而且更有通阳暖胃、消食发汗的作用,食之令人神清气爽,是冬日做汤的好原料。以生葱佐餐味道尤为鲜美,就连驰名海内外的北京烤鸭也以生葱为佐料而提味。同时,由于葱具有辛香、温散的性质,更为历代医家所重视。葱作为药物使用,最早的医学史料记载见于马王堆汉墓出土的《五十二病方》医书,其中提到葱和干葱。对葱的药性及药理进行详尽的说明首见于《神农本草经》。其称:"葱茎白辛、平,叶温,根须平、并无毒。做汤治伤寒寒热、中风、面目浮肿,能出汗。"认为葱辛温通阳,专主发敌,可通上下之阳。历代医家多借葱的这个药理特性,用于治疗阳气不足之手足厥逆或外感风寒病。如汉代医圣张仲景的白通汤,用葱白治疗少阴病,下利清谷,里寒外热,厥逆脉微者,或以四逆汤加葱白也可治疗,都是取葱白通阳之意。晋朝葛洪《肘后方》中的治疗外感风寒头痛、鼻塞流涕的著名方剂葱豉汤,也是以葱白为主药。《类证活人书》的活人葱豉汤、《通俗伤寒论》的葱豉桔梗汤也是以葱白和其他药物组成。正如李时珍所说:"葱乃释家五荤之一,生辛散,熟甘温,外实中空,肺之菜也,肺病宜食之,肺主气,外应皮毛。"所以外感风寒之肺系疾病,皆可用葱白治之。此外,李时珍还用"葱管吹盐入玉茎内治疗小便不通及转脬危急者",极类似于现代尿潴留的导尿法。

葱具有以上的药理作用,已远远超过其烹调价值,已从蔬菜、调味品进入中医药学。

2) 姜

姜又名生姜,为姜科植物,根茎味辛,性微温,气香特异,入肺、脾、胃经,有发汗解表、温中止呕功效。药用可分鲜姜、干姜和泡姜。俗话说:"冬吃萝卜夏吃姜,不用医生开药方。"说明姜的药用价值之大、范围之广。其栽培和食用在我国也有悠久的历史,在《礼记》中就有"植梨姜桂"的记载,《论语》中也有"不撤姜不食"的说法。《吕氏春秋》对姜的美味尤为赞赏,誉为"和之美者,杨朴之姜"。王安石《字说》云,姜能强御百邪,故谓之姜。可见古人对姜是极感兴趣的。

汉代姜的种植已很普遍,并且有种姜致富的记载,《史记·货殖列传》称"千畦姜韭,其人与千户侯等"。此外,《齐民要术》一书中还专有"种姜"一节,说明自古以来我国人民就很重视生姜的栽培,而且食用姜的历史也很悠久。

作为调味品,姜是主要佐料之一。姜辛辣芳香,溶解到菜肴中去,可使原料更加鲜美。李时珍在《本草纲目》中赞颂姜的美味:"辛而不荤,去邪辟恶,生啖熟食,醋、酱,糟、盐、蜜煎调和,无不宜之。可蔬可和,可果可药,其利博矣。"

作为调料，炖鸡、鸭、鱼、肉时放些姜，可使肉味醇厚。做糖醋鱼时用姜末调汁，可获得一种特殊的甜酸味。用醋与姜末相兑，蘸食清蒸螃蟹，不仅可去腥尝鲜，而且可借助姜的热性减少螃蟹的腥味及寒冻伤胃作用。故《红楼梦》中在提到食蟹时说道“性防积冷定须姜”。生姜，一年四季离不了，人们用之以开胃、消食，故俗语云“上床萝卜下床姜”。

姜不光是烹饪菜肴的调味佳品，药用价值也早有记载，千百年来民间百姓常随手采集用于疗伤治病，价廉效著，显示出中国传统医药文化的宏大博深。《五十二病方》中就有“姜”、“干姜”、“枯姜”的记载。《神农本草经》列干姜为中品，并且称其“辛、温、无毒”，主治“胸满，咳逆上气，温中，止血”，“久服去臭气，屈神明”，说明对其药性已经有了相当的认识。《名医别录》认为生姜有“归五脏，除风邪寒热，伤寒头痛鼻塞，咳逆上气，止呕吐，去痰下气”的功能。至于干姜炮制法，苏颂《图经本草》曰：“采（生姜）根于长流水洗过，日晒为干姜。”李时珍《本草纲目》也谓干姜“生用发散，熟用和中，解食野禽中毒”。历代研用生姜的医家很多，但深得生姜药理、药性的真髓，临床遣方用药之活还当首推汉代医圣张仲景，其所著的《伤寒论》共载方 113 剂，其中使用生姜和干姜的方剂就有 57 剂之多，占所有方剂之半。如温肺化饮、解表散寒的小青龙汤；发汗解表、清热除烦的大青龙汤；温肺清热、疏散水湿的越婢汤；温中怯寒、回阳救逆的四逆汤；温阳利水的真武汤；温中补虚、缓急止痛的小建中汤；温中祛寒、补益脾胃的理中汤；温肝暖肾、降逆止呕的吴茱萸汤；和解少阳的小柴胡汤；和胃降逆、开结除痞的半夏泻心汤等等。这些处方中均有生姜或干姜，都是至今临床仍在使用而且非常有效的著名方剂。医圣张仲景用姜的经验，囊括了姜的温胃、散寒、降逆、止呕、行水气、温肺止咳的药理作用，成为中医药学临床运用姜的法则。

生姜的食用已有数千年的历史了，在烹饪艺术和中医药学中有一定的位置，同时它也是中国最古老的姓氏之一。据史书记载，姜姓是炎帝的后代，因炎帝的出生地而得姓。《说文》曰：“神农居姜水，因以为氏。”传说中的炎帝即神农氏，相传为中国历史上最远古的“三皇”之一。因炎帝生于姜水（今陕西岐山县），故以姜为氏。因此，炎帝的出生地也就是姜氏的发源地。

后来在历史的进程中，由于各种原因，炎帝的许多子孙已变易为其他姓氏。虞、夏之际，炎帝裔孙、四岳始祖伯夷，因辅佐禹治水有功，被封于吕（今河南南阳县），建立吕国，复赐以祖姓姜，以接续炎帝的香火。

春秋时期五霸之一的齐国，创建始祖是吕国的吕尚。其子孙世袭齐国国君，历 29 世。后来齐国在战国时被田和所灭，齐国变为田氏政权，其子孙后代分居各地，多以姜为姓。这样，分迁到各地的姜姓不断繁衍发展，到了汉代已发展成为一大望族。

据史书记载，早在春秋时期，西戎也有以姜为姓的，故称姜戎，原在瓜州（今甘肃敦煌西），后逐渐东迁，约于公元前 638 年由其首领迁至晋南，属于晋国。居住在今山东、河南省境内的姜氏，在西汉以前已发展成为关东（今河南灵宝县函谷关以东地区）大族。到西汉初，为充实关中人口，姜氏从关东迁徙至关中，此后世居天水（今属甘肃），故族人便以“天水”为郡号。到了汉代，姜氏已徙居到今江苏、四川等地。但是，直到唐代，天水仍是姜氏的发展繁衍中心。唐、宋时期，姜氏还分布于今河北、河南、浙江、江西、安徽、山东等地及广东琼山。到了明、清时期，姜氏有的居住到今山西、陕西、湖南、贵州、湖北等地。后来姜世良 11 世孙于清乾隆年间由内地移居台湾。此后，闽、粤姜氏陆续有人迁至台湾，有的又远播海外。

3) 蒜

蒜又名荤菜，是一种味道鲜美的蔬菜和调味品。大蒜生吃香辣可口，开胃提神，不仅是人们常用的蔬菜之一，也是常用的调味品。汉代许慎《说文解字》云："蒜，荤菜也，菜之美者，云梦之荤菜。"元代农学家王祯在《农书》中也高度赞赏大蒜："味久不变，可以资生，可以致远，化臭腐为神奇，调鼎俎，代醯酱，携之旅途，则炎风瘴雨不能加，食餲腊毒不能害……乃食经之上品，日用之多助者也。"

蒜也可作为药物使用。汉代即有记载，如《名医别录》中被列为中品，称辛温无毒，功能"归五脏，散痈肿……除风邪，杀毒气。"《三国志·华佗传》记载：华佗巡医经金乡，遇一患咽喉堵塞病者，进食而咽不下，很痛苦。华佗让其喝下"蒜泥大醋"即刻吐出一蛇（病虫），病去。一碗蒜泥即可治愈疑难杂症。《后汉书》云：华佗以蒜和醋共用治疗"吐蛇"病。苏恭《唐本草》认为其能"下气、消谷化肉"。寇宗奭谓用大蒜"捣贴足心，止鼻衄不止"。明李时珍著《本草纲目》称大蒜"其气熏烈，能通五脏，达诸窍，去寒湿，辟邪恶，消痈肿，化症积肉食此其功也"。古希腊运动员将大蒜作为保健食品，古罗马人用大蒜治疗伤风、哮喘、麻疹、惊厥等疾病，疗效极佳。公元5世纪，印度人发现吃大蒜能增强智力，嗓音洪亮。中医研究发现，用大蒜3至5瓣捣烂开水送服或取独头蒜以炭火烧熟，每次服3克，可治痢疾、急性肠炎；每日服数瓣醋浸蒜治心腹冷痛，3日可愈。口服大蒜汁加奶油可治高血脂症。大蒜4头切片煎水趁热熏洗外阴，可治阴部瘙痒；生吃大蒜配合温盐水漱口是预防流行性乙型脑炎的好方法。

"蒜"药食同源，自古至今备受各国医学重视。世界著名营养学家《维他命圣典》作者艾尔·敏德尔博士称：蒜制品将在未来百年成为全世界优选的长寿保健品，蒜制品对所有现代疾病几乎都具有保健和康复作用。大蒜除具有以上作用外，近代研究发现大蒜具有很强的杀菌、抗真菌作用，可以治疗痢疾和急性肠炎，以及真菌感染性疾病。每天吃一些大蒜可以预防感冒。另外，大蒜还有防治高脂血症的功效。实验证明，大蒜还有一定的抗氧化和抗血小板聚集及降低血液粘稠度作用，可作为抗动脉粥样硬化的药物或食品使用。

大蒜作为食品、调料或药物使用，虽然对人体健康有益，但也不可过量使用，否则会损害人体健康，变利为弊，这是应该注意的。

4）花椒

中国的饮食文化源远流长，丰富多彩；中国的菜肴讲究色、香、味。用花椒做成的菜肴最明显的味道当然是辣，但对嗜辣的国人来说，正是这辣味能融入肺腑，使人难以忘怀、难以舍弃。花椒在中国已有2 000多年的种植与使用历史。在《神农本草经》中，花椒被称为秦椒。花椒资源的开发经历了一个漫长的时期，从最初作为香料过渡到调味品功能就经历了近千年的时间。

作为香料，花椒是一种敬神的香物，人们以之作为一种象征物借以表达自己心中的思想情感。先秦时期，祭祀祖先，敬神迎神，是人们日常生活中的重要活动。人们每逢祭祀，必"选其馨香，洁其酒醴"，以表达对祖先和神灵的尊敬。花椒不似五谷和百蔬可以用来果腹充饥，花椒单独食用口味并不宜人，而且多食还会伤人。但是花椒果实红艳，气味芳烈，尤其是成熟在绿色的山野中显得格外耀眼引人。所以在先秦时期花椒最早作为香物出现在祭祀和敬神的活动中，这是先民对花椒最早的利用。如《楚辞章句》中云："椒，香物，所以降神。"《楚辞》中《离骚》的"苏粪壤以充帏兮，谓申椒其不芳"，《荀子·礼论》的"椒兰芳沁，以善鼻也"等等。这许多的资料证明，花椒作为一种香料物质得到了广泛的应用。梁吴均在《饼说》中罗列了当时一批有名的特产，其中调味品有"洞庭负霜之桔，仇池连蒂之椒，济北之盐"，以之制作的饼食"既闻香而口闷，亦见色而心迷"。南宋林洪的《山家清供》记载："寻鸡洗涤，用麻油、盐、火煮、入椒。”元代忽思慧的《饮膳正要》、明代刘基的《多能鄙事》、清薛宝辰撰写的《素食说略》等等都对花椒用于烹饪有一定的文字记载。

作为治疗疾病的药物,《诗经·周颂》中曰:“有椒其馨,胡考之宁。”意思是花椒香气远闻,能使人们平安长寿。两汉时期,花椒成为一种济世药物。在《神农本草经》中被列为中品,认为其“辛,温、有毒”,主治“除风邪气,温中,去寒痹,坚齿发,明目。久服,轻身好颜色,耐老增年,通神”。唐代孙思邈《千金食治》说:“蜀椒,味辛、大热,有毒。主邪气,温中下气,留饮宿。”《本草纲目》中记载:治上气,咳嗽吐逆疝瘕,风湿寒痹。下气杀虫,利五脏,去老血。

作为象征物,对花椒这个小小的精灵,先民赋予了它许多的含义,借以表达自己心中的美好情感和对幸福生活的美好希望。因为花椒香气浓郁,硕果累累,故被看作是多子多福的象征。如《唐风·椒聊》曰:“椒聊之实,繁衍盈升。”便很好地说明了这一意义。同时,花椒还被人们视为一种高贵的象征,在《荀子·议兵》中云:“民之视我,欢若父母,其好我芳若椒兰。”表达了作者的清高和尊贵。到两汉时期,花椒成为了宫廷贵族的宠儿,也就在这一时期,皇后居所有了“椒房”、“椒宫”的称谓。《汉官仪》中载:“皇后称椒房,取其实蔓延,外以椒涂,亦取其温。”

14.5 面食文化

面食,一般是小麦面粉制作的食品的泛称,分为面饭、面食、面点、面品四大类。小麦是禾科一年生植物,是世界上分布最广、栽培面积最大的粮食作物,加之历史久远,所以有关小麦的原产地众说纷纭。不过据考古发现,中国是最早种植小麦的国家。在河南省陕县东关庙底沟遗址的烧土中,发现公元前7 000年左右的小麦形迹,而在土耳其、伊拉克等地仅发现公元前5 000年左右的小麦。在云南省剑川县海门口还发现公元前1 000年左右的麦穗。当时正值殷王朝时期,甲骨文中有“麦”字,可以想象当时人们对小麦的依存性,也说明小麦在人类生活中的作用和小麦在中国的悠久历史。

中国是最早发现小麦粉中的黏性蛋白质,即面筋的国家,所以中国人广泛使用面粉,发明了饺子、馒头、面条等面类食品,丰富了人类的饮食生活,也创造了面食文化。

14.5.1 馒头

馒头,曾用名有蛮头、蛮首、瞒头,方言有起面饼、笼饼、蒸饼、笼炊、馍馍、包子、实心包、巢馒头,最后演为今名馒头,是一种用面粉发酵蒸成的食品,形圆而隆起。本有馅,后北方人称无馅的为馒头,有馅的为包子。据《墨子·耕柱篇》说,我国大约从战国时才开始吃面食,当时的面是用杵臼捣细的。西汉年间随着磨的出现,面食种类逐渐增多,但当时人们还不懂得面的发酵,都是死面。后来人们在长期实践中逐渐掌握酵母菌生化原理,在适当温度下使酵母菌、乳酸菌和醋酸菌等微生物在面团里发酵。这些菌有的使淀粉生成了酸,有的使淀粉生成了糖和酒精;放碱就是为了与酸中和,以消除酸味,并放出二氧化碳,使面团形成气孔,有利于人们的消化和吸收。东汉刘熙《释名》载:“饼,并也,溲面合并也。”溲面,就是发酵面,这说明当时已能利用发酵的技术,这也是有关馒头的最早记载。但“曼头”一词最早见于西晋《饼赋》中:“三春之初,阴阳交际,寒气既消,温不至热,于时享宴,则曼头宜设。”这说明晋代就有了馒头(曼头)。其后在唐代徐坚、韦述合撰的《初学记》以及宋代《事物纪原》中,都写作“曼头”。但宋代高承撰写的《事物纪原》记载：诸葛亮南征至卢水（今金沙江）；土俗以人首祭神，诸葛亮下令用“羊之肉，而包之以面，像人头以祠，神以飨焉”。那时称南部诸岛人为蛮人，祭神的馒头系仿照蛮人头颅，裹以肉馅，故称其为蛮头，后取其谐音，慢慢转化为馒头。关于馒头乃是诸葛亮发明创造之说，元末陶宗仪编的笔记丛书《说郛》中收录宋人曾三异撰《因活录》，也有此论。明代郎瑛所撰《七修类稿》中有“当初书蛮头，自诸葛侯始”之句，可与上文印证。

14.5.2 面条

面条起源于中国，古时叫汤饼、煮饼、水溲饼、水引、汤面，简称“面”，它和端午吃粽子、中秋吃月饼一样，原来也是节令食品——伏日吃面。东汉刘熙《释名・释饮食》说：“饼，并也，溲面使合并也……蒸饼、汤饼……之属，皆随形而名之也。”汤饼并不是饼，实际是一种片儿汤，制作时将醒好的面擀成片状，一手托面片团，一手往汤锅里撕片。现在北方有的地方把这种面条称作揪面片。到北魏时，汤饼不再用手托，而是用案板、杖、刀等工具，将面团擀薄后再切成细条，这就是最早的面条。但面食的大量出现和推广则是在唐代。当时由于经济繁荣，扩大了小麦的种植面积，而且对小麦制粉的技术进行了革新。先是用人力或畜力推动石臼加工面粉，后来用水车转动碾磨，从而降低了面粉的价格，使一般人也有条件食用面食，促进了面食的发展。

待到宋代，各种面条问世，如鸡丝面、三鲜面、鳝鱼面、羊肉面等，均普及整个中国。孟元老《东京梦华录》记北宋末汴京（今河南开封）世俗，卷四“食店”条目有“面”字的面食类即有生软面、桐皮面、插肉面等十多种。又据吴自牧《梦粱录》卷十六“面食店”条目，按调味的浇头等，南宋初的杭州，总共有笋洗圆面、盐煎面、素骨头面等不下百余种。到南宋出现拉面，使面食趋于完善成熟。

面条遍及全国，南北各异。论其风味独特者，有起源于宋代有八百年历史的四川中江的银丝面，有始传于清朝道光年间湖北云梦县的鱼面，还有福州的线面、山西的刀削面、上海的阳春面、扬州的裙带面、山东的百合面、湖南怀化向矮子的原汤面、河北的杂面、北京的炸酱面、东北的驳面、百林延边的狗肉冷面等等，不计其数。按风俗礼仪，过生日贺诞辰吃长寿面，拜天地入洞房吃鸳鸯面，佛门寺院僧侣尼姑吃素斋面，农历九月九重阳节吃茱萸面等。

“引箸举汤饼，祝词无麒麟。永怀同年友，追想出谷晨。”箸即筷，麒麟原指四灵之一，这里当杰出讲。在诗中，诗人用面条送别亲友故旧，恐怕不是由于贫寒或吝啬，想来这或许就是沿袭于“接风饺子，送行面”的传统食风，面条洁白纯净，韧若柳丝（留思），寓意含蕴：留怀丝丝，情绵谊长！

两千多年来，面条不但历久不衰，而且其势方兴未艾，其道理就在于面条的制法随意，吃法多样，省工便捷，老少咸宜，经济实惠，是可口开胃的理想快餐，而且，人们借它寄托了无限情思。

14.6 点心文化

点心之名始于唐朝，但最早的文字记载见于南宋文学家吴曾撰著的笔记《能改斋漫录・事始》：“世俗例，以早晨小食为点心，自唐时已有此语。按唐郑参为江淮留守，家人备夫人晨馔。夫人顾其弟曰：‘治妆未毕，我未及餐，尔且可点心。’”意思是，唐代统辖江苏、安徽的官宦郑家里，早饭还未开，正在梳妆打扮的郑夫人怕弟弟饿，便叫他吃点"点心"。那时候已说点心成为"世俗例"，可见当时点心不仅较为普遍，而且已具雏形。

点心的形成有着长远的历史。远在3 000多年前的奴隶社会，劳动人民就学会了种植谷麦，既是主要粮食也是面食品的制作原料。相传在春秋战国时期，由于生产发展，谷麦种植面积不断扩大，面食制作处于萌芽阶段。

汉代，面食技术有了进一步的发展，有关面食文字记载中出现了"饼"的名称。西汉史游所著《急就篇》载有"饼饵麦饭甘豆羹"，饼饵即饼食，一般指扁圆形的食品。汉刘熙著的《释名》也已有记载。这说明当时已能利用发酵的技术，对面点制作技术的发展起到了重大的影响。

中国人吃点心已成为饮食生活中不可缺少的一部分。点心虽然不是广东人发明的，但把点心发扬光大的必定是广东人，更把它传遍世界各地。"点心"这个词语，原意是 饿时略为进食，后来演变为"略进食物"的意思。早在2 500年前的《楚辞》中已有记载，从一些诗歌或历代生活记录中得知。从词义上看，"点心"的"点"字是选用少量东西的意思。而"心"则是指位于身体中心部位的心胸。所谓"点心"就是在心胸之间"点"入少量的食物。从历史上看，"小食"一词的使用要早于"点心"。"点心"似乎是从"小食"一词发展演变而来的。两者都是稍许吃些食物的意思。即使在今天，一般人也是认为点心和小食是同义词。

今日的点心，大部分是古时的小吃渐渐演变，不断改进而来，久而久之，"点心"二字的词义发生了变化，成了某些食物的代名词。如现在我们就把糕饼之类的小食品称为点心。在考察中国点心从古至今的发展过程时，不难发现，构成这一发展核心的是如小麦等谷类的粉碎和加工技术。能说明这一事实的一个最典型的事例是，早在五千年前的仰韶文化时期中国人就已有了用于粉碎谷物的石臼和杆。但到唐代，制糖技术也从波斯传入中国。甘蔗的广泛栽培和砂糖的大量生产，才促进了甜点心的开发和普及。到清代，汉民族的饮食习惯中融入了满族的饮食习惯，饮食习惯的范畴进一步充实和扩大了，从而促进了点心的蓬勃发展。还有一种说法：据传，宋代女英雄梁红玉击鼓退金兵时，见将士们日夜浴血奋战，英勇杀敌，屡建功勋，很受感动。于是，命令部属烘制各种民间喜爱的糕饼送往前线慰劳将士，以表"点点心意"。从此，"点心"一词便出现了，并沿袭至今。

14.7 小吃文化

小吃原本是深蕴于历史文化背景下的一项重要的文化成果。它的每一个品种的制作方式和食用方式等等，都蕴含着深刻的哲理和人类特有的审美意趣。既是物化的一块活化石，又是文化人美学意识的象征。在中华民族饮食文化的银河里，小吃犹如一颗璀璨的明珠在历史悠久、地域广阔、民族众多的星空中闪烁。气候条件、饮食习惯的不同和历史文化背景的差异，使小吃在选料、口味、技艺上形成了各自不同的风格和流派。

人们以长江为界限，将小吃分为南北两大风味，具体地又将它们分成京式、苏式、广式三大特色。京式小吃泛指黄河以北的大部分地区制作的小吃，包括华北、东北等地，以北京为代表；苏式小吃是指长江中下游江、浙一带制作的小吃，源于扬州、苏州，发展于江苏、上海，因以江苏省为代表，所以称苏式小吃；广式小吃则是指我国珠江流域以及南部沿海一带制作的小吃，以广东省为代表。

京式小吃历史久远，它的形成与北京悠久的历史条件和古老的文化分不开。早在公元前4世纪的战国时代,北京就是燕国的都城,北京还曾是辽国的陪都和金国的中都,以后它又是元、明、清3个封建王朝的帝京。在五方杂处的都城,过往的商人和文人是民间小吃的主要食客,皇宫贵族是御膳名点的享用者。据明万历年内监刘若愚在《明宫史·饮食好尚》中记载:明人在正月吃年糕、元宵、枣泥卷,二月吃黍面枣糕、煎饼,三月吃江米面凉饼,五月吃粽子,十月吃奶皮、酥糕,十一月吃羊肉泡馍、扁食、馄饨,腊月吃灌肠已成习俗。许多民间小吃还成了御膳的名品,芸豆卷、豌豆黄就是如此。同时,京式小吃继承和发展本地民间小吃和兼收各地、各民族风味及宫廷小吃的优秀品种。北京的正南面是平坦广阔的华北平原,向西北过南口可上蒙古高原;东北过古北口可达松辽平原,沿燕山南麓往东过山海关可抵辽河下游平原,东面是渤海海湾。这独特的地理位置,使北京从很早的时候起便成为汉族、匈奴、女真、回族、满族等多个民族杂居相处的地方,使各民族小吃制作方法相互交融。如京式小吃"栗子糕"原本就是元明之际高丽和女真食品。辽、金、元代的统治者建都北京的时候,都曾将北宋汴梁、南宋临安的能工巧匠掠至京城。明永乐皇帝迁都北京的时候,又将河北、山西和江南的匠人招至京城。这些迁居北京的糕点师将汴梁、临安和江南的小吃传至北京,使其后来成为京式小吃的重要组成部分。

苏式小吃的形成也有3个原因。

(1) 悠久的历史是形成苏式小吃的首要条件。素有人间天堂之称的苏州,是我国的"古今繁华地",其风味小吃和精细雅致的刺绣及古色古香的园林被人们称为"苏州三绝"。负有盛名的苏州糖年糕,相传起源于吴越,至今民间还流传着伍子胥受命筑城时以糯米粉制城砖,解救百姓脱危的传奇故事。

扬州是我国的历史文化名城,商业繁荣,经济富庶,是商贾大臣、文人墨客、官僚政客会聚的地方。所以古人有"腰缠十万贯,骑鹤下扬州"的诗句。在我国历史上,扬州曾以"十里长街市井连"闻名全国。清代乾隆、嘉庆年间,扬州就有数十家著名的点心店铺,且创出大批的名点。如油炸茄饼、菊花饼、琥珀糕、葡萄糕、东坡酥、八珍面等等都各具特色、别有风味。

(2) 优越的地理位置和丰富的物产资源是苏式小吃形成的物质基础。如常熟的"莲子血糯饭"与其他地区的白糖八宝饭迥然不同,其所用血糯产于虞山脚下,用泉水灌溉成熟。此米殷红如血,有补血功效,故名补血糯。

(3) 苏式小吃还继承和发扬了本地传统特色。江苏小吃源自民间,具有浓厚的乡土风味。南京夫子庙、苏州玄妙观、无锡崇安寺、常州双桂坊、南通南大街和盐城鱼市口等都是历史悠久、名闻遐迩的小吃群集地,这里名店鳞次栉比,名师荟萃,集当地传统小吃之大成。如闻名全国的黄桥烧饼最早就来自苏北民间。1940年,新四军东进苏北地区,进行了著名的黄桥战役,并取得辉煌的胜利。当时,黄桥人民就是用自己做的美味芝麻烧饼拥军支前、慰问子弟兵的。"黄桥烧饼黄又黄,黄桥烧饼慰劳忙。烧饼要用热火烤,军队要靠百姓帮。同志们呀吃个饱,多打胜仗多缴枪。"这首优美的苏北民歌,从苏北唱到苏南,响彻解放区,黄桥烧饼也随之名扬大江南北。

(4) 苏州小吃丰富不仅在于其品种繁盛、制作多样,而且在于一大批文人学士的总结,给小吃增加了几分文化意蕴。朱自清先生十分喜欢扬州小吃,认为扬州的面"汤味醇厚"、"和啖熊掌一般";扬州烫干丝、小笼点心、裴翠烧卖都是"最可口的",干菜包子"细细地咬嚼,可以嚼出一点橄榄般的回味来"。著名翻译家戈宝权先生在"回忆家乡味"一文中说"对江苏的家乡味和土特产有自己的偏爱",对扬州名小吃蟹壳黄烧饼和三丁包子、蟹黄包子、生肉包子、翡翠烧卖尤为喜欢。改革开放以后更有苏州作家陆文夫的《美食家》中描绘的美食家朱自富，既有实践经验，又有文化修养，使得苏州菜名扬四海。

广州小吃的形成原因是：

(1) 广式小吃的形成首先源于民间食品。广东地处亚热带，气候温和，雨量充沛，物产丰富，粮食作物以大米为主，因而民间小吃中米制品较多。如100年前发展成名的民间食品娥姐粉果就是用米粉制作的。据说20世纪初，有一水上人家的姑娘叫娥姐，她的粉果做得别有风味，被当时的"杀香宝"黄老板请去做粉果，远近闻名，被人称为娥姐粉果。后来其他名茶楼也争相仿制，最终使之成为广州的传统小吃之一。又如沙河粉也是米粉制品，肠粉则最初只是一些肩挑小贩经营的米粉食品。

(2) 广式小吃是博采众长形成的。广东地处岭南，自古以来山重水复、交通不便，与中原一带联系困难。自从汉代建立"驰道"以来，才与中原加强了联系，逐渐使北方的饮食文化与岭南交流，受北方饮食文化的影响，广式小吃中出现了面粉制品。除受内地的影响外，广式小吃还受西点影响较大。唐代广州已成为著名的港口，外贸发达，商业繁盛，与海外各国经济文化交往密切。鸦片战争后，受西方饮食文化的影响，广州的面点师有机会吸取西点制作技术的精华，因而形成中点西做的特色。如广式擘酥类的茶点就是借鉴了西点清酥的制作方法，而甘露酥则是吸取了西点混酥的制作技术。

(3) 广式小吃是在创新中发展形成的。鸦片战争后各国的传教士和商人纷纷来到广州，使当地人逐渐习惯了接受外来思想，思维开放，富于创新精神。南部沿海的面点师们根据本地人的口味、嗜好、习惯，在民间食品的基础上创制了许多新的小吃，其中最典型的当属及第粥了。

事实上，我国的小吃除东部的京式、苏式、广式外，有些饮食专家认为西北的秦式、西南的川式也可算是两大风味特色。如西安的羊肉泡馍、云南的过桥米线、新疆的金丝油塔、山东福山的拉面……数不胜数，体现了我国小吃文化的博大精深。

14.8 宫廷食文化

中国宫廷饮食自成体系，起源很早，而且历代都有许多互不沿袭的丰富内容。同时，中国宫廷饮食文化层也是中国饮食史上的最高文化层次，是以御膳为重心和代表的一个饮食文化层面，包括整个皇家禁苑中数以万计的庞大食者群的饮食生活，以及由国家膳食机构或以国家名义进行的饮食生活。

《诗经》中讲："普天之下，莫非王土。率土之滨，莫非王臣。"在中国阶级社会中，国家就是帝王的家天下。在长达两千余年的中国封建社会里，身居于巍峨的皇宫和瑰丽的皇家花园之中的帝王，不仅在政治上拥有至高无上的权力，而且在饮食的占有上也凌驾于万人之上。因此，帝王拥有最大的物质享受。他们可以在全国范围内役使天下名厨，集聚天下美味。宫廷饮膳凭借御内最精美珍奇的上乘原料，运用当时最好的烹调条件，在悦目、福口、怡神、示尊、健身、益寿原则指导下创造了无与伦比的精美肴馔，充分显示了中国饮食文化的科技水准和文化色彩，体现了帝王饮食富丽典雅而含蓄凝重、华贵尊荣而精细真实、程仪庄严而气势恢弘、外形美与内在美高度统一的风格，使饮食活动成了物质和精神、科学与艺术高度统一的结晶。

从殷代到秦朝时期，是中国奴隶制社会由兴盛到衰亡的时期，奴隶主吃喝玩乐，而奴隶们只有干活不能享受。在这种不平等的社会里，宫廷饮食生活的特殊化体系加速形成了，国王奴役着很多人为其服务。据《周礼·天官》载："膳夫：上士二人，中士四人，下士八人，府二人，史四人，胥十二人，徒一百二十人(膳夫是专门掌管宫廷膳食费收支情况的长官，对王命必须无条件服从)。庖人：中士四人，下士八人，府二人，史四人，贾八人，胥四人，徒四十人(庖人是古代的宫廷厨师，是为皇帝及其家人服务的)。亨人：下士四人，府一人，史二人，胥五人。徒五十人(亨人与庖人略有不同，亨人只掌管烹煮食物)。酒人：腌十人，女酒三十人，奚三百人(酒人是为宫廷酿酒的劳动者)。"除了上述人员外，宫廷中还设有腊人、盐人等。共有几千人为皇帝的饮食服务。

这一时期国君饮食的特点是以奇巧和好吃最突出。《吕氏春秋·本味篇》虽然写的是国君商汤与当时烹调师伊尹的对话，但是秦相吕不韦是当时王宫中的要人，所以那些记载实际上是当时宫廷要人饮食的真实写照。

汉朝以来，有关饮食礼节的史料很多，这些饮食礼节的出现以及新礼节的制定补充和传播非常重要，它是社会精神文明体系中不可缺少的一种表达形式。

在历代宫廷饮食生活中，国君及贵族王侯们追求的是山珍海味。他们为了享受人间美味，不惜大量劳役民众，所造成的挥霍浪费非常严重。今以唐诗为例，杜牧《过华清宫》："长安回望绣成堆，山顶千门次第开。一骑红尘妃子笑，无人知是荔枝来。"杜甫的《自京赴奉先县咏怀》，说的是豪门权贵饮食奢侈恶习，诗中有"朱门酒肉臭，路有冻死骨"名句。

到了元朝，有了第一部宫廷饮食营养学专著《饮膳正要》，作者是宫廷太医忽思慧。他将历代"奇珍异馔、汤膏煎造、诸家本草、名医方术及日用所必备的谷、肉、菜，取其性味补益者集成一书"。其主要章节内容有三皇圣纪、养生避忌、妊娠食忌、乳母食忌、饮酒避忌、聚珍异馔、诸般汤煎、诸水、神仙服食饵、四时所宜、五味偏走、食疗诸病、食物利害、食物相反、食物中毒、禽兽变异、食疗本草等。

自秦始皇经汉朝至唐朝和宋朝，历代都有皇帝梦想过找到长生不老药，于是兴起了炼丹术，如西汉的刘安就是最早的炼丹家之一。但是他们的炼丹实践都不如《饮膳正要》那样具有丰富的科学性，因为忽思慧所开辟的以食物营养取代炼丹服药、以增加营养来保证人的长生之道是极高明的。可以认为，《饮膳正要》不仅是一部宫廷饮食营养参考书，而且也是一部食品科技史上重要的参考书。

清朝是中国历史上最后一个封建王朝，它继承并推进了中国古代高度发展的封建经济，总结并汲取了中国饮食文化的光辉成就，尤其宫廷筵宴规模不断扩大，烹调技艺水平不断提高，把中国古代皇室宫廷饮食发展到了登峰造极、叹为观止的地步。说到清宫中的筵宴，真可谓名目繁多，美食纷呈，仪式繁缛，耗费惊人，但它却有明显的政治目的，是直接服务于清代的封建统治的，也是清王朝最高统治者致力于维护多民族封建国家巩固统一而采用的一个十分奏效的手段。值得一提的要数千叟宴。据清代文献记载，千叟宴共举办过 4 次，时间分别为康熙五十二年(1713)三月、康熙六十一年(1722)正月、乾隆五十年(1785)正月和嘉庆元年(1796)正月。这 4 次千叟宴，都是在国家政权稳固、经济殷实富足的大好形势下举办的。首开千叟宴的是康熙皇帝。康熙五十二年正月，正值康熙皇帝六旬万寿庆典紧张筹备之时，此时的康熙皇帝踌躇满志，好不得意，他非常自豪地说道："屈指春秋，年届六旬矣！览自秦汉以下，称帝者一百九十有三，享祚绵长，无如朕之久者。"此刻的大清帝国"四海奠安，民生富庶"，于是，在万寿庆典(三月十九日)的前一日特发谕旨，决定在北京西郊的畅春园宴赏众叟，宴后送归乡里。康熙六十一年,已统治天下整整一个花甲(60年)的康熙皇帝再次举行大规模的千叟宴。这年正月初二日,康熙皇帝在乾清宫赐宴60岁以上满、蒙、汉三军中的文武大臣、官员及致仕者。3天后,又在乾清宫赐宴65岁以上的汉族文武大臣。在这次盛筵上,他诗兴大发,亲赋七言律诗一首,名为《千叟宴诗》,与宴诸臣也按律恭和,以纪其盛,"千叟宴"之称因而得名。康熙皇帝还敕令宫廷画师作画,描绘这次千叟宴的盛况,以示后世。

在宫廷饮食生活中,年节饮食、各种祭祀和宗教活动饮食等也是重要的文化活动,这类活动的最初文字记载见于宋代孟元老《东京梦华录》等书中,可惜无系统性。到了明朝,刘若愚《明宫史》中有了系统记录,主要内容如下:正月元旦,食水果盒儿(柿饼、荔枝干等)、驴肉、春饼、元宵、饺子;二月薰虫节,食枣粒、饮芦芽汤;三月清明节,食年糕、烧笋鸡;四月立夏,食白煮猪肉、包糯饭、饮白酒;五月端午节,食粽子、吃长命菜;六月过三伏,吃过水面、莲子汤、西瓜;七月七夕节,食菠萝蜜、鲥鱼、焖菜饭;八月中秋节,食月饼、螃蟹、醋蒜、饮苏叶汤;九月重阳节,食重阳糕、饮菊花酒;十月颁印新年历,食奶窝、酥糕、羊肉;十一月冬至,食糟猪蹄、鹅掌馄饨;十二月年终守岁,吃年糕、喝腊八粥。

14.9 其他食品文化

1) 火锅

火锅是中国的传统饮食方式,起源于民间,历史悠久。今日火锅的容器、制法和调味等虽然已经历了上千年的演变,但一个共同点未变,即用火烧锅,以水(汤)导热,煮(涮)食物。这种烹调方法早在商周时期就已经出现。《韩诗外传》记载,古代祭祀或庆典,要"击钟列鼎"而食,即众人围在鼎四周,将牛、羊肉等放入鼎中煮熟分食,这就是火锅的萌芽。

在我国的烹饪史上,火锅也叫暖锅。最早的人类过着"茹毛饮血"的生活,火的发现与运用使生食变为熟食成为可能,而真正意义上的烹饪是在"鼎"出现后才开始的。鼎是灶和锅的结合,是我国古代最早烹制菜的器具。鼎广泛使用的时期也就是烹熟的时期。商周时期鼎已广泛使用,故我国的烹饪在商周时日渐成熟;到了汉、三国时期,由于"五熟釜"等器具的出现,火锅开始成熟;到唐、宋时期,由于经济发展、人类饮食活动增加,烹饪也随之有了快速发展,"火锅"也得到了丰富和改良,火锅流行的地域不断扩大。大诗人白居易喜欢邀友至家吟诗赋词,他的那首"绿蚁新醅酒,红泥小火炉。晚来天欲雪,能饮一杯无"中的"红泥小火炉"即是唐代流行的一种陶制火锅。明清时期火锅开始盛行,不但重视内容,也注意形式。到了清代,吃火锅已成为上流社会普遍的爱好。据说乾隆皇帝几次巡视江南,所到之处必有火锅,使得南北两京食用火锅盛极一时。乾隆之后的嘉庆皇帝也是个"火锅迷"。在他登基那天,皇宫里摆了"千叟宴",宴请位高权重的文武老臣,宴席上除了山珍海味外,还特制1 550多只火锅,开了个宴中之宴——火锅宴。发展到当代,火锅更是花样翻新。

历史上有记载的是宋代火锅。宋人林洪在其《山家清供》中提到吃火锅之事,即其所称的"拨霞供",谈到他游武夷山,访师道,在雪地里得一兔子,无厨师烹制。"师云:山间只用薄批,酒酱、椒料沃之。以风炉安桌上,用水半铫,候汤响一杯后,各分以箸,令自夹入汤摆熟,啖之,乃随意各以汁供。"从吃法上看,它类似现在的"涮兔肉火锅"。直到明清,火锅才真正兴盛起来,清烹饪理论家袁枚《随园食单》中已有记载。当时除民间食用火锅外,从规模、设备、场面来看,以清皇室的宫廷火锅最为气派。

重庆火锅出现较晚，大约是在清代道光年间。四川作家李颉人在其所著的《风土什志》中说，四川火锅发源于重庆，经过饮食界的不断改进，色、香、味独具特色，因此重庆火锅或山城火锅最负盛名："吃水牛毛肚的火锅，则发源于重庆对岸的江北。最初一般挑担子零卖贩子将水牛内脏买得，洗净煮一煮，而后将肝子、肚子等切成小块，于担头置泥炉一具，炉上置分格的大洋铁盆一只，盆内翻煎倒滚着一种又辣又麻又咸的卤汁。于是河边、桥头的一般卖劳力的朋友，便围着担子受用起来。各人认定一格，且烫且吃，吃若干块，算若干钱，既经济，又能增加热量……直到民国二十三年，重庆城内才有一家小饭店将它高档化了。从担头移到桌上，泥炉依然，只是将分格铁盆换成了赤铜小锅，卤汁、蘸汁也改由食客自行配合，以求干净而适合各人的口味。"他对四川火锅的形成和发展做了比较具体的描述。另外有一种说法，说四川火锅起源于川南江城泸州。

火锅，是中国饮食文化的一块瑰宝，有深厚的历史和文化底蕴，独具特色。其一是表现了中国烹饪的包容性。"火锅"一词既是炊具、盛具的名称，还是技法、"吃"法与炊具、盛具的统一。其二是表现了中国饮食之道蕴含的和谐性。从原料、汤料的采用到烹调技法的配合，同中求异，异中求和，使荤与素、生与熟、麻辣与鲜甜、嫩脆与绵烂、清香与浓醇等美妙地结合在一起。特别是在民俗风情上，火锅呈现出一派和谐与淋漓酣畅相融之场景和心理感受，营造出一种"同心、同聚、同享、同乐"的文化氛围。其三是普及性。火锅来源于民间，升华于庙堂，无论是贩夫走卒、达官显宦、文人骚客、商贾农工，还是红男绿女、白发垂髫，其消费群体涵盖之广泛、人均消费次数之大是其他食品望尘莫及的。

2）粽子

粽子在古代又称"角黍"，它深深根植于中国先民农事思想礼俗土壤之中，是中国历史上的第一美食，从古到今，经过漫长的历史变迁，我国各地粽子的原料、品种和制作工艺在演变过程中不断走向成熟。中华食文化可谓博大精深，但没有哪一个食品如同粽子般有着如此深厚的历史与文化内蕴。据专家考证，粽子的定型至少已有三千年以上的历史，但有关粽子的民间流传的说法颇多。

据《史记・屈原贾生列传》记载，屈原是春秋时期楚怀王的大臣，他倡导举贤授能、富国强兵，力主联齐抗秦，遭到贵族子兰等人的强烈反对。屈原遭谗去职，被赶出都城，流放到沅、湘流域。他在流放中，写下了忧国忧民的《离骚》、《天问》、《九歌》等不朽诗篇，独具风貌，影响深远(因而端午节也称诗人节)。公元前 278 年，秦军攻破楚国京都。屈原眼看自己的祖国被侵略，心如刀割，但是始终不忍舍弃自己的祖国，于五月五日，在写下了绝笔作《怀沙》之后，抱石投汨罗江身死，以自己的生命谱写了一曲壮丽的爱国主义乐章。老百姓看到忠心爱国的屈原投江殉国，都感到无比悲愤，他们纷纷驾着舟船到江里打捞屈原，将饭团、鸡蛋等投入江中让鱼虾蟹鳖吃饱，不使它们伤害屈原的尸身。还有一位老医生拿来一坛雄黄酒倒进江里，想醉晕蛟龙水兽，防止它们咬坏屈原躯体。由于投向江里的米饭太零散，老百姓就用竹筒储米做成筒粽，也有用箬叶包上糯米，用五彩线缠扎成菱形角粽，扔进江里，使其迅速下沉。这种风气很快向各地传播，并历代相沿，将夏至尝黍祭祖先一变为端午节食粽祭屈原。因为屈原是五月五日投江的，人们便把五月初五定为端午节，并在这一天裹粽子、吃粽子。因而粽子在某种意义上已经成为人们对爱国主义、精英思想、人格崇尚等中华民族美好精神的一种物化的寄托。

端午节的第二个传说在江浙一带流传很广，是纪念春秋时期(前 770—前 476)的伍子胥。伍子胥名员，楚国人，父兄均为楚王所杀，后来子胥弃暗投明，奔向吴国，助吴伐楚，五战而入楚都郢城。当时楚平王已死，子胥掘墓鞭尸三百，以报杀父兄之仇。吴王阖庐死后，其子夫差继位，吴军士气高昂，百战百胜，越国大败，越王勾践请和，夫差许之。子胥建议应彻底消灭越国，夫差不听，吴国太宰喜否，受越国贿赂，谗言陷害子胥。夫差信之，赐子胥宝剑，子胥以此死。子胥本为忠良，视死如归，死前说"我死后，将我眼睛挖出悬挂在吴京之东门上，我会看到越国军队入城灭吴"，便自刎而死。夫差闻言大怒，令取子胥之尸体装在皮革里于五月五日投入大江，因此相传端午节亦为纪念伍子胥之日。

粽子的起源说法很多，最让人信服的是"包烹"之说。我们的祖先在50万年前发明用火熟食时，为了适口，用树叶包裹食物放在火中煨熟后剥叶而食，这虽不叫粽子，却已有粽子的雏形。经过40万年的春秋更迭，进入石烹时代，先民已能在地上挖坑，坑中垫兽皮，再注水其中，投入烧烫的石子使水沸腾，煨煮用植物叶子包裹的原料，直至成熟，这就更像现在的粽子。

春秋时期，人们用菰叶(茭白叶)包黍米成牛角状，称角黍，用竹筒装米密封烤熟，称筒粽。东汉末年，用草木灰水浸黍米，因水中含碱，用菰叶包黍米成四角形，煮熟就成碱水粽。端午食粽作为全国性风俗最早始见于西晋周处撰的《风土记》："仲夏端午，烹鹜角黍。"这时包粽子的原料除米外，还添加中药材益智仁，煮熟的粽子称益智粽。南北朝时，出现杂粽，品种增多，米中掺杂禽兽肉、板栗、红枣、赤豆，裹成的粽子还用作交往的礼品。到了唐代，粽子逐渐成为常见的食品，品种日益繁多。唐人姚合的诗中记载有当时的民俗民风："渚闹渔歌响，风和角粽香。"《开元天宝遗事》又有这样的记载："宫中每到端午节，造粉团角黍，贮于金盘中，以小角造弓子，纤妙可爱，架箭射盘中粉团，中者得食，盖粉团滑腻而难射也。都中盛于此戏。"说明在古代，宫廷和民间在端午之时都食用粽子。宋代粽子的品种更加丰富，苏东坡在《端午帖子词》咏道："不独盘中见芦橘，时于粽里得杨梅。"咏的是果脯粽。陆游的"盘中共解青菰粽，哀其将簪艾一枝"佳句，则描写艾叶浸米裹成艾香粽子。"冰团水浸砂糖裹，透明解黍菘儿和"，描写的是凉粽子。这说明宋代吃粽子已很时尚。到了元代，粽子包裹料已从菰叶变革为箬叶，突破了菰叶的季节局限。明朝弘治年间，出现用芦苇叶包的粽子，附加料已采用豆沙、猪肉、松子仁、枣子、胡桃，品种更加丰富多彩。清代乾隆年间，林兰痴《邗上三百吟》中讲到了"火腿粽子"。著名学者袁枚曾在《随园食单》第五节中记载："扬州洪府粽子——洪府制粽，取顶级糯米，捡其完善长白者，去其半颗散碎者，淘之极熟，用大箬叶裹之，中放好火腿一大块，封锅焖煨一日一夜，柴薪不断。食之滑腻温柔，肉与米化。"那时的粽子与我们现在所吃的粽子更接近了。到了现代，经过漫长的历史演变，粽子更是千品百种，璀璨纷呈。

纵观中华粽子文化，从3 000年前一路走来，人们用之以表达爱国主义的伟大情操和对美好生活的向往，可以毫不夸张地说，粽子是中国历史上迄今为止文化积淀最深厚的食品，是中华民族饮食史与饮食文化的结晶。

思考与练习

1. 为什么说中国汤文化体现了中国哲学的最高境界？

2. 为什么说宫廷饮食文化充分显示了中国饮食文化的科技水准和文化色彩，体现了帝王饮食的富丽典雅而含蓄凝重、华贵尊荣而精细真实、程仪庄严而气势恢弘、外形美与内在美高度统一的风格，使饮食活动成了物质和精神、科学与艺术高度统一的过程？

3. 为什么说火锅是中国饮食文化的一块瑰宝，有深厚的历史和文化底蕴，独具特色？

15 餐具与烹饪文化

餐具是指人类用以盛装食品的器具，烹饪是指加热做熟食物。烹饪伴随餐具的发展而发展，而这一切又都取决于生产力、生产工具的发展状况。

15.1 器皿文化

器皿又叫器具，是指与食品有关的器具。古代器具分炊具、进餐具、盛餐具、储藏具四大类。现代器具一般有餐具、厨具、茶具、酒具等之分。从中国历代的器具演变的过程中，可窥见中华民族悠久的烹调文化。

旧石器时代中后期(约 60 万年前—1 万年前)先民们主要依靠采集和狩猎为生，食物不加调制，直接生食。后来逐步学会了人工取火熟食，并逐渐掌握了采用石板和石子作为传热炊具的间接烧烤技法及发明用水煮的方法，大大改进了饮食质量，使得食品更加容易消化和吸收，这无疑使得人类的体质更加强健起来。

新石器时代(约 1 万年前—4 000 年前)的进食方式，一般是席地而坐，环火而食。对这时期原始先民来说，最为重要的是种植业、养殖业和制陶业的诞生。农业的发展使古人逐渐定居下来，从而衍生了对容器和食器的要求，促进了陶器的发展。从早期造型简单的陶器，发展到后来陶罐、陶釜、陶甑等炊具的使用，催生了当时水煮、气蒸的烹饪方法；日趋精美的陶制餐具更反映了古人对美器的追求与重视。

及至夏、商、周、春秋战国(约前 21 世纪—前 221)时期，中国饮食生活的基调和格局初步奠定，以谷物为主，辅之以果、肉、菜的膳食结构和主副食体系形成，饮食礼仪亦逐步完善，还产生了烹调理论及膳食养生的论述。这一时期是中国青铜文化的鼎盛时期，考古发掘出土了大量的青铜器，其中青铜酒器更是商代最具代表性之食器。鼎及簋为夏、商、周时期最盛行的食器，器型风格厚重，繁缛纹饰中具有神秘、狞厉美的特征，与战国时期蕴含纤巧、活泼及清新风格的漆木制食器有天壤之别。

秦、汉(前 221—前 220)时期，国家统一强盛，农业发达，汉代丝绸之路的开通促进了中外交流，加上温室种植技术的发明，大大丰富了中国的饮食内容。铁制炊具在汉代开始使用，常见的餐具有釜、甑、碗、盘、杯、壶、盒、罐等日用器，以及用于烤肉串的烤炉、蒸食的蒸笼、饮茶的托盏，以及具有异域色彩的银器、玻璃器皿等。

魏晋南北朝(220—581)时期，制瓷业迅速发展，出现了质量较高的青瓷。

隋、唐、宋、元、明、清(581—1911)时期，随着水陆交通的便利与贸易的发达，大批城市兴起，酒肆饭店也日趋发达，促使国内各民族饮食文化频繁交流，衍生出大量且多样化的美馔佳肴。高足型家具的出现和普及也改变了中国自古以来席地而食的生活习俗。众人围坐共同进食的合食制已取代了传统一人一份的分餐制。食器的发展方面，瓷器逐渐成为最普遍的餐具，除大量生产供国内使用外，还远销海内外，其质量及制作工艺也日趋精美。这一时期的食器分类越来越细致，茶具、酒具已经从传统餐具中独立出来，瓶类实用器逐渐发展成精致的陈设品，而常见餐具中以碗、盘、瓶及壶出现的变化最多。

15.1.1 餐具文化

餐具，是指人们进餐时所使用的食品用具。使用什么样的餐具，餐具为什么是做成这样的而不是那样的，怎样使用餐具，甚而包括餐具的摆设等等，不同的民族或国家都不同。为什么会有不同？这些背后都有着深刻的社会与心理的原因，不同的民族与国家形成不同的餐具文化。

中餐餐具在中国古代不仅是进餐的器具，而且还是在政治上体现至尊、至崇、至荣的地位和权力的象征。因此，中国餐具在古代有官用和民用之分，其中官用餐具为宫廷等专用，做工考究，档次很高。官用的整套餐具被称为“整堂”，而民间百姓用的则称为“散用”。今天的餐具，既是盛放食物、夹取食物的器具，又是用来调节用餐气氛、增添生活情趣的装饰物。无论是中餐餐具最常用的筷、碗、勺、碟，还是西餐餐具的刀、叉、盘子，在人们多元化生活中，都具有独特的文化内涵，丰富着人们的文化生活。

1）碗文化

碗，自从有陶瓷发明以来就成了中国人餐桌上的必备工具，人们天天用，年年用，世世代代用，子子孙孙都在用，与人们一日三餐密不可分。所以，中国人把职业称为“饭碗”，人们常用“金饭碗”、“铁饭碗”、“玻璃饭碗”来形容所从事的职业种类及其稳定性。在平日家里来客吃饭时，用碗也有规定：主人家不能拿有瑕疵的碗给客人用，吃饭时不能随便乱敲碗等。在中国改革的初期谁都担心与自己结识多年的、有着深厚感情的“金饭碗”、“铁饭碗”会丢失。

在碗文化中，各种类别的碗和碗上的图案已成为人们权力、等级和财富的象征。从碗的图案上分，有龙凤的图案，汉族把龙看成天子，把凤看成皇后，而且是富贵和权力的象征。而在藏文化中，有龙和云彩的碗是国王使用的；有飞禽和树木的，是高僧大德们用的；有水纹及水兽的，是高贵人用的。更将碗型看作佛身，把精美图案看作佛语，把碗口凝聚无数智慧的深邃思想看作佛意。

从碗的产地上分，“御窑”烧制的碗是供皇上用的，而民窑烧制的碗则供民用，臣民不得用御碗。

所以，碗既是人们食用的器皿，又是盛装人们精神食粮的容器，经过几千年的文化积淀，使用什么样的碗，怎样使用碗，早已被赋予特殊的含义，与是否有资格享用食物、享用什么规格食物联系在一起，成为人们美好生活的象征。

2）西餐餐具文化

随着明清之际西餐传入中国，西餐餐具就日渐被中国人所熟悉。西餐餐具最常用的是刀、叉、匙三大件。刀分为食用刀、鱼刀、肉刀（刀口有锯齿，用以切牛排、猪排等）、黄油刀和水果刀。叉分为食用叉、鱼叉、肉叉和虾叉。匙则有汤匙、甜食匙、茶匙。公用刀、叉、匙的规格明显大于餐用刀叉。正宗的传统西餐餐具都应是金属制品，分为金、银、钢餐具。一般规格越高，其餐具也就越好。

(1) 西餐餐具的摆法

餐具一般在就餐前摆好，放在每人面前的是食盘或汤盘，盘较大，右边放刀，刀刃朝向垫盘。左边放叉，叉齿朝上。各种匙类放在餐刀右边，匙心朝上。两侧的刀、叉、匙排成整齐的平行线。一个坐席一般只摆放 3 副刀叉。当上完 3 道菜后便撤去，再随菜摆上新的刀叉。餐后的甜食另有叉子和汤匙。涂面包油用的奶油刀，应放在左侧的面包碟子上。如果菜单中有鱼的话，一般在用过汤以后送上。桌上有吃鱼专用的叉子，它放在肉叉的外侧，比肉叉略小些。面包碟放在客人的左手边，上置面包刀(即黄油刀，供抹奶油、果酱用，而不是用来切面包)一把，各类酒杯和水杯则放在右前方。如有面食，吃面食的匙、叉则横放在前方。

(2) 餐具的用法

① 刀叉持法。用刀时，应将刀柄的尾端置于手掌之中，以拇指抵住刀柄的一侧，食指按在刀柄上，但需注意食指决不能触及刀背，其余三指则顺势弯曲，握住刀柄。叉如果不是与刀并用，叉齿应该向上。持叉应尽可能持住叉柄的末端，叉柄倚在中指上，中间则以无名指和小指为支撑。叉可以单独用于叉餐或取食，也可以用于取食某些头道菜和馅饼，还可以取食那种无需切割的主菜。

② 刀叉的使用。右手持刀，左手持叉，先用叉子把食物按住，然后用刀切成小块，再用叉送入嘴内。欧洲人使用时不换手，即从切割到送食物入口均以左手持叉。美国人则切割后，将刀放下换右手持叉送食入口。

刀叉并用时，持叉姿势与持刀相似，但叉齿应该向下。通常刀叉并用是在取食主菜的时候，但若无需要刀切割时，则可用叉切割，这两种方法都是正确的。

英国人和美国人使用刀、叉的习惯略有不同。在上主菜即肉菜时，虽然他们切分肉食都是右手持刀，左手持叉。但是，英国人用左手拿叉，叉头朝下，把肉扎起来送入口中；如果有烧烩的蔬菜，就用刀把菜挑到叉上再送入口。而美国人则在切分好肉以后，把刀放下，换用右手拿叉，叉尖朝上插入小块食物下面，铲起食物送入口中。用餐完毕，英国人将刀、叉放在盘子中央，绝不让刀叉的一端放在盘子上，而另一端搁在桌上。而美国人却把刀横放在盘子右下边边沿上，叉放在旁边，让叉尖朝上。

(3) 匙的用法

持匙用右手，持法同持叉，但手指务必持在匙柄之端，除喝汤外，不用匙取食其他食物。

使用西餐餐具应注意以下事项：如果是合餐，每个人都可从大盘里取用的话，那么一定有备用的公用叉或勺供大家使用。使用叉需注意不能用叉子扎着食物进口，而应把食物铲起入口。手里拿着刀叉时切勿指手画脚。发言或交谈时，应将刀叉放在盘上才合乎礼仪。叉子和勺子可入口，但刀子不能放入口中，不管它上面是否有食物。礼节的要求有其道理，刀子入口也是危险的。

15.1.2 厨具文化

厨具是指厨房中的日常用具。现代厨具一般有灶具、刀案具、炊具之分。灶具是烹饪加工中所使用的各种加热设备的统称。炉灶形式多样，根据用途的不同，可分为烧炒灶、烤炉、蒸灶等种类。烧炒灶主要用于烧、煨、炖、炸、炒、爆、煎等，也可用于蒸、熏，以煤及柴草为主要热源，是最常用的炉灶；烤炉是烤制食品的专用炉灶，主要以柴草、电为热源；蒸灶主要用于蒸煮饭食、面点、烧水、烧大锅汤料等。刀案具是对烹饪原料进行切割、去皮、去骨、雕刻等初加工时所使用的工具,包括各种厨用刀具、砧墩等。厨用刀具是用各种钢或铜等制成的刃器,按用途分为切削刀、雕花刀、专用刀 3 类。炊具是用于临灶操作的各种工具的统称,包括锅、手勺、漏勺、笼屉、调料钵、铁筷、铁钎、铁网络、烤叉、烤肉炙子等。纵观古今中外,厨具文化随着科学技术的进步和人们生活水平的提高而呈现出全球跨地域的交流和进一步的密切联系。目前,现代厨具多表现为以一种时尚器具进入家庭,并与厨房融为一体,成为家中具有特色的独特空间,得以展示主人的生活品位、情趣和文化。西方流行的一句名言就是“看客厅,就可以知道主人的事业成就;看厨房,才知道主人的生活品位”。可见,现代厨具具有更多的文化内涵,正改写着过去厨房里的锅、碗、瓢、盆单调的交响曲。

1) 种类繁多,功能专一

眼下市场上的厨具真可谓是琳琅满目,令人眼花缭乱。打鸡蛋有专门的打蛋器,捣蒜蓉有蒜蓉器,切皮蛋有皮蛋切割器。过去一把菜刀“闹”厨房,如今刀架上却摆着冻肉刀、菜刀、剪刀、水果刀、削皮刀、砍刀、蛋糕刀、雕刻刀、刮面刀、筛刀等多种刀具。过去一锅做一切,现在饭锅、炖锅、炒锅、烤锅样样都有。过去炉具只有土灶和炉两种,现在各种燃气炉、电磁炉、微波炉等都有。

2) 个性鲜明,讲究精美

现代厨具无论做工、选形还是图案设计、色彩搭配都极注重个性张扬与制作美观。如市场上各式各样的厨具或是晶莹透亮的纯白或青,如美玉附有美妙图案,或是洁白底色配蓝莹莹的纹路,不但色彩诱人,更有千姿百态的形状,如立体鱼头盘、扇形、竹片形等等。这些厨具的加入让昔日见不得人的“丑小鸭”也摇身变为光鲜亮丽的“白天鹅”,让人感觉在厨房做饭不再是一种劳作,而是一种愉悦精神的身心享受。

3) 配套使用,和谐美丽

过去厨具多为单体,不配套,凌乱不堪便是昔日人们对厨房的感受。如今,成套厨具在厨房的闪亮登场,如成套的刀具、成套的洗涤用具、成套的灶锅具、成套的储藏用具等,这些厨具的出现让厨房变得整洁、舒心。

4) 厨具电气化、智能化

随着人们居住环境的改善,科学技术的进步,厨具电气化、智能化已成为一种发展趋势。如今电饭锅、高频电磁灶、微波炉、微波烤箱等各式各样的电用厨具大量进入家庭,并向着智能化方向发展。目前市场上已开始出现智能化厨具,如全自动电锅,集电饭锅、高压锅、焖烧锅等于一身,煮饭、煮粥、焖烧、煲汤可随意选择,插上电源就不用再费心了。随着电气化、智能化的厨具进入厨房,人们的厨房活动将会变得更加情趣化、个性化。

5) 安全、健康有保证

目前国家相关部门正在着手制定我国首部厨具标准——《厨房家具技术标准》,该新标准即将对厨具的节能、环保、安全性提出更高要求。虽然这个标准涉及的主要是厨房家具,但业内人士认为,微波炉、油烟机及锅、碗、瓢、盆等厨房用具的相关规范也会陆续出台。这样一来,人们就可以放心、安心地在厨房大显身手了。

正因为这些个性鲜明、讲究精美、色彩配套的电气化、智能化厨具进入厨房,使得原本被长期忽略了的厨房开始充满时代气息与个性特点,让厨房开始具有“艺术源泉”,增添厨房功用,兼具娱乐、休闲、情感沟通、朋友聚会等功能。在现代厨房里每使用一个厨具,就犹如欣赏一件艺术品；每按一个开关，犹如按一个音乐符号；每做一次餐，就犹如在奏一曲动人的乐曲。难怪现代人在厨房忙来忙去，脸上还总是洋溢着幸福，原来是因为现代厨房生活具有了灵感和思想，带给人们的不仅是使用，更是一种享受、一种追求。这就是现代厨房的文化。

15.2 烹饪文化

烹饪是指加热做熟食物。广义的烹饪是人类为满足生理需求和心理需求，把可食原料用适当方法加工成可直接食用食品的工艺活动。包括对烹饪原料的认识、选择和组合设计，烹饪法的应用与菜肴、食品的制作，饮食生活的组织，筵席的摆设等与饮食消费及与之相关的各种文化。烹饪因地域性与民俗性不同而形成不同的派别。目前在世界上甚为流行的烹饪主要有两大流派——东方烹饪和西方烹饪，前者以中国的烹饪为代表，讲究的是以味的享受为核心，以饮食养生为目的的和谐统一，制作工艺多以手工制作为主，因而制作出的中餐品种繁多，色香味俱全；后者以法国的烹饪为代表，强调科学、营养、热量、速度，烹饪工艺电气化，机械化程度高，烹饪的全过程都严格按照科学程序制作菜肴，制作出的西餐味道较为单调乏味。

我国是一个多民族的国家，丰富多彩的民族文化造就了名目繁多的烹饪流派文化。它是我国民族历史文化遗产的组成部分，也是历代劳动人民聪明智慧的结晶。

15.2.1 中国烹饪文化的发展史

烹饪起源于火的利用，先民在原始社会，长期过着“茹毛饮血”、“生吞活嚼”的原始生活，后来由于天然火灾的发生，人类可以毫不费力地获得烧熟的肉，而且吃起来比生肉鲜美，也易于咀嚼。这种现象不断重复出现，人类逐渐懂得食物可以用火烧熟而食，进而产生熟食的愿望，于是便开始设法保留火种。后来又发明了“钻燧取火”的方法，这时开始吃熟食，形成了原始的烹饪。中国烹饪由萌芽到成熟、由粗放到细致、由简单到精美的历史发展进程中经历了4个发展高潮：

1）第一个发展高潮是夏商周三代的烹饪

夏商周三代在中国烹饪史上开了一个好头，后人有“百世相传三代艺，烹坛奠基开新篇”的评语，它在许多方面都有突破，对后世影响深远。

烹调原料显著增加，习惯于以“五”命名。如“五谷”（稷、黍、麦、菽、麻籽），“五菜”（葵、藿、头、葱、韭），“五畜”（牛、羊、猪、犬、鸡），“五果”（枣、李、栗、杏、桃），“五味”（米醋、米酒、饴糖、姜、盐）之类。“五谷”有时又写成“六谷”、“百谷”。总之，原料能够以“五”命名，说明了当时食物资源已比较丰富，人工栽培的原料成了主体，这些原料是其中的佼佼者，同时也在选料方面积累了一些经验。

菜品质量飞速提高，推出著名的“周代八珍”。“八珍”又叫“珍用八物”，是专为周天子准备的宴饮美食。它由2饭6菜组成，具体名称是：“淳熬”（肉酱油浇大米饭）、“淳母”（肉酱油浇黍米饭）、“炮豚”（煨烤炸炖乳猪）、“炮牂”（煨烤炸炖母羊羔）、“捣珍”（合烧牛、羊、鹿的里脊肉）、“渍”（酒糟牛羊肉）、“熬”（类似五香牛肉干）、“肝网油”（网油包烤猪肝）。“周代八珍”推出后，历代争相仿效。元代的“迤北（即塞北）八珍”和“天厨八珍”，明清的“参翅八珍”和

"烧烤八珍",还有"山八珍"、"水八珍"、"禽八珍"、"草八珍"(主要是指名贵的食用菌)、"上八珍"、"中八珍"、"下八珍"、"素八珍"、"清真八真"、"琼林八珍"(科举考试中的美宴)、"如意八珍"等等,都由此而来。

2) 第二个高潮是隋唐宋元时期

自公元589年隋朝统一全国至公元1368年元朝灭亡,共779年。此期饮食文化呈现出多元化的色彩,首次出现地方风味的正式提法。

在食源继续扩充的基础上,工艺菜式勃兴。在烹调技法方面,隋、唐、宋、元的突出成就是工艺菜式(包括食雕冷拼和造型大菜)的勃兴。中国的食品雕刻技术源于先秦的"雕卵"(鸡蛋),到了汉魏有"雕酥油",进入唐宋则是雕瓜果、雕蜜饯。还有用金纸刻出龙凤盖在醉蟹上的"镂金龙凤蟹"。尤其是雕花蜜乌,12色一组,用于盛筵,相当漂亮。食雕的发展,推动了冷菜造型。拼碟的前身是商周时祭祖所用的"飣"(整齐堆成图案的祭神食品),后来将五色小饼做成花果、禽兽、珍宝的形状在盘中摆作图案。唐宋的冷拼又进一步发展,先用荤素原料镶摆,如"五生盘"、"九霄云外食"之类,刀工精妙。特别是比丘尼(尼古)梵正创制的"辋川小样"更是一绝。这种大型组合式风景冷盘,依照唐代诗人王维所画的《辋川图二十景》仿制而成,用料为脯、酱瓜、蔬笋之类,每客一份,一份一景,如果坐满20人,便合成《辋川图全景》。

热菜造型亦多。如用鱼片拼作牡丹花蒸制的"玲珑牡丹",红烧甲鱼上面装饰鸭蛋黄和羊网油的"遍地锦装鳖",一尺多长的"羊皮花丝",点缀蛋花的"汤浴绣丸",以及"花形馅料各异、凡二十四种"的"生进二十四气(节)"馄饨等。至于鱼白做的"凤凰胎",青蛙做的"雪婴儿",鹌鹑做的"箸头春",鳜鱼做的"白龙",鹿血与鹿肉做的"热洛河",兔肉做的"拨霞供",鳝鱼做的"软钉雪笼",羊肉与鹅做的"浑羊殁忽",无不造型艳丽。再加上著名的"蟹酿橙"、"象鼻炙"、"过厅羊"、"蚁子(卵)酱"、"云林鹅"、"烧山猫"、"赐绯含香粽子"和"婆罗门轻高面"(从印度传入的花色蒸面),更是使人眼花缭乱。它们说明隋、唐、宋、元的烹调工艺已有全新的突破。

这一时期创造出了不少奇绝的食品。陶谷《清异录》所载的"建康(南京的古称)七妙"即为一例:捣烂的酸腌菜,平得像镜子可以照见人影;馄饨汤清澈明净,可以磨墨写字;春饼薄如蝉翼,能够映出字影;饭粒油糯光滑,落在桌上不沾;面条柔韧像裙带,可以打成结子;陈醋醇美香浓,能当酒喝;馓子焦脆酥香,嚼起来声响惊动数里。其中虽有夸饰之词,但不完全失真。

风味大宴纷呈。隋唐元筵宴水平甚高,其菜点之精,名目之巧,规模之大,铺陈之美,远远超过汉魏六朝,现能见到的唐代《烧尾宴》菜单中主要菜点就有58道,大臣张俊接待宋高宗时菜品竟有250款,元太宗窝阔台在和林(在今内蒙古人民共和国鄂尔浑河上游东岸的哈尔和林,窝阔台汗于1235年在此建都)大宴群臣时,奶汁竟由特制的银树喷泉喷出。

地方风味演化到唐宋也初现花蕾。不少餐馆首次挂出"胡食"、"北食"、"南食"、"川味"、"素食"的招牌,供应相应的名馔。其中,"胡食"主要指西北等地的少数民族菜品和阿拉伯菜品,与现今的清真菜有一定的渊源关系。"北食"主要指豫、鲁菜,雄踞中原。"南食"主要指苏、杭菜,活跃在长江中下游。"川味"主要指巴蜀菜,波及云贵。"素食"主要指佛、道斋菜,逐步由"花素"向"清素"过渡。这些菜式,在《食经》、《酉阳杂俎》、《中馈妇女主持家政之意录》、《山家清供》、《饮膳正要》、《居家必用事类全集》、《本心斋蔬食谱》和《云林堂饮食制度集》中均见记载。

3）第三个高潮是明清时期

从公元1368年明朝立国起，到1911年辛亥革命推翻清朝止，共540年。这个时期中国烹调术已由量变转为质变，开始由必然王国向自由王国迈进了，此时期的烹饪特点主要表现在以下几个方面：

食源充裕。人们将同类原料的精品筛选出来，借用古时“八珍”一词，分别归类命名。如“山八珍”为熊掌、鹿茸、犀牛鼻、驼峰、果子狸、豹胎、狮乳、猴脑；“水八珍”为鱼翅、鲍鱼、鱼唇（鲨鱼唇或大黄鱼唇）、海参、鳖裙、干贝、鱼脆（鲟鳇鱼的鼻骨）、蛤士蟆（雌性林蛙卵巢及其四周的黄色油膜）；“禽八珍”为红燕、飞龙（榛鸡）、鹌鹑、天鹅、鹧鸪、云雀、斑鸠、红头鹰；“草八珍”为猴头蘑、银耳、竹荪、驴窝菌、羊肚菌、花菇、黄花菜、云香信；等等。可见，当时的精品原料已系列化。

工艺规程日益规范。明清500多年间，菜点制作经验经过积累、提炼和升华，已形成比较成熟的烹饪工艺。李调元在《醒园录》中总结了川菜烹调规程，蒲松龄的《饮食章》对鲁菜工艺亦有评述。特别是袁枚在《随园食单》的“须知单”和“戒单”里，对工艺规程提出具体要求。如“凡物各有先天，如人各有资禀”，“物性不良，虽易牙（先秦名厨，善于调味）烹之亦无味也”，因此选料要切合“四时之序”，专料专用，不可暴殄。袁枚还提倡“清者配清，浓者配浓，柔者配柔，刚者配刚”。只有求其一致，方成“和合之妙”。“味太浓重者，只宜独用，不可搭配”，须“五味调和，全力治之”。他亦主张火候应因菜而异，“有须武火者，煎炒是也，火弱则物疲矣；有须文火者，煨煮是也，火猛则物枯矣；有先用武火而后用文火者，收汤之物是也，性急则皮焦而里不熟矣”。另外，调味要“相（依据）物而施”，“一物各施一性，一碗各成一味”，调料“俱宜选择上品”，“纤（芡）必恰当”。“味要浓厚不可油腻，味要清鲜不可淡薄”，只有“咸淡合宜，老嫩如式”，方能称作调鼎高手。袁枚还提出烹饪中的六戒：一戒“外加油”，二戒“同锅熟”，三戒“穿凿”，四戒“走油”，五戒“混浊”，六戒“苟且（敷衍了事）”。凡此种种，都使烹饪工艺跃升到新的高度。后来李渔在《闲情偶寄·饮馔部》里，还提出纯净、俭朴、自然、天成的饮食观，尤为重视原料质地和菜品风味的检测。如他评价蔬菜之美，是“一清、二洁、三芳馥、四松脆”，其之所以胜过肉品，“忝在一字之鲜”。他认为“蟹之为物至美”，“鲜而肥，甘而腻，白似玉而黄似金，已造色、香、味三者之至极，更无一物可以上之。”他还主张，“食鱼者首重在鲜，次则及肥，肥而且鲜，鱼之能事毕矣。”

名菜美点五光十色。丰富的陆海原料和调味品，配套成龙的全席餐具，变化万千的烹调技法，勇于创新的名厨巧师，带来了佳肴丰收的金秋。在鱼肉禽蛋方面，这时推出水晶肴蹄、蟹粉狮子头、五元神鸡、钟祥蟠龙、软熘黄河鲤鱼焙面、李鸿章杂烩等名特大菜。在山珍海味方面，有龙虎斗、蜗牛脍、飞龙汤、炸全蝎、雪梨果子狸、一品燕菜等奇馔异食。在宫廷珍肴方面，有八宝奶猪火锅、燕窝炒炉鸭丝、樱桃肉山药炉肉炖白菜、煺羊肉乌叉等营养美味。在民间欢宴方面，有湖广鱼宁古塔鸡腿蘑菇、台鲞煨肉、云南鸡棕等风味名食。在寺观斋菜方面，有桑门香（酥炸桑叶）、萝卜丸、魔芋豆腐、金针银耳神仙汤等清素精品，还有别出心裁的“五套禽”，香飘仙界的“罗汉斋”，工艺奇巧的“换心蛋”，形态肖似的“松鼠鱼”，滋味鲜美的“紫菜苔炒腊肉”，疗效显著的“虫草金龟”，享誉海内外的“烤鸭”等。

至于点心小吃，也以精致取胜，注重审美情趣。如淮扬的富春包子，苏锡的糕团，闽粤的鱼片粥，湘鄂的豆皮，巴蜀的红油水饺，云贵的乳扇（用牛奶发酵后加工制成，呈半透明状，油润，形似扇子），松沪的南翔馒头（此处指包子），徽赣的黄豆肉馃，齐鲁的伊府顶（蛋液和于面团中制成），辽吉的熏肉大饼，京津的狗不理包子，秦晋的牛羊肉泡馍，冀豫的四批油条（因炸制时 4 个油条面坯重叠在一起而得名），甘宁的泡儿油糕，蒙新的奶茶等。

其中，成就最为突出的是宫迁菜、官府菜、寺观菜和市场菜。从宫迁菜看，明代是汉菜为主，偏于苏皖风味；清代是满汉合璧，偏重于京辽风味。尤其是清宫菜，选料精，规法严，厨务分工精细，盛器华美珍贵，堪称“中菜的骄子”。从官府菜看，有宫保（丁宝桢）菜、鸿章（李鸿章）菜、梁家（梁启超）菜、谭家（谭宗浚）菜等。其中以孔府菜最为知名，其取料以山东特产为主，海陆珍稀并容；其菜式以齐鲁风味为主，兼收各地之长；其情韵以儒家文化为主，广泛反映清代的社会岁月风貌，故有“圣人菜”之誉。从寺观菜看，分为大乘佛教菜和全真道观菜两支，大同小异。北京法源寺、杭州灵隐寺、镇江金山寺、上海玉佛寺、成都宝光寺、湖北武当山等调制精细。从市场菜系看，这时已形成风味流派。鲁、苏、川、粤四大菜系已成气候；古老的鄂、京、汀、徽、豫、闽、浙、滇诸菜稳步发展；新兴的满族菜、朝鲜族菜、蒙古族菜和回族菜等也纷纷打入市场，出现“百花齐放”的局面。

华美大宴推陈出新。筵宴发展到明清已日趋成熟，展示出中国封建社会晚期的饮食民俗风情。明代的乡试（在省城选拔举人的考试）大典，席面分为“上马宴”和“下马宴”，各有上、中、下之别。清宫光禄寺置办的酒筵，有祀席、奠席、燕席、围席 4 类，每类再分若干等级。市场筵宴亦以碗碟之多少区分档次，各有例则。在筵宴结构上，一般分作酒水冷碟、热炒大菜、饭点等。在筵宴结构上，一般分作酒水冷碟、热炒大菜、饭点茶果三大层次，统由头菜率领，头菜是何规格，筵宴便是何等档次。命名亦巧，如“盖州（今辽宁盖县一带）三套碗”、“贡昌（今甘肃陇西县一带）十二体”、“三蒸九扣席”、“五福六寿席”之类，寄寓诗情画意。

各式全席脱颖而出，制作工艺美轮美奂。全席包括主料全席（如全藕席）、系列原料全席（如野味全席）、技法全席（如烧烤全席）、风味全席（如谭家菜席）4 类；具体有全龙席（多指蛇席、鱼席、白马席之类）、全凤席（多指鸡席、鸭席、鹌鹑席等）、全麟席（指全鹿席）、全虎席（指全猪席）、全羊席、全牛席、全鱼席、全蛋席、全鸭席、全素席等。其中，全羊席誉满南北，满汉全席被称为“无上上品”。前者用羊 20 头左右，可以制出 108 道食馔；后者以燕窝、鱼翅、烧猪、烤鸭四大名珍领衔，汇集四方异馔和各族美味，菜式多达一二百道，一般要分 3 日 9 餐吃完。因其技法偏重烧烤，主要由满族茶点与汉族大菜组成，因此又叫“大烧烤席”或“满汉燕翅烧烤全席”。

少数民族酒筵发展，燕尾服现不同礼俗。仅据《清稗类钞》所载，就有满、蒙、回、藏等族的特色席面十余种，如果加上有关笔记的记录，则可多达 50 余例。其中，“满洲贵家大祭食肉会”、“蒙人宴会带福还家”、“西藏噶信纸卜（西藏郡主，即地方政府长官）乡宴”、“青海番族（藏族）宴会”等都是研究民族史、宗教史、饮食史、礼俗史、筵宴史和烹饪史的珍贵资料。

4）第四次高潮是中华人民共和国时期

1949 年 10 月 1 日中华人民共和国成立后，人民当家作主，生活水平提高，国际交往频繁，第三产业兴盛，又赋予烹饪新的活力。此时期的烹饪又有了新的特点：

开发新食源。除了充分利用现有原料，增加产量、提高质量外，还继续引进新食料，如牛蛙、孔雀、鸵鸟、袋鼠、海狸、王鸽、芦笋、腰豆、玉米笋、夏威夷果、泰国米等。与此同时，还在开发海底牧场、人工试管造肉、繁殖食用昆虫、提取植物蛋白、利用野生草木、推广强化食品等方面开展科研，成果显著。

注重营养配膳。现在做菜讲究膳食结构合理和营养平衡，强调三低两高（低糖、低盐、低脂肪、高蛋白质、高纤维素），推出了不少营养菜谱、食疗菜谱、健美菜谱、养生菜谱和优育菜谱。

重视造型艺术。食雕、冷拼、围边和热菜装饰技术发展很快，从立意、命名到定型、赋色，都注意表现时代精神和民族风格，而且还努力运用美学原理，借鉴实用工艺美术的表现手法，赋予菜品新的情韵，提高艺术审美价值。同时，在餐具上也有很大革新，流行明净的新工艺瓷，使美食、美器相辅相成。

烹调工艺逐步规范化。特别重视菜品研究，对名菜点的每道工序、各种用料的比例都注意分析，并用菜谱或录像方式记录下来。像中国财经出版社出版的《中国名菜谱》和《中国小吃》，都是由各省组织名师和专家逐一试制、审核，要求定性、定质、定量，操作规范，文字准确。

积极进行筵席改革。从国宴开始，渐及各种礼宴、喜宴、家宴。总的趋向是"小"（规模与格局）、"精"（菜点数量与质量）、"全"（营养配伍）、"特"（地方风情和民族特色）、"雅"（讲究卫生，注重礼仪，陶冶情操，净化心灵）。现在推出的新式筵席不下 1 000 种，大都具有上述"五优"的属性。由于采取了种种措施，使现代中国烹饪呈现出"四名"（名店多、名师多、名菜多、名点多）、"四美"（选料美、工艺美、风味美、餐具美）、"四新"（厨师文化素质新、店堂装潢设计新、经营管理模式新、筵席编排格调新）、"四快"（科技成果应用快、流行菜式转换快、服务方式改进快、筵间娱乐变化快）的特色。50 年间，增加的新菜至少也有 1 万种以上，受到了市场的普遍欢迎。

在这 50 年间，还召开过首届中国烹饪学术研讨会、第二届中国烹饪学术研讨会、中国快餐学术研讨会、饮食业术语规范学术研讨会、海峡两岸饮食文化研讨会、亚太地区保健营养美食学术研讨会、首届中国饮食文化国际研讨会等重要学术会议，在海内外影响深远。通过这些研究，目前中国烹饪史、中国烹饪学、中国烹饪工艺学三大主干学科的初步框架已大体形成。假以时日，中国烹饪科学体系就能逐步构成。它预示着中国烹饪有"术"无"学"的历史即将结束。

派遣技师出国，大振中菜雄风。50 年来，中国烹饪在旅游观光和国际交往中做出了巨大贡献。近 10 年来，每年平均接待港澳台同胞和海外游客近 3 000 万人，其中很多人来大陆的目的之一就是领略中菜的风采。像北京市和平门烤鸭店早在 1986 年就接待了 100 多个国家和地区的宾客 20 多万人，仿膳饭庄的情况也与此相仿。至于上海、广州、杭州、桂林、承德、青岛、西安、大连、武汉、成都、哈尔滨、长沙、天津、重庆、乌鲁木齐、拉萨等都市的名店，也把接待海外游客作为"重头戏"，创汇收入可观。

50 年间，我国还向五大洲的 100 多个国家和地区派遣了数万名烹调技师。其中，仅北京市派往日本、美国、西德、法国、土耳其、荷兰、俄罗斯、加拿大等 30 多个国家的名厨就有数千名。

这些烹饪专家出国后，有的主持烹饪学校，有的经办中式餐馆，有的参加食品节表演，有的讲学，有的传艺，有的在大使馆或经贸团工作，有的受雇于外国老板，有的与外国同行同台献艺。不少大使风趣地说："厨师和翻译是我的左膀右臂。"还有些经贸团队的负责人讲："中菜的雄风使谈判势如破竹。"

与此同时，一些文化名城、烹饪高校和著名餐馆都与国外的友好城市与对口单位签订技艺交流合同，或互派名厨访问，或委托培训学员，或交流烹饪技巧，或馈赠名特原料，彼此关系融洽，为中外饮食文化的交流开辟出许多"民间通道"。

15.2.2 中国烹饪文化的特色

1）实用与审美并存

中国的烹饪艺术是在烹饪历史发展过程中逐渐形成、发展并丰富起来的，具有实用目的与审美价值紧密相连的特点。如陶制炊器的器形设计从实用需要出发，本意为放置平稳、受热均匀，但却给人以对称、均衡美的感受。陶器、铜器、铁器的不断演进，不仅是对工艺、性能方面的改进，还包含着追求形式美的意图。随着物质生产的发展和社会生活的进步，烹饪越来越具有审美性质，直至发展成为实用与审美并重的各种花色造型菜点及丰盛华丽的筵席。中国烹饪艺术虽然受到烹饪原料、烹饪技术、食品实用功能等因素的制约，具有相对的局限性，但它与其他艺术种类相比却有自己的艺术特点，即融绘画、雕塑、装饰、园林等艺术形式于一体。

2）烹饪技术精湛

(1) 刀工精细

中国烹饪对使用的原料与西式烹饪有别，西式烹饪不太讲究刀工，通常使用大块鱼、大块肉、大块鸡鸭做菜。中国烹饪对使用的原料在进行切割时十分讲究：要求切得大小均匀、长短相等、厚薄一致，不宜太粗太大。因此，刀工技术比较复杂，有切、片、剁、剞等多种方法。

切：主要是加工不带骨头的料或熟料(肉类)及蔬菜，因为原料性质不同、制菜造型特点不同又有许多不同的切法，如割切(拉锯状)、正切(上下垂直用力)、斜切(斜向用力)、顺切(一个方向用力，或向前推，或向后拉)等等。

片：主要是把原料按要求片成薄片，操刀方法与切大体相仿。

剁：主要是把原料剁成块或泥(有不少家庭使用小型绞肉机，制馅不用剁)。

剞：有时以剞花刀法对原料雕琢造型，家庭制餐一般是在原料表面(如鱼、鱿鱼)剞一定深度的横、竖刀纹，使之在烹调时易熟、易入味。

《庄子·养生主》中庖丁解牛时的刀工就堪称一绝。庖丁解牛说的是一个名叫丁的厨师替梁惠王宰牛，手所接触的地方，肩所靠着的地方，脚所踩着的地方，膝所顶着的地方，都发出皮骨相离声，刀子刺进去时响声更大，这些声音没有不合乎音律的。它竟然同《桑林》、《经首》两首乐曲伴奏的舞蹈节奏合拍。

(2) 调味精良

调味是中国烹饪的绝妙之工。用于中国烹饪的调料种类繁多，共计500多种。中国烹饪一个菜所用的调味品，一般少的三五种，多的十种八种。使用调味品的目的是使五味调和，主次协同，成一整体，和是其中心理念，不同味之中求其协调，得到色味形的统一，调味的过程是中国文化精神的直接表现。使用调味品时一般遵循4个原则：

① 因料调味。鲜的鸡、鱼、虾和蔬菜等其本身具有特殊鲜味，调味不应过量，以免掩盖天然的鲜美滋味。腥膻气味较重的原料，如不鲜的鱼、虾、牛羊肉及内脏类，调味时应酌量多加些去腥解腻的调味品，诸如料酒、醋、糖、葱、姜、蒜等，以便减恶味增鲜味。本身无特定味道的原料，如海参、鱼翅等，除必须加入鲜汤外，还应当按照菜肴的具体要求施以相应的调味品。

② 因菜调味。每种菜都有自己特定的口味，这种口味是通过不同的烹调方法烹饪后最后确定的。因此，投放调味品时应注意种类和数量。特别是对于多味菜肴，必须分清味的主

次，才能恰到好处地使用主、辅调料。有的菜以酸甜为主，有的菜以鲜香为主，还有的菜上口甜收口咸或上口咸收口甜等，这种一菜数味、变化多端的奥妙，皆在于调味技巧。

③ 因时调味。人们的口味往往随季节变化而有所差异，这也与机体代谢状况有关。如在冬季，由于气候寒冷，因而喜用浓厚肥美的菜肴；炎热的夏季则嗜好清淡爽口的食物。

④ 因人调味。烹调时，在保持地方菜肴风味特点的前提下，还要注意就餐者的不同口味，做到因人制菜。所谓"食无定味，适口者珍"，就是因人制菜的恰当概括。

调味不是一步完成的，一般分 3 步完成：第一步，加热前调味，又叫基础调味，目的是使原料在烹制之前就具有一个基本的味，同时减除某些原料的腥膻气味。第二步，加热中调味，也叫做正式调味或定型调味。菜肴的口味正是由这一步来定型的，所以是决定性调味阶段。第三步，加热后调味，又叫做辅助调味，可增加菜肴的特定滋味。有些菜肴，虽然在第一、二阶段中都进行了调味，但在色、香、味方面仍未达到应有的要求，因此需要在加热后最后定味。

所以，中国烹饪能让一个瓜变出 10 种式样，一个菜能做出几十种味道，令世人感到惊奇。

(3) 讲究用火

火候是制作中国菜的独到之功。中国菜烹法之多、之奇、之绝、之不拘一格灵活变通，是世界上任何其他菜式无法比拟的。中餐基本烹法近百种(常用的约 40 种)，因时因地因料因味的变化又演化出近千种复合烹法，烹法变化首先在于用火变化。而西菜烹法，说到底主要是烧烤一类。火候会改变原料的质感，会使原料中的物质产生不同程度的溶解和挥发，可以提取美味，去除异味，因此火候的微妙变化是形成多姿多彩的菜肴食品的重要条件。而西式烹饪在用火的功夫上则远不及中国烹饪。中式烹饪常用的蒸、涮、炖、焖等技法，其烹调温度都很低，安全系数高，特别适用于动物性原料，很受西方科学界的称誉。

(4) 养生食治

养生食治是中国烹饪饮食文化的另一显著特征。不可否认，西式烹饪的最大优点是讲究营养，它以现代营养学理论为依托。然而，中国烹饪的营养观是养生食治，《黄帝内经》说："味归形，形归气，气归精，精归化。""五味入口，藏于肠胃，味有所藏，以养五气，气和而生，津液相成，神乃自主。"这个观念认为人的饮食目的在于使人体气足、精充、神旺、健康长寿。围绕着这个目的，逐渐形成了中国式传统的养生食治学说。"五谷为养，五果为助，五畜为益，五菜为充"这一膳食结构不仅使中华民族得以生存与发展，而且避免了许多"文明病"的发生，为海外营养学家所称道。事实证明，当今严重威胁人类健康的"文明病"，如心血管病、脑血管病、糖尿病、维生素 A1(B2)缺乏等大都产生于西方。西方现代营养学界的有识之士，已经多次对中国烹饪饮食有利于人类健康生存的科学性作出评价，号召"为了健康拿起筷子"，倡导东方式的"金字塔式的饮食结构"。所谓东方式的"金字塔式的饮食结构"是指以食用最多的粮食如面包、谷类、大米等食品作为"金字塔"的塔基，往上是蔬菜和水果，再往上是乳制品，像牛奶、奶酪、肉、鸡蛋等。塔的顶部是脂肪、油和甜品。

3) 风味多样化

地域广阔的中华民族，由于各地气候、物产、风俗习惯的差异，自古以来，在饮食上就形成了许多各不相同的风味。我国一向以"南米北面"著称，在口味上存在"南甜北咸东酸西辣"之别。就地方风味而言，有巴蜀、齐鲁、淮扬、粤闽四大风味。

4）四季有别

一年四季，按季节而饮食，是中国烹饪的主要特征。

我国春夏秋冬四季分明，各种食物原料因时迭出。《周礼》中载有"鑫酸，夏多苦，秋多辛，冬多咸，调以滑甘"，是说味道应合乎季节时令。对调味品也要按时令调配，"脍，春用葱，秋用芥。豚，春用韭，秋用蓼"。自古以来，我国一直遵循调味、配菜的季节性规则，冬则味醇浓厚，夏则清淡凉爽。冬多炖焖煨，夏多凉拌冷冻，特别注意按节令排菜单。就水产原料来说，春尝刀鱼，夏尝鲥鱼，秋尝蟹，冬尝鲫鱼。各种菜蔬更是四时更替，适时而食。

5）讲究美感

中国的烹饪，不仅技艺精湛，而且自古以来就讲究菜肴的美感。注意食物的色、香、味、形、器的协调一致，对菜肴美感的表现是多方面的。厨师们利用自己的聪明技艺及艺术修养，制作出各种各样独树一帜的菜肴，达到色、香、味、形、美的统一，而且给人以精神和物质高度统一的特殊享受。同时注重外表的视觉效果，讲究一菜十法、一饺十变、一酥十态等逻辑特色，运用变化规则和烹饪工艺造型技法，使烹饪造型生动、朴实、自然，富于时代气息和民族特色。

总之，中国烹饪文化具有的独特民族特色和浓郁的东方魅力，使烹调在中国早已超越了维持生存的作用，它的目的不仅是为了获得人体必需的营养，而且是为了满足人的精神需求。它是人们积极的充实人生的表现，和美术、音乐等等有着同样的提高人生境界的意义。

思考与练习

1. 怎样从中国历代的器具演变中窥见中华民族悠久的烹调文化？
2. 为什么中国人总是把碗与职业联系在一起？
3. 现代厨具给厨房文化注入了哪些新鲜活力？
4. 中国烹饪发展的 4 个高潮各有何特点？
5. 中国烹饪有哪些独特之处？怎样向世人展示中国烹饪的独特文化内涵？

16 食品文化文献

16.1 食品文化文献的界定

俗话说“巧妇难为无米之炊”，文献是一切研究工作的基础，从事食品文化研究，同样也离不开食品文化文献。

谈到食品文化文献，首先涉及对文献内涵的界定。“文献”一词出现很早，其内涵也经历了一个逐渐变化的过程。最早见于《论语·八佾》：“子曰：‘夏礼，吾能言之，杞不足征也；殷礼，吾能言之，宋不足征也。文献不足故也，足则吾能征之矣。’”朱熹《四书章句集注》注解说：“文，典籍也；献，贤也。”可见，文献最初是指典籍和宿贤，即记载典章制度的文字资料，以及熟悉典章掌故的故旧耆老和博学多闻之人。应该说，孔子时代由于文字书写和书籍传播的不易，与作为“典籍”的“文”并举，“献”应指前述熟悉典章掌故的故旧耆老和博学多闻之人的口头言论。元初马端临的《文献通考》是第一部以“文献”作为书名的著作，马氏在自序中对“文献”的释义亦兼指书籍和人的言论两个方面：“凡叙事，则本之经史，而参之以历代会要，以及百家传记之书，信而有征者从之，乖异传疑者不录，所谓文也；凡论事，则先取当时臣僚之奏疏，次及近代诸儒之评论，以至名流之燕谈，稗官之记录，凡一语一言，可以订典故之得失，证史传之是非者，则采而录之，所谓献也。” 但从所述“献”的具体内容来看，“献”实际上已指文字记载的人物言论，则其所谓“文献”，即指各种各样的典籍和文字记录，相对于孔子所说“文献”，其范围已有缩小。此后人们提及“文献”一词，往往即成为典籍的代名词，如明代司马泰编《文献汇编》，《永乐大典》初名《文献大成》等。随着近、现代以来人类文明的进步和考古新的发现，人们对“文献”的认识也突破了以前的狭窄圈子，其范围也随之不断扩大。如《辞海》对“文献”的释义：“今专指具有历史价值的图书文物资料……亦指与某一学科有关的重要图书资料。”将图书与文物都纳入了文献的范围。《中华人民共和国国家标准·文献著录总则》(GB 3792·1—83)给“文献”下的定义更为广泛：“记录有知识的一切载体。”这些载体除纸张外，还包括甲骨、青铜、金石、竹木、缣帛等。从这个意义上来说，食品文化文献的范围非常广博，除常见的饮食文字资料外，诸如出土或遗存的饮食原料、食品、饮食器具等实物，与饮食有关的图画、雕塑、书法等艺术作品，饮食歌谣、传说等口头资料，以及约定俗成的饮食风俗习惯等等，无所不包。本书所说的食品文化文献中的“文献”，一般是就广义范围而言。

16.2 食品文化文献的分类

从上面对食品文化文献的界定，我们不难发现，在浩如烟海的中华文献中，食品文化文献可以说是汗牛充栋，不计其数。这为数众多的食品文化文献，根据载体和内容的不同，大致可以将它们分别划分为以下几种不同类型。

16.2.1 按文献载体划分

1）有载体

(1) 出土或遗存的饮食原料、食品、饮食器具等实物

20世纪以来，特别是新中国成立后，随着我国考古事业的发展，大量文物不断出土或被发现，这其中就有不少的饮食原料、食品、饮食器具等遗物，如浙江余姚河姆渡文化遗址出土的人工栽培稻谷，新疆吐鲁番出土的唐代的馕和花式点心，各地出土的原始社会的陶制饮食器具，夏、商、周时期的青铜饮食器具，等等。现在，这些出土或遗存的饮食原料、食品、饮食器具等遗物已经成为传统的饮食典籍之外研究我国饮食文化的重要资料。

首先，这些出土或遗存的饮食原料、食品尤其是饮食器具等遗物，有助于对我国古代饮食文化的形象直观的认识，起到文字文献无法替代的作用。古人使用过的很多餐具、炊具等饮食器具都是特定时代的产物，在我们今天的饮食生活中要么已经绝迹，要么发生了很大演变，这些出土或遗存的饮食器具等遗物为我们考察古代的饮食文化提供了活生生的实证。例如在山西襄汾陶寺龙山文化时期的墓葬中出土了不少低矮的长方形四足木俎(俎长50～70厘米，宽30～40厘米，高仅15～25厘米)，其中一件木俎上还放置了一把V形石刀和猪排、猪蹄，这是迄今为止所能见到的最早的厨房用具实物，这些厨房用具的出土可使我们形象真切地感受到先民炊具简陋、俎案低矮、跪地操作的厨事活动的特点。

其次，这些饮食原料、食品、饮食器具等遗物与文字文献能够帮助我们认识一个时代饮食生活的风貌、饮食生活的水平、不同地区的饮食特点和我国饮食文化的发展变迁。比如，史书记载，殷人普遍饮酒，不仅饮酒成风，而且最后以酒亡国，而出土的商代青铜饮食器具中亦以酒器的门类最为丰富，数量也最多，可与典籍相互印证。又如湖南长沙马王堆汉墓仅3号墓出土的随葬食品就多达38个竹笥，其中能够辨认的动物性食料有鹿、猪、牛、羊、狗、兔、鸡、雉、鸭、鹅、鹤、鱼、蛋13种，香料有花椒、肉桂、香茅草等，水果有枣、橙、梨、柿、梅、橄榄、菱角等。从这些众多的食品原料中不难看出西汉社会，特别是当时贵族阶层的饮食生活已经发展到了一个较高的水平。一些学者还根据某一地区出土的饮食原料、饮食器具的情况来考察这一地区的饮食风俗，如马世之《从考古发现看河南古代的烹饪与饮食》、吴诗池《从出土文物看大汶口人与龙山人的饮食风貌》等。饮食原料、饮食器具等实物文献还有助于了解我国饮食文化的发展变迁，如从古代茶具颜色、形制的演变，就可以帮助我们认识包括饮茶习俗和方式方法在内的茶文化的发展变化。

一些出土的饮食原料、食品、饮食器具还可以弥补文字文献记载的不足或纠正学术界一些错误的认识。比如现存文献典籍有关饺子的记载只能追溯到南北朝时期，但在山东出土的春秋时代的一个墓葬中的铜器里发现的饺子实物就可以将饺子出现的时间大大提前。又如上海博物馆藏有东汉的一个青铜蒸馏器，经实验，至今仍然可以馏出酒来，可见早在公元

初年，我国就已经掌握了蒸馏知识，具有蒸馏设备，这也就否定了一些人所说的蒸馏酿酒是宋元时期从外国传入的说法。

(2) 与饮食文化相关的绘画、雕塑、书法等艺术作品

我国古代的绘画、雕塑、书法等艺术作品，其中有不少表现了饮食文化的内容，从一个侧面再现了当时的饮食生活风貌，因而这些艺术作品除了具有较高的艺术价值外，在饮食文化史上还具有较高的文献价值，成为我国食品文化文献的重要组成部分。

① 绘画

我国的绘画艺术起源很早，原始社会新石器时代的彩陶纹饰是我国绘画的早期形式之一。先民在包括诸如陶盆、陶罐、陶壶、陶钵、陶碗等饮食器具在内的陶器上描绘出几何图形、动植物纹样、人面纹等各种装饰图案，其中象生和写实性的动植物纹饰如鱼纹、鸟纹、猪纹、鹿纹、蛙纹、稻穗纹、豆荚纹等，都是原始人类在渔猎、畜牧、采集、农耕生活中经常接触到的食物，正是当时人们渔猎、采集、畜牧、农耕的饮食生活的现实和思想意识的反映，对于了解先民的饮食状况和饮食构成具有重要的认识价值。

在我国发现的新石器时代的岩画中，也有一些有关饮食文化的内容。如江苏省连云港将军崖岩画，其中一组画有10个大小不等的人面植物，这些人面植物由人面像和禾苗、谷穗等农作物两部分组成，人面像和下面的禾苗、谷穗等农作物之间用一条线连接起来。连云港地处黄海之滨，古为东夷少昊氏族生活的地区，史书上说这里“土广而瘠薄，田野不辟，米粟不丰”，将军崖岩画上的这些人面植物实际上反映了古代东方农业部落对农业的依赖和崇拜，或许还有对掌管谷物生长之神的祭祀，表现了以农耕为主的饮食生活。而北方地区发现的一些新石器时代的岩画，其表现内容则多与原始部族的狩猎、驯养牲畜的生活有关，如内蒙古阴山岩画的《围猎图》、《猎牛图》、《逐鹿图》、《驯羊图》，祁连山岩画的《行猎图》，黑山岩画的《狩猎图》等。

商、周时代的青铜器，主要是青铜饮食器上的纹饰内容也反映了当时的饮食文化生活。如虎、牛、羊、猪、兔、鹿、蛇、龟、鱼、蛙、鸟等取材于现实生活的动物纹饰，或客观地再现了当时人们的饮食原料，或暗示了青铜器的性质。如河南安阳西北冈第1004号殷王陵曾出土内底分别铸有“牛”、“鹿”字样的牛鼎、鹿鼎，在牛鼎、鹿鼎上分别饰有相对应的牛和鹿的纹样，表明这是用来烹煮牛、鹿牲体的炊煮器。除了这些取材于现实生活的动物图形外，商、周青铜器上还有不少神秘的动物纹饰，其中最引人注目的是殷商及西周前期流行的兽面纹——饕餮纹。这种纹饰，是宋朝人根据《吕氏春秋》一书定名的。《吕氏春秋·先识览》:“周鼎著饕餮，有首无身，食人未咽，害及其身，以言报更也。”对饕餮究竟是什么，代表什么含义，学术界至今众说纷纭。有学者根据饕餮“贪于饮食”①、“食人未咽，害及其身”的特点，认为商周青铜器上流行的饕餮纹反映了古人提倡节俭的饮食观，告诫人们不可贪于饮食，贪吃必将害己。战国时期，青铜纹饰神秘的成分逐渐减少，出现了许多诸如采集、狩猎、宴乐等生活气息浓郁的现实社会生活题材。如上海博物馆藏《刻纹燕乐画像椭桮》，在高5.9厘米、纵14.9厘米、横18.2厘米的铜器上用锐利的锋刃刻画着细如毫发的图像，反映了丰富的饮食文化的生活场景：铜器的外壁周围刻的是迎宾宴饮图，台阁上一宦者中间坐，左右有3人进食，台阁之下有鼎中取食、罍中取酒与送食运酒以及迎宾的人物；在铜器的内腹部画有两个台阁

① 左传·文公十八年，十三经注疏.中华书局，1979年影印本

式的建筑物，各有台阶上下，阁下各有一组饮宴人物，两柱中间与左右各有两人及鼎、罍、豆、勺之类饮食器具，台阁之间有以鼎烹食者、射鸟者与歌舞者，其间杂以树木禽鸟。整个画面非常浩大，表现了迎宾、备食、宴饮、射猎、歌舞等丰富的内容。

出土的战国时期和秦代的漆画以及西汉的帛画中也发现了狩猎、宴饮、祭祀等饮食文化的内容。漆画，如1952年湖南长沙颜家岭35号墓出土的战国彩绘狩猎纹漆奁，描绘了猎人、猎犬狩猎野牛、野猪、野鹿的生动场面；湖北江陵凤凰山秦墓出土的人物纹漆梳篦，则在篦的圆拱形柄部两面分别表现了歌舞、宴饮、送别等生动景象。帛画，如新中国成立后考古重大发现之一的长沙马王堆汉墓，其中在1号墓(西汉初期长沙国丞相轪侯利仓之妻墓)和3号墓(利仓之子墓)的内棺棺盖上均覆盖着T字形旌幡帛画，画面的上、中、下3段分别表现了天上、人间、地下的场景，其中表现墓主人出行、宴飨、祭祀等现实生活题材的人间情景，对了解西汉贵族阶层的饮食生活不无帮助。

此外，在贝壳画、陶器画中也有诸如狩猎、地主收租等饮食文化内容。如出土于中国北部东海岸、现藏美国克利夫兰艺术博物馆、刻画猎鹿场景的西汉贝壳彩绘《狩猎图》，1963年出土于河南密县后士郭村东汉墓中描绘农民向地主缴纳绢、粮场面的陶仓楼彩绘《收租图》。

在我国古代绘画作品中，表现饮食文化生活最多的是画像石、画像砖(主要是汉代的画像石、画像砖)、壁画、国画和版画。

汉代的画像石、画像砖无论是在反映饮食文化的广度还是深度上都远远超越了此前所有的绘画样式。汉代社会迷信和“行孝”之风盛行，导致厚葬成风，画像石、画像砖就是雕刻着不同画面，用于修建墓室、石棺、享祠、石阙等的建筑材料。这类墓室、石棺、享祠、石阙多为地主、贵族修建，其中的画像石、画像砖所表现的内容也主要是反映地主、贵族阶层宴饮、庖厨、狩猎、歌舞、百戏等日常生活场面，以及渔猎、收获、播种、煮盐等与饮食生活相关的生产劳动一类现实生活题材，其中包含着丰富的饮食文化内容，已成为研究两汉饮食文化不可或缺的重要文献。

汉代地主、贵族日常饮宴非常奢侈铺张，出土的数量众多的画像砖、画像石形象地展示了他们钟鸣鼎食、歌舞享乐的豪华生活。这些画像砖石，有的直接表现饮宴以及饮宴过程中的博弈、投壶、百戏等娱乐场面。如山东嘉祥武梁祠、武荣祠以及金乡朱鲔祠画像石中的宴饮图，河南南阳出土的《鼓舞宴飨》画像砖、《投壶酌酒》画像石，河南密县打虎亭1号汉墓出土的《饮宴歌舞图》画像石，四川新津出土的博弈宴饮画像砖，成都羊子山1号墓，山东济宁两城山出土的《宴乐百戏》画像石等。在各地出土的画像砖石中，这类表现饮宴及宴乐场面的比比皆是。山东微山两城出土的画像石中的野炊图还表现了贵族、地主在狩猎、游乐活动后举行野餐的场景：图中一棵树上挂着羊腿、牛腿，树下有灶，一些厨师正在那里忙于炊事活动。

在汉代的画像石、画像砖上还有许多庖厨图。这些庖厨图既从一个侧面形象地再现了汉代地主、贵族奢华的饮食生活场景，也详细而具体地描绘了汉代庖厨中的种种活动。其中山东诸城前凉台东汉墓出土的《庖厨图》画像石中的庖厨场面最为浩大，共有庖厨人员43人，其中汲水1人，酿造6人，宰杀9人，剖鱼1人，洗涤食物2人，切菜4人，劈柴烧火2人，取挂在悬钩上的肉1人，烤肉串4人，烹制食物2人，摆案备食3人，放置食物、餐具等其他活动8人，展示了酿造、宰牲、烹饪、备席各种各样的厨事活动，其中仅宰杀禽畜就包括椎牛、宰羊、屠狗、杀猪、割鸡等内容。

与地主、贵族这种穷奢极欲的饮宴生活形成鲜明对照，在出土的汉代画像石、画像砖中也有反映贫苦百姓饮食生活状况的画面。如四川德阳出土的《乞贷》画像砖就客观地再现了当时贫民靠向地主求乞告贷为生的饮食状况。

在汉代画像石、画像砖中，还有不少表现渔猎、采莲、播种、种芋、收获、舂米、酿酒、煮盐等与饮食生活密切相关的生产劳动以及祈求丰收的题材。此类题材尤以四川地区出土的画像砖为多，如成都羊子山 2 号墓出土的表现狩猎和收获场面的《弋射、收获》画像砖，新都出土的反映汉代酒肆兼营酿造和销售情形的东汉《酿酒》画像砖，德阳出土的描绘芟草整地与播种场面的东汉《播种》画像砖，彭县东汉墓出土的描绘当时足碓加工粮食和利用风力扇谷情景的《舂米》画像砖，成都羊子山 1 号墓、邛莱出土的反映汉代煮盐技术的东汉《盐场》、《盐井》画像砖，等等。祈求丰收的题材，如山西柳林杨家坪出土的表现崇拜谷物之神和祈求五谷丰收主题的东汉《祈求丰收画像》。

在出土的汉代画像石、画像砖中，还反映了汉代的某些饮食生活习俗和一些地区的饮食特点。如汉代画像石、画像砖中出现很多使用筷子（如山东嘉祥武梁祠画像石上的《邢渠哺父图》有邢渠举筷夹食喂饲父亲的场景）和跽坐进食（如前述河南南阳出土的《投壶酌酒》画像石上画有两人席地跪坐、执矢投壶的画面）的场面，就写实性的反映了汉代人的饮食方式。又如山东、苏北地区出土的汉代画像石中，屠狗的图像远远多于杀猪、宰羊、椎牛的图像，而且在总数上，这些地区汉代画像石中的屠狗场面也大大超过其他地区，反映了这些地区的居民好食狗肉的饮食特点。

除了前面所说的现实生活题材外，在汉代画像石、画像砖中，也有少量与饮食有关的历史故事、孝子故事。如南阳画像馆藏东汉画像石《鸿门宴》、《二桃杀三士》，山东嘉祥武梁祠画像石上的《邢渠哺父图》等。

除汉代外，出土的少量的其他朝代的画像石、画像砖上也表现了一些饮食文化的内容。如陕西临潼出土的印着骑马射猎图的秦代狩猎纹画像砖，凤翔秦墓出土的印着宴享宾客等画面的宴享纹画像空心砖，甘肃嘉峪关出土的反映作为坞壁主的墓主人出行、宴饮、庖厨、放牧、狩猎、农耕等生活图景的系列魏晋画像砖，山东益都北齐石室墓出土的《饮食图》画像石，河南洛宁宋代乐重进墓出土的画像石棺进酒图、进茶图，河南荥阳出土的北宋画像石棺宴饮杂剧图，四川名山县蒙山顶南宋光宗绍熙三年刻有种茶神人甘露祖师画像及行状的石碑，中国历史博物馆藏宋代《厨娘图》画像砖，山西运城博物馆藏明朝万历时描绘手工制盐的《河东盐池图》画像石等。

我国古代的壁画同样包含着丰富的饮食文化内容。壁画分墓室壁画、石窟壁画、宫殿寺观壁画三大类，其中墓室壁画与饮食文化联系最为密切。墓室壁画是绘在墓室砖墙上以表现墓室主人生前生活为主的绘画样式，墓室壁画所表现的饮食文化内容与汉代画像石、画像砖大体一致，主要反映地主贵族宴饮、乐舞、庖厨、狩猎等日常生活场景，亦有部分有关饮食生活的生产劳动之类的现实题材，以及少量与饮食文化相关的历史题材。

反映地主、贵族宴饮、乐舞、庖厨、狩猎等日常生活场景的墓室壁画，如内蒙古和林格尔汉墓壁画包含庖厨、宴饮、乐舞、杂技等场面的家居宴乐图，吉林集安高句丽舞俑墓壁画的《进食》图，陕西长安南里王村中唐墓室壁画《野宴图》，河南禹县白沙赵大翁墓出土的北宋壁画《夫妇开芳宴》，河北宣化辽墓第 5 号墓、第 7 号墓反映点茶、煮茶、饮茶、进茶等北方茶文化场景的茶道图，反映契丹人饮食生活习俗的辽宁翁牛特旗山咀子 3 号辽墓壁画割肉图、巴林左旗白音敖包辽墓壁画《烹饪图》、敖汉旗康营子辽墓壁画《侍奉图》，反映元代蒙古人生活习俗的内蒙古赤峰市元宝山元墓壁画《备酒图》、赤峰三眼井元墓壁画《宴饮图》和《出猎图》等。

表现有关饮食生活的生产劳动的墓室壁画，如甘肃嘉峪关魏晋墓壁画中的播种图、扬场收获图、粮食加工图（打连枷）、酿醋图；内蒙古和林格尔汉墓壁画中的放牧、酿造、碓舂等场面。

与饮食文化相关的历史题材的墓室壁画，如河南洛阳烧沟 61 号西汉墓壁画的《鸿门宴》、《二桃杀三士》，内蒙古和林格尔汉墓壁画的《二桃杀三士》等。

在石窟壁画、宫殿寺观壁画反映饮食文化的内容，如石窟壁画的敦煌莫高窟壁画就有不下 50 幅的宴饮场面，其他如敦煌莫高窟第 249 号窟的西魏壁画狩猎图，敦煌唐代壁画《屠房图》、《挤奶图》，甘肃安西榆林窟第 3 窟西夏壁画的踏碓图、酿酒图等。宫殿寺观壁画，如山西繁峙岩上寺的金代壁画《酒楼市肆图》，山西洪洞广胜寺水神庙元代壁画《后宫尚食图》、《官人买鱼图》，山西汾阳圣母庙圣母殿北壁明代《圣母起居图(后宫燕乐)》等。

我国传统的国画不仅有着很高的艺术成就，其中也包含了丰富的饮食文化内容，许多作品形象生动地反映了各个时代不同的饮食风俗和不同阶层人们的饮食生活面貌。这些作品有的描绘了皇宫大宴，以及帝王、宫中人们的饮食生活，如唐代表现宫中大宴准备情形的《备宴图》，描绘宫廷仕女围坐长案娱乐茗饮盛况、反映唐代饮茶习俗的《宫乐图》（又称《会茗图》），清人姚文瀚的《紫光阁赐宴图》等。有的反映了地主贵族阶层的饮宴生活，如新疆吐鲁番阿斯塔那晋墓出土纸画《墓主生活图》，南唐顾闳中的《韩熙载夜宴图》等。还有不少作品表现了文人雅士饮酒品茗的闲情逸趣，如宋徽宗赵佶的《文会图》，元代唐棣的《林荫聚饮图》，明代陈洪绶的《蕉林酌酒图》、《停琴品茗图》，陆治的《元夜燕集图》，仇英的《松亭试泉图》等。有些绘画作品或展现了都市饮食生活的盛况，如宋代张择端的《清明上河图》、明人所绘《市肆筵宴图》、清代徐扬的《盛世滋生图》，或反映了边地饮食生活的情状，如清代金廷标的《塞宴四事图》等。有的作品或直接以饮食名肴作为题材，如清代“扬州八怪”之一的李鱓描绘淮扬名菜的《鳜鱼葱姜图》，或再现了当时独特的饮食风俗，如宋人所绘反映当时斗茶风俗的《斗茶图》，南宋刘松年描绘宋代从磨茶到烹点的茶事活动的具体过程与场面的《撵茶图》等。国画中还有以历史人物饮食生活为题材的历史故事画，如宋代画家李唐反映商朝遗民伯夷、叔齐耻食周粟，遁入首阳山采薇而食，最后饿死首阳山的《采薇图》，赵原表现茶神陆羽烹茶场面的《陆羽烹茶图》，明代万邦治描绘李白、贺知章等饮中八仙嗜酒情景的《醉饮图》，还有描绘东晋诗人陶渊明饮酒、中唐诗人卢仝烹茶场景的明代丁云鹏的《渊明漉酒图》、《玉川煮茶图》等。

版画是用雕版印刷的方式取得的画稿复本，是一种随着雕版印刷术的发明而出现的绘画样式。版画艺术包括单幅版画、版画集、版刻插图和民间年画。在版画中也有不少反映饮食文化的内容。如单幅版画和版画集，其内容从宫廷、贵族饮宴到民间饮食风俗，乃至少数民族、域外的饮食生活，以及与饮食生活相关的生产活动等，几乎无所不包。如表现民间婚宴饮食场面的明代版画《与子完姻》，表现贵族家庭庆赏元宵场景的明代版画《庆赏元宵》，再现清代宫廷皇帝寿典和千叟宴盛况的清代版画《万寿盛典图》、《乾清宫千叟宴图》，还有版画集《古今谈丛二百图》中的“鹿鸣盛宴”、“乡饮大宾”，《皇清职贡图》中的满族七姓妇女狩猎、赫哲族妇女揉鱼片、高山族采掘芋头、采薯等图，《申江胜景图》卷下中的东洋茶楼图，《北京民间风俗百图》中的“卖糖锣图”、“卖吊驴烧饼图”、“烙煎饼图”、“过卖图”等。

除单幅版画和版画集外，我国古代许多刻印书籍上也都附有版画插图。插图内容与饮食文化有关的刻印书籍主要包括饮食典籍、农书、医书、类书、科技书籍、方志、小说、戏剧等。这些版画插图或对饮食器具、食品原料、食品工艺作图解说明，或再现饮食风俗、饮食场景，以及与饮食生活密切相关的生产活动等，图画与文字述说相结合，相得益彰。附有版画插图的饮食典籍，如宋代审安老人《茶具图赞》，将焙茶、碾茶、筛茶、泡茶等用具的名称和实物图形编辑成书，附图12幅并加以说明，使后人对宋代茶具特别是只有在宋时制造团茶才用得着的铁碾槽、石磨、罗筛等茶具的具体形状有了明确的了解。又如元忽思慧《饮膳正要》，元刻残本、明景泰刊本均有插图，景泰刊本如卷一“妊娠食忌”、“乳母食忌”、“饮酒避忌”、“聚珍异馔”，卷二“诸般汤煎”、“神仙服食”、“四时所宜”、“食物利害”等，每一大类文字内容前均有同题插图，卷三“米谷品”、“兽品”、“禽品”、“鱼品”亦有若干插图，而“果品”、“菜品”、“料物性味”则几乎每一小类都有插图。农书、医书、类书、科技书籍、方志中有关饮食文化的插图，如元初张存惠刻本《重修政和经史证类备用本草》卷四中的《海盐》、《解盐》图，元至顺年间刊类书《事林广记》中的贵族宴饮图，明宋应星《天工开物》初刻本卷四中的小碾图、水磨图、面罗图，卷五的制盐图，卷六的“轧蔗取浆图”、“澄结糖霜瓦器”（即制结晶白糖图），卷一七制红酒曲中的“凉风吹变”图等，康熙《诸罗县志》中的高山族会饮图、猎牛图、射鱼图等。明清时期的小说、戏剧刊本大多亦有版刻插图，其中有关饮食文化者亦不少。如明刊本《金瓶梅词话》中西门庆梳弄李桂姐时的宴饮场面、“傻帮闲趋奉闹华筵”图等，明刊本《水浒传》第七十一回的“赏菊集群英”图，明金陵积德堂版《娇红记》中的贵族家宴图，清末《老残游记》卷九的“三人品茗促膝谈心”图，《市声》第三回中的江南春番菜（即西餐）馆插图，《文明小史》中的吃西餐场面等。

版刻年画是版画的又一种形式，在流传至今的清代版刻年画中有部分饮食文化的内容，如反映古人灶神崇拜观念的灶王图。清代木版年画中的灶神图由于使用对象及地域的差异，有几种不同的形式：“独坐”，灶王一人捧圭而坐，是工商铺户贴用；“双头灶”，灶王与夫人并肩而坐，是普通家庭所供奉，如现存晚清四川夹江年画《奏善堂》；“三头灶”，画灶王居中，两位灶王奶奶分坐左右，为冀鲁豫地区人民祀奉者，如现存清末山东潍县年画《灶君》；少数民族地区的灶王则不坐，端立中间，童子、侍臣分立左右，如现存清代云南南涧年画《司命灶君》。除灶王图外，清代版刻年画中尚有画有12月采茶姑娘和采茶歌的清中叶苏州民间年画《采茶牛图》，表现饮食历史传说题材的清初浙江余杭年画《酒中仙圣》、清中叶北京年画《八仙庆寿》、清中叶河北武强年画《太白醉酒》等。

19世纪末，随着欧洲石印术的传入，在我国还出现了石印画报，最有名的便是以吴友如为主要执笔人的《点石斋画报》。石印画报以时事新闻为主，也有少量有关饮食文化的内容，如《点石斋画报》中的《采茶入贡图》、宋代天庆节宴饮图等。

(2) 雕塑

在我国的雕塑艺术中，无论是陶塑、泥塑、青铜雕塑或木雕、砖雕、玉雕、石刻中，都有不少有关饮食文化的内容。

驯养的家禽家畜和常见的飞禽走兽等食料动物形象，庖厨人员及其厨事活动是雕刻艺术中有关饮食文化中最常见的表现内容。前者如河南新郑出土的裴李岗文化时期的陶塑羊头、猪头，河南安阳殷墟妇好墓出土的羊、牛、兔、鹅、鸽等众多的玉雕家禽、家畜和鱼、蛙、鳖等，湖南宁乡出土的商代后期的四羊铜方尊，河南洛阳出土的周代牛形牺尊，甘肃武威汉墓群出土的木雕家畜家禽，江苏金坛东吴墓出土的青瓷羊，唐三彩中的牛、狗、猪、羊、鸡、鸭等俑兽畜等。除单个的动物雕塑外，还有动物群雕。如山西右玉县大川村出土的西汉铜樽中，其中有两樽腹部上层是牛、兔、羊、鹿、虎等动物的浮雕，下层是虎、鹿、羊、鹅、鸭等动物的浮雕，盖上有龙、虎、羊的浮雕。古代雕塑作品中，除动物雕塑外，还有与之相关的狩猎、祭祀等内容。如云南江川李家山古墓群出土的战国至西汉时期的古代滇人的二人猎鹿、三人缚牛、祭祀人物等青铜器扣饰。古代雕塑中，同时出现有少量蔬菜类食物形象，如甘肃泾川一座东汉早期墓中发现的陶灶上就有萝卜的浮雕。

从汉代开始，雕塑艺术所描绘的对象中还出现了大量厨俑。这些雕塑除生动地刻画了庖厨人员的外貌、穿着打扮外，还直接塑造了各种各样的厨事活动，对食物原料、食品、相关炊具、庖厨人员的动作等刻画入微。如四川新都马家山东汉崖墓群出土的执厨陶俑：一男子头缠巾，身着衫，双袖上挽，跪坐于地，前置圆盆，盆上架案，右手执刀，左手提鱼，抚案作剖鱼状。湖北武昌出土的隋代陶质炊事俑：陶灶呈长方形，前有隔火墙、火门，后有出烟孔，灶面有两火眼，并置釜，厨人头梳双小髻，上穿窄袖罩衫，下着长裙，立于灶前，左手按在灶台上，右手操作，另一人头梳小髻，蹲在灶口，双手执长管吹筒，侧头俯身，努嘴鼓腮作吹火状。除上面所列举外，其他如东汉献食女陶俑，四川双流东汉崖墓出土的执筛女陶俑，隋代灰陶洗碗女俑，吐鲁番阿斯塔拉唐墓出土的泥塑彩绘劳动妇女俑、擀面女俑，温县宋墓砖雕庖厨群像等，分别表现了进食、筛谷、洗碗、舂米、推磨、簸粮、擀面、烹饪等庖厨场面。在众多厨俑中，还出现了少数民族成员的身影，如河北阜城东汉晚期墓出土的庖厨俑高目深鼻，显系胡人，此俑身系围裙，身前俎上不仅有汉代庖厨俑制作食物中常见的鱼，还有罕见的羊头等物，展现出胡厨的独特风格。

除最常见的动物雕塑和厨俑外，雕刻中还有诸如饲养、饮宴等有关饮食文化的内容。如四川大足南宋石刻中的养鸡农妇、沽酒男女，辽宁锦西大卧铺金代石筑墓中反映女真族墓主夫妇宴饮生活的石刻浮雕等。

(3) 书法

古代书法作品中有部分作品与饮食文化息息相关，这些作品或本为饮食典籍，或其内容与饮食文化相关，又经书法名家手书，因此兼具艺术作品、饮食文献双重价值。如唐代怀素《苦笋帖》、欧阳询《张翰思鲈帖》，北宋蔡襄自书《茶录》书卷、《新茶帖》、《精茶帖》，苏轼手书《养生论》、《啜茶帖》、《黄州寒食帖》、《中山松醪赋》、《洞庭春色赋》，元代鲜于枢《醉时歌》，明代徐渭手迹《煎茶七类》、祝允明草书《和陶饮酒诗》，清金农《玉川子嗜茶帖》、郑燮茶联墨迹"墨兰数枝宣德纸，芳茗一杯成化窑"，以及浙江长兴顾渚山唐宋摩崖石刻等。

要查找绘画、雕塑、书法等艺术作品中的饮食文化资料，可参看相关的美术史及人民美术出版社 1989 年出版的《中国美术全集》相关部分。

(4) 文字文献

① 甲骨文

甲骨文是我国现已发现的时代最早的文字，属于商代后期文字，主要是在河南安阳殷墟先后发现，因为这些文字刻在龟甲或兽骨上，因而得名。虽然由于书写不便，甲骨文记事较为简单，但因为其涉及的饮食文化的内容非常广泛，加之先秦饮食典籍资料的匮乏，因而甲骨文成为研究先秦饮食文化的重要文献之一。

甲骨文全面反映了与商代饮食生活密切相关的农业、畜牧、狩猎、酿造、祭祀等方面的情况。农业方面，载有不少粮食作物的名称，仅谷类作物就有禾、黍、粱、麦、秜、稌等 9 种，表明当时的食粮种类已趋于多样化。甲骨文中还有标志商代已经出现园艺业的文字，如“甫”字，形似蔬菜长在田中，后来演变成圃字，甲骨文“囿”字像树木长在园囿中；再如“果”字，可见商代已经知道种植蔬菜和栽培果树。另外，甲骨文中还有商王关心农业收成的丰歉及风雨对农业收成的影响的内容，如常见的立黍、省黍、求年、告秋等卜辞。

甲骨文还从不同方面反映了商代畜牧业的情况。甲骨文中不仅出现了牛、羊、鸡、犬、豕等众多的食料动物的文字，而且有“牢”、“家”等字，说明当时已人工圈养家畜。从甲骨卜辞“不其降罶千牛千人”①可以知道，这时圈养牲畜的规模已经非常大，牲畜达千牛以上，饲养者也多达千人。此外，甲骨文中还有为数众多的牧场的名称，如“左牧”、“右牧”、“南牧”、“北牧”、“中牧”等，可知当日畜牧业已成为人们肉食的主要来源。殷墟还出土了不少狩猎卜辞，内容涉及当时常见的狩猎方法（如田、狩、射、焚、阱、网、罟、围、罗、弹等）、田猎所获禽兽的种类（如麋、鹿、豕、象、虎、狐、鱼类和各种鸟类）、数量，以及武丁以后历代商王好田猎之事等，说明狩猎也是当时人们肉食的一个重要来源。有关祭祀的甲骨卜辞中也载及祀神祭祖所用的大量动物类祭品及酒等饮料。

除涉及与饮食生活密切相关的农业、畜牧、狩猎、酿造、祭祀等外，甲骨文还直接反映了商代人的饮食生活，诸如饮食器具，食品的制作加工，筵宴和聚食，食礼、餐制、饮食官职等。例如商代的饮食器具豆、皿、簋、鬲、鼎、甗等；甲骨文中经常见到“宜牛”、“宜羊”、“宜牢”等字眼，其中的“宜”就是一种肉食祭，字像分格陈肉块于俎案上，反映牲肉的割切加工和分类；殷墟出土的饮食器具“宰丰骨柶”则记载了商王因猎获一赤黄色猛兕，举行庆功宴飨，大行赏赐，宰丰得到了一小觥美酒之事；甲骨文还涉及商代的餐制，甲骨文中记时的名称有“大食”（又称“食日”）、“小食”，大食大约相当于今天计时的 7～9 时之间，小食大约相当于今天的15～17时之间，可以看出商代人为两餐制，因两餐的就食时间约定俗成，故被纳为时辰专名。甲骨文中还载有有关饮食的官职名称，如盐官“卤小臣”，管理酿酒的官“小蘖臣”，厨官“多食”等。此外，还有一些描绘各种饮食形象的象形字，如“甘”字，字形像人食后在舔嘴唇。

查找甲骨文中的食品文化资料，可参见郭沫若先生主编的《甲骨文合集》②、陈梦家《殷墟卜辞综述》③等。

② 铜器铭文

我国古代的铜器，特别是商周时期的青铜饮食器和礼器上常铸或刻有文字，这些文字通常被称为“铜器铭文”，又称“金文”或“钟鼎文”。铜器铭文同甲骨文一样，也是研究古代饮食文化的重要文献资料。

我国古代的青铜器以饮食器具和礼器为主，铜器铭文中有些是对这些器具的用途和作器原因所做的注释和说明。如前面提到的河南安阳西北冈第 1004 号殷王陵出土的牛鼎、鹿鼎，除在牛鼎、鹿鼎上分别饰有相对应的牛、鹿的纹样外，还在内底分别铸有“牛”、“鹿”的字样，表明这是用来烹煮牛、鹿牲体的炊煮器；又如河南新郑春秋时期的墓葬中出土的王子婴

---

① 郭沫若主编. 甲骨文合集. 北京：中华书局，1979

② 1978～1982 年中华书局出版

③ 北京：科学出版社，1956

次之炒炉，上面铸有铭文一行七字——“王子婴次之炒炉”，从铭文不难知道这是一种专作煎炒之用的青铜炊器。说明作器原因的铭文，其内容多为铭功或记赏，如陕西长安县大原村出土的晚商《乙卯尊》，铭文记述子在大室朝见商王，并进献玉戈、玉珥，商王率子以百牢侑祭，设飨赐饮，并赐圭柄青铜瓒和贝百朋，子因贶赏某人贝铸造此铜器。

铜器铭文中有不少是有关祭祀和筵宴的内容，如北京故宫博物院藏《四祀邲其卣》，卣外底圈足内有铭文八行四十二字，记载商王主持祭祀帝乙的烹调祭礼及举行筵宴行赏之事。

一些铜器铭文反映了商代人特定的进食方式。如陕西绥德墕头村出土的商代铜钺上有铭文“飨”字，字形像两人相对，双膝着地，伸手抓饭，于此不难发现当时人跽坐抓食的进食方式。

还有一些古代铜器铭文则寄寓了古人追求美食的愿望和心理。如山西朔县汉墓出土的铜镜铭文“日有喜，月有富，乐无事，宜酒食”，安徽淮南市博物馆藏汉代铜镜铭文“大乐贵富得所喜，千秋万岁宜酒食”等。

铜器铭文中有少量是有关古代酒令艺术的。如河北满城中山靖王刘胜妻窦绾墓出土的酒令铜茕和两套酒令铜钱，酒令茕刻有“自饮”、“酒来”字样，酒令钱每套 20 枚，一套铸有“第一”至“第二十”的数字，另一套铸有“起行酒”、“饮酒歌”、“饮其加”、“自饮止”等字样，对了解汉代酒令艺术不无裨益。

查找铜器铭文中的饮食文化资料，可参见郭沫若《两周金文辞大系》①、中国社科院考古研究所编《殷周金文集成》②等。

③ 陶器文字

古代陶器上往往题有文字，其中主要是陶制饮食器具上的文字包含了较为丰富的饮食文化内容，因而也是食品文化文献的重要构成部分。

在一些陶制饮食器具上书有粮食种类的名称，如陕西卷烟材料厂汉墓出土的陶罐上朱书“小麦”、“粳米”、“粟”、“大豆”、“小豆”、“稻米”等名称。一些陶制饮食器具上则书有各种肉类食物的名称，如洛阳金谷园西汉墓中陶盒上粉书“鸡豚”，洛阳老城西汉晚期墓出土的陶鼎盖上粉书“始癸肉”，这两处的盒内均有碎鸡骨，所以可知都是用鸡肉做成的肉类食物。一些陶制饮食器具上书有调味品或各种酒类的名称，如洛阳金谷园汉墓出土书有“盐豉万石”的陶仓，河北满城中山靖王刘胜墓中出土书有“黍上尊酒十五石”、“甘醪十五石”、“黍酒十一石”、“稻酒十一石”等题字的陶缸。一些陶制饮食器具上书有食物烹饪方法种类的名称，如洛阳汉墓出土题有“炮豚”的陶壶、题有“鸡脯”的陶敦，书有“辩酱”、“肉酱”字样的陶罐，反映了汉代肉类食物的 3 种烹饪方法：炮法（一种烤制肉类食物的方法，将动物裹泥在火上烧烤）、脯法（将肉切成薄片后涂盐晒干的方法）和醢法（醢即肉酱，醢法是将肉末与调味品相拌）。凡此种种，无不有助于我们了解一个时代或一个时期某一地区的饮食结构、食物种类、食物名称以及食物的烹饪加工方法等等。

④ 石刻文献

以玉或砖、石为载体而形成的文献。如福建建瓯的宋代贡茶石刻，福建武夷山明万历年间的石刻茶租告示。另外还包括历代画像石、壁画砖上的一些题记，例如山东嘉祥出土的东

---

① 日本文求堂书店 1932 年影印出版，后收入科学出版社 1957 年出版的《两周金文辞大系图录考释》

② 中华书局 1983 年起出版，8 开精装本 20 册

汉画像石题记“甘珍滋味，兼设随时，进纳省定若生时”，就反映了古人用美食安慰死去亲人、视死如生的观念；山东苍山出土的元嘉元年画像石题记“新妇主待(侍)给水浆”则展现了汉代妇女承担家庭厨事的情形；而河北望都汉墓壁画砖上工匠戏书“酒肉日有，师不爰手”则表达了下层百姓对美食的渴望。

⑤ 简牍

以竹、木为载体的文献。简牍中主要的饮食文献有湖北云梦睡虎地出土秦墓竹简，居延烽燧遗址出土汉简，湖北荆门包山 2 号战国楚墓、湖南长沙马王堆 1 号汉墓、湖北江陵凤凰山 167 号汉墓出土的记载随葬食品和饮食器具的简牍“遣策”等。

如《睡虎地秦墓竹简》①中《秦律十八种》之《仓律》、《传食律》不仅分别记载了战国时秦国奴隶、刑徒和下级公职人员、有爵者的口粮供应标准，还对粮食的仓储管理和加工以法律的形式加以规范，《厩苑律》则反映了秦国的畜牧业情况。另外，《睡虎地秦墓竹简・日书》乙种记时法之“食时辰”(即 7～9 点)、“下市申”(即 15～17 点“下市”又云“铺时”)与甘肃天水放马滩出土秦简《日书》记时法之“夙食”(7～9 点)、“暮食”(19 点左右)则是当时饮食生活中一日两餐制的一种反映。马王堆 1 号汉墓出土的记载随葬食品的简牍“遣策”则真实地再现了当日西汉贵族的日常饮食生活，极大地丰富了人们对汉代饮食文化的认识。20 世纪 30 年代、70 年代先后在汉代居延烽燧遗址出土的汉简可以说是迄今为止认识汉代西北地区饮食类型的主要文献依据。居延汉简内容绝大部分是汉代边塞上的屯戍档案，其中就有记载当时西北地区人们日常饮食种类及构成的“食簿”等。另外，山东临沂银雀山 1 号汉墓出土的汉代竹简中有《作酱法》等饮食文献，甘肃省汉代敦煌郡烽燧遗址和酒泉郡烽燧遗址中发现的敦煌汉简(木简)中有记载戍卒日常饮食的廪食簿。

查找简牍中的饮食文化资料，可参见王国维、罗振玉《流沙坠简》②，夏鼐《新获之敦煌汉简》③，睡虎地秦墓竹简整理小组整理《睡虎地秦墓竹简》，中国科学院考古研究所编《居延汉简甲乙编》④，谢桂华等《居延汉简释文合校》⑤，银雀山汉墓竹书整理小组整理《银雀山汉墓竹书》⑥等。

⑥ 帛书

以缣帛为载体。帛书中的饮食文献较有代表性的有马王堆 3 号汉墓出土帛书《养生方》、《杂疗方》、《五十二病方》、《却谷食气》等，内容涉及食疗、饮食禁忌、养生等。另外，马王堆汉墓帛书《阴阳五行》记时有“蚤食”、“莫食”、“下铺”之称，可以看出此时餐制已由先秦时候的一日两餐制转变为一日三餐制。

⑦ 纸质文献

以纸为载体。纸质文献包括纸质实物和纸质典籍。纸质实物如现存清代茶引(官府发给茶商的茶叶运销凭证)等，纸质典籍又可分为稿本、抄本和刊印本。

稿本：如山东曲阜文管会藏《孔府档案》、中国第一历史档案馆藏清代内务府“御茶膳

---

① 睡虎地秦墓竹简整理小组整理. 北京：文物出版社，1978

② 上虞罗氏 1914 年影印本，又 1934 年重印校正本

③ 收入《考古学论文集》. 北京：科学出版社，1961

④ 北京：中华书局，1980

⑤ 北京：文物出版社，1987

⑥ 北京：文物出版社，1986

房”档案、现存满文《黑图档》、清施鸿保《乡味杂咏》等。其中《孔府档案》记载了清代孔府“祭孔”中与祭祀有关的饮食文化活动，以及孔府每年为贡纳皇帝、皇室和交结地方官员的饮宴活动等；清代内务府“御茶膳房”档案、满文《黑图档》则反映了清代宫廷帝后妃嫔的日常饮食生活。

抄本：如明抄本《乾清宫膳》，明抄本明宁源辑《食鉴》一卷，北京图书馆藏清抄本清无名氏撰《调鼎集》，清宣统二年抄本《御膳单》等。数量最多的是甘肃敦煌莫高窟所出敦煌石室遗书，其中存有大量古写本的饮食文化文献，仅藏经洞出土的经济文书中，直接记载饮食的资料就有七百多种。在敦煌文学作品、佛教文献中，间接的读到有关饮食原料名称、饮食器具和饮食礼仪的资料也不少，如敦煌写卷唐代孟诜《食疗本草》，唐代官修《新修本草》，反映唐代民间学习印度制糖术的 P3303 号文书《印度制糖法残卷》，王敷《茶酒论》等。

刊印本：现存饮食文化方面的纸质典籍绝大部分为刊印本，在此不赘述。

2）无载体

（1）与饮食有关的歌谣谚语、传说故事等口头资料。

（2）约定俗成的饮食风俗习惯、饮食礼仪。

在我国各个历史时期，不同地区、不同民族都流传着许多有关饮食的歌谣谚语和传说故事，这些饮食谣谚和传说故事涉及各地饮食特产、饮食风俗、美食、名厨、饮食生活经验等方面的内容。另外，由于民族、地区或宗教信仰的因素，不同民族、不同地区、不同宗教信仰的人们在长期的饮食实践过程中也形成了一些约定俗成的饮食风俗习惯和饮食礼仪，如节令食俗、饮食禁忌等。这些饮食谣谚、传说故事和约定俗成的饮食习俗、饮食礼仪，代代或口口相传，或耳濡目染而延承下来，成为我国饮食文献的有机组成部分。这些饮食谣谚、传说故事及约定俗成的饮食风俗习惯、饮食礼仪，同前面提到的饮食原料、食品、饮食器具等实物以及以饮食文化为题材的艺术作品、文字文献那些具有固定物质载体的文献不同，它没有固定的物质载体，随着时代的久远，在承传过程中极易消失。当然，时至今日，由于古代一些饮食典籍、地方志、文学作品以及诸如西夏谚语集《新集锦合辞》、清代杜文澜《古谣谚》、民国胡朴安《中华全国风俗志》①一类著作的记载、采录，特别是新中国成立后随着《中国歌谣集成》②、《中国民间故事集成》③、《中国风俗故事集》④、《中国地方志民俗资料汇编》⑤等大型丛书和《中华美食传说与烹饪》、《中华民族饮食风俗大观》⑥、《中华民俗源流集成·饮食卷》⑦等一些专门著作的编纂而展开的有意识的搜集整理工作，饮食谣谚、传说故事等口头资料和约定俗成的饮食习俗、饮食礼仪这些无载体的饮食文献，其中绝大部分已转化为文字文献。但由于我国幅员辽阔、民族众多所带来的采集整理工作的不易，毋庸置疑，不排除其中一部分仍将以无载体的形式继续存在下去。

---

① 石家庄：河北人民出版社，1986

② 《中国民间文学集成》全国编辑委员会编．中国 ISBN 中心，1998

③ 《中国民间故事集成》全国编辑委员会编．中国 ISBN 中心，1998

④ 柯杨．兰州：甘肃人民出版社，1985

⑤ 北京：书目文献出版社，1992

⑥ 鲁克才．北京：世界知识出版社，1992

⑦ 兰州：甘肃人民出版社，1994

16.2.2 按文献内容划分

依据文献内容，食品文献大致可以划分为酒文献、茶文献、烹饪文献、食疗与养生文献、综合文献五大类。

1）酒文献

酒文献包括酿酒工具、饮酒器皿等出土实物，以酒文化为内容的文字文献，以酒文化为题材的艺术作品，与酒文化有关的口头流传的歌谣谚语、传说故事以及约定俗成的饮酒习俗、饮酒礼仪等无载体文献。酿酒工具、饮酒器皿等出土实物和以酒文化为题材的艺术作品，可参看前述相应部分，在此不赘述。这里主要介绍狭义的酒文献：以酒文化为内容的文字文献中的纸质典籍部分。

这些纸质典籍主要包括酒文化专著、专篇，包含酒文化资料的其他典籍，以及以酒文化为题材的文学作品等。酒文化专著、专篇，可参见胡山源《古今酒事》①，朱宝镛、章克昌主编《中国酒经》②第十二章《古代酒文献》，何满子《中国酒文化》③"专著"（含古籍中关于酒的专篇）部分，万伟成《中华酒传》④之《酒艺文志·酒乘一览》等。这些酒文化专著、专篇内容包括与酒有关的文字及其释义、酒史、酒名、产地、性味、功效、酒器、酒肆、酿酒工艺、酒令、酒事、饮酒习俗、酒税、酒政、酒艺文、酒文献等，可谓涉及酒文化的方方面面。代表作主要有《尚书·酒诰》、《齐民要术·造神曲并酒》、《本草纲目·酒》、高濂《遵生八笺·酿造类》、宋应星《天工开物·酒母》、谢肇淛《五杂俎·物部·酒》、何剡《酒尔雅》、田锡《酒本草》、朱肱《北山酒经》、赵珣《熙宁酒课》、窦苹《酒谱》、张能臣《酒名记》、郑獬《觥记注》、曹继善《安雅堂觥律》、韦孟《酒乘》、田艺蘅《醉乡律令》、夏树芳《酒颠》、冯时化《酒史》、袁宏道《觞政》、郎廷极《胜饮编》、俞敦培《酒令丛抄》、张潮《酒律》、蔡祖庚《嬾园觞政》、黄周星《酒社刍言》等。

包含酒文化资料的其他典籍，范围非常广博，诸如类书、史地类著作、经传及其注疏、诸子百家著作、农书、医书、文史笔记、法律类书籍以及字书、辞书、韵书之类工具书中，几乎都可以找到酒文化的资料。

以酒文化为题材的文学作品，自古以来也可以说是不胜枚举。如明代周履靖辑和李白酒诗《青莲觞咏》、辑和白居易酒诗《香山颂酒》、辑和《唐宋元明酒词》及周氏自撰《狂夫酒语》等，另可参何满子《中国酒文化》"专著"之"酒文献及著名辞赋"、熊四智主编《中国饮食诗文大典》⑤等。

2）茶文献

同酒文献一样，茶文献也包括采茶制茶工具、烹茶饮茶器具等出土遗物，以茶文化为内容的文字文献，以茶文化为题材的艺术作品，与茶文化有关的口头流传的歌谣谚语、传说故事以及约定俗成的采茶饮茶习俗、饮茶礼仪等无载体文献。

出土遗物如陕西扶风法门寺地宫出土的鎏金银茶碾、碾滚等唐代宫廷茶具，河北宣化郊外辽墓出土的茶盏、茶壶等辽代茶具，都反映了一代的饮茶习俗。以茶文化为题材的艺术作

---

① 北京：世界书局，1939；上海：上海书店，1985
② 上海：上海文化出版社，2000
③ 上海：上海古籍出版社，2001
④ 广州：南方日报出版社，2001
⑤ 青岛：青岛出版社，1995

品，可参看前述相应部分。以茶文化为内容的文字文献，除前文所述现存清代茶引这类纸质实物外，这里主要介绍以茶文化为内容的纸质典籍。这些纸质典籍主要包括茶文化专著，包含茶文化资料的其他典籍，以及以茶文化为题材的文学作品等。茶文化专著，可参见明喻政《茶书全集》，近人胡山源《古今茶事》①，今人万国鼎《茶书总目提要》②，陈祖椝、朱自振《中国茶叶历史资料选辑》③"茶书"，阮浩耕等《中国古代茶叶全书》④，陈宗懋主编《中国茶叶大辞典》⑤之《茶著部》，日人布目潮沨《中国茶书全集》⑥等。

茶文化专著按其内容又大致可分为综合类、地域类、专题类、汇编类4类。综合类茶书如唐陆羽《茶经》、宋徽宗赵佶《大观茶论》、明朱权《茶谱》、许次纾《茶疏》、罗廪《茶解》、屠本畯《茗笈》等，内容涉及茶的起源、名称、性状、功效、生态环境、产地、采制、储藏、烹煮、用水、燃料、品饮、茶具茶器、饮茶习俗、茶史、茶事等。地域类茶书主要是记述福建建安北苑茶区的建茶和宜兴与长兴交界的罗岕茶区的岕茶的一些著作，如宋宋子安《东溪试茶录》、赵汝砺《北苑别录》、熊蕃《宣和北苑贡茶录》，明熊明遇《罗岕茶记》、周高起《洞山岕茶系》、冯可宾《岕茶笺》，清冒襄《岕茶汇钞》等，分别记述了建茶、岕茶的沿革、产地、名茶、贡品及采制工序等。此外，还有记述虎丘茶和龙井茶的一些专著，如清代陈鉴的《虎丘茶经注补》、程淯的《龙井访茶记》等。专题类茶书，或分析造成劣质茶叶的种种原因，如宋黄儒的《品茶要录》；或介绍茶具茶器及制作者，如宋审安老人《茶具图赞》、明周高起《阳羡名壶系》；或记载各地宜茶之水，并品评其高下，如唐张又新《煎茶水记》、明田艺蘅《煮泉小品》等；或论述煎茶、烹茶技艺，述说饮茶人品、茶侣及饮茶环境等，如唐苏廙《十六汤品》、宋蔡襄《茶录》、明陆树声《茶寮记》等；或杂录茶事、茶艺文，如明夏树芳《茶董》、陈继儒《茶董补》、喻政《茶集》、邓志谟《茶酒争奇》等；或记述茶税、茶叶专卖和整饬茶叶品质，如清程雨亭《整饬皖茶文牍》等。汇编类茶书，有茶书总集，如明喻政《茶书全集》；有摘录散见于史籍、笔记、杂考、字书、类书及文学作品中的茶事资料作分类编辑的，如清刘源长《茶史》、余怀《茶史补》、陆廷灿《续茶经》等。

包含茶文化资料的其他典籍较为庞杂，诸如历史、地理类著作，类书、农书、医书、文史笔记、法律类书籍以及字书、辞书、韵书等工具书，其中都含有茶文化的资料。陈彬藩主编《中国茶文化经典》⑦一书中每个朝代的"杂著"部分选录了一部分，可参看。

以茶文化为题材的文学作品，可参见钱时霖《中国古代茶诗选》⑧、陈彬藩主编《中国茶文化经典》一书中每个朝代的"茶文"、"茶诗"部分，陈宗懋主编《中国茶叶大辞典》之《艺文部》、熊四智主编《中国饮食诗文大典》等。

3）烹饪文献

烹饪文献包括饮食原料、食品、炊具、饮食器、食品加工器、储存器等出土遗物，以烹饪文

---

① 北京：世界书局，1941；上海：上海书店，1985

② 南京农业遗产研究室1958年编印. 农业遗产研究丛刊. 第2册. 陈彬藩主编. 中国茶文化经典.（光明日报出版社，1999

③ 北京：农业出版社，1981

④ 杭州：浙江摄影出版社，1999

⑤ 北京：中国轻工业出版社，2000

⑥ （日）汲古书院，1987

⑦ 北京：光明日报出版社，1999

⑧ 杭州：浙江古籍出版社，1989

化为内容的文字文献，以烹饪文化为题材的艺术作品，与烹饪文化有关的口头流传的歌谣谚语、传说故事以及约定俗成的饮食习俗、礼仪等无载体文献。

饮食原料、食品、炊具、饮食器、食品加工器、储存器等遗物，这些遗物从史前时期到清代，新中国成立后都出土了不少，如浙江余姚河姆渡文化遗址出土的新石器时代的人工栽培稻谷和陶炉、陶釜、象牙餐匙，新疆吐鲁番出土的唐代的馕和花式点心，安徽贵池春秋墓出土的筷子，湖北随州出土的战国曾侯乙漆食案等，这些遗物为研究古人的饮食生活提供了大量有力的实物依据。以烹饪文化为题材的艺术作品，可参看前述相应部分。

这里主要介绍以烹饪文化为内容的文字文献中的纸质典籍部分。这些纸质典籍主要包括烹饪文化专著、包含烹饪文化资料的其他典籍，以及以烹饪文化为题材的文学作品等。烹饪文化专著可参见日本人篠田统、田中静一《中国食经丛书》①，中国商业出版社1983年起陆续出版的《中国烹饪古籍丛刊》，陶振纲、张廉明《中国烹饪文献提要》②，邱庞同《中国烹饪古籍概述》③，徐兴海、袁亚莉《中国食品文化文献举要》④等。上述丛书和介绍烹饪古籍的书中所收绝大部分为烹饪文化专著，当然其中也夹有少量茶书、酒书，以及并非专谈烹饪的文史笔记、类书、农书等，或者从这些并非专谈烹饪的典籍中选取了有关烹饪的部分。烹饪文化专著代表作主要有隋代谢讽《食经》，唐代韦巨源《食谱》，宋代陈达叟《本心斋食谱》、林洪《山家清供》，元代倪瓒《云林堂饮食制度集》、佚名《馔史》，元末明初韩奕《易牙遗意》，清代朱彝尊《食宪鸿秘》、顾仲《养小录》、袁枚《随园食单》、李化楠《醒园录》、佚名《调鼎集》、赵信《醯略》、曾懿《中馈录》，上海美国教士高丕第夫人出版的《造洋饭书》，民国薛宝辰《素食说略》等，内容包括食品名称、原料、配料、调味品、加工制作方法、特点等。

包含烹饪文化资料的其他典籍可谓不计其数，涵盖经传及其注疏、诸子百家著作、史地类著作、方志、类书、农书、医书、文史笔记、法律类书籍以及字书、辞书、韵书之类工具书等，如先秦《仪礼》之《燕礼》、《特牲馈食礼》、《少牢馈食礼》，吕不韦《吕氏春秋·本味篇》，唐欧阳询等《艺文类聚·食物部》、段成式《酉阳杂俎·酒食篇》，宋陶谷《清异录》、李昉等《太平御览·饮食部》，元佚名撰《居家必用事类全集》庚集，明顾元庆《云林遗事·饮食》、佚名《墨娥小录·饮膳集珍》、刘基《多能鄙事》、杨慎《升庵外集·饮食部》、高濂《遵生八笺·饮馔服食笺》、戴羲《养余月令·烹制》，清沈自南《艺林汇考》"饮食篇"、李渔《闲情偶寄·饮馔部》，蒲松龄《日用俗字》之"饮食章"、"菜蔬章"，陈梦雷《古今图书集成·食货典·饮食部》、陈元龙《格致镜原·饮食类》、钱泳《艺能篇·治庖》、傅崇榘《成都通览·饮食》、徐珂《清稗类钞·饮食类》等。

以烹饪文化为题材的文学作品，可参见熊四智主编的《中国饮食诗文大典》等。

4）食疗与养生文献

食疗与养生文献主要包括与食疗、养生有关的出土遗物，以食疗、养生为内容的文字文献，以食疗、养生为题材的艺术作品，与食疗、养生有关的口头流传的歌谣谚语、传说故事等无载体文献。这里重点介绍以食疗、养生为内容的文字文献，除前述外，文字文献主要还有以食疗、养生专著、专篇为主体的纸质典籍。

---

① （日）日本书籍文物流通会，1972
② 北京：中国商业出版社，1986
③ 北京：中国商业出版社，1989
④ 贵阳：贵州人民出版社，2005

食疗、养生专著、专篇参见邱庞同《中国烹饪古籍概述》"食疗著作"、严世芸主编的《中国医籍通考》①"食疗"、"养生"部分等，主要有《黄帝内经·素问》、《金匮要略》卷下《禽兽虫鱼禁忌》、《果实菜谷禁忌》，晋张华《博物志·食忌》，唐孙思邈《千金食治》、昝殷《食医心鉴》、孟诜《食疗本草》，北宋王怀隐《太平圣惠方·食治门》，宋陈直撰、元邹铉增补《寿亲养老新书》，元贾铭《饮食须知》、忽思慧《饮膳正要》，清姚可成《李东垣食物本草》、王士雄《随息居饮食谱》、曹庭栋《老老恒言》、章穆《调疾饮食辨》、黄云鹄《粥谱》等。这些食疗、养生专著、专篇涉及食疗、食养和食忌，内容主要包括用于保健医疗的饮料和食品的配料及制作方法、性味及功用、饮食调配、饮食宜忌、营养卫生等。另外，《道藏》中也有不少食疗、养生文献，如《太清经断谷法》、《太上肘后玉经方》、《神仙服食灵草菖蒲丸方传》、《修真秘录》、《保生要录》、《混俗颐生录》、《太上保真养生录》等。

5）综合文献

综合文献是指内容上涵盖了饮食文化的若干方面，其主要内容并非专门论述其中某一特定方面，很难将之归入前述酒文献、茶文献、烹饪文献、食疗与养生文献中的某一类的文献。主要包括一些综合性的饮食著作、饮食专篇，类书和部分农书、笔记小说、别集等。

综合性的饮食著作、饮食专篇，如明宋诩《宋氏养生部》、高濂《遵生八笺·饮馔服食笺》等。《宋氏养生部》分别记载了茶、酒、肉食、面食、粉食、羹汤、调味品、蜜制品、果品、食疗食品等众多饮食品的制作、加工和储存方法以及饮食宜禁等。《遵生八笺·饮馔服食笺》除分别介绍了茶、汤、水、粥糜、粉面、蔬菜、野菜、肉食、酒曲、甜食、养生食疗丹方等饮食的品类及制法外，还涉及辟谷、食忌、饮食规范、饮食掌故、艺文等内容。

类书中饮食文化的内容最为广泛，如徐珂《清稗类钞·饮食类》，共868条，15万余字，从王宫盛宴、官绅雅集到民间饮膳、西餐洋食，无所不备，除记载了一般饮食典籍所有的介绍各种饮食品类的制作方法、饮食宜忌、饮食风尚、饮食礼仪、饮食掌故等内容外，还出现了许多一般饮食典籍所少有或没有的内容，例如宗教饮食、饮食市场、饮食的地区特色（如各地饮食品类的差异、餐制的不同、食性之异、特色饮食等）、民族特色（书中既记载了满族、蒙古族、汉族等国内民族的饮食特点，也介绍了西餐的特点及西方饮食与食礼在清代的传播）、饮食营养卫生、饮食理论（既有清人的饮食主张，也有"西人论我国饮食"）、中外饮食文化交流、中外饮食文化比较、饮食诗文等等。

饮食文化的综合文献还包括部分农书、笔记小说、别集等。农书，如《齐民要术》既是我国古代一部著名的农书，也是魏晋南北朝时期饮食学的集大成之作，书中详细记载了魏晋南北朝时期各种食物原料如粮食、油料、蔬菜、果品、禽畜、鱼类等的栽培、养殖技术，以及这些食物原料的种类、品质、性味、加工、收藏和食用价值，还具体记载了谷类食物、肉类、鱼类菜肴、调味品、蔬菜、素食等各种主副食品的加工、烹饪方法，特别是书中集当时酿酒技术之大成，详细介绍了11种曲蘖、30多种酒以及一些药酒的制作方法，全书涵盖了烹饪、酒文化、食疗等方面的内容。笔记小说，如陶谷《清异录》与饮食文化有关的内容就有卷上的"百果门"、"蔬菜门"、"果品门"、"禽名门"、"兽名门"、"鱼门"，卷下的"器具门"、"酒浆门"、"茗荈门"、"馔羞门"等，涉及饮食原料、饮食行业、烹饪技法、饮食器具等多方面的内容。别集，如杨慎《升庵外集·饮食部》收录饮食品目76条，分列茶、酒、粮、肉、水产、调味、蔬菜及奇特食品和

① 上海：上海中医学院出版社，1990

饮食掌故八大类，记载了商周至明代全国各地各种食品及其制作方法，以及相关的饮食掌故等。

16.3 食品文化文献的著录

要了解食品文献的流传和存佚情况，从事食品文献的辑佚和研究，必须对食品文献的著录有所了解。

16.3.1 食品文献的著录

食品文献（主要指食品典籍）的著录大体包括引书著录、附录书目著录、目录著录等几种形式。

1）引书著录

引书著录指在古籍（包括食品专著、专篇以及相关典籍）中引录了同时代或以前的食品典籍的名称，有时甚至还引录了这些食品典籍部分或全部的内容。引书著录具体又可分为以下几种主要形式：

（1）正文引录

食品专著、专篇正文引录食品典籍名称，如唐代陆羽《茶经》卷下“七之事”列举了《茶经》问世之前大量有关茶文化的文献，其中就有《神农食经》、华佗《食论》、壶居士《食忌》等如今早已散佚的食品文献。非食品古籍正文引录食品典籍以类书最多，许多后世已经散佚的食品典籍，赖类书引录得以残存其部分内容或赖以窥其大貌，如《初学记》、《太平御览》引录了早已散失的曹操《四时食制》及其14条内容，《清稗类钞·饮食类》“吴秋渔喜观人饮”条不仅记载了清代乾隆时人吴秋渔撰写《酒志》一书的故事，还详细介绍了该书的卷次及子目。除类书外，文史笔记中也引录了不少食品文献的名称，如苏轼所撰《酒经》不见任何书目著录，却见于洪迈《容斋五笔》卷八“《醉翁亭记》、《酒经》”条。

（2）例文引录

指在书的凡例、序例中引录食品典籍名称。如清陆廷灿《续茶经》“凡例”著录：“《茶经》之后有《茶记》及《茶谱》、《茶录》、《茶论》、《茶疏》、《茶解》等书，不可枚举，而其书亦多湮没无传。”北宋唐慎微《重修政和证类本草》卷一《序例上·补注所引书传》载：“《食疗本草》，唐同州刺史孟诜撰，张鼎又补其不足者八十九种，并旧为二百二十七条，凡三卷。”

（3）序跋引录

指在古籍前后的自序、他序、题跋中引录食品典籍的名称。如唐初吕才《东皋子集序》云王绩“追述焦革酒法，为《酒经》一卷”，又“兼采杜康、仪狄以来善为酒人，为《酒谱》一卷”；明代张岱《〈老饕集〉序》则引录了何曾《（食）单》、韦巨源《食经》、段文昌《食宪章》五十卷、虞悰《食方》十卷、谢讽《食史》十卷、孟蜀《食典》百卷、张岱祖父《饔史》四卷、《尊[遵]生八笺》等众多食品文化典籍的名称。

（4）传文引录

指在古籍的人物传记中引录食品文献的名称。如《南齐书》卷三七《虞悰传》提及魏晋人何曾所著《食疏》；《魏书》卷三五《崔浩传》载录崔浩《〈食经〉叙》，得以了解崔浩《食经》一书的撰写及内容方面的一些情况；《宋史》卷三三三《沈立传》载沈立《茶法要览》。

(5) 注文引录

指在古籍的自注或他注中引载食品文献的名称。如北宋熊蕃《宣和北苑贡茶录》自注中就先后引录了丁谓《北苑茶录》、刘异《北苑拾遗》、宋子安《东溪试茶录》、宋徽宗赵佶《大观茶论》、范逵《龙焙美成茶录》等多部北宋时代的茶著。

(6) 书后附录

如《说郛》卷九十五上韦巨源《食单》后附录《谢讽食谱中略抄五十三种》，即谢讽《食经》、《张手美家》、《建康七妙》、《花糕员外》4 种饮食文献，谢讽《食经》后附录《食奇》一种饮食文献；又如明末姚可成《救荒野谱》后附录晋代刘景先《救荒辟谷简易方》、孙思邈《救荒辟谷简便奇方》、黄庭坚《山谷救荒煮豆法》。

2) 附录书目著录

所谓附录书目是指食品文化典籍或相关典籍中附录的书目。这些附录书目包括：

(1) 引用书目

如《重修政和证类本草》卷首附录"《证类本草》所出经史方书"，著录《食疗本草》、《食性本草》、《食医心镜》、《孙真人食忌》等饮食著作及相关著作"凡二百四十七家"；明屠本畯《茗笈》自序中也以"品茶姓氏"为题将书中注解所引茶书一一列出，如"《茶录》，张源著，字伯渊"等。

(2) 同类书目

如《本草纲目》卷一上"序例上" 附录《历代诸家本草》，列举了《本草纲目》之前包括《神农本草经》、《千金食治》、《食疗本草》、《食性本草》、《日用本草》、《救荒本草》、《食物本草》、《食鉴本草》等食疗著作在内的历代本草类著作。

(3) 丛书书目

即附录书目兼具丛书书目性质。如清赵学敏《本草纲目拾遗》卷首附录《利济十二种》总序后，又附录《利济十二种》全目，其中就有《摄生闲览》四卷等养生学著作。

3) 目录著录

指各种目录中著录食品文献，这也是食品文献著录最主要的方式。著录食品文献的主要书目有：

(1) 史志目录

自班固在《汉书》中首创"艺文志"的体例后，我国历代正史不少都撰有《艺文志》或《经籍志》，具体有《隋书·经籍志》、《旧唐书·经籍志》、《新唐书·艺文志》、《宋史·艺文志》、《明史·艺文志》，加上民国年间编纂的《清史稿·艺文志》，共有七志。此外，我国古代两部重要的通史，宋代郑樵的《通志》、元代马端临的《文献通考》及其续作《续通志》、《清朝通志》、《续文献通考》、《清朝文献通考》、《清朝续文献通考》等也都分别撰有"艺文略"和"经籍考"。在这些史志目录中著录有大量食品文化典籍，如《隋书·经籍志》仅子部"医方"类著录的养生文献、食疗文献、烹饪文献、酒文献等就多达 50 余种；郑樵《通志·艺文略》则前所未有地在"医方类"下将"食经"单独作为一个门类列出，共收录了 41 部 366 卷著作目录，另外，在"史类·食货"下也列有"茶"、"酒"子目，分别著录茶文献 12 种、酒文献 8 种。

(2) 补史志目录

二十五史中，除前述《汉书·艺文志》等七志外，余下各史都没有《艺文志》或《经籍志》。自清代开始，兴起了一股修补史志目录的风气。目录学家们对没有"艺文志"的正史分别补作了"艺文志",对原有的"艺文志"则为之补正。如清代姚振宗的《汉书艺文志拾补》、《后汉艺文志》、《三国艺文志》,丁国钧《补晋书艺文志》,顾櫰三《补五代史艺文志》,卢文弨《宋史艺文志补》、《补辽金元艺文志》,金门诏《补三史艺文志》,钱大昕《补元史艺文志》,吴骞《四朝经籍志补》,黄本骥《皇朝经籍志》等。补作的各史艺文志大都收在《二十五史补编》中,可以说迄今为止每一个朝代的断代史几乎都有了艺文志。在这些补修的史志目录中也著录了部分食品文化文献。查寻艺文志、经籍志中的饮食文献,可参见哈佛燕京学社引得编纂处 1933 年编印的《艺文志二十种综合引得》[①]。

(3) 国家藏书目录

指在国家藏书的基础上编制而成的目录。现存我国古代的国家藏书目录主要有北宋王尧臣等撰《崇文总目》,南宋陈骙撰《中兴馆阁书目》、张攀撰《中兴馆阁续书目》,明代杨士奇等编《文渊阁书目》,清代官修《四库全书总目》等。像《崇文总目》的"小说类"、"医书类"、"道书类"、"岁时类",《文渊阁书目》的"画谱(诸谱附)"、"医书",都载录有不少饮食文化典籍,《四库全书总目》子部谱录类"食谱"子目下著录及存目的饮食文献就有 34 部 83 卷。

(4) 私家藏书目录

我国古代有不少的私人藏书家,其中有许多人编出了自己的藏书目录,流传至今的也有不少,这些私家藏书目录大都著录有饮食文化典籍,一些私家藏书目录还明确标有饮食的类目。如清代钱曾《也是园书目》史部有"酒茗"、"食经",王闻远《孝慈堂书目》有"酒茗食品"类等。有些饮食典籍甚至仅见著录于私家藏书目录,如万国鼎先生《茶书总目提要》所举《天一阁藏书目录》著录无名氏《泉评茶辨》,《千顷堂书目》著录明程伯二《品茶要录补》一卷、谭宣《茶马志》,《徐氏家藏书目》与《千顷堂书目》著录明高元浚《茶乘》四卷,陈克勤《茗林》一卷,朱曰藩、盛时泰《茶事汇辑》四卷等。

(5) 见传书目

见传书目不同于国家藏书目录和私家藏书目录,指个人采访所见,或阅读所记,或过眼所知,或经营所见,或官私采进,著录积渐而成之书目。如清代沈初《浙江采进遗书总录》子部说家类著录明代徐渭《茶经》一卷,民国孙殿起《贩书偶记》卷十子部艺术类载清人任熊绘《列仙酒牌》一卷等。

(6) 刊印书目

指为刊印书籍(大多为丛书)专门编制的目录,如孙毓修编《四部丛刊书录》[②]、商务印书馆 1936 年编印《丛书集成初编目录》、上海中华书局 1936 年编印《四部备要书目提要》,就是为同时期所出大型丛书《四部丛刊》、《丛书集成初编》、《四部备要》专门编制的书目。在这些刊印书目中,也著录了部分食品文化典籍。如《丛书集成初编目录》,除在应用科学类专列"饮食"子目,著录 25 种饮食典籍外(含部分未刊书籍名称),另外在哲学类的"调摄",社会科学类的"赈济"、"仓储",自然科学类的"植物"、"动物",应用科学类的"医学"、"卫生"、"农业·园艺"、"养鱼"、"家具·器物·陶瓷",艺术类的"杂艺",史地类的"物产",也著录了不少食品文化著作。

---

① 北京：中华书局,1960 年重印

② 北京：商务印书馆,1922

(7) 专科目录

这类书目收录文献只涉及某一学科、某一专业或某一专题，其中涉及食品文化典籍的有：

① 饮食文献书目

例如元代韦孟《酒乘》著录自《尚书・酒诰》以来有关酒的文献著作28种，其中很多书籍为久已失传者。清刘源长《茶史》篇首"各著述家"将陆羽《茶经》之后的茶书及与茶有关的文章篇目19种逐一列出。陆廷灿《续茶经》卷下"九之略"分列"茶事著述名目"、"诗文名目"、"诗文摘句"。其中"茶事著述名目"共著录茶书72种(扣除误收、重出及非谈茶专书，实为65种)；"诗文名目"列举以茶文化为题材的各种文体的25篇文章的篇名；"诗文摘句"则从大量诗文作品中或摘引有关茶文化的句子，或载录以茶文化为题材的诗文篇名。此外，卷下"十之图"尚编有"历代图画名目"，共列举历代以茶文化为题材的绘画作品20余种。今人所编饮食文献书目亦不少，如万国鼎先生《茶书总目提要》，陶振纲、张廉明《中国烹饪文献提要》，日人铃木博编《中国饮食文化文献解说》①等。

② 医籍书目

如严世芸主编《中国医籍通考》第一卷"养生"类及"本草"类之"食疗"著录现存和已佚食品文化典籍及相关典籍多达400余种。

③ 道藏书目

如明代白云霁《道藏目录详注》所收如《神仙服食灵芝菖蒲丸方》、《太清经断谷方》、《太上肘后玉经方》、《混俗颐生录》、《保生要录》、《修真秘录》、《太上保真养生论》等食疗、养生文献。

④ 地方文献书目

地方文献书目是指著录某一地区作家的著述和有关这一地区的著述的目录，包括地方志中的经籍、著述、艺文志等和一些专门的考订著作，如孙诒让《温州经籍志》、宋慈抱《两浙著述考》②等。这些地方文献目录著录了不少食品文化典籍，其中一些典籍为他书所未载。例如万国鼎先生《茶书总目提要》所举《江西通志》"艺文略"著录明代黄钦《茶经》、《湖北通志》，"艺文志・谱录类"著录明人王启茂《茶镫三昧》一卷。又如宋慈抱《两浙著述考》著录清人杨万树《六必酒经》三卷家刻本等。

(8) 特殊目录

① 善本目录

如清代钱曾《读书敏求记》有"食经"类，上海图书馆编《中国古籍善本书目》③子部医家类有"养生"子目，谱录类有"食谱"子目，另外，子部农家类、医家类"本草"，谱录类"丛编"、"器物"、"花草树木"、"鸟兽虫鱼"，艺术类"杂技"等，亦多食品文化典籍。

② 敦煌文献目录

如王重民《敦煌古籍叙录》④、商务印书馆编《敦煌遗书总目索引》⑤以及台湾黄永武所编

---

① 汤一介主编．中华文化通志・宗教与民俗典．林乃燊撰《饮食志》附录；徐建新译．上海：上海人民出版社，1998

② 杭州：浙江人民出版社，1985

③ 上海：上海古籍出版社，1994

④ 北京：中华书局，1979

⑤ 北京：商务印书馆，1962

《敦煌遗书最新目录》①。在这些敦煌文献书目中著录了唐代孟诜《食疗本草》、王敷《茶酒论》、反映唐代民间学习印度制糖术的P3303号文书《印度制糖法残卷》、《酒赋》、《酒帐》等大量食品文化文献。

③ 丛书目录

如上海图书馆编《中国丛书综录》②、阳海清编《中国丛书广录》③等。可以说在丛书目录中著录食品文化典籍最为广博。以《中国丛书综录》为例，史部政书类有“盐法”、“荒政”，子部农家类作物之属有“稻”、“甘藷”、“竹”、“茶”、“菸”、“蔬菜”、“果树”等，另农家类有畜牧之属、水产之属、生物之属，子部工艺类有食品制造之属，另日用器物之属有“陶瓷”、“饮具”，子部医家类有养生之属，子部艺术类有饮食之属，另艺术类游艺之属有“酒令”等。

(9) 域外所藏汉籍书目

如日本阳成、宇多天皇时期(876—898)藤原佐世编《日本国见在书目录》，清末杨守敬《日本访书志》、《日本访书志补》，日本《静嘉堂文库汉籍分类目录》、《本邦现存汉籍古写本类所存略目录》，沈津《美国哈佛大学哈佛燕京图书馆中文善本书志》④等。域外所藏汉籍书目中著录的食品文化典籍，一是为我们考察中外饮食文化交流提供了直接的证据，例如《日本国见在书目录》成书于9世纪下半叶，书中著录了当时日本国内各国家机构及天皇私人藏书中的汉籍，其数量相当于《隋书·经籍志》和《旧唐书·经籍志》所著录的图书的一半左右，其中“医方家”著录了唐代孟诜《食疗本草》三卷、马琓《食经》三卷、崔禹锡《食经》四卷以及《新撰食经》七卷、《食禁》一卷、《食注》一卷等不少饮食典籍，由此可见唐时日本受到包括唐代饮食文化在内的唐朝文化影响的具体景况。另外，域外所藏汉籍书目中还著录了一些国内不见著录的食品文化典籍，如《静嘉堂文库汉籍分类目录》著录日本静嘉堂文库所藏清代陈元辅《枕山栖茶略》一卷(详万国鼎《茶书总目提要》)。

著录食品文化文献的书目除以上列举的以外，还包括类书艺文志等。类书艺文志，如宋代王应麟《玉海》艺文门艺术类、食货门农书类辑录自汉迄宋的各种目录及典籍，其中就著录了部分饮食文化文献。

另外，需要注意的是，前举各种著录食品文化文献的书目，由于各家分类不一，常常会出现这样一种现象，即同一种食品典籍在不同的书目中可能会被发现著录于不同类目之中。如唐韦行规《保生月录》，《新唐书·艺文志》、《宋史·艺文志》、《郡斋读书志》入子部农家类，《崇文总目》、《通志》、《文献通考》分别入史部岁时类、时令类，宋《秘书省续编到四库阙书目》则同时入子部小说类、医书类。

16.3.2 文献著录方式

依据文献著录的内容划分，食品文化文献著录的方式主要有名录式、解题式、本录式、传录式、考录式、叙录式等多种样式。

1) 名录式

即仅记书名，或兼及作者、卷数，这是食品文化文献著录的主要方式。附录书目著录基

---

① 台北：台湾新文丰出版公司，1986
② 北京：中华书局，1959—1962
③ 武汉：湖北人民出版社，1999
④ 上海：上海辞书出版社，1999

本上都属于这种著录方式，目录著录中除《汉书·艺文志》、《隋书·经籍志》之外的史志目录亦基本如此，还有大部分的私人藏书目录等。

2）解题式

即为所著录文献撰写内容提要，介绍文献作者，撮举一书大旨，品题得失等。如《郡斋读书志》子部农家类著录："《建安茶录》三卷，右皇朝丁谓撰，录建安园焙之数，图其器具，叙采制入贡法式。"

3）本录式

除著录文献书名、作者、卷数等基本内容外，主要著录版本的有关情况。善本书目著录食品文化文献的方式大都如此。如（明）毛扆《汲古阁珍藏秘本书目》著录："《酒经》一本（注：影宋版精抄，一两）"。

4）传录式

除著录文献书名、卷数、作者等基本内容外，主要介绍撰者的有关情况。《千顷堂书目》卷九"食货类"著录饮食文献大多如此。例如："王贵《山东盐法志》（注：字道先，靖江人，嘉靖壬午举人，盐运同知）"。

5）考录式

除著录文献书名、作者、卷数等基本内容外，主要对文献的书名、作者、版本、内容及流传等有关疑问、讹误或不详之处进行考证，辨别真伪。如《钦定天禄琳琅书目》卷九"明版子部"载录《重广补注黄帝内经素问》一书，除著录"一函十册，二十四卷，唐王冰注，宋林亿、孙奇、高保衡校正，孙兆改误，前亿等进书序次，冰原序"这些基本内容外，主要考证了该书注者"王冰"，晁公武《郡斋读书志》、马端临《文献通考》作"王砅"之误，以及考证此本为明人翻刻，故避宋讳，冒充宋椠，并据《宋史·艺文志》、《郡斋读书志》、陈振孙《直斋书录解题》诸家著录此书书名均仅作《黄帝内经素问》，而无"重广补注"之名，且《直斋书录解题》"但称林亿、高保衡承诏校定，并无孙奇之名，亦不言有孙兆改误之事，今本增入孙奇、孙兆二人"，考定"重广补注"之名为明人翻刻时所加，谓当即为孙奇、孙兆二人所为。

6）叙录式

除著录文献外，还有叙述文献所在部类的内容特点、收书范围或学术源流、编次理由等的大序、小序，或大序、小序兼有，或仅有小序。例如《四库全书总目》分经、史、子、集四部，不仅每部之后有总叙，而且部内每大类之后都有小序，有的大类又分成若干小类，一些小类后也有序。如著录饮食文化文献较多的子部农家类、谱录类，不仅子部有总叙，而且农家类、谱录类亦分别撰有小序，谱录类又分器物、食谱、草木鸟兽虫鱼三小类，其中器物、食谱两小类后也有序，如食谱类小序阐述将食谱一类书籍归入谱录类的理由。

需要说明的是，有时同一部书目中兼具多种著录方式，如清钱谦益《绛云楼书目》卷二子部农家类著录《易牙遗言》、《茹草编》、《云林堂饮食制度》等，属名录式；杂艺类著录《茶谱》（注：一卷，毛文锡，记茶故事，其后附以唐人诗文）则又属解题式。也有同一种文献的著录内容中兼具多方面的内容，如《四库全书总目》子部谱录类食谱著录宋人蔡襄《茶录》二卷，就包括书名、卷数、版本、作者情况、文献内容，以及考辨《文献通考》载录此书时书名作《试茶录》之讹和此书陈东题跋评论之失当等。

16.4 食品文化文献的特点

大体说来，我国食品文化文献主要有以下特点：

16.4.1 面广量大，与其他学科相互交叉

食品文化学是一门跨越自然科学和社会科学的综合性学科，它与农学、医学、养生学、民俗学、史学、文学、地理学、政治学、哲学、法学、文字学、音韵学、美学等其他学科相互交叉。正因为如此，在浩如烟海的中华文化典籍中，食品文化文献不仅数量上汗牛充栋，不计其数，而且分布也极为广泛，其范围大致包括以下方面：

1）食品文化专著

如前述陆羽《茶经》、朱翼中《北山酒经》、孟诜《食疗本草》、袁枚《随园食单》、宋诩《宋氏养生部》等茶文化专著、酒文化专著、食疗与养生文化专著、烹饪文化专著、食品文化综合专著等。

2）各种综合性类书

类书是辑录群书中各种资料按类编排而成的我国古代的百科全书式的资料汇编工具书，其中包含丰富的食品文化文献。许多类书都明确列有饮食的部类，如唐徐坚《初学记·服食部》、虞世南《北堂书钞·酒食部》、欧阳询等《艺文类聚·食物部》，宋李昉《太平御览·饮食部》、吴淑《事类赋·饮食部》、谢维新《古今合璧事类备要》外集"饮膳"，明董斯张《广博物志·食饮》、彭大翼《山堂肆考》羽集"衣食部"，清张英、王士祯等《渊鉴类函》"食物部"、"菜蔬部"，蒋廷锡等《古今图书集成·食货典·饮食部》、陈元龙《格致镜原·饮食类》、徐珂《清稗类钞·饮食类》、傅崇榘《成都通览·饮食》等。

以上仅仅是这些类书中明确列有饮食的部类，以《太平御览》为例，除"饮食部"外，与饮食直接相关的部类尚有"百谷部"、"兽部"、"羽族部"、"鳞介部"、"虫鱼部"、"果部"、"菜部"等。其他未明确列有饮食部类的类书中往往也包含有丰富的食品文化文献，如西夏人编写的西夏文类书《圣立义海》，15卷中就有7卷直接与饮食有关。

3）农书

我国古代以农业立国，农业是古代人们饮食原料的主要来源，因此在农书中包含着丰富的饮食文化资料，举凡粮食、蔬菜、果品、禽畜、鱼类等各种食物原料的栽培、养殖技术，这些食物原料的种类、品质、性味、加工、储藏和食用价值，以及各种主副食品的加工酿造、烹饪方法，乃至荒年可食野菜的种类等等，几乎无所不包。如贾思勰《齐民要术》、司农司撰《农桑辑要》、鲁明善《农桑衣食撮要》、王祯《农书》、徐光启《农政全书》、戴羲《养余月令》、黄省曾《理生玉镜稻品》、佚名《便民图纂》、王磐《野菜谱》、鲍山《野菜博录》等。

4）医书

我国古代药食同源，以食当药是我国古代医学的一个特色。在古代不少医书中都有食疗食治、饮食宜忌的内容。比如成书于战国时期的《黄帝内经》就系统地阐述了膳食平衡理论、营养卫生理论和食疗理论，并提出了"五谷为养，五果为助，五畜为益，五菜为充"的饮食观。唐代《新修本草》、孟诜《食疗本草》，明李时珍《本草纲目》，清姚可成《李东垣食物本草》等本草类医书也有大量关于养生、食疗、营养等方面的记述。较多涉及食治食养、饮食宜忌

的医书还有汉代张机《金匮要略》("禽兽鱼虫禁忌"、"果食菜谷禁忌")，唐代孙思邈《千金要方》(食治篇)、《千金翼方》(涉及老年人食疗的内容)，昝殷《食医心鉴》，宋代《圣济总录》、娄居中《食治通说》、王怀隐《太平圣惠方》(食治门)，宋陈直撰、元邹铉增补《寿亲养老新书》，清章穆《调疾饮食辩》等。

5）史书

在古代史书中同样有着丰富的饮食文化文献。如我国现存最早的一部史书《尚书》，其中《酒诰》以殷亡为戒谈禁酒，《禹贡》则记述了各地贡品和农作物的名称。自班固《汉书》开始，我国历代正史都撰有《食货志》，从《汉书》对"食货"的解释不难看出《食货志》中所包含的饮食文化资料之丰富："食谓农殖嘉谷可食之物，货谓布帛可衣及金刀龟贝所以分财布利通有无者也。"一些正史的《食货志》还列有饮食文化细目，如《宋史·食货志》的"和籴"、"常平义仓"、"盐"、"茶"、"酒"等子目。《汉书》之前，类似于食货志，《史记》有《平准书》、《货殖列传》。除《食货志》外，正史一般还都撰有《礼乐志》或《礼仪志》、《礼志》，内容涉及各种祭典及饮宴场合等的祭品、食品和饮食礼仪等。另外，正史中有关少数民族的传记，往往亦多载其饮食风俗。正史中一些人物传记中亦载有饮食文化资料，如《史记·仓公列传》载名医淳于意以粥治病的故事，《汉书·循吏传·召信臣传》则有西汉王宫温室种植蔬菜的记载。

我国历代专门记载典章制度的史书中亦颇多饮食文献，如"三礼"，《周礼·天官冢宰》有关西周庞大的饮食管理机构和众多食官的设置情况，以及一些饮食物名称和各地农作物、家畜的记载，《仪礼》、《礼记》中许多篇章对先秦饭食、酒浆、膳牲、荐羞、饮食器皿、饮食礼仪和习俗的介绍。又如历代的《会要》、《通典》、《会典》、《文献通考》等类著作，如《唐会要》中的"正月祈谷"、"祭器议"、"断屠钓"、"搜狩"、"盐铁"等部分，《通典》、《续通典》、《清朝通典》中的"食货"、"礼"等部分，《钦定大清会典》之"精膳清吏司"、"盐法"、"乡饮酒礼"，马端临《文献通考》中"土贡考"，以及"征榷考"之"盐铁"、"榷酤"、"榷茶"，"宗庙考"之"祭祀时享"，"王礼考"之"田猎"等部分。其他如明刘若愚《明宫史》中记载明代宫廷食谱和京师食俗的卷四《饮食好尚》等。

此外，杂史、别史、传记等中也有部分饮食文献，如载述金国女真族人饮食风尚，就有杂史类的宋洪皓《松漠纪闻》和别史类的宋宇文懋昭《大金国志》卷三九"饮食"等；传记，如明顾元庆《云林遗事》"饮食"记元末倪瓒饮食事迹。

除上述史籍外，历史档案中亦保存了不少饮食文化文献，如前述山东曲阜文管会藏《孔府档案》、中国第一历史档案馆藏清代内务府"御茶膳房"档案、现存满文《黑图档》等。

6）地理类著作

地理类著作中也有大量饮食文化文献。如地方志中往往都有介绍某一地区物产和饮食习俗的内容，如宋谈钥《吴兴志》卷18"食用故事"、卷20"物产"，明万历《新昌县志》卷四《风俗志·宴饮》等。一些地理总志中有时也载及一些地区或域外的物产和饮食风俗，如《太平寰宇记》卷169《岭南道》十三载海南岛人取严树皮汁，"捣后清水浸之酿粳"为酒，以及取石榴花叶和酝酿酒之风俗；卷177《四夷》六《南蛮二·徼外南蛮·真腊国》"土俗物产"载真腊国人："饮食多酥酪、砂糖、秔米饼，欲食之时，先取杂肉羹与饼相和，手擩食之。"

地理类著作中饮食文化文献最为集中的是历代书目中归入地理类杂记(或杂志)的一些著作，其中主要是反映某一地区物产、风俗的风土记，以及载有特定地区节日饮食习俗内容的岁时记。前者如反映南宋江南地区饮食文化的周密的《武林旧事》、耐得翁的《都城纪胜》、吴自牧的《梦粱录》、孟元老的《东京梦华录》，反映岭南地区饮食文化的唐代刘恂的《岭表录异》、段公路的《北户录》，宋代周去非的《岭外代答》、范成大的《桂海虞衡志》，明末清初屈大均的《广东新语》等，记载我国东南沿海地区及台湾物产与饮食风俗的三国沈莹的《临海水土异物志》、清代周亮工的《闽小纪》等。此外，还有东汉扬孚《异物志》、晋人嵇含《南方草木状》、清代李斗《扬州画舫录》等。岁时记，如记载荆楚地区民间节日饮食习俗的南朝梁宗懔的《荆楚岁时记》，记载清代北京节日饮食的清潘荣陛《帝京岁时纪胜》、富察敦崇《燕京岁时记》等。

7）笔记小说

历代笔记中亦不乏饮食文化文献。如唐段成式《酉阳杂俎》卷七《酒食篇》介绍130余种食品及当时名家制作的名菜，卷16～19“广动植篇”广记各地食品；宋陶谷《清异录》“百果”、“蔬菜”、“酒浆”、“茗荈”、“馔羞”等门；《太平广记》卷233“酒”部、卷234“食”部等；明佚名《墨娥小录・饮膳集珍》等。此外，如五代王定保《唐摭言》载唐代曲江宴的礼仪、名目、宴名、诗文、典故、逸闻，元陶宗仪《辍耕录》记元代宫廷饮食礼仪，明陆容《菽园杂记》记述作者亲历各地区的饮食风情等等。

8）文学作品

在历代的诗、词、曲、赋、散文、小说、戏剧等文学作品中也包含丰富的饮食文化资料，具体内容包括各类饮食原料及其加工制作方法、各地饮食特产、烹调技艺、饮食活动、饮食方法、饮食感受、饮食习俗、饮食观等等。

诗歌、散文、辞赋中的饮食文化文献，可参熊四智主编《中国饮食诗文大典》、清陈元龙《历代赋汇》卷100“饮食”类等。如《诗经》中的《雅》、《颂》宴饮诗，《楚辞》中的《招魂》、《大招》，明周履靖辑和《青莲觞咏》、《香山颂酒》、《狂夫酒语》，晋杜育《荈赋》，唐萧昕《乡饮赋》，(宋)苏轼《老饕赋》、《猪肉颂》，黄庭坚《士大夫食时五观》，等等。

词中的饮食文化文献，如苏轼茶词《行香子》、黄庭坚茶词《品令》描绘烹茶、饮茶情景及饮茶后的感受，明周履靖辑和《唐宋元明酒词》，清陈维崧《二郎神・玉兰花饼》等。散曲中的饮食文化文献，如元李德载《喜春来・赠茶肆》，全套散曲由10首小令组成，运用众多典故，广泛讲述了煎茶、饮茶的乐趣，写出了茶博士的“妙手”和“风流”，以及茶肆的“声价彻皇都”。

小说中的饮食文化文献，如汉刘歆撰、晋葛洪辑《西京杂记》载重阳食蓬饵、饮菊花酒的食俗，晋干宝《搜神记》载松江鲈脍及菊花酒的酿制方法，《水浒传》、《金瓶梅》、《红楼梦》、《儒林外史》、《老残游记》等明清小说中饮食文化文献尤多，今人这方面的研究专著就有蒋荣荣《红楼美食大观》①，秦一民《红楼梦饮食谱》②，胡德荣、张仁庆《〈金瓶梅〉饮食谱》③等，至于单篇的研究论文更是难以胜计。

戏剧中的饮食文化文献，如清王文治《龙井茶歌》杂剧，洪升《四婵娟》杂剧中描写李清照夫妇饮茶趣事的第三折《斗茗》等。

文学作品是我国饮食文化文献的一个重要组成部分，一些饮食专著的内容或全部或部分由文学作品构成，如明喻政《茶集》即选辑唐宋元明各代有关茶的诗词文赋100多篇编成，

① 桂林：广西科技出版社，1989
② 济南：山东画报出版社，2003
③ 北京：经济时报出版社，1995

田艺蘅《煮泉小品》系汇集历代论茶与水的诗文，清刘源长《茶史》"古今名家茶咏"亦辑录自唐至宋、金大量茶诗、茶赋、茶铭、茶词，陈世元《金薯传习录》下卷也是，收集有关甘薯的诗歌。

9）哲学、政治类著作

我国古代主要是先秦两汉时期的一些哲学、政治类著作如《周易》、《老子》、《墨子》、《论语》、《吕氏春秋》、《淮南子》等也包含有较为丰富的饮食文化文献。例如《论语·乡党》详细记述了孔子时代一些具体的礼食要求和孔子的饮食观；《吕氏春秋》"本味篇"记述厨师出身的商初贤相伊尹以至味说汤，畅谈烹调之道，列举天下美食；《淮南子》表现出来的食为民本、养性之道、食不求饱、调和五味的饮食思想等等。

10）宗教典籍

在佛教、道教、伊斯兰教等宗教典籍中也包含有饮食文化文献。佛教典籍中有关饮食的文献并不是很多，主要涉及佛家禁食酒肉、提倡素食、嗜茶等内容，如《楞伽经》、《楞严经》、《涅槃经·四相品》等经籍中的"戒杀放生"、"素食清净"等思想，《广弘明集》卷 26 周颙《与何胤论止杀书》、梁武帝《断酒肉文》四首、道宣《叙梁武帝断杀绝宗庙牺牲事》、《叙梁武帝与诸律师唱断肉律》等。伊斯兰教典籍，如清代刘智《天方典礼择要解·饮食》以"物性有善者，有不善者"，谈"人有可食者，不可食者"，表现出伊斯兰教以清净为本的饮食观。相比而言，道教典籍中饮食文化文献要丰富得多，如晋葛洪《抱朴子》论道家服食与"酒诫"；《云笈七签》卷 32—36"杂修摄"谈饮食养生、饮食禁忌；《道藏》中有关食疗、养生文献，如《太清经断谷法》之药膳方，《太上肘后玉经方》述服食药方，《神仙服食灵草菖蒲丸方传》谈服食菖蒲养生法，《修真秘录》、《保生要录》、《混俗颐生录》、《太上保真养生录》论饮食养生、食疗等。

11）字书、辞书、韵书等工具书

在古代的字书、辞书、韵书等工具书中也有不少饮食文化资料，诸如收录有关饮食的字词，考察其得名的由来及释义等。如西汉以前的辞书《尔雅》卷下有《释草》、《释木》、《释虫》、《释鱼》、《释鸟》、《释兽》、《释畜》，其中就有大量饮食原料的名称；东汉许慎《说文解字》也收有大量饮食类的文字，并解释其起源、做法等。此外，如西汉扬雄《方言》、三国魏时张揖《广雅》、唐初释玄应《一切经音义》、北宋陈彭年等修《广韵》等字书、辞书、韵书中也都有不少饮食类文字及其释义。一些字书、辞书还设有收录、解释饮食词汇的专章，或是集录训释饮食字词的专书，如我国最早的语源学词典东汉刘熙《释名》卷四《释饮食》专门阐释饮食方面的名词 77 个，蒲松龄《日用俗字》也有"饮食章"、"菜蔬章"，宋何剡《酒尔雅》更是一部汇集训释有关酒的文字、语词的专书。

在少数民族的字书、辞书、韵书等工具书中也有一些饮食文化文献。例如西夏文《三才杂字》、西夏汉文本《杂字》、西夏文韵书《文海宝韵》、西夏骨勒茂才编著的西夏文和汉文双解通俗语汇辞书《番汉合时掌中珠》中都收有大量与饮食相关的词语及其释义，包括粮食种类、食品、蔬菜、水果、调味品、饮料、粮食及肉食加工、食品制作、饮食器具、畜牧业等，《番汉合时掌中珠》、《三才杂字》还收有四字一句的成语，如"富贵具足，取乐饮酒"、"夜夜设宴，朝朝祭神"等。

除以上主要方面外，其他包含饮食文化文献的典籍还包括：部分科技类书籍，如明代宋应星《天工开物》中"乃粒"、"粹精"、"作碱"、"甘嗜"、"陶埏"、"曲糵"等类分别记述了各种粮食作物的品种和加工方法，以及制盐、制糖、制陶、制酒等技术，明末清初方以智《物理小识》

全书15门中也有"饮食类";法律类书籍,如西夏《天盛律令》①有关畜牧业、粮库管理等与饮食相关的条款等;戏曲理论著作,如清代李渔的《闲情偶寄》之"饮馔部"、"颐养部";等等。

16.4.2 内容上的广泛性,涵盖了中国饮食文化的各个方面

我国的食品文化文献不仅数量上汗牛充栋,其内容亦极其广泛,可以说涵盖了中国饮食文化的方方面面。从文献的具体内容来看,诸如饮食资源、饮食制作、饮食消费、饮食器具、饮食方式、饮食卫生、饮食礼俗、饮食思想、饮食掌故、饮食文艺、饮食文化交流、中外饮食文化比较、饮食文献等等,无所不包;从文献的类别来看,则包括酒文献、茶文献、烹饪文献、食疗与养生文献、综合文献等等。

一方面是内容上的广泛性,另一方面也不难发现,其内容又大多停留于物态文化、制度文化的层面,行为文化层面和心态文化层面特别是后一层面的食品文化文献并不多。这也决定了我国食品文化文献内容上的又一个特点:偏于实用性。

16.4.3 延承性与创新性的结合,多采辑汇编及续撰补正之作

我国食品文化文献非常重视对前人成果的承继和资料的收集,这一特点,时代愈后愈明显。如现存茶文化专著,以明清两代为例,明代,朱祐槟采辑论茶之作编为《茶谱》,钱椿年收采古今篇什而成《茶谱》,屠本畯摘录唐宋时陆羽《茶经》、蔡襄《茶录》等十余种茶书资料编成《茗笈》,夏树芳杂录南北朝至宋金茶事而成《茶董》,陈继儒摘录笔记、杂考及其他书籍和诗文成《茶董补》,徐𤊹从20多种书上辑录有关蔡襄和建茶的文字汇编成《蔡端明别记》,喻政辑古人及时人所写有关茶的诗文编成《茶集》,复取古人谈茶之作27种合为《茶书全集》(周之夫序称收茶书17种,实为27种),田艺衡汇集历代论茶与水的诗文成《煮泉小品》,此外,明代采辑汇编之作尚有龙膺《蒙史》、万邦宁《茗史》、徐彦《历代茶马奏议》等;清代,摘录茶文化专著及散见于史籍、笔记、杂考、字书、类书及文学作品等中的茶事资料而成的茶书,则有刘源长《茶史》、余怀《茶史补》、陆廷灿《续茶经》、蔡芳炳《历代茶榷志》、冒襄《岕茶汇钞》等。酒文献、烹饪文献、食疗与养生文献中同样多采辑汇编之作,兹不赘述。

我国食品文化文献中这些采辑汇编之作,大多并非简单的重复、抄袭前人,在资料的采辑汇编中往往能见出作者的观点和新意,并力争有所突破和提高。如明人张谦德撰《茶经》,虽折中陆羽、蔡襄诸书,但又"附益新意",对"不能尽与时合"者进行辨析。

我国食品文化文献创新性的特点还表现在多续撰补正之作。许多食品文化文献从书名上就可看出其续撰补正的性质,如宋李保《续北山酒经》(续朱肱《北山酒经》),明赵之履《茶谱续编》(续钱椿年《茶谱》),清陆廷灿《续茶经》(续陆羽《茶经》),宋刘异《北苑拾遗》(补丁谓《北苑茶录》)、赵汝砺《北苑别录》(补熊蕃《宣和北苑贡茶录》)、周绛《补茶经》(补陆羽《茶经》、丁谓《北苑茶录》),明陈继儒《茶董补》(补夏树芳《茶董》)、《酒颠补》(补夏树芳《酒颠》),清余怀《茶史补》(补刘源长《茶史》)等。另外,还有一些食品文化文献虽然从书名上看不出其续撰补正的性质,但实际上亦为续撰补正之作。

---

① 刘海年,杨一凡主编;史金波等译注.西夏天盛律令.中国珍稀法律典籍集成.甲编第五册.北京:科学出版社,1994

16.5 食品文化文献的整理与研究

有关我国食品文献的整理与研究情况，分国内、国外两部分分别介绍，其中参考了徐海荣先生主编《中国饮食史》①卷一第一编第六节《中国饮食史研究的历史与现状》之"辛亥革命以来的中国饮食史研究"、"海外的中国饮食史研究状况"中相关内容。

16.5.1 国内食品文化文献的整理与研究概况

1）古代、近代

古代、近代有关食品文献的整理与研究，具体表现在饮食资料的搜集、汇编，饮食文献的辑佚、刊刻，饮食文献目录的编订等方面。

（1）饮食资料的搜集、汇编

如前所述，我国历来重视对饮食资料的搜集、采辑，因而食品文化文献中多汇编之作尤以明、清为多。如夏树芳杂录南北朝至宋、金茶事成《茶董》，辑录历代酒人、酒事及各种掌故而成《酒颠》；陈继儒续摘录笔记、杂考及其他书籍和诗文成《茶董补》、《酒颠补》；陆廷灿《续茶经》仿陆羽《茶经》体例，将《茶经》之后多种茶书上的相关资料摘要分录于各目之下，书末并附录了陆羽《茶经》所没有的历代茶法；罗振玉辑录程雨亭任职皖南茶厘局时为整饬茶务递呈与发布的禀牍文告编成《整饬皖茶文牍》一卷；陈世元《金薯传习录》，上卷收集了地方志中有关甘薯的记述及福建巡抚金学习《（种薯）海外新传》、山东布政使李渭《种植红薯法则》等与甘薯的栽培和普及有关的记载，下卷则收集了有关甘薯的诗歌；郎廷极《胜饮编》，"是书杂采经史中以酒为喻之语，汇辑成编"②；俞敦培《酒令丛抄》汇集《乐记》以来历朝见诸于文献的酒令，加以分类整理，集酒令之大成。此外，尚有明朱曰藩、盛时泰《茶事汇辑》、徐彦《历代茶马奏议》，清蔡芳炳《历代茶榷志》、冒襄《岕茶汇钞》等。

（2）饮食文献的辑佚

我国的饮食文化文献在长期流传的过程中，由于种种原因，到后世，不少都已散佚不传，古代、近代其中主要是明、清两代学者，在饮食文献的辑佚方面做了不少工作。如三国沈莹《临海水土异物志》，现存就有明代陶宗仪、杨晨两种辑本；魏吴普等述《神农本草经》，自明末卢复辑本开始，至今已有十余种辑本，其中清人就有孙星衍、孙冯翼所辑三卷本，黄奭所辑三卷本，姜国伊所辑三卷本，顾观光所辑四卷本，王仁俊《玉函山房辑佚书续编》所辑一卷本等多种辑本；五代后蜀毛文锡《茶谱》，则有清王谟《汉唐地理书钞》辑佚本。

清代乾隆年间，编纂大型丛书《四库全书》时，四库馆臣曾从《永乐大典》中辑佚出大量古籍，其中就有一些饮食典籍及相关典籍，如子部谱录类辑宋熊蕃《宣和北苑贡茶录》一卷附赵汝砺《北苑别录》1 卷，"存目"辑无名氏《天厨聚珍妙馔集》1 卷；农家类辑元司农司编《农桑辑要》7 卷、元鲁明善《农桑衣食撮要》2 卷、王桢《农书》22 卷；医家类辑宋王衮《博济方》5 卷；史部地理类辑唐刘恂《岭表录异》等。

此外，清代还有两部大型的辑佚丛书：马国翰的《玉函山房辑佚书》、王仁俊的《玉函山

---

① 北京：华夏出版社，1999

② 《四库提要》卷 133 子部杂家类存目. 北京：中华书局，1965

房辑佚书续编三种》。在这两部大型的辑佚丛书中也辑佚了部分饮食典籍及相关典籍。例如王仁俊《玉函山房辑佚书续编三种》“续编”子编，“农家类”据《齐民要术》辑后汉崔寔《四民月令》1卷，“医家类”辑魏吴普等述《神农本草》1卷；“经籍佚文”，辑北魏贾思勰《齐民要术》佚文1卷、元鲁明善撰《农桑衣食撮要》佚文1卷、三国沈莹《临海异物志》佚文1卷、晋张华《博物志》佚文1卷、唐刘恂《岭表录异》佚文1卷、《南方草木状》佚文1卷；另外，“续编”子编“五行类”、“经籍佚文”所辑《九州记》、晋习凿齿《襄阳记》、刘宋郭仲产《湘州记》、范成大《桂海虞衡志》、《南越志》、《西吴枝乘》这类风土记的零星佚文中也不乏如饮食习俗、饮食谣谚等饮食内容。

(3) 饮食文献的刊刻

古代、近代饮食文献的刊刻，如明代喻政《茶书全集》汇编陆羽《茶经》以下茶书27种刊印出版，胡文焕编刊《寿养丛书》中所收16种书籍除二三种为导引、按摩专著外，亦均为饮食文献。此外，古代、近代刊刻的综合性丛书中亦多收有饮食典籍，其中收入饮食典籍较多的，如《百川学海》、《山居杂志》各收10余种，《夷门广牍》、《文献汇编》各收20种左右，《格致丛书》、《居家必备》各收20余种，《说郛》多达50余种，《说郛续》亦有30种左右，《四库全书》子部谱录类20余种，等等。

(4) 饮食文献目录的编订

古代、近代有关饮食文献目录的编订，如元代韦孟《酒乘》著录自《尚书·酒诰》以来有关酒的文献著作28种，其中很多为久已失传者，可供研究文献学及酒文化史的学者参考；清刘源长《茶史》篇首“各著述家”将陆羽《茶经》之后的茶书及与茶有关的文章篇目19种逐一列出；陆廷灿《续茶经》有关茶文化的文献目录最为详备，卷下“九之略”分列“茶事著述名目”、“诗文名目”、“诗文摘句”，其中“茶事著述名目”共著录茶书72种(其中有一书误作两种的，有一书重出或三出的，共5种，如果再扣除《群芳谱·茶谱》、《佩文斋广群芳谱·茶谱》两种非谈茶专书，实为65种)，“诗文名目”列举以茶文化为题材的各种文体的25篇文章的篇名，“诗文摘句”则从大量诗文作品中或摘引有关茶文化的句子，或载录以茶文化为题材的诗文篇名，此外，卷下“十之图”尚编有“历代图画名目”，共列举历代以茶文化为题材的绘画作品20余种。

2) 现代

现代在食品文献的整理与研究上用力颇勤的是胡山源先生，于20世纪30年代末、40年代初先后编辑出版了《古今酒事》、《古今茶事》。《古今酒事》不仅选收有宋张能臣《酒名记》等历代酒文化专著，还选入《本草纲目》、《天工开物》等其他古籍中有关酒的部分；《古今茶事》则收入明代以前茶书22种，书后另辑附有茶事艺文、故事。

3) 新中国成立后

新中国成立后在饮食文献的目录编订、解题以及饮食文献的汇编、校注、刊刻、辑佚等方面都取得了前所未有的成就。

(1) 饮食文献的目录编订与解题

虽然迄今为止尚无一部全面反映我国饮食文献的目录与解题之作，但已经有学者在这方面做了一些初步的工作，如徐海荣先生主编的《中国饮食史》卷一第一编第六节《中国饮食史研究的历史与现状》有“中国历代饮食文献概述”一部分，详细介绍了我国饮食文献的两大类别“无文字的饮食文献”和“有文字的饮食文献”，在“有文字的饮食文献”之“饮食文化史典籍举要”中，列举了古代书目里经、史、子、集四部中的部分饮食典籍名称，以及包含饮食文化内容较多的部分类书名称。至于解放后所编的反映饮食文化某一方面的文献目录与解题之作则出现了不少，详见下述。

烹饪文献目录与解题，如陶振纲、张廉明所著《中国烹饪文献提要》在对烹饪文献系统梳理的基础上共著录自先秦《周礼注疏》至民国陈德征《吃饭问题》156 种现存烹饪文献，对文献内容、作者及版本都有详细介绍。此外，烹饪文献的目录与解题之作尚有邱庞同《中国烹饪古籍概述》，以及《中国烹饪》杂志发表的陶文台《中国烹饪典籍钩目》、黄祖良《〈中国烹饪典籍钩目〉补遗》①等文。

茶文献目录与解题，如万国鼎《茶书总目提要》著录自唐代至清代茶书 98 种，其中现存茶书 53 种，已佚茶书 45 种，对文献内容、历代著录情况、作者、版本等介绍最为详细；阮浩耕等编《中国古代茶叶全书》则搜录中国古代茶书最全，收入现存及辑佚茶书 64 种，另附录存目茶书 60 种(除明人黄道履辑《茶苑》、南京图书馆藏清醉茶消客辑《茶书》两种外，均为已佚茶书)，总共为 124 种。其他如陈彬藩主编《中国茶文化经典》附录有《中国古今茶书简目》，其中著录现存及已佚的古代茶书 105 种；陈宗懋主编《中国茶叶大辞典》“茶著部”著录唐五代至清代茶书 115 种，并介绍其主要内容、作者、版本及存佚情况。

酒文献目录与解题，如朱宝镛、章克昌主编《中国酒经》第十二章《古代酒文献》著录酒文化专著以及包含酒文化内容专篇的综合性饮食著作、农书、医书、类书、文史笔记等酒文献共 81 种，对作者、文献主要内容、历代著录情况、存佚、主要版本等都有介绍，另附录一《中国酿酒文献目录》“古代部分”著录古代酿酒文献 27 种；何满子《中国酒文化》“专著”部分著录并介绍现存酒文化专著 21 种、专篇 6 种、酒文献及著名辞赋 24 种；万伟成《中华酒传》之《酒艺文志・酒乘一览》分别著录介绍“综合类”酒文献 35 种，“酿造类”酒文献 28 种，“酒器类”酒文献 2 种，“酒政类”酒文献 6 种，“艺文类”酒文献 7 种，“酒令类”酒文献 45 种。

另外，与饮食学密切相关的医学、农学，新中国成立后也相继出现了一些书目和解题之作。医学方面，如严世芸主编的《中国医籍通考》第一卷“本草”类之“食疗”及“养生”类著录食疗、养生类的食品文化典籍及相关典籍多达 400 余种，对文献作者、内容、存佚、序跋、历代著录情况、现存版本等都有详细介绍；农学方面，如王毓瑚《中国农学书录》②收录并介绍先秦至 19 世纪末外国现代农学传入中国以前的农书(只收与农业技术及农业生产直接有关的著作，属于农业经济、农业政策的书籍不收)，其中也有大量饮食文化典籍，除王毓瑚《中国农学书录》外，农学书目尚有犁播《中国农学遗产文献综录》③等。

(2) 饮食文献的汇编、校注、刊刻

烹饪文献方面，中国商业出版社 1983 年起推出了《中国烹饪古籍丛刊》，相继出版了《先秦烹饪史料选注》、《吕氏春秋・本味篇》、《齐民要术》(饮食部分)、《千金食治》、忽思慧《食疗方》、《清异录》(饮食部分)、《能改斋漫录》(饮食部分)、《山家清供》、《陆游饮食诗选注》、《吴氏中馈录》、《云林堂饮食制度集》、《居家必用事类全集》、《饮馔服食笺》、《菽园杂记》、《升庵外集》、《易牙遗意》、《醒园录》、《中馈录》、《随园食单》、《养小录》、《闲情偶寄・饮馔部》、《清

---

① 中国烹饪，1982(2)

② 北京：中华书局，1957 年版；北京：农业出版社，1964 年修订版

③ 北京：农业出版社，1985

嘉录》、《食宪鸿秘》、《随息居饮食谱》、《饮食须知》、《本心斋蔬食谱》、《调鼎集》、《饮食绅言》、《筵款丰馐依样调鼎新录》、《粥谱》、《素食说略》、《烹饪刀工述要》、《造洋饭书》等数十种烹饪专著和包含烹饪内容的其他古籍的注译本。

茶文献方面，陈祖椝、朱自振编《中国茶叶历史资料选辑》分"茶书"、"茶事"、"茶法"三方面选辑茶叶历史资料，其中"茶书"部分收入自唐至清58种茶书，汇集了古代茶书的绝大部分，但删节太多，有的仅存目；朱自振《茶史初探》①"专题篇"辑有"《全唐诗》中的茶史资料"；陈彬藩主编的《中国茶文化经典》按时代顺序，每个朝代下选收有"茶著"、"茶文"、"茶诗"、"杂著"等；阮浩耕等主编的《中国古代茶叶全书》点校、注释了陆羽《茶经》等64种茶书，是迄今收录现存古代茶书最全的一部茶书全集；陈宗懋主编的《中国茶叶大辞典》，其中的《艺文部》则汇集了不少茶诗、茶词、茶曲、茶歌、茶联、茶文、茶事小说、茶事戏剧、茶事绘画、茶事法书、茶事篆刻、茶事谚语、茶谜、茶事典故、轶闻传说等。新中国成立后还出版了一些单部茶书的注释、翻译、述评之作，如张芳赐等的《茶经浅释》②，傅树勤、欧阳勋的《陆羽茶经译注》③，吴觉农主编的《〈茶经〉述评》④等。

文学作品中的饮食文献汇编，有熊四智主编的《中国饮食诗文大典》，其中收入了自先秦至清代与饮食文化相关的1 500余篇诗文，每篇作品都撰有内容提示和注释。

此外，新中国成立后出版的一些丛书中也收入了部分饮食文献及与饮食相关文献的珍贵版本和今人的点校、注释、辑佚本。如20世纪七八十年代农业出版社所编《中国农书丛刊》、《中国农学珍本丛刊》、《中国农学普及丛书》，《中国农书丛刊》收有《〈诗经〉中有关农事章句的解释》、《四民月令辑释》、《便民图纂》、《临海水土异物志辑校》、《齐民要术校释》、《花镜》、《豳风广义》等整理本，《中国农学珍本丛刊》则汇集《全芳备祖》、《农政全书》、石声汉辑徐衷《南方草木状》、《金薯传习录》、朝鲜徐有榘编《种薯谱》等典籍的珍稀版本，《中国农学普及丛书》也收有蔡嘉德、吕维新编《茶经语释》、伊钦恒辑释《授时通考辑要》等；书目文献出版社1988年影印出版的《北京图书馆古籍珍本丛刊》所收饮食类书籍尤多，如《救荒活民类要》、《长芦盐法志援证》、《淮盐分类新编》、《古今盐略》、《盐政志》、《两浙订正盐规》、《两淮盐法志》、《福建盐政全书》、《居家必用事类全集》、《雅尚斋遵生八笺》、《养生杂类》、《寿养丛书》等；《中国医学名著珍品全书》⑤、《历代中医名著文库》⑥亦收入了较多与饮食文化相关的医书，如《中国医学名著珍品全书》收有包括《养生方》、《杂疗方》、《五十二病方》、《却谷食气》等在内的《马王堆医书》及《黄帝内经素问》、《灵枢经》、《千金要方》、《千金翼方》、《格致余论》、《神农本草经》、《本草备要》、《寿世保元》、《医宗金鉴》等，《历代中医名著文库》由《本草名著集成》、《中医综合类名著集成》等12种集成和《千金方》、《证类本草》、《本草纲目》等单行本组成，其中亦不乏与饮食文化相关的医书；此外，上海古籍出版社1993年版《生活与博物丛书》、上海古籍出版社出版的《气功养生丛书》也都收有部分饮食典籍。

---

① 北京：农业出版社，1997

② 昆明：云南人民出版社，1981

③ 武汉：湖北人民出版社，1983

④ 北京：农业出版社，1987

⑤ 鲁兆麟等点校. 沈阳：辽宁科技出版社，1995

⑥ 北京：华夏出版社，1998

新中国成立后出版的单部饮食文献及相关文献的整理本更是不计其数。如郑金生、张同君《食疗本草译注》①，王毓瑚校注《农桑衣食撮要》②，山东中医学院、河北医学院《黄帝内经素问校释》③，石声汉《农政全书校注》④，中华书局1956年整理本北魏贾思勰《齐民要术》、明戴羲《养余月令》，广东人民出版社1976年版宋应星《天工开物》，中国商业出版社1982年整理本宋周密《武林旧事》、耐得翁《都城纪胜》、吴自牧《梦粱录》、孟元老《东京梦华录》，北京古籍出版社1982年版明刘若愚《明宫史》，中华书局1986年版清徐珂《清稗类钞》，等等。

(3) 辑佚

新中国成立后，在饮食文献及相关文献的辑佚上也取得了可观的成就。如阮浩耕等编《中国古代茶叶全书》所收古代64种茶书中，裴汶《茶述》、毛文锡《茶谱》、丁谓《北苑茶录》、周绛《补茶经》、刘异《北苑拾遗》、桑庄《续茶谱》等7种均属辑佚书，或从他书辑出，或据今人辑本综合考证而成；其他如缪启愉《四民月令辑释》⑤，张崇根《临海水土异物志辑校》⑥，伊钦恒辑释《授时通考辑要》⑦，姜彦稚辑校《荆楚岁时记》⑧，曹元宇辑注《本草经》⑨，谢海洲、马继兴等《食疗本草》⑩辑佚本，以及前述农业出版社20世纪80年代编《中国农学珍本丛刊》所收石声汉辑徐衷《南方草木状》等。此外，冯汉镛《古方书辑佚》⑪、马继兴等编《敦煌医药文献辑校》⑫中也收有少量饮食文献及相关文献的辑佚本。

16.5.2 海外有关中国食品文化文献的整理与研究情况简介

海外对中国食品文献的整理与研究，以日本学者用力最勤，取得的成就也最大。

1) 饮食文献目录的考订

这方面，有篠田统所著《中世食经考》、《近世食经考》⑬，天野元之助所撰《明代救荒作物著述考》⑭，分别对我国中古、近代的饮食著作和明代的救荒作物著作作了系统的考述；铃木博编《中国饮食文化文献解说》则详细介绍了从先秦《诗经》到民国薛宝辰《素食说略》共128种现存文献，内容包括作者情况、卷数、书的性质、书籍内容、评价，是否收入篠田统、田中静一所编《中国食经丛书》，有否日人译本等等。另外，成书于清朝道光六年(1826)的丹波元胤的《中国医籍考》(人民卫生出版社1956年有中译本)收辑自秦汉以降至道光初年历代2 800余种医籍(含存目)，分成九大类，其中"本草"、"食治"类收有大量食疗、养生类著作，每种书

① 上海：上海古籍出版社，1992
② 北京：农业出版社，1962
③ 北京：人民卫生出版社，1982
④ 上海：上海古籍出版社，1979
⑤ 北京：农业出版社，1981
⑥ 北京：农业出版社，1981
⑦ 北京：农业出版社，1981
⑧ 长沙：岳麓书社，1985
⑨ 上海：上海科技出版社，1982
⑩ 北京：人民卫生出版社，1984
⑪ 北京：人民卫生出版社，1993
⑫ 南京：江苏古籍出版社，1998
⑬ 收入篠田统《中国食物史研究》，八坂书房1978年版，北京：中国商业出版社1987年有中译本
⑭ 《东洋学报》第47卷，1964

籍下都注明作者、出处、卷数、存佚，有的还录其序跋，介绍著者传略，详引历史考证，间附编者按语；天野元之助的《中国古农书考》[①]与国内王毓瑚的《中国农学书录》同为中国古代农书的重要书目，该书介绍先秦至民国农书，重在版本考证，其中亦有不少饮食文化典籍。

2）饮食文献的翻译、注释、汇编、刊刻

如篠田统、田中静一主编的《中国食经丛书》[②]，该丛书从中国自古迄清约150余部与饮食史有关书籍中精心挑选出40种，分成上下两卷，上卷收录《南方草木状》、《食经》、《食疗本草》、《茶经》、《十六汤品》、《煎茶水记》、《食谱》、《酉阳杂俎》、《膳夫经》、《膳夫录》、《北山酒经》、《中馈录》、《玉食批》、《山家清供》、《本心斋蔬食谱》、《酒谱》、《市肆记》、《士大夫食时五观》、《饮膳正要》、《事林广记》、《云林堂饮食制度集》、《饮食须知》、《居家必用事类全集》、《多能鄙事》、《神隐》、《宋氏尊生》26种著作，下卷收录有《齐民要术》、《馔史》、《便民图纂》、《遵生八笺》、《居家必备》、《易牙遗意》、《食宪鸿秘》、《养小录》、《随园食单》、《醒园录》、《清俗纪闻》、《湖雅》、《粥谱》、《食品佳味备览》14种著作。

茶书方面的译注、汇编之作最多，如布目潮沨、中村乔编译的《中国的茶书》[③]，青木正儿的《中华茶书》[④]，福田宗位的《中国茶书》[⑤]，布目潮沨的《中国茶书全集》[⑥]等，这些茶书汇编之作分别收录数量不等的中国古代茶书，并为之翻译、注解。其中布目潮沨《中国茶书全集》所收茶书最多，共收唐、宋、明三代茶书33种，另有两种茶书附在别的茶书后，实际收茶书35种。

另据布目潮沨《〈中国茶书全集〉解说》[⑦]，日本还先后刊行了许多中国古代单部饮食著作的译注、研究之作，如江户时代1774年刊行的大典禅师的《茶经详说》，诸冈存的《茶经评释》[⑧]、《茶经评释外篇》[⑨]，盛田嘉德的《茶经》[⑩]，林左马卫的《茶经》[⑪]，《青木正儿全集》卷九所收明人夏树芳《酒颠》译注本，等等。

3）饮食文献的辑佚

如多纪茝庭从朝鲜《医方类聚》中辑出唐人昝殷《食医心鉴》1卷，田泽温叔从多种古书中辑出崔禹锡《食经》2卷，青木正儿《中华茶书》据宋子安《东溪试茶录》辑佚毛文锡《茶谱》。此外，如小岛知足的《新修本草》（唐人李勣等撰）辑补本[⑫]；森立之的《神农本草经》辑本[⑬]；山本敬太郎1961年则发现了（唐）韩鄂《四时纂要》1590年的朝鲜刊本，澄清了此前此书长期被认为是虚构之书的说法。

除日本外，其他国家在中国食品文献的整理与研究上也作出了一定的成绩，如韩国金明

---

① 日本龙溪书舍，1975年；北京：农业出版社，1992年中译本，彭世奖、杜广信译
② 日本书籍文物流通会，1972
③ （日）平凡社，1976
④ （日）春秋社，昭和三十七年
⑤ （日）东京堂，昭和四十九年
⑥ （日）汲古书院，1987
⑦ 陈彬藩主编《中国茶文化经典》附录，陈国锦译. 北京：光明日报出版社，1999
⑧ （日）茶业行会中央会议所，昭和十六年刊行
⑨ （日）茶业行会中央会议所，昭和十八年刊行
⑩ （日）河原书店，昭和二十三年
⑪ （日）明德出版社，昭和四十九年
⑫ 《籑喜庐丛书》收录
⑬ 1955年上海群联出版社《中国古典医学丛刊》收录

培有《茶经》译本①、美国威廉·乌克思编《茶叶全书》②也收录了部分中国古代茶书。

思考与练习

1. 具体谈谈食品文化文献的类型。
2. 我国食品文化文献有何特点?
3. 试述我国食品文化文献的整理与研究概况。
4. 学习食品文化文献有何意义?

① 汉城太平洋博物馆,1982
② 1935年英译本,有中译本,吴觉农主编,中国茶叶研究社集体翻译,1949年5月印行

17 食品文化研究的展望

17.1 当代食品文化研究

当前对食品文化的研究,从大的方向讲有两种趋势:一种是把食品文化当作一种文化现象进行剖析;另一种是习惯中被称作“烹饪技术”,以食生产为研究对象。前一种趋势从文化的角度研究饮食的历史、习俗以及与其他文化的相关联系,从事这一部分的人员以文史学者为主,重视理论研究。后一种趋势是研究烹饪技艺的创新和新款菜肴的制作,另一方面研究营养卫生,为人们提供健康饮食,从事这一部分研究的人员以工作在食品生产第一线的饮食工作者以及最近几年在高校或科研院所中研究食物营养、卫生安全的科研人员为主,更加偏重实践操作,丰富人们的饮食生活。

中国食品文化受儒家文化的影响极大。在儒家“君子食无求饱,居无求安,敏于事而慎于言”,以及“君子远庖厨”等重“有为”轻饮食思想的影响下,古代社会对食品文化的研究并不深入。

深入的研究中国食品文化是近代的事情,中国食品文化特别是饮食史的研究取得了辉煌的成就。徐吉军和姚伟钧合著的《二十世纪中国饮食史研究概述》一文中列举了20世纪研究中国饮食史的论文和专著的数量达189篇(本),其中绝大部分是20世纪80年代以后发表的,这还不包括如《中国烹饪》这类饮食专刊上发表的数百篇专业论文。其数量之多,内容之丰富,丝毫不逊于其他分类学科。有关食品文化的著作更是不可胜数。与此相对应的是,随着人们生活水平的提高和旅游事业的蒸蒸日上,从事食品生产的工作人员的数量迅猛增加。20世纪90年代以来,人们的饮食消费观念已逐渐趋于成熟,以前生猛海鲜横行大江南北,公款吃喝大行其道,狂吃滥饮、比财斗富的场面已鲜见于茶楼酒馆。而今亲朋聚会,品菜谈心的场面与日俱增。当人们从比财富、“吃面子”的狂躁虚荣中逐渐冷静下来,理性消费便占了上风,返璞归真追求精神层面的享受成了迫切的要求。这些迹象从酒店宾馆的装潢档次和文化品位中可窥见一斑。改革开放之初,所谓的酒店档次就是要在大堂餐厅里装金贴银,装潢金碧辉煌、珠光宝气。菜品也是被生猛海鲜充斥,追奇猎异,把占人口大多数的普通消费者排斥在外。这种畸形消费注定不能长久,因为它既不符合经济的发展规律,也不适应社会发展的需要。现今的酒店宾馆注重人与自然的和谐相处内在文化品位的凸现,这就造成了市场的需求——要求有一批既要对食品文化有深入研究,又深谙饮食之道的“两栖”专家。

食品文化涉及的范围比较广,跨学科跨领域,食品文化专家赵荣光先生曾说,“‘食品文化’是一个涉及自然科学、社会科学及哲学的普泛的概念,是个介于‘文化’的狭义和广义二者之间而又融通二者的一个边缘不十分清晰的文化范畴。”

当前，国内人类学研究也比较注重对食品文化的探讨。第一届人类学高级论坛的诸多理论成果中就有由台湾佛光大学龚鹏程教授所著的《饮食文明的宗教伦理冲突》。全文分为禁食与不禁食、禁食什么、荤素之争、伦理冲突、戒杀放生、圣物秽净、求同存异七大部分。以小见大，从人们生活的一个小方面——通过各宗教的饮食方式来分析国际政治经济之间冲突的深刻宗教文化因素。

17.2 食品文化研究中存在的问题

中国食品文化研究热潮的兴起自20世纪80年代初以来已经走过了20个年头。当世人以兴奋的心情跨入21世纪之际，回顾中国食品文化研究的这20年，我们既为取得的丰硕成果和发展的良好势头而欣慰，同时也为此付出了一定代价，为导致这种代价的国情因素及研究中的某些非科学心态、观念、口号和行为惋惜。因为，如果没有那些不正常和非科学因素的不合理存在的话，我们的食品文化研究和饮食文化事业便可以有更健康的发展和更辉煌的成果。

17.2.1 我国食品文化研究中存在的问题

20世纪80年代以来的20余年，过度地宣传中国是世界上独一无二的“烹饪王国”，使食品文化研究失去正确的方向。直至1997年中国饮食文化研究才进行了战略性重点转移，以批判继承的态度对自己的食品文化进行合理的取舍，并以开拓创造精神来面对现实和未来。

当代中国食品文化研究热最初肇始于“烹饪研究”，这种“研究”是以20世纪70年代中叶以后开始的餐饮业流行和技工学校需要的菜谱的编写为前奏的。80年代初以后这种研究很快便进入了总结传统烹调技术经验和“弘扬”“国粹”的阶段，并且持续至今。尽管“热潮”早已开始降温，但在餐饮行业相当一段时间内继续影响相当一些人的意识和认识。我们一直为中华美食及文化自豪，但在对外市场上，中国饮食并非如我们所想象的那样——已成为国际知名品牌或外国人对之趋之若骛。事实证明，不适当的宣传使这一口号远远超出了使人自豪和激励国人进取革新的正常与合理范畴，它成了僵化许多研究者头脑，并导致“弘扬”式研究的偏颇。正是在这种思想与方法的指导下，以“中国菜”为对象，以传统烹调工艺为主要内容的文化研究，成为既往20余年来“烹饪研究”的基本特点和主要成就。20年来对这一研究的文字积累远远超过了中华民族食品文化史文字成果的数十倍。人们对“中馈”—“厨业”—“饮食”认识观念的改变和价值认定发生了历史性翻天覆地的大变化。这种变化不仅是中国历史上绝无前例的，而且也是当今世界所罕见的。发人深省的是：中国从来也没有像既往20年那样更像一个烹饪王国。今天再回过头来冷静地思考这一口号时，我们不能不说我们更是一个烹饪大国，一个有13亿人吃饭，并且主要是以传统烹饪方式吃饭的大国。

“烹饪热”有其自身的缺陷。首先，“烹饪热”自始至终关注的仅是手工操作、个体经验的传统烹饪。其次，“烹饪研究”的兴奋点一直是历史名肴美馔及其享受者文化的全面肯定与竭力“弘扬”。第三，把中国烹饪与人类饮食文明的昨天和世界饮食文化的今天对立起来，认为传统的“中国烹饪”是自有人类以来至善至美的烹饪。第四，把传统烹饪技术的中国菜肴制作同国民大众膳食与营养的改善脱离开来，并使之与近代科技和食品工业化脱节。第五，

"烹饪"被释说成一个既远远高出人类一切科学文化门类之上,又囊括全部人类文化的魔幻式的概念,不仅限制了烹饪学科的正常发展,同时也加重了对新技术的排斥和对传统更新的拒绝。第六,"烹饪研究"的重心和热点,基本是"历史"和历史上极少数人的文化。这十分鲜明地反映了中国这种"中国烹饪"弘扬热情之下的独特的"三神心态":中国烹饪文化神圣、中国烹饪技术神秘、中国菜神奇。于是,这种"烹饪热"引导人们以极端的文化国粹与沙文主义心态固步自封地看自己,并更异端钟情于自己的昨天。中国烹饪被弘扬成人类文明不可企及的营养和烹饪理论,3 000 年前已经独成体系,烹调技术已经十分完善。相比之下,近代科学技术和营养学理论与知识既无法解释中国传统烹饪的奥妙神秘,也无力解决现实饮食生活的问题。这种烹饪热和烹饪研究滞缓了中国传统烹饪的更新改造步伐,阻滞了中国传统食品的工业化进程,误导人们对中国传统烹饪的认识和消费观念。①

17.2.2 中国食品文化研究追求美性饮食,忽视营养平衡

尽管中国讲究食疗和食补,重视以饮食来养生强身,但烹调却以追求美味为第一要求,人们多从味觉、视觉、嗅觉、触觉、文化等方面直观地把握饮食,而不论营养是过度还是不足,只要口味好,色彩美,造型佳,便乐意享受这口福。因此,中国饮食是一种美性饮食观念。中国饮食之所以有其独特的魅力,关键就在于它的"味"。而美味的产生在于调和,要使食物的本味,加熟以后的熟味,加上配料和辅料的味,以及调料的调和之味,交织融合在一起。西方则是一种理性饮食观念,西方人在摄取食物时,基本上是从营养的角度出发的。不论食物的色、香、味、形如何,营养一定要保证,享受在饮食中基本上不占有重要位置,不过分追求口味,因此西方的饮食比较简单实在。西方的这一饮食观念同西方整个哲学体系是相适应的。其饮食文化,到处打上了方法论中形而上学的痕迹。西餐的菜肴主要讲究原汁原味,烹饪方式以烧、煎、炸、焖等为主,各种佐料的加工都是明显的铺盖,一般都是自行加入,而不像中国菜那样烧入菜肴中。

17.3 食品文化研究方法和研究现状

17.3.1 食品文化研究方法

食品文化的研究方法主要有实地调查法、跨文化比较研究法、历史文献研究法、跨学科综合研究法、结构研究法和文化人类学理论等方法。

1)实地调查法

实地调查法是指到现场调查、记录现场情况,向有关人员询问情况并记录下来。一般分为谋食方式调查和饮食调查。一个社会要能生存,必须发展出一套能从生存环境中谋取食物的方法。人类自古至今共发展出了5种谋食方式,依次是狩猎和采集、初级农业、畜牧业、精耕农业、工业化谋食方式。饮食调查既要了解社会上平均饮食情况的营养水平,还要注意不同性别、不同年龄及不同社会地位的人在饮食方面的差别。另外,与饮食相关的礼节、习

① 赵荣光.关于中国饮食文化的传统与创新——中国饮食文化研究20年的省悟.南宁职业技术学院学报,2000(1):50~55

俗等均应调查。

2) 跨文化比较研究法

不同地区、不同国家,食品文化之间或多或少存在着一定的差异,从食物到餐具,从主副食搭配到饮食习俗,从调味品到饮酒方式,从日常饮食到节日请客,几乎处处不同。在不同地方吃不同民族的饭菜,又感到了区域性和民族性的差异。

3) 历史文献研究法

今人研究必须在前人研究的基础上进行,因此需要参考和查阅大量的书籍文献。中国饮食文献的利弊有其产生形成和发展的过程,只有了解它们的来龙去脉,才能比较准确的进行分析研究,才能有根有据。

4) 跨学科综合研究法

食品文化堪称中国文化之核心,它与许多学科及社会层面密切相关。对研究所涉及的多个学科都要具有相关的常识,否则没法联系分析问题。谈到食品文化长短处之成因,需要涉及历史学科知识;谈到食品的结构,需要涉及民族学经济文化类型的知识;谈到饮食保健,需要有医学和养生学知识;谈到环境与饮食的关系,需要生态学的知识;谈到饮食器具,需要工艺美术学知识;谈到饮食习俗,需要民俗学知识;谈到饮食资源,需要农业学知识;谈到食品市场,需要食品营销学、食品商品学、经济学、消费心理学、管理学等知识;谈到宗教文化对饮食的影响,需要宗教学知识;谈到食品文化交流,需要文化学知识;谈到饮食与反腐败的关系,需要社会学和政治学知识等等。

5) 结构研究法

应从空间角度分析它的构成形式和存在状态,如赵荣光在饮食生产和科学发展时代水准的基础上以及在历史文化的大时空中全面考察孔孟一生的活动,由此入手全面准确地认识他们的饮食言论、饮食生活实践,进而再现孔孟的饮食思想便是用的这种行之有效的方法。

6) 文化人类学理论法

文化人类学从20世纪初进入中国,走过的历程与现代中国饮食文化研究极为相似。新中国成立前是其萌芽期,20世纪50～60年代曾迅猛发展,"文化大革命"期间是其停滞期,80年代开始至今进入了新的发展历史时期。但有所不同的是,文化人类学已经初步形成了具有中国特色的民族学体系。而食品文化研究的各个方面虽然有了长足进步,但离建立完整的食品文化体系还有很长的一段路要走。从这一方面来说,借鉴文化人类学的研究方法研究中国食品文化有其现实意义。

现代文化人类学的研究注重现实意义,旨在解决有关人类生活的各种弊端,为人类的健康发展探索各种理论方法。文化人类学的这些理论品质与食品文化研究具有的特点是非常吻合的。文化人类学要求研究人员深入到最基层,收集现实生活的第一手资料,并客观的对它进行分析说明。结合一定的理论,挖掘其中的现实意义,这一点对食品文化研究很重要。当一个民族的生活超过温饱线以后,人们对饮食生活的创造性才能真正体现出来。改革开放,特别是20世纪90年代以后,民间饮食生活大为丰富,各种具有浓郁乡土气息的菜肴不断被创造出来。这些"土得掉渣"的菜肴以其质朴的品质和丰富的营养深受各阶层消费者的青睐,而这块内容经常被食品文化研究者所忽视。程云在《中国饮食文化之根》中说:"谈论中国饮食文化的根源,可以举出三片天地:一是宫廷饮食,二是各大菜系,三是民间生活。

目前,研究饮食文化的文章、书籍多把眼睛盯在前两片天地中,更为丰富多彩的民间饮食却被忽略了。民间饮食的主流是崇尚'吃'德,崇尚节俭,既保持着纯朴的意蕴,又善于创新,它们才是中国饮食文化之根。”人民大众是人类文化的创造者,民间饮食理所当然是中国烹饪乃至食品文化发展的力量之源。忽视民间饮食,研究中国食品文化就成了无本之木、无源之水。民间饮食既包括民间菜肴和特殊烹饪原料,又包括民间烹饪技艺,当然还包括富有民族和地方特色的风俗习惯以及其他精神层面的相关内容。这是我们食品文化研究的重要方面。

文化人类学还很重视对历史的研究。进化学派和文化传播学派对古人类的历史研究非常重视。中国民族学(文化人类学)学科最大的特点之一就是重视历史资料的应用。中国历代有关民族的研究著作不胜枚举,历史资料的丰富是举世无双的,这些资料提供了历时性研究的广泛资源。将史学和人类学结合,早在人类学在中国发展的萌芽时期就已经有许多学者付诸实践。中国上下五千年的悠久历史,同时也是一部举世无双的中华民族饮食史,中国有关饮食保健、养生哲学、烹调心得、菜品欣赏等著作汗牛充栋。从古人的文化遗产中汲取养分,进一步丰富、发展中国食品文化是大有裨益的。这一方面从前面有关食品文化史的论述可知是做得比较成功的。

在中国社会人类学的发展过程中,引入了大量的西方理论研究成果,并在此基础上初步形成了具有中国特色的文化人类学体系。进化论学派、功能主义学派、结构主义学派等诸多西方著名学派都曾经对中国文化人类学的研究产生过重大影响,其中许多理论成果到今天都还有重要的现实意义。我们同样可以用文化人类学中的某些理论来研究中国食品文化,这种视角能为中国食品文化的研究提供一条新的思路。文化功能论认为“文化基本上是一种当作手段的器具,人类在用它来满足需要的过程中,和用它来对付他们所面临的具体问题时,使自己处于有利的地位……人类在谋取食物、燃料、盖房、缝制衣服等以满足基本需要时,便为自己创造了一个新的、第二性的、派生的环境,这个环境就是文化。”这种需求理论得到了学术界的普遍认可。中国古代先哲曾云“饥思食,渴思饮”,又曰“今人之性,饥而欲饱,寒而欲暖,劳而欲休,此人之性情也”,甚至说“食色,性也”,充分肯定饮食需求对人类生活的重要作用。

文化功能论还认为,文化是一个有机的整体,每个部分都以其独特的功能发挥着作用。注重食品文化事项中的功能作用,对食品文化的完整理解很有好处。如过小年的时候,上海及江南一带流行吃“粽子糖”。民间传说腊月二十三(或二十四)这天灶王爷要奉旨上天汇报人间善恶。若要想来年风调雨顺、全家健康平安,就得好好招待灶王爷。粽子糖实际上是招待灶王爷的供品。粽子形似元宝,粽子糖甜甜蜜蜜,希望灶王爷享用后会向玉皇大帝“甜言蜜语”。虽然人们现在不再相信这种传说,但吃粽子糖的习俗仍流传了下来。粽子糖在这里的功能就是“娱神”、“媚神”,从而使自己和家人趋利避害,其根本属于天地崇拜。通常人们认为正月十五元宵节吃元宵是因为“元”通“圆”,象征家人“团团圆圆”。实际上这种解释并不能反映其本来的功能。元宵光滑圆润,象征明月可以说恰如其分。正月十五是新年的第一个月圆之夜,用元宵祭祀月神是一个非常合理的解释。因而正月十五吃元宵是典型的日月崇拜。

用文化功能论来解释食品文化中的要素,比较容易抓住文化的本质内容,还原食品文化现象的本来面目,这同样也是整个文化人类学理论的重要特点。在食品文化研究的过程中,适度关注文化人类学，借鉴文化人类学中比较成熟的研究方法，并吸取其中的理论精华加以利用，中国食品文化研究一定会更上一层楼。

17.3.2 食品文化的研究现状

1）国内的中国饮食史研究状况

中国饮食史作为一门综合性的学科，可以说自有饮食始就已经开始了研究。不过，古代更多的是作为农业科学的一部分而进行研究的，比较侧重于烹饪方面的探索，技术层面的东西更多一些，而缺少社会层面的挖掘。同时，其研究也是零碎的，不够系统。进入现代以后，其兴衰演变随着社会政治、军事、经济状况以及政府的政策而变化，时兴时衰。但总的来说，可以分为以下几个阶段①：

(1) 兴起阶段(1911 年至 1949 年)

现代意义上的中国饮食史研究始于 1911 年出版的张亮采《中国风俗史》一书。在该书中，作者将饮食作为重要内容加以叙述，并对饮食的作用与地位等问题提出了自己的看法。此后，相继有许多论著发表：从宏观方面对中国食品文化进行研究的有郎擎霄《中国民食史》(商务印书馆 1934 年版)、董文田《中国食物进化史》(《燕大月刊》第 5 卷第 1～2 期，1929 年 11 月版)。李劼人《漫游中国人之衣食住行》(《风土杂志》第 2 卷第 3～6 期，1948 年 9 月—1949 年 7 月)则从旅游的角度对饮食做了系统的考察。

就某一个历史时期的饮食进行研究的有董文田《汉唐宋三代酒价》(《东省经济月刊》第 2 卷第 9 期，1926 年 9 月)，全汉昇《南宋杭州的外来食料与食法》(《食货》第 2 卷第 2 期，1935 年 6 月)，杨文松《唐代的茶》(《大公报·史地周刊》第 82 期，1936 年 4 月 24 日)，韩儒林《元秘史之酒局》(《东方杂志》第 39 卷第 9 期，1943 年 7 月)，刘铭恕《辽代之头鹅宴与头鱼宴》(《中国文化研究汇刊》第 7 卷，1947 年 9 月版)。

就某一食事进行研究的有胡山源《古今酒事》(世界书局 1939 年版)、《古今茶事》(世界书局 1941 年版)，黄现璠《食器与食礼之研究》(《国立中山师范季刊》第 1 卷第 2 期，1943 年 4 月)，许同华《节食古义》(《东方杂志》第 42 卷第 3 期)，友梅《饼的起源》(《文物周刊》第 71 期，1948 年 1 月 28 日版)，等等。

(2) 缓慢发展阶段(1949 年至 1979 年)

自中华人民共和国成立至 1979 年的 30 年时间里，大陆由于各种政治运动的不断开展，中国饮食史的研究也受到了严重的影响，基本上处于停滞状态，发表的论著屈指可数。

在 20 世纪 50 年代，有关的中国饮食史论著有：王拾遗《酒楼——从水浒看宋之风俗》(《光明日报》1954 年 8 月 8 日)、杨桦《楚文物(三)两千多年前的食器》(《新湖南报》1956 年 10 月 24 日)、冉昭德《从磨的演变来看中国人民生活的改善与科学技术的发达》(《西北大学学报》1957 年第 1 期)、林乃燊《中国古代的烹调和饮食——从烹调和饮食看中国古代的生产、文化水平和阶级生活》(《北京大学学报》1957 年第 2 期)等等。

此外，吕思勉著《隋唐五代史》(上海中华书局 1959 年版)专辟一节内容论述这一时期的饮食。

20 世纪 60 年代的论著主要有：冯先铭《从文献看唐宋以来饮茶风尚及陶瓷茶具的演

---

① 徐吉军，姚伟钧．二十世纪中国饮食史研究概述．中国史研究动态，2000(8)

变》(《文物》1963 年第 1 期)、杨宽《"乡饮酒礼"与"飨礼"新探》(《中华文史论丛》1963 年第 4 期)、曹元宇《关于唐代有没有蒸馏酒的问题》(《科学史集刊》第 6 期,1963 年版)、方杨(《我国酿酒当始于龙山文化》)(《考古》1964 年第 2 期)。

20 世纪 70 年代,大陆在"文革"结束后,又有学者对中国饮食史进行研究,其中见诸报刊的有白化文《漫谈鼎》(《文物》1976 年第 5 期)、唐耕耦等《唐代的茶业》(《社会科学战线》1979 年第 4 期)。

这个时期台湾、香港地区的中国饮食史研究也处于缓慢发展阶段,主要成果有:杨家骆主编《饮馔谱录》(世界书局 1962 年版)、袁国藩《13 世纪蒙人饮酒之习俗礼仪及其有关问题》(《大陆杂志》第 34 卷第 5 期,1967 年 3 月)、陈祚龙《北宋京畿之吃喝文明》(《中原文献》第 4 卷第 8 期,1972 年 8 月)、许倬云《周代的衣、食、住、行》(《史语所集刊》第 47 本第 3 分册,1976 年 9 月)、张起钧《烹调原理》等。在这些成果中,张起钧先生的《烹调原理》一书,从哲学理论的角度对我国的烹调艺术作融会贯通的阐释,使传统的烹调理论变得更有系统性。另外,刘伯骥《宋代政教史》(台北中华书局 1971 年版)、庞德新《宋代两京市民生活》(香港龙门书局 1974 年版)等书都辟有一定的篇幅,对宋代的饮食作了比较简略、系统的阐述。

(3) 繁荣阶段(1980 年至今)

① 20 世纪 80 年代的中国饮食史研究

进入 20 世纪 80 年代,大陆的中国饮食史研究进入繁荣阶段。据统计,《中国烹饪》杂志 1980 年创刊后,至今已相继发表了数百篇中国饮食史方面的论文。1984 年《中国烹饪研究》(现改名为《扬州大学烹饪学报》)创刊以后着力于饮食文化和烹饪理论的研究,也刊发了大量论文。当然,这一类专业杂志的创立为食品文化研究成果的交流发表提供了平台,推动了研究向纵深发展。纵观 20 世纪 80 年代大陆的中国饮食史研究,主要体现在以下几个方面:

一是对有关中国饮食史的文献典籍进行注释、重印,为此后大规模的有关中国食品文化的研究准备了条件。如中国商业出版社自 1984 年以来推出了《中国烹饪古籍丛刊》,相继重印出版了《先秦烹饪史料选注》、《吕氏春秋·本味篇》、《齐民要术》(饮食部分)、《千金食治》、《山家清供》、《中馈录》、《云林堂饮食制度集》、《易牙遗意》、《醒园录》、《随园食单》、《素食说略》、《养小录》、《清异录》(饮食部分)、《闲情偶寄》(饮食部分)、《食宪鸿秘》、《随息居饮食谱》、《饮馔阴食笺》、《饮食须知》、《吴氏中馈录》、《本心斋疏食谱》、《居家必用事类全集》、《调鼎集》、《菽园杂记》、《升庵外集》、《饮食绅言》、《粥谱》、《造洋饭书》等书籍。

二是出版了一些具有一定学术价值的中国饮食史著作。如对中国饮食文化进行贯通式探讨的著作有:林乃燊《中国饮食文化》(上海人民出版社 1989 年版),林永匡、王熹《食道·官道·医道——中国古代饮食文化透视》(陕西人民教育出版社 1989 年版),姚伟钧《中国饮食文化探源》(广西人民出版社 1989 年版),王仁兴《中国饮食谈古》(轻工业出版社 1985 年版),洪光住《中国食品科技史稿(上)》(中国商业出版社 1984 年版),王明德、王子辉《中国古代饮食》(陕西人民出版社 1988 年版),杨文骐《中国饮食文化和食品工业发展简史》(中国展望出版社 1983 年版),曾纵野《中国饮馔史》第一册(中国商业出版社 1988 年版),王尚殿《中国食品工业发展简史》(山西科学教育出版社 1987 年版)。

探讨中国古代烹饪史的著作则有陶文台《中国烹饪史略》(江苏科学技术出版社 1983 年版)、《中国烹饪概论》(中国商业出版社 1988 年版),熊四智《中国烹饪学概论》(四川科学技术出版社 1988 年版),施继章、邵万宽《中国烹饪纵横》(中国食品出版社 1989 年版),陶振纲、张廉明《中国烹饪文献提要》(中国商业出版社 1986 年版)和张廉明《中国烹饪文化》(山东教育出版社 1989 年版)等。

从民俗学角度对食品文化研究的则有王仁兴《中国年节食俗》(中国旅游出版社 1987 年版),《中国饮食民俗学》(中国展望出版社 1983 年版)。

从某一时期或某一食品,就某一著作进行研究的则有林正秋、徐海荣、隋海清《中国宋代果点概述》(中国食品出版社 1989 年版),庄晚芳《中国茶史散论》(科学出版社 1988 年版),陈椽《茶业通史》(农业出版社 1984 年版),贾大泉、陈一石《四川茶业史》(巴蜀书社 1989 年版),吴觉农《茶经述评》(农业出版社 1987 年版)等。

这一时期有大量的论文发表,值得注意的是,不少论文发前人所未发,涉及了许多新的课题,引入新的研究方法。如蔡莲珍、仇士华《碳十四测定和古代食谱研究》(《考古》1984 年第 10 期),余扶危、叶万松《我国古代地下储粮之研究》(《农业考古》1983 年第 1 期),庄虚之《我国古代新鲜果蔬贮藏方法的分析研究》(《中国农史》1987 年第 1 期)。

将小说等文艺作品作为研究素材的有:赵峰元《从〈浮生六记〉看清中叶的饮食生活》(《商业研究》1985 年第 12 期),赵荣光《试论中国饮食史上的层次结构》(《商业研究》1987 年第 5 期)则提出了饮食生活中不同等级的人们的饮食文化是不同的,史谭《中国饮食史阶段性问题刍议》(《商业研究》1987 年第 2 期)提出了饮食史的分期问题。

三是以饮食文化为主题的研讨会的召开无疑是一件重大的事件。众多学者共同研讨食品文化,必将推动研究的深入。1989 年 9 月,"中国饮食文化学术研讨会"第一届会议在台湾台北召开,共有 151 位学者参加。其中日本的石毛直道、田中静一、田中资、中山时子,韩国黄慧性、李盛雨等就中外饮食文化的交流发表了重要的研究成果。中外食品文化研究的专家面对面的进行交流是食品文化研究走向深入的标志。

② 20 世纪 90 年代的中国饮食史研究

20 世纪 90 年代的中国饮食史研究,无论是研究的角度还是研究的深度都远远超过 80 年代,具体体现在以下几个方面:

一是有关中国饮食史研究的著作大量发表。其中,代表性的有:李士靖主编《中华食苑》(第 1～10 集),王学泰《华夏饮食文化》(中华书局 1993 年版),万建中《饮食与中国文化》(江西高校出版社 1995 年版),王仁湘《饮食考古初集》(中国商业出版社 1994 年版),赵荣光《中国饮食史论》(黑龙江科学技术出版社 1990 年版)、《中国古代庶民饮食生活》(商务印书馆国际有限公司 1997 年版),王仁兴《中国饮食结构史概论》(北京市食品研究所 1990 年印行),林永匡《饮德·食艺·宴道——中国古代饮食智道透析》(广西教育出版社 1995 年版)。

就某一历史时期食品文化研究的有林永匡、王熹《清代饮食文化研究》(黑龙江教育出版社 1990 年版),王子辉《隋唐五代烹饪史纲》(陕西科学技术出版社 1991 年版),陈伟明《唐宋饮食文化初探》(中国商业出版社 1993 年版),黎虎主编《汉唐饮食文化》(北京师范大学出版社 1998 年版)。

专门就宫廷饮食进行研究的有姚伟钧《宫廷饮食》(华中理工大学出版社 1994 年版),谭天星《御厨天香——宫廷饮食》(云南人民出版社 1992 年版),苑洪琪《中国的宫廷饮食》(云南人民出版社 1992 年版)。

对民族饮食文化进行研究的有李东印《民族食俗》(四川民族出版社 1990 年版),鲁克才《中华民族饮食风俗大观》(世界知识出版社 1992 年版),赵荣光《满族食文化变迁与满汉全席问题研究》(黑龙江人民出版社 1996 年版)。

傅允生、徐吉军、卢敦基《中国酒文化》(中国广播电视出版社 1992 年版)。

季羡林《文化交流的轨迹——中华蔗糖史》(经济日报出版社 1997 年版)颇见功力,作者从世界文化交流的角度考辨出糖如何传入中国,制糖技术优势何时传入印度。

对古典小说的食谱进行研究的是胡德荣、张仁庆等《金瓶梅饭食谱》(经济时报出版社 1995 年版),等等。

二是在研究力度和研究深度上都有了进一步的拓展。仅就论文的发表看,在宏观研究方面,有姚伟钧《论中国饮食文化植根的经济基础》(《争鸣》1992 年第 1 期)、《饮食生活的演变与社会转型》(《探索与争鸣》1996 年第 4 期)等。

在食物种类的栽培方面,有严文明《中国稻作的起源和传播》(《文物天地》1991 年第 5、6 期),贾俊侠《古代关中主要粮食作物的变迁》(《唐都学刊》1990 年第 3 期),张涛《试论石磨的历史发展及意义》(《中国农史》1990 年第 2 期),陈伟明《唐宋食品贮存加工的技术类型与特色》(《中州学刊》1990 年第 5 期),姚伟钧《中国古代农圃业起源新探》(《中南民族学院学报》1993 年第 4 期)。

在酒史、茶史、少数民族饮食史、食疗、饮食礼俗、饮食思想观念等方面都有不少论文。

三是随着职业技术学院的大量开办,烹饪专业遍地开花,大都开设了《饮食文化》课程,这就有力地推动了食品文化研究的开展,提高了这一方面教材的质量,同时培养了大量的食品文化课程讲授的教师,为食品文化研究的深入储备了大量人才。

③ 进入 21 世纪后的中国饮食史研究

21 世纪后的中国饮食史研究,在 20 世纪 90 年代研究基础上得到更进一步的发展。具体体现在以下几个方面:

第一,有关中国饮食史研究的专著和论文大量发表。其中,总论中国饮食文化史的有:赵荣光《中国饮食文化概论》(高等教育出版社 2003 年版)、《中国饮食文化》(高等教育出版社 2002 年版)、《中国饮食文化史》(上海人民出版社 2006 年版),何宏《中国饮食文化》(北京大学出版社 2006 年版),李维冰《中国饮食文化概论》(中国商业出版社 2006 年版),王学泰《中国饮食文化史》(广西师范大学出版社 2006 年版),徐兴海主编的《中国食品文化论稿》(贵州人民出版社 2005 年版),杜莉《中国饮食文化》(旅游教育出版社 2005 年版),胡自山《中国饮食文化》(时事出版社 2006 年版),王仁湘《民以食为天:中国饮食文化》(济南出版社 2004 年版),朱瑞玟《齿颊生香——饮食文化与成语》(北京师范大学出版社 2006 年版),徐文苑《中国饮食文化概论》(北方交通大学出版社 2005 年版),黄宝莲《芝麻米粒说——饮食文化》(广西师范大学出版社 2006 年版)。徐兴海、袁亚莉合著的《中国食品文化文献》(贵州人民出版社 2005 年版)则就中国饮食文化文献的流传、分类等进行研究。

专论某一民族或某一时期饮食文化的,有李自然《生态文化与人:满族传统饮食文化研究》(民族出版社 2002 年版),高启安《唐五代敦煌饮食文化研究》(民族出版社 2004 年版),姚伟钧《长江流域的饮食文化》(湖北教育出版社 2004 年版),姚淦铭《先秦饮食文化研究》(贵州人民出版社 2005 年版)。

研究外国饮食文化或中西方饮食文化差异的专著,有赵红群《世界饮食文化》(时事出版社 2006 年版),杜莉《西方饮食文化》(中国轻工业出版社 2006 年版),杜莉《筷子与刀叉——中西饮食文化比较》(四川科技出版社 2007 年版),李维冰《外国饮食文化》(中国商业出版社

2006年版)，钱瑞娟《国外的饮食文化》(中国社会出版社2006年版)。

对养生文化进行研究的有：金霞《中华传统文化与养生：茶文化与养生、饮食文化与养生》(中医古籍出版社2004年版)，袁申元《糖尿病饮食技巧》(人民卫生出版社2005年版)，张辅元《饮食话源》(北京出版社2003年版)，《中华饮食物语·食之语》(云南人民出版社2004年版)，康诺利《饮食紊乱》(中国青年出版社2005年版)，王强虎《饮食保健》(北京世界图书出版社2004年版)，张迅捷《改变一生的饮食习惯》(中国纺织出版社2005年版)。

茶文化研究的有：关剑平《茶与中国文化》(人民出版社2001年版)，刘勤晋《茶文化学》(中国农业出版社2000年版)，刘昭瑞《中国古代饮茶艺术》(陕西人民出版社2002年版)，郭孟良《中国茶史》(山西古籍出版社2003年版)，姚国坤《茶文化概论》(浙江摄影出版社2004年版)，黄志根《中华茶文化》(浙江大学出版社2000年版)，童启庆、寿英姿《生活茶艺》(金盾出版社2000年版)，林治《中国茶道》(中华工商联合出版社2000年版)，胡付照《茶叶商品与文化》(陕西人民出版社2004年版)等。

在少数民族饮食史研究方面有张景明撰写的《中北地区饮食文化史》、《中国北方游牧民族饮食文化研究》等。

第二，食品文化研究的队伍已经形成，并且老中青相结合，由一批坚持研究并且成果斐然的老专家、老教授领衔。华中师范大学、江南大学、浙江工商大学等大学设立了生活史、食品文化或饮食文化史的博士点、硕士点，考试招收研究生，使食品文化研究后继有人。

第三，食品文化的研究机构如雨后春笋般建立起来，全国性、地域性的饮食文化研究学会的工作进一步开展，使得食品文化的研究工作得到了有力的推动，有了组织保障。

第四，国内外召开的食品文化研究的专题会议数量繁多，交流日益通畅，中外学者共谋食品文化研究的发展，形势一片大好。

第五，新的研究方法的运用，统计的方法、文化人类学的方法、调查研究的方法、文献与考古资料相结合的方法，等等。新的研究方法带来了新的气象，得出了新的结论，推动了食品文化的研究向纵深发展。

当然，我们还应该看到，中国食品文化的研究还存在许多空白，同时，物质层面的研究多，文化层面的研究少，对于精神的、心理层次的研究还远远不够，这些都有待于在今后的研究中克服。

2) 海外的食品文化研究状况

(1) 对中国食品文化的研究

中国的食品文化对世界产生过十分重大的影响，可以说自中国食品文化对周边或者其他国家和民族发生影响起，这些国家和民族就已经开始了对中国食品文化的研究和借鉴。

海外的中国饮食史研究当首推日本。日本在世界各国中对中国饮食史的研究较早，也最为重视，成就最为突出。其研究细密而周到，注重史料而结论可靠，并且涉及中国食品文化的方方面面。

早在20世纪40～50年代，日本学者就掀起了中国饮食史研究的热潮。其时，相继发表的论著的研究范围涉及食具的，有青木正儿《用匙吃饭考》(《学海》，1994年)、《用匙吃饭的中国古风俗》(《学海》，1949年)；饮食史，有青木正儿《中国的面食历史》(《东亚的衣和食》，1946年)，篠田统《白干酒——关于高粱的传入》(《学芸》第39集，1948年)、《向中国传入的小麦》(《东光》第9集,1950年)、《明代的饮食生活》(收于薮内清编《天工开物之研究》,1955年)、《鲔年表(中国部)》(《生活文化研究》第6集,1957年)、《古代中国的烹饪》(《东方学报》第30集,1995年),同人《华国风味》(东京,1949年)、《五谷的起源》(《自然与文化》第2集,1951年),天野元之助《中国臼的历史》(《自然与文化》第3集,1953年),冈崎敬《关于中国古代的炉灶》(《东洋史研究》第14卷,1955年),北村四郎《中国栽培植物的起源》(《东方学报》第19卷,1950年),由崎百治《东亚发酵化学论考》(1945年)。从植物交流的角度进行研究的,有篠田统《欧亚大陆东西栽植物之交流》(《东方学报》第29卷,1959年),等等。

20世纪60年代,日本中国饮食史研究的文章有:篠田统《中世食经考》(收于薮内清《中国中世科学技术史研究》,1963年)、《宋元造酒史》(收于薮内清编《宋元时代的科学技术史》,1967年)、《豆腐考》(《风俗》第8卷,1968年),同人《关于〈饮膳正要〉》(收于薮内清编《宋元时代的科学技术史》,1967年),天野元之助《明代救荒作物著述考》(《东洋学报》第47卷,1964年),桑山龙平《金瓶梅饮食考》(《中文研究》,1961年)。

到20世纪70年代,日本的中国饮食史研究更掀起了新的高潮。1972年,日本书籍文物流通会出版了篠田统、田中静一编纂的《中国食经丛书》。此丛书是从中国自古迄清约150余部与饮食史有关书籍中精心挑选出来的,分成上下两卷,共40种。它是研究中国饮食史不可缺少的重要资料。此书受到很大重视,体现了日本学术研究注重史料的特点。其他著作还有:1973年,天理大学鸟居久靖教授的系列专论《〈金瓶梅〉饮食考》公开出版;1974年,柴田书店推出了篠田统所著的《中国食物史》和大谷彰所著的《中国的酒》两书;1976年,平凡社出版了布目潮沨、中村乔编译的《中国的茶书》;1978年,八坂书房出版了篠田统《中国食物史之研究》;1983年,角川书店出版中山时子主编的《中国食文化事典》;1985年,平凡社出版石毛直道编的《东亚饮食文化论集》;1986年,河原书店出版松下智著的《中国的茶》;1987年,柴田书店出版田中静一著的《一衣带水——中国食物传入日本》;1988年,同朋舍出版田中静一主编的《中国料理百科事典》;1991年,柴田书店出版田静一主编的《中国食物事典》。

近年来,日本已相继出版了林已奈夫教授的《汉代饮食》等书。在日本研究中国饮食史的学者中,最著名的当推田中静一、篠田统、石毛直道、中山时子等先生。

田中静一先生是最早开展中日食物学史专项研究的著名学者。1970年,田中静一在书籍文物流通会正式出版了《中国食品事典》。这是中国食物史上一部很有影响的大书。1972年,田中静一又与篠田统合作出版了《中国食经丛书》上下册。1976年至1977年期间,田中先生监修了《世界的食物》(中国篇·朝鲜篇)一集15卷,由日本著名的朝日新闻社出版,向全世界发行。该书内容广泛,图文并茂,印刷极其精美,对读者很具吸引力。1987年,田中先生的大作《一衣带水——中国食物传入日本史》由柴田书店出版。该书史料翔实可靠,论述极其严谨,是一部具有很高学术价值的著作。此后,田中先生又于1991年编著出版了《中国食物事典》一书。该书内容极其丰富,对食品的名称、产地、发展过程等做了比较详细、认真的考证与叙述,在海内外影响颇大,现已译成中文,由中国商业出版社出版,在大陆发行。

篠田统教授侧重于中国饮食史的贯通研究,是日本京都大学人文科学研究所中国科学史研究班的成员。他对中国饮食史的研究始于20世纪40～50年代,从食物传入中国的研究发端。1948年,在《学芸》杂志第39期上发表了《白干酒——关于高粱的传入》一文,引起了学术界的广泛关注。次年，他又在《东光》杂志第9期上发表《小麦传入中国》一文。此后，他相继发表了《明代的饮食生活》(1955年)、《鲊年表(中国部)》(《生活文化研究》第6集，1957年版)、《中国古代的烹饪》(《东方学报》第30集，1959年)、《中世食经考》(收于薮内清编《中国中世科学技术史研究》，1963年)、《宋元造酒史》(收于薮内清编《宋元时代的科学技术史》，1967年)、《豆腐考》(《风俗》第8集，1968年)等，这些文章后来结集成《中国食物史研究》一书(八坂书房1978年版)。此外，篠田统教授还著有《中国食物》。

海外的中国饮食史研究，当推美国的方法独特。美国人对中国的饮食文化不怎么了解。他们了解日本、越南、泰国和其他东方国家的烹调风格，但是却不怎么了解中国的烹调风格。但是，为了使肯德基、麦当劳、可口可乐等食品与饮料在中国的推销，美国商人和文化界开始深入了解中国的饮食文化，这样有利于他们更好地推销其产品。已有美国社会学教授考察北京的国有饭馆，研究其变革所反映的社会意义，这样的研究有新的角度，也很有价值。

(2) 美国将食品文化的研究普及到中学生

美国各州中学的社会研究课大多设有"美国政府"、"美国民族"等课题研究学习，注重文化研究，探讨民族、文化特别是饮食文化研究。如在美国爱阿华市东南初中的课程设计中，就要求学生不仅涉及自然探究领域，而且还有饮食文化研究。

一些国家由专门的食品文化研究组织来推动研究，比如法国。早在1284年，法国国王圣路易就成立了烧烤协会，会员被授予烤鹅的特权，因为当时烤鹅肉特别为人们所称道。1610年，皇家授予烧烤协会正式会徽。在1789年之前，烧烤行业不断壮大。尽管法国大革命后烧烤行业几近销声匿迹，但从事烹饪行业的人从未放弃过使之成为一种艺术的努力。

1950年8月3日，法国美食家协会(Chaine des Rotisseurs)宣布成立，并在巴黎注册。美食家协会尽管是一个法国组织，但也包括来自法国以外的分支机构，称为"大区分会"，他们在巴黎总部的指导下开展活动。美食家协会由专业会员和业余(非专业)会员两部分组成。

韩国有世界饮食文化研究院的组织，专门进行食品文化的研究。

17.4 世界各国食品文化的交流

中国食品文化源远流长，早在春秋战国时期就出现了比较系统的烹调理论，近千年来又形成了各具特色的菜系，从而展现出一个无与伦比的美食海洋。我国的烹调知识、烹调技术、烹调美学不仅为世界惊叹，而且丰富了世界文化宝库。孙中山先生在他的《建国方略》中就曾说过："烹调之术本于文明而生，非深孕乎文明之种族，则辨味不精，辨味不精，则烹调之术不妙。中国烹调之妙，亦足表明文明进步之深也。昔者中西未通市以前，西人只知烹调一道，法国为世界之冠；及一尝中国之味，莫不以中国为冠矣。"

我们在为中国食品文化对世界食品文化做出了重大贡献而感到骄傲的同时，也应该清醒地认识到，中国食品文化也是受惠者，也受到了世界上其他文化的影响和赐予，汲取了其他国家或民族食品文化的丰富养料，这才是在世界食品文化大交流的背景下对中国食品文化的正确估价，这才是明智的心态。中国食品文化从来就不是封闭的，更没有自我封闭的特性。汉代、唐代，直至明清，更为典型的是当代文化的交流和发展，都充分说明了开放、宽容、多元才是中华文化宝贵的特性。开放、吸收，是中国食品文化长青不老的灵丹妙药。学习和吸收是多层次的，不仅仅指通过食品文化的交流使得中华民族与世界各民族建立友好关系，还在于食品物种的大量传入，比如美洲的农作物传入中国，最重要的有番薯、玉米、土豆。这些作物产量高，对土地要求低，很大程度上改变了中国粮食生产的布局和结构。我国人口在17世纪中叶不过1亿左右，18世纪出现“人口爆炸”，到1850年达到4.3亿，正是由于美洲高产作物的引进，导致了“粮食生产革命”，才有可能养活那么多的人口。学习和吸收，更重要的表现在对食品安全、卫生的重视，对营养的追求，对不良饮食习惯的矫正。

随着经济全球化的影响，食品文化的交流也在更大、更为广阔的层面上展开。尤其是20世纪80年代以来，以迅雷不及掩耳之势席卷中国的“西餐”，更是对中国传统的饮食文化提出了强有力的挑战。20世纪80年代，以肯德基和麦当劳为代表的西式快餐店先是在北京叩开大门，而后席卷全国，势不可挡。20多年来的快餐热不仅造就了一个庞大的“快餐族”消费群体，而且还形成了颇具特色的中国式的“快餐文化”。“快餐文化”反转来又对中国传统的饮食业、饮食文化以及消费者产生了重要影响。漂亮、干净、舒适的就餐环境，悦耳的轻音乐，一尘不染的洗手间，这些都代表着新的餐饮服务的理念，吸引着越来越多的年轻人，他们不只吃个味，更重要的是享受星级服务。西方快餐店的分餐制也在被越来越多的人所接受。快餐已经成为人们体会西方文化的一个重要场所。食品市场五光十色的食品中，有相当数量的食品是舶来品或中西合璧的新鲜物，大大饱了人们的口福。至于饮料市场则更是目不暇接，进口的、合资的、引进技术生产的等等，数不胜数。随着食品文化的交流，西方现代生活中必不可少的快餐店、酒吧、冷热饮店也在我国大小城镇乃至乡村集贸市场应运而生。

西式快餐的确给我们的饮食习惯带来了新的风尚、新的口味和新的格调，使得我国的食品文化市场空前的活跃和繁荣起来，人们的饮食结构也发生了显著变化。但同时也带来了对传统食品业、食品文化的冲击以及国人合理均衡膳食的问题。比如儿童的性早熟引起了社会的广泛注意。已经有医学界人士指出，洋快餐是导致性早熟的“元凶”之一。洋快餐食物里含有嫩肉成分的物质，可导致性早熟。而维持孩子健康的关键是均衡饮食，应多吃蛋白质，少吃脂肪和糖类丰富的食品，避免高糖、高脂肪、高热量的饮食。北京儿童医院内分泌科张美和主任医师说：“我国儿童性早熟从20世纪70年代到80年代初出现，近10年来出现迅速增长。”以北京儿童医院为例，2006年每个内分泌专科医生每个月在控病人30人左右，而2007年增加到50至60人。一年之间，几乎翻了一番。

同时，20世纪80年代以来，中国居民的膳食结构及生活方式有明显的“西方化”趋势，现在一般家庭中动物性食物的消费量已超过了谷类的消费量，城市和富裕农村中超重和肥胖已成为公共卫生的重要问题。这种“西方化”或“富裕型”的膳食提供的能量和脂肪过高，而膳食纤维过低，这种膳食对一些慢性病的预防不利，因而“肥胖症”也越来越引起人们的关注。

随着中国的对外开放，经济越来越融入世界大潮，经济的全球化对于中国文化也是一种挑战。历史经验证明，优势的经济代表着强势的文化，经济发达地区的文化对于欠发达地区的文化具有难以抵挡的诱惑。以语言的流通为例，经济发达国家和民族的语言往往会成为流行的语言，这便是例证。面对西方技术、产品的涌入，西方的文化，主要的是价值观、人生观同时对中国文化产生重大影响。面对这种状况，中国文化的研究者和民众自然而然的产生了一种忧患意识，自觉的从中国文化的轴心时代——春秋战国时期的思想家那里寻找武器，希望能够保留中国文化，拥有一个文化的根。这就是“国学热”产生的大背景。

当然，新的形势，也向中国食品文化研究提出了新的挑战。食品文化研究必然做出回应，新的食品文化研究的热潮的兴起，其根由也在于此。对于传统的食品文化的研究必将更多的引起人们的注意，对于中国食品文化的优势也必将有更多的研究。必须将研究的重点定位于人民大众和现实生活这样两个基点上，而且它的理念和价值坐标是指向科学和进步，也就是说，它是以批判继承的态度对自己的生活进行合理的取舍，并以开拓创造面对现实和未来的。这是中国饮食文化研究的战略性重点转移，它表明事业的深入、健康，表明研究队伍思想、理论的成熟。这是中华民族饮食文化事业之福，是中国人民民生之福。

随着科技的迅速发展和经济的高度发展，人们的饮食观念也在随之转变，进而对自己的饮食提出更新、更高的时代要求。食品文化呈现出前所未有的丰富、活跃、更新、发展的趋势，人们不仅希望吃到美味可口、营养丰富、快捷方便、风味多样、科学安全、功能有效的食品，而且对饮食生活开始了更新观念的审视。中国食品文化研究的领域将不断拓宽，既不会局限于某一或某些领域的事象层面，也不会仅仅局限于单纯的“弘扬”，一定会在人类饮食文明和民族食品文化的历史存在与发展结构中透视和探究民族食生产、食生活、食品文化更丰富的内涵，不仅注视食事的昨天，更会注重今天和明天。

思考与练习

1. 食品文化有哪些研究方法？

2. 如何把食品文化理论有效的落实到实践中去，从而推动世界食品文化事业的发展？谈谈你的看法。

3. 食品文化研究的前景如何？

参考文献

1 A·阿杜·博亨. 非洲通史[M]. 北京：中国对外翻译出版公司，1991

2 A·E·阿非格博. 殖民统治的社会影响：新的社会结构[M]. 参见 A·阿杜·博亨. 非洲通史. 第7卷. 北京：中国对外翻译出版公司，1991

3 爱伦·戴维森. 牛津食物指南[M]. 英国：牛津大学出版社，1994

4 巴兆祥. 中国民俗旅游[M]. 福州：福建人民出版社，2006

5 Carlos Rangel. The Latin Americans：Their Love-Hate Relationship with the United States[M]. New York and London，Harcourt Brace Jovanovich，1977

6 曹雪芹. 红楼梦[M]. 沈阳：春风文艺出版社，1994

7 车耳. 如此欧洲[M]. 北京：科学出版社，2004

8 陈文华. 中华茶文化基础知识[M]. 北京：中国农业出版社，1999

9 陈文华，余悦. 茶艺师[M]. 北京：中国劳动社会保障出版社，2004

10 陈中梅译注. 奥德赛/(古希腊)荷马[M]. 南京：译林出版社，2003

11 邓永进，薛群慧，赵伯乐. 民俗风情旅游[M]. 昆明：云南大学出版社，1997

12 杜莉，孙俊秀，高海薇，李云云. 筷子与刀叉——中西饮食文化比较[M]. 成都：四川科学技术出版社，2007

13 董尚胜，王建荣. 茶史[M]. 杭州：浙江大学出版社，2003

14 杜金鹏，岳洪彬，张帆. 醉乡酒海——古代文物与酒文化[M]. 成都：四川教育出版社，1998

15 George Foster. Culture and Conquest：America's Spanish Heritage[M]. Chicago，Quadrangle Books，1966

16 龚刚，(法)阿利耶斯. 味[M]. 上海：上海文化出版社，2000

17 顾平旦，曾保泉. 对联欣赏[M]. 北京：文化艺术出版社，1982

18 郭孟良. 中国茶史[M]. 太原：山西古籍出版社，2003

19 汉书[M]. 中华书局，1962

20 何宏. 中外饮食文化[M]. 北京：北京大学出版社，2006

21 何九盈等. 中国汉字文化大观[M]. 北京：北京大学出版社，1995

22 洪学敏，张振渊. 美洲印第安宗教与文化[M]. 北京：中央民族大学出版社，1999

23 胡付照. 茶叶商品与文化[M]. 西安：陕西人民出版社，2004

24 胡文仲. 跨文化交际学概论[M]. 北京：外语教学与研究出版社，1999

25 黄泽全. 认识非洲[M]. 北京：京华出版社，1998

26 姜若愚，张国杰. 中外民族民俗[M]. 北京：旅游教育出版社，1991

27 蒋雁峰. 中国酒文化研究[M]. 长沙：湖南师范大学出版社，2004

28 金小曼. 中国酒令[M]. 天津：天津科技出版社，1990

29 孔子等著；兴华等译. 四书五经·礼记[M]. 北京：昆仑出版社，2001

30 李维冰. 国外饮食文化[M]. 沈阳：辽宁教育出版社，2005

31 李雪梅. 日本·日本人·日本文化[M]. 杭州：浙江大学出版社，2005

32 李宗桂. 中国文化概论[M]. 广州：中山大学出版社，1998
33 梁石，梁栋. 中国古今巧对妙联大观[M]. 中国文联出版公司，1990
34 梁羽生. 名联趣谈[M]. 上海：上海古籍出版社，1993
35 梁章钜撰. 楹联丛话[M]. 商务印书馆发行，中华民国二十四年版
36 林从纲. 韩国概况[M]. 大连：大连理工大学出版社，2005
37 林桦. "丑陋"的欧洲人[M]. 北京：中国发展出版社，2002
38 刘初棠. 中国古代酒令[M]. 上海：上海人民出版社，1993
39 刘桂芳. 奇妙的欧洲习俗[M]. 北京：中国妇女出版社，1991
40 刘泓. 欧洲天主教与文化[M]. 北京：中央民族大学出版社，1999
41 刘勤晋. 茶文化学[M]. 北京：中国农业出版社，2000
42 陆松侯，施兆鹏主编. 茶叶审评与检验[M]. 北京：中国农业出版社，2001
43 陆家骥. 对联新语[M]. 桂林：广西师范大学出版社，2005
44 骆介子. 澳大利亚建国史[M]. 北京：商务印书馆，1999
45 金克木. 印度文化论集[M]. 北京：中国社会科学出版社，1983
46 (美)马文・哈里斯. 好吃[M]. 济南：山东画报出版社，2001
47 宁骚. 非洲黑人文化[M]. 杭州：浙江人民出版社，1996
48 (秘鲁)欧亨尼奥・陈一罗德里格斯(陈汉基). 拉丁美洲的文明与文化[M]. 北京：商务印书馆，1990
49 启良. 西方文化概论[M]. 广州：花城出版社，2000
50 齐吉祥主编. 中国历代珍宝鉴赏辞典[M]. 郑州：文心出版社，1996
51 钱钟书. 管锥编[M]. 中华书局，1991
52 邱庞同. 中国烹饪古籍概述[M]. 北京：中国商业出版社，1989
53 任百尊. 中国食经[M]. 上海：上海文化出版社，1997
54 司马迁. 史记[M]. 中华书局，1959
55 塞利格曼. 非洲的种族[M]. 北京：商务印书馆，1982
56 沈永兴，张秋生，高国荣. 澳大利亚[M]. 北京：社会科学文献出版社，2003
57 十三经注疏[M]. 中华书局，1980
58 石应平. 中外民俗概论[M]. 成都：四川大学出版社，2002
59 尚晓春主编. 网络营销策划[M]. 南京：东南大学出版社，2002
60 苏志平，王利琴. 烹饪美学[M]. 北京：中国劳动社会保障出版社，2001
61 隋伟. 出国旅游实用手册[M]. 北京：中国建材工业出版社，2004
62 陶文台. 中国烹饪史略[M]. 南京：江苏科学技术出版社，1983
63 汤一介主编. 中华文化通志[M]. 上海：上海人民出版社，1998
64 陶振纲，张廉明. 中国烹饪文献提要[M]. 北京：中国商业出版社，1986
65 (唐)李肇. 唐国史补[M]. 上海：上海古籍出版社，1957
66 万国鼎. 茶书总目提要[M]. 南京农业遗产研究室，1958年编印《农业遗产研究丛刊》第二册，陈彬藩主编《中国茶文化经典》(光明日报出版社，1999年)收入附录
67 王林昌. 外国习俗丛书[M]. 北京：世界知识出版社，2006
68 王利器主编. 史记注译[M]. 西安：三秦出版社，1988
69 汪少林主编. 中国楹联鉴赏辞典[M]. 南昌：百花洲文艺出版社，1999
70 王学泰. 中国饮食文化史. 桂林：广西师范大学出版社，2006
71 王树英. 印度文化与民俗[M]. 成都：四川民族出版社，1989
72 王世舜. 尚书注译[M]. 成都：四川人民出版社，1982

73 王延海译注. 诗经今注今译[M]. 石家庄：河北人民出版社，2000
74 小仓久米雄. 四季日本料理[M]. 万里机构，2005
75 熊四智主编. 中国饮食诗文大典[M]. 青岛：青岛出版社，1995
76 徐海荣主编. 中国饮食史[M]. 北京：华夏出版社，1999
77 徐文苑. 中国饮食文化概论[M]. 北京：清华大学出版社，北京大学出版社，2005
78 徐少华. 中国酒与传统文化[M]. 北京：中国轻工业出版社，2003
79 徐熊. 美国饮食文化趣谈[M]. 北京：人民军医出版社，2001
80 徐兴海主编. 中国食品文化论稿[M]. 贵阳：贵州人民出版社，2005
81 徐兴海，袁亚莉. 中国食品文化文献举要[M]. 贵阳：贵州人民出版社，2005
82 易丹. 触摸欧洲[M]. 成都：四川人民出版社，2000
83 (清)俞敦培. 酒令丛抄[M]. 江苏广陵古籍刻印社，1984
84 阴法鲁等. 中国古代文化[M]. 北京：北京大学出版社，1991
85 伊迪丝·汉密尔顿. 希腊方式——通向西方文明的源流[M]. 杭州：浙江人民出版社，1988
86 郁龙余. 中国印度文学比较[M]. 北京：中国美术学院出版社，2002
87 于省吾. 甲骨文字释林[M]. 中华书局，1979
88 余悦主编. 中国茶馆[M]. 北京：中央民族大学出版社，2002
89 张岱年，方克立主编. 中国文化概论[M]. 北京：北京师范大学出版社，2002
90 张光生主编. 生态导游员基础教程[M]. 北京：科学普及出版社，2006
91 张国杰，姜若愚. 中外民族民俗[M]. 北京：旅游教育出版社，2004
92 张仁庆. 食品雕刻精选[M]. 金盾出版社，2001
93 张瑞文. 40大日本料理排行榜[M]. 汕头：汕头大学出版社，2004
94 周谷城. 中国通史[M]. 上海：上海人民出版社，2005
95 中国美术全集编辑委员会编. 中国美术全集[M]. 北京：人民美术出版社，1989
96 朱宝镛，章克昌主编. 中国酒经[M]，上海：上海文化出版社，2000
97 赵红群. 世界饮食文化[M]. 北京：时事出版社，2006
98 赵荣光，谢定源. 饮食文化概论[M]. 北京：中国轻工业出版社，1999
99 周文棠. 茶馆[M]. 杭州：浙江大学出版社，2003
100 邹家驹. 漫话普洱茶[M]. 昆明：云南民族出版社，2005
101 (战国)左丘明西晋杜预集解. 春秋左氏传集解[M]. 上海：上海古籍出版社，1997